第十七届全国现代结构工程技术交流会论文集

工程优化与防灾减灾技术原理及应用

主　编:韩选江

副主编:郭建生　周　云　李延和

知识产权出版社

内容提要

本书是第十七届全国现代结构工程技术交流会论文集，内容偏重于防灾减灾的新设计、新材料、新技术等新成果，以期在设计施工前就在工程技术人员头脑中建立起防灾减灾的优化意识和指导思想以及更多的创新理念。全书共90篇文章，为便于读者阅读，将论文按以下6个部分进行编排：(一)专题综述；(二)工程设计与防灾减灾；(三)结构研究与加固技术；(四)工程抗震与灾后修复；(五)工程环境与施工技术；(六)其他工程技术问题。

图书在版编目(CIP)数据

工程优化与防灾减灾技术原理及应用：第十七届全国现代结构工程技术交流会论文集/韩选江主编. —北京：知识产权出版社，2010.11

ISBN 978-7-5130-0200-4

Ⅰ.①工… Ⅱ.①韩… Ⅲ.①防护结构-结构工程-学术会议-文集 Ⅳ.①TU352-53

中国版本图书馆CIP数据核字(2010)第189522号

责任编辑：陆彩云　　**责任出版**：卢运霞

封面设计：品尚设计

第十七届全国现代结构工程技术交流会论文集

工程优化与防灾减灾技术原理及应用

主　编：韩选江

副主编：郭建生　周　云　李延和

出版发行：知识产权出版社

社　址：北京市海淀区马甸南村1号　　**邮　编**：100088

网　址：http://www.ipph.cn　　**邮　箱**：bjb@cnipr.com

发行电话：010-82000860转8101/8102　　**传　真**：010-82005070/82000893

责编电话：010-82000860转8110　　**责编邮箱**：lcy@cnipr.com

印　刷：北京市兴怀印刷厂　　**经　销**：新华书店及相关销售网点

开　本：787mm×1092mm　1/16　　**印　张**：33

版　次：2010年11月第1版　　**印　次**：2010年11月第1次印刷

字　数：832千字　　**定　价**：98.00元

印　数：1～1500册

ISBN 978-7-5130-0200-4/TU・001(3146)

热烈祝贺建筑物灾后重建结构诊断、评价与修复技术研讨会在乌鲁木齐市召开

怀念与告慰

——献给研究会的老学长

韩选江(南京工业大学土木工程学院,210009)

难忘的一九九〇年,
三位老学长齐心把手牵①,
“现代结构”大旗高高举②,
高瞻远瞩超前思维,健步迈出坚。

难忘的一九九四年,
会员队伍壮大已愈千,
“以文会友”博论抒己见③,
编印文集扩大交流,众友智慧添。

难忘的一九九九年,
连续九届学术盛会把热潮掀,
从东到西、大江南北齐发动,
出版“予力”理论和技艺,培养精英敢领先④。

难忘的二〇〇四年,
汪、谢二位老学长已逝仙⑤,
“现代结构”旌旗大展后生举⑥,
矢志不渝爱心奉献,团结协作毕恭谦。

难忘的二〇〇九年,
二十载奋进辉煌,源自会友肩并肩,
“予力平衡理论”体系日趋完善,
敢叫结构体系上上下下换新天⑦。

难忘呵!难忘拼搏的二十年,
同仁们的创新成果万万千,
抓紧开发、普及、推广、应用融一体,
报效祖国铸造美好江山姿色新明天⑧。

2009年7月28日于南京

注:① 三位老学长指中国建筑技术研究院汪达尊教授、浙江预应大跨技术服务部总工谢醒悔教授级高工和全国核心期刊《建筑结构学报》原主编章天恩教授。

② 三位老学长于1990年5月联名发起组建全国现代结构研究会,并于当年9月18~22日在江西上饶市召开了成立大会暨第一届全国现代结构技术交流会。同时,经大会代表民主提议,一致推选汪达尊为会长,谢醒悔和章天恩为副会长。

③ 汪达尊会长主持倡导研究会的宗旨是“交流技术,以文会友;百家争鸣,推陈出新;高瞻远瞩,超前思维;尊重友谊,无私奉献”。在此宗旨指引下,研究会活动每五年迈出一大步,成果层出不穷。

④ 研究会从1994年年会开始,在会前先编印年会文集,至1999年已召开九届年会。从2000年开始,在会前正式出版年会文集。以谢醒悔和韩选江共同发起和研究的“予力”理论和技艺,贯穿了整个土木工程结构体系,成为了探讨“现代结构”工程的一个突破口。

⑤ 汪达尊会长于2002年4月17日在北京病逝,享年74岁;谢醒悔会长于2004年11月25日在杭州病逝,享年77岁。他俩都是清华大学土木工程53届学子。

⑥ 虽然两位老会长相继去世,但“现代结构”研究大旗仍由后生——研究会领导核心成员高举不倒。大家齐心协力,爱心奉献,更加谦虚谨慎地合作攻关,并加强应用实践探讨和完善。

⑦ “功夫不负有心人”,20年的会友并肩战斗,现代结构工程的“予力平衡理论”日趋成熟和完善,并成功应用到土木工程结构的上部和地下工程中,取得了显著的社会经济效益。

⑧ 20年来,约3000名会友所获取的现代结构工程的技术成果,已全面服务于祖国各地的经济建设,将铸造出新世纪的建筑风采。

第十七届全国现代结构工程技术交流会

（2010年11月12～14日，河南　南阳市）

（一）主办单位

全国现代结构研究会

中国基本建设优化研究会城乡建设工程与环境优化技术专业委员会

中国基本建设优化研究会重点工程专业委员会

（二）承办单位

南阳理工学院

（三）协办单位

南阳市建筑设计研究院

（四）名誉顾问

黄熙龄院士　陈肇元院士　孙　钧院士　赵国藩院士

江欢成院士　卢耀如院士　吕志涛院士　周福霖院士

（五）学术委员会

主任委员：高广通

副主任委员：陈德文　郭建生　周　云　范锡盛

委　　员：（排名不分先后）

蔡绍怀　胡世德　包世华　李爱群　王安宝

范中暄　施卫星　麻建锁　张世海　司马玉洲

（六）组织委员会

主任委员：韩选江

副主任委员：邱雅陆　虞文藉　曾昭炎　杜太生

委　　员：（排名不分先后）

杨太文　周　辉　方鸿强　李延和　张群江

宗　兰　宋金才　刘　伟　林英舜　王长永

（七）论文编辑委员会

主　　任：韩选江

副 主 任：郭建生　周　云　李延和

委　　员：韩选江　陈德文　周　云　李延和　邱雅陆

郭建生　杜太生　张世海　刘　伟　司马玉洲

秘　　书：王长永　李树林

前　言

2010 年，中华民族迎来了带有“王”气的“虎”年。“登崖一啸千峰鸣，豪气满山百兽惊”。虎的威武和雄壮展示，使人们要学习虎的气势和精神，使人们在生活中要学会变得有生机、有活力和有胆略。

2010 年，中国上海迎来了第 159 届世界博览会。这是世博会首次在我国隆重举办。来自全世界 246 个国家及国际组织踊跃参展。在“城市让生活更美好”的鲜明主题下，各国人民舞动的城市生活和低碳城市的科技成果纷纷亮相世博园，让人耳目一新，备感新世纪的美好生活前景似乎就在眼前！这将鼓舞各国人民努力去为之拼搏、奋斗，去奉献出一切力量。

另外，在这凶猛的“虎”年，天灾和人祸降临到世界上多个国家，尤其是太平洋沿岸国家，同时也多次降临神州大地。我国西南大面积地区发生了长时间春旱，紧接南方与北方更大范围的夏洪涝灾，甚至有的洪涝灾害还延续到现在仍未得到彻底的治理。

更为甚者，青海玉树发生了 7.1 级的强烈地震，甘肃舟曲发生了历史上罕见的特大泥石流灾害，还有汶川映秀镇的涌水淹城洪灾，以及其他地区接连发生的多处地震、暴风雨和强台风等灾害，都给人民的生命财产造成了巨大损失。

不仅如此，人们也清楚地看到：在天灾发生的同时，人为灾害也伴随着不断发生。今年我国共倒塌四栋房屋和五座桥梁，这些灾难使人感到更加触目惊心！也引起人们的高度关注。

人们正是在这大灾大难到来之时，更加感觉到防灾减灾的重要性。第十七届全国现代结构工程技术交流会，正是在这种灾难严重的形势下召开的。会议主题及征文的选题也偏重于防灾减灾的新设计、新材料、新技术等新成果，以期在设计施工前就在工程技术人员头脑中建立起防灾减灾的优化意识和指导思想以及更多的创新理念。

本次学术年会共收到来自全国各地的专家学者送来的论文 110 余篇，限于篇幅，不得不忍痛割爱，只选了其中的 90 篇编印成册，正式出版，以反馈给工程技术人员进行广泛交流，进一步启发深化后去从中获益，以便为减灾防灾做出更大的贡献。

为便于读者阅读，将论文按以下 6 个部分进行编排：(一)专题综述；(二)工程设计与防灾减灾；(三)结构研究与加固技术；(四)工程抗震与灾后修复；(五)工程环境与施工技术；(六)其他工程技术问题。以上论文还包括了 2009 年 8 月 18～21 日在新疆乌鲁木齐市召开的“建筑物灾后重建结构诊断、评价与修复技术研讨会”上宣讲的部分论文。

本学术团队的前身是全国现代结构研究会。该研究会自 1990 年由汪达尊、谢醒悔和章天恩三位结构专家发起成立以来，学术队伍不断壮大，至今已发展到全国30个省市3000多名会员，连续召开了16届全国现代结构工程技术交流会和3届专题研讨会，并组织著名专家教授讲学团赴全国各地巡回讲学60余次，同时为各地解决了较多的多种技术疑难问题，为国家节约了数亿元建设资金。

从2008年起，本学术团队的会员已全部转为中国基本建设优化研究会会员，并组建为城乡建设工程与环境优化技术专业委员会，组织领导和对外联络都加强了，可以更好地发挥好学术团队的凝聚力和研究能力，可以更好地服务于祖国的经济建设。

本学术团队曾得到过全国一些著名学术期刊的支持，主要有《工业建筑》《建筑结构学报》《建筑勘察设计》《建筑技术》《建筑结构》《建筑知识》和《建筑技术开发》等，值此机会，再次诚表谢意。

由于时间仓促，限于编委会人员的水平，不当之处在所难免，敬请作者和读者提出批评意见和不吝指正。

论文编辑委员会主任 韩选江
南京工业大学教授

2010年9月22日

目　　录

一、专题综述

二、工程设计与防灾减灾

三、结构研究与加固技术

四、工程抗震与灾后修复

五、工程环境与施工技术

六、其他工程技术问题

一、专 题 综 述

城市减灾的综合防治与灾后重建实例分析

韩选江 （南京工业大学土木工程学院 210009）

［摘要］ 本文首先介绍城市在国民经济中的地位和作用以及城市主要灾害类型和危害，然后全面阐述城市减灾综合防治的概念和具体实施要求，并通过国内外十大灾后重建城市的简述，说明城市灾后重建的指导思想等相关问题。

［关键词］ 地震；火灾；洪涝灾害；风灾；海啸；泥石流；防灾与减灾；灾后重建实例

1 城市在国民经济中的地位和作用

城市是生产和科技发展与社会进步的产物。古代城市是兼具“城”（防御功能）与“市”（商贸交易功能）两大功能的集中居民点。现代城市是人类生存集中的一个社会经济环境，或是一个政治、经济、文化和交通通信等区域中心所在地。

当今城市不仅是一个地域范围内的政治、经济、文化中心，而且还是各种产业的组织、生产、营销和储运等龙头指挥中心的集中所在地，也是文化教育的最高层次培养基地，还是城乡人民健康休闲、旅游度假和娱乐休息的温馨生活环境。因而，城市在国民经济中具有十分重要的地位。

当今，现代城市的功能作用已充分地得到巨大发挥。它已成为一个区域的人流、物流与信息流的有序合理流动的加速器，从而可营造出更多的经济繁荣、百业昌盛、精神文明和生活温馨的、具有可持续发展机制的带地域特色的最佳生态环境。

2 城市主要灾害类型及其危害

城市是一个人群和建筑物高度集中的区域，人类改造客观世界的生产、生活活动，包括开山、填土、凿洞、筑坝、蓄水以及建房、修路、架桥等，将会使地面荷载不断加大，同时又不断干扰原始地质环境及恶化周围生态环境，则容易造成地震等严重自然灾害。

另一方面，由于人类的生存活动的疏忽大意或考虑不周，也容易造成严重火灾、倒楼坍桥或地面不均匀沉降等灾害。其中，城市火灾往往容易突然发生，来势迅速猛烈，且造成生命财产的损失巨大。

下面将几种严重的城市灾害分述如下。

2.1 地震灾害

地震灾害是地质环境中原始的应力不断累积叠加，最后突然释放能量暴发强烈震动的严重灾害。它包括地面振动、山崩地裂、地面沉降和海啸等灾害现象。

这种灾害来势迅猛，往往在 1 分钟或几分钟内毁灭整个城市或一个城市的若干区域，造成上千万人以上的死亡及伤残，以及整个城市经济功能的瘫痪。

这种最凶狠的严重地质灾害的危害性，人们早已从我国 1976 年 3 月 28 日的唐山大地震和 2008 年 5 月 12 日的四川汶川大地震得到领教而深有体会。

2.2 火灾

火灾是指易燃物质燃烧引发建筑物环境中难以控制的连续毁灭性灾害。火灾可以烧毁一栋或数幢大楼、几条大街，甚至一个城镇大片区域的建筑物。

这种凶猛的火灾往往是人为疏忽造成，但也有雷击起火造成。当然，大风的兴起又往往是助长火灾蔓延及扩大灾情恶果的自然干扰因素。还有室内堆放的易爆材料或气体的引爆往往更会加大灾情后果。

特别是现代城市的化工及装饰材料增多，使易燃性火患增多，且发生火灾时扩大灾情面的威胁加大，或造成的损失会成倍增加。火灾的损失往往是毁灭性损失，人和物质财产几乎全部燃光，甚至燃毁的大楼也极难修复。

2.3 水灾

城市水灾包括以下几种灾害情况：

(1) 沿海城市的海洋灾害：包括风暴潮、海啸、海水入侵和海平面上升等。另外，还有人类活动导致的海洋自然条件改变所引发的灾害，如沿海区域地表水干涸和地下水超采造成的海咸水入侵等。

这种水灾易造成海上海难、赤潮灾难，或冲毁堤坝、沉损大小船只的灾难，其造成的人员伤亡及财产损失也相当巨大。

(2) 沿江城市的洪水灾害：包括沿江城市经受的洪涝灾害。每年夏季，三大河流(长江、黄河及珠江)因源头雪山融化，山林毁坏大，其地层的持水度小，加上沿途暴雨的山洪汇集，每年都有不同大小的洪涝灾害发生。

尤其是在这几条大江大河的中下游，汇水面大，汇水量急增，加之在暴雨季节泄洪能力不畅时，极易造成较大洪涝灾害。我国 1991 年和 1998 年的特大洪涝灾害就是这么造成的。这样的洪涝灾害，也容易造成城市经济瘫痪和人民生命财产的重大损失。

(3) 旱灾：城市内及郊区外围 1 个月甚至 3 个月或上百天不下雨或虽降雨但累计低于 100mm 雨量，就是旱灾了。近两年的春季大旱，造成了麦苗发黄和“菜篮子工程”的危机，给城市人民生活造成极度困难，这是人们已熟知并了解到旱灾的危害了。

(4) 水土流失灾害：这也是城市的水患危害，包括泥石流地质灾害在内。以北京为例，北京市山区面积为 10418km^2(占全市总面积的 62%)，其中水土流失面积达 4830km^2，占山区总面积的 46%。这是由于资源的不当开发，造成水土严重流失，冲走的表土淤积水库、堵塞河道，降低了水质，并减少了库容，其造成的损失很大。

2.4 风灾

城市风灾多集中在我国东南沿海城市，它是由猛烈的热带暴风雨形成(在大西洋加勒比海和东太平洋称作飓风；在西大西洋称作台风；在印度洋称作旋风。另外，局部强热带气流在城镇上空形成的龙卷风其破坏性也极大。

不能小看风灾危害性，全世界每年因风灾已平均导致了数万人丧失及造成数十亿美元以上的经济损失。

1988 年的第 7 号台风袭击杭州时，造成断杆、树倒、房塌、中断了水、电、通信及交通等生命线，经济损失达 10 亿人民币。最近的广东、福建的沿海城市遭受强台风及暴雨袭击，其损失也更加惨重。

特别是风荷载和地震荷载是高层建筑结构设计中起主要控制作用的荷载。常规设计方法是以增强结构体系的抗侧力刚度，采取减振与隔振措施并增加结构体延性等技术方法来抵御飓风和强震的袭击。

即使这样，仍存在较大的局限性。因为强劲的风力既不是均衡刮来，又将随高层建筑的不同高度表现出不同的损害度作用效应，从而可导致高层建筑在强风力场作用效应下产生偏移和振动损坏。

如1973年1月20日贝聿铭设计的美国波士顿的约翰·汉考克大厦，正在施工中却遭受了横扫来的大风暴袭击，几乎破坏了该雄伟壮观大厦的全部立面。

同时，强大风力在高空中的呼啸声和对高层建筑产生的剧烈撞击所形成的噪声，以及使高楼产生的振动，将使在高楼内生活工作的人群备感不适。而且，在高楼地面上形成的强大旋风涡流区，会刮倒行人甚至惨死。高空的强大风力还可使楼内不具备危险的小火量扩大成火灾迅速蔓延而酿成大灾难。

更为甚者的龙卷风，是风灾中的灾害之首，它产生的垂直强烈涡旋，形成一个漏斗状的旋转立柱，可举起地面和水面上人、畜及重物(包括机械、电杆、车辆和房屋等)，产生的破坏性极大。全世界每年发生的有记录的龙卷风在1000次以上。

再有，我国北方严寒地区经受暴风雪的城市，该风力作用来临的同时可使积雪在建筑物顶一些地带大量积聚形成超负荷雪载而压塌房屋。这种灾害在我国东北的一些城市中不同程度地发生过，也造成了人民生命财产的重大损失。

2.5 人为灾害

凡人为因素造成对城市的灾难性破坏都称为人为灾害，如深基坑、地下洞室和隧道施工引起的地面塌陷、房屋倾斜及倒塌等施工灾害；可燃爆产品工厂发生的突然爆炸灾害以及矿山采空区的大面积地面塌陷灾害等；还有，城市水污染(污水排放、工业废水排放不达标以及排污管道等设施腐蚀拉坏等造成)灾害，都将造成人、牲畜及财产的巨大损失。

再有，因人的主观决策及人为过失造成的灾害损失也极为严重，如飞机失事、撞车闯船和矿难事故等。1991年4月21日16时05分发生在山西省三交河煤矿的特大瓦斯煤尘爆炸灾害，造成了147名矿工遇难，这是人为过失酿成的恶性悲剧。

特别，城市的水源污染、食物中毒事件及传染病蔓延传播等带来的灾害也是屡有发生。尤其是近年来出现的恐怖暴力事件造成的燃烧爆炸及刀枪袭击灾害更是触目惊心，如2008年3月14日发生在拉萨和2009年7月5日发生在乌鲁木齐的暴力事件等。因是突发事件，来不及及早防范而造成了人民生命财产的惨重损失。

3 城市灾害的综合防治

3.1 城市灾害的关联性

现代城市发生的一些灾害在暴发过程中可能还会诱发其他灾害的发生，则这些灾害称为原生灾害，后面诱发的灾害叫次生灾害；或同时衍生出其他灾害，叫衍生灾害。

如强地震可能诱发山崩地裂、滑坡、泥石流等次生灾害，还可衍生出水库泄漏的衍生水灾。再如，暴风雨可能诱发山洪、滑坡、泥石流等次生灾害，甚至导致路断、桥坍灾害。

这是城市灾害发生过程的关联性。另一方面，城市灾害可能同时多重发生，其关联性就具有对灾情的放大作用。如火灾发生时又同时遭受风灾，则会火借风势，风助火威，将加速火灾的燃烧和灾情蔓延的加剧。如地震发生泥石流灾害时再同时发生暴风雨，将使大量水土流失导致河、湖淤积，扩大为洪涝灾害。

因此，对城市可能发生的灾害采取的综合防治措施，须进行连带性的灾情防范和治理工作，才会大大减轻受灾面积及灾情损失。

3.2 城市灾害的阶段性

水灾,特别是大江大河洪水,一般发生在夏季冰川融化期。小河小溪的临时山洪,往往发生在暴风骤雨季节。这些灾害的发生过程表现出鲜明的阶段性,人们可以利用发生时效加以有准备的防范工作。

强热带气流形成的风灾,一般也具有明显的形成过程,加上可以通过气象预报来加以掌握其形成动态及经过的路径,进而采取有准备的防范工作。

地震灾害有它的暴发过程,但要能预测预报准确的发生时间,目前还难以做到。火灾往往发生在人们疏忽大意之时(特殊原因除外),但平时的安全防范措施往往是非常有效的。经常开展阶段性的安全大检查将有助于消除其隐患。

人为的工程灾害都有一个阶段性的施工过程,加强其施工过程的监测报警工作,有助于减少或消除灾害发生。对于恐怖暴力灾害,通常也有短暂的前期舆论过程,这须窥测一些重点危险人物的活动动态,也是能够及时处治加以防范或减少其损失的。

3.3 城市人群建筑的集中性

城市中人群和建筑群的密集性,一方面不利于抗灾防灾,如火灾,这样的密集可导致连锁反应,容易扩大受灾面积。但是,另一方面对于风灾来说,密集的建筑群又可分散风力大小以减轻其受灾程度。

同样,城市中人群密集,在灾害到来时会造成巨大损失;但人多汇集力量大,又有利于抗灾防灾的统一调用。因此,充分认识人群建筑群的集中性对灾害的有利方面和不利方面,实施扬长避短,加强具体分析,全面做好抗灾防灾的各方面的综合防治准备工作,将对减小灾害损失发挥好积极作用。

3.4 加强综合防治措施以提高城市抗灾减灾能力

由于城市发生灾害具有多样性,要能全面有效地进行防灾减灾,则必须采取一些相应的综合防治措施,才能提高城市的防灾减灾能力。

(1) 做好综合的抗灾防灾规划设计。

首先,根据每个城市的地理位置、环境变迁、气象条件及受灾历史开展调查研究,找出其发生灾害种类、规模大小、灾情持续时间等灾害特点,建立该城市受灾档案,进而总结出相应的抗灾减灾有效措施及实施途径,特别是一些有效的设防措施及设防工程。另外,对外市成功可借鉴的设防措施及设防工程加以分析,进行选择性的引进消化和应用。

在此基础上,全面制定出该城市的抗灾减灾设计规划部署其具体设计工作,编制好具体实施完成的进度计划。较大的设防措施及设防工程,可以分为几个年度进行合理安排,并根据轻、重、缓、急程度,切实做好近期设防抗灾工作,真正做到无论什么灾害来临甚至提前到来,也不会惊慌,都能做到有效地沉着应对,并将其受灾损失减小到最小。

(2) 合理安排储备抗灾防灾专用基金及物资,以备急用。

对于安排的抗灾防灾专用基金及物资(包括机械、设备等),必须储备到位,并建立健全专项制度加以有效管理,收支两条线,切实做到该花则花,该省就省,严格做到精打细算,把此专项基金和物资真正用到抗灾减灾的刀刃上。

(3) 健全完善城市抗灾防灾组织机构。

对于城市面临的一些可能发生的灾害,健全和完善好统一的组织机构,进行统一领导,统一指挥,严明纪律,规范抗灾防灾行为准则,合理分工并加强协调,有机结合,平时开展实战演练,锻炼出一支精干的能适应灾情防抗需要的过硬队伍,切实做到招之即来,来之能战,战之必胜。

(4) 加强气象预报和畅通信息渠道，坚持“以防为主”的方针。

对于收集到的气象变化异常信息和灾前一些先兆性信息，要组织专家及时进行分析研究，及时破解防灾的动态变化信息，使对城市灾害的“防、避、抗、减”部署安排，形成一个连贯的思维方法和行动准则。

(5) 不断总结出抗灾防灾的地区性经验。

根据每个城市的地理环境特点和受灾经历，尤其是在每次受灾以后，都要及时认真总结出抗灾防灾的经验教训作为借鉴参考，并作为制定相关的法令法规的可靠依据。

(6) 不断完善抗灾防灾的技术资料。

不断积累和完善抗灾防灾的技术资料，编好抗灾防灾年鉴，及时为国家的抗灾防灾管理部门提供准确、可靠的数据资料。

4 国内外十大灾后重建城市简介

4.1 地震灾害后重建城市

(1) 美国旧金山：达摩克利斯之剑下求生。

如果地球是一只网球，那么旧金山就位于这只网球的缝上。该缝连接印度尼西亚和日本的“环太平洋地震带”。因此，拥有碧波荡漾海港和华美建筑物的旧金山市从诞生之日起，就在一根头发系起的达摩克利斯之剑下岌岌可危地生存。图1是该市著名的金门大桥。

图1 美国旧金山市的金门大桥

这座城市分别在1868年、1898年和1900年经历了三次大地震的考验。紧接在1906年，又发生了更大的毁灭性地震及大火。此后，地震学家预测，这座城市再发生类似大地震的可能性为2∶1。为了保卫这座城市，城市规划师和多学科工程师为之奋斗了一百年，使得这座城市复生再创辉煌成为北加州首府。

加州的研究人员探明了旧金山周边和地下有十条主要断层和六条次要断层。在地震中，处于那些断层的板块将更加危险。因此，旧金山政府对建筑规范进行了大范围调整。由于为旧金山市民提供饮用水的“赫奇赫奇”输水管道穿过3个断层，在地震中很容易断裂及破碎；故政府于2002年经市民投票后，发行了16亿美元债券，用于加固“赫奇赫奇”输水系统。

为了预防灾难到来，旧金山还在市区主要道路的交叉点设置了巨大的蓄水池，以防备供水系统失灵。另外，政府部门在市区还采取了一些相应的防灾抗灾技术措施。

(2) 日本东京:重建之大城。

图 2　当今日本东京的繁华夜景

在 20 世纪中,东京经历了两次被毁,两次重建。

1923 年 9 月 1 日上午 11 时 58 分,关东地区发生了震级为 8.1 级的强烈大地震。地震中,东京有 73% 的房屋被摧毁,几百万人无家可归。

强震后又发生了火灾、水灾、瘟疫、断水、断电、交通瘫痪、人为恐慌和社会动乱等次生灾害和社会问题,重建工作整整花了 7 年时间。

1945 年 3 月 9 日至 10 日,二战中的美军派出 334 架 B-29 轰炸机,使用凝固汽油弹对东京进行持续 2 小时的狂轰滥炸。这次轰炸中,东京约有四分之一的城区被夷为平地,26.7 万多幢房屋付之一炬。经这次毁灭后,老东京的商业区已没有留下任何建筑。

但东京踩着它的过去走向未来,以不断建设的更新方式告别过去。经战后几十年时间重建后,东京又迅速建成为日本最大的工业城市和经济、商业、金融中心。如今的东京,一座座高楼大厦鳞次栉比,一条条快速公路上车水马龙,到处又呈现出熙熙攘攘和灯红酒绿,灭顶灾难的痕迹早已无影无踪。参见图 2。

(3) 葡萄牙里斯本:由地震而现代。

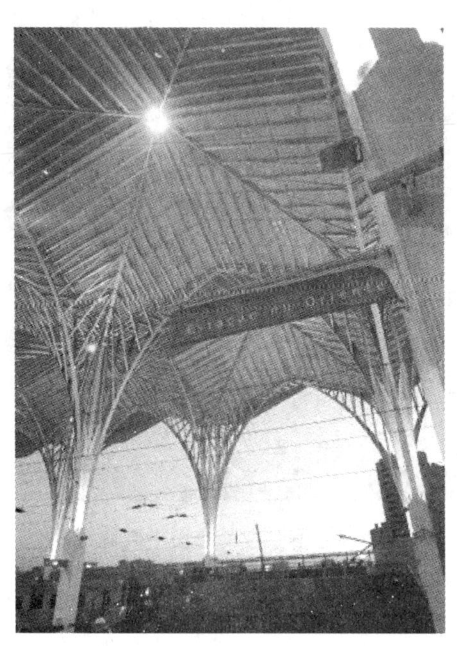

图 3　葡萄牙的里斯本火车站现状

公元 1755 年 11 月 1 日,天主教的万灵节,距里斯本城几十公里的大西洋海底发生迄今为止欧洲最大的地震。这次地震引起海啸近 30m 高,袭击了里斯本海岸边的船只及岸上建筑等设施。

震前的里斯本,早在 1255 年已成为葡萄牙帝国的首都。到了 15 世纪末,它随着葡萄牙进入的探险时代,到了最繁荣时期。但 1755 年 11 月 1 日大地震,使得这座城市接近 1/5 的人丧生,2/3 的城市被摧毁,多年荣耀瞬间消失。

卡尔莫修道院是这次地震中的幸运儿,它的主殿得以保存下来,但是屋顶都被全部震落,残存的支柱直刺苍穹,惨景狼狈。

当时,首相庞巴尔侯爵积极领导震后重建工作。他主持制定了一项如今公认为 18 世纪最好的城市重建方案。他也率先在欧洲实施了严格的建筑设计施工规范。由此,里斯本市区新建建筑的核心部位,都采取了错综复杂的木笼式框架结构,即在砖石墙壁内嵌入木框支架,以帮助建筑物消耗地震时煤炭传递的能量。

地震前,里斯本虽已处于全欧第 4 大城市,但葡萄牙在欧洲人眼里仍被认为是个落后国家。庞巴尔侯爵借助于震后重建,不仅使得里斯本从地震的废墟中站了起来,还借机成功改革了葡萄牙的教育、贸易和法律体系。使葡萄牙获得新生，从此成为一个重要的现代国家。

(4) 墨西哥首都墨西哥城：重建的北美“希望城市”。

图 4　蓬勃发展中的墨西哥城

1985 年 9 月 19 日上午 7 时 19 分，一场里氏 8.1 级的地震突袭墨西哥城。近 4 万人死亡，近 3 万座建筑物被完全摧毁，6.8 万多所房屋受损。

地震发生后不久，在时任总统的米盖尔·德·拉·马德里的直接指挥下，迅速展开救援行动。政府在很短时间内成立了国家委员会和首都应急委员会，及时评估地震造成的损失，并制定出相应的救援行动实施举措。

1986 年，世界杯足球赛如期在墨西哥城阿兹特克体育场举行。该体育场用 11 万吨钢筋混凝土浇筑而成，建造在死火山岩层上，这个坚固的结构体系能扛住大地震的强大破坏力。

20 多年后，墨西哥人又在酒店瑞吉斯酒店旧址上建起了“团结广场”。现今的墨西哥城欣欣向荣地得到蓬勃发展，2007 年，它被英国财经杂志《海外投资指南》评为北美第四大“希望城市”(参见图 4)。

(5) 中国唐山：地震后最结实的城市。

大地震虽然摧毁了一个旧唐山(如图 5 所示)，但巨大的破坏从客观上又给了人们一次新的选择机会——在废墟上建设人们理想中的新唐山。

图 5　1976 年地震造成的唐山市废墟

重建唐山，对于一般的工业民用建筑，均按 8 度进行抗震设防；新唐山的楼房间距，采用檐高 1.7 倍进行布置。特别，唐山住宅体系开了结构抗震之先河，主要采用“内浇外挂”、“内浇外砌、”“砖混结构加构造柱”的结构形式。于是，曾因地震而毁灭的唐山市在重建后更加坚固，成为了全国最结实的城市。

(6) 意大利拉奎拉：重建抗震城市。

拉奎拉以保存有大量历史悠久的中世纪和文艺复兴时期建筑而闻名于世。2009 年 4 月 6 日后，一切已成为记忆。如今到处都是残垣断壁。那些原本五颜六色的墙体，现在都变成一堆灰色废弃物。

欧洲地震工程研究中心主席吉安·米歇尔·卡尔维曾对意大利境内的公共建筑进行过抗震调查。他表示：尽管在以往的自然灾害发生后，意大利政府已经加强了对建筑法规的执行力度，但全国仍有 8 万座不安全的建筑。其中，有 2.2 万所学校处在地震带，另有 1.6 万座具有潜在隐患的危楼，还有 9000 所建筑未按现代防震标准建造。

在考察拉奎拉受损的街道时，总理贝卢斯科尼说：“(地震前)我们没有什么魔杖能把所有老建筑变成抗震的。""但我保证，意大利将在未来 24～28 个月之内，重建一个新的抗震城市。"参见图 6。

图 6　地震后的拉奎拉市将建成意大利的一个新的抗震城

4.2　水灾(海啸)后重建城市——印尼亚齐

发生海啸四年后的 2008 年 12 月 26 日，印尼举行各种活动，悼念 4 年前在印度洋海啸中的遇难者，还在当天及 27 日举行大规模的应对海啸演习。

四年，对于一个失去亲人的家庭来说，往往不能忘却伤痛。然而对于一个城市来说，却已能足够地重建新貌。参见图 7。

亚齐是印尼受灾最重的城市之一。印度洋海啸之后，印尼于 2005 年耗资 1 万 4000 亿印尼盾与德国合作建立了"印尼海啸预警系统"。海啸发生后，亚齐区共得到了约 72 亿美元的赈灾款。

目前，灾区已经花费了约 67 亿美元，重建工作也已基本完成，建起了大约 12.5 万间房屋，还修建了众多的学校、道路和桥梁。灾后重建的亚齐市将会建设得更美丽。

4.3　风灾后重建城市——美国新奥尔良

2005 年 8 月 30 日，"卡特里娜"飓风袭击了美国南部圣路易斯安那州。受灾最重的新奥尔良市从此便滞留在一种双重命运之中：一个世界已经死亡，另一个世界艰难地出生。参见图 8。

图 7　印尼海啸中受灾最重的亚齐市

图 8　飓风过后的新奥尔良市

美国对重建曾经充满信心，政府决定拨款2000亿美元，成为美国建国以来规模最大的重建项目。然而，这次重建却是一个失败的经典案例。风暴来袭后已过去将近两年时间，城市却没有太大改善，而政府各机构仍在争执不休。

“卡特里娜”飓风不是一次单纯的天灾，而是一场由社会、政治、人为和工程等因素交织构成的巨大灾难，这使重建工作变得异常复杂。目前，对重建时间的乐观估计是7年。

4.4 火灾后重建城市——美国芝加哥

1871年10月13日，美国芝加哥市有一座房屋着火。当第一个警报发出不久，夜幕下接着又传出新的消息，离此屋2000米之外的圣徒巴维尔教堂也着火燃烧。随后，接踵而来的报警以骇人听闻的消息迅速扩散和增多，消防队员们也不知所措。起火两小时后，全城犹如一口硕大无比的火锅。失去理智的人们成群结队地顺街逃窜。

图9 媒体上刊登的《芝加哥大火图》

这场大火足足摧毁了芝加哥城的三分之一城区，包括当时芝加哥市的商业中心。火灾毁灭后，是选择让城市从此衰退没落或是在废墟上进行重建，芝加哥人选择了后者。所以，这场大火为芝加哥烧出来了一条宽阔的大路。

大火之后，芝加哥市诞生了全新的建筑学派。弗兰克·盖瑞的贝壳形露天音乐厅，弗兰克·洛伊德莱特的罗比之屋，格兰特公园都是在芝加哥大火后建立起的著名建筑。

此外，芝加哥的经济转型也获得成功。在大火之前，贯穿整个城市的芝加哥河，由于工业污染和保护不利导致自然环境恶化、空气污浊，一度充斥着黑色的污水；大火之后，政府规范了芝加哥河两岸的规划与开发，使得芝加哥河通过治理得以重生。

4.5 战争灾难后重建城市——波兰华沙

过去的200年中，华沙曾遭遇过无数次重创。尤其是第二次世界大战期间，处在沦陷纳粹

图10 1770年画家笔下的华沙市

铁蹄下的华沙已经变得面目全非。

1944 年 8 月 1 日，华沙开始反抗之后，德军付出了巨大代价：损失 1 万人，负伤 9000 余人，另有 7000 人下落不明。气急败坏的希特勒下令“把华沙彻底从地球上抹掉”，于是纳粹分子们不顾弹药紧缺，极其残酷地并分步骤地实行炮轰和爆破，导致这个具有 700 多年历史的古城约 90％的建筑被毁，变成一个方圆数十公里的瓦砾场。

战后，为了华沙的重建，华沙大学建筑系拿出了过去的测绘资料。另外，很多劫后余生的人们在政府指定征集点排起长龙，送交老照片，或者口述自己记忆中的老街区景象。据说在最初的一年时间里绘出的图纸就要以百吨记。

总结以上灾后重建实例的体会，人们可以得到以下启示：

森林大火其实是更新森林导致灾难的恶魔。每次大火都会吞没一片片山林，使无数来不及逃生的动物也葬身于火海之中。但是，在焦土和废墟之上，新的生态体系又将慢慢地繁衍生息，大自然永无休止地演绎着动植物不断地更新交替过程。

而地震、洪水、海啸、火山这样的灾难降临，对于城市和人来说是悲痛的。但从更长远的角度来看，这些灾难也给了这些被毁坏的城市一个自我再生的机会。再生的机会将带来更大发展空间的新机遇。世界也正是在这种不断更新交替中继续前行。

5 关于灾后城市重建的思考

天（宇宙）—地（地球）—人（人类）是一个最大的生态环境系统，也是一个动态平衡体系。在这个体系内的各组成部分，都是相互作用，相互依赖、相互影响和相互促进的。地球上的城市发生“震、水、风、火”以及人为灾害是局部性不平衡因素所造成的。人类可以利用自身努力及科技成果，实行防灾和减灾是可以办到的。

对于城市防灾减灾，可以采取综合防治方法。针对城市位置环境条件特点，抓住发生主要灾害的灾情及防治经验教训，加以综合分析和精心提炼，形成适合具体城市特点的综合防治方案并付诸实施，将是减少城市灾害损失的有效方法。

城市的灾后重建是一个严肃的问题，它涉及考虑的因素很多，主要是要细致考虑建立起城市功能运行机制的新的平衡，要适应人类社会进步和科技发展的需要以及城市居民区域性生存环境的不断改善的实际需求。

城市的灾后重建，应重视建造节能省地型建筑，实现节能、节地、节水和节材的总目标，并从有利于今后的抗灾防灾入手加以全面考虑。

（1）在节能方面：要转变供热方式；要执行国家的节能标准；要因地制宜地推广应用新型和可再生能源。同时，在规划设计时，要合理布局城市的各项功能设施。

（2）在节地方面：要结合具体环境条件，合理布置小区，特别要开发利用地下空间，充分挖掘土地资源。

（3）在节水方面：加强对自然界降水的再生利用以及对中水的回收利用。特别要合理布局污水处理利用系统，全面加强节水措施。

（4）在节材方面：要注意采用新建筑体系，采用节材标准，有效利用和延长材料的使用周期，并实施配套的施工创新工法。

城市的灾后重建，既是城市发展中的挑战，也是城市建设中的新的机遇。坚持高瞻远瞩的观点和综合防灾减灾建设现代化城市的方针，将受大灾后的城市严格按照可持续发展的战略方针进行规划、设计和建设，让灾后的城市环境建设得更美好，让城市设施建设得更先进，让城市居民的生活环境建设得更温馨,使人与自然处于更加和谐的共融机制中,以实现共同的发展。

参考文献

[1] 韩选江.21世纪的人类生存环境与美好前景[A].现代工程与环境优化技术最新研究与应用[C],北京:知识产权出版社,2008年9月

[2] 韩选江."予力平衡理论"在各行业中的广泛应用[A].现代工程与环境优化技术最新研究与应用[C],北京:知识产权出版社,2008年9月

[3] 蒋维,金磊编著.中国城市综合减灾对策[M].北京:中国建筑工业出版社,1992年10月

灾区震损框架结构抗震加固方法研究

周 云 吴从晓 邓雪松 （广州大学土木工程学院 广州 510006）

［摘要］ 汶川8.0级特大地震，致使众多地区框架结构房屋都遭受不同程度的破坏，本文对汶川地震中框架结构几种常见的破坏形式进行分析，总结了该类结构破坏的原因。提出针对灾区破坏的房屋应采用科学发展观指导灾后重建与加固修复，并结合灾区上述框架结构房屋不同的破坏形式提出强柱弱梁加固、断柱装垫减震加固和耗能减震加固等抗震加固方法，可供灾区框架结构房屋的抗震加固参考和借鉴。最后，对采用消能减震加固的部分实例进行了介绍。

［关键词］ 汶川地震；抗震加固；耗能减震

1 引言

2008年5月12日北京时间14时28分4秒，四川省阿坝藏族羌族自治州汶川县映秀镇（东经103.4°，北纬31.0°）发生了里氏8级大地震，是新中国成立以来最为强烈的一次地震，受害地区达到10km^2。截至6月24日地震已造成69185人遇难，18467人失踪，374170人受伤；650多万间房屋倒塌，2300多万间房屋损坏。根据中国建筑科学研究院等部分房屋的调查结果，框架结构在地震中倒塌或严重破坏的约占40%，中等破坏约占50%，轻微破坏约占10%。对于严重破坏的房屋中也存在一些是由于局部存在薄弱层而致使其在地震作用下在薄弱层位移产生严重破坏或倒塌情况，其实这类破坏房屋中的部分可采用一些新的减震技术是进行修复使其恢复使用功能，一些中等破坏的房屋可能因结构体系复杂、处于不利于抗震的地理位置等因素，加固起来比较困难或不利于加固，对于这类建筑可能需推导重建。为此，对于灾区所有破坏的房屋不能强行规定严重破坏的房屋就推倒重建，中等破坏的房屋就加固修复，而应该因地制宜、以破坏形式确定加固方法的科学发展观指导灾后重建与加固修复。

根据《汶川地震灾区地震动参数区划图》工作报告和《建筑抗震设计规范》（GB 50011—2001）（2008版）中指出汶川县、北川县和都江堰的抗震设防烈度由原来七度提高到八度[1]，其他众多地区抗震设防烈度也存在不同程度的提高，为此，对于灾区中一些轻微或没有破坏的框架结构房屋，需进行抗震性能鉴定，在此基础上对房屋进行抗震加固和修复，提高其抗震性能，使其满足新划定的设防烈度标准。

本文介绍了地震中框架结构的几类破坏情况和破坏原因，在此基础上提出了地震后灾区建筑的抗震加固几类新技术与方法，包括传统的抗震加固、耗能减震加固方法和填充墙加固方法等，可供灾区框架结构房屋的抗震加固参考和借鉴。

2 框架破坏情况

与砌体结构房屋相比，框架结构房屋具有较好的延性和抗震性能，但依然无法抵挡突如其来的大地震。在汶川地震中，也在大量的框架结构产生不同程度的破坏，如结构倒塌、填充墙破坏、薄弱层破坏、强梁弱柱破坏等。

2.1 整体倒塌与局部倒塌

地震发生后，地震震中区烈度达到11度，而当地建筑物抗震设防烈度只为7度，因此，地震作用远远大于框架结构自身各构件设计的极限受力状态，同时，由于框架结构只有一道抗震防线，加上结构布置形式不合理及施工质量问题等，使用部分框架结构在地震作用时丧失整体承载力而倒塌。如图1所示为结构整体或局部产生倒塌，从现场考察得出框架结构房屋倒塌的主要原因为：(1)在梁柱节点处不符合抗震规范的箍筋构造要求，地震作用时在节点处产生破坏；(2)底层房屋无填充墙，底层没有填充对结构刚度的贡献，而产生局部楼层倒塌。

(a) 框架房屋整体倒塌压平

(b) 某三层框架房屋倒塌

图1　框架结构房屋倒塌

2.2　填充墙破坏

此次地震中填充墙的震害大部分是倒塌或墙面产生交叉裂缝（图2），窗间墙或门窗洞口的边角部位破坏尤为严重，产生斜裂缝和交叉裂缝是由于地震力作用方向平行于填充墙面，裂缝首先在填充墙薄弱处产生，然后沿着主应力方向（45°左右）展开，当裂缝达到一定的程度后则会产生倒塌。通过地震现场调查，空心砖破坏比黏土砖墙（半砖墙除外）较严重，主要是由于空心砖采用砌筑方式，与采用黏土砖墙相似，相互之间连接较差。

(a) 墙体倒塌

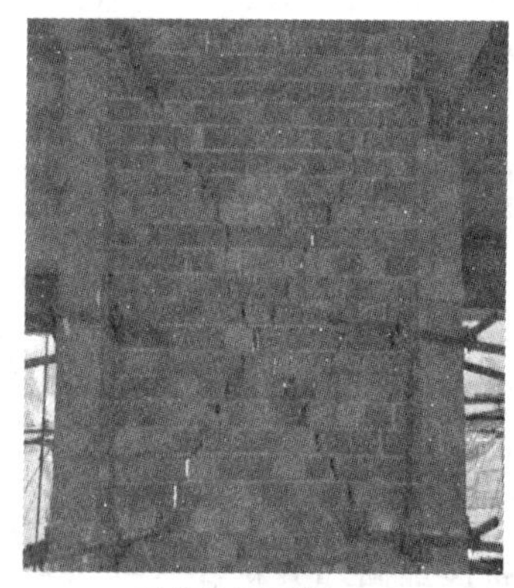
(b)“X”形裂缝

图2　填充墙破坏

2.3　薄弱层破坏

抗震规范定义结构薄弱层意在明确结构在弹性时竖向不规则性和罕遇地震作用下确定结构的弹塑性变形较大的位置。在地震中，地震输入的大量的能量使用结构薄弱层首先屈服，从而使地震能量向该楼层集中，从而导致该楼层产生大的弹塑性变形，而其他楼层的损伤程度就相应降低[3]。此次地震中，框架结构有在首层产生薄弱层破坏，也有其他楼层形成薄弱层破坏的，但首层破坏的较多（主要是商住楼），其主要原因是街面商铺，为寻求大空间，底层无填充墙，导致结构底层刚度突变，从而引起结构底层整体倒塌和产生明显弹塑性变形，如图 3 所示。

(a) 底层倒塌图

(b) 底层柱端形成塑性铰

图 3　薄弱层破坏

2.4　强梁弱柱破坏

现行抗震规范对结构设计是采用的是“三水准、二阶段”方法，为此，结构在大震作用下的弹塑性状态受力状态与结构弹性受力状态存在一定的差异，并且设计时考虑楼板对梁的作用，对梁的抗弯刚度放大 1.5～2.0 倍，从而导致梁的实际承载力大于梁端计算弯矩，再加上楼板的实际配筋，使得梁端配筋量增加较为明显，而柱一般只按构造加强配筋，为此，设计时易形成“强梁弱柱”破坏形式[4]。本次地震中框架结构多数形成了“强梁弱柱”破坏，其主要原因除了上述外，还有柱轴压比过大、截面设计过小等原因[5]，如图 4 所示。

(a) 柱剪切断

(b) 柱端形成塑性铰

图 4　“强梁弱柱”破坏

3　框架加固方法

结构抗震加固方法是随着国家经济水平、技术水平的发展及人们抗震防灾观念的改变而发展起来的一种技术。目前抗震加固方法众多，主要有耗能减震加固、碳纤维加固、高强钢铰线— 聚合物耗资加固方法等[6-9]。本文针对以上提到的几类结构破坏形式，对提出的相应的抗震加固方法进行介绍。

3.1　传统加固方法

对于框架结构的加固方法主要有外包混凝土增大截面加固法、外包（粘）钢加固法、改变结构受力体系加固法、碳纤维加固法等。这些加固方法中基本都是对已受损的构件或强度、延性不够的构件进行加固，即所谓的“蹩足郎中”加固方法，对提高结构整体抗震能力有限。虽然其存在一定的问题，但由于增大截面和包(粘)钢加固方法较为经济，还是目前加固结构较为常用的方法。

3.2 构件外套钢管加固法

该种加固方法是对框架结构中梁、柱外包钢管，并在钢管与被加固构件之间的空隙中注入细石混凝土，使其钢管与被加固的构件能共同工作(可基本形成钢管混凝土构件)，如图5所示。构件外套钢管加固方法是根据钢管混凝土的原理，并利用钢和混凝土材料组合成的混合构件的优点，从而提高被加固框架结构中构件的抗压强度和塑性变形能力及其抗震性能。构件外套钢管加固方法对框架柱进行加固时首先是将方钢管或圆钢管从中间剖开，包在构件的外部，使用连接板或连接环合拢、密封剖开的钢管，再在钢管与构件之间空隙中注入细石混凝土，使其连成一体，共同工作。采用该种方法加固框架梁时，可去除方钢管的一面，再在钢管边缘上开孔，采用螺栓穿过梁构件将方钢管的两边连接起来，再对缝隙中注细石混凝土。构件外套钢管加固法区别于粘钢加固(以结构胶(如改性环氧树脂)为黏结材料，并通过压力灌注工艺形成饱满而高强的胶层，通过型钢和混凝土紧密结合，使原构件的变形受到型钢骨架的约束作用)，是其不用其他的黏结材料，保证了加固构件的耐久性、可靠性，并且对建筑室内环境无污染，因此，其加固性能优越于粘钢加固。

图5 构件外套钢管加固法

3.3 断柱装垫减震加固

在汶川地震中存在因薄弱层破坏而引起的局部楼层的严重破坏的结构，对于这类上部结构破坏较轻的结构(图3、4所示建筑)可采用断柱装垫减震方法进行加固和修复。断柱装垫减震加固是指对于已产生破坏严重破坏的楼层的柱全部截断(对于楼层柱已全部破坏形成楼层倒塌的结构，采用千斤顶提升整体结构，再截断原有柱构件的钢筋并进行局部修复和补强)，在截断的位置按照《建筑抗震设计规范》和《叠层橡胶支座隔震技术规程》要求安装隔震支座，使原有的传统结构形成基础隔震结构体系或层间隔震结构，如图6所示。通过隔震技术的减震性能来提高结构的整体抗震性能，从而避免了地震后因局部薄弱楼层倒塌的结构需全部推倒重建的费用，再通过简单的装饰和室内修复使结构再次恢复原有的使用功能。

3.4 耗能减震加固

耗能减震加固方法是通过在结构物某些部位增设耗能(阻尼)减震器或耗能组件，以达到抗震加固目标的新方法。耗能减震加固结构在风载和中、小震作用下，结构体系具有足够的抗侧移刚度以满足结构正常使用要求；在强烈地震作用时，随着结构侧向变形的增大，耗能(阻尼)减震器率先进入耗能状态，大量耗散输入结构的地震能量，并迅速衰减结构的地震反应，使主体结构避免或延迟出现明显的非弹性变形，确保结构的安全[6]。在耗能减震加固技术中可根据需求采用不同类型的耗能减震装置，近二十几年时间里，国内外学者和研究人员相继研究与开发的耗能减震装置主要有金属耗能器(HADAS、防屈曲耗能减震支撑等)、摩擦耗能器、

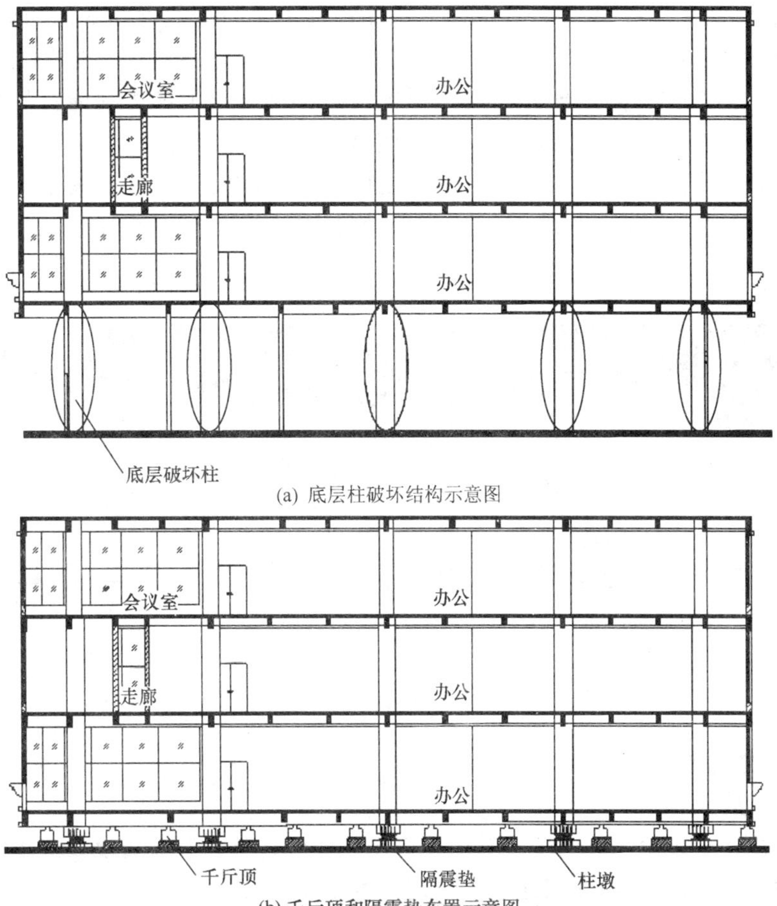

(a) 底层柱破坏结构示意图

(b) 千斤顶和隔震垫布置示意图

图 6　断柱装垫减震加固法

(a) HADAS

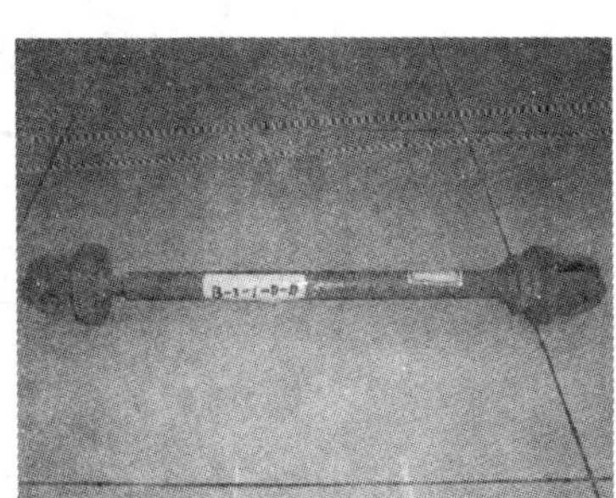
(b) 防屈曲耗能减震支撑

(c) PALL摩擦耗能器

(d) 黏滞阻尼器

(e) 黏弹性阻尼器

(f) 铅黏弹性阻尼器

图 7　耗能减震装置

黏弹性耗能器、黏滞耗能器，前两种耗能器的耗能特性主要与耗能器两端的相对位移有关，称为位移相关型耗能器（或滞变型耗能器），后两种耗能器的耗能特性主要与耗能器两端的相对速度有关，称为速度相关型耗能器。此外，研究人员还结合以上各类耗能器的耗能机制和特性，研究开发了具有多种耗能机制的复合型耗能器，如图 7 所示[5-9]。

采用耗能减震支撑加固方法对结构进行加固时，耗能减震支撑在结构中的布置方案相对比较灵活，可根据实际工程结构类型确定，常采用的有“人”字形、耗能液撑和“美丽窗”等形式等，如图 8 所示。

(a)“人”字形

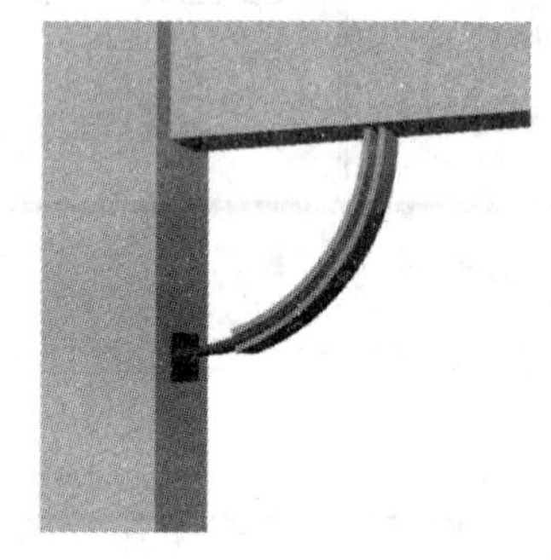

(b) 耗能液撑

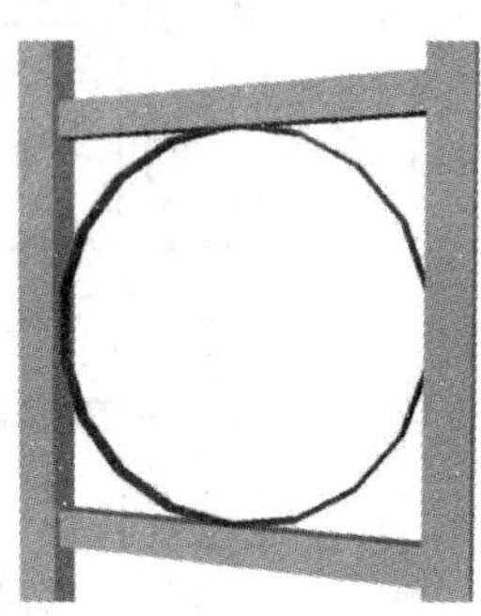

(c)“美丽窗”耗能减震加固

图 8　耗能减震加固方案

3.5　填充墙减震加固技术

3.5.1　柔性连接

耗能柔性连接是指填充墙与框架梁柱之间采用柔性连接。其既可以发挥填充墙增加整体结构刚度的作用，又可以使填充墙在地震作用下避免受到大的力而破坏[10]。现行抗震规范中建议钢筋混凝土结构中的砌体填充墙，宜与柱脱开或采用柔性连接。各种阻尼器的研制与开发为实现填充墙与框架梁柱之间的柔性连接提供了技术支持。

Yanev 等建议使用金属弹簧作为连接填充墙的抗力构件，把金属弹簧安装在填充墙和框架间隔中，金属弹簧有一定的刚度，但是比填充墙的要小，试验和数值分析表明这种连接能有效地保护填充墙，限制传递到其上力的大小。Xavier 等研制出一种新型的弹塑性耗能装置——剪切连接装置，代替 Yanev 等的金属弹簧来保护填充墙，如图 9 所示。这种耗能柔性连接的理论被证明是有效的[11-14]。另外还可以用复合型阻尼器、金属阻尼器、改性橡胶垫等建立填充墙与框架梁柱的柔性连接。

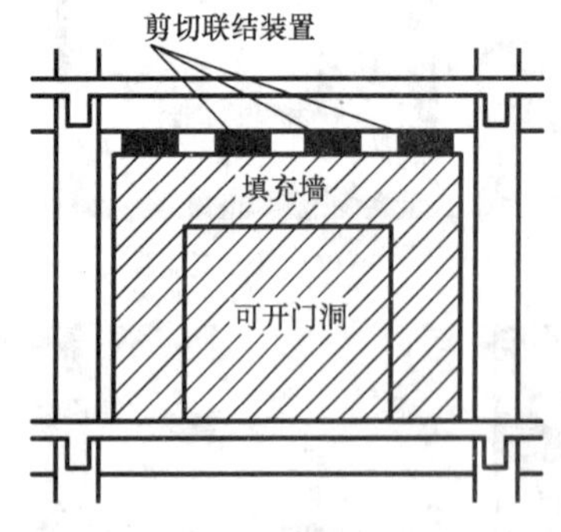

图 9　填充墙的柔性连接

3.5.2　隐形构造柱和“捆绑法”抗震技术[15]

对于填充墙宽度较大时，施工过程在基础梁或楼盖梁里面插入两根或多根 $\phi6\sim\phi10$ 竖向钢筋，砌墙时墙体将钢筋夹住，墙体被分成两段或多段，如图 10、11 所示，并沿竖向每隔约 500mm 在水平向放置拉接筋，这种组合构件可称之为“隐形构造柱”。这种构造柱构造简单、施工方便，由于钢筋的套箍作用而增加了墙体的整体性但对墙体的水平刚度增加不大，可以增加墙体的延性从而增强其耗能能力。对宽度较小的墙体可在墙体两侧沿竖向放置两根或三根 $\phi6\sim\phi10$ 钢筋，具体数量可根据墙体厚度来定，再沿竖向每隔约 1～1.5m 在砖块之间放置水平向拉接筋将竖向钢筋拉接，对墙体形成约束，以增加其延性耗能能力，这种方法称为“捆绑法”，如图 12、图 13 所示。这两种方法都可以增加房屋的整体性，提高填充墙的抗震性能。

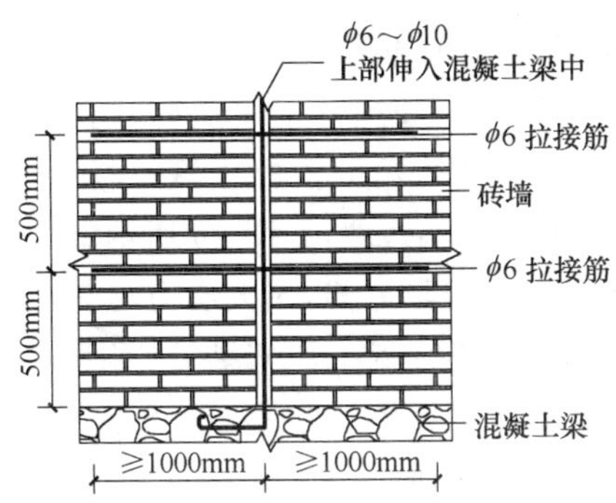

图 10　隐形构造柱立面图

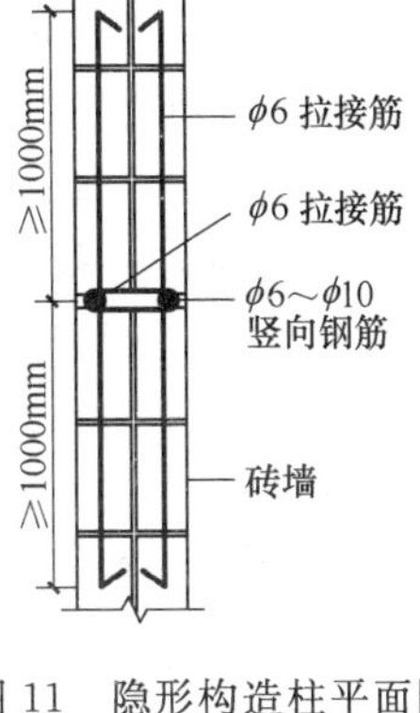

图 11　隐形构造柱平面图

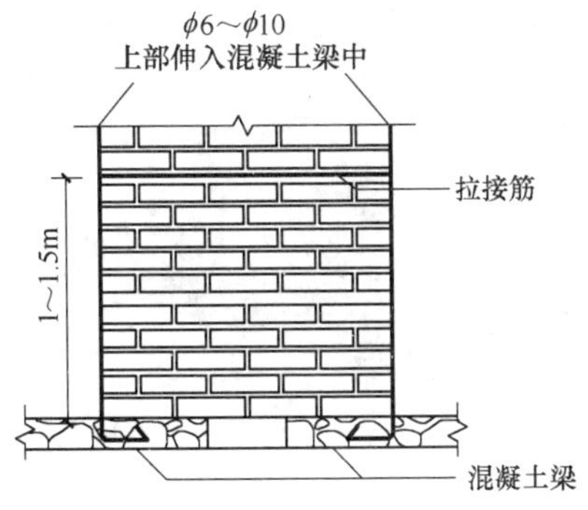

图 12　墙体“捆绑”立面图

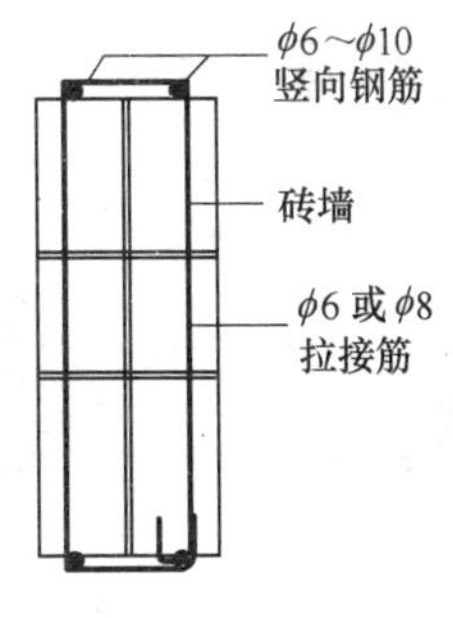

图 13　墙体“捆绑”平面图

3.5.3　开缝耗能填充墙[15]

历次震害表明，填充墙宽度较大的墙体由于其“低矮”而呈剪切破坏，产生斜裂缝或 X 裂缝。剪切破坏的墙体延性差，耗能小，破坏过程短暂突然，难以满足抗震要求。鉴于砌体结构这种震害形式，可借鉴文献[16]对墙体开几道竖缝，将墙体分成墙板柱，使墙体剪切变形状态变为弯-剪变形状态，并在缝隙中加入黏滞或黏弹性等耗能材料，提高墙体的变形能力和耗能能力，使其在地震时集中耗散能量从而保护墙体。开缝数量可由研究来定。如图 14 所示为墙体开缝示意图。

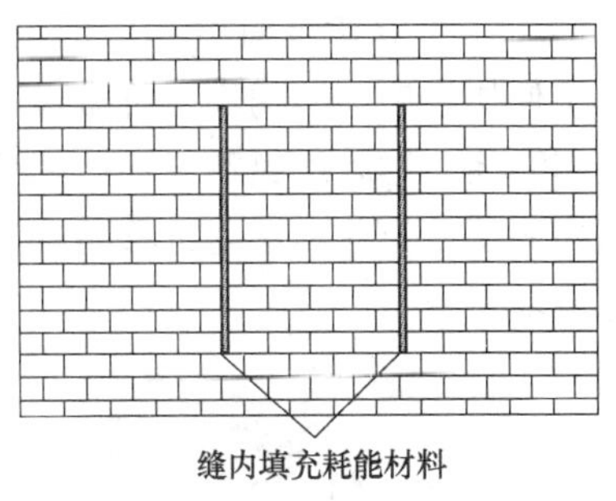

图 14　墙体开缝耗能示意图

4　耗能减震加固实例

由于耗能减震加固技术具有概念简单、减震机理明确、减震效果显著、安全可靠的特点，近年来在加固工程中的应用不断增多，在汶川地震后灾区加固工程中也得到了应用。

4.1　都江堰市北街小学试验楼加固[17]

都江堰市北街小学试验外国语学校艺术大楼，为现浇钢筋混凝土框架结构，框架层数为五层，总高度 18m。按照 7 度抗震设防，但在“5.12”地震中，原结构还是遭到了破坏，一层柱柱顶受损(如图 15),一、二层墙体出现裂缝,局部墙体破碎,局部楼梯构件受损。通过进行结构抗震验算,发现原结构多数梁柱不满足抗震要求,如果逐个构件采用传统加固方法进行加大截面,将带来很大的工程量和较长的施工工期,同时,加大柱子截面将减小建筑的使用面积,最后通过论证,提出采用消能减震加固技术对原结构进行抗震加固的方案。

首先加固受损柱顶,对节点区域混凝土凿面,剔除损坏部位破损的混凝土,并用吹风机吹净混凝土表面粉尘,然后采用比原结构混凝土强度等级高一级的 C35 混凝土修补料对混凝土破坏的节点进行修补找平,再对节点采用外包钢法对节点做加固处理,如图 16 所示。

通过对结构进行分析,得出五层楼加固工程共用 20 个黏滞阻尼器,最大出力为 700kN,根据消能器的布置原则和振型分解反应谱计算的楼层位移角确定:在一层安装 14 组黏滞阻尼器;在二层安装 4 组黏滞阻尼器,阻尼器在结构中的布置形式如图 17 所示。该建筑使用黏滞阻尼器来消能减震加固后,其节约成本 100 多万(只是传统加固方法的一半),并且房屋使用面积不被压缩,拆除工作量小,施工干扰性小且周期短,保证在使用期内不用再进行维修。

图 15 一层柱柱顶受损

图 16 节点加固

图 17 支撑布置形式

4.2 潮汕星河大厦

潮汕星河大厦地下一层,地上主楼原设计二十二层,裙楼四层,主楼平面为椭圆形,采用框架一核心筒结构,外框架为钢管混凝土柱,核心筒为钢筋混凝土剪力墙,建筑占地面积 1495.24m^2,总建筑面积 27976.8m^2,如图 18 所示。由于在施工过程中,业主要求增加三层,为了使加层后的结构满足抗震设计的要求,经多个方案比较后采用增设铅黏弹性阻尼器的方案,共安装了 28 组铅黏弹性阻尼器,安装形式如图 19 所示。装有耗能器之后,在大震作用下,结构的顶点位移和层间位移角均满足《建筑抗震设计规范》及《高层建筑混凝土结构技术规程》的要求。

图 18 建筑成后的潮汕星河大厦

图 19 阻尼器布置图

4.3 首都体育馆[18]

首都体育馆建于 1967 年,已使用近 40 年,如图 20 所示,计划为 2008 年奥运会排球比赛场地之一。由于结构在看台层以上部分缩为单跨框架,刚度发生突变,并且原结构设计较早,其抗震性能远远无法满足现行抗震规范要求,因此,需改善结构整体抗震性能进行抗震加固,经过多种方案的论证与比较,最后选择了抗震剪力墙、钢支撑、软钢阻尼器相结合的加固方案用于体育馆的抗震性能加固,耗能减震支撑在结构中的布置如图 21 所示。

图 20 首都体育馆

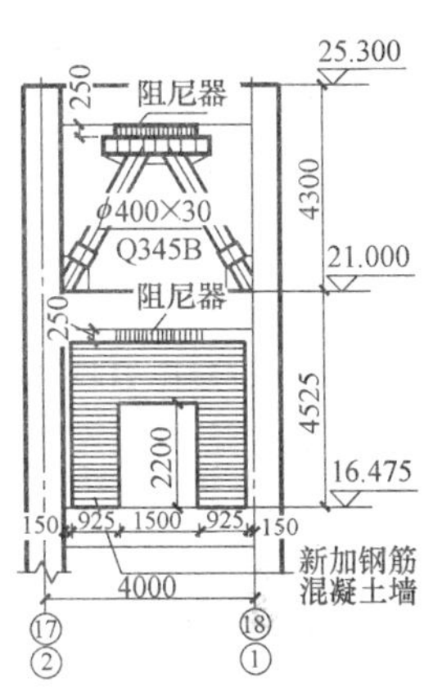

图 21 耗能减震装置布置形式

4.4 西安长乐苑招商局[19]

西安长乐苑招商局广场 4 号楼为商务和住宅用楼,结构体系为现浇部分框支剪力墙结构,如图 22 所示。根据结构抗震鉴定报告说明,该结构的抗震能力不足,要对其进行加固。最终采用具有强大耗能作用的开孔式软钢耗能器来进行本建筑抗震加固工程(图 23),Pushover 结果分析显示安装开孔式软钢耗能器(HADAS)后,有效提高了大楼的抗震能力。

图 22 西安长乐苑招商局广场 4 号楼效果图

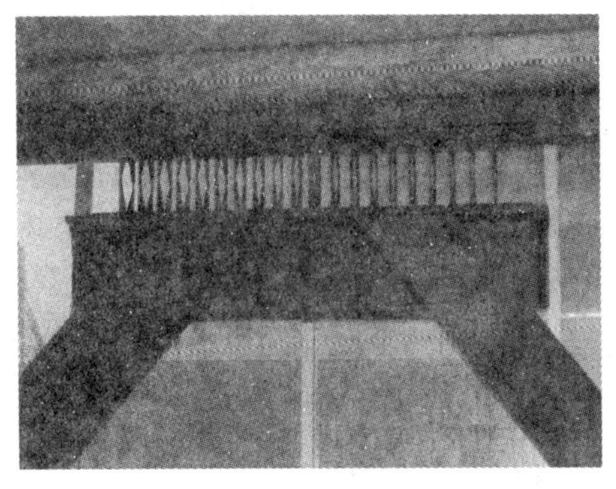

图 23 开孔式软钢阻尼器实际安装图

5 结论与建议

地震灾区的房屋的恢复与重建是个庞大的工程,需要投入大量的人力和物力,框架结构房屋作为灾区房屋主要结构形式之一,因此,其加固工程数量也是巨大的,采用的加固方法也可能比较多,以上介绍的加固方法可供参考,但是在实际结构加固过程中各种不同的工作环节较多，为了使框架结构进行加固后能达到新的抗震设防要求，作者认为还应注意以下几方面的问题：

(1) 在结构抗震加固过程应根据抗震鉴定结果，提出不同的抗震加固方案，再对各种方案进行综合比较，给出经济、可靠、技术合理的方案。

(2) 结构加固时应避免结构的局部加强使结构承载力和刚度发生突变，避免结构加固后出现"加梁弱柱、强弯弱剪"的情况。

(3) 编制灾区各种结构抗震加固技术施工简易手册和构造图集，确保结构加固过程中的施工质量。

参考文献

[1] 全国地震区划图编制委员会.汶川地震灾区地震动参数区划图工作报告[R].2008

[2] 周云，吴从晓，陈真等.改进框架结构抗震性能的新途径和新方法[C].地震工程与减轻地震灾害研讨会，2009，成都

[3] 经杰.从汶川地震震害思考结构抗震设计[C].汶川地震建筑震害调查与灾后重建分析报告，2008，北京

[4] 王亚勇.汶川地震建筑震害启示——抗震概念设计[J].建筑结构学报.2008，29(4)：20-25

[5] 叶列平，曲哲，马千里等.从汶川地震框架结构震害谈"强柱弱梁"屈服机制的实现[J].2008，38(11)：52-59

[6] 周云.耗能减震加固技术与设计方法[M].北京：科学出版社，2006

[7] 程绍革，任卫教.钢筋混凝土框架结构抗震加固方法综述[J].建筑科学，2001，17(3)

[8] 王亚勇，姚秋来，王忠海等.高强钢绞线网片-聚合物砂浆复合面层加固钢筋混凝土梁的耐火试验研究[J].建筑结构，2007，37(1)

[9] 周云，吴从晓.灾后建筑加固耗能减震技术与方法[C].汶川地震建筑震害调查与灾后重建分析报告，2008，北京

[10] Brokken S, Bertero V V. Studies on the Effects of Infills in Seismic Resistant R/C Construction[R]. UBC/EERC-81/12 Report, Earthquake Engineering Research Center, University of Califor-nia at Berkeley, 1981

[11] 周云.金属耗能减震结构设计[M].武汉：武汉理工大学出版社，2006

[12] 周云.摩擦耗能减震结构设计[M].武汉：武汉理工大学出版社，2006

[13] 周云.黏滞阻尼减震结构设计[M].武汉：武汉理工大学出版社，2006

[14] 周云.黏弹性阻尼减震结构设计[M].武汉：武汉理工大学出版社，2006

[15] 周云，邹征敏，张超，吴从晓.汶川地震砌体结构的震害与改进砌体结构抗震性能的途径与方法[J].防灾减灾工程学报，2009，29(1)

[16] 武滕清.结构物动力设计[M].滕家禄等译.北京：中国建筑工业出版社，1984，87～92

[17] 四川国方建筑机械有限公司.灾后重建与消能减震加固技术应用[R].成都，2009

[18] 杨勇，陈彬磊，李文峰，苗启松.首都体育馆比赛馆结构抗震加固研究与设计[J].建筑结构.2008，38(1)

[19] 王亚勇，陈清祥.开孔式软钢耗能器HADAS之抗震加固，抗震加固改造技术第一届学术交流会论文集，2004

无黏结钢绞线体外预应力加固技术的设计和施工方法

项剑锋　陈　微　（浙江剑锋加固工程有限公司　杭州 311112）

［摘要］ 针对无黏结钢绞线体外预应力加固技术的发展和广泛应用，笔者结合公司多年的加固改造工程实践，分别从 6 个方面介绍了高强无黏结钢绞线体外预应力加固技术的设计和施工方法，供从事相关加固改造设计或施工的工作人员参考。

［关键词］ 无黏结钢绞线；预应力；加固；改造

1　引言

高强钢绞线体外预应力加固技术自 1988 年笔者首次应用于钢筋混凝土大梁加固工程以来，已有了较大发展。1988 年首次应用时是采用光面高强钢绞线作为补强拉杆，张拉方法是采用横向手工张拉，具体的设计和施工方法见参考文献[1][2]。当市面上出现无黏结高强钢绞线以后，又改用无黏结高强钢绞线作为补强拉杆，张拉方法改用纵向千斤顶张拉或横向张拉与纵向千斤顶张拉相结合的方法，见参考文献[3]。应用范围也从单纯的大梁加固发展到拆墙、拔柱、减小梁的截面高度和加固楼、屋面板等加固改造工程中，见参考文献[4]。这种技术已引起建设部有关部门的重视，现已决定将其编入我国《混凝土结构加固设计规范》的修订稿中。下面介绍无黏结钢绞线体外预应力加固技术的设计和施工方法。

2　钢筋混凝土大梁采用横向手工张拉加固时的设计和施工方法

当无法采用纵向千斤顶张拉时，或当连续跨的跨数超过二跨（一端张拉）和超过四跨（二端张拉）时，须采用横向手工张拉或纵向千斤顶张拉与横向手工张拉相结合的方法。采用横向手工张拉时，其设计和施工方法如下：

2.1　钢绞线和铁件的布置

钢绞线的规格一般采用极限强度为 1860N/mm^2 的 $U\Phi^j15.2(7\Phi^s5)$低松弛无黏结钢绞线。钢绞线的形状近似与弯矩图形相一致，成对布置在大梁两侧的受拉区，跨中水平段必须在梁的底部。当钢绞线数量很多时可排成数排。图 1 为一排钢绞线时的示意图，图 2 为布置二排钢绞线时的示意图，图 3 为一排时的仰视图。

每跨钢绞线被支承垫板、中间撑棍和拉紧螺栓分为若干个区段。中间撑棍的数量应通过计算确定，对于一般跨长的梁（如 6～9m），可设置 1 根中间撑棍和 2 根拉紧螺栓；当梁的跨度不大时（如小于 6m），可取消中间撑棍，仅设置 1 根拉紧螺栓；当梁的跨长很大时（如大于 9m），一般需设置 2 根中间撑棍、3 根拉紧螺栓。

2.2　中间撑棍数量的确定方法

钢绞线的应力是通过拧紧设在梁底的拉紧螺栓进行横向张拉，使钢绞线伸长而建立起来的。如果不考虑转折点处的摩阻力，其应力值为钢绞线的总伸长量除以总长度，再乘上弹性模量值。为了达到要求的总伸长量，必须设置一定数量的拉紧螺栓和中间撑棍。

当不设中间撑棍，仅有 1 根拉紧螺栓时，总伸长量按图 4 的几何关系计算（图中 a_1 为拉紧螺栓至支承垫板的距离，b 为拉紧螺栓处钢绞线的横向位移量，可取梁宽的一半）。总伸长

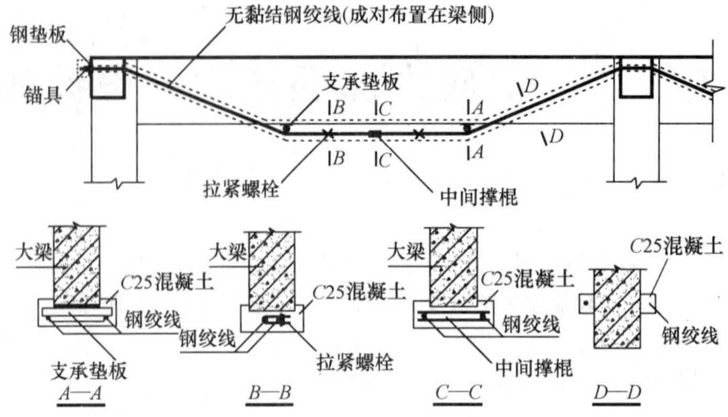

图 1　一排钢绞线采用横向手工张拉时的体外预应力加固法

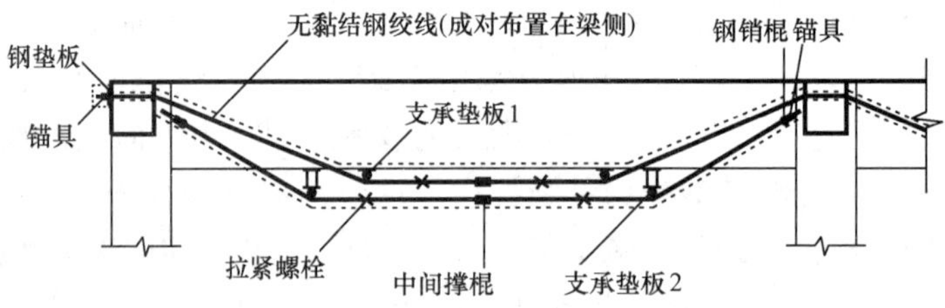

图 2　二排钢绞线采用横向手工张拉时的体外预应力加固法

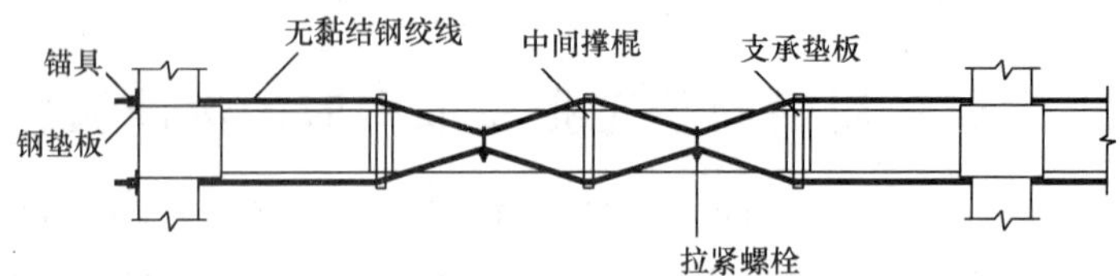

图 3　钢绞线张拉后大梁仰视图

量为：

$$\Delta l=2(c_1-a_1)=2\times(\sqrt{a_1^2+b^2}-a_1)$$

当设 1 根中间撑棍和 2 根拉紧螺栓时，总伸长量按图 5 的几何关系计算(图中 a_2 为拉紧螺栓至中间撑棍的距离)。总伸长量为：

$$\Delta l=2\times[(c_1-a_1)+(c_2-a_2)]=2\times[\sqrt{a_1^2+b^2}+\sqrt{a_2^2+b^2}-a_1-a_2]$$

图 4　不设中间撑棍时总伸长量的计算简图

图 5　设 1 根中间撑棍时总伸长量的计算简图

当设 2 根中间撑棍和 3 根拉紧螺栓时，总伸长量按图 6 的几何关系计算：

$$\Delta l=2\times(c_1-a_1)+4\times(c_2-a_2)=2\sqrt{a_1^2+b^2}+4\sqrt{a_2^2+b^2}-2a_1-4a_2$$

图 6　设 2 根中间撑棍时总伸长量的计算简图

2.3 拉紧螺栓位置的确定

当不设中间撑棍时,可将拉紧螺栓设在中点位置。

当设有1根中间撑棍时,为使拉紧螺栓两侧的钢绞线应力尽量均衡,减少钢绞线在拉紧螺栓处的纵向滑移量,应使 $a_1 < a_2$,并使

$$\frac{c_1 - a_1}{0.5l - a_2} \approx \frac{c_2 - a_2}{a_2}$$

当设有2根中间撑棍时,应使拉紧螺栓至中间撑棍的距离相等,并将两边拉紧螺栓至支承垫板的距离靠近一些,使

$$\frac{c_2 - a_2}{a_2} \approx \frac{c_1 - a_1}{0.5l - 2a_2}$$

2.4 端部锚固方法

钢绞线端部的锚固宜采用圆套筒三夹片式单孔锚,端部支承可采用图7的三种方法。当边柱侧面至梁侧面的距离大于5cm时,可将柱子钻孔,钢绞线穿过柱子,锚具通过钢板垫板支承于柱子外侧面;当边柱侧面至梁侧面的距离不大于5cm时,如果柱侧有梁,可将锚具通过钢板垫板支承于梁的外侧面;如果柱侧无梁,则用取芯机在边柱上钻孔,设置圆钢销棍,将锚具通过圆钢销棍支承于边柱。圆钢销棍可采用 $\phi60$ 的45#钢制作,锚具支承处要加工成平面。当柱子混凝土强度较低时,为了提高圆钢销棍承压面混凝土的局部承压强度,可设置内径与圆钢销棍直径相同的钢管垫,垫下部用快硬水泥砂浆或堵漏剂坐浆。

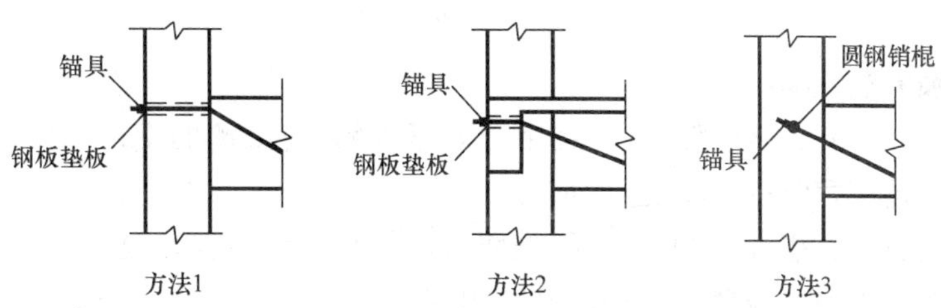

图7 端部锚固方法

2.5 中间连续节点做法

中间连续节点可采用图8的三种做法。当中柱侧面至梁侧面的距离大于5cm时可将钢绞线直接支承在柱子上;当中柱侧面至梁侧面的距离不大于5cm时,可将钢绞线支承在柱侧的梁上;柱侧无梁时可用取芯机在中柱上钻孔,设置钢吊棍,将钢绞线支承在钢吊棍上。如果支座负弯矩承载力也需要补强,中间连续节点处的钢绞线应设置水平段,转折点处设置钢吊棍,具体做法见图9,水平段的长度按计算确定。钢吊棍采用 $\phi60$ 或 $\phi50$(仅一侧钢绞线为斜向时)厚壁钢管制作,内灌细石混凝土。此时若梁端抗剪承载能力不足,可采用粘贴U形碳纤维布或粘贴钢板的方法解决。

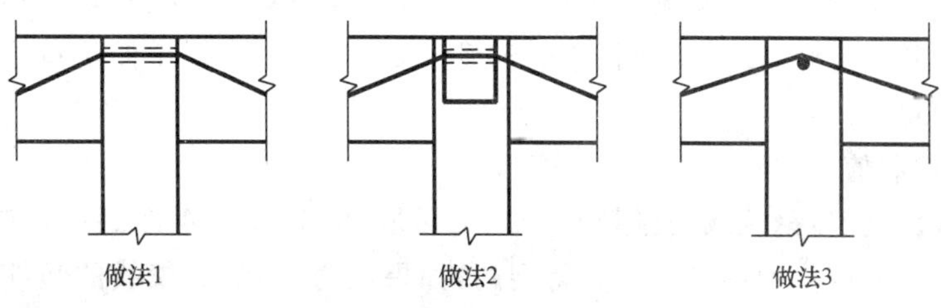

图8 中间连续节点做法

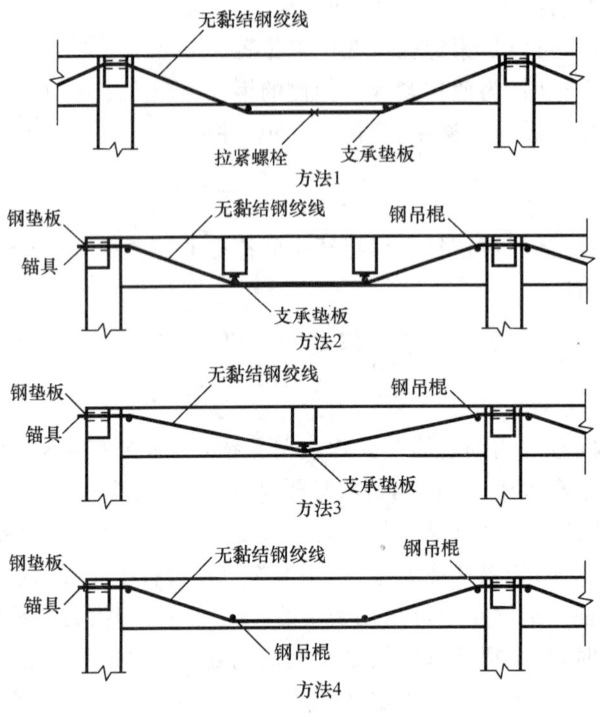

图 9　钢绞线的几种布置方法

2.6　预应力施加方法

施加预应力时利用 U 形拉紧螺栓，用手工旋紧螺帽，使梁侧的钢绞线向梁底中间位置靠拢，从而使钢绞线伸长，建立起所需要的应力。

在进行横向张拉前，引伸仪初读数后，先将梁底转折点处的支承垫板向外侧敲紧，对钢绞线进行初张拉，然后再通过拉紧螺栓横向施加预应力。

为节省 U 形拉紧螺栓的工料费，在开始阶段先使用工具式 U 形拉紧螺栓，待张拉至一定程度后再换上较短的、直径较细的 U 形拉紧螺栓继续张拉。

在各跨拉紧螺栓拉紧时，应尽量保持同步。为此，必须同时缓慢拧紧螺栓，用量测两根钢绞线中距的办法进行控制。当钢绞线应力达到要求值以后，在每一根拉紧螺栓上旋上双螺帽固定。

2.7　钢绞线应力测试方法

为控制钢绞线的应力值，在每跨梁的梁底较长水平段的钢绞线上各设置一对铜头测点，用 50cm 或 25cm 标距的手持式引伸仪测试钢绞线的伸长值，进而推算应力值。

在贴铜片时，先用角向磨光机将钢丝的圆面磨成小平面，然后用 502 胶水粘贴。这项工作在钢绞线安装就位并稍加拉紧时进行。

初读数在支承垫板向外侧敲紧前进行。待横向张拉拧紧螺栓感到吃力时，再开始用手持式引伸仪测试伸长量，然后逐步使伸长量达到设计要求（应力值等于伸长量除以标距，再乘以钢绞线的弹性模量值）。

2.8　张拉应力控制值

根据设计规范规定，钢绞线的张拉控制应力可取 $0.75f_{ptk}$。考虑到进行横向张拉时钢绞线的应力值是由应变值按弹性模量推算得到的，如果应力过高，钢绞线的塑性变形增加，推算得到的应力值就不能反映实际情况，而且钢绞线经转折后抗拉强度要降低，故张拉控制应力不宜过高，一般取 $0.6f_{ptk}$。

2.9 防腐和防火措施

防腐和防火措施可采用以下两种方法：当无外观要求时，可将无黏结钢绞线用 ϕ80 直径的 1∶2 水泥砂浆包裹，铁件用 C25 细石混凝土包裹；当有外观要求时，将钢绞线和铁件均用 C25 细石混凝土包裹，如图 1 和图 2 所示。端部铁件和锚具均用 C25 细石混凝土包裹。当钢绞线用水泥砂浆包裹时，可采用 ϕ80PVC 管对开，内置 1∶2 水泥砂浆，然后将钢绞线包裹在里面，用铅丝绑扎，第二天将 PVC 管取下。

3 钢筋混凝土大梁采用纵向千斤顶张拉加固时的设计和施工方法

对于可以采用纵向千斤顶张拉的大梁，应优先采用这种方案。采用纵向千斤顶张拉时，其设计和施工方法如下：

3.1 钢绞线的布置

钢绞线一般采用极限强度为 1860N/mm^2 的 $U\Phi^{j}15.2(7\Phi^{s}5)$低松弛无黏结钢绞线，成对布置在梁的两侧，钢绞线的形心至梁侧的距离一般为 40mm 左右。钢绞线的形状应与需补足的弯矩图形相近。一般情况下，采用两根钢绞线便能满足要求，当需要补强的钢绞线数量很多时可以排成数排。为了不影响使用净高，可以把钢绞线在跨中的支承点设在梁底以上的位置。钢绞线可采用连续跨布置，以加强结构的整体性，并简化节点构造。在实际加固工程中，曾采用过如图 9 中方法 1～方法 4 的几种做法。

3.2 铁件的设置

为了形成设计要求的钢绞线形状，要在钢绞线的转折点处设置支承垫板或钢吊棍等铁件，在两端要设置钢垫板或钢销棍。

3.3 中间连续节点的做法

当采用多跨连续张拉，钢绞线在跨中的转折点设在梁底以上位置时，为了减少转折点处的摩擦力，在中间支座的两侧要设置钢吊棍，如图 9 中的方法 2～4 所示；若钢绞线在跨中的转折点设在梁底以下位置，则中间支座可不设钢吊棍，钢绞线直接支承在柱子或柱侧的横梁上，但如果该跨不靠近张拉端，则应在跨中设置拉紧螺栓，如图 9 中的方法 1 所示，在千斤顶张拉以后再用拉紧螺栓补足钢绞线的应力。钢吊棍可采用 ϕ50 或 ϕ60（当两侧钢绞线均为斜向时）厚壁钢管制作，内灌细石混凝土。如混凝土孔洞下部的局部挤压强度不满足要求，可设置内径与钢吊棍相同的钢管垫，用快硬水泥砂浆或堵漏剂坐浆。

如果需要补足支座负弯矩承载力，则中间支座水平段钢绞线的长度按计算确定。此时若梁端截面的抗剪承载能力不足，可采用粘贴 U 形碳纤维布或粘贴钢板的方法解决。

3.4 端部锚固方法

钢绞线端部的锚固采用圆套筒三夹片式单孔锚。端部支承可采用图 10 中的四种方法。

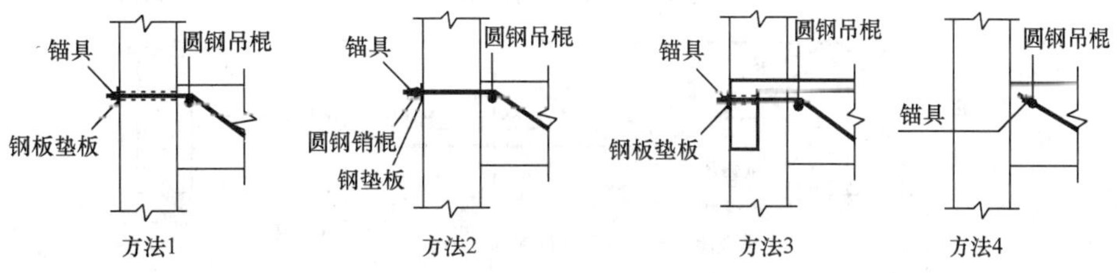

图 10 纵向千斤顶张拉时端部锚固方法

当边柱侧面至梁侧面的距离大于 5cm 时，可将柱子钻孔，将端部锚具通过钢板垫板支承于边柱外侧面，为了减少纵向张拉时的摩擦力，在梁端上部设钢吊棍；当边柱侧面至梁侧面距离不大于 5cm 时，将锚具通过槽钢垫板支承于边柱外侧面，在梁端上方也设钢吊棍；当柱侧有梁时可将锚具通过钢板垫板支承于梁的外侧面。

当无法设置钢垫板时，可用取芯机在梁端上部截面钻孔，设置圆钢销棍，将锚具通过圆钢销棍支承于梁端。圆钢销棍可采用Φ60 的 45＃钢制作，锚具支承面处要加工成平面。当梁的混凝土质量较差时，可设置内径与圆钢销棍直径相同的钢管垫，用快硬水泥砂浆或堵漏剂坐浆。

施工时端部钢垫板接触面处的混凝土面必须平整，如果不平整则应用快硬水泥砂浆或堵漏剂找平。

3.5 预应力施加方法

当钢绞线采用连续跨布置，而跨中的转折点设在梁底以上位置时，应尽可能采用两端纵向张拉以减少摩擦力损失，当钢绞线在跨中的转折点设在梁底以下位置时，可采用一端纵向张拉，但在纵向张拉以后，还应利用设在跨中的拉紧螺栓进行横向张拉，以补足由摩擦力引起的预应力损失值。当纵向张拉有困难时，也可将跨中转折点设在梁底，全部采用横向张拉的方法。

纵向张拉的工具采用穿心千斤顶和高压油泵，张拉力直接从油压表中读取。

张拉时应采用交错张拉的方法：先在一端张拉，把第一根钢绞线张拉至一半张拉控制值，再张拉另一侧钢绞线至张拉控制值，然后再把第一根钢绞线张拉至张拉控制值。如有数排钢绞线，也采用同样方法。一端张拉后再到另一端把钢绞线的张拉力全部补足。

3.6 张拉应力控制值

当采用千斤顶纵向张拉时，钢绞线的张拉应力控制值一般可取 $0.7f_{ptk}$，当连续的跨数较多时，可采用 $0.75f_{ptk}$。f_{ptk} 为钢绞线抗拉强度标准值。

3.7 防腐和防火措施

当外观要求不高时，铁件和钢绞线可采用 C25 细石混凝土或 1∶2 水泥砂浆分别进行包裹；当外观要求较高时，可用 C25 混凝土将铁件和钢绞线整体包裹；端部锚具用 C25 细石混凝土包裹。当钢绞线用水泥砂浆包裹时，可采用Φ80PVC 管对开，内置 1∶2 水泥砂浆，然后将钢绞线包裹在里面，用铅丝绑扎，第二天将 PVC 管取下。

4 用于拔柱时的设计和施工方法

当要拔除的柱子所承受的轴向荷载不是很大时，可采用“无黏结钢绞线体外预应力加固法”对大梁进行加固，然后将柱子拔除。此时原梁端部的负弯矩承载能力和抗剪承载能力仍存在，但不足部分及跨中的全部正弯矩要由所加的钢绞线承担。这种情况必须采用纵向千斤顶

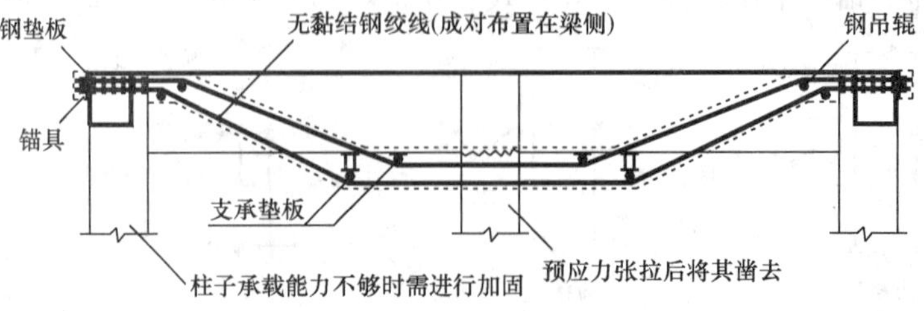

图 11　体外预应力加固技术用于拔柱时的示意图

张拉施加预应力。为了确保安全，钢绞线数量不宜少于四根，但也不宜大于八根。如果预应力加固后梁端抗剪承载能力仍不足，可采用粘贴 U 形碳纤维布或粘贴钢板的方法解决。柱子在预应力张拉以后敲掉。在柱子敲掉以后把所有钢绞线和铁件及两端锚具用 C25 细石混凝土包裹。具体做法见图 11。

如果拔柱后两侧的柱子和柱基承受不了新增加的荷载，则两侧的柱子和柱基在拔柱之前必须先进行加固，必要时要设置锚杆静压桩，以避免柱基产生过大沉降。

5 用于拆墙时的设计和施工方法

当承重墙所承受的荷载不是很大，长度也不是很长，而且墙顶设有钢筋混凝土圈梁时，可采用“无黏结钢绞线体外预应力加固法”对圈梁进行加固，然后拆除承重墙。此时，把圈梁变为三跨连续梁，跨中的二个支点处由预应力钢绞线提供向上反力。如果跨度较大，可将支承垫板的高度加高，使向上的反力满足承载力的要求。钢绞线的数量可通过计算确定。为了确保安全，钢绞线的数量不宜少于 4 根，但也不宜大于八根。

在拆除承重墙的改造工程中，一般要在两侧增设钢筋混凝土柱子，或对原构造柱进行加固。柱基必要时要设置锚杆桩，以避免产生过大沉降。具体做法见图 12。

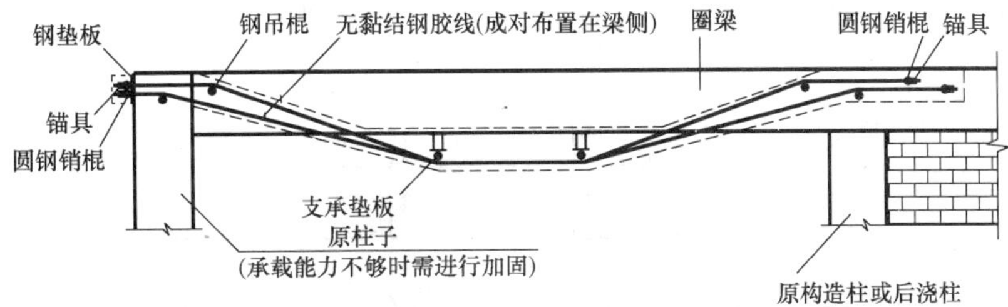

图 12 体外预应力加固技术用于拆墙时的示意图

6 用于减小大梁高度时的设计和施工方法

当改造工程中需要将大梁的截面高度减小时，梁下部的正主筋将全部去掉，跨中截面的承载能力将全部丧失，而且截面刚度大大降低，大梁的负主筋和箍筋虽然仍保留，但负弯矩承载能力和抗剪承载能力已大大减小。在减小大梁截面高度之前，必须先用“无黏结钢绞线体外预

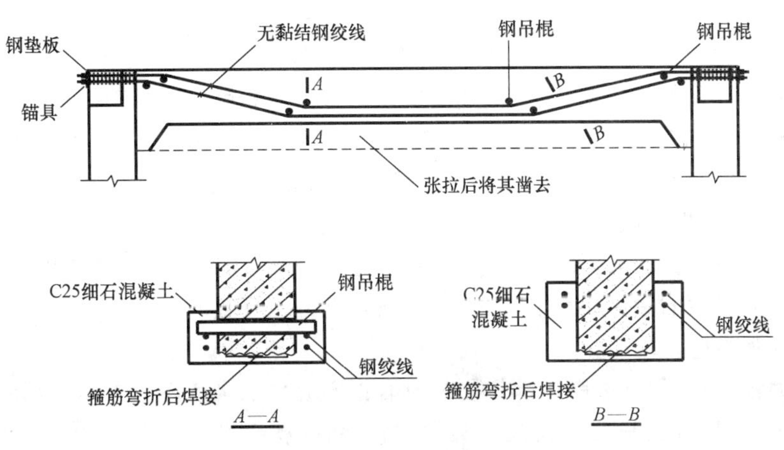

图 13 大梁截面高度减小时的加固方法

应力加固法”对大梁进行加固。钢绞线的数量通过计算确定,成对布置在大梁两侧的受拉区,形状一般采用三折线形,与梁的弯矩图形近似一致。跨中最下一排水平段钢绞线与减小后的梁截面底边相距 3cm 左右,转折点处用取芯机在梁上钻孔,设置钢吊棍。为了避免去除下部梁截面混凝土时伤及上部梁截面混凝土,可在上部梁截面的下部粘贴一条钢板;如不设钢板,在去除下部梁截面混凝土时要先用切割机沿分界线切割出一条凹槽。为了避免两端底部素混凝土处应力集中和增强支座截面负弯矩承载能力,可保留两端部分截面,做成牛腿状。钢绞线采用纵向千斤顶张拉,张拉以后再去掉下部梁截面的混凝土。在去掉下部梁截面混凝土时,要保留一定长度的箍筋,在底面弯折后相互焊接,然后设置底模和边模,用 C25 细石混凝土振捣密实。具体做法见图 13。

当有抗震要求时,应在两端梁底位置用植筋的方法将所需的正弯矩钢筋植入柱子内。

7 用于加固楼、屋面板时的设计和施工方法

当用于楼、屋面加固时,一般采用“钢支托无黏结钢绞线下撑式预应力拉杆法”。即用两根或一根由工字钢和钢管焊成的钢支托作为楼板的跨中支座,把楼板变成三跨或二跨连续板,在钢支托的下部配置三折线形或二折线形预应力无黏结钢绞线作为钢支托的支点。预应力张拉后在钢绞线的转折点处会产生向上的反力,平衡掉一部分楼面荷载。具体做法见图 14。

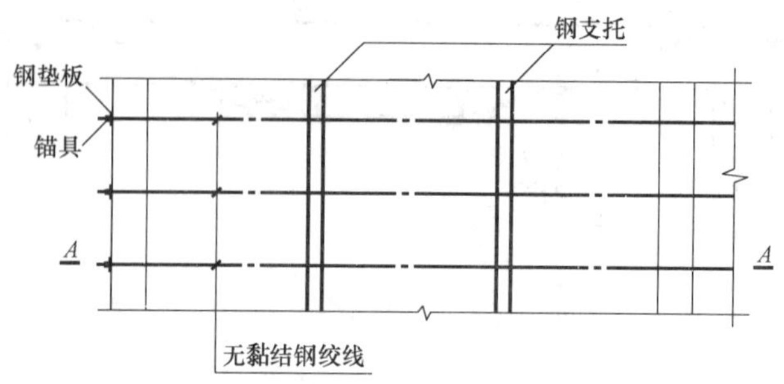

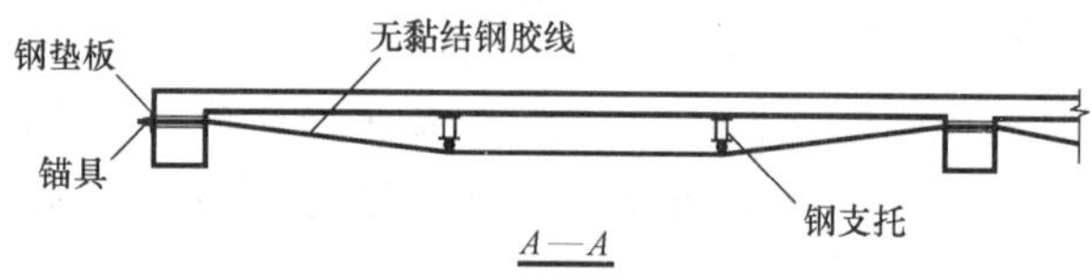

图 14　钢支托无黏结钢绞线下撑式预应力拉杆法加固楼板的平面图

钢支托一般可采用工字钢,在钢绞线的支点处焊上一根Φ50 的厚壁钢管,以增加钢绞线在支点处产生的向上反力。钢绞线一般采用极限强度为 1860N/mm^2 的 UΦ^j15.2(7Φ^s5)低松弛无黏结钢绞线。施加预应力的数值必须考虑到施工阶段不能使空载时的现浇楼、屋面板顶面出现裂缝,或使预制板楼面上抬。

如果楼板的跨度比较大,外荷载直接作用在原楼板面上,钢支托处楼板的顶面要出现较大的负弯矩。如果板顶的负钢筋承受不了,而且按塑性方法计算时板的跨中配筋也承受不了,则应对板采取补强措施。

当楼面为预制板,而且边跨端部锚固处没有钢筋混凝土梁或圈梁可以支承时,可采用以下两种方法处理:一种方法是在多孔板端头设槽钢垫板,槽钢垫板与预制板端头之间用 C30 细石混凝土灌实;另一种方法可在边跨无黏结钢绞线位置设置钢筋混凝土小梁来承受钢绞线

的张拉力。

参考文献

[1] 项剑锋.高强钢绞线预应力加固法[J].建筑技术,1992(6)

[2] 项剑锋.钢筋混凝土大梁高强钢绞线预应力加固法[C]//后张预应力混凝土设计手册,陶学康主编,中国建筑工业出版社,1996

[3] 项剑锋.钢筋混凝土大梁无黏结钢绞线体外预应力加固法[C]//结构工程师增刊,预应力结构基本理论及工程应用,2000,同济大学

[4] 项剑锋.高效预应力加固和改造技术的工程应用[C]//建筑结构增刊,首届全国既有结构加固改造设计与施工技术交流会论文集,2007

建筑物火灾后鉴定与加固技术的发展

李延和[1,2]　李树林[1,2]　丁　石[3]

（1. 南京工业大学工程检测鉴定与加固中心；2. 江苏建华建设有限公司；
3. 南京溧水建筑设计院　南京）

［摘要］　本文首先系统回顾和总结了火灾后结构检测鉴定及加固处理的发展状况，提出了火灾鉴定的工作程序和关键技术，然后以实际火灾鉴定加固工程为例介绍了火灾鉴定加固的基本方法。

［关键词］　火灾；结构损伤；鉴定加固处理

1　发展简述

1.1　概述

1.1.1　火灾的危害

在地震、火灾、风灾、雪灾及地震灾害中，火灾是发生率最高的一种。火灾给人类的生命财产带来了巨大的危害。在各种火灾中，发生次数最多，损失最严重的是工程结构火灾。随着我国城市建设的发展，高层建筑、大型公共建筑等数量越来越多，火灾的危害愈加严重。图 1 给出了我国 1978～2004 年火灾发生的统计曲线[1]。图 2 给出了美国 1977～2000 年火灾发生统计曲线[10]。

图 1　我国 1978～2004 年火灾情况

许多国家的统计表明，每年火灾直接经济损失约占该国 GDP 的 0.1%～0.2%，而间接的经济损失约为 GDP 的 0.3%～0.6%。在各类火灾中，建筑物火灾发生的次数最多，损失最大，约占全部火灾的 80%。

1.1.2　国内外火灾学科研究的概况

针对日益严峻的火灾形势，世界各国都在努力探索预防火灾发生的有效途径，积极研究推动和保证消防工作的各项措施。经过二十多年的发展，火灾学科从火灾的发生与蔓延特性、防火设计、消防组织及管理、火灾后鉴定与加固处理等方面均初步形成了系统的体系。

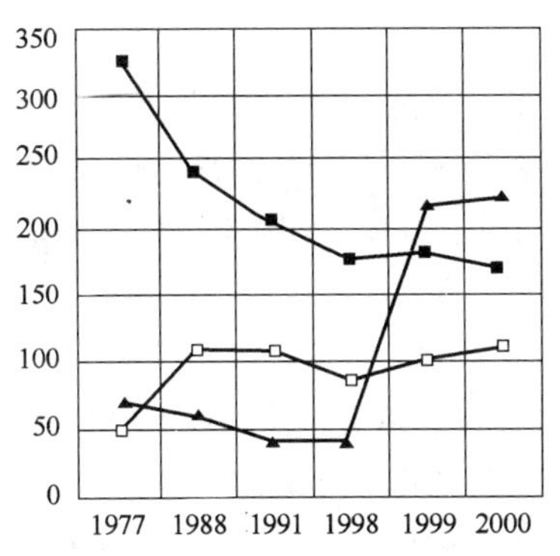

—■— 超数(万) —□— 直接财产损失(亿美元) —▲— 死亡人数(数字×100人)

图 2　美国 1977～2000 年火灾情况

每年国际上均召开各类与火灾预防与处理有关的国际会议交流火灾学科领域内的新成果、新技术。1985 年在美国成立了国际火灾安全科学协会并召开首届国际火灾安全科学国际会议，1988 年在日本召开了第二届国际会议。1991 年苏格兰爱丁堡召开第三届，1994 年在加拿大渥太华召开第四届。

在结构抗火研究方面，从 2000 年起，国际上每两年召开一次 SiF 会议，第一届 SiF 会议于 2000 年在丹泰召开，第二届 SiF 会议在新西兰召开，第三届 SiF 会议于 2004 年在加拿大召开，第四届 SiF 会议于 2006 年在葡萄牙召开。

关于高温作用下结构反应的研究，国外的研究起步较早，至 20 世纪 80 年代中期，前苏联、美国、法国、日本等发达国家已进行了系统的研究并出版颁布了相关标准、规范或手册[3]~[5]。进入 21 世纪以来，这些标准、规范及手册又进行了修订完善。我国的冶金部建筑研究院于 20 世纪 60 年代初开始对 60～200℃高温作用下结构构件性能变化进行了研究，编制了我国第一部涉及高温的结构设计规程[6]，较为系统的研究是从 20 世纪 80 年代中期才开始。

在火灾后结构损伤鉴定与修复加固处理研究方面，国际上从 20 世纪 50 年代起开展了火灾后结构损伤鉴定及加固方法的研究。20 世纪 80 年代以后，随着试验研究的深入，结构分析方法的改进以及结构新材料的发展，国际上关于这方面的研究不断取得新的成果，在结构工程界的国际会议中，关于火灾损伤鉴定与处理的论文占有相当的分量。我国在 20 世纪 80 年代后期起广泛的开展了对火灾对建筑物的损伤鉴定与加固的研究。至 20 世纪 90 年代末期形成了清华大学[8]、同济大学[9][10]、南京工业大学[11]、青岛理工大学[12]、哈尔滨工业大学[13][14]、东南大学[15][16]、福州大学[17]等学院派的偏重于理论的研究团队，也形成了冶金部研究学院[18][19]、天津消防研究所、四川消防研究所、江苏省建筑科学研究院[20][21]、上海市建筑科学研究院等偏重于实用的研究团队。从 20 世纪 90 年代初召开的全国建筑物鉴定加固改造学术交流会至今已举办了九届，每届论文集中大约 10％的论文是讨论火灾后建筑物鉴定与加固技术和工程处理实例的。

工程建设标准化协会组织有关专家制定了我国的第一部《火灾后建筑结构鉴定标准》(报批稿)。

1.2　火灾安全科学中几个主要概念

在火灾安全科学中，涉及工程结构领域的内容主要有如下几个方面：

1.2.1 工程火灾发生与蔓延

工程火灾的发生与蔓延涉及火灾的行为方式及基本规律，开展这方面的专题研究可为火灾预防、火灾报警、火灾灭火措施和设备研制等提供技术支撑。这也是火灾机理和规律研究的主要内容，涉及燃烧学、工程物理、传热学、流体力学、计算机科学以及试验物理等学科。

（1）起火与着火的定义及相互关系

① 起火。是火灾过程的最初阶段，我们把可燃物质在一定条件下形成非控制的火焰称为起火，则失去控制的火焰引起人、财、物的损失称为火灾。

② 着火（点火）。是根据生活和生产需要引燃可燃物的过程。人为的放火犯罪行为属于其中的极端特例。

③ 着火与起火的关系。是给定条件下的行为。具有明显的物理意义。起火则是无控制和失控状态的，两者的主要差别为：a）着火是起火的必要条件，但不是充分条件；b）着火是燃烧学的概念，起火是火灾学的概念。

（2）火灾的蔓延

火灾蔓延与可燃物的类型，可燃物分布，火灾的类型以及火灾所处的环境条件等有关。本文我们主要讨论工程结构的火灾，主要是指建筑物火灾、构筑物火灾、桥梁及隧道火灾，则火灾的蔓延主要指火灾在工程结构上的燃烧过程、燃烧路径、燃烧时间和过火面积等。

1.2.2 防火设计

（1）工程结构防火

防火包含防止火灾和防火保护两层含义。防止火灾主要指工程结构的防火措施，如防火分区、消防设施布置等；防火保护主要指工程结构防护中防火墙，防火门以及防火涂料和防火板等。

（2）结构材料及构件的耐火

耐火指的是工程结构在某一区域发生火灾时能够在多少时间内不造成火灾蔓延和不造成严重破坏。材料及结构耐火的两个主要参数是耐火等级及耐火时间。

（3）工程结构抗火

工程结构抗火指的是结构抵御火灾影响的能力。结构抗火与结构耐火的区别在于抗火强调的是结构抵御火灾影响的能力；耐火强调的是抵御火灾影响的时间。换句话说，两者的相同点是抵御火灾影响，不同点在于抗火强调能力，耐火注重时间。

（4）防火设计概念

工程的防火设计指的是确定工程防火措施，使其在结构承受外荷载条件下满足结构耐火的时间要求。这其中包括建筑方面防火区分的布置要求，防火材料的选择，结构材料的抗火能力要求以及最终满足结构耐火时间要求。

1.2.3 消防科学

消防工作的工作方针为“预防为主、防消结合”，即在预防和扑救两个方面要以预防为主，补救与预防有机结合。

（1）预防火灾

预防火灾包括了防火宣传，防火措施检查及管理，火源控制与火灾监控，防火设计审查及管理，该项工作是消防工作的核心。

(2) 灭火及火灾救援

目前我国的消防部门已经掌握了较为成熟的灭火方法、研制了较为完善的消防器材和设备。同时消防队员的大无畏精神以及艰苦训练所具备的过硬本领为减少人民生命财产的损失做出了重大贡献。但是火灾后的灭火技术以及救援方法仍是一项需要长期研究的课题。

1.2.4 火灾后结构损伤鉴定与工程修复加固处理

(1) 火灾作用、高温作用及其异同

关于火灾对结构的作用分析,涉及几个相关概念:

① 火灾作用

火灾对结构的作用是指失控的燃烧物的燃烧使结构受到火焰和温度的作用。

② 高温作用

由于火灾或其他发热方式形式的高温使结构物受到温度的作用。

③ 火灾与高温作用的异同

a) 火灾是产生高温作用的一种因素,火灾是燃烧失控造成的,具有发生时间、地点的不确定性和突然性。

b) 火灾作用后灭火方式对结构作用及反应的影响很大。

c) 火灾的火焰对结构的破坏作用与高温作用是有区别的。

d) 火灾荷载的大小及火灾持续时间的长短对结构的作用大小是不同的,相同火灾荷载下,火灾持续时间越长则温度越高,对结构的破坏也就越大。

e) 火灾温度(结构受火温度)与结构表面温度是有区别的,在火灾初期,结构表面温度小于火灾温度(结构受火温度),在火灾持续期,结构表面温度几乎与火灾温度相等,在火灾衰减期(灭火期),结构表面温度大于火灾温度。

f) 由于高温生产过程(如金属冶炼过程、水泥热料的烧制过程以及玻璃制品的吹烧过程)中,持续高温对结构构件产生作用导致结构损坏,此时的结构对高温作用的反应是一个渐进的过程。

g) 结构的作用部位与生产过程高温对结构作用的部位是不同的,火灾的作用地点是随机的,大面积火灾的作用主要位于跨中的梁底、板底以及柱上半部位。而生产过程中高温对结构的作用与生产设备布置有关,相对位置是确定的。

(2) 火灾后鉴定与加固处理的原则

① 灾后结构损伤鉴定的目的是为科学合理、安全地进行加固提供技术依据。

② 学鉴定的前提是详细、全面的检查检测和结构损伤分析。

③ 据鉴定意见选择适用、有效的加固方法是修复加固的关键。

④ 心组织技术高超、信息化施工是保证结构安全使用的核心。

1.3 火灾损伤结构鉴定与加固处理的工作流程

1.3.1 组织工作的基本要求

(1) 检测鉴定、设计及施工单位的能力

火灾损伤结构的鉴定与加固处理工作包括现场调查检测、结构损伤的分析鉴定、受损结构的加固设计以及修复加固处理施工。这些工作技术性强、涉及面广,要求承担检测鉴定、加固设计与施工的单位应是具有一定权威性的技术服务单位。主持上述工作的技术负责人应具有丰富的经验和较高的技术水平,参加上述工作的技术人员应具有一定的经验和技术水平。

(2) 应选择具有综合能力的技术服务单位

由于火灾造成的结构损伤具有极端的不均匀性,具体而言是:

① 不同区域遭受火灾的结构的受损程度是不同的，所以应根据结构的区域位置所受的温度作用大小和损伤程度的不同进行分区；

② 同一区域内的不同结构构件在火灾作用下的受损程度也存在较大的差异，所以要对构件进行分类；

③ 同一构件的不同部位在火灾作用下的损伤程度也是不同的，因此要进行损伤状态描述和受损承载力复算。鉴于以上理由，通过现场调查，结构性能抽检以及结构及构件受损分析所得出的鉴定结论从整体上来说是正确的，可以指导结构的受损加固设计和施工。但是，由于火灾作用的复杂性，上述工作所得出的鉴定结论又不可能做到对所有的受损结构构件作出全面详尽的描述和判断，所以，火灾后结构受损检测鉴定、加固设计与施工工作是一项系统工作，各个环节是相互联系，各项工作又相互穿插。即在检测鉴定时就要思考加固方法选择和加固施工处理方案。在加固施工处理阶段又需要随时根据现场情况进行补充检测鉴定以及补充加固设计。从此意义上说，承担火灾后结构损伤检测鉴定、加固设计与施工任务的单位应是一个具有综合技术能力的技术服务企业。在缺乏上述集检测、鉴定、加固设计与施工为一体的综合性技术服务企业时，至少应做到检测、鉴定与加固设计为一体。加固处理施工另选择具有丰富经验和水平的施工企业。同时要求加固设计人员应全程指导施工，做到随时根据现场结构损伤程度的变化调整设计方案以满足安全合理经济的原则。

(3) 火灾鉴定与处理工作的审核和监督

火灾后结构损伤鉴定与加固处理工作应采取审核、审查和质量监督制度，防止项目实施单位工作存在质量缺陷，确保工程的安全合理。

① 克服三位一体时的不足，需要监督，同时对实施单位进行技术指导和把关。

② 施工过程中需要过程监理和质量监督。

③ 受灾单位缺乏专业技术人员对技术方案及实施进行把关需要专家来协助。

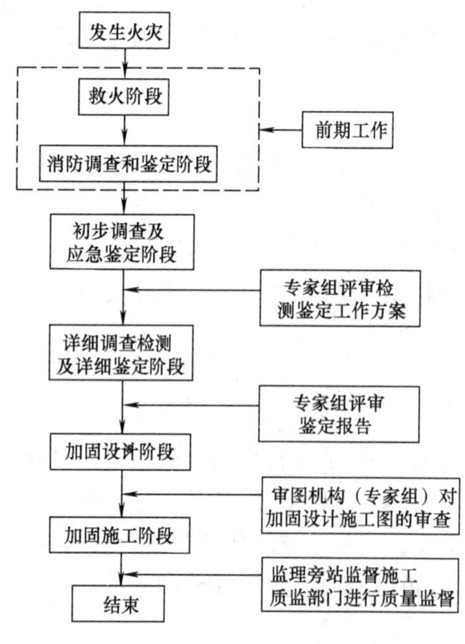

图 3　主要工作阶段的流程关系

1.3.2　工作流程

火灾后结构损伤检测、鉴定、加固设计与加固施工处理的工作必须在灾后消防调查鉴定工作完成之后进行。消防调查鉴定工作是公安消防部门进行的引火原因，火灾蔓延路径及人员伤亡和财产损失等调查鉴定。本书的重点讨论的是结构损伤的鉴定与处理工作。如右图 3 给出了主要工作阶段的流程关系。

1.3.3　各阶段工作内容

(1) 先期工作

先期工作指的是火灾发生后及时救火以及扑灭火灾后的消防调查鉴定工作。

① 救火阶段

a) 发生火灾及时报警 119，讲清着火地点、单位和火势，在组织灭火的同时并到交叉路口等候消防车。

b) 受灾单位(严重情况下应由地方政府部门)成立有主要领导参加的救灾领导小组并及时

组织灭火工作。

② 消防调查鉴定阶段

这阶段的主要工作由消防部门完成，受灾单位在积极配合。在消防部门工作的同时，受灾单位应做好如下工作：

a) 统计火灾造成的损失。

b) 收集原有工程资料(工程总平面图、设计施工图、装潢图及工程施工资料)。

c) 了解“火灾后结构损伤鉴定与加固”技术服务单位的基本情况和实力。

(2) 初步调查及应急鉴定阶段

① 受灾单位(业主)出具委托书，委托综合技术力量强的技术咨询服务机构成立“火灾后结构损伤鉴定与处理工作小组”并开展工作。

② “鉴定与处理工作小组”到现场进行初步调查和收集相关资料。

③ 根据现场初步调查结果及在现场采用结构受损应急分析方法提出应急鉴定报告。

应急鉴定报告中应包括受损区域划分以及对处于危险状态的结构及构件提出安全应急措施。

对于小型火灾事故，结构损伤较小时，应急鉴定工作可作为小型火灾鉴定，其报告应通过初步调查和受损分析对构件损伤程度进行评定和提出加固处理方案。根据小型火灾鉴定报告即可组织加固处理施工，恢复使用功能。

④ 根据现场初步调查结果，结构受损应急分析结果以及应急鉴定的区域划分结果，结合现有的各种先进的检测方法、检测仪器，提出“火灾后结构受损详细检测鉴定工作方案及报告”。

(3) 详细调查及检测详细鉴定阶段

① 受灾单位的工作

针对技术服务单位提出的“火灾后结构受损详细检测鉴定工作方案及报价”，受灾单位(业主)应做如下四项工作：

a) 组织专家组对“工作方案”进行评审，然后要求技术服务单位根据专家意见修改完善“工作方案”。

b) 与技术服务单位就修改后的“工作方案”的内容进行商务谈判，在协商达成一致意见基础上双方鉴定技术服务合同。

c) 积极配合技术服务单位的现场调查和检测工作，提供工程资料和现场服务等。

d) 技术服务单位完成“火灾后结构受损检测及技术鉴定报告”后组织专家进行评审并督促技术服务单位进行修改完善。

② 技术服务单位的工作

a) 根据“工作方案”和“技术服务合同”充实“鉴定处理工作小组”成员并配备相应的检测仪器和设备。

b) 现场开展详细调查、广泛收集工程资料、记录火灾的结构损伤概况。

c) 实施现场检测工作，必要时进行现场取样送试验室进行试验和检测。

d) 根据调查和检测(试验结果)进行火灾后结构受损分析。

e) 根据受损分析结果对受灾结构提出鉴定意见并且进行评级。

f) 对受损评级的构件提出加固处理建议。

g) 出具“火灾后结构受损检测和技术鉴定报告”。

(4) 加固设计阶段

① 受灾单位(业主)的工作

a) 与技术服务(加固设计)单位进行商务谈判,签订设计合同。

b) 当设计单位完成加固设计施工图时委托审图机构进行施工图审查(审查专家中要有火灾与加固方面的权威)。督促加固设计单位进行修改和完善。

② 加固设计单位

a) 根据"检测及技术鉴定报告"和相应的加固设计规范进行结构加固设计和方案分析选择计算。

b) 完成加固设计施工图。

c) 承担加固施工的全程指导以及根据现场情况提出设计变更。

(5) 加固施工阶段

① 受灾单位工作

a) 与技术服务单位(加固施工单位)进行商务谈判,必要时组织专家对的施工组织设计进行评审。确定加固施工单位后双方签订加固施工技术服务合同。

b) 委托监理单位对施工过程进行旁站监理,同时办理质监手续,组织质检站等参与相应的验收工作。

② 加固施工单位工作

a) 编写施工组织设计及施工方案。

b) 按施工图完成加固处理施工任务。

c) 发现图纸与现场不符或者现场与鉴定结论有区别时,及时与鉴定加固设计人员联系,现场处理。

d) 完成施工资料整理提供竣工验收资料。

1.3.4 技术服务协议或合同

检测鉴定及加固设计与施工均应与委托单位鉴定相关协议或合同规定甲乙双方的权利和义务。

(1) 初步调查及应急鉴定委托书。

(2) 详细检测鉴定技术服务协议。

(3) 加固设计合同。

(4) 加固施工合同。

(5) 施工监理合同。

2 火灾损伤房屋鉴定处理实例

2.1 工程概述

某公司厂房作为车间及仓库使用,为三层框架结构,设有地下室,楼面采用井字梁结构。底层为半成品仓库,仓库四周设有防火墙,该厂房正常使用至失火前。

该厂房一楼半成品仓库内发生火灾,火灾持续时间长达8h,因仓库内堆放易燃半成品较多,其火势较猛。火灾后,一层仓库范围内梁、板、柱及周围防火墙受到严重的烧伤。

2.2 现场调查与检测

2.2.1 厂房及半成品仓库内受火灾的基本情况

厂房为三层框架结构,建筑面积约36500m^2,一层仓库过火面积2800m^2,二层受影响面积约为700m^2。

据调查，因仓库内采用乙炔拆除水管施工所引起，火灾起火点约在6/(Q-R)之间。仓库内堆放电子半成品，图4所示为火灾前物品堆放示意图。火焰由起火点向四周蔓延，通过东面高窗及西面卷帘门向外通风排烟，火灾后仓库内电子半成品全部烧毁，仓库范围内混凝土梁、板、柱及四周防火墙受到了严重的烧伤，西面卷帘门变形，在(5-6)/(P-H)范围内二层楼面部分混凝土板烧穿，火焰由孔洞向上蔓延，以致二楼设备间部分物品烧毁。

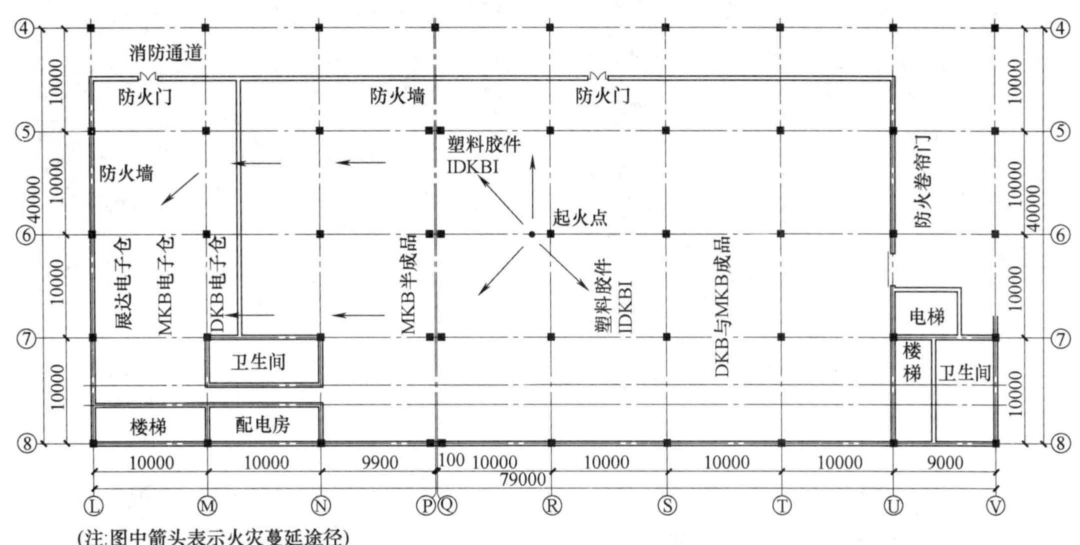

图4　火灾前物品堆放示意图

2.2.2 火灾温度区域示意图

根据现场调查的火灾前物品堆放情况，火灾现场残留物品现状及混凝土梁、板、柱构件的烧损情况等分析，判定的该房屋半成品仓库火灾温度分布区域如图5所示：

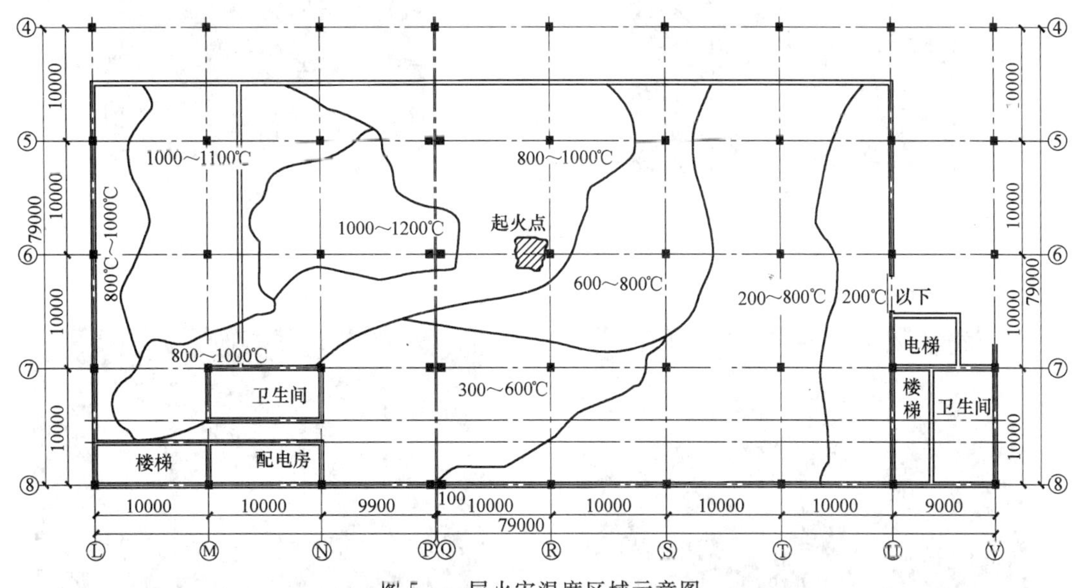

图5　一层火灾温度区域示意图

2.2.3 混凝土构件爆裂、露筋情况及裂缝情况

由于一层仓库堆积物约4m高，且堆积物较多易燃，火灾荷载大造成了混凝土构件大面积爆裂、露筋。

(1) 混凝土梁爆裂、露筋情况：框架梁梁表面粉刷层脱落，梁底角爆裂，主筋裸露，裂缝较多，表面呈现浅黄色现白色；井字梁梁表面粉刷层脱落，混凝土表面皲裂，呈浅黄色现白色。(见照片 1)

主梁

次梁

照片 1

(2) 混凝土柱爆裂、露筋情况：粉刷层脱落，混凝土表面皲裂，部分爆裂，深度约 20～30mm，局部箍筋外露，表面呈浅黄色。(见照片 2)

柱N/6

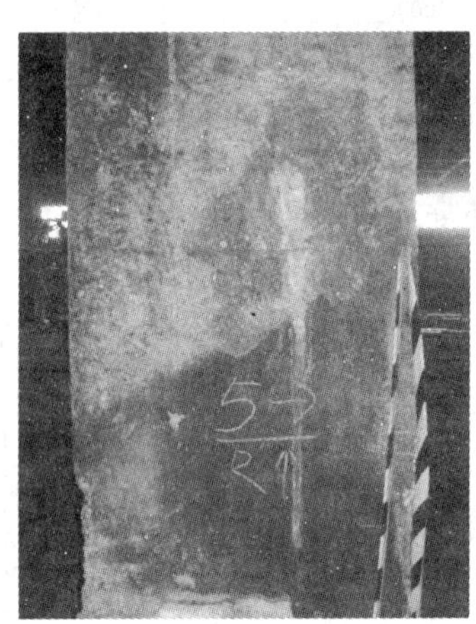

柱R/5

照片 2

(3) 板爆裂、露筋情况见照片 3。

二层楼面

一层顶板

照片 3

(4) 墙体：仓库周围防火墙及楼梯间墙体粉刷层部分脱落，空心砖爆裂，呈银黑色，墙体有较大的斜向裂缝，部分墙体变形。具体见照片 4。

照片 4

2.2.4 混凝土构件烧疏深度、烧伤深度检测

梁柱构件混凝土烧疏及烧伤深度 8～15mm；井字梁混凝土烧疏及烧伤深度 5～9mm。

2.2.5 混凝土强度检测

对本工程的混凝土强度我们采用了回弹法进行抽样检测，采用温度修正和钻芯法校正检测。

校正系数：

温度修正：$K_{cn}=f_{ct}/f_{回i}$ 详见参考文献[2]

钻芯校正：$\eta=\frac{1}{n}\sum_{i=1}^{n}f_{芯i}/f_{回i}=0.923$

2.2.6 钢材强度分析确定

火灾后钢筋强度可采用温度分析法确定，其公式为：

$$f_{yt}=k_s f_y$$

式中：f_y，f_{yt}为火灾前后钢筋的屈服强度，k_s为折减系数，与火灾时钢筋温度 T 有关。喷水冷却情况下 k_s的计算公式：

$$k_s=\begin{cases}1 & T\leqslant 38℃\\ 1.011-2.9\times10^{-4}T & T>38℃\end{cases}$$

据火灾温度和混凝土构件保护层厚度，可采用计算机解算热导方程可求得构件内钢筋的受火温度，进而用上述公式可算出钢筋的火灾后强度值，表 1 列出了按上述计算的结果。

本文图 5 给出了该工程的火灾温度区域划分，由此可确定各构件的火灾温度(同一温度区域内，梁板受火温度取高值，柱受火温度取低值)。进而可查表 1 得出各构件内钢筋遭受火灾后的强度值。

另外，从火灾现场的圈梁和板中取样，共取两组(六根)钢筋试样送实验室做力学性能实验，结果为该钢筋受火后屈服强度下降，达不到原钢筋的强度要求。

2.3 剩余承载力计算

根据检测结果进行计算可得出各构件火灾后的剩余承载力。其计算公式如下：(公式详见

参考文献[11]）

表 1　钢筋强度分析表

受灾时着火温度	梁（保护层厚度 25mm）$f_y=300$(MPa)			板（保护层厚度 15mm）$f_y=210$(MPa)			柱（保护层厚度 25mm）$f_y=300$(MPa)		
	T(℃)	k_s	f_{yt}(MPa)	T(℃)	k_s	f_{yt}(MPa)	T(℃)	k_s	f_{yt}(MPa)
600℃	20	1	300	80	0.9878	207.44	20	1	300
700℃	100	0.982	294.6	180	0.9588	201.34	80	0.9878	296.34
800℃	240 (800)	0.9414 (0.779)	282.42 (233.7)	280 (800)	0.9298 (0.878)	181.55 (184.38)	210	0.9501	285.03
900℃	400 (900)	0.895 (0.75)	268.5 (225)	430 (900)	0.8863 (0.75)	186.12 (157.5)	360	0.9066	271.98
1000℃	640 (1000)	0.8254 (0.721)	255.87 (247.62)	620 (1000)	0.8312 (0.721)	174.55 (151.41)	580	0.8428	252.84
1100℃	900 (1100)	0.75 (0.692)	225 (207.6)	880 (1100)	0.755 (0.692)	158.55 (145.32)	800	0.799	239.7
1200℃	1140 (1200)	0.6804 (0.663)	204.12 (198.9)	1140 (1200)	0.6804 (0.663)	142.88 (139.23)	1020	0.720	216

注：表中括号内数值为混凝土爆裂露筋情况下喷水冷却的结果。

梁

(1)火灾前承载力：$M_{u0}=f_yA_sh_0-f_y^2A_s^2/2f_cb$

火灾后剩余承载力 $\begin{cases} x=(f'_yA_s)/[f'_c(b-2a_1)] \\ M_{ut}=[f'_c(b-2a_1)]\left(h_0-\dfrac{x}{2}\right)x \end{cases}$

式中参数取值见本报告有关表格和现行国家相关规范。因为是讨论火灾损伤，对梁受压钢筋的作用没有计算。

(2)轴力受压柱

火灾前承载力：$N_0=\varphi(f_cA_c+f_yA_s)$

火灾后剩余承载力：$N_t=\varphi_t(f'_cA'_c+\sum f'_yA_s)$式中参数取值见现行国家规范。

采用上式我们计算了各梁柱构件的剩余承载力，这里我们仅给出部分具有代表性构件的剩余承载力计算的结果（见表 2、表 3）。

2.4　鉴定结论及处理方法

2.4.1　鉴定结论

根据全面的调查、监测、试验及分析，一层仓库火灾后结构受损综合评定结果：

表 2　框架梁火灾后剩余承载力计算

梁编号	f'_c (MPa)	a_1 (mm)	火灾温度（℃）	钢筋温度（℃）	f'_y (MPa)	x (mm)	M_{uo} (kN·m)	M_{ut} (kN·m)	M_{ut}/M_{u0}	备注
主梁 (R～S)/5	9.1	5	900	400	268.5	299.6	752	652	0.87	
次梁 (Q～R)/2/5	8.5	6	1000	640	255.87	121.7	120	99.8	0.83	
主梁 (M～N)/6	9.3	12	1100	900	225	258.2	752	561	0.75	

续表

梁编号	f_c' (MPa)	a_1 (mm)	火灾温度 (℃)	钢筋温度 (℃)	f_y' (MPa)	x (mm)	M_{uo} (kN·m)	M_{ut} (kN·m)	M_{ut}/M_{u0}	备注
次梁 (5～6)/3/M	9.3	8	1100	900	225	99.9	120	89.8	0.75	
主梁 (L～M)/7	7.9	7	1000	640	255.87	283.3	653	533	0.82	
主梁 (R～S)/7	10.9	2	800	240	282.42	238.4	703	658	0.94	

表 3　框架柱(中柱)火灾后剩余承载力计算

柱编号	f_c' (MPa)	A_c' (mm^2)	A_s' (mm^2)	A_c' (mm^2)	f_y' (MPa)	N_0 (kN)	N_t (kN)	N_t/N
柱 S/6	9.1	620980	6284	633716	300	9332156	7385396	0.79
柱 R/5	9.3	617816	6284	633716	285.03	9332156	7443353	0.80
柱 P/5	7.2	403866	5734.4	484266	285.03	7258588	4400252	0.61
柱 N/5	7.4	595892	6284	633716	252.84	9332156	5924050	0.63
柱 M/6	9.1	617816	6284	633716	252.84	9332156	7122793	0.76
柱 Q/7	10.7	475902	5734.4	484266	300	7258588	6598872	0.91

注:经计算 10/b=10.7,截面 800mm 柱 φ=0.99,截面 700mm 柱 φ=0.97

(1) 柱

一层仓库受损最严重的柱为 5 轴线 M、N、P、Q、R 柱,6 轴线 M、N、P、Q 柱。其次为 5 轴线 L、S 柱,6 轴线 L、R、S 柱,7 轴线 L、M、N、P、Q 柱。由于火荷载的作用是向上方的,所以,这些柱的火灾损伤主要在柱的中上部。

(2) 梁

一层仓库受损最严重的框架梁为(L-R)/(4-6)、(L-N)/(6-7)、(L-M)/(7-2/7)范围内梁。其次为(R-S)/(4 6)、(N-R)/(6-7)、(N-P)/(7-8)范围内梁。由于框架梁在火灾过程中处于三面受火状态,部分梁出现混凝土爆裂、露筋现象,承载力受损较大。

(3) 楼板

一层仓库受火灾时,顶部楼板受损最严重,其原因为(1)火荷载向上作用,最直接接触火焰的就是楼板(2)板厚为 100,钢筋保护层厚度较小,故楼板出现大面积混凝土爆裂、露筋,其钢筋大部分变形,部分楼板烧通,承载力严重损失。

(4) 墙体

一层仓库周围防火墙及楼梯间墙裂缝较大,空心砖爆裂,其受损严重。

2.4.2　处理方法

(1) 板

① 处于危险构件的板处理方案:拆除原有钢筋混凝土结构板,重新浇筑型钢混凝土组合板。

② 属于严重受损构件的板处理方案:将板底烧疏、烧损混凝土凿除,原有钢筋除锈,用修补料修平板底,板底增加型钢支撑。

③ 对于中度受损构件的板处理方案:将板底烧疏、烧损混凝土凿除,用修补料修平板底,

粘贴钢板或碳纤维布。

(2) 梁

① 对于严重受损构件的梁处理方案:将梁表面烧疏、烧损混凝土凿除,后用修补料修平,再采用体外预应力加固,梁底和梁侧 150mm 高范围内预应力钢绞线表面用灌浆料保护,梁侧用水泥砂浆粉刷保护。

② 对于中度受损构件的梁处理方案:将梁表面烧疏、烧损混凝土凿除,用修补料修平,粘贴钢板,钢板表面用水泥砂浆粉刷保护。

(3) 柱

① 对于已检测出其混凝土强度为 C20 以下的柱处理方案:采用灌浆料置换法加固。

② 对于严重受损、中度受损构件的柱处理方案:将柱表面烧疏、烧损混凝土凿除,用修补料修平,粘贴碳纤维布箍,间距根据柱受损程度调整,爆裂严重柱用灌浆料补平,后粘贴碳纤维布,碳纤维布表面用水泥砂浆粉刷保护。

(4) 墙体

① 破坏严重的墙体处理方案:墙体拆除重砌。

② 破坏中等的墙体处理方案:将墙体表面粉刷层铲除,采用水泥砂浆重粉。

参考文献

[1] 吴松荣. 1997—2004 年中国区域与火灾形势的关系分析[J]. 火灾科学,2006,15(4),224—231

[2] 闵明保,李延和等. 建筑物火灾后诊断与处理[M]. 江苏科技出版社, 1994

[3] (前苏联)H. АИЛЪИН 著,沈曙东,刘昆译. 火灾损伤建筑物技术鉴定

[4] (前苏联)建筑物火灾后混凝土结构鉴定标准(НИИжб · г · СССР. 1987)

[5] (美国消防协会)NFPA Fire protection Handbook. 1962

[6] (法国统一标准)DTU Regle boi feu88, C. S. T. B. Parise. 1988

[7] 《冶金工业厂房钢筋混凝土结构抗热设计规范》

[8] 过镇海,时旭东. 钢筋混凝土的高温性能及其计算[M]. 北京:清华大学出版社,2003

[9] 陆洲导. 钢筋混凝土梁对火灾反应的研究[D]. 同济大学,1989

[10] 李国强等. 钢结构抗火计算与设计[M]. 北京:中国建筑工业出版社,2001

[11] 李延和等. 火灾后建筑结构受损程度的诊断方法[J]. 南京建工学院学报,1995,34(3),7-14

[12] 董毓利. 混凝土结构的防火安全设计[M]. 北京:科学出版社

[13] 吴波,袁杰,王光远. 高温后高强混凝土力学性能的试验研究[J]. 土木工程学报,2000,33(2),8-12

[14] 郑文忠等. 预应力混凝土简支板抗火性能试验与分析[J]. 建筑结构学报,2006,27(6),48-59

[15] 袁爱民,董毓利,戴航,李延和等. 无黏结预应力混凝土三跨连续板火灾试验研究[J]. 建筑结构学报,2006,27(6),60-66

[16] 范进. 无黏结预应力混凝土结构的抗火研究[D]. 东南大学,2001

[17] 韩林海. 霍静思. 火灾作用后钢管混凝土柱的承载力研究[J]. 土木工程学报,2002. 35(4),25-35

[18] 段文玺. 建筑结构火灾分析与处理(一)～(五)[J]工业建筑,1985,(7～12)

[19] 阎继红等. 高温作用后混凝土抗压强度的试验研究[J]. 土木工程学报,2002. 35(2),17-29

[20] 李延和,闵明保,卢锡鸿. 火灾后钢筋混凝土受弯构件承载力计算[J]. 建筑结构,1991(4),56-60

[21] 闵明保,李延和. 某营业楼火灾后结构损伤鉴定[J]. 中国消防,1992(1)

大底盘多塔楼连体复杂超限高层建筑群结构设计方法

方鸿强（中国汉嘉设计集团股份有限公司　杭州 310005）

［摘要］　带有超大地下室的大底盘、带转换层、不等高多塔楼、连体复杂高层建筑群的整体结构受力十分复杂，这就给结构设计、施工和工程管理带来了许多技术难题。本文结合温州新国光商住广场的工程设计实例，采用"调"，"抗"，"放"整体结构的构思与设计思想，提出了解决类似技术难题的思路与方法，包括：主动控制差异沉降和减小温度应力影响的超大地下室裂渗控制设计方法，大底盘、带转换层、不等高多塔楼、连体复杂高层建筑群的结构选型和结构布置，结构计算与分析，适用于高层建筑的新型连体钢结构"呼吸系统"的创新设计与应用，以及利用高层主体结构，采用计算机控制液压同步整体提升新工艺对连体钢结构进行整体安装等内容，同时，对做好现场技术服务与确保工程质量的关系进行了实践与研讨，很好地满足了建筑空间和建筑功能的需求，建筑师的景观造型得到完整体现，并经受了多次超强特大台风和多年的冷热温度变化等多种受力工况的考验，工程设计和施工取得成功。

［关键词］　大底盘多塔楼连体复杂高层建筑群；控制差异沉降；整体结构设计；钢结构"呼吸系统"；抗风

1　工程概况

新国光商住广场位于温州市中心著名商业街——五马街的西延伸端，城市风景公园松台山的对面。它是由 A、B、C、D、E、F 六座高层公寓（分三组，每两座通过连体结构相连），三层商业裙房，下沉式广场和整体相连的超大地下室组成富有特色的高层建筑群。地面以上根据松台山和广场的空间取向，建筑层数从 26 层依次升至 32 层，在最高的 C 座和 D 座的屋顶，结合水箱、设备用房与空中花园组成"玻璃穹顶"，C 座和 D 座高层建筑之间的拱形连体"空中茶吧"外侧为大面积玻璃幕墙，形成"凯旋门"的建筑外形[1]。目前已成为温州市的标志性建筑之一（图 1、图 2）。

图 1　从松台山鸟瞰——温州新国光商住广场高层建筑群

地下一层（局部两层）主要是由 6 级人防、机械停车库、设备用房和下沉式广场等组成整体

图 2 从五马街眺望松台山

相连的超大地下室，并与城市地下人行过街通道相连，下沉式广场面积约 700m^2，不设永久性沉降缝和伸缩缝的地下室长度达 210m(图 4)；建筑物总高度为 116.542m，建筑总面积为 133791m^2(表 1)。

本工程主体结构于 2003 年 12 月通过验收，2005 年 1 月通过整体竣工验收。经受住了 2004 年 8 月 12 日有记录以来，正面袭击温州市区风速最大的“云娜”超强特大台风，以及 2005 年“麦莎”、2006 年“桑美”和 2007 年“韦帕”等超强特大台风的考验。经过 4 年多的使用，经受了多年的冷热温度变化和多种受力工况的考验，超大地下室均未发现任何裂渗迹象。2006 年成为唯一荣获浙江省建设工程“钱江杯”优秀工程设计、优秀工程勘察和优质工程 3 项省级奖励的工程建设项目；2007 年荣获第五届中国优秀建筑结构设计三等奖。工程设计和施工取得成功。

表 1 主要的技术经济指标

指标名称	数量	指标名称	数量	备注
规划用地面积(m^2)	27246	总建筑面积(m^2)	133791	地上 115656；地下 18135
建筑密度	39.8%	住宅总建筑面积(m^2)	79744	总居住户数 480 户
容积率	4.24	公建面积(m^2)	35912	停车位：机动 331，自行车 3356
混凝土总用量(m^3)	71268.30	钢材总用量(t)	16413.10	钢筋：15887.68；型钢：525.42
混凝土用量(m^3/m^2)	0.433	钢材用量(kg/m^2)	102.68	钢筋：98.75；型钢 3.93
总造价(万元)	35154.71	单方造价(元/m^2)	2627.5	

2 超大地下室工程设计

2.1 岩土工程条件

本工程位于沿海软土地区的温州松台山脚下，因此，在编制《岩土工程勘察设计要求》时，设计除按照通常要求提供岩土工程勘察文件以外，还针对超大地下室和大底盘、带转换层、不等高多塔楼、连体组成的复杂高层建筑结构群对不均匀沉降十分敏感的特点，特别提出《勘察报告》必须提供“建筑场地平面图的持力层层面等高线图”的要求，工程实践证明，此项工作为开展整体结构设计，以及大面积施工、工程管理和科学决策提供了极为重要的依据。

根据《岩土工程勘察报告(详勘)》揭露的情况，地下水位高，距地面仅 0.6m。上层土质差，地面以下 30～50m 以内均为高压缩性或中偏高压缩性土层；基岩埋藏深且起伏大，下部稳定基岩的顶面倾角一般在 30°左右，最大处可达 60°以上，其中：A 座的承台底面距最浅的(7-3)中风化基岩层顶板面仅为 20m 左右，而 E 座的承台底面距最深(7-3)中风化基岩层顶板面达 70m 以上(图 3)，岩土工程条件极为复杂。“各土层的主要物理力学指标”详见表 2。

表 2　各土层的主要物理力学指标一览表

土层名称	土层厚度(m)	f_k (kPa)	E_s (MPa)	预制桩(kPa)		钻孔灌注桩(kPa)	
				q_s	q_p	q_s	q_p
(1)杂填土	0.5～5.1						
(2)黏土	0.4～2.1	90	3.5	11		11	
(3)淤泥	12.9～28.9	40	0.9	5		5	
(4)黏土	3.0～17.3	115	4.8	19	550	17	180
(5)粉质黏土	2.6～9.3	120	5.5	20	600	18	190
(6)粉质黏土混碎石	0.4～7.3	150	5.5	27	850	23	280
(7-1)全风化基岩	0.4～24.0	200	5.7	32	1600	28	650
(7-2)强风化基岩	0.4～25.5	450		47	4000	42	1500
(7-3)中风化基岩	＞10.0(未透)	2000		100	6500	91	3000

2.2　基础和地下室工程设计

概念设计是展现先进设计思想的关键。整体相连的超大地下室约 210m×80m(长×宽)均不设永久性沉降和伸缩缝,属超长钢筋混凝土结构,温度应力不可忽视,同时,上部为大底盘、带转换层、不等高多塔楼、连体组成的复杂高层建筑结构群,其中:高层公寓部分荷载大,裙房部分荷载小,下沉式广场甚至处于抗浮状态,荷载差异极大,超大地下室工程对不均匀沉降十分敏感,因此,建立科学的设计理念和正确的整体结构设计思路比单纯的结构计算更为重要。

在设计中提出:采用"调","抗","放"整体结构设计的新思路与新方法,运用安全合理的技术措施和施工工艺,严格控制温度应力和差异沉降,综合解决超大地下室工程建设中的技术难题。

"调"——就是通过调整荷载和抗力重心差,调整上下刚度差,调整传力途径和传力方向,通过合理布桩,选择合适的桩型和稳定的持力层,按照整体沉降计算与分析结果调整桩长、桩径和利用回填土增加自重;加强施工期间的沉降观测,开展动态管理,按照沉降观测结果调整施工顺序和后浇带封闭时机,调整沉降差,努力减少或消除差异沉降对超大地下室结构的不利影响。同时,努力调整和控制施工与使用期间的温度差变化,以减少内外温差、日照温差和季节温差对超大地下室工程的不利影响。

"抗"——就是按照实际的受力状况设置抗压桩和抗拔桩;基础、地下室外墙、底板和顶板的结构设计满足各种受力工况下的强度、刚度、稳定性和耐久性要求;地下室外墙、底板和顶板采用补偿收缩混凝土新技术,同时,重点部位和重点区域适当提高配筋率,以提高钢筋混凝土结构的抗裂和抗渗能力。

"放"——就是当"调"和"抗"已无法满足使用要求或者已明显不经济、不合理的情况下,采取直接将部分应力"释放"的设计方法。如:超大地下室在荷载差异较大的部位设置 7 条沉降型施工后浇带,待沉降趋于稳定后封闭,以减少混凝土的收缩应力和施工期间的差异沉降所产生的附加应力;超大地下室与城市地下人行过街通道之间设置沉降缝脱开等。

2.2.1　桩型和桩端持力层的确定

本工程均采用大直径钻孔灌注桩,并以第(7-2)强风化岩层或(7-3)中风化岩层为桩端持力层,桩端进入持力层不小于 1D,并要求严格控制桩底沉渣(不得大于 50mm),以便于尽可能地减少由于桩端持力层不同而产生的差异沉降。桩径按照其荷载大小、桩的受力类型和沉降计算分析，分别采用 ϕ800mm、ϕ900mm 和 ϕ1000mm 大直径钻孔灌注桩，桩身混凝土强度等级为 C30，抗拔桩通长配筋(图 3)。

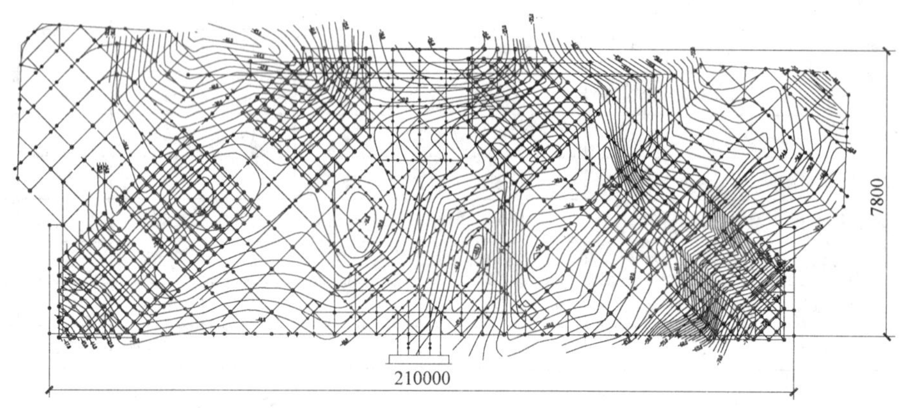

图 3　桩位布置图和(7-3)中风化基岩顶板面等高线图

2.2.2　基础设计与地下室裂渗控制

本工程除主楼采用 2.0m 厚筏形平板式基础以外，其余均采用柱下独立承台基础；主楼筏形平板式基础与柱下独立承台基础，以及独立承台与独立承台之间设地梁纵横连接，同时配以 600mm 厚地下室底板，地下室外墙厚度为 550～350mm，顶板厚度为 250mm。为了尽可能地减少混凝土收缩和温度应力，设计采用补偿收缩混凝土技术[2]，地下室的外墙、底板和顶板均采用 C35 补偿收缩性混凝土，抗渗等级 0.8MPa(图 4)。

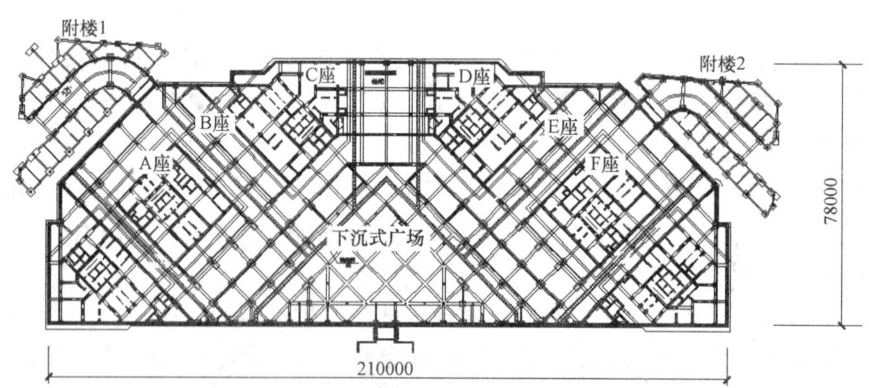

图 4　基础平面布置和地下室结构平面图

为确保地下室大体积混凝土浇筑后的质量，设计特别指出：在施工前必须编制专门的《施工组织设计》，主要采取以下施工技术措施：①利用混凝土后期 60d 强度代替 28d 强度；②采用合理的混凝土配合比，选择低水化热的矿渣硅酸盐水泥；③采用 ZY 高效混凝土膨胀剂配制的补偿收缩混凝土技术，地下室底板、地下车道混凝土的限制膨胀率按 1.8×10^{-4} 设计，地下室外墙和顶板混凝土的限制膨胀率按 2.1×10^{-4} 设计，掺量由现场试验确定；④加强蓄热保湿养护，浇水养护不少于 14d；⑤运用智能温度巡检测温系统动态控制技术，控制内外温差不大于 25℃。

3 大底盘、带转换层、不等高多塔楼、连体复杂高层建筑群结构设计

结构设计的主要任务就是在特定的建筑空间中，用整体的概念来完成结构总体方案的设计，并能有意识地处理好主结构体系与各分结构体系、结构与建筑、结构与设备的关系；建立完整的整体结构协同工作和材料充分利用体系。本工程设计主要表现在如何正确处理超大地下室与上部结构、塔楼与塔楼、塔楼与底盘、主楼与连体间的关系上，必须视结构为一个有机的整体，不能把它们割裂开来处理，特别要注意避免形成薄弱部位。

本工程上部结构是由三层裙房组成的大底盘，以及A、B、C、D、E、F六座带转换层的不等高多塔楼高层公寓分三组，每两座沿高度方向通过连体结构局部相连组成的高层建筑群，属复杂高层建筑结构。

3.1 结构选型及主要结构布置

设计采用以承载力、刚度和延性为主导的整体构思结构总体方案的设计理念，采用“调”，“抗”，“放”的先进设计思路，主动地处理好各座高层建筑结构体系与各分体系之间的关系，努力使结构体系的整体设计结构的水平、竖向刚度布置和承载力分布合理，尽量避免和努力减少因局部突变和扭转效应而形成薄弱部位的影响，提高结构各个构件协同工作和整体工作的能力，提高本工程的安全性、抗震性、耐久性和经济性。

为适应下部建筑大开间、多功能和上部公寓建筑的要求，在满足建筑各项功能要求的前提下，六座高层公寓设计充分地利用楼梯间、电梯井和管道井设置剪力墙，组成部分框支剪力墙结构体系，除C座和D座屋顶的“玻璃穹顶”，高层建筑之间的拱形连体“空中茶吧”，以及商场大型“采光屋面”采用钢结构以外，其余均采用现浇钢筋混凝土结构，由于本工程设计阶段2001系列建筑结构设计《规范》尚未正式颁布实施，因此，设计仍按照原《规范》执行。

从建筑平面上看，A、B、C、D、E、F六座上部高层公寓各自独立部分的平面和刚度并不相同，两个主轴方向平面和动力特性也有较大的差异，因此在结构布置时给予重点关注，通过调整剪力墙布置的位置和调整在剪力墙上开设“结构洞”的大小和位置，努力使其计算结果达到基本相近的设计控制目标。

混凝土强度等级由下到上为C40～C25；高层公寓除由电梯井、楼梯间和设备管道井剪力墙组成的核心筒和部分抗扭剪力墙落地以外，其余剪力墙厚度分别为250～200mm均不落地；六座高层主体结构的梁式转换层均设在标高14.500m的四层裙房屋面层；转换层上下结构侧向刚度均按照《高规》要求控制，框支梁和框支柱按《高规》要求设计，框支梁截面设计为600mm×1500mm，落地剪力墙截面加大至400mm，由于这一部分屋面既是转换层的楼面，又是大底盘的顶面，楼板和梁在两座塔楼的同方向振动和相对振动中，受力十分复杂，会产生一定的水平剪力，必须进行特殊设计和构造加强处理，因此，转换层及相邻楼板的刚度按要求予以加强，楼板厚为200mm，楼板和梁的上下钢筋通长布置，并适当布置抗剪钢筋(图5～图8)。

3.2 连体结构设计

3.2.1 钢筋混凝土连体结构设计

A座与B座、E座与F座高层连体结构采用现浇钢筋混凝土结构刚性连接，连接层的楼板和梁，在两座塔楼的同方向振动和相对振动中，受力也同样十分复杂，也必须进行特殊设计和构造加强处理，因此，连接层及相邻楼板的刚度按要求予以加强，楼板厚为180mm，楼板和梁的上下钢筋通长布置，并板内适当布置抗剪钢筋，连接梁与内部梁拉通，梁内增设纵向抗拉钢筋，箍筋全程加密，支座两端结构重点加强(图9)。

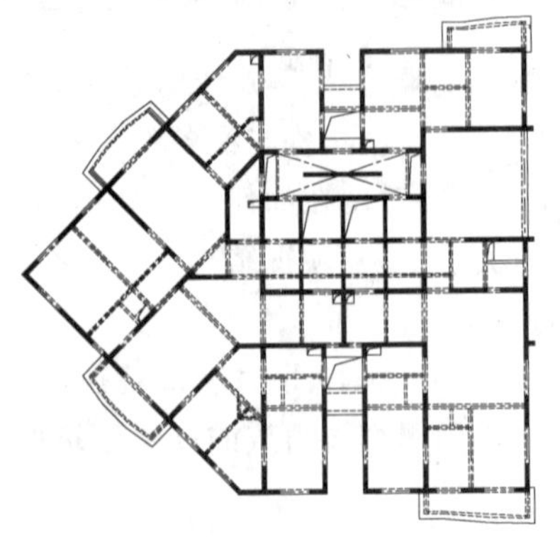

图 5　A 座标准层结构平面

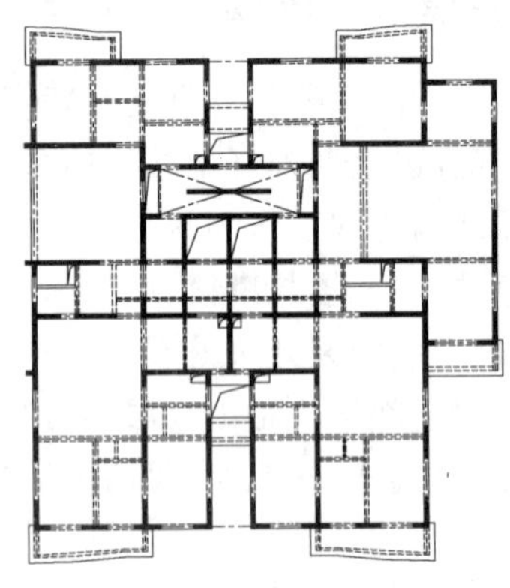

图 6　B 座标准层结构平面

图 7　C 座标准层结构平面

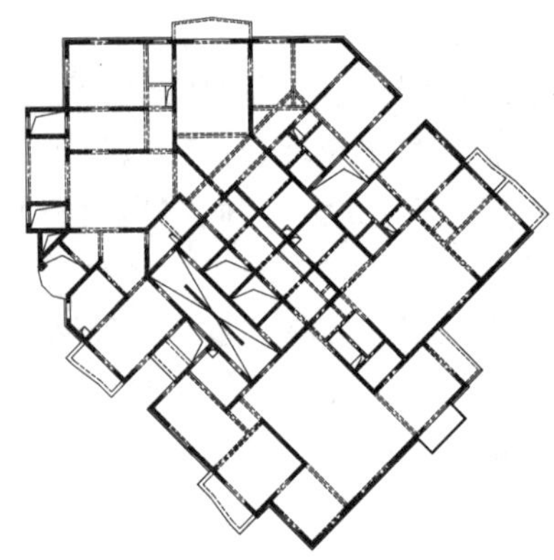

图 8　D 座标准层结构平面

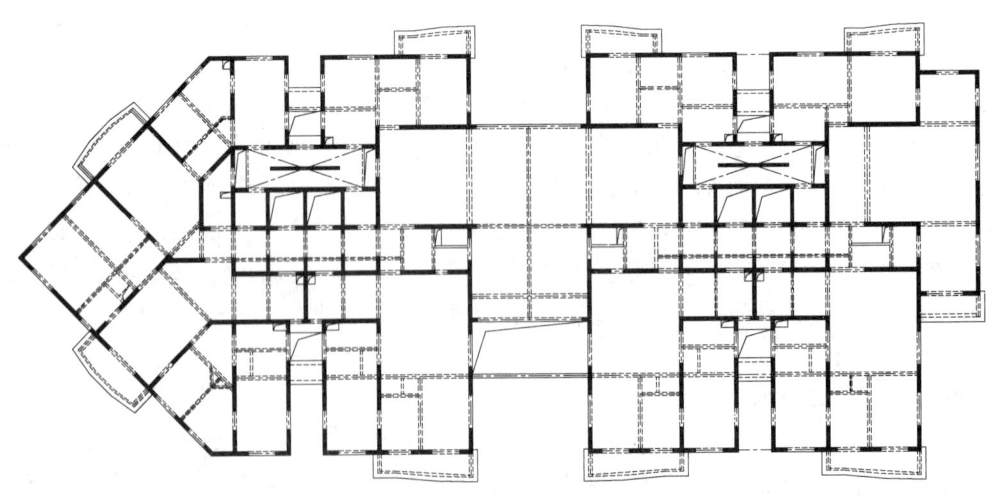

图 9　A 座与 B 座连体结构平面

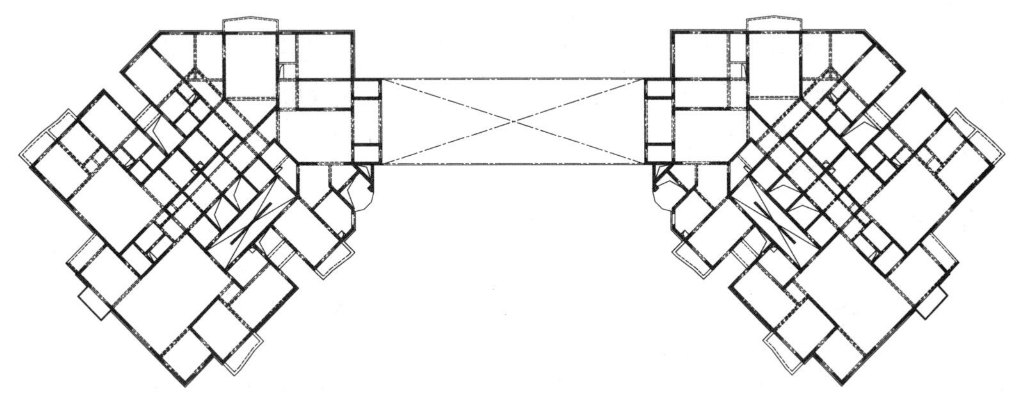

图 10　C 座与 D 座连体结构平面

3.2.2　"可呼吸式"连体钢结构设计

C、D 两座高层建筑 26～29 层之间设有"空中茶吧"，共两层，跨度 29.7m，底层楼面距地面高度 82m，外侧为大面积玻璃幕墙形成"凯旋门"的建筑外形(图 1)。

连体钢结构设计难点在于：①主体结构必须满足承载力、刚度、延性和稳定性要求，支座连接必须安全、可靠，特别是必须要满足在超强特大台风或地震作用下承载力与变形控制的要求；②虽然外侧大面积玻璃幕墙是由专业幕墙设计和施工单位来完成的，但作为主体建筑设计单位也必须积极创造条件，以减少主体建筑变形对外侧大面积玻璃幕墙的不利影响；③必须便于施工，可操作、可控制和可实现。

本工程充分发挥了我院钢结构自主设计的传统优势，经过多方案的技术经济比较，C 座与 D 座高层建筑之间的连体"空中茶吧"采用钢结构连接，巧妙地利用柴油发电机烟道作为连体钢结构的铰接支座，为了消除两幢高层建筑的"晃动"，以及连体钢结构的"热胀冷缩"对结构的影响，专门设计了一种适用于高层建筑的新型连体钢结构"呼吸系统"，以满足承载力和变形控制的要求。并经受住了多次超强特大台风的考验。

(1) 可"呼吸"结构[3]概念的提出：它是基于人体的呼吸系统提出的。人体呼吸系统的胸部或者腹部会伴随着人的呼吸而自由的伸张和收缩，人体结构就在这一张一弛中保持动态平衡。同样的道理，对于高层连体结构，若也能让它也具备"呼吸"的能力，从而能自由地释放由于"晃动"和"热胀冷缩"而产生的变形，那么在日常使用状态下所产生的应力就大大减小，甚至完全释放。这样的结构，设计称之为可"呼吸"结构，由可"呼吸"结构组成的结构体系，设计称之为"呼吸系统"。

(2) 可"呼吸"结构的概念模型：高层连体结构在风和温度变化等的作用下，高层主体结构会产生"晃动"，连体结构也会因由于温度变化而产生"热胀冷缩"，由于结构变形受到相互的牵制和约束，因此，就在高层主体结构和连体结构之间产生了相互牵引力和作用力，其受力工况和应力变化都非常复杂，采用计算模拟分析时，确定恰当的计算边界条件也十分困难。那么，既然应力是由于结构变形受到相互的牵制和约束而产生的，若能把这些变形完全释放或大部分释放，应力就会降低到设计可以控制的程度。因此，设计提出了结构可"呼吸"这种应力释放新体系。

(3) 连体钢结构"呼吸系统"的实现：它是由利用附着在 C、D 两座高层建筑主体结构上柴油发电机烟道、大跨度钢桁架、盆式支座和阻尼限位器等组成，其工作机制主要通过节点构造设计来实现。

必须注意的是，连体“空中茶吧”设计中除需进行防腐专项设计[4]以外，还必须按《高层民用建筑设计防火规范》(GB 50045—95)（以下简称《高规》）进行消防专项设计，重要节点处防火措施和耐火极限应满足规范要求。另外，还必须设置专门措施以便于在使用年限内钢结构的防腐和防火定期检查和必要的保养、维护。

3.3 结构的计算与分析

由于连体结构比一般多塔结构受力更加复杂，在风荷载或地震作用下，结构除产生平动变形以外，还会产生扭转变形，特别是本工程的不等高和不对称性，其振动形态更加复杂，扭转效应更加明显，完全依靠目前的通用计算程序进行分析是远远不够的。对于实际存在大量无法计算的结构构件，就需要通过概念设计与结构措施来得以实现目标。因此，设计分别按照大底盘各塔独立和大底盘多塔连体分两次进行计算与分析，并对计算结果进行人工对比、人工内力组合和构件设计，特别是对薄弱层判别，连体结构以及相邻的上下结构要给予重点关注，对采用铰接形式的连体结构还应验算罕遇地震下的变形是否能够满足设计防坠措施的要求。

计算程序采用SATWE计算，PMSAP校核，同时，选用ANSYS程序校核内力，并进行整体结构优化。

(1) 计算主要参数：由于本工程位于台风多发的地区，多座高层建筑密集会出现风力相互干扰的群体效应，同时，建筑质量和刚度沿高度分布也很不均匀，因此，设计曾多次向建设单位提出通过风洞试验确定建筑物的风荷载，但由于种种原因未能实现。

基本风压设计取值 $W_o=0.70\text{kN/m}^2$，并按《高规》乘以1.1调整系数，地面粗糙度B类；基本雪压 $S_o=0.35\text{kN/m}^2$；建筑结构安全等级为二级；结构重要性系数 $\gamma_o=1.0$；抗震重要性类别为丙类；抗震设防烈度为6度；场地土类别为Ⅲ级；模拟施工方法计算竖向荷载；计算X、Y两个方向的风荷载和地震作用；计算振型为16个（振型参与质量满足《规范》要求）；考虑扭转耦联振动计算。

(2) 计算结果与分析：从表3的主要计算结果可以看出，结构在风荷载和地震作用下其最大顶点位移和层间位移均满足《高规》要求。

表3 主要的计算结果

振动计算项目		A与B以及E与F座		C与D座	
		地震作用下	风荷载作用下	地震作用下	风荷载作用下
周期(s)	$T_1\sim T_4$	1.2124，1.1868，0.3765，0.3644		1.4491，1.4080，0.9489，0.4863	
	$T_5\sim T_8$	0.2195，0.2145，0.2057，0.1985		0.4409，0.4116，0.3940，0.2584	
	$T_9\sim T_{12}$	0.1522，0.1473，0.1413，0.1336		0.2486，0.2301，0.2247，0.2135	
	$T_{13}\sim T_{16}$	0.1283，0.1249，0.1121，0.1099		0.1678，0.1596，0.1537，0.1544	
X向	Dx，max(mm)	15.54	13.07	25.04	28.47
	Dx，max/H	1/6090	1/6699	1/4287	1/3769
	dx，max(mm)	0.57	0.51	1.02	0.99
	dx，max/h	1/5251	1/5814	1/2948	1/3046
Y向	Dy，max(mm)	14.63	21.27	24.50	33.69
	Dy，max/H	1/6050	1/4161	1/4381	1/3185
	dy，max(mm)	1.20	0.89	0.87	1.20
	dy，max/h	1/2487	1/3395	1/3496	1/2487

注：Dx，max、Dy，max和dx，max、dy，max为最大顶点位移和最大层间位移；H和h分别为楼总高和层高。

4 钢结构工程施工

钢结构工程的施工,特别是“空中茶吧”连体钢结构施工安装是本工程的技术难点,最初也曾设想采用外搭支架的常用施工方法,但受到场地、设备、工期、造价和建筑要求等多种因素的制约,因此,设计与钢结构施工安装单位密切配合,巧妙地利用高层主体结构,共同研发了适用于高层连体钢结构整体安装的计算机控制液压同步整体提升新工艺。

它的优点是:①充分利用已建成的高层主体结构,不影响其他施工工序;②在地面进行连体钢结构的组装,大幅度降低了高空作业的危险,焊接质量控制有保证;③通过提升设备扩展组合,提升重量、跨度、面积、高度不受限制;④提升设备小、自重轻、承载能力大;⑤全程计算机控制,设备自动化程度高,操作方便灵活,安全性好,可靠性高,使用面广、通用性强。⑥缩短了建设工期,节约了投资。

“空中茶吧”连体钢结构总重 320t,钢结构整体提升吊装高度 95.35m,采用计算机控制液压同步整体提升新工艺,提升共耗时 18h,整体提升到位后的检测结果表明,12 个检测点误差仅 0.5mm,工程设计和施工取得成功(图 11、图 12),并在包括杭州市市民中心连体钢结构等在内的国内重大重点建设项目中推广使用。

图 11 施工和安装过程中的连体“空中茶吧”和“玻璃穹顶”

图 12 整体提升中的连体“空中茶吧”

5 现场技术服务与工程质量

建筑工程是由设计、施工和管理三部分组成,再优秀的设计,也必须通过精心施工和科学管理才能实现,因此,现场技术服务也是工程设计必须做好的一项重要内容。设计必须正确地处理好设计与施工、监理和业主单位的关系,必须考虑施工的可能性和可控性,综合考虑和分析施工过程中可能出现的技术难点,并做好合理解决技术难点的工作准备,要达到预期的目标必须做好各个环节的具体落实工作,特别是施工图的技术交底工作,以确保所采用的各种技术方案和措施得以正确实施。

“创新是魂、人才是本”,在本工程建设过程中除按照通常要求派驻现场设计代表,参与必要的现场沟通与检查等设计技术服务以外,还结合本工程建设的不同阶段,适时地开展多种形式的现场技术培训,起到了事半功倍的效果。如:针对建设单位、总包单位和监理单位的现场工程技术人员对“补偿收缩混凝土技术”和“钢结构工程”的质量控制、检测方法和手段不熟悉的情况,专门编撰了适用于“补偿收缩混凝土配置、养护与质量控制”的《操作秘籍》,以及“钢结构工程施工质量检测与验收”的《实战宝典》等培训教材，举办现场专题讲座，确保了工程进度和工程质量，取得了非常好的效果。

6 结论

(1) 对于大底盘多塔楼连体复杂高层建筑群的结构设计必须运用先进的设计思想，并与建筑师密切配合，明确“建筑要依存于结构，结构要依存于建筑，建筑与结构是一个不可分割的整体”，在尽量满足建筑师平、立、剖面要求的前提下，主要结构受力体系必须明确，以满足了建筑空间和建筑功能的需求，使建筑师的景观造型得到完整体现，结构体系的整体设计比单纯的截面设计更重要。

(2) 概念设计是展现先进设计思想的关键。通过采用“调”，“抗”，“放”整体结构的设计思路和方法，安全合理的技术措施和施工工艺，以及科学的管理，综合解决超大地下室、大底盘、带转换层、不等高多塔楼、连体超限复杂高层建筑群工程建设中的各种技术难题。

(3) 将可“呼吸”的设计理念运用于高层建筑的连体结构中，组成新型的连体钢结构“呼吸系统”，以消除两幢高层建筑的“晃动”，以及连体钢结构的“热胀冷缩”对结构的影响，并取得成效。

(4) 充分利用已建成的高层主体结构，采用计算机控制液压同步整体提升新工艺进行高层连体钢结构的整体安装可行、有效。

(5) 再优秀的设计也只有通过科学施工才能体现出来，因此，设计中还必须考虑施工的可能性和可控性，综合考虑和分析施工过程中可能出现的技术难点，并做好合理解决技术难点的工作准备，适时地开展现场服务和技术培训，确保所采用的各种技术方案和措施得以正确实施，也是工程设计必须做好的一项重要内容。

参考文献

[1] 牛寿雁.高层商住建筑的探索——温州市新国光商住广场设计回顾.建筑技术与设计，2007;(4):104～109

[2] 方鸿强，伊新富.戴振业，温州新国光商住广场超长地下室结构设计.膨胀剂与膨胀混凝土，2007;(2):31～34

[3] 陈志华，阎翔宇.天津博物馆的可呼吸钢结构体系.工业建筑，2005;(12):72～87

[4] 方鸿强，周芳龙.新国光商住广场高层连体“空中茶吧”钢结构防护方案设计.钢结构，2004;(4):67～70

[5] 方鸿强.大底盘多塔楼连体复杂高层建筑群结构设计.建筑结构学报，2009年第30卷

在城市化进程中完善生态城市建设新机制

韩选江 （南京工业大学土木工程学院 南京 210009）

[摘要] 本文介绍了我国城市化发展进程情况，阐明了建设生态城市的必要性与基本要求，同时指出当前人类所面临导演第六次生物大灭绝的危机所在，进而提出创建低碳经济生态城市新机制的一些具体做法。

[关键词] 城市化进程；生态城市；低碳经济；低碳城市；节能减排；清洁能源；技术创新；循环经济

1 引言

城市，是众多人口集中生活和工作的地方。它有众多的商店、学校、医院、住宅、娱乐和休闲健身的场所，也有诸多快捷而方便的交通、通信和水、气、电、热等生活设施。城市，对人们有一种诱惑力、亲和力和凝聚力。

然而，当城市不能符合节能环保的要求和不具有生态城市的特点时，城市的功能和优越性将受到极大的限制，则城市又将成为一个多污染、多疾病和多灾难的人口集中区域。它将对人们的生存具有排斥力，又将成为人们所不喜欢的居住地区。

因此，不断推进节能环保的城市发展理念和不断完善生态城市建设新机制，将是推进我国城市化进程的最高目标。

2 我国的城市化发展进程

2.1 古代城市的兴起

古代的城市，是奴隶主和封建主进行统治的政治据点，同时它也集中表现了古代经济、文化、科技等多方面的成就。

我国最初的城市萌芽起源于原始社会晚期。目前我国已发现的原始社会城址达 30 多座。其中，最大的城市面积约 3 平方公里，最小的也有约 1 公顷，且都是用夯土筑成的城垣。

我国古代城市从一开始兴起就有明确的分区：统治机构（宫廷与官署）、手工业和商业区以及居民区，且用通行道路作为分隔，方便了人群的合理流动。

2.2 现代城市的地位和作用

现代城市，既是一个地域的政治、经济、文化中心，又是各种产业的组织、生产、营销和储运等龙头指挥中心的集中所在地，还是文化教育的最高层次培养基地。它能较好地满足广大人民群众工作、学习、休闲、健身、旅游、度假和娱乐休息需求而提供的温馨生活环境条件。

现代城市已经不是古代城市的“城”和“市”的功能概念了。现代城市功能应加速人流、物流与信息流的有序合理流动，以营造出更多的经济繁荣、百业昌盛、精神文明和生活温馨的、具有可持续发展的地域特色生态环境，其建设步伐是大踏步迈向 21 世纪的适宜人居环境。

2.3 我国的城市化推进情况

我国以占世界耕地资源的 7%的土地，养活了世界上 22%的人口，现人口已达 13 亿。根据我国人口发展战略，到 2030 年将达到人口峰值 16 亿。由于城市化进程的加速，城市用地不断扩大，农田将以每年 $5\times10^{10}\sim8\times10^{10}\,m^2$ 的速度迅速减少。

由于改革开放加快了城市化进程，我国的城市化水平从 1980 年的 19.39%增加到 1999 年的 30.89%，年平均增长已超过 0.6%(参见表 1)。

表 1　我国城市化人口增长一览表

年　份	年度总人口(万人)	按城镇和乡村进行划分	
		居住在城镇总人口(万人)	
		人口数	所占比重(%)
1978	96259	17245	17.92
1980	98705	19140	19.39
1985	105851	25094	23.71
1986	107507	26366	24.52
1987	109300	27674	25.32
1988	111026	28661	25.81
1989	112704	29540	26.21
1990	114333	30191	26.41
1991	115823	30543	26.37
1992	1117171	32372	27.63
1993	118517	33351	28.14
1994	119850	34301	28.62
1995	121121	35174	29.04
1996	122389	35950	29.37
1997	123626	36989	29.92
1998	124810	37942	30.40
1999	125909	38892	30.89

进入 21 世纪后，根据祖国大陆 31 个省、自治区、直辖市的人口统计，2001 年年初居住在 667 个城镇的人口已达 45594 万人，占总人口的 36.09%。城市化水平又大大向前迈进了一大步。我国已有 1/3 以上人口生活在城市，这给城市建设既增加了动力，也增加了压力。

根据中国社会科学院 2010 年 7 月 29 日发布的城市蓝皮书指出：截至 2009 年，中国城镇人口达 6.2 亿，城市化率达 46.6%，城镇化规模居世界第一。蓝皮书认为：中国城镇化必将进入一个从规模扩张到品质提升的整体转型时期，出现并加速城市社会经济发展的整体转型。

3　建设生态城市的基本要求

建设生态城市，是从当代城市面临着城市生态安全问题的事实出发的。2002 年 8 月，国际生态城市大会在深圳召开，讨论通过了生态城市建设的深圳宣言(2002 年 8 月 23 日)。

该宣言中明确：城市生态安全是向所有居民提供洁净的空气、安全可靠的水、食物、住房和就业机会，以及市政服务设施和减灾防灾的保障。这是建设生态城市的总目标。

笔者认为，从低碳经济出发建设生态城市有以下四方面的基本要求：

第一，是要建设好城市的自然环境。

这是城市建设的大环境，它决定着城市的生命力和多项功能的有效发挥。具体来说，就是要建设一个山、水、城、林协调发展的城市自然风貌。

山林绿化是城市人群呼吸的肺。一个城市没有50%以上的森林绿地面积，就不是城市居民生活的最佳环境。同样，一个城市没有湖池、湿地和流动的河流活水，也很难构成城市居民的最佳生活环境。因为它们都是城市居民集中人群所必备的健康生活条件。

第二，是要建设好城市的建筑环境。

这是城市建设的小区域环境，它决定着城市繁荣所具有的生气和人气，体现出推动城市经济发展的人群的有序合理的布局方式。具体来说，就是要将各个城市建设成能与自然界生物体相匹配的变化多姿的生态建筑体系。这种生态建筑体系，不是建造的水泥森林或钢铁森林的拼装组合，也不是穿戴豪华外装的楼群组合。这些建筑仿佛是从地上自然长出来的，宛自天开，犹如地生，倍感大自然的天工造化。它们是能巧妙地融入城市山、水、城、林中的天工造物杰作。

特别，第五代住宅建筑就拥有了这些特征。第五代住宅建筑，具有良好朝向、景观、通风环境的户型组合体系，具有分层系列性的绿色环保体系，具有较完善的生活配套设施体系，具有配套的节能环保设施体系，以及具有良好的智能化体系。

第三，是要建设好城市的人文环境。

这是城市建设的时代地域格调和主旋律。它是将地域历史文化特色融入到生态城市建设中，打造出具有深厚历史文化底蕴的城市新面貌。

建设城市的人文环境，要求尊重地域城市的人文内涵，继承城市发展的历史文脉，演绎时代变迁的文化沉淀，塑造出不同城市的地域居住文化。

这种人文环境既尊重了客观世界，延续了历史文化沉积的精髓文脉，又发挥了人的主观能动性，用人民群众是历史创造的真正主人而推动城市建设面貌的不断更新和欣欣向荣。

第四，是要使城市建设成为创造美好生活方式的最佳场所。

这是城市建设的最终目标要求。它是将城市中的人群、建筑和环境统一组合构建成和谐共存，并产生互动效应的鲜活场面。

这就要求建筑、人造景观与自然环境完善融合，使建筑之美、人文之美、自然之美和生命之美相互交融和谐共生，在城市传承文化中互动，在城市生活的浪花中舒展，在宁静、优雅、温馨的环境中和谐，共同创造出现代功能城市的美好生活方式，让居住在城市中的人们生活得更美好。

综上所述，我们是在应用现代的城市建设理念、现代的材料、现代的技术和现代的结构形式来重现古代先人的营建智慧精华，去重现大自然的天工造物之美，建设高科技的现代城市，使人与自然环境和谐相处，使人与社会风貌与时俱进，创造出最佳宜人环境的健康生活方式，有利于城市居民的安居乐业、健康成长和幸福生活。

简而言之，建设的生态城市就是以下模样：

蓝天白云无黑烟，山绿水清湿地全；

节能减排处处见，“三废”处理更周全；

绿色能源转换电，热、冷、风、气最省钱；

鸟语花香伴生活，健康环境美家园。

4　人类正导演第六次生物大灭绝

4.1　地球史上经历的五次生物大灭绝

宇宙大爆炸诞生了太空中行星系统。地球形成至今，已经历了46亿年的生命演化历史。

在这漫长的地球演变过程中，曾经历过五次生物大灭绝，它们是：

(1) 第一次生物大灭绝

时间：为距今4.4亿年前的奥陶纪末期。

事件：导致大约85%的物种灭绝。

又称：第一次物种大灭绝、奥陶纪大灭绝。

这是地球史上第三大的物种灭绝事件，约85%的物种灭亡。古生物学家认为这次物种灭绝是由全球气候变冷造成的。在大约4.4亿年前，现在的撒哈拉所在的陆地曾经位于南极，当陆地汇集在极点附近时，容易造成厚厚的积冰，奥陶纪正是这种情形。

(2) 第二次生物大灭绝

时间：距今3.65亿年前的泥盆纪后期。

事件：海洋生物遭受了灭顶之灾。

又称：第二次物种大灭绝、泥盆纪大灭绝。

第二次物种大灭绝发生在泥盆纪晚期，其原因也是地球气候变冷和海洋退却。在距今约3.65亿年前的泥盆纪后期，历经两个高峰，中间间隔100万年，是地球史上第四大的物种灭绝事件，海洋生物遭到重创。

(3) 第三次生物大灭绝

时间：距今2.5亿年前的二叠纪末期。

事件：导致超过95%的地球生物灭绝。

又称：第三次物种大灭绝、二叠纪大灭绝。

这次大灭绝使得占领海洋近3亿年的主要生物从此衰败并消失，为恐龙类等爬行类动物的进化铺平了道路。这次大灭绝是由气候突变、沙漠范围扩大、火山爆发等一系列原因造成的。

(4) 第四次生物大灭绝

时间：距今2亿年前的三叠纪晚期。

事件：发生了第四次生物大灭绝，爬行类动物遭遇重创。

又称：三叠纪大灭绝、第四次物种大灭绝

三叠纪初期继承了二叠纪末期干旱的特点；到中、晚期之后，气候向湿热过渡，由此出现了红色岩层含煤沉积、旱生性植物向湿热性植物发展的现象。估计有76%的物种，其中主要是海洋生物在这次灭绝中消失。

(5) 第五次生物大灭绝

时间：距今6500万年前后，白垩纪晚期。

事件：突然，侏罗纪以来长期统治地球的恐龙灭绝了。

又称：第五次物种大灭绝、白垩纪大灭绝、恐龙大灭绝。

在五次大灭绝中，这一次大灭绝事件最为著名，其最大贡献在于消灭了地球上处于霸主地位的恐龙及其同类，并为哺乳动物及人类的最后登场提供了契机。运行小行星撞击说的科学家们推断，这次撞击相当于人类历史上发生过最强烈地震的100万倍，爆炸的能量相当于地球上核武器总量爆炸的1万倍。

4.2 地球史上面临的第六次生物大灭绝

最近25年来，全世界的鸟类专家都在寻找一种叫做德氏[illegible]鹕的水鸟，但一直没有找到。另外，根据地球上许多生物灭迹的事实，推断出地球正在迎来“第六次生物大灭绝”。

地球上前五次生物大灭绝都是因气候变化等自然灾害的环境因素所致，而即将到来的第六次生物大灭绝，则是因为居住在地球上的人类干扰所引起。

科学家估计，如果没有人类的干扰，在过去的2亿年中，平均大约每100年会有90种脊椎动物灭绝，平均每27年会有一个高等植物灭绝。然而，因受到了人类活动的干扰影响，其鸟类和哺乳类动物灭绝的速度提高了100倍至1000倍。另外，在过去的1600年里，有记录的高等动物和植物已经灭绝了724种。

有调查显示，地球上平均每1小时就有1种物种灭绝，灭绝的速度超过了以往任何一次。对于水草丰足的长江鱼类来说，历史上记录的有162种鱼类，目前江苏段仅存109种，则53种鱼类濒临灭绝或已经灭绝。

人类活动把地球弄得“发烧”，病态百出，尤其是大量人口集中拥入的城市化推进，又形成了城市环境的巨大压力，因而必须尊重环境须处于一种自然的平衡状态，必须找寻一个可持续发展的城市化建设方式，这就要杠起“绿色”生态旗帜，尽快完善生态城市建设机制。

5 创建生态城市建设的新机制

创建生态城市，不是一个短期行为，而应建立长效机制，并永远贯彻下去，实施到底，让子孙万代都接受这个理念，以永远享受其成果带来的美好生活。

创建生态城市建设的新机制是利用“予力平衡理论”以建立城市生态功能平衡的机制。其予力的施加是从全民的普及教育入手，以政府的政策导向作为切入点，从制度上加以健全实施，并督办出成效。其具体的措施办法如下：

(1) 实行全民普及低碳经济的“低碳城市”教育活动

“低碳城市”是指在城市中通过各种削减或吸纳措施，使城区中的CO_2净排量下降到很低或降到接近零的程度。

前不久，丹麦哥本哈根市宣布：到2025年该市有望成为世界上第一个碳中性城市。到2015年该市的CO_2排放量比2005年减少20%，到2025年该市的CO_2排放量将降到零，成为真正的碳中性城市。

哥本哈根市为低碳目标采取的措施有50项之多。如：

① 大力推行风能和生物质能发电，且实行热电联户，区域供热。

② 推行严格的建筑标准，推广节能建筑。如不采取节能方式，用户将要付出高额的代价。

③ 推行绿色交通，使用电力车和氢动力车。大力推行“自行车代步”。全市的“红绿灯”变换的频率按自行车的平均速度设置。全市有100多个自行车免费停放点。

④ 鼓励市民对垃圾的回收利用及开发新能源新技术。如通过风力发电来电解水，储存产生的氢气。

通过公民普及教育活动，让“低碳城市”理念深入人心，使之变成自己的行动来规范个人行为，以建立城市生活的科学健康方式。

(2) 实行城市有机统一的合理分区规划

城市的发展必须以经济发展为基础，经济发展的结果必然带来城市的繁荣昌盛。现在强调城市的发展，就要采用“低碳经济”的模式。

这是一种以低能耗、低污染、低排放为基础的经济模式，其实质是贯彻能源的高效利用、进行清洁能源开发和追求绿色GDP的问题。它的核心问题是能源技术和减排技术的创新、产业结构和制度的创新，以及人类生存发展理念的根本性转变。

因此，城市建设要实行有机统一的合理分区规划，将产业集中区、农业园区、开发区（专业园区）、生态保护区和居住区分区分块进行规划，并建立循环经济产业园及绿色居住区，从低碳目标构建和谐都市。

对于一些老工业城市，就需要在重新规划的基础上实行某些能源工厂的搬迁和污染企业的转型改造，为城市的清洁生产和循环经济的建立提供场地条件，并加强城乡周边地区的协调发展。

（3）实行节能减排强制标准

由国家各部委、局等行政职能部门制定相应强制标准，并形成对相关企业进行长效监督的机制，以法制化的轨道约束相应企业厂矿，实现节能减排的常年达标。特别是建筑、建材和化工造纸等行业，是高耗能高污染的行业，其相应的强制标准须尽快制定并颁布执行。

（4）实行低碳经济优惠政策

各级政府在对当地的高能耗企业和污染企业采取关、停、并、转方针的同时，还要出台一些有利于企业转型改造的低碳经济优惠政策。要给企业转型改造提供政策支持和创造相应条件，也为企业职工提供温暖帮助，有利于解决职工再就业难题，为创建和谐社会打下坚实基础。

（5）大力奖励节能减排创新的设计、产品及技术成果

在推进低碳经济的进程中，会涌现出一大批干当铺路石的技术人员，他们不畏艰险、不计条件奋战在科技探索的第一线，不断取得大量的创新成果，各级政府应及时嘉奖他们，并为他们的继续探索工作提供更为良好的工作条件和生活条件。

总之，实行了以上配套政策及办法，就能形成创建生态城市建设的一种新机制。这就是从全民普及教育入手，由政府牵头，让政策导向，健全奖惩制度，完善实施细则，强调督办法制效果的新机制。它将成为推动低碳经济生态城市建设的一种巨大力量。

6 结语

经济全球化已成一种推动世界经济增长的潮流，发展中国家的城市化进程正在迈向发达国家的前进步伐加速向前推进。

我国的城市化进程正以空前的速度在加速前进，它为缩小城乡差别和工农之间的差别，以及提高城乡人民的生活质量发挥了很好的作用。

然而，在加速城市化进程的同时，努力创建低碳经济的生态城市更加显得重要。为此，尽快完善生态城市建设的新机制将能成为创建生态城市的一种动力和发动机，只要从全民普及教育入手，坚持政策支持导向，健全和完善法制途径，就能迅速打开创建低碳经济生态城市的新局面。这样的生态城市，将给人们带来更加美好的生活。

参考文献

[1] 韩选江．“予力平衡理论”在各行业中的广泛应用[A]．现代工程与环境优化技术最新研究与应用[C]，北京：知识产权出版社，2008 年 9 月

[2] 东南大学潘谷西主编．中国建筑史[M]．北京：中国建筑工业出版社，2008 年 1 月

[3] 韩选江．面向 21 世纪城市建设的现代结构工程技术[A]．现代结构工程技术最新发展与应用[C]，北京：中国环境科学出版社，2006 年 10 月

[4] 曹伟著.城市生态安全导论[M].北京:中国建筑工业出版社,2004 年 9 月
[5] 焦点新闻.第五代住宅十大特征[N].新华日报,2001-5-24,B 版
[6] 综合报导.人类导演第 6 次生物大灭绝[N].金陵晚报,2010 年 6 月 1 日,A 叠 06 版
[7] 钱建芬.咱长江里的鱼已经"消失"了 53 种[N].金陵晚报,2010 年 6 月 7 日,C 叠版
[8] 于飞,刘泱.全球变暖让上海容易被淹没[N].金陵晚报,2010 年 7 月 4 日,A02 版
[9] 中国建筑学会建筑师分会《建筑新技术》编辑部.可持续建筑技术信息[D],2009 年第 6 期,总第 44 期(双月刊),2009-12-1
[10] 韩选江.城市减灾的综合防治与灾后重建实例分析[J].未来与发展,2010 年第 1 期:2-8

二、工程设计与防灾减灾

防灾减灾的房屋结构设计问题研究

汪达尊 （中国建筑技术研究院）

［摘要］ 本文阐述结构设计中的一些基本观点，介绍了一些新的结构体系和设计概念，为设计人员提供参考借鉴，以实现防灾减灾的总目标。

［关键词］ 结构体系；结构设计；抗震防灾；岩土层锚固技术；剪力墙

1　新建房屋的结构设计应该考虑抗震防灾

新建房屋都应该考虑抗震。以1995年日本大地震为例，日本兵库县南部地区，历史上仅在淡路岛北部附近发生过一次6.5级以上的地震，因此在1995年1月17日以前，日本对神户市及其周围地区发生大地震的危险性估计不足，他们将重点放在日本的关东地区，所以日本气象厅所属地震预报部门只负责对东海地震预报，对阪神地区不承担地震预报责任。而在1995年1月17日，恰恰就在认为比较安全的地区发生了大地震。这与我国的情况有点相似，例如河北邢台、辽宁海城、河北唐山原来都是6度地震区，但都发生了9度、10度、11度的大地震。因此，我们不能过分相信目前还不完全成熟的地震预报，在所有地区建造房屋都应该重视抗震问题。建造房屋重视不重视抗震，后果大不一样。

日本神户地区住宅以木结构居多，据统计，木结构住宅全部或部分破坏的达14万多栋，其中全坏占一半以上。究其原因，这种1～2层的木结构住宅，大多建造了30年以上，且用传统施工工艺建造。其特点是重屋盖（在黄泥层上铺瓦），窗户多，墙壁少，而且这种墙壁是用交叉的竹篦上抹泥而成，抗震性能很差。地震来时，当然不堪一击。但是也有些木结构住宅并未遭到严重的破坏，它们是最近十年内按新的施工工艺建造的700多栋住宅。这是因为传统的施工工艺建造房屋没有考虑抗震，而新的施工工艺建造房屋则考虑了，故后果截然不同。那么如何考虑抗震呢？

1.1　建筑场地选址对抗震的考虑

建筑工程选址必须做到：绝对避开对抗震有危险的地段，尽可能避开对抗震不利的地段，优先选用对抗震有利的地段。

哪些是对抗震有危险的地段呢？其一是地质断层带。例如唐山地震，在极震区内有一条北东走向的地表断裂带，长8km，水平错位1.45m。日本阪神大地震，神户市震害严重，其原因之一是它有几条跨越全市的东北—西南向的活动断层带。在主震发生后，沿这些断层带发生了1000多次余震，建筑破坏主要是沿着这些断层带发生。

其二是滑坡。1971年云南通海地震，丘陵地区山脚下一土坡，上面有一小村庄，山体整体向下滑移了100多米，致使房屋大量倒塌。日本阪神大地震也发生过山体滑坡造成整个村庄被吞没的情况。

其三是山崩。有些陡峭山体，地震时常发生山体崩塌。1932年云南东川地震，大量山石崩塌，阻塞了江河。20世纪30年代的四川松潘地震，山体崩塌把岷江中段阻塞成几段，形成了几个海子（湖泊）。

其四是地陷。地下有煤矿的采空区，其上绝对不能盖房子，因为在地震时可能发生大面积的地陷。

哪些是对抗震不利的地段呢？从地形方面看，如在孤立山包的顶部，破坏就会很严重。高差较大的台地边缘，非岩质的陡坡，靠近河流岸边，都不适宜建房。从场地土质方面看，如可液化土以及饱和松散的砂土和粉土，在地震作用下孔隙水压会急剧升高，小颗粒悬浮于孔隙水中，从而丧失抗剪承载力，在自重或较小的附压下即产生较大的沉陷，并伴随喷水冒砂。在可液化土层上盖房，必须慎重。再如软土地基，它是一种高压缩性土，抗剪承载力很低，地震时会引起建筑物急剧沉降和倾斜。

哪些是对抗震有利的地段呢？一般来说除了上述对抗震有危险和不利的地段之外的，位于开阔平坦地带的坚硬场地或密实均匀的硬场地土，均适宜建房。

1.2 房屋基础应当隔震

我们可以利用精密仪器仪表等畏振设备的隔振原理为建筑结构抗地震服务。大家知道，上述畏振设备对振动是十分敏感的，稍一振动，就能影响它的正常工作。为此，常需采取隔振措施。从下列关系中可以看出：

振源 —(减振)→ 畏振设备的支承结构 —(隔振)→ 畏振设备

振源产生的振动传给畏振设备的支承结构（即安置畏振设备的房屋），后者又将振动传给畏振设备。为了保证畏振设备的正常工作，要采取隔振措施，使振动不能传到畏振设备上。隔振装置常常是有效的。我们可以借鉴上述经验，设想地震中心是振源，建筑物所在地的地基是畏振设备的支承结构，建筑物本身则是畏振设备。

过去做结构抗地震设计的指导思想是，既不做振源和畏振设备的支承结构间的减振，又不做畏振设备与其支承结构间的隔振，而是让振动畅通无阻地传到畏振设备上来，然后只在畏振设备本身上做文章，拼命增加材料，武装畏振设备，让它不被振坏，这当然效果不佳，事倍而功半。可是如果我们借鉴精密仪器仪表隔振的经验，在设计抗震建筑结构时，不让或少让地震波传给建筑结构，事情是不是要好办得多？这样做并不困难，只要在地基与基础之间，或者在基础与上部结构之间增加隔振装置，使地震波传不到上部结构上去，就可以达到目的。

国外有不少这样的工程实例。为达到基础隔振的目的，他们采取的办法多种多样。值得推荐的有：

（1）滚动基础。在基础与上部结构之间设置滚柱或滚珠做成的隔震装置。

（2）滑动基础。在基础与上部结构之间涂以润滑材料（如合成树脂之类），构成隔震基础。

（3）摇摆倾动式基础。这种隔震方式有点类似“不倒翁”，地震来时，房屋左右摇摆，使地震影响传到上部结构上减小。

（4）悬挂柱底式基础。将房屋柱子的底部用钢杆吊挂于基础，靠钢杆的摇摆效果来隔断地震波向上部结构传递。

（5）水池浮动式基础。将房屋基础放到一个大水池内，基础底面和侧面距离水池的底面和侧面有一定距离，基础顶面高出水面 1m 左右。当地震来时，房屋在水池中摇动。试验表明，这种水池式基础隔震效果很好。

（6）橡胶垫块基础。1964 年英国修建了一幢采用橡胶隔震垫的楼房，原来目的是用于隔离附近地铁引起的振动，用了厚度为 20～30cm 的橡胶垫块。在 3～30Hz 地面振动下，楼房振动速度为 0.018～0.028cm/s，若不用橡胶垫，则此值为 0.1cm/s，可见橡胶垫起了很好的隔震作用。

综上所述，房屋结构抗震有两种指导思想:传统思想是“硬抗”，让地震波传到上部结构上来，然后极力加强上部结构以抵抗地震的影响;新的指导思想是“躲避”，不让地震波传到上部结构上来，着眼于隔震或减震，以保上部结构的安全。

1.3 采取对抗震有利的房屋体型

建筑物抗震性能的优劣很大程度上取决于两个因素，一是建筑布局要简单合理。例如平面要简单一些，采用正方形、矩形、圆形最好，其他如椭圆形、正多边形、扇形也比较好。三角形虽然也简单，但它沿主轴方向不全是对称的，地震时容易产生较强的扭转振动，故不宜采用。其他如L形、T形、十字形、H形、U形、Y形等平面，如果挑出的翼缘太长的话，地震时震害也严重。故有些设计规范对房屋平面突出部分的尺寸作了限制。

还有是立面变化要均匀一些。立面可以采用矩形、梯形、三角形、双曲线形、锥形、截锥形等均匀变化的几何形状，尽可能不要采用有突然变化的阶级形的立面。要特别注意不要采用倒梯形的立面，这种立面上部的质量和刚度都比下部的大，头重脚轻，其质量、刚度、强度分布均与抗震设计原则相违背。在1960年发生的摩洛哥地震中，一座倒梯形楼房的上部几层全部坍塌。

另外，高层建筑四周有大底盘的裙房，两者之间不设缝分开，裙房上的楼层会引起刚度的突然变化，对抗震极为不利。再如，房屋的高宽比不宜过大，一般认为高宽比 $H/B \leqslant 4$ 较好。基础埋深不宜过小，当采用天然地基时，应不小于房屋高度的1/12;采用桩基时，不小于房屋高度的1/15。有必要时，应合理地设置防震缝。

二是采用合理的结构布置方案。具体做法是尽可能采用对称的结构布置，结构的竖向要等强，尽量避免采用底层大空间的头重脚轻似的房屋。对屋顶上设有小塔楼的房屋，一定要注意地震时的鞭鞘效应。

1.4 加强房屋的空间整体性

许多房屋震塌的原因，除了少数是由于结构构件本身强度不够外，绝大多数是由于构件与构件间的连接不牢靠，有的甚至是干摆浮搁，地震来时被震掉下落，不仅自身被砸坏，而且祸延上下左右，把与之相连的构件也拉下来，造成一连串的“连锁破坏”。

以单层厂房为例，按规定，大型屋面板与屋架应有三点焊接，但实际上有的连一点焊都没有，板在屋架上干摆着，平时倒无所谓，一旦地震来时，一颠一摇，大型屋面板就坠落下来。板下落又拉斜屋架，屋架掉下来又牵连柱子，这个连锁反应，使得整个厂房倒塌。夸大点说，我们过去建造的房屋，凡是没有考虑抗震的，其实有不少与小孩玩的积木类似，不碰没有事，稍微摇晃一下，就会垮塌。唐山地震之所以造成如此大的震害，和建造的房屋缺乏空间整体性，“不堪一击”大有关系。

举个不太恰当的例子，飞机在空中，轮船在海里，它们所受的颠簸振动，恐怕不会小于房屋在地震时的振动吧?为什么飞机和轮船并没有因此而散架呢?主要原因是它们构件之间连接很牢靠，其空间整体性特别好，经得起折腾。而我们建造的房屋之所以一震就垮，就在于空间整体性差。

有许多梁板就是干摆浮搁在它的支座上，平常靠地心吸力拉住，尚可平安，一旦地震来了，先向上一颠，把地心吸力抵消掉，构件间摩擦力也“一笔勾销”，再水平向轻轻一振，构件就脱离支座下落。一个构件破坏了，又牵一发而动全身，造成连锁破坏。当然，房屋结构毕竟和飞机轮船不完全一样，它的振动受土层的约束比较大，没有飞机轮船“自由”。虽然如此，但空间整体性有利于抗震这条原则还是可以借鉴的。

1976 年唐山地震后，我调查了北京的震害。有两个例子，很值得人们三思。

一是西郊百万庄的“宇宙红”简易楼。设计非常简陋，住户意见很多，但地震后却完好无损，许多非简易楼都望尘莫及。究其原因，是房间面积小、砖砌体质量尚佳、现浇楼板等几条，使它经受了严峻的考验。

二是北京饭店。它有三座楼房，东楼于 1975 年建成，设计时考虑了抗震，唐山地震时稍有损坏。西楼于 20 世纪 50 年代建成，未考虑抗震，震害较重。而中楼建于解放前，更没有考虑抗震，但却一点损坏也没有，原因何在？原来解放前工程任务少，砖墙用的砖质量较高，加之据说采用掺了糯米浆的砂浆砌筑，故砖砌体的整体性特别好，有利于抗震。

1.5　控制房屋结构的概念设计

传统的房屋结构是这样设计的：在正常情况下，外荷载作用于房屋结构时，结构靠着自身的强度、刚度和稳定性来抗御外荷载的作用，以保证结构的安全工作。但是在非正常的情况下，如地震、龙卷风、水灾、山崩等自然灾害面前，房屋结构就会无能为力，常遭破坏。未来的房屋结构就应该考虑在这些非正常的外荷载作用下，如何去控制结构的最大反应，以避免其破坏。目前有些学者提出控制结构的概念，就是企图解决这方面的问题。

控制结构是什么意思？就是在房屋结构上附加一些控制措施，以保证在非正常外荷载作用下，结构不至于严重破坏和倒塌。控制结构分为两类：一类是主动控制（或称积极控制），另一类是被动控制（或称消极控制）。对于后者，人们并不陌生。例如作用于房屋结构上的动力机械，在其底座采用隔振措施，其目的在于使动力机械振动尽可能少地传到房屋结构上，以控制结构的最大反应。这就是被动控制结构。

主动控制结构和被动控制结构的差别在于：前者控制结构，需要从外部输入能量，产生一种外在控制力去影响房屋结构，以达到控制结构反应的目的；后者也想控制结构，但它不需要从外部输入能量，靠自身的力量去控制结构。例如上述动力机械基础下的隔振措施，靠弹簧、橡胶垫、砂垫层等就能减振，不需要外在能源的驱动。主动控制则不然，它需要外在能源的输入。

日前主动控制用得最多的是反馈控制，它由三部分组成，即传感器系统、计算机系统、驱动施力系统。当房屋结构受有非正常外荷载作用时，首先由传感器系统检测结构的反应（即结构的应变、位移、速度、加速度等），然后把信息迅速传到计算机系统，由后者分析判断，作出相应对策。最后指示驱动施力系统，将最优控制力反施于房屋结构，以控制结构的变形和运动。

这种反馈控制方法在航天器方面已使用得很普遍，但用于建筑工程还有一定的困难，因为房屋结构是一个庞然大物，需要很大的控制力才能影响和控制它，没有巨大的能源输入是不可能的，加之地震时电力供应中断，无法提供外部能源输入，这就限制了它的应用。因此，从目前来看，被动控制还是应予重视。

被动控制结构这个名词虽然新鲜，但这种做法在过去的设计实践中却不乏体现。大家知道，高层建筑对结构提出的抗风和抗地震要求有时是相互矛盾的。例如结构在平常风力作用下，要求它的刚度大一些好，这样动力效应小，水平侧移也小，但在地震时，抗地震要求则需要其柔度大一些好，因为地震的主要周期是几分之一秒，而较柔的高层建筑周期是几秒，两者相差较大，不会产生共振。结构不与地震运动共振，就不会产生过大的应力。

这个矛盾如何解决？有些结构学者主张在平时风力作用下，结构设计成有较大的刚度，防止它有过大的侧移。但其中有某些结构部件故意留有弱点，允许它在地震袭击时先开裂或屈服，使结构的刚度迅速减小，房屋的振动周期加长阻尼也增加，地震力则相应地减少。美籍结构学家林同炎在设计美洲银行大楼时就运用了上述原则。

美洲银行大楼是一幢18层的塔楼（高61m），筒中筒结构，外筒平面尺寸为22.35m×22.35m，内筒平面尺寸为11.6m×11.6m。内筒由四个L形小筒体用连系梁连接而成，连系梁中间开了较大的孔洞，成为结构的薄弱环节。1972年12月23日发生的马那瓜地震，此楼地区正好位于震中，它旁边有半寸宽的地裂缝，它附近的中央银行大楼（长44.2m，宽12.5m，15层），遭到严重的破坏。但美洲银行大楼除在连系梁上发生剪切破坏外（这本是预期的），连墙体都没有破坏，整个建筑安然无恙。为什么？因为地震来时，内筒的连系梁首先破坏，变成4个L形小筒，但它的抗侧移能力降低不多，而它在地震作用下的动力反应却大为减少，因此就保持了结构的稳定性，未遭破坏。

地震后，林同炎对美洲银行大楼作了动力分析，结果是：平时4个L形小筒连成整体共同工作时，房屋的振动周期为1.3s，基底剪力为2700t，倾覆力矩为93000t·m，顶部位移为12cm。地震时，连系梁破坏，4个L形小筒脱开，分别独立工作，则房屋的振动周期变为3.3s，其底剪力减为1300t，倾覆力矩降为3700t·m，顶部位移则增至24cm$\left(\frac{\Delta}{H}=\frac{0.24\text{m}}{61\text{m}}=\frac{1}{254}\right)$。

可见美洲银行大楼之所以未遭破坏，在于它在设计时事先就让连系梁成为薄弱环节，地震来时首先破坏，从而使筒体结构的刚度降低，振动周期加长，基底剪力和倾覆力矩减小，这样就保证整个结构的安全。

当然顶部位移增大了一倍，使$\frac{\Delta}{H}=\frac{1}{254}>\left[\frac{\Delta}{H}\right]=\frac{1}{400}$，这是一弊。但整个房屋未倒塌，取此小害而存大利，却是非常值得的。位于美洲银行附近的中央银行，虽然层数还少三层，但平面呈条形，长宽比$=\frac{44.2\text{m}}{12.5\text{m}}=3.5$，三周边为柱子，另一短边为填充墙。这就构成一不封闭的开口平面，对抗地震是十分不利的，无怪乎它破坏严重。

再如在钢筋混凝土框架结构中，有些结构学者建议在梁支座附近设置人工塑性铰，这种铰做成特殊的构造，有良好的延性和吸收（耗散）地震能量的特性。地震来时，让它先于其他截面破坏，达到我们预期的结构最佳破坏机构，而不是任意破坏。实际上这是在构造上贯彻了强柱弱梁的设计原则，从而在非正常荷载作用下，控制了结构的最大反应，这也是不需要输入外部能源的，因而属于被动控制结构。

最简单的被动控制结构恐怕要算油毡防潮层。在砖石结构房屋中常常在基础顶面放置油毡防潮层，这相当于在砖墙中涂了一层润滑剂，把基础与上部结构隔开，允许它们之间有相对移动。在非正常荷载作用下，例如地震来时，它能部分隔断地震波向上部结构的传递，减小上部结构的最大反应，从而保证砖墙房屋不倒塌。采用油毡防潮层的做法，本来不是从结构方面考虑的，但是却无意中起到被动控制结构的目的。

未来的房屋就是要有意识地运用控制结构的概念于结构设计过程中，尽可能采用被动控制结构的做法。有需要并有可能时，也可以采用主动控制结构的做法，还可以采用主动和被动控制结构相结合的做法。关于控制结构的概念，目前在设计人员中间还比较陌生，有些人虽然在这方面做了一些工作，但还处于感性阶段，不是有意识的。我们要把它提高到理性阶段来认识，用控制结构的概念指导今后的结构设计，来推动结构技术水平的发展。

2 结构设计必须与建筑设计相结合

回顾一下过去的建筑史，会发现有很多著名建筑物在设计过程中，建筑师和结构工程师配合不是很密切。常常是建筑师凭着自己的灵感，大笔一挥，许多创新建筑方案脱颖而出，但却苦了结构工程师。后者感到，这些创新建筑方案好是好，但在结构上却无法实现，或者虽然可以实现，但花钱很多或结构上很不合理，变成“瞎凑合”。这种工程实例，古今中外并非罕见。

著名的实例是澳大利亚悉尼歌剧院。它位于悉尼大桥附近的贝尼郎半岛上，是各国船只进出港时的必经之地。因此悉尼歌剧院这一组像群帆泊港、似白鹤飞翔的造型奇特的建筑群，就格外引人注目，吸引了无数的国外旅游者。应该说它的建筑方案是很有特点：8 个薄壳分成两组，每组 4 个，分别覆盖两个大厅，另外还有两个小薄壳置于餐厅之上。两组薄壳对称互靠，外贴乳白色面砖，给人以丰富的联想：好像白帆，有如贝壳，姿同海浪，貌似莲花。它已经成为悉尼的标志，无疑是很成功的一座建筑。

这个杰作出自 38 岁的丹麦建筑师伍重之手，它从 30 个国家参加竞争的 223 个设计方案中夺标而出，不可不谓出类拔萃。然而这位杰出的建筑师，对结构方案却考虑太少了。这 10 个双曲壳体向上悬臂斜挑，姿态各异。原方案中，10 个壳体壳形各异，后来为了施工方便和经济因素，才统一为在一个直径为 65m 的圆球面上，割出大小不同的三角瓣，分别作为 10 个壳体的曲面，以利预制。这个工程的结构方案最致命的缺点是：选错了结构形式。

双曲壳体通常用做屋盖时都是凸面向上平放，当受重力作用时，通过壳体的薄膜压应力来抵抗外荷载。当受风力作用时，所受的向上风吸力，只要小于壳自重，一般也无害。可是悉尼歌剧院的壳体，都是悬臂斜向悬挑，当受重力作用时，壳体内根本不是薄膜压应力，壳体的优越性完全没有了。当受风力作用时，如风力作用于壳体凸面，则在壳体自重的联合作用下，更增加了壳体倾覆的危险。因此，从结构力学的观点看，这组壳体根本无法实现。

但这组建筑外形的确独特，使人不忍割爱，只好在保留外形的条件下，改变内涵的结构型式。最后决定采用由许多大小不同的三铰拱并列拼接而成的“壳体”。三铰拱为钢筋混凝土预制构件，截面是 Y 形与 T 形，挺立的拱肋由大而小，顺序成对并列，拼凑成“壳体”曲面。待就位成型后，用后张法施加预应力，使之形成整体。拱肋上铺预制扇形混凝土板，板上贴白瓷面砖。

由三铰拱形成的“壳体”，外表面呈球面三角形，其凹面形成招风的口袋。拱在与招风荷载反向的风荷载作用下，其受力状态与平面拱在重力荷载下的情况完全相反，拱内应力不是受压，而是受拉，必须利用拱的自重和施加预应力才能抵消拱内拉力。拱在上述风荷载作用下所引起的整个“壳体”的倾覆问题，则需靠“壳体”和基础的自重来抵抗，以及在拱脚采取抗拉措施解决。

因此，悉尼歌剧院的屋盖外形似壳，其实不是壳，而是一系列三铰拱而成的“壳体”，两者受力状态完全不同。原设计人曾估计这个壳体的厚度是：壳顶 100mm，壳底 500mm。壳体边缘很薄，特别好看。但改用三铰拱方案，拱肋边缘很厚，显得笨重，与建筑师原来的想象大不相同。

这个工程于 1957 年选中方案，1959 年动工，直到 1973 年才完工，工期长达 14 年。预算造价 350 万英磅，实际造价 5000 万英磅，超过预算 10 多倍。可见建筑师的设计方案，不管多么出类拔萃，如果不和结构工程师密切配合，其后果将是何等严重！

另外一个建筑和结构配合不好的例子是原西德西柏林大会堂。会堂平面呈卵形，座位布置成阶梯状，屋盖采用马鞍形悬索结构。它有两个落地拱斜交于地面的两个拱支座上（呈刚性联结），拱身全部悬空，伸出会堂外墙之外，构成房屋周边的大挑檐。严格讲，这两个斜交的落地拱并非稳定结构。于是在会堂外墙顶端再设置一个构造复杂的呈空间曲线变化的环梁，环梁之内形成一个双向相反弯曲的索网结构，而环梁之外，与斜拱之间用短索锚拉，以保持斜拱的稳定。

因此，两个斜交的拱除形成挑檐外，从结构上讲，成了可有可无的东西，去掉它对屋盖毫无影响。索网结构的真正边缘构件是位于外墙顶上的环梁。索网上有厚 6.5cm 的薄壳，形成向上飞腾之态，造型是相当新颖的。可惜由于结构方案不够理想，这个于 1957 年建成的会堂，在使用 23 年后，于 1980 年 5 月，突然被风掀塌了它的一侧，当时会堂内正在开会，幸好倒塌前有征兆，未造成重大伤亡。可见不考虑结构力学的原则，任意设计房屋结构，很难逃脱客观规律的惩罚。

还有一种情况，倒不是建筑师和结构工程师配合不密切，而是这个建筑物太重要了，成为某地区或某会议的标志性建筑，需要一种特殊的建筑体型和风格，结构工程师只能尽可能地去满足建筑师的意图，而不能过多地希望建筑师照顾结构专业的要求和合理性。当然这样做的后果是：①结构方案未必非常合理，有时甚至可能有碍于结构力学某些公认的原则，易被不了解情况的人们所误解。②肯定不会很经济，要多花一些投资。③工期很可能拖长。④施工起来很费劲，不方便。由此可见，结构设计与建筑设计相结合是何等的重要。

3 新的结构体系设计概念

3.1 广义的梁板墙柱组成的空间结构体系

一般房屋结构都是由梁板墙柱等构件组成的建筑空间。所谓广义的梁板墙柱，就是把整栋房屋按其整体作用，视为箱形梁、箱形板、箱形墙、箱形柱。例如某一高层塔楼，它本身是由许多梁板墙柱所组成。但形成塔楼以后，又可以视为广义的空心柱。两个这样的高层塔楼，其间联以几层楼高的房屋作天桥，这个天桥又可以理解为广义的箱形梁，由广义梁和广义柱联成的结构，又可视为广义框架。

再如由周边房屋围成的一个内院式巨型的空间体系，可以理解为广义的单筒，其四周的房室可视为广义的剪力墙，这样一来，这些由箱形薄壁构件构成的广义的梁墙柱，以它们作结构构件，又可以形成广义的框架结构、广义的剪力墙结构、广义的筒体结构、广义的悬挂结构等。

法国巴黎的西面，有一个中间有大门洞的立方体。门洞对着东西向轴线，立方体的长、宽、高均为 112m。门洞的南北两边由两座办公楼组成，办公楼的高度、长度为 112m，宽度为 18.7m，有 35 层。门洞的顶部和底部都是一座三层楼的建筑，高为 8.5m。门洞的净空尺寸很大，可以容纳一座巴黎圣母院。

门洞两边的办公楼相当于两片广义的剪力墙，顶部和底部的建筑物相当于两块广义的平板。两边两片广义的剪力墙为框架剪力墙结构，有 6 片剪力墙，其中中间 4 片为南北向布置，两边 2 片则在平面上向内倾斜。每片剪力墙都支承在一个椭圆形钢筋混凝土柱的柱帽上，柱基则位于地面以下 20～25m 的石灰岩上。

办公楼在第 8、15、22、29 层上设有技术层，技术层的顶板和底板起着刚性水平梁作用。拱门顶部和底部的广义的平板，有 4 根预应力钢筋混凝土大梁，支承在两边办公楼的剪力墙上，预应力钢筋混凝土大梁为现浇，净跨 76m，梁高 8.5m。在 4 根预应力钢筋混凝土大梁的垂直方向，布置 4 根两端有悬臂梁的三跨连续梁(等跨，每跨 21m)。连续梁全长为 112m，梁高也是 8.5m，其间距为 21m，4 根预应力钢筋混凝土大梁和 4 根连续梁垂直相交，构成了 9 个方格(其平面尺寸为 21m×21m)，这就是广义平板的承重结构体系。

看了法国巴黎台芳斯大门的结构体系，对广义的梁板墙柱组成的空间结构体系就可以完全理解了。

3.2 借用岩土层为上部结构服务

建筑结构设计人员在进行建筑结构设计时只是把岩土层(地基)视为承受上部结构传来各种荷重的承载体,认为它与上部结构和基础是截然分开的,它不是建筑结构的部分,它只能被动地承受后者传来的荷重。虽然现在已有一些结构学者在考虑上部结构、基础与地基的共同工作问题,但其着眼点仍在于与上部结构和基础直接相连(或承载力影响所及)的那一部分岩土层(地基)的作用,其目的只是为探求地基在与上部结构和基础的共同工作时的正确地基反力。

当然,这比从前不考虑上部结构、基础与地基的共同工作是大大前进了一步,但现在看来,这一步还是不够的。为什么?因为在建筑工程中近年来有一门新兴的技术在崛起,那就是岩土层的锚固技术。这门技术原本用于水利部门、铁(公)路部门、矿山开采部门等大型土木工程中,有的已有百年历史了。

例如矿山部门地下井道的挖掘工程,传统办法是用坑木、钢或钢筋混凝土支柱系统来支撑地下通道上面岩土层传来的压力,这是很费工费料的。但用岩土层的锚固技术,就可以取代坑木支护或圬工和混凝土的筑砌。

再如隧道工程,也可以不用传统的地下洞室支护措施,而用岩土层的描固技术代替。铁路公路两旁的岩土边坡稳定,除了用传统的挡土墙办法外,也可用岩土层的锚固技术来保持其稳定性。水利工程中的重力坝,主要靠坝体自重抵抗水平荷重的作用,现在用锚杆将坝体锚固于基岩上,就能明显地减少坝体的重量。

在桥梁工程中,由林同炎国际事务所设计的美国加利福尼亚州 Ruck-a-chucky 悬索桥,跨度为 396m,两端连接在很深的河谷的陡岸,完全没有桥墩,悬索端部锚固于岩基上,这是岩土层锚固技术在桥梁工程中的成功运用。1958 年以后,岩土层的锚固技术才开始在建筑工程中推广应用,近年来引起了各方面的重视和兴趣。

什么是岩土层的锚固技术?从建筑工程的观点看,它是用埋于岩土层中的锚杆,一端与建筑结构物、另一端与岩土层中某一坚固块体相连接,通过锚杆把建筑结构物和岩土层连成整体,使两者共同工作的一种技术。它通过锚杆不仅能把与建筑结构相邻的、或承载力影响所及的那一部分岩土层和建筑结构物连成整体,而且能把与建筑结构物相距较远的或承载力影响不及的那一部分比较坚固的岩土层,也和建筑结构物连成整体。

它们的这一特点,对我们建筑结构设计人员来说,是非常有用的技术。为什么?因为通过锚杆,我们把建筑结构物与岩土层(地基)连成整体,让地基变成整个建筑物的有机组成部分,使地基也参与建筑结构的工作。这样一来,地基就发挥出比过去大得多的作用,它就具备了建筑材料的功能。

请看一实例:某工程屋盖采用了单曲悬壳结构,悬索两端支座的水平张拉反力,一般需用抗水平力刚度很大的结构来支承,得耗很多的建筑材料去实现。如果利用岩土层的锚固技术,把悬索端与岩土层连接起来,让岩土层起抗水平力支承结构的作用,这不就既节省建筑材料又达到同样目的了吗?因此,我们说“岩土层具有建筑材料的功能”,道理即在于此。

通过岩土层的锚固技术,可以使地基具备建筑材料的功能,能发挥其更大的作用而成为建筑结构的有机组成部分。因此,我们能借用它的力量为建筑结构服务。下面谈谈如何借用它的力量为建筑结构服务。

(1) 用它抵抗竖向位移。有些水池在空水位时,常因地下水的上浮力引起向上的竖向位移而产生破坏。一般解决方法是增加水池自重，使之大于地下水的上浮力，但此法不经济，需用很多建筑材料，最好的办法是：通过锚杆把水池和其下的岩土层连成整体，让锚杆和岩土层来平衡地下水的上浮力，这比前法要经济得多。

例如西班牙某个船坞，因工艺需要，拟将其底面标高降低2m，这样一来，原底板厚底4.5m要减成2.5m，抵抗不了地下水的上浮力。为此需要拆散整个旧板重新浇灌新底板(厚度比4.5m还厚)，所需费用当然很大，后来改用锚杆将厚度为2.5m的船坞板与其下的岩土层拉在一起，以代替对原船坞起稳定作用、厚度为2m的被挖去底板的重量，结果效果良好。

(2) 用它抵抗水平向位移。拱结构具有较大的水平推力，抵抗水平推力的拱支座常需要有很大的自重，才能靠其水平摩擦力来平衡。如所述，锚杆和岩土层可以取代结构物自重所起的作用，因而也能抵抗水平向位移。

(3) 用它抵抗倾覆力矩。一般靠自身重量抵抗倾覆力矩的挡土墙，其自重中心线距离挡土墙的转动边是固定的，如欲增加抗倾覆力矩，只能增加挡土墙的重量。但是用锚杆把挡土墙和岩上层连接起来，让锚杆的拉力来抵抗倾覆力矩。由于锚杆的位置可以任意选定，它的受力中心线与挡土墙转动边的距离可以选得最大，同时锚杆的拉力也可任意选用，故所得的抗倾覆力矩比只靠增加挡土墙自重要有效很多。

(4) 用它减少结构物的沉陷。有些超静定结构物对地基沉陷很敏感，个别情况下甚至能引起整个结构的破坏。用锚杆把基础和岩土层连接起来，并加预应力，使地基在承受上部结构重量之前就已经发生变形，从而减少地基在建筑物建成后的沉陷，避免上部超静定结构的破坏。

综上所述，我认为：我们建筑结构设计人员应该具有一种新概念，即岩土层(地基)不再只是承受建筑物传来重量的承载体，它应该成为建筑物的有机组成部分，和上部结构、基础具有等量齐观的功能。岩土层是一种变相的建筑材料，通过锚杆的作用，能够把岩土层与上部结构、基础连成整体，从而使岩土层具备建筑材料的功能，用它代替建筑材料。

为此，我们对岩土层的锚固技术应该给以充分的注意和研究，不要认为掌握这门技术只是施工工程师的任务，而要看到它在结构布置方案及结构造型方面具有极大的用途。这是结构设计师的基本功，必须学会灵活地运用它，方能创造出新的结构形式。

3.3 杂交结构

目前常用的结构形式有：框架、剪力墙、刚架、网架、拱、薄壳、悬索、筒体、悬挂结构、折板、盒子结构、薄膜结构等。在工程设计中，究竟选用什么结构是个原则问题。有些结构工程师常常根据个人的爱好，偏爱某一结构形式，而不管这个工程的具体条件如何，以不变应万变的方式，到处选用这一结构形式。

当然，这在某些情况下也许是可行的，但很容易发生问题。例如偏爱折板的，什么工程都用折板，屋盖用折板，墙壁也用折板。用折线形墙板，从结构观点看，未尝不可，但从建筑功能上看，则是值得商榷的。

再如钢网架，偏爱它的结构工程师也是处处设计网架，甚至跨度不大的工程也用它，实际则是大材小用，未能充分发挥其长。再者用网架，必须有轻屋面板与之配套，方能相得益彰。可是我们有许多网架工程，屋面上仍用普通钢筋混凝土屋面板，自重很重，这时采用网架的优越性必定要大打折扣。还有人偏爱悬挂结构，这种结构确有其优点，但是采用它却是有条件的，即：建筑场地的地质条件必须良好，楼盖结构应为轻质的。如果不具备这些条件，到处滥用，效果就不理想。

因此，我认为，单一地采用某一结构形式——尽管这一结构形式本身确有一定的优点——并不能常常取得最好的效果，而应该将多种结构形式综合地运用在一起。例如苏联某体育馆，平面尺寸为 72m×126m，采用了拱架与悬索相杂交的结构。拱架在上面受压，悬索在下面受拉，拱架在支座的水平推力靠悬索来平衡，悬索的稳定性由拱架来保证，互相依存，共同受力，这比单一地用拱架或悬索可节省 15%～20%的钢材，充分体现了杂交结构的优越性。

所谓杂交结构就是在一个工程中对各种结构形式有选择地兼收并蓄，综合运用在一起，吸取它们各自的优点，去弥补对方的缺点，最大限度地扬长避短，创造出一种最合理的结构形式。除了上述悬索与拱架相杂交外，悬索还可以与框架、网架、薄壳、排架等相杂交，以形成大跨度的结构形式。网架与薄壳相杂交，就是网壳，即用制造网架的方式来制作薄壳，既利用了网架的以小构件形成大型结构的特点，又兼有薄壳的曲面空间受力形式的长处，各取其长，兼收并蓄，这无疑是很合理的。

3.4 应力蒙皮结构

所谓应力蒙皮结构的概念是这样的：在传统的钢结构房屋设计中，对薄钢板屋面和墙面等围护结构构件，一般都把它们视为次要受力构件，只能承受垂直于它们表面的法向荷载，因而未能充分体现它们对钢结构房屋的空间整体作用的贡献。

其实，只要将这些围护结构构件与主体结构可靠地连接起来，保证它们之间的共同工作，那么，在薄钢板屋面和墙面的本身平面内，还具有可观的抗剪能力，使它们不再是次要受力构件，而变成了主要受力构件。就像在飞机、汽车上的外包蒙皮一样，不仅是围护结构，而且是重要的受力结构。这种考虑围护结构构件在其本身平面内的抗剪性能而产生的应力蒙皮结构，既反映了这类钢结构房屋的真实受力情况，还由于省去了钢结构必不可少的支撑系统，从而获得经济上的效果。

例如一栋薄钢板屋面房屋，在水平荷载作用下，可以把整个屋面系统视为一水平放置的深梁，纵向边缘构件就是这个深梁的上下翼缘，而薄钢板屋面则是深梁的抗剪腹板。深梁的支座反力通过两端山墙传递到基础上去。这样一来，房屋的中间框架承担的内力大为减轻，甚至可以把原来的梁柱刚接改为铰接连接。当然，对两端山墙承担的内力要增加，而整个房屋的支撑系统却被薄钢板屋面所取代。据有的文献提供的资料，考虑应力蒙皮作用的结构比传统设计的钢结构，在总造价上可节省 10%。美国在旧金山、洛杉矶机场建造的波音 747 飞机库，就采用了应力蒙皮结构。在中央支承核心结构（长 137.2m，宽 30.5m）的两边，各伸出 8 个双曲抛物面应力蒙皮结构（长 70.1m，宽 17.15m），它比传统的钢结构房屋可节约钢材 40%。

再如在高层建筑中，美国匹兹堡市 One Mellon 银行中心大楼，也采用了应力蒙皮筒体结构，该结构 54 层，高 222m，总面积为 158000m^2，平面为不等边八角形。钢饰面墙板（厚度为 8mm 和 6mm）与外框架（由工形柱和窗间梁组成）可靠地连接，大大地提高房屋的整体刚度，其耗钢量仅为 115kg/m^2。但是传统的钢框架剪力墙结构的耗钢量就远远大于此数据。例如某高层建筑，钢框架剪力墙结构，地上 52 层，高 183.5m，总建筑面积为 135000m^2，与 One Mellon 银行中心大楼相差不多，而且都稍少一些，但其耗钢量为 208kg/m^2，几乎为后者的一倍，由此可见应力蒙皮结构的巨大优越性，值得我们重视。

3.5 纵框横剪结构

过去在多高层建筑中常采用框架剪力结构，即在框架结构的基础上，局部地段适当加设一些剪力墙，以提高整个结构的刚度。这比纯框架或纯剪力墙结构，其优点要大得多。但是，往往在设置剪力墙的数量和位置上，建筑和结构专业极易发生矛盾，要求双方都得牺牲自己的合理性，以求妥协。现在中国建筑科学研究院设计所做了一个纵框横剪结构方案，比较好地解决了这一矛盾。

这种结构取消了全部横向框架，代之以适当数量的横向剪力墙。因此，横向除了剪力墙外，没有横向梁，而纵向仍为纵向框架结构。纵横向水平力分别由纵向框架和横向剪力墙承担。这样做有什么好处？从建筑方面看，横向剪力墙将整个房屋划分为一个个独立的子空间，每个子空间可以有完全不同的建筑功能。由于没有横向框架，柱子在横向无须整齐排列，也就是说，纵向各榀框架的柱距可以自行根据需要调整，不必划一。这给建筑师在空间内布置房间以极大的自由。

从结构方面来说，好处更大。它具备框架结构和剪力墙结构两者的优点，充分发挥两者的效能。在房屋纵向，高宽比比较小，加之跨数多，采用纵向框架也无大碍，能抵抗纵向水平力。在房屋横向，高宽比比较大，如用框架，则刚度太弱，现用横向剪力墙，大大提高了房屋的横向刚度。这种结构方案最大的好处是能使房屋在纵横两个方向的侧向刚度大体相当，能充分发挥其整体抗侧力能力，而一般结构体系的房屋则常是纵横方向的刚度不一样。

3.6 整体张拉结构体系

“整体张拉结构体系”又称“张紧集成结构”，或“绷紧体结构”。它是由 Tension（张拉）和 Integrity（整体）联合而成的术语 Tensegrity（整体张拉结构）。它的定义是：由几组连续的受拉构件和若干不连续的受压构件相互作用而组成的受力结构体系。它和传统的屋盖承重结构有很大的不同。

传统的屋盖结构本质上都是受弯构件，如梁、板，它们的材料都不能充分发挥作用，而且随着跨度的增加，受弯构件的自重也相应增加，故不能不受到应用限制。当然桁架比梁板要好一些，它可以将受弯构件变成受拉或受压等轴向受力构件。例如下弦是受拉杆，腹杆是受拉或受压杆，上弦是受压杆或局部受弯构件。总的看来，受压杆多于受拉杆。但受压杆受稳定性压曲的影响，不能充分发挥材料性能，故不太经济。

而整体张拉结构体系则与此相反，把上下弦都用受拉索去承担，上弦不是承重后要受压吗？我们预先施加足够的预应力让它变成受拉，承重后因受压力要抵消一部分拉力，但最后仍旧让上弦呈张拉状态。下弦受拉，自不待言。斜腹杆使之受拉，只有竖腹杆保持受压。这样一来，整个桁架式屋盖变成上下弦和斜腹杆都受拉，可以用拉索担任，只有竖向腹杆受压，用钢管制作它。它和传统屋盖不同之处是：受拉杆特多，受压杆特少，受拉杆多于受压杆。因之国外杂志喻之为“在拉力海洋中包围几个压力小岛”的结构体系。

它的特点是：①整个结构排除了受力最不利的受弯构件，基本上是轴心受力（受拉或受压）构件。而且在轴心受力构件中，又排除了传统的桁架式屋盖中的受拉杆少于受压杆的情况，而是受拉杆多于受压杆。②受拉杆由几组连续的受拉索施加预应力以保持其永远呈张拉状态。受压柱则由若干不连续的钢管立柱组成。③受拉索通过张拉施加预应力，受压柱可通过伸长给整个结构施加预应力。④屋盖自重很小，而且不随跨度的增加而增大。因为跨度增加，可以通过提高受拉索的预加应力解决，而不必增加屋盖结构的矢高。

例如南朝鲜汉城奥运会的体操馆和击剑馆，直径分别为 120m 和 90m，结构自重仅 15kg/m^2。美国佛罗里达州建成的“太阳海岸穹顶”，直径 225m，结构自重为 10kg/m^2。

［**编者按**］ 本文是全国现代结构研究会汪达尊老会长生前在全国学术年会上的学术报告稿。至今看来，仍有学习借鉴意义。为缅怀老会长对全国现代结构研究会所作的贡献，再次回眸他的学术教益，故在此正式出版文集中全文刊出。

深圳太平金融大厦弹塑性时程分析

王启文　敖国胜　周　斌

（深圳市建筑设计研究总院　深圳　518031）

［摘要］ 深圳太平金融大厦为超B级高度的超限高层建筑，采用内外框架筒结构新体系，底部设部分剪力墙和SRC转换桁架。为研究结构在地震作用下的抗震性能，以Perform-3D程序为平台，建立了三维弹塑性分析模型，进行了两条天然波和一条场地人工波作用下的动力弹塑性时程分析，得到了大震作用下结构整体和结构构件的弹塑性反应，评估了结构在罕遇地震作用下的性能。计算结果表明：结构整体上能满足“大震不倒”的抗震性能目标。

［关键词］ 超限高层建筑；框架筒；弹塑性时程分析；罕遇地震；抗震性能目标

1　前言

深圳太平金融大厦位于深圳市福田中心区，是一栋超高层智能型综合办公楼，建筑面积13万平方米，建筑总高228m，地下4层，地上48层，建筑外观如图1所示。

图1　三维建筑效果图

塔楼平面尺寸为48.7m×48.9m，典型标准层平面如图2所示。在4～6层，塔楼结构向南侧和西侧外伸，形成65.3m×68.7m的大悬臂外伸裙楼。其中，南向向外悬挑20m，西侧在外伸18m处设支撑立柱，裙楼结构平面布置如图3所示。

结构体系由三部分构成：①塔楼部分为内框架筒＋外圈密柱框架筒，外圈框架梁柱为型钢混凝土，连接内外筒的梁采用钢梁；②大悬臂裙楼采用钢桁架；③底部部分区域设转换钢桁架和部分钢筋混凝土剪力墙。

在内筒和外筒自身框架平面内，框架梁与柱为刚接。连接内外筒的钢梁在内筒平面4个角点处采用梁柱刚接，与外筒柱连接端采用铰接；其余连接内外筒柱的钢梁均采用梁柱铰接，悬臂裙楼弦杆和腹杆与内外筒框架柱采用刚接。整体计算模型如图4所示。

根据文献[1]的规定，A级高度筒中筒结构最大适用高度为150m，钢－混凝土组合结构最大适用高度190m。本工程高228m，且不同于常规的筒中筒结构，内筒由于建筑开敞的功能需要采用了框架筒，若划为筒中筒结构，应属B级高度的高层建筑。同时，还存在竖向构件不连续、楼板开大洞等不规则项，另外在4层到6层由于有大悬臂结构，也属竖向体型不规则。按有关规定，本项目为超限高层建筑。为了评估结构在罕遇地震作用下是否满足“大震不倒”的抗震设防要求，有必要对其进行动力弹塑性时程分析，验算结构弹塑性层间变形，判断主要抗侧力结构构件的屈服顺序和损伤程度，根据构件破坏顺序研究结构的屈服机制，对结构在大震下的整体抗震性能作出综合评估。

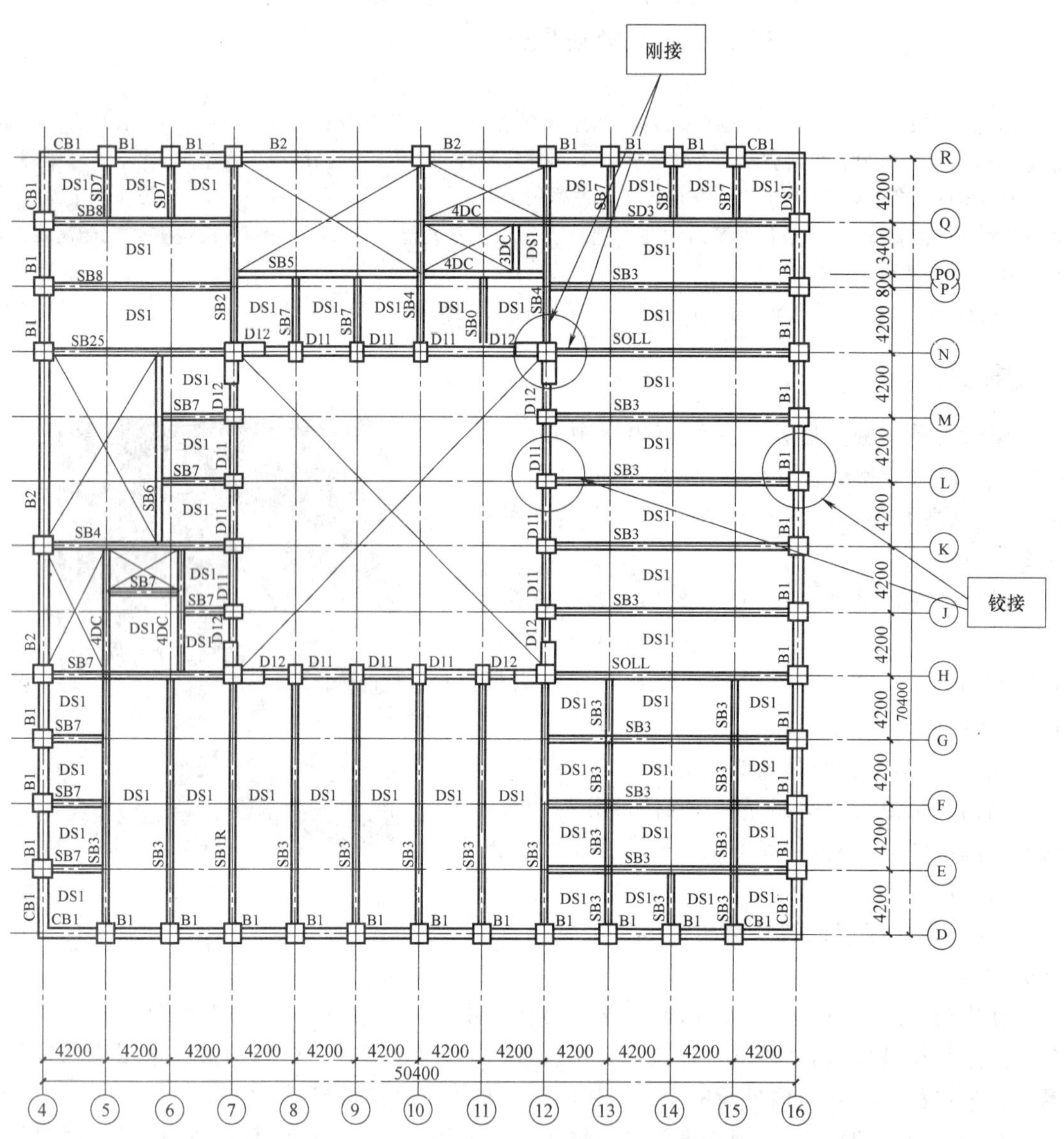

图 2　太平金融大厦塔楼标准层平面

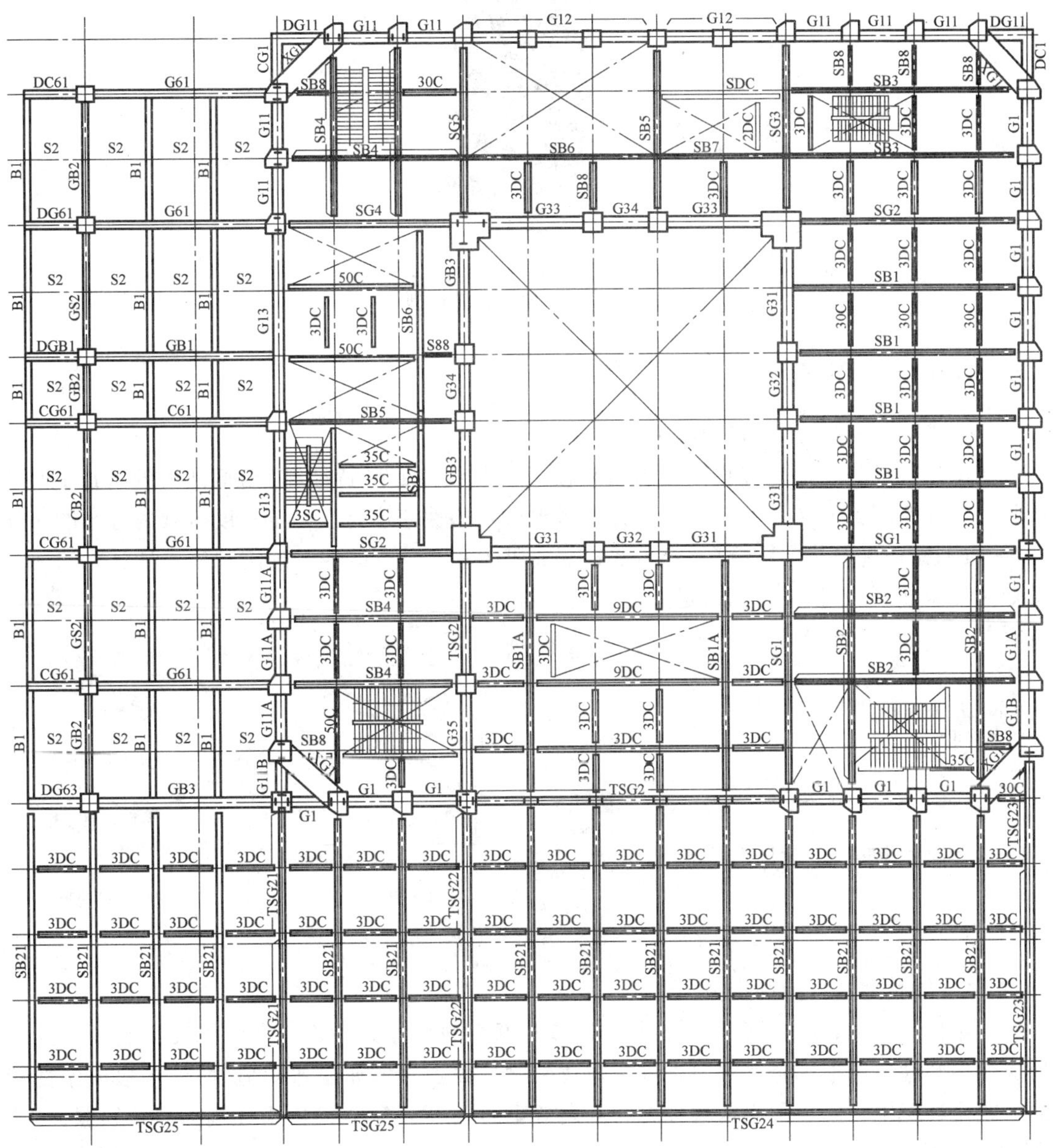

图 3　太平金融大厦外伸悬挑裙楼平面

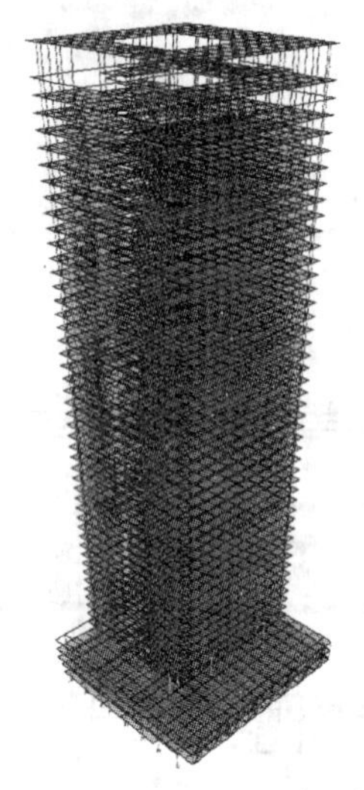

图 4　结构整体计算模型

2　结构构件模拟

2.1　梁和连梁非线性力学行为的模拟

梁采用弹性杆＋曲率型塑性铰模型来模拟其非线性变形特征，梁端塑性铰的构成如图 5 所示。用曲率型而非转角型塑性铰是为了考虑梁端塑性变形是在一定长度区域内分布的实际情况，梁的截面配筋按实际配筋结果，并根据文献[2]和文献[3]的相关规定和公式计算梁端屈服弯矩和屈服曲率，并根据文献[4]定义其抗震性能。

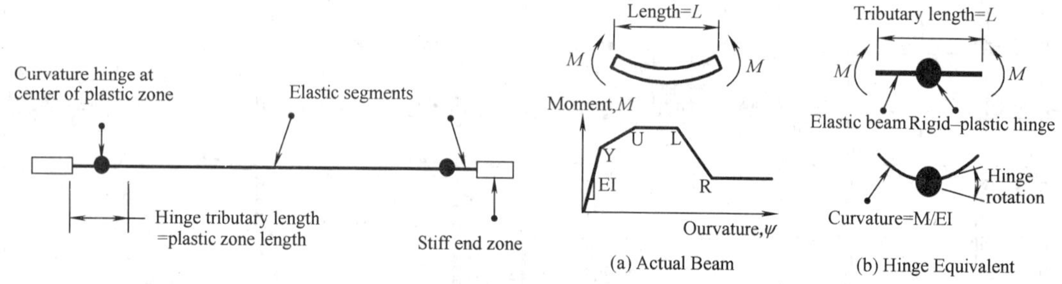

图 5　梁端塑性铰

2.2　柱非线性力学行为的模拟

与梁模型类似，柱也是采用弹性杆＋曲率型塑性铰模型来模拟其非线性变形特征。梁端形成弯曲塑性铰的准则是梁端绕强轴弯矩达到梁截面强轴的屈服弯矩值，而柱端形成塑性铰的准则是在三维空间中代表柱端轴力和双向弯矩的点（P，M_1，M_2）位于柱端 PMM 屈服面上，PMM 屈服面如图 6 所示。

2.3　剪力墙非线性力学行为的模拟

剪力墙的轴向-弯曲特性和剪切特性由两个不同的模型分别定义，在考虑剪力墙的轴向-弯曲特性时，将剪力墙截面定义为包含混凝土纤维和钢筋纤维的截面，如图 7 所示，其中，剪力墙中钢筋用钢筋纤维表示，混凝土用混凝土纤维表示，该模型可以模拟混凝土的屈服、开裂及压碎等非线性行为。为模拟剪切特性，还需定义剪力墙的非线性剪切材料本构关系，并监控剪

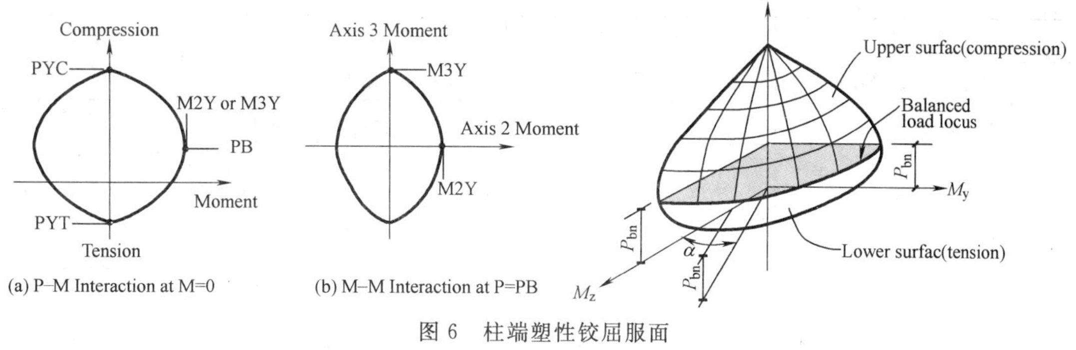

图 6　柱端塑性铰屈服面

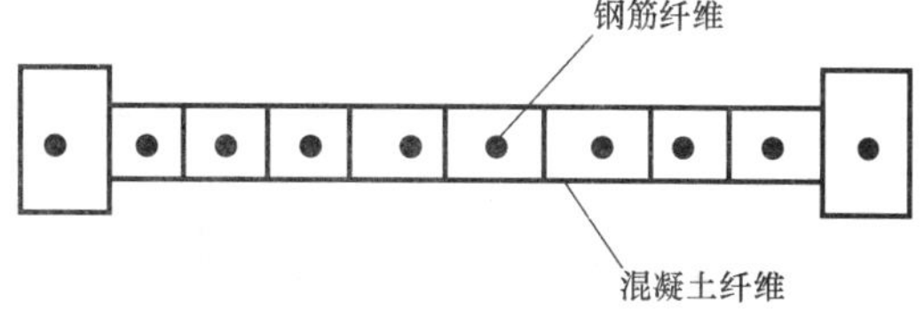

图 7　剪力墙纤维截面

力墙在地震作用下的抗剪性能。

2.4　材料应力应变关系

用塑性纤维模型模拟墙的弹塑性压弯变形时，需要用到钢筋和混凝土材料的应力-应变关系。Perform-3D 模型中用用三折线模型模拟混凝土压应力-应变关系[5]，根据文献[3]附录 C 的公式和指标来确定相关参数，如图 8 所示；用双线型滞回模型模拟钢筋，计入包兴格效应，并且考虑滞回过程中刚度退化，如图 9 所示。

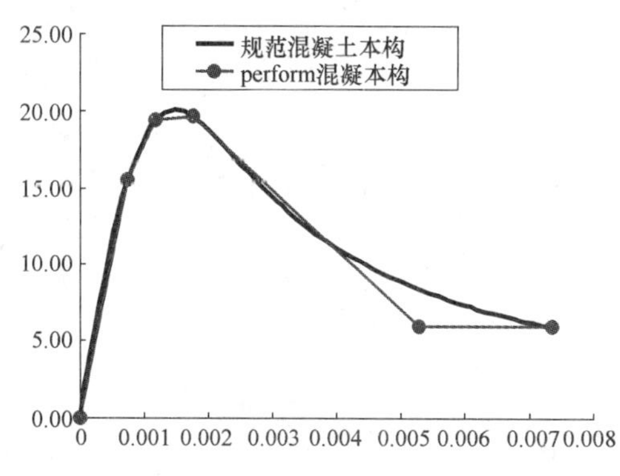

图 8　混凝土受压应力-应变关系

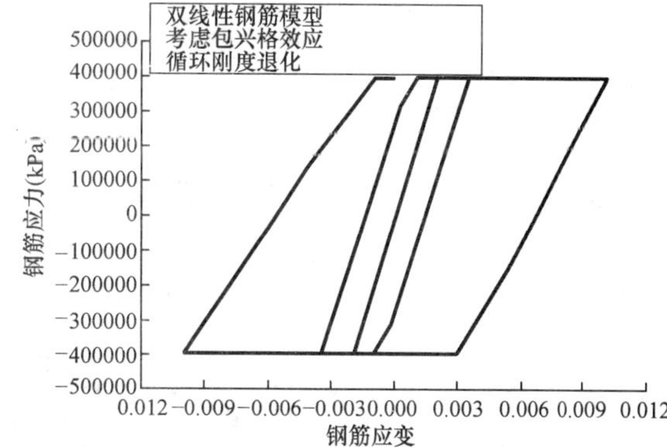

图 9　钢筋应力-应变关系

3　结构分析

3.1　结构性能目标

延性结构构件的性能水准可分为以下四个阶段：充分运行阶段（*OP*）、基本运行（*IO*）、生命安全（*LS*）、接近倒塌阶段（*CP*），根据文献[4]对基于性能的抗震设计方法关于构件变形性能指标限值的规定，并参考本工程的配筋构造和受力情况，结构构件的性能水准细化如表 1 所示。

表 1　结构性能目标

<table>
<tr><td colspan="2">地震作用</td><td>小　震</td><td>中　震</td><td>大　震</td></tr>
<tr><td colspan="2">抗震性能定性描述</td><td>不损坏</td><td>可修复的损坏</td><td>不倒塌</td></tr>
<tr><td colspan="2">最大层间位移角</td><td>1/570</td><td>—</td><td>1/100</td></tr>
<tr><td rowspan="5">构件性能</td><td>剪力墙</td><td rowspan="5">弹性</td><td>不屈服(OP)</td><td>允许局部进入塑性
避免剪切破坏先于压弯破坏</td></tr>
<tr><td>型钢梁</td><td>允许进入塑性(IO)</td><td>允许进入塑性
(LS)</td></tr>
<tr><td>次钢梁</td><td>允许进入塑性
(IO)</td><td>允许进入塑性
(LS)</td></tr>
<tr><td>主钢梁</td><td>允许屈服(OP)</td><td>允许进入塑性
(IO)</td></tr>
<tr><td>型钢柱</td><td>允许屈服(OP)</td><td>允许进入塑性
(IO)</td></tr>
</table>

3.2　地震波和阻尼

本结构按 7 度设防，场地土类别为Ⅱ类，设计地震分组为第一组，采用安评报告提供的人工波 Cdb 和两条天然波 Elcentro NS 波、Taft EW 波，同时从三个方向（X、Y 和 Z 向）分别输入，地震波持时 40s，三个方向加速度峰值的比值为 1 ∶ 0.85 ∶ 0.65，其中，Elcentro NS 波、Taft EW 和 Cdb 的加速度峰值分别是 220gal，220gal 和 211gal，三条地震波的加速度时程曲线如图 10 所示。

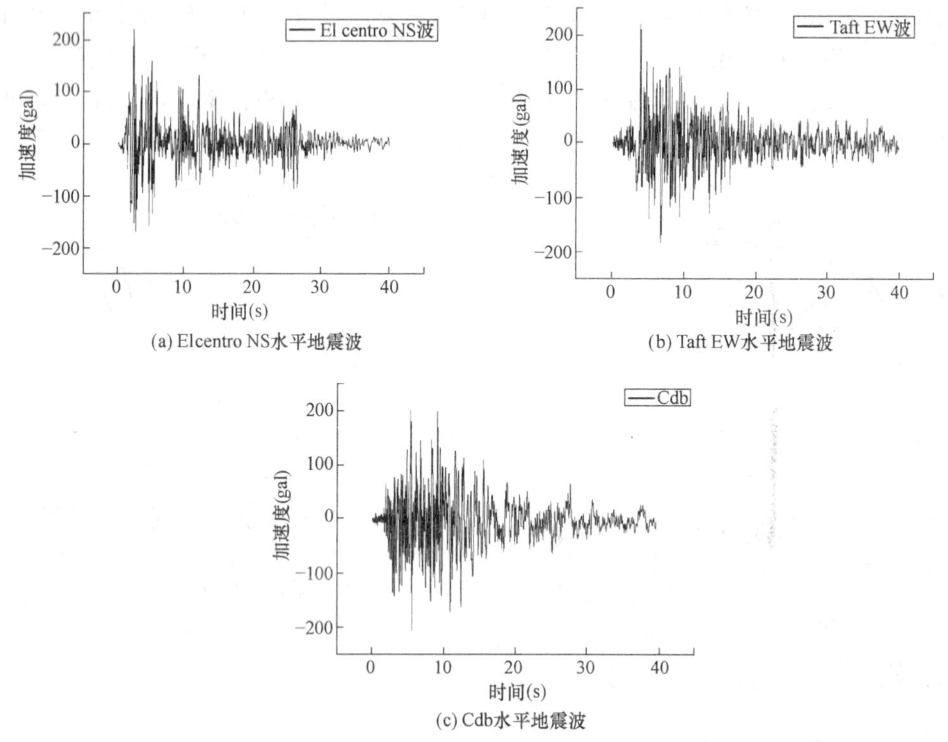

图 10　地震波加速度曲线

整体分析采用 Rayleigh 阻尼，控制点阻尼比取 0.05，如图 11 所示。将输入的地震波在阻尼比为 0.05 的条件下得到的弹性反应谱与阻尼比同为 0.05 的规范反应谱进行对比，由图 12 可知，两者吻合较好，Elcentro NS 波反应谱和 Cdb 波反应谱形状与规范谱相近。

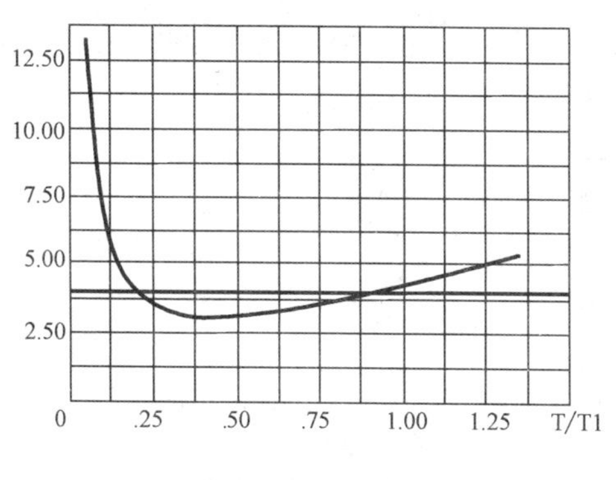

图 11 Rayleigh 阻尼

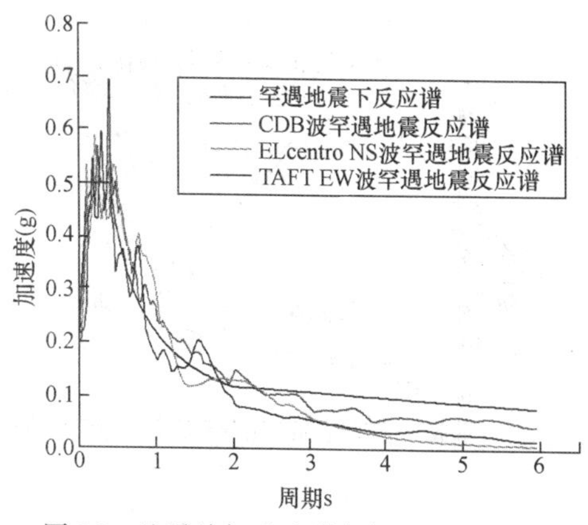

图 12 地震波加速度谱与规范设计谱对比

3.3 结构振型

Perform-3D 计算了前 30 个振型与周期，累计到第 30 振型水平方向振型参与质量超过 96%。$T_1=5.11$、$T_2=4.78$、$T_3=2.81$，第 3 振型是第一个以扭转为主的振型，与第 1 振型（X 向平动）周期比为 0.55，与第 2 振型（Y 向平动）周期比为 0.59，符合规范扭转周期比要求，前 6 个振型如图 13 所示。计算得到的结构总地震质量为 91890t.

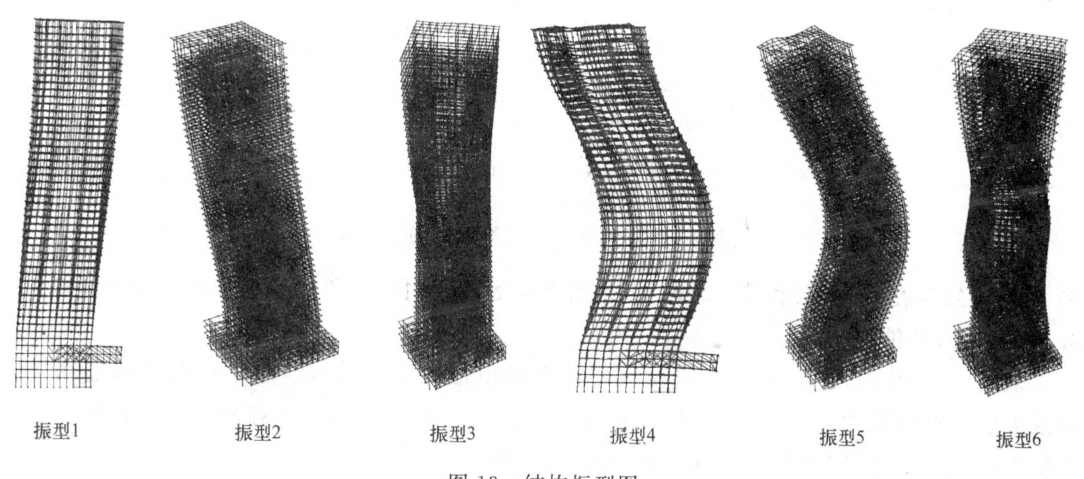

图 13 结构振型图

4 大震时程分析结果

“大震不倒”是抗震设计的基本要求，规范要求通过验算结构的弹塑性变形来判断结构是否满足这一要求。弹塑性时程分析除了计算整体反应指标外，还可得到各构件在地震输入过程中力和变形发展的全过程，给出构件破坏的性质、程度和屈服的顺序，能够为设计改进提供依据。同时，对构件损伤的评估是对结构进行抗震性能评价的重要指标。按 7 度罕遇地震分别输入 3 条 3 向地震波，结构整体反应指标和构件的损伤评价的结果如下。

4.1 层间位移角

在 Cdb 波作用下，X 和 Y 向结构最大层间位移角分别为 1/243 和 1/271，发生在第 16 层和第 14 层；在 Elcentro NS 波作用下，X 和 Y 向结构最大层间位移角分别为 1/493 和 1/434，发生在第 28 层和第 44 层；在 Taft EW 波作用下，X 和 Y 向结构最大层间位移角分别为 1/510

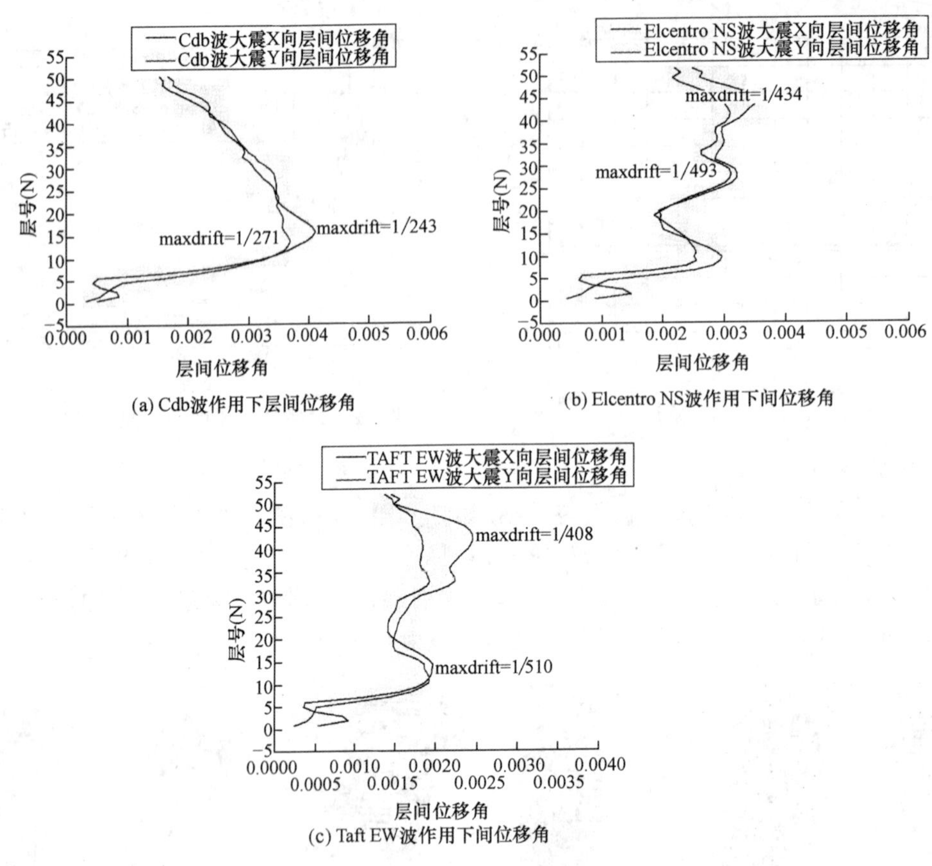

图 14 三条地震波作用下的层间位移角

和 1/408，发生在第 14 层和第 41 层。3 条波作用下的层间位移角均小于规范 1/100 的限值。

4.2 层剪力及位移

从图 15～图 17 可知(以上只列出反应最大 Cdb 波下的结果)，结构在 Cdb 大震下 X 和 Y 向最大层位移分别为 601mm 和 614mm；竖向位移最大为 25mm，在外排柱中，部分柱受拉，但其拉力都比较小，采用型钢柱可以满足受拉设计要求。

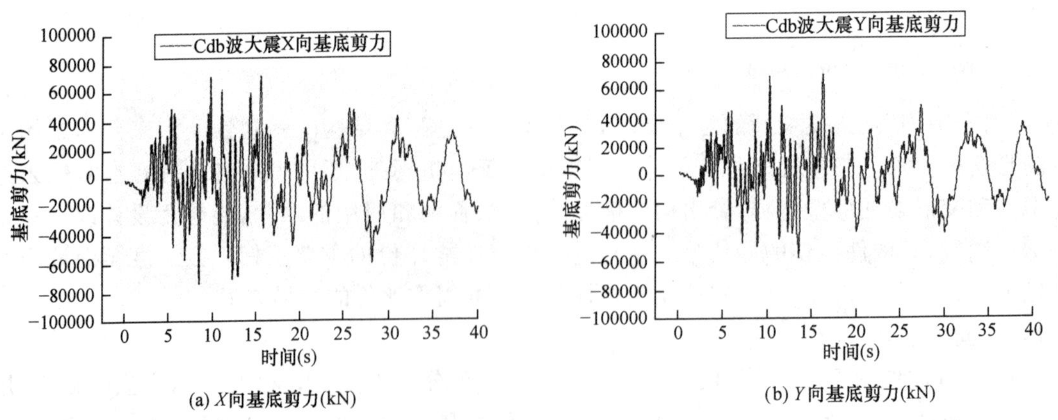

图 15 Cdb 波作用下结构基底剪力时程

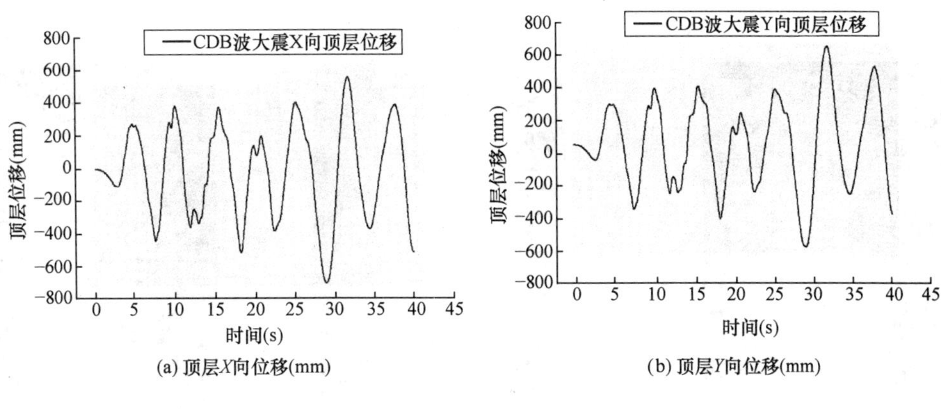

(a) 顶层X向位移(mm)　　(b) 顶层Y向位移(mm)

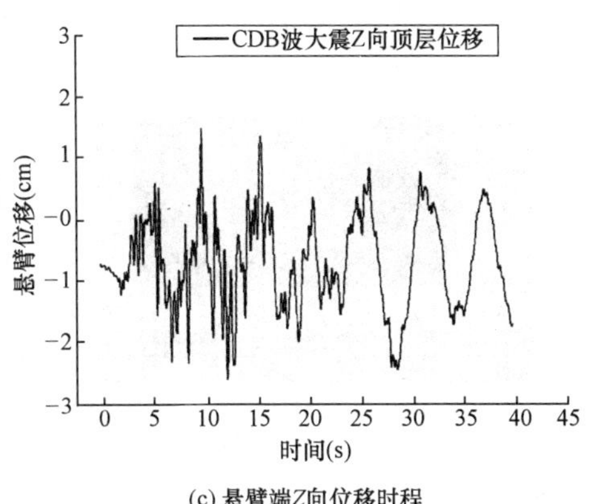

(c) 悬臂端Z向位移时程

图 16　Cdb 波作用下结构特征点位移时程

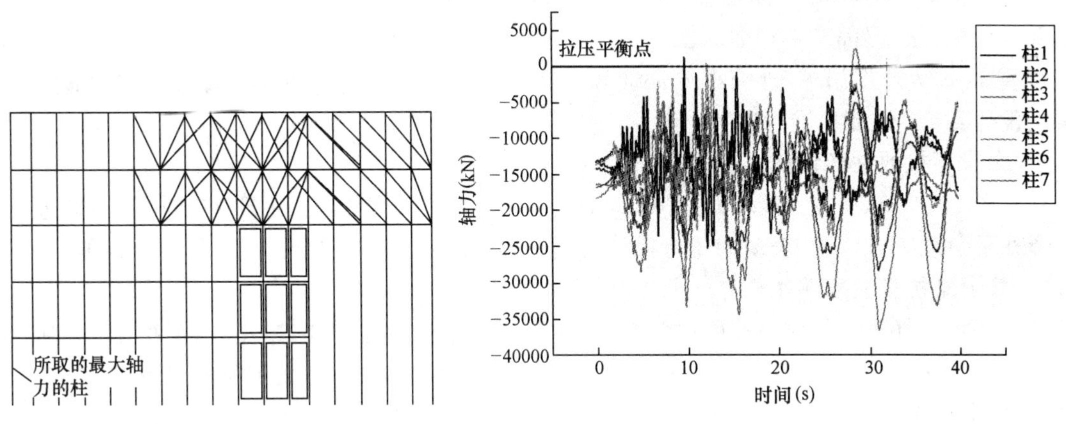

图 17　Cdb 波作用下外排柱轴力时程

4.3　大震下钢梁的性能评估

从图 18 可知，钢梁在大震 Cdb、Elcentro NS、Taft EW 波作用下，钢梁的应力水平较小，只有少数几根钢梁发生屈服（黄色部分），杆件没有达到 OP 性能标准（红色部分），钢梁的抗震性能良好。

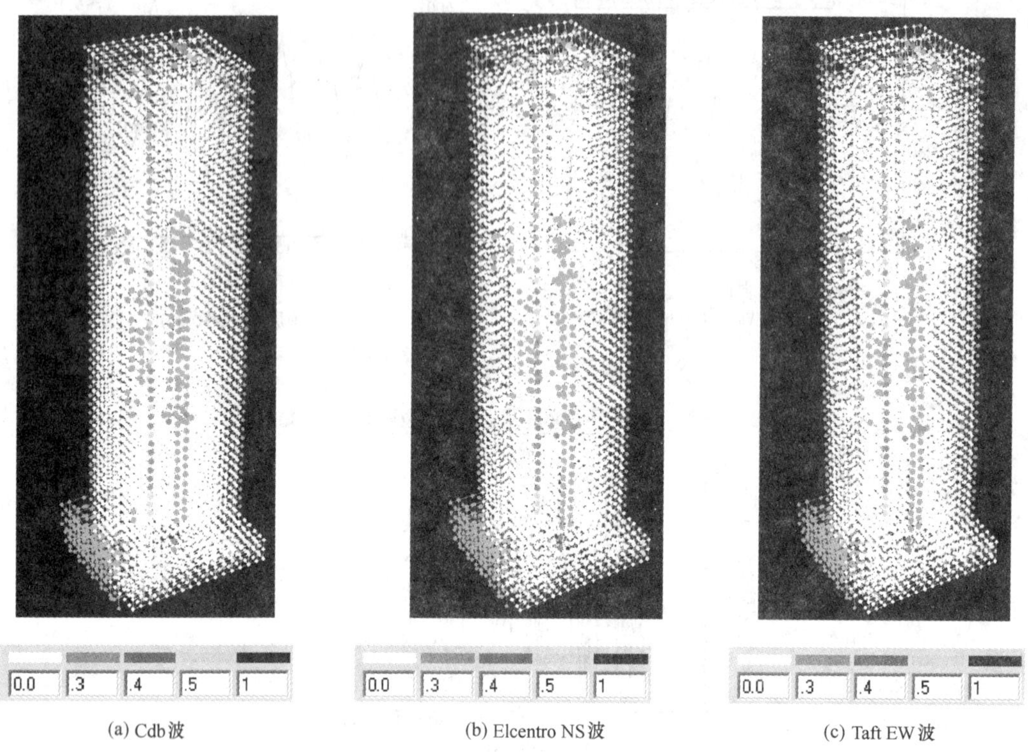

(a) Cdb波　(b) Elcentro NS波　(c) Taft EW波

图 18　三条地震波作用下钢梁的应力分布

4.4　外框型钢梁和内筒型钢梁的性能评估

从图 19 可知，在大震 Cdb 波作用下，外筒型钢框梁和内筒型钢框梁较大部分都发生弯曲屈服，极小部分达到 *LS* 性能标准(红色部分)；钢梁在大震 Elcentro NS 波作用下，外筒框梁局部和内筒框梁局部都发生弯曲屈服，内筒框梁和外筒框梁没达到 *LS* 性能标准(红色部分)；在大震 Taft EW 波作用下，外筒框梁局部和内筒框梁局部都发生弯曲屈服，内筒框梁和外筒框梁均没达到 *LS* 性能标准(红色部分)。

4.5　大震下柱的性能评估

从图 20 可知，柱在大震 Cdb 波、Elcentro NS 波、Taft EW 波作用下，在结构的顶部边角，少量柱子出现 *PMM* 铰，表现为压弯构件的屈服，局部出铰不影响结构的整体抗震性能。

4.6　剪力墙抗震性能评估

从图 21 中可知，剪力墙的剪力较小，只达到最大抗剪能力的 50%左右，混凝土的压应变较小，只达到极限压应变的 20%左右，钢筋的拉压应力较小，没有达到钢筋的屈服应变。

4.7　能量耗散

大震下，地震能量主要由三种途径消耗或转化。一是构件塑性往复变形的滞回耗能，通过构件损伤分布可知，这部分能量主要通过框架梁柱的弯曲塑性铰耗散、混凝土的受剪耗散，从图 22 可知，红色部分为滞回耗能所占比例，红色部分能量较少，因此可知，结构较少部分进入塑性；黄色和绿色部分分别为黏滞阻尼的质量项和刚度项的阻尼耗能；蓝色部分则为动能和弹性应变能，场地波 Cdb 作用下结构较大部分框架梁进入塑性，其型钢梁较少部分进入塑性，在 Elcentro NS 和 Taft EW 波作用下结构较小部分进入塑性。

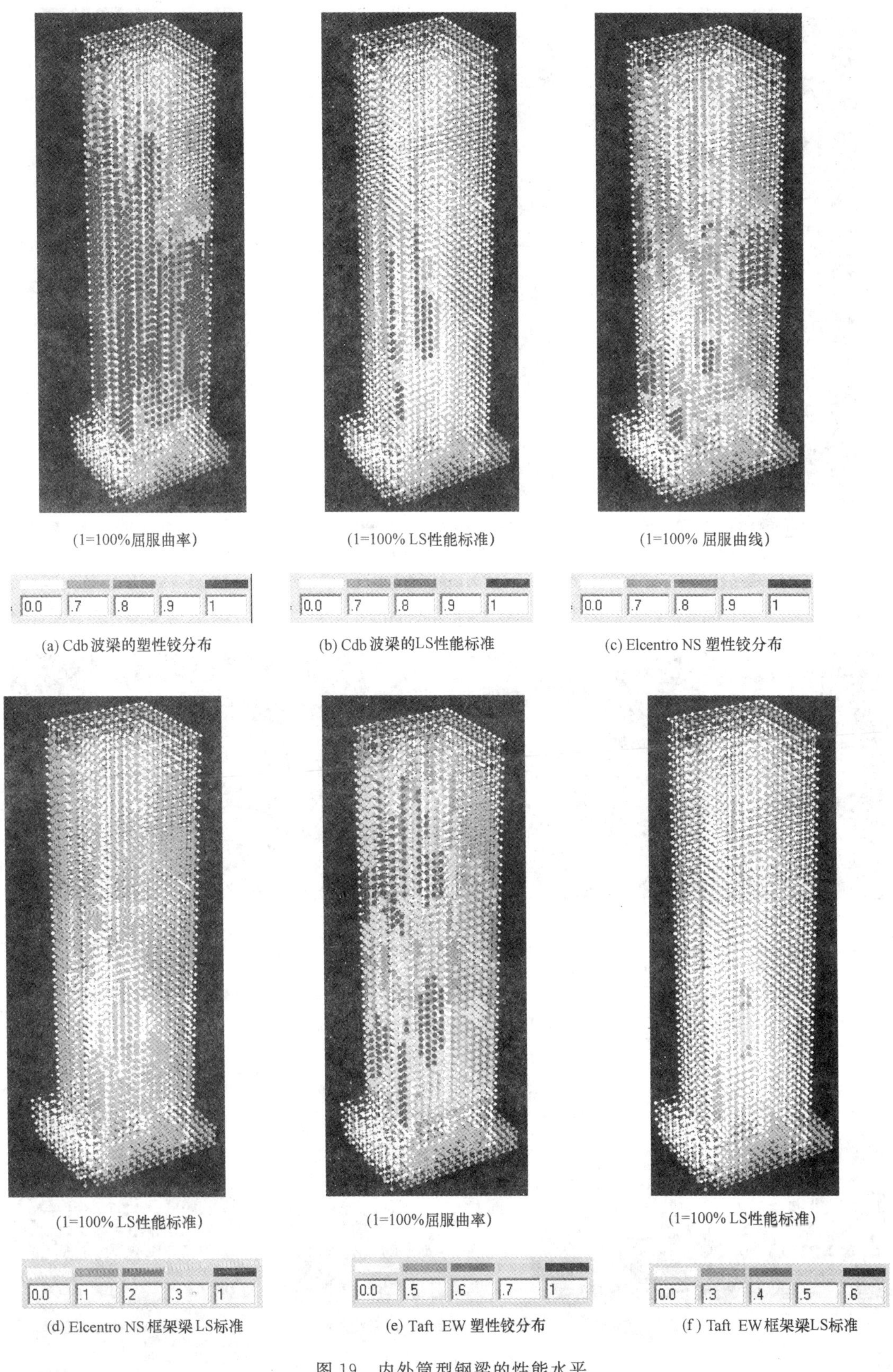

(a) Cdb 波梁的塑性铰分布　(b) Cdb 波梁的LS性能标准　(c) Elcentro NS 塑性铰分布

(d) Elcentro NS 框架梁 LS标准　(e) Taft EW 塑性铰分布　(f) Taft EW 框架梁LS标准

图 19　内外筒型钢梁的性能水平

0.0	.4	.7	.9	1

(a) Cdb波塑性铰分布

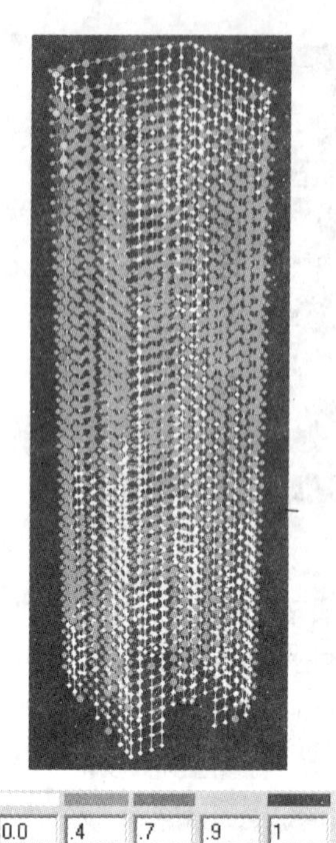

0.0	.4	.7	.9	1

(b) Elcentro NS波的塑性铰分布

0.0	.4	.7	.9	1

(c) Taft EW波塑性铰分布

图 20　柱的塑性铰分布

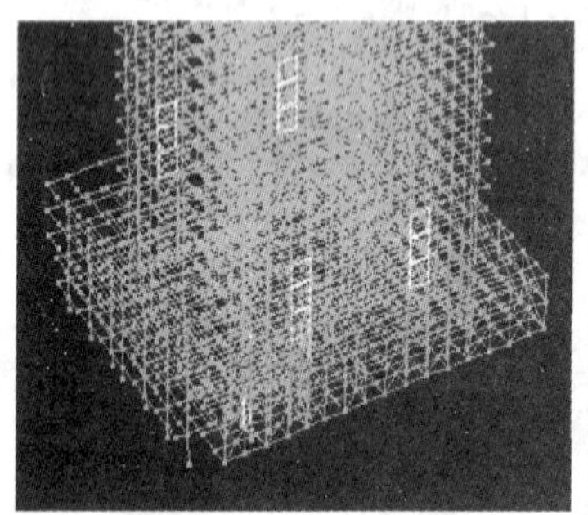

(1=100% 最大抗剪能力)

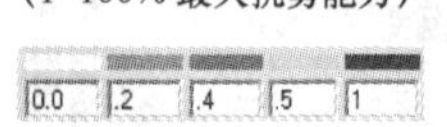

(a) 剪力墙钢筋纤维抗剪应变分布

(1=100% 极限压应变)

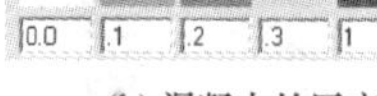

(b) 混凝土的压应

(1=100% 钢筋屈服)

(c) 剪力墙钢筋纤维压应变分布

图 21　Cdb 波作用下剪力墙的抗震性能

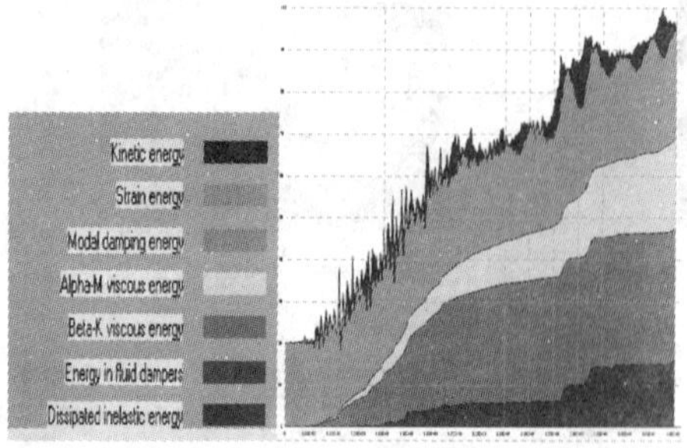

(a) Cdb波能量耗散

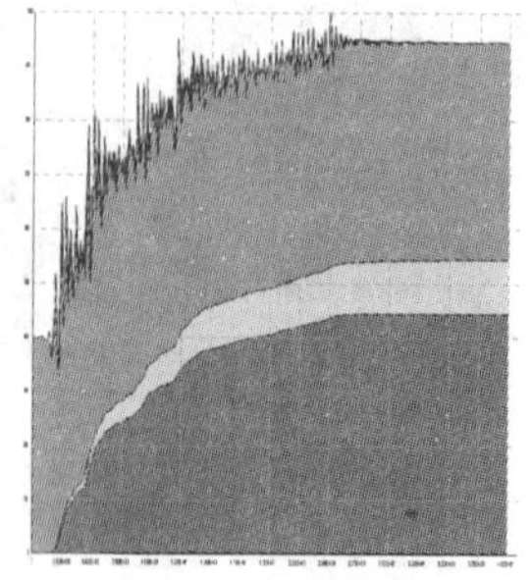

(b) Elcentro NS波能量耗散

(c) Taft EW波能量耗散

图 22　能量耗散

5 结论

本文以 Perform-3D 程序为平台，建立了三维弹塑性分析模型，输入了 Cdb 波、Elcentro NS 波和 Taft EW 波，对结构进行了大震弹塑性时程分析，对结构的整体反应及结构构件的损伤进行了评估。通过计算分析和评估，可得到如下结论：

（1）计算结果表明，层间位移角小于规范限值。

（2）局部柱子有拉力产生，但其拉力较小，柱的配筋和型钢满足可抗拉设计要求。

（3）在大震作用下，型钢梁发生了弯曲屈服，较小部分超过性能水准 LS，钢梁局部发生屈服，但是没达到性能水准 LS；柱有局部出现压弯破坏，应当适当加大配筋；剪力墙受压应力较小，其受拉和受压钢筋应力水平较低，剪力墙中抗剪应力较小，小于其抗剪承载力。

（4）结构较少部分进入塑性，满足预定抗震性能目标。在设防烈度为 7 度时，能满足“大震不倒”的抗震设防要求。

参考文献

[1] 高层建筑混凝土结构技术规程(JGJ 3—2002)[S]

[2] 建筑抗震设计规范(GB 50011—2001)[S]

[3] 混凝土结构设计规范 GB 50010—2002 [S]

[4] FEMA356 Prestandard for the Seismic Rehabilitation of Buildings [S], Federal Emergency Management Agency, Washington, D. C. 2000. 11

[5] Perform-3D (v. 4), Component & Element, Computers and Structures Inc [M], Berkeley CA, 2006

无黏结部分预应力混凝土梁裂缝宽度计算中的钢筋应力计算方法

刘爱国 （中房集团扬州房地产开发公司）

［摘要］ 本文推导了无黏结部分预应力混凝土梁裂缝宽计算中钢筋应力的计算公式，计算结果与试验结果相比较，所得数据的统计特征优于文献[1]。

［关键词］ 预应力混凝土梁；裂缝宽度；钢筋应力；无黏结预应力筋

1 引言

随着我国建筑工业的发展，无黏结部分预应力混凝土结构的应用越来越广泛，但是现行《混凝土结构设计规范》(GBJ 10—89)中尚无这种梁裂缝宽度计算方法的规定。文献[1]中，赵国藩教授等人做了这方面的试验研究，并根据无黏结预应力筋与周围混凝土无黏结而可相互滑动的特点，提出了将预应力筋对混凝土的预应力作为截面上的纵向压力，求解与弯矩共同作用下普通有黏结筋的应力 σ_s，而后引用普通钢筋混凝土构件裂缝宽度的公式计算普通钢筋 A_s 水平处的裂缝宽度。笔者认为，这种思路是对的，然而文献[1]在推导 σ_s 的过程中，却忽略了无黏结部分预应力混凝土梁的特点。

本文根据文献[1]的思路，重新推导了无黏结部分预应力混凝土梁裂缝宽度计算中钢筋应力的计算公式，进而计算了文献[1]中试件的裂缝宽度，并与试验结果相比较，所得数据的统计特征优于文献[1]中的统计特征（见附表）。

2 公式推导

配有无黏结预应力筋和普通有黏结筋的部分预应力混合配筋梁，由于受到无黏结预应力筋对混凝土的预压力的作用，推迟了裂缝的出现。但是，裂缝出现后，由于预应力筋与混凝土不相黏结，不能对周围的混凝土起黏结作用，而非预应力有黏结筋则通过与混凝土的黏结约束，使裂缝的间距和条数与配有相同数量的非预应力黏结筋的普通钢筋混凝土梁相似。由于无黏结预应力筋与周围混凝土可以相互滑移，故可得文献[1]中的公式：

$$\sigma_s=\frac{M-(\sigma_{pe}+\Delta\sigma_p)A_p\eta_p h_p}{\eta_s h_s A_s} \tag{1}$$

式中 σ_s——钢筋应力；

σ_{pe}——预应力筋的有效预应力值；

$\Delta\sigma_p$——随荷载而变的预应力筋应力增量；

A_s、A_p——普通非预应力筋与预应力筋的面积；

h_s、h_p——普通非预应力筋与预应力筋重心到梁受压区边缘的距离。

在文献[1]中，认为在使用荷载作用下，无黏结预应力筋的应力增量与同条件有黏结预应力筋的应力增量数值相差不大，进而近似取式(1)中的 $\Delta\sigma_p$ 为

$$\Delta\sigma_p=\left(\frac{h_p-x}{h_s-x}\right)\sigma_s\approx 0.8\ \sigma_s \tag{2}$$

笔者认为，由于无黏结预应力筋可以与混凝土相互地自由滑动，故就某个截面来讲，平截

面的假定是不存在的，因此，式(2)不能成立。

由文献[3]可知：

$$\varepsilon_{sm}=\psi\varepsilon_s \tag{3}$$

式中 ε_{sm}——受弯区普通钢筋平均应变；

ε_s——裂缝处钢筋应变；

ψ——裂缝间纵向受拉钢筋应变不均匀系数。

对于无黏结筋来说，由于它能自由地滑移(忽略摩擦的影响)，其应力应变沿通长是均匀的，且可能通过纵向变形谐调条件求得。但这在实际计算中是困难的，这里引进系数 ζ。

有黏结筋总伸长：
$$\Delta S=\int_0^l \varepsilon_s dx=\zeta\varepsilon_{sm}l=\zeta\psi\varepsilon_s l \tag{4}$$

无黏结筋的总伸长：
$$\Delta P=\varepsilon_p l \tag{5}$$

式中 l——梁跨；

ζ——弯矩图丰满系数。

尽管平截面假定对某个截面是不适用的，但对整个构件来讲，可有下式：

$$\frac{\Delta P}{\Delta S}\approx\frac{h_p-\bar{x}}{h_s-\bar{x}} \tag{6}$$

式中 $\bar{x}$——平均中和轴距压混凝土边缘的距离。取 $\dfrac{h_p-\bar{x}}{h_s-\bar{x}}\approx0.8$ (7)

即可得：
$$\varepsilon_p=0.8\zeta\psi\varepsilon_s \tag{8}$$

亦即得：
$$\Delta\sigma_p=0.8\zeta\psi\sigma_s \tag{9}$$

很显然，无黏结预应力筋的应力增量比文献[1]中给出的应力增量小。将式(9)代入式(4)，并且：

$$\psi=1.1-\frac{0.65f_{tk}}{P_{te}\sigma_s} \tag{10}$$

得

$$\sigma_s=\frac{M-(0.9\eta_s\sigma_{pe}-0.47\eta_s\zeta f_{tk}/P_{te})A_pH_s}{(A_s+0.79\xi A_p)n_sh_s} \tag{11}$$

在文献[1]中，“考虑到截面上除作用有弯距 M 外，还有偏心预应力 $A_p(\sigma_{pe}+\Delta\sigma_p)$，为简化计算，$\eta_s$ 近似取 0.8”。笔者认为，此近似过于粗糙。

为了计算无黏结部分预应力混凝土梁的 η_s，这里引进相当配率 ρ_{ps}。

$$\rho_{ps}=\rho_s+(\sigma_{pe}+\Delta\sigma_p)/\sigma_s\rho_p \tag{12}$$

由于无黏结预应力筋的位置在普通钢筋之上，所以 $(\sigma_{pe}+\Delta\sigma_p)/\sigma_s\rho_p$ 值应适当取小些，可近似取 5，即有：$\rho_{ps}=\rho_s+5\rho_p$。

一般地，ρ_{ps} 值不会超过普通钢筋混凝土梁的截面最大配筋率 $\zeta_b f_{cm}/f_y$，并且，无黏结部分预应力混凝土梁在正常使用荷载作用下的力学性能与普通钢筋混凝土梁相似，所以在计算 η_s 时，可参照普通钢筋混凝土梁的方法。

文献[3]中，对于普通钢筋混凝土梁，考虑配筋系数 $\alpha_E\rho_s$ 的影响时，$\eta_s=1-\dfrac{0.4\sqrt{\alpha_E\rho_s}}{1+2\gamma_f'}$。这里，以 ρ_{ps} 来代替其中的 ρ_s，即可有下式：

$$\eta_s=1-\frac{0.4\sqrt{\alpha_E(P_s+5P_\rho)}}{1+2\gamma_f'} \tag{13}$$

从式(11)可以看出，当不配无黏结预应力筋时，即为普通钢筋规范梁时，$A_p=0$，$\rho_p=0$，$\eta_s=0.87$ 即为普通钢筋混凝土梁的钢筋应力 σ_s 的计算公式。

笔者运用式(11)计算了文献[1]中的32根梁的普通钢筋应力σ_s，进而计算了最大裂缝宽度(共80个)，与试验数值相比较，符合情况较文献[1]好，说明文中给出的计算方法是可行的，而且精度较高，离散性能较好。请参见本文后面的计算与试验值对比的附表。

3 计算例题

一简支梁，承受均布荷载，混凝土强度等级为C40，矩形载面，$b=200\text{mm}$，$h=400\text{mm}$，$h_s=368\text{mm}$，$A_s=452\text{mm}^2$(4Φ22)，$h_p=325\text{mm}$，$A_p=157\text{mm}^2$，$\sigma_{pe}=880.9\text{MPa}$，$M=58688\text{N}\cdot\text{m}$，计算普通钢筋水平处最大裂缝宽度。

解：$\rho_s=452/(200\times368)=0.00614$

$\rho_p=152/(200\times325)=0.00234$

$\eta_s=1-0.46\times(0.00614+5\times0.00234)=0.869$

$\rho_{te}=452/(0.5\times200\times400)=0.0113$

$$\sigma_s=\frac{58688000-(0.9\times0.869\times880.9-0.47\times0.869\times0.667\times2.45/0.0113)\times157\times368}{(452+0.79\times0.667\times157)\times0.869\times368}$$

$=130.38\text{MPa}$

$\alpha_{cr}=2.1$　　　　$c=26\text{mm}$　　　　$r=0.7$

$$\psi=1.1-\frac{0.65f_{tk}}{\rho_{te}\,\sigma_s}$$

$$=1.1-\frac{0.65\times2.45}{0.0113\times130.38}<0.4，取\ \psi=0.4$$

$$\omega_{\max}=2.1\times0.4\times\frac{130.38}{2\times10^5}\left(2.7\times26+0.1\times\frac{12}{0.0113}\right)\times0.7=0.068\text{mm}$$

参考文献

[1] 赵国藩，文明秀．无黏结部分预应力混凝土梁裂缝宽度的试验研究．建筑结构学报，1991(3)

[2] 杜拱辰．现代预应力混凝土结构．北京：中国建筑工业出版社，1988

[3] 王振东．钢筋混凝土结构．哈尔滨建筑工程学院学报，1987(9)

附:无黏结部分预应力混凝土梁裂缝宽度的试验值与计算值对照表

序号	梁号	M	σ_s	ω_{max}试	ω_{max}计	$x=\omega_{试}/x=\omega_{计}$
1	2B—2	25.700	253.39	0.130	0.174	0.747
2	2B—2	28.300	290.87	0.180	0.200	0.900
3	2B—3	28.400	251.68	0.100	0.159	0.629
4	2B—3	34.900	332.16	0.200	0.209	0.957
5	2B—4	28.200	205.93	0.110	0.126	0.873
6	2B—4	34.800	272.76	0.170	0.167	1.018
7	2B—4	41.300	338.57	0.200	0.207	0.966
8	2B—5	28.300	139.50	0.060	0.076	0.789
9	2B—5	41.300	229.21	0.120	0.125	0.960
10	2B—5	54.400	319.60	0.180	0.173	1.040
11	2B—6	54.400	207.62	0.095	0.104	0.913
12	2B—6	67.500	266.75	0.160	0.134	1.194
13	2B—6	80.600	325.88	0.200	0.164	1.219
14	4B—1	21.700	240.64	0.140	0.197	0.711
15	4B—1	24.400	318.49	0.205	0.259	0.791
16	4B—1	26.300	373.28	0.225	0.305	0.738
17	4B—2	28.300	172.00	0.095	0.118	0.805
18	4B—2	33.500	240.98	0.140	0.165	0.848
19	4B—2	41.400	350.49	0.210	0.241	0.871
20	4B—3a	34.800	222.93	0.150	0.140	1.071
21	4B—3a	41.400	301.75	0.230	0.189	1.217
22	4B—3b	34.800	221.17	0.100	0.139	0.719
23	4B—3b	41.400	299.43	0.258	0.188	1.372
24	4B—4	41.300	247.86	0.125	0.149	0.839
25	4B—4	47.900	312.56	0.170	0.193	0.881
26	4B—4	54.400	443.63	0.178	0.263	0.677
27	4B—5	47.900	224.27	0.115	0.120	0.958
28	4B—5	60.900	313.43	0.150	0.167	0.898
29	4B—6	54.400	181.58	0.085	0.090	0.944
30	4B—6	67.500	240.93	0.120	0.120	1.000
31	4B—6	80.500	299.83	0.125	0.149	0.839
32	4B—7	41.400	179.60	0.075	0.094	0.798
33	4B—7	54.400	272.55	0.150	0.143	1.049
34	6B—1	33.600	252.14	0.113	0.206	0.549
35	6B—1	38.900	385.67	0.223	0.315	0.708
36	6B—2	48.000	306.96	0.150	0.213	0.704
37	6B—2	54.500	391.17	0.210	0.271	0.775
38	6B—3	54.400	357.20	0.200	0.224	0.893
39	6B—4	54.400	295.18	0.180	0.181	0.994
40	6B—6	67.500	195.23	0.120	0.104	1.159
41	6B—6	80.600	253.72	0.180	0.120	1.503
42	6B—6	93.600	311.76	0.225	0.147	1.529
43	6B—7	54.400	226.29	0.130	0.111	1.171

续表

序号	梁号	M	σ_s	ω_{max}试	ω_{max}计	$x=\omega_{试}/x=\omega_{计}$
44	6B—7	61.000	273.81	0.150	0.134	1.119
45	6B—7	67.500	320.62	0.193	0.168	1.149
46	8B—1	46.600	338.99	0.205	0.276	0.743
47	8B—2	47.900	222.56	0.130	0.137	0.949
48	8B—2	54.400	306.60	0.195	0.189	1.032
49	8B—3	54.400	276.41	0.150	0.172	0.872
50	8B—3	61.000	350.70	0.230	0.219	1.050
51	8B—5	54.400	151.85	0.100	0.082	1.291
52	8B—5	67.500	236.87	0.150	0.126	1.163
53	8B—5	80.600	321.90	0.220	0.176	1.250
54	8B—6	67.500	162.12	0.080	0.081	0.988
55	8B—6	80.600	220.08	0.120	0.110	1.091
56	8B—6	93.600	277.59	0.180	0.139	1.295
57	4C—3a	34.300	210.44	0.150	0.136	1.103
58	4C—3a	39.200	278.68	0.190	0.173	1.098
59	4C—3a	44.100	337.92	0.270	0.210	1.286
60	4C—3b	34.200	224.91	0.120	0.140	0.857
61	4C—3b	39.100	285.10	0.150	0.177	0.847
62	4C—3b	44.000	345.30	0.165	0.214	0.771
63	4C—5a	44.100	188.16	0.129	0.103	1.252
64	4C—5a	53.900	254.32	0.150	0.139	1.079
65	4C—5a	63.700	320.47	0.190	0.174	1.092
66	4C—5b	44.000	189.64	0.120	0.103	1.165
67	4C—5b	53.800	257.29	0.140	0.139	1.007
68	4C—5b	63.600	324.94	0.180	0.176	1.023
69	4D—3a	32.000	203.05	0.120	0.126	0.952
70	4D—3a	38.100	278.73	0.200	0.174	1.149
71	4D—3a	44.200	354.41	0.235	0.220	1.068
72	4D—3b	32.200	201.06	0.130	0.125	1.040
73	4D—3b	38.300	274.70	0.170	0.170	1.000
74	4D—3b	44.400	348.35	0.230	0.216	1.065
75	4D—5a	44.200	196.04	0.130	0.106	1.226
76	4D—5a	50.400	238.83	0.160	0.129	1.240
77	4D—5a	56.500	280.39	0.180	0.151	1.192
78	4D—5b	46.700	216.72	0.130	0.117	1.111
79	4D—5b	56.500	284.78	0.145	0.153	0.948
80	4D—5b	68.700	369.52	0.155	0.199	0.779

$\overline{x}=0.994$　　　$\sigma=0.196$　　　$C_v=0.197$

双弧钢管桁架厂房动力分析

马少春　鲍　鹏　张利伟　张卫军
（河南大学土木建筑学院　开封　475004）

［摘要］ 钢屋架厂房是目前国内外应用比较广泛的一种新型结构形式。此种形式的钢屋架结构受动力荷载作用较大，不但受内部因素如机器、设备振动的影响，而且还受风载、地震荷载等外在动力因素的影响。为减轻振动对厂房结构的不利影响，延长其使用寿命，在设计时考虑动力作用必不可少。本文通过某具体工程，利用 ANSYS 研究了动力荷载作用下桁架厂房的力学性能。基于这种结构的非线性特征，并且考虑风与结构的耦合作用，对结构的选型、网格的划分及结点构造设计等问题，进行了其变形及稳定性分析，为结构抗震设计提供参考依据。

［关键词］ 钢结构；动力分析；抗震

近年来，高强度轻质材料的使用、结构设计方法的发展以及计算机数值仿真计算的应用，为大跨度空间结构的发展创造了极为有利的条件。在众多的空间结构形式中，以大跨钢网架屋盖结构最具有代表性。但同时钢结构的直接造价高于钢筋混凝土结构，又制约了钢结构的发展。因此在满足规范规定的前提下，在安全合理的基础上，如何对钢结构进行较好的优化设计，减少其用钢量，降低工程造价，对进一步推动钢结构的发展有重要的现实意义。

1　工程概况

本工程是单层钢桁架结构工业厂房。屋盖支撑系统中由屋架梁、桁架（弦杆、腹杆一，腹杆二）、垂直支撑（弦杆、腹杆）、斜撑和装饰钢管等几部分构成，造型独特。支撑均为钢支撑，满足现行规范要求。钢屋架厂房平面尺寸为 18000mm×84000mm，钢屋架横向 8、9 轴线之间设有 100mm 宽的变形缝，其中 AD 跨轴线跨度为 18000mm，纵向柱距为 6000mm，钢屋架焊接于混

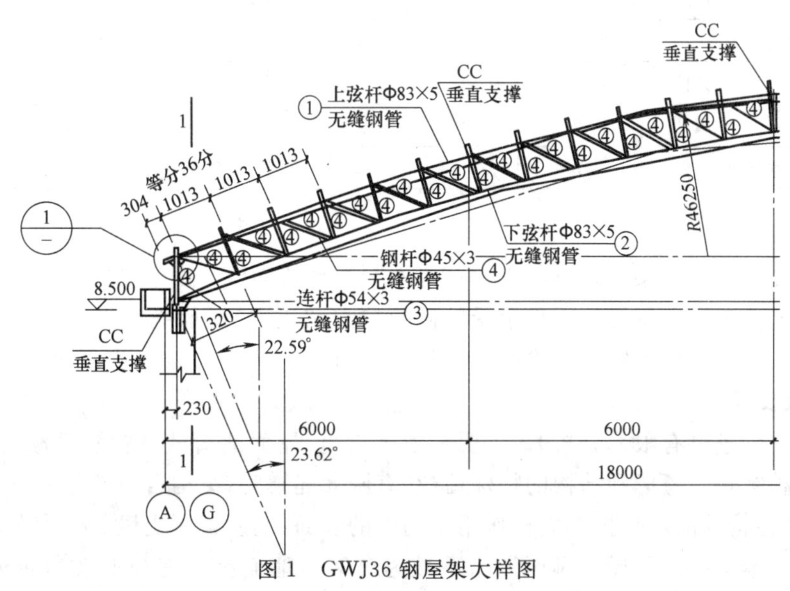

图 1　GWJ36 钢屋架大样图

凝土柱上，A、G 轴柱列柱顶标高为 8.500m；D 轴柱列柱顶标高为 12060mm。钢屋架大样图如图 1 所示。根据建筑外观要求，钢屋架梁截面形状为 180mm×500mm 的矩形，桁架及垂直支撑为 ϕ83×5.0mm、ϕ45×3.0mm 等不同尺寸的圆钢管组成。钢屋架梁和斜拉杆与建筑柱体以固定铰支座的形式相连接，其余架空部分为自由端。本工程钢构件均采用 Q235 钢材，焊接部分采用 E43 焊条，螺栓则为 1019 级摩擦型高强度螺栓。

该钢混凝土柱钢桁架厂房形状规则，且包括钢屋架、桁架、撑杆等不同类型构件等。本文运用有限元软件 ANSYS 对本方案进行分析，建立了钢结构的数学计算模型，分析了结构的动力特性，并计算结构 12 个不同频率的振型图。

2 有限元模型的建立

本文采用 ANSYS 有限元程序建立了某钢屋架厂房分析模型并对其进行有限元模态分析。ANSYS 分析计算模块包括结构分析、流体动力学分析、电磁场分析、声场分析、压电分析以及多物理场的耦合分析，可模拟多种物理介质的相互作用，具有灵敏度分析及优化分析能力。特别是能够驾驭非常庞大复杂的问题和模拟高度非线性问题，且界面友好，前后处理方便，被各国的工业和科学研究广泛的采用。

模型建立的关键问题：网格划分，构件连接，边界条件，荷载的施加。本文对钢屋架厂房进行构件工作性能分析及对结构的动力分析。

2.1 材料

根据设计要求，钢屋架、桁架杆、支撑杆等均采用 Q235 钢材，屈服强度取设计值 $215N/mm^2$，弹性模量 $E=2\times10^{11}N/m^2$，材料密度 $7800kg/m^3$，泊松比为 0.3。具体数据如表 1 所示：

表 1 钢屋架各杆件参数表

编号	构件名		单元类型	密度 (kg/m^3)	弹性模量 (N/m^2)	泊松比	截面形状	截面尺寸(mm)
1	屋架梁		梁单元	7800	2×10^{11}	0.3	矩形	180×500
2	桁架	弦杆	梁单元	7800	2×10^{11}	0.3	钢管	83×5
3		腹杆一	梁单元	7800	2×10^{11}	0.3	钢管	54×3
4		腹杆二	梁单元	7800	2×10^{11}	0.3	钢管	45×3
5	垂直支撑	弦杆	梁单元	7800	2×10^{11}	0.3	钢管	38×3
6		腹杆	梁单元	7800	2×10^{11}	0.3	钢管	32×3
7	水平支撑		梁单元	7800	2×10^{11}	0.3	圆钢	20

2.2 单元

钢屋架中包括钢架梁、桁架杆、支撑杆等不同类型的构件。由于结构自身工作的特殊环境和受力特点的复杂性。钢屋架不仅承受轴向的拉力和压力，还承受弯矩和扭矩，为简化处理，因而选用 ANSYS 中与之相匹配的 Beam188 梁单元。

2.3 荷载及支承

钢屋架首先进行有限元分析时，主要考虑了自重、屋面活荷载、雪载、风载、检修荷载及相互之间的各种组合。考虑到结构的特殊性，在有限元建模时，结构自重按体力方式加在各构件中；雪载则按各构件的水平投影面积作用于构件的表面；钢屋架所受风载按均布荷载直接施加在屋架表面。本工程采用局部风压体型系数为－2.0，地面粗糙度为 B 类。钢屋架实际分析时主要考虑下列两种荷载组合，即：①全跨结构自重＋屋面活荷载＋全跨雪载；②全跨结构自重＋竖向风载，以及与检修荷载的组合。即：由可变荷载效应控制的组合和由永久荷载效应控制的组合等

$$S=\gamma_G S_{GK}+\gamma_{Q1K} S_{Qik}+\sum_{i=2}^{n}\gamma_{Qi}\psi_{ci}S_{Qik};S=\gamma_G S_{GK}+\sum_{i=2}^{n}\gamma_{Qi}\psi_{ci}S_{Qik}$$

2.4　网格的划分

ANSYS 包含了一维、二维和三维区域网格划分的各种方法，且不同部件（Part）的网格之间不需要协调。根据钢屋架厂房的具体情况，为简化建模方法，结构中各类型单元最大网格段均确定为 1。钢屋架的分析步骤采用 ANSYS 中的 General 类型，且考虑非线性。图 2、图 3 显示了采用前处理模块 ANSYS 建立的钢屋架有限元计算模型。

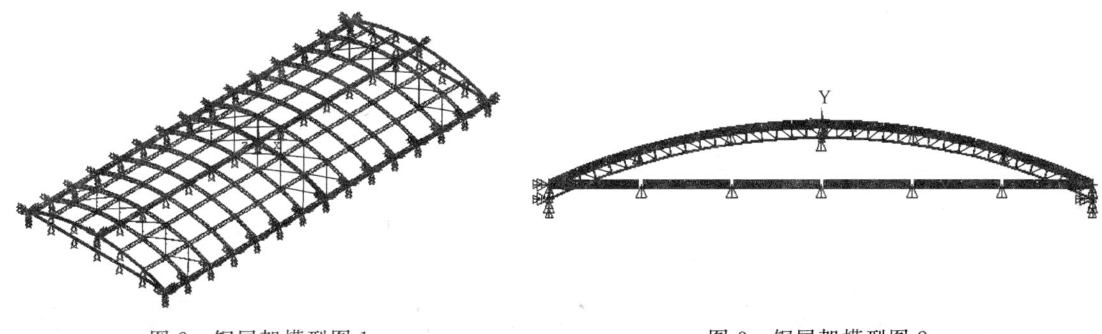

图 2　钢屋架模型图 1　　　　图 3　钢屋架模型图 2

3　钢屋架试验结果的计算分析

通过钢屋架预先试算及工作性能分析，其结果正常，符合要求。模态分析用于确定设计结构的振动特性。振动特性主要是结构的固有频率和振型，它们是动态载荷结构设计中的重要参数。同时，模态分析是进行谱分析、模态叠加法谱响应分析或瞬态动力学分析所必需的前期分析过程。桁架屋盖的自振特性在 ANSYS 平台里整体建模，运用分块法进行模态分析，求得屋盖十二阶的自振频率和振型图。

3.1　钢屋架动力计算结果

结构地震反应分析是现代抗震设计理论的核心内容，是确定结构设计的关键步骤。根据计算分析理论的不同，地震反应分析方法可分为静力分析法、反应谱分析法、动力分析法和能量分析法。

根据《建筑抗震设计规范》（GB 50011—2001）（2008 版）的规定，本钢屋架可按反应谱方法进行抗震设计。反应谱分析方法是一种简便实用的地震反应分析方法，在钢结构桁架抗震分析中已得到广泛应用。其基本要点如下：①计算出结构的前 m 个自振频率和相应振型；②计算作用在结构第 j 振型第 i 个质点上的水平地震荷载标准值。设计地震烈度为 8 度，场地条件选为Ⅱ类。根据工程的实际情况及工作环境钢屋架可作一下基本假定：①杆件节点均为空间铰接节点，每一个节点具有三个自由度；②质量集中在各节点上；③杆件只承受轴力；④不考虑阻尼作用；⑤杆件内力和变形符合虎克定律。采用规范提供的标准反应谱，取水平地震系数 $K_H=0.2$，其中钢结构阻尼比取 0.05。本文对钢屋架结构进行模态分析，前十二阶频率计算结果见表 2 所示，然后按标准加速度反应谱，先求地震反应谱作用下钢屋架结构的内力响应，再进行振型（模态）叠加组合，最后求出钢屋架结构地震反应谱的内力总响应。

表 2　钢屋架结构前 12 阶频率

振型(阶数)	(时间/频率) f=ω/2π(Hz)	荷载步	累积
1	3.4733	1	1
2	3.4874	1	2
3	3.6910	1	3
4	3.7033	1	4
5	4.5286	1	5
6	4.5401	1	6
7	4.6521	1	7
8	4.6522	1	8
9	4.6868	1	9
10	4.6879	1	10
11	4.6889	1	11
12	4.6891	1	12

具有代表性的前六阶振型图

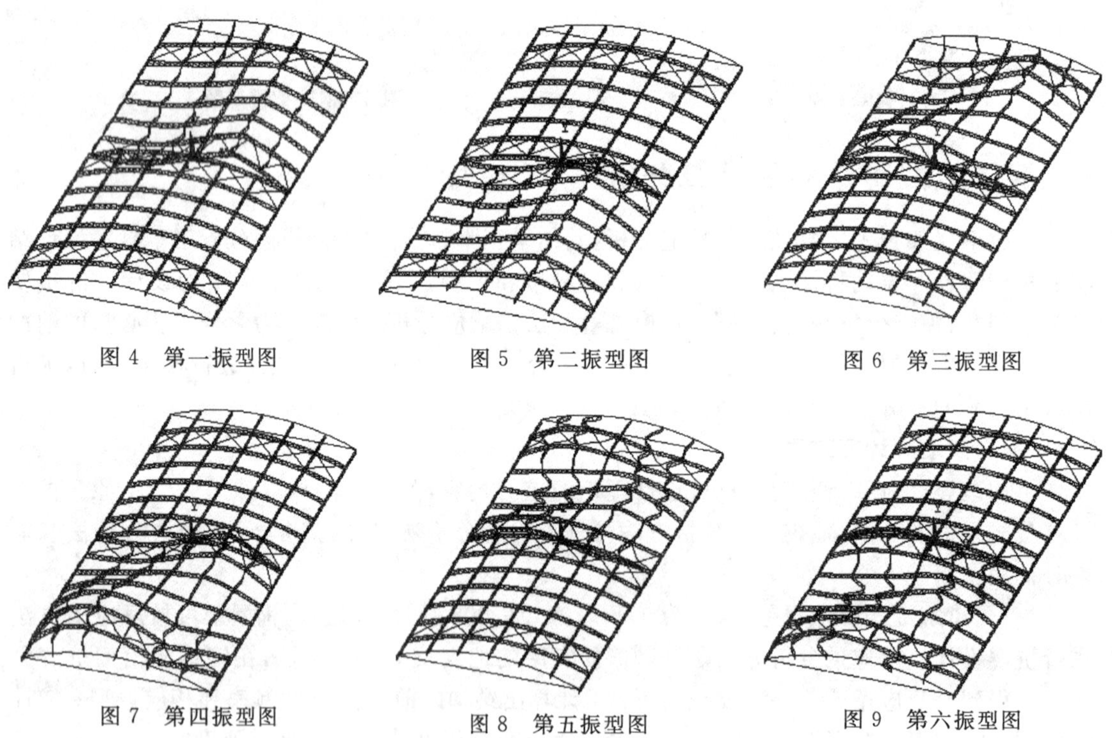

图 4　第一振型图　　图 5　第二振型图　　图 6　第三振型图

图 7　第四振型图　　图 8　第五振型图　　图 9　第六振型图

3.2　钢屋架动力结果分析

从钢屋架结构前十二阶频率表中可以看出，桁架屋盖的自振频率前六阶相差较明显，且分布不均。七至十二阶频率基本无变化，分布相对密集，即随着振型阶数的提高分布越加集中。

从桁架屋盖前十二阶的振型图中可知，桁架屋盖总体以竖向振动为主，在低振型区主要以中间拱形空间桁架的振型为主，频率及振型不同则其危害的部位也不相同。高振型区则以垂直支撑和屋架的水平振动为主。

结构振动频率可划分为两个主频段，分别为 3.4733～4.5401Hz，4.6521～4.6891Hz，对应第一频段的前六阶振型以整体竖向振动为主，包括平动和转动；对应第二频段的振型涉及整体水平横向振动及扭转。

由动力分析结果可知：用反应谱法对钢屋架结构分析结果显示，由于结构设计中进行了优化，地震在结构中产生的附加内力相对较小，表明该钢屋架具有良好的抗震性能。

4 结论

本文通过利用有限元程序及根据实际工程对某钢屋架厂房进行动力分析，可得出以下几点结论：

(1) 大跨钢屋架屋盖振动作用并非完全遵循常规的动力响应思路，即动力响应主要由第一振型控制。这与高耸、高层建筑结构不同。它的结构特点决定了桁架频率分布及各高低振型对结构振动的贡献。通过计算结果可以看出，结构前几阶的变形较大，对结构的振动起主导作用，因此在多自由度体系计算中不需要求出所有振型，只需求出起控制作用的前几阶即可。

(2) 全面考虑了实际工程中钢屋架的所有约束条件，建立了其全约束设计数学模型，更符合工程实际。

(3) 通过动力计算分析，可以发现钢屋架中某些振型的形状变形较大，对结构整体稳定不利。由于钢屋架自重轻，刚度小，在地震外动力作用下，主要控制其位移变形不宜过大。而动力破坏呈现突变性，强度破坏呈现延性，在实际工程中结构固有频率不宜与动力荷载频率接近。

参考文献

[1] 李国强，李杰，苏小卒．建筑结构抗震设计[M]．北京：中国建筑工业出版社，2002

[2] 马少春，鲍鹏．钢结构雨篷静力动力分析[J]．山西建筑，2009，35(11)：31

[3] 王小平，周超，黄文锋．某钢结构大门有限元分析[J]．广西工学院学报，2005(3)：39-42

[4] 建筑抗震设计规范(GB 50011—2001)[S]

[5] Andrew C. T. T. Andrews. W. etal. Property modification factor for elastic seismic bearing//Proceeding of 12th world Conference on Earthquake engineering. New Zealand，2000

[6] 杜文风、张慧主编．空间结构[M]．北京：中国电力出版社，2008：144-145

梁式墙及其计算方法的探讨

王世旺 （金源勘测设计院）

［摘要］ 梁式墙是一种砌体墙板与整体楼板的组合构件，在一定程度上具有薄腹梁的功能，它特别适用于多层以及中高层砖混住宅。由于使用梁式墙可使砌体工程量减少一半，室内使用面积相应增加，并提高其抗震设防的能力，本文从这种情况出发，提出了关于梁式墙的板块组合论，探讨了其荷载取值的方法，以及按照薄腹梁的模式，进行承载力计算的意见，以期有助于这种新型构件的开发利用。

［关键词］ 梁式墙；墙砌体；新型构件；墙的梁化度；斜截面受剪承载力

1　墙的梁式化

1.1　课题、目标、思路

文献[1]专设一节关于无筋砌体受弯构件，此外还有一节是关于过梁的，说明该规范在某种程度上肯定了墙体具有梁的本能，但第 6.2.1 条规定钢筋砖过梁的跨度，不宜超过 2m，因而得知，墙作为梁的能力很小。我们认为，这不符合墙改的现状，低估了墙体的潜力，为了把这种潜力解放出来，以满足跨越更大空间的需要，我们提出了对墙体进行梁式化处理的课题。

我们的主要目标是，争取在近期获得跨越 9～15m 空间的能力，在条件许可的情况下，跨度还可以更大一些，最终将墙与梁合而为一。

我们所持的基本思路是，把墙这种垂直构件，与楼板这种水平构件，作为一个完整的体系来考虑，以充分开发利用现有结构内部蕴藏着的巨大潜力。按照薄腹梁的模式，使砌体构件的墙转化成为梁，这就是墙体的梁式化。

1.2　墙体梁式化的条件

（1）砌体已被强化的现实

当今，由于抗震设防的需要，在砖混建筑中增加了一系列的构造措施，进而又向加固处理的深度和广度发展，特别是在砌体内部引入整体连锁的机制以后，就从根本上改变了砌体的性质，使之在很大程度上被强化了，于是一种新型的高效能砖棍砌体出现，例如竖连砖就是其中的一个代表。

这是一种砌筑成形的现浇混凝土，它具有新的结构功能，即它的强度更高，应变能力更强，刚度更大，整体性的组合与复合性更好。因此，小小的砖块和砌块就可以集结成为大型的墙板，从量变到质变，为墙体走向梁的行列做好了竖向的准备。

（2）设法让楼板参与梁式墙的抗弯工作

为了让墙上的楼板作为上翼缘，参与抗弯工作，发挥其新赋予的作用，前提是使用整体楼板，现有的技术手段已为我们提供了所需的构造措施，使楼板与墙板整体连接成为可能，这样我们又完成了这方面的平向准备。

把竖平这样两种板块组合起来，就产生一种飞跃，至此，墙就正式变成为梁，于是 T 形或 I 形梁的形象就展现在我们的面前了。

将梁式墙在纵向和横向成方格网状的布置，并且全面地整体连接起来，就形成一种全梁式的整体砖混建筑，这种建筑形式与多层砌体房屋有很大的同一性，两者相辅相成，应用前景广阔。

1.3　梁式墙的特点

由此可知，梁式墙是一个板块系列的空间组合体，作为一种新型受弯构件，特别强调其梁的属性，所以把“梁”字提到前面，简称之为“梁墙”，以表示与墙梁有所区别。

梁墙的特点是，集结砖块，砌块为墙板，组合墙板，楼板为梁式构件，进而形成全梁式的薄壁整体结构。因此，它在构造上刚柔相济，在受力上优势互补，在载面上属于薄腹梁，在计算上可化繁为简，快捷方便，利用现行规范即可解决问题。

所以，这种板块组合梁可按照设计要求，进行彻底的梁式化处理，以充分发挥砖（砌块）、现浇混凝土与钢筋（如需要即可施加预应力）三大材料各自的特长，从根本上实现对砌体的改造，使砌体构件向高强度化、轻型化、整体化、组合和复合化的方向发展，从而达到砖混结构总体优化的目的，这些就是我们进行梁式墙设计的构思网络。

2　墙的梁化度

当墙体被梁式化以后，用什么来衡量它梁化的程度呢？体现这种变化程度的就是梁化度。

梁化度应当是一种定量的概念，即要用它来限定梁式墙必须具备的条件，又要用它来规定梁式墙必须达到的标准。

由于I形梁的剪力全部由腹板承受，这对砌体受剪能力弱的情况来说，腹板在梁中占有举足轻重的地位。如果没有腹板，上下翼缘强大的抗弯能力就难以奏效，因此，在综合评价梁式化程度时，首先要着眼于斜截面的能力。

当 $hw/b\geqslant 6$ 时，其受剪斜截面应符合的条件是：

$$V\leqslant 0.2fbhw \tag{1}$$

式中　V——斜截面上最大剪力设计值；

b——腹板宽度；

hw——截面中腹板净高度，用它代换原式中的 h_0；

f——砌体的抗压强度设计值。

我们可利用这一公式来定义墙的梁化度。

由于该梁化度仅涉及一个楼层，可叫做一层梁化度，这是一种基本的梁化度，该式可变化为：

$$5V/bhw\leqslant f \tag{2}$$

所以，墙体梁化度又是砌体强度的指标，使用不低砌块材料强度的混凝土灌实的小型空心砌块砌体，其抗压强度一般都满足要求。

这一式中已包含斜截面影响范围内竖腹杆的作用在内，这部分在梁中占有的长度为 $1.5h_0$，为了限定受剪承载竖腹杆的数量不至超过半跨中的含量，对腹板截面还应有一个规定，即 $1.5h_0<I_0/3$，该式可变换为 $hw\leqslant I_0/3$，这是在一个楼层中腹板相对高度的指标。

当 $I_0/3<hw$ 及 $hw>I_0/2$ 时，斜截面的工作将从斜拉过渡到斜压，更有利于梁墙的受弯，所以，这些都属于梁墙的范围。不过，在按梁墙设计时，应区别不同的情况，计算楼板的折算层数，以确定该梁化度为两层还是三层，作相应的处理。

由此可见墙体的梁化度是由斜截面决定的，斜截面对梁墙具有特殊的重要意义，我们对梁墙的分析工作，必须从这里入手。

3 梁式墙的板块论

利用客观上存在着的斜截面，可将梁式墙的板块划分为三个部分，即两端的斜截面板块和中间的正截面板块，见图1。

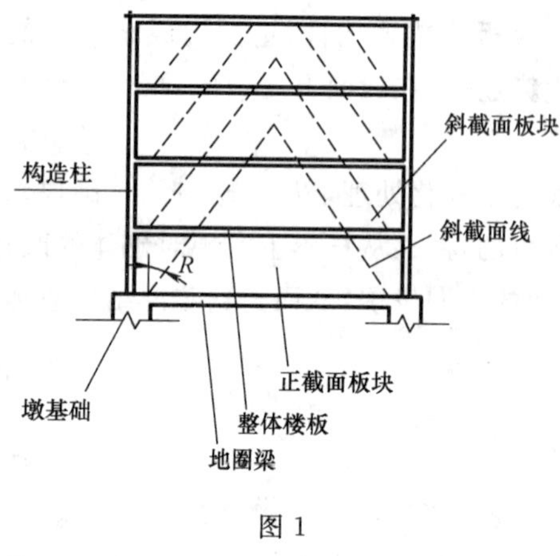

图1

3.1 斜截面板块

(1) 斜截面的宽高比

该宽高比用 $tan\alpha$ 表示，在一般情况下，据现有资料 $tan\alpha=1/1.25\sim1/1.5=0.80\sim0.67$，今取两者的近似平均值，即

$$tan\alpha=0.75, \alpha=37^{\circ}$$

这个角度与通过支座内侧的受压主应力轨迹线在走向上大体上是一致的。这样，在计算竖腹杆受剪承载力 V_{SV} 时，斜截面及其影响长度为 $2\times0.75hw=1.5hw$，这与现行的计算公式是一致的，于是：

$$V_{SV}=1.5fyv\frac{A_{SV}}{S}hw \tag{3}$$

式中，所有符号除 hw 外，与文献[2]的规范相同。

(2) 斜截面砌体受剪承载力

材料力学已经证明，对于 I 形梁来说，其剪力几乎全部由腹板承受，并且，在腹板中剪应力近似于平均分布，因此，斜截面上砌体受剪承载为 V_W，其前面的系数应作修改，将原式中的0.07乘1.5倍，取其近似值为0.11，这个 $0.11f$ 与砌体的抗剪强度几乎是相等的[3]，这样 $V_W=0.11fbhw$，于是有斜截面受剪载力的完全计算式：

$$V\leqslant V_w+V_{SV}=0.11fbhw+1.5fyv\frac{A_{SV}}{S}hw \tag{4}$$

式中，符号与文献[2]的规范相同。

(3) 斜截面板块的作用

该板块位于支座上方，从斜截面至梁端，这段墙板可叫做腋墙，它在实际上就是一个斜支墙，有如一个倒置的刚性基础，起到一种斜支承台的作用。

腋墙由构造柱及其所连接的侧翼墙板，连同上下整连楼板含圈梁，构成一个具有三个方面空间支撑的组合板柱体，其平面外的稳定性很好。所以，该腋墙板块是竖向承载力特强的一组板块，全楼各层全部的荷载，都是通过它集中于支座的。按承载性质它应当按墙来计算，经过验算，腹板厚度为120mm即可满足要求。

3.2 正截面板块

(1) 该板块为一梁段

处于梁式墙中间位置上的正截面板块，是由上下翼缘与腹板组合而成的一个梁段，与斜截面板块是不可分离的一个整体，为了抗剪和整体连接的需要，在砌体腹板中是必须设置竖腹杆的，也就是吊筋，作用与梁中箍筋相似，需要时可对其施加预应力。按构造要求，腹板中还应设水平拉结钢筋，即腰筋。

洞口一般应设在这个板块上，洞口上方为过梁，洞口两侧必须加设竖腹杆。

(2) 正截面的工作情况

如前所述,可以认为,该板块符合翼缘顶部位于受压区的 T 形截面受弯构件的条件,根据按照规范给出的计算公式,其承载力和配筋量都是很容易求出来的。

当楼层较多,楼房总高度大于净跨度时,其正截面承载力将有所提高,梁墙的内力臂分为不同情况,可根据楼板折算层数确定,取整数,常用的为 2 或 3 个楼层高,按照现有的技术条件和水平,暂定以 3 个楼层高为限。

多于一层的梁式墙,其整体性构造措施必须进一步增强。梁墙中间的一层或两层楼板,可作为腹板平面外的纵向水平加劲肋,不考虑其受弯的承载能力,这在一定程度上可加大其安全的储备。

同时要提到的是,在有折算层数为 nz 的情况下,斜截面砌体受剪承载力 V_w 也将按比例提高:

$$\overline{V}_w = 0.1\ lnzfbhw \tag{5}$$

但竖腹杆受剪承载力 V_{SV},则将保持在一个楼层的数值上,不随楼层折算层数的增加而增加。

至于 nz 层以上的墙体,几乎与梁式墙无关,它们的全部荷载都是直接由墙经过斜截面板块,传递给支座和墩式基础的。

4 梁式墙的荷载计算

根据对梁式墙板块的分析,证明梁式墙可以按照薄腹梁的模式进行计算。

4.1 墙体荷载

按照文献[1],$hw > ln/3$ 时,应按高度为墙体的均布自重采用,该规定的前提是,过梁上的墙体荷载成 45°等腰三角形,而当梁墙斜截面的宽/高=0.75 时,则该计算高度 $ln/3$ 应予修正,应当按照斜截交点的高度 $2ln/3$ 来进行换算,见图 2。

换算后的高度为:$2/3 \times 2/3 l_n = 4/9 l_n$

该值比 $l_n/3 > 1/3$

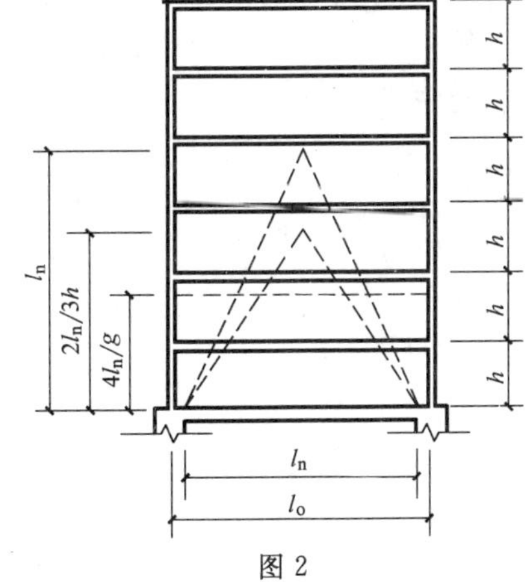

图 2

4.2 楼板荷载

按照文献[1],当 $hw >$ ln 时,可不考虑楼板荷载,故取 hw=ln,计算该高度等腰三角形内的楼板荷载,见图 2。

该等腰三角形大于斜截面形成的等腰三角形,可以认为符合楼板作为集中荷载的要求。

设该高度区间内楼板层数为 n,则

$$n = ln/h$$

由于该三角形范围内楼板宽度是按比例关系分布的,属于等腰三角形荷载,所以易于进行折算,令折算后的楼板层数为 nz

$$nz = 2n/3 = 2ln/3h$$

请注意,nz 未计入底层楼板荷载,当有此需要时应增加一层,即

$$nz = 2ln/3h + 1$$

该法计算的结果,与文献[3]中的过梁法、墙梁法以及两墙三板法的实例都相吻合。

5 结语

梁式墙是一各砌体墙板与整体楼板的空间薄壁组合受弯构件，可按照薄腹梁的模式进行计算，它适用于工业和民用建筑的有关部位，特别适合多层及中高层砌体房屋，主要是住宅。

梁式墙的效益不仅在于结构的本身，包括基础在内，可使砌体工程量削减一半，室内使用面积增加 10％，抗震设防烈度提高 1～2 度。更有意义的是，它可复合隔声饰面层，保温隔热饰面层，对建筑节能并改善居住的质量都有很大作用。

梁式墙结构的住宅，已建成四幢各四层，建筑面积 9000 平方米，经受了近十年使用的考验，未发现问题，其间经过大连市设计检查组两次检查，得到认可。由于该种结构还很不成熟，未能推广应用，建议国家有关部门对此作进一步的研究，使之标准化，并纳入有关的结构设计规范之中，为早日转化成为现实的生产力创造条件，我们对此寄以殷切的期望。

参考文献

[1] 《砌体结构设计规范》，中国建筑工业出版社

[2] 《混凝土结构设计规范》，中国建筑工业出版社

[3] 施楚贤主编. 砌体结构理论与设计. 北京：中国建筑工业出版社，2003

楼板在高层建筑结构中的概念设计

林英舜

（浙江展诚建筑设计有限公司　杭州　310005）

［摘要］ 一般都认为楼板承受竖向荷载结构，但在多层、小高层、高层建筑中，特别在抗震、强风压区中，对楼板的要求发生了质的变化，楼板结构的概念设计起着非常重要的作用。现以个人的认识，综述如下，以与学友共商。

［关键词］ 建筑楼板概念设计

1　楼板的作用

（1）楼板参于抗侧力结构刚度分配。

这是因为楼板中梁板的刚度与柱子、剪力墙共同构成抗侧力榀结构，说明楼板也是抗侧力结构的重要组成部分（楼板梁组合的刚度增大系数视梁翼缘情况可取 1.3～2.0），因此楼板、梁的布置是否能与柱子形成框架或多跨框架、双肢墙或框架剪力墙，对结构的抗侧力刚度的形成强弱，具有重要的作用（梁应成为结构体系中的连接杆件，以便更充分地发挥结构体系的整体性）。而楼板加强了梁的抗弯刚度（整浇板），对结构抗侧力刚度的强弱有很大影响，对于梁、柱或墙、柱的连接的弯矩分配也有直接关系[1][2]。

（2）楼板整体性的程度是判定抗侧力结构榀间协同工作能力的依据。

（楼、屋盖可视为刚性横隔板结构）也就是说，楼板的整体性强，具有相当强的水平抗弯、抗剪、抗扭，抗侧力榀结构在水平力作用下，可以按各抗侧力榀的抗侧刚度的强弱分配所承受的侧力，否则如若楼板水平面内抗弯刚度很差，如装配式单层工业排架，多孔板楼盖结构，无现浇层的结构楼面等，只能按各抗侧力榀结构承受的水平力范围来分配其作用，弹性楼板按其平面内变形情况，则介于两者之间[1][3][4]。

（3）楼板在平面的抗弯刚度决定楼板是否使结构具有整体抗扭能力。

各竖向构件是通过楼板连结在一起的，单个竖向构件抗扭能力微不足道。

连成整体的竖向构件，具有很大的抗扭转转动惯量，使整体结构具有空间的工作能力，提供了很强的抗扭刚度。譬如说，一个抗侧力构件布置极端不规则的结构，即非常偏置的结构，如果其抗侧力构件是一个筒体，也可通过无限刚的楼板强迫与筒体协调扭转，楼板远端两角点的水平位移量很小，虽然水平最大位移与平均位移比达到 1.5，但水平位移绝对值很小，从宏观上来说也是容许的、安全的。自然这样的结构也是不经济的。

（4）具有足够刚度的楼板是使高层建筑结构内外筒形成空间结构的重要保证，是内外筒稳定，不屈曲的重要措施。

一根毛竹如若无节，其刚度将大打折扣，如果局部破坏，将势如破竹，很快影响到整体安全。因为楼板的水平刚度，竖向间距大小，直接影响承重结构的细长比、抗侧力刚度和上下结构层的刚度比。

（5）足够强的楼板是以基本结构为主体的突出的子结构安全的保证。

因为突出的子结构，其抗侧刚度很弱，在水平作用下其层间位移角将难以保证使用要求，如果有强大的楼板，甚至是斜板与其连接，使其有了强大的、可靠的根部，变形将得以限制，安全就可保证。

(6) 如若局部结构遭受破坏，楼板可起到拉挽作用，其破坏部分就不会一落到底，可减少危害程度。

如唐山地震因多孔楼板面的松散性，造成结构的整体坍塌；如果采用现浇板，则结果将大不一样。

(7) 楼板是一个重要的围护，隔断结构。

楼板要有承重、挡视线、隔音、隔振、防爆、防辐射等多种功能，认真设计楼板是结构设计的重要环节。

2 楼板的设计

(1) 首先考虑楼板的平面刚度和规则性。

(2) 对楼板平面开洞、凹口、偏置削弱的部位、错层，甚至局部缺失应采取有效的补强措施。

(3) 满足结构加强以及根部和转换部位对楼板的要求，如：地下室地板、地面层、屋面层(或收束层)、转换层、转换层的上、下层楼板，以及群楼顶层、结构带钢臂层等楼板的加强。

(4) 适当刚度、厚度以满足防裂、隔音、减振、防渗漏、防腐、防火、防辐射、装修等要求。

(5) 特殊受荷要求，如：人防、堆土、堆截、维修等要求。

(6) 楼板耐久性要求，如：适当的厚度、级别和配筋。

3 楼板的刚度

楼板的刚度应考虑竖向抗弯刚度和水平整体抗弯刚度。

(1) 楼板的刚度应考虑竖向抗弯刚度，这是最基本要求。

楼板不但应满足强度的要求，对于跨度较大板，还应满足竖向变形对刚度的要求，防水结构的抗裂要求及防振等构造要求。

(2) 楼板水平刚度是保证抗侧力结构协同工作能力的必要条件。

楼板应有足够宽度，满足平面长宽比。楼板应有足够的厚度，使它受压时不屈服，受拉时不开裂，受剪时不断裂。因而重要部位要加厚，加筋，甚至双层双向配筋，楼板的边缘部位板梁要加强，边梁要拉通，洞边要补强。

(3) 楼板不宜过厚、过重。

过重的楼板将产生很大地震力，引起结构质量、刚度的突变，故 7 度及以上抗震设防区不宜采用厚板转换。

(4) 楼板的刚度形成。

楼板的整体水平刚度取决于长宽比，局部的水平刚度取决于梁中心距和楼板的厚度与配筋，还有边缘梁的强弱，因而适当的楼板厚度，是兼顾各种需要的最佳厚度。

(5) 斜板的刚度。

屋面等倾斜板，如折板投影到水平就是其水平抗弯刚度，投影到竖向，就是竖向刚度。投影值的大小，视倾斜板与水平面的夹角而定，如果这个夹角大，则水平抗弯刚度折减很多，可能造成水平钢筋不足。还要注意如果中间屋脊处夹角小了，在水平力作用下，这里将产生较大弯曲力矩，应采取措施避免产生屈曲。倾斜板还影响到框架梁柱的弯矩的分配，计算时如果采用平均高度值，则计算结果应予调整。

（6）小错层板的概念。

规范说楼板错层在一个梁高范围内，可以认为是同一层楼板，但梁高多少未加说明，这里建议应以错层板能否顺利传递水平力为准。如果错层板界梁无过渡加腋，则界梁高宽比宜为1∶1，如果梁加腋，则斜坡与水平面夹角宜≤45°。

（7）楼板性质的定性分析

表1　楼板性质的定性分析

板名称	板厚/板跨	板计算刚度		备　注
		水平刚度（平面内）	垂直刚度（平面外）	
①厚板单元	$h/1>1/5\sim1/6$	平面内无限刚度	实际刚度	适用于厚板转换结构，应考虑δZ、ε、z方向挠曲
②中厚板单元（壳）	1/5＜h/1＜1/20；1/35（有柱帽）1/30＜h/1＜1/45（予应力板有柱帽）	实际刚度	实际刚度（可用等代梁法）	适用于扳柱结构不适用梁板结构，因为楼板部分竖向荷载会通过楼板竖向刚度直接传递给柱或墙，使楼面梁的计算内力偏小
③薄板单元（平面应力膜）	1/20＜h/1＜1/45	实际刚度	零刚度	适用于楼板平面具有凹凸不规则，楼板局部不连续。楼板对梁刚度的贡献是梁刚度乘以增大系数，如采用壳单元，则楼面梁刚度不再乘以增大系数
刚性楼板	当①、③板平面内满足楼板长/宽≤4～6时	无限刚度	零刚度	
④薄膜板	h/1＜1/80＜1/100（钢板）	零刚度	零刚度	仅中平面有拉应力，多用网索结构模拟薄膜板

参考文献

［1］ 高层建筑混凝土技术规程（JGJ 3—2002）

［2］ 刘大海，杨翠如．高层建筑结构方案优选［M］．北京：中国建筑工业出版社，1996

［3］ 中国建筑科学研究院PKPM，CAD工程部．多层及高层建筑结构有限元分析与设计（用户手册及技术条件）

［4］ 建筑抗震设计规范（GB 50011—2001）

膜结构研究综述

张利伟　鲍　鹏　马少春
（河南大学土木建筑学院　开封　475004）

［摘要］ 膜结构作为一种新型的结构体系，有其自身的特点和优势。通过对膜结构的发展过程、特点、分类、设计理论以及存在问题等几个方面进行阐述，展望了膜结构的发展前景，以期对膜结构有一个更好的了解，为工程实际服务。

［关键词］ 膜结构；裁剪；预张力；褶皱

膜结构是指采用膜材及其支撑构件所组成的建筑物和构筑物，作为一种新型建筑，具有大空间结构和透光性等前所未有的优点。随着膜结构技术的发展，在工程实际中得到了广泛应用，学界对膜结构的研究也越来越深入。笔者对膜结构的发展过程、特点、分类、设计理论、生产、安装以及存在问题和发展前景等做一综合概述，以期更好地服务于工程实际。

1　发展过程

据考证，膜结构的出现可以追溯至5000年前，当时的人们已经用树皮、兽皮等做帷幕，用石头、树干等做支撑来建造帐篷，这就是原始意义的膜结构。现代膜结构也即织物结构，是20世纪中叶发展起来的一种新型大跨度空间结构形式。它以性能优良的柔软织物为材料，由膜内充气压力支撑膜面，或利用柔性钢索、刚性支撑结构使膜产生一定的预张力，从而形成具有一定刚度、能够覆盖大空间的结构体系。

膜结构的发展可概括为两个方面：膜材的发展和膜结构体系的发展。两者相互依存、互为促进[1]。膜材的发展推动膜结构的发展与广泛应用，并促进新的结构体系诞生；反过来，新的膜结构体系和技术发展，促进新型膜材技术的发展和应用。

1917年英国人 W. Lanchester 建议利用新发明的电力鼓风机将膜布吹涨，作为野战医院，可惜没有成为真正使用的产品。1946年，有一位名叫 Walter Bird 的人为美国军方做了一个直径15m的充气圆形雷达罩，现代膜结构产生了，由此诞生了一个新的工业产业。1956年后美国建立了约50多家膜结构公司，建造了各种膜结构，但是因为设计不周全，或是制作粗糙，或是业主维护不当，以致造成了许多不幸的事件。随着研究的进一步深入和技术的进步，膜结构也成功的得到了广泛的应用，并且建造了一些很有影响力的建筑物。像1970年的日本大阪博览会中的美国馆、1972年的慕尼黑奥林匹克公园、1988年日本建成的东京穹顶、1990年意大利的罗马奥林匹克体育场等，已经成为标志性的建筑 。

我国的膜结构发展较晚，至今有20多年的历史。20世纪80年代，同济大学的学者为上海工业展览馆设计建造了一座圆柱形气乘式结构展厅，该结构高27m、直径15.4m，这是我国在膜结构工程实践方面的第一个尝试。1995年由国产材料构成、国内力量施工的北京顺义某游泳馆，平面尺寸为30m×36m，采用气承式空气膜，可称得上是第一个全国产的膜结构。随后，由于大量研究机构的参与和专业的结构工程师及建筑师的加盟与努力，我国膜结构迅速发展，在空间结构这个领域逐渐壮大，成为一种最具代表性的空间体系。

2008年的北京奥运会上，膜结构在我国的应用得到了完美的体现。作为奥运游泳中心的“水立方”是目前世界最大的膜结构工程。该工程由国家游泳中心中澳设计联合体设计，采用新型框架结构和双层的四氟乙烯(ETFE)薄膜维护结构体系。游泳馆长18m，宽180m，高30m，主体结构为网架钢结构，其内、外立面单元上分别覆盖着充气的ETFE薄膜，使结构成双层维护结构(图1)。国家体育馆工程承包总经理唐晓春透露，该种膜材寿命为20多年，实际寿命要长些，目前世界上只有三家企业能够完成这样的膜结构。这种膜材随着“水立方”的使用已经受到了很大的关注[2]。

图1　国家游泳中心“水立方”

2　膜结构的特点及分类

2.1　膜结构的特点

不同类型的膜结构形式在受力、设计构造、制造安装等方面难易程度都有很大不同，应用上也不尽相同，但是一般情况下都具有以下共同特点：

(1) 自重轻。具有较好的性价比，用于大跨度结构优势更加明显。

(2) 艺术性。结合造型和颜色，给结构的外观设计带来艺术性，让人感受到美的享受。

(3) 节省能源，透光性好。为国家节省很多的材料，同时建筑垃圾也少，减少了污染；膜结构的透光性一般在7%～20%，可充分利用自然光，节省大量能源。

(4) 施工速度快。对与临时使用的建筑和急需使用的建筑，膜结构有很大的优势，能在短期内施工完毕。

(5) 经济效益明显。膜结构一般一次性投资较大，以后维护费用很少，总体经济效益优于其他结构类型。

(6) 使用范围广。该结构不受气候限制，不受地区限制，结构可大可小，结构形式自由。

(7) 安全可靠。结构自重轻，所以有很好的抗震性能；膜材一般为阻燃材料，不会发生火灾。

(8) 建筑体型塑造自由。可以将建筑的体形设计成一定的造型，在满足功能要求和工艺要求的前提下，不失结构的美学要求。

(9) 较大的建筑空间、跨度。由于其结构自重轻，可以得到较大的空间和跨度[3]。

目前，膜结构的缺点主要是耐久性差，现在的设计寿命一般能达到20年以上，其寿命介于临时建筑和永久建筑之间。另外，由于膜材的薄膜张力连续性，局部的破环就会导致整个结构的倒塌[4]。此外，膜材还具有被热熔成颗粒并重新整合的特点[5]。

2.2 膜结构的分类

国内外的文献中对膜结构有很多分类方法，如张力膜结构、悬挂膜结构等。按膜材及其相关的受力方式，文献[3]将膜结构分成整体张拉式膜结构、骨架支撑式膜结构、索系支撑式膜结构、空气支撑式膜结构四种形式。

整体张拉式膜结构，可由桅杆等支撑构件提供吊点，并在周边设置锚固点，通过预张拉面形成稳定的体系。这种膜结构主要由索和膜构成，两者共同起承重作用，通过支撑点和锚固点形成整体。

骨架支撑式膜结构，由钢构件中的其他刚性构件（如拱、刚架）作为承重骨架，在骨架上布置按设计要求张紧的膜材，后者主要起维护作用。结构外形有平面形、单曲面形和以鞍形为代表的双曲线形。

索系支撑式膜结构，由空间索系作为主要承重结构，在索系上布置按设计要求张紧的膜材，该结构主要由索、杆和膜构成，三者共同起承重作用。

空气支撑式膜结构，具有密闭的充气空间，并设置维持内压的充气装置，借助内压保持膜材的张力，形成设计要求的曲面。

3 膜结构设计理论

膜结构设计理论主要包括三部分：找出一个初始平衡形状（即找形）；各种荷载组合下的力学分析以保证结构安全；裁剪制作。文献[8]指出传统的膜结构设计主要包括体形设计、找形分析、荷载分析、裁剪分析等。找形分析是基础，荷载分析是关键和难点，荷载分析和找形分析共同保持理论和方法的一致性。文献[1]指出膜结构设计理论与方法及相互关系（图 2）。

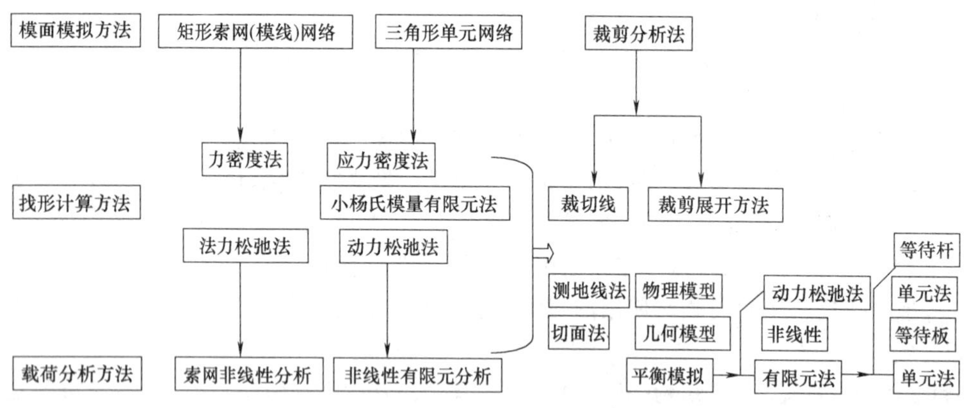

图 2 膜结构设计理论与方法及相互关系

3.1 找形设计

找形设计是膜结构设计的难点和重点。所谓找形，就是根据膜材的特点和建筑师的要求，找出最合理的空间形体。膜结构经过找形分析，得到的膜面是用离散点描述的离散曲面，在这里称为初始平衡曲面[6]。

目前比较流行的找形方法有：力密度法、动力松弛法和非线性有限元法。

力密度法。Linkwitz 和 Schek 于 1971 年在非线性找形分析理论基础上，首次提出力密度法（FDM-Force Density Method），后经 Schek、Linkwitz、Grundig 等逐渐发展完善，至今仍然是欧洲特别是德国最流行的索网和张拉膜结构找形分析方法。Singer Peter 在 1995 年推广力密度概念，提出了应力密度概念（SSDM-Surface Stress Density Method），并建立了应力密度膜结构找形分析方法。

动力松弛法。最早是由英国工程师 A. S. Day 和教授 J. R. H. Otter 在研究潮汐问题时提出来的[7]。动力松弛法(DRM-Dynamic Relaxation Method)是一种求解非线性系统平衡状态的通用数值方法。英国的专家学者比较推崇这种方法的研究和应用。它的基本原理是结构状态方程的逐步迭代跟踪,给定微小时间增量步,结构从初始荷载作用状态,经运动逐渐达到平衡稳定状态。一般有黏滞阻尼动力松弛法和动能阻尼松弛法。

非线性有限元法。非线性有限元法是找形分析最基础的一种方法,它包括索网格模型和三角形膜单元模型。

3.2 受力分析

一般情况下,膜结构的受力分析是应用有限单元法计算结构在雪荷载、自重等外部荷载和作用下的反应。计算时要考虑几何非线性,可以忽略材料的物理非线性,用 Newton-Raph-son 法来求解。荷载分析过程就是从结构初始态(零应力态)出发,经过预张力态,荷载作用态,由非线性迭代方法计算最后稳定平衡形态下的结构状态参数。因为找形方法的不同,所以荷载分析理论应与找形方法的分析理论一致。同时,荷载分析也应保证具有工程设计应用的系统性、完整性。

3.3 剪裁制作

膜结构的膜面是由平面膜裁切片缝和而成的,合理确定裁切片对膜结构的设计十分重要。当膜面为可展曲面时,像圆柱面、棱锥、平拉膜等,可展开为准确平面,由几何尺寸设计确定裁切片。当膜面为不可展开曲面时,如球面、马鞍形抛物面、锥形负高斯曲面等,可采用待定算法和准则展开为近似平面。膜裁切设计过程首先应设置合理优化裁切线,然后采用合理算法展开为近似曲面,最后考虑应变补偿确定膜裁切片。

膜面展开裁剪方法主要有:物理模型方法、几何计算方法、计算机平衡模拟技术方法。物理模拟方法也称建筑模型方法,可以帮助建筑师工程师获得直观认识,分析结构可行性,还可由比例关系得到实际几何曲面,在实际工程中目前仍然有很大的使用价值。几何计算主要用于少数可展或是规则解析曲面,简单、快捷、有效,直接有几何方程描述裁剪膜片。平衡技术是通用数值计算方法,采用节点力平衡条件,计算展开膜面的平衡状态,工程实际中一般采用这种方法。

4 膜结构的制作与安装

整个膜结构的施工过程可以分为两个阶段,即制作和安装两个阶段。其中在制作阶段要注意制膜技术,要在技术上保证结构的性能;安装方面有张膜、预应力过程。

膜结构一般都是在工程加工后在施工现场组装。膜材在工厂加工时,应对加工制作场地有严格的要求以保证膜材清洁。膜结构的制作工序包括检验、裁剪、热合及包装等工序,其中尺寸偏差、强度和质量在《网壳结构技术规程》(JGJ 61－2003)中都有具体的规定。规程也提出了膜结构安装后在使用过程中要定期做维护和保养的要求。

膜结构的基本施工工序为:基础完工→支撑架(骨架)安装就位→对关键节点和连接部位进行检测→膜材制作并运抵现场→对膜边界和边索进行连接→安装膜材→张拉膜材并成型→固定节点→清理现场→竣工验收。

5 膜结构存在问题及发展展望

膜结构发展到今天,虽然有其自身的优势,但是也暴露出自身的一些问题:

(1) 预张力难以控制。目前，还没有可靠的检测方法来检测膜面的预张力是否达到要求，只能对代表性的点进行抽检。

(2) 排水问题较为突出。由于膜结构建筑外形的需要，膜结构的排水问题就很突出，另外在连接处也会出现排水问题，或者是大面积的积水流下，影响结构的美观。

(3) 褶皱问题严重。膜材在加工过程中，由于裁剪过程中精度不高造成热合的膜片收缩不协调，导致部分区域出现褶皱。所以，在裁剪过程中要保证精度要求，避免这种现象出现。

(4) 膜材价格较高。目前，膜材的价格偏高，这就要求各科研机构加大科研力度，研发出质优价廉的膜材。

(5) 防火问题不可小觑。对于 PTFE 和 ETFE 膜材，防火问题不大，但是造价较高；对于像 PVC 等其他膜材来说，防火性能就不是很好。

膜结构的重要改革方向就是膜材，研发性能较好的膜材是当务之急。膜结构的透光性是其重要的特点，所以要求膜材进一步改进透光性。同时要改进施工方法，既保证膜结构作为一种永久性建筑，也为膜结构的拆装、膜材的定期更换提供方便。未来的膜结构也可能和其他建筑结构形式相结合，使之充分发挥各自的优势，创造出更为完美的结构体系。随着经济的发展和技术的进步，膜结构已经在建筑结构中得到了广泛的应用。我国的膜结构以每年 20%的速度快速发展[9]，虽然其自身存在着这样那样的问题，但是其优越性已经表现出来，膜结构的发展已经成为趋势。

参考文献

[1] 陈务军. 膜结构工程设计[M]. 北京：中国建筑工业出版社，2005

[2] 黄萍. 高性能含氟聚合物 ETFE 建筑用薄膜[J]. 新材料产业，2006(1)：55-59

[3] 杜文风，张慧. 空间结构[M]. 北京：中国水电出版社，2008

[4] 余乐，王作文，刘冠男. 膜结构在我国发展的综合探讨[J]. 四川建筑. 2008，28(5)：111-113

[5] 孙黎，周铁涛，李娟. "水立方"中的膜结构——ETFE[J]. 力学与实践. 2008，30(3)：89-90

[6] LEWISWJ, GOSLNGPD. Stable mininal surfaces in form-finding of light weight tension structures[J]. International Journal of Space Structures，1993，8(3)：149-166

[7] Michael R. Bames. Form Finding and Anslysis of Tension Structures by Dynamic Relaxation. International Journal of Space structures Vol. 14 No. 2，1999

[8] 李中立，吴健生，黄达达. 膜结构找形受荷与裁剪分析//第八界空间结构学术会议论文集. 开封，1997：229-304

[9] 胡娟，薛茹. 膜结构建筑的特点及应用展望[J]. 河南建材. 2005(1)：26-28

震灾后框架结构工程实录与分析

胡　波　王钟玉　柴永征
（中建八局第一建设有限公司　青岛　266071）

［摘要］ 汶川地震给四川及中国大地带来的灾难是巨大的，建筑物的倒塌直接导致了人民生命财产的重大损失。本文通过对汶川地震中框架结构工程实例进行分析，针对钢筋混凝土框架结构主要震害现象，如填充墙开裂、倒塌，梁结构性破坏，柱出铰、甚至断裂等，提出从设计和施工出发，做好填充墙与梁、板、柱的连接，提高框架柱安全储备等方法，来减轻震害给建筑带来的危害。

［关键词］ 汶川地震；框架结构；填充墙；圈梁；构造柱；构造钢筋

1　引言

2008年5月12日，一场举世罕见的8级大地震席卷我国四川汶川，我国受地震灾害的面积之广，受灾程度之重，远远超出了唐山大地震，造成灾区大面积房屋倒塌，人员伤亡惨重。地震中损失最大的是生命，而造成生命伤亡的原因是建筑物的倒塌。笔者作为一个房屋建设者，看到电视画面震后的建筑物成了一片废墟，心中百感交集，内心充满悲痛，同时也陷入深思。本文结合地震受灾地区框架结构的分析，为灾后框架结构工程的建设提供一些建议和帮助。

2　汶川地震现场调查与分析

1976年唐山大地震之后，我国开始实施建筑抗震规划。规划提出，由于不同地区受到不同烈度的影响，需依照建筑抗震规范对旧建筑结构进行加固，对新建设的建筑就需按规范进行设计施工。这个规范主要在构造上采取措施，例如增加圈梁、构造柱以及拉结墙体的构造钢筋。

“汶川地震”后，震区内大量的城市建筑遭到严重破坏和倒塌，其中倒塌较多的是砖混结构、底层框架上部砖混结构和钢筋混凝土框架结构的建筑。其中，钢筋混凝土框架结构的主要震害现象有以下几个方面。

2.1　围护结构和填充墙严重开裂和破坏(参见图1)

2.1.1　填充墙等非结构构件影响

实际工程中，围护墙和填充墙（以下简称“填充墙”）通常直接在框架梁上砌筑，对结构会产生以下影响：

（1）与框架梁共同受力，显著减小框架梁弯曲变形，增大框架梁的刚度和抗弯承载力。

（2）直接参与整体结构的抗震受力，增加结构层刚度，造成结构层刚度不均匀，使未设置填充墙的楼层实际形成薄弱层（通常是底层），导致形成层屈服机制，或造成平面刚度分布不规则，引起扭转效应。

（3）影响裸框架结构的内力分布。如，约束框架柱部分柱段的侧移变形，形成短柱，使得局部抗侧刚度过大，地震剪力增大，进而导致短柱剪切破坏，影响整体结构的破坏模式。另外，由于填充墙抗侧刚度大、所分配的地震力较大，但其强度较低，因此容易导致填充墙产生严重开裂和破坏。

图 1　地震造成的围护结构破坏

由以上分析可知,填充墙对整体结构抗震性能的影响十分复杂,应根据其在整体结构中的作用和影响情况,在结构设计中予以充分考虑。《建筑抗震设计规范》(GB 50011—2001)第3.7.4条规定:围护墙和隔墙应考虑对结构抗震的不利影响,避免不合理设置而导致主体结构的破坏。但《建筑抗震设计规范》(GB 50011—2001)未给出如何考虑填充墙对结构抗震不利影响的具体方法。此外,实际工程中的填充墙类型很多,布置复杂,与框架主体结构的连接构造也多种多样,因此具体如何考虑,也十分复杂。

2.1.2　如何减少填充墙震害的影响及分析

首先应明确填充墙的结构功能及其相应的设计目标。

填充墙的结构功能目标可分为:①参与结构受力;②不参与结构受力。

对于参与结构受力的填充墙,填充墙可作为整体结构第一道抗震防线,可与周边框架可靠连接,形成组合墙,并应沿结构竖向连续布置。

对于不参与结构受力的填充墙,填充墙应与框架柱之间预留足够的间隙,隔离两者的相互作用,保证主体框架结构的受力行为符合设计计算的条件。

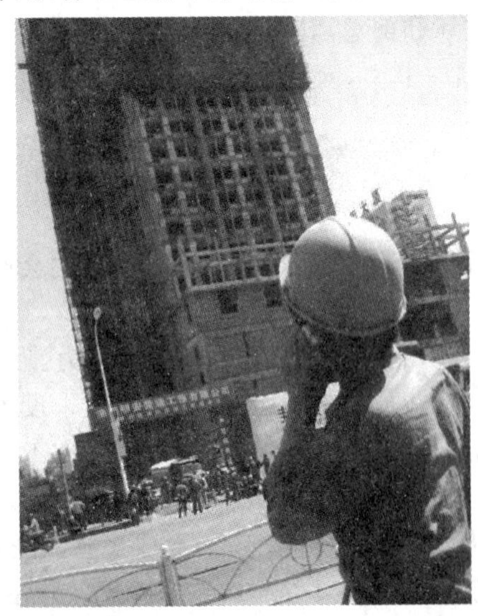

图 2　框架结构填充墙与周边连接加强,主体框架结构在地震中几乎未受损

对于参与结构受力的填充墙,将填充墙作为整个结构系统的第一道抗震防线是一种很好的整体结构抗震设计思想。不过,按这种思路设计时,填充墙在中震下发生一定程度的开裂应属于正常,但应控制在可修范围内,并且应保证大震下填充墙不倒塌。这可通过合理的构造措施实现,如设置构造柱、水平系梁、拉结钢筋等,有效增强填充墙与主体框架结构的协同工作能力;提高填充墙的变形能力,包括抗裂能力和抗倒塌能力。

所谓填充墙设置符合整体结构第一道抗震防线要求,是指填充墙沿结构竖向布置连续,最好与周边框架梁柱共同形成一种组合墙。这种组合墙在小震和中震下,填充墙与框架部分共同承担地震作用,并允许中震下填充墙部分开裂,大震下填充墙严重开裂,基本不能承载,整体结构抗侧刚度显著降低,主要由框架部分继续承担地震作用。这种组合墙应作为整体结构抗震的组成部分，在整体结构的抗震分析和设计中就要给予考虑，且相应的构造措施也要予以保证，并在施工中落实。这方面的研究目前还不多，但在实际震害中已体现出其重要性。

图2为本次汶川地震中一个框架结构，其填充墙设计经过认真考虑，与周边框架采用水平系梁和构造柱连接，结构抗侧刚度很大，地震中填充墙也几乎没有开裂，主体框架结构几乎也未损坏。

图3是某建筑框架结构。从这张图片中可以看到，填充墙在地震中出现整体倒塌。其倒塌原因为填充墙与框架柱没有设置拉结筋，或在施工过程中连接数量未按施工规范要求设置，同时填充墙内未设置构造柱，造成填充墙体在地震过程中倒塌。

对于参与结构受力的填充墙，将填充墙可作为整体结构的第一道抗震防线。由于填充墙是框架结构必不可少的组成部分，在限制黏土砖使用后，出现各种其他材料的砌块用做填充墙，但相关研究和规定没有跟上，以致造成这次汶川地震中框架结构因填充墙导致的各种震害问题。因此，需进一步加强这方面的研究。

图3　框架结构填充墙与周边未连接好，其填充墙体在地震中倒塌

同时，填充墙的不合理布置，会影响裸框架结构的内力分布。比较多的情况是窗上下部分的填充墙限制了框架柱上下部分的侧移变形，使框架柱形成短柱，产生剪切破坏。避免这类破坏的措施主要是在填充墙与框架柱之间设置足够间距，并用柔性防水材料填充，给框架柱预留足够的层间变形间隙。

填充墙对框架结构震害影响极大，主要原因在于填充墙具有一定的结构作用，类型又很多，布置位置多种多样，且使用中经常被改造。目前，在结构设计中大多不考虑填充墙的结构作用，这就增大了填充墙对结构屈服机制影响的复杂性。为此建议：

(1) 设计阶段考虑整体结构抗震方案时，应计入填充墙的因素，特别应计入填充墙对结构层刚度的影响；

(2) 明确填充墙的结构功能目标，并采取相应的配套技术措施和构造措施；

(3) 对于永久性填充墙，可使其参与结构受力，故应在整体结构分析中给予考虑，并宜与主体框架结构结合形成组合墙，作为第一道抗震防线。此时，填充墙与框架之间应采取必要的水平钢筋拉结、构造柱、水平系梁等措施；

(4) 用户对填充墙进行拆除改造，需经过设计单位的认可。

2.2　框架结构梁、板、柱的破坏

在这次地震中，框架结构梁、板、柱破坏不是非常明显，但仍有不少框架结构在地震中受到

比较大的破坏。

2.2.1 楼板对框架结构破坏的影响

楼板一般与框架梁一起现浇，两者结合良好，共同工作能力强，可显著提高框架梁的抗弯刚度和抗弯承载力，主要体现在两方面：

(1) 梁端承受正弯矩时，楼板和框架梁共同组成 T 形截面，增加了框架梁的受压区宽度，进而增加梁端抗弯承载力和抗弯刚度。

(2) 梁端承受负弯矩时，楼板内配筋相当于增加了框架梁的负弯矩筋，也会显著增强框架梁的抗负弯矩承载力。

楼板对框架梁的抗弯刚度和抗弯承载力的提高作用十分显著。目前，我国在结构设计方面的一些实际做法是，在考虑楼板对框架梁抗弯刚度提高方面，一般将中梁和边梁的刚度按原框架梁矩形截面刚度乘 2.0 或 1.5。这样，由结构分析得到的梁端弯矩比按矩形截面梁的分析结果有所增大，但相应梁端抗弯纵筋仍全部配置在梁矩形截面内，同时楼板仍按自身受力。另外在楼板中配筋，通常不考虑楼板内与梁肋平行的钢筋。

国内外许多研究者的研究表明，楼板内的钢筋会使框架梁的实际抗弯承载力增大 20%～30%，甚至有些情况下会增大近 1 倍。即使在不考虑其他因素使框架梁超配筋的情况下，楼板配筋对框架梁端实际受弯承载力的这种增大幅度，对大多数情况下的二级和三级框架，都会超出柱端弯矩增大系数。

框架梁跨度和荷载过大使梁截面尺寸增大，梁端抗弯承载力增大框架梁跨度和荷载过大，会使梁截面尺寸增大，因此使框架结构的刚度比形成强梁弱柱，框架结构的侧移变形模式更接近纯层剪切型。再加上框架梁为满足大跨度和大荷载下的承载力要求，因此极易形成层屈服机制，在强震的作用下，造成梁板变形，甚至坍塌。

但总体来讲，钢筋混凝土现浇梁、板的整体性好，强度高，在地震或在强震的作用下，对建筑物的危害较小，如在施工过程中严格按规范及设计要求施工，紧抓工程的施工质量，出现梁板断裂、坍塌的情况较少。

2.2.2 框架柱对框架结构破坏的影响

框架柱为整个框架结构承受竖向荷载的重要结构部位，如此部位发生破坏，对整个框架结构会造成整体性的破坏，甚至整体倒塌。本文以以下几个方面分析柱对框架结构破坏的影响。

(1) 柱轴压比限值规定偏高，柱截面尺寸偏小

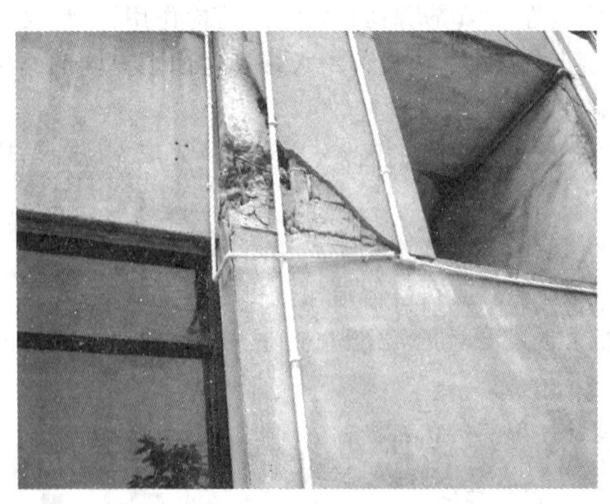

图 4 框架柱太细，在地震中折断

这次地震中，框架结构的柱子大多看上去太细，以至于框架柱极易出铰，甚至发生“折断”(参见图 4)。

导致这一结果的原因是，由于业主和建筑师总是希望柱子越小越好，因此框架柱截面尺寸往往都是紧扣轴压比限值。而规范柱轴压比限值定得过高，导致框架柱截面尺寸偏小，造成以下一些后果：

① 框架柱截面尺寸偏小，框架柱端抗弯力臂较小，不利于保证柱端受弯承载力。

② 正常使用状态下，框架柱处于高受压应力，地震力作用下混凝土宜先达到极

限压应变产生压坏。在这次震害调查中，看到的所谓柱端塑性铰大多是混凝土压坏和钢筋压屈现象，至于钢筋是否受拉屈服，无法通过肉眼观测确认。

③ 因轴压比限值偏大，通常底部几层框架柱轴压力已基本接近界限轴力，当遭遇罕遇地震，柱轴力会进一步增大，可能超过界限轴力而成为小偏压受力，这会导致柱抗弯承载力的降低，使得柱的实际受弯承载力不满足要求。

④ 框架柱截面尺寸偏小，会使得框架柱刚度偏小，导致柱梁刚度比偏小。

⑤ 结构设计大多按单向考虑，实际地震下柱为双向受力，尤其是边柱和角柱的双向受力程度更大，若轴压比限值过高，柱截面过小，双向作用下更易发生受压破坏。

⑥ 目前，轴压比计算主要依据水平地震作用下的柱轴压力确定，实际地震大多有竖向地震，因此在水平和竖向地震复合作用下，很容易超过轴压比限值，造成框架柱破坏。

当框架柱是按较高的轴压比限值控制设计时（目前由于限价设计，实际很多工程都是如此），由于以上各种不利因素的综合效果，极易导致框架柱出铰，甚至造成倒塌。这次汶川地震中，很多框架结构的破坏和倒塌大多属于这类情况，特别是空旷的纯框架结构建筑（参见图 5）。

图 5　地震中出现的框架柱端部破坏

国外一些规范对框架柱轴压比限值的规定，换算为我国的情况数值约为 0.33，比我国 0.7～0.9 的轴压比限值要低很多。对于大体相同的框架结构，尤其在日本，其框架柱的截面尺寸比我国看起来要大很多。

因此，鉴于以上不利因素，再加上考虑可能遭遇超大震的情况（这种情况在我国已多次发生），应给轴压比限值留有足够的余地，控制轴压比限值不要过高。此外，我国规定的柱最小截面尺寸仅 300mm×300mm，也偏小，且按抗震等级调整。因此，建议适当增大。

(2) 柱的最小配筋率和最小配箍率偏小

柱的最小配筋率可保证柱的基本受弯承载力，而最小配箍率则可保证对混凝土的基本约束，可使框架柱在发生较大的塑性变形时混凝土抗压强度得以维持，不致很快降低。

我国《混凝土结构设计规范》(GB 50010—2002)对一般受压构件规定：全部纵向钢筋的最小总配筋率为 0.6%，一侧纵向钢筋的最小配筋率为 0.2%。对于抗震结构，《建筑抗震设计规范》(GB 50011—2001)规定：中柱和边柱的最小总配筋率为 0.6%～1.0%，角柱和框支柱为 0.8%～1.2%。在最小配箍率方面的规定，国外规范与中国规范大体相近，但箍筋直径的规定，国外规范要求明显高于我国。

另外，国外规范规定使用的钢筋最小屈服强度为 280MPa，箍筋最高屈服强度为 550MPa。而我国一般普遍用 HPB235 级钢筋作箍筋，实际工程中最高可用到 HRB400 级钢筋。因此，国外规范中对箍筋的最小配筋率要求要高于我国规范。

此外，关于箍筋的构造要求存在较大差别。国外规范规定，箍筋的布置应使得每根柱角上的钢筋以及每隔一根纵筋均有箍筋的拐角作为横向支撑，此箍筋的内夹角不应超过 135°，任一纵筋与这种有横向支撑的纵筋的净距不应大于 150mm。这一规定保证了半数以上的纵筋都能得到可靠的约束，而其余纵筋的约束也能得到一定程度的保证。

而我国规范只规定了下列情况应设置复合箍筋或拉筋:偏心受压柱截面高度大于 600mm 时;柱截面短边尺寸大于 400mm 且各边纵向钢筋多于 3 根时;或当柱截面短边尺寸不大于 400mm,但各边纵向钢筋多于 4 根时。同时,我国规范对复合箍筋及拉结筋的数量及其具体构造并没有明确规定,并不能保证全部纵筋得到相对可靠的约束(在这次震害调查中,很少看到复合箍筋,而且箍筋构造也很少有符合规范要求的)。

根据对比分析,在我国柱的最小配筋率和最小配箍率均偏小。

3 结论

通过对框架结构填充墙、梁、板、柱的分析,可以得到以下结论:

对于一般框架结构建筑来说,在正常使用情况下,结构主要承受竖向荷载,框架梁在弯矩作用下因各种因素影响而出现问题的现象较多;而框架柱则主要承受压力,通常压应力值不大、弯矩也不大,出现问题的现象较少。因此,一般工程中对梁的关注多于柱。

但在地震作用下,框架柱是主要抗侧力构件,在地震引起的弯矩与轴压力复合作用下,框架柱的问题才会暴露出来。又因为大震和超大震发生的概率很小,故框架柱所存在的很多问题没有引起设计人员和研究人员的足够关注。然而,一旦发生大震和超大震,一切都为时已晚。从可靠度角度分析,以上事实可描述为,在正常使用情况下,框架梁的安全度低于框架柱的安全度,但在地震作用下却恰恰相反。

由于框架柱对于整体结构抗地震倒塌能力具有至关重要的意义,因此应该给予框架柱更多的关注,不能简单的认为许多已建成的框架结构,框架柱的使用状况良好,就认为现行的设计方法不存在问题,更不能认为就有很好的抗震能力。这次汶川地震中暴露出来的框架结构问题,就充分说明了这一事实。

若目前暂不能大幅提高框架柱的安全储备,如降低轴压比限值、提高最小配筋率和最小配箍率,可以采用提高部分框架柱安全储备的方法,如对边柱和角柱降低轴压比限值、提高最小配筋率和最小配箍率,这样可使纯框架结构也具有多道抗震防线,形成部分梁柱铰的整体型屈服机制。

与此同时,对抗震下填充墙在框架结构中的作用认识也需要得到设计单位及各施工单位的重视,做到填充墙与梁、板、柱有效而可靠的连接,避免出现填充墙在强震中整体倒塌的现象。

参考文献

[1] 中国建筑科学研究院.2008 年汶川地震建筑震害图片集[M].北京:中国建筑工业出版社,2008

[2] 中国建筑学会等.汶川地震建筑震害调查与灾后重建分析报告[M].北京:中国建筑工业出版社,2008

[3] 韩丽霞等.钢筋混凝土多层框架柱震害初步分析[J].工程抗震与加固改造.2008(4)

砖混结构抗震鉴定的若干问题
——对《建筑抗震鉴定标准》中有关条文的商榷

丁　怡

（南京艺术学院基建处　南京　210013）

［摘要］　本文对《建筑抗震鉴定标准》(GB 50023—2009)中的有关条文进行讨论，提出了一些修改建议。

［关键词］　抗震鉴定；标准；砌体结构；高宽比；抗震横墙间距

1　概述

汶川地震后，我国的地震工程和土木工程的科技人员积极投入到抗震救灾工作中，对地震灾区的大量倒塌房屋进行了调查分析，对震损建筑进行了应急抗震鉴定排查和详细抗震鉴定，为灾区人民的震后恢复重建做出了贡献。

同时，结合汶川地震灾区详细抗震鉴定的需要和全国范围内的房屋（特别是中小学校舍安全工程）抗震鉴定的需要，《建筑抗震鉴定标准》编制（修订）组加快了工作的进度。《建筑抗震鉴定标准》(GB 50023—2009)于 2009 年 7 月 1 日实施。

《建筑抗震鉴定标准》(GB 50023—2009)在修订过程中，总结了 GB 50023—1995 颁布实施十余年来的实践经验，以及国内外历次地震，特别是汶川特大地震的震害经验教训，吸取了建筑抗震鉴定技术的最新研究成果，对现有建筑的抗震鉴定方法进行了创新、补充和完善[1][2]。

新标准比原标准具有如下几大改进：

(1) 扩大了原鉴定标准的适用范围，新标准适用于现有的各类建筑。

(2) 提出了现有建筑鉴定的后续使用年限，按后续使用年限为 30 年、40 年、50 年三个档次分为 A、B、C 三类并分别给出了抗震鉴定方法。

(3) 明确了现有建筑抗震鉴定的设防目标。

(4) 适度提高了乙类建筑的抗震鉴定要求。

但是，由于“5・12”汶川地震后急需新的标准来指导鉴定工作，加快了标准修订步伐，使原有标准中一些值得研究改进的内容没有完善，部分先进适用的鉴定方法没有及时纳入。本文对新标准中一些延续的条款其中应改进的部分提出探讨，也对新标准中加入新内容后所造成的标准体系和标准条款前后不一致的地方进行了商榷，提出了改进方法与建议。

2　关于标准用词的讨论

2.1　标准的用词

《建筑抗震鉴定标准》(GB 50023—2009)采用了与其他标准类似的用词方法，为了便于在执行本标准条文时区别对待，对严格程度要求不同的用词说明如下：

(1) 表示严格，非这样做不可的用词：

正面词采用“必须”，反面词采用“严禁”。

(2) 表示严格，在正常情况下均应这样做的用词：

正面词采用“应”，反面词采用“不应”或“不得”。

(3) 表示允许稍有选择，在条件许可时首先应这样做的用词：

正面词采用“宜”，反面词采用“不宜”，表示有选择，在一定条件下可以这样做的采用“可”。

2.2 讨论及建议

作为抗震鉴定标准，其条款是鉴定工作人员评判房屋抗震性能的依据。那么所依据的条款中的措辞出现稍有选择的“宜”，“可”或“不宜”等时，鉴定工作人员如何掌握？

例 1. GB 50023—2009 中 5.2.2 条第一款：

“1. 房屋实际的抗震墙间距和宽高比应符合下列刚性体系的要求：

(1) 抗震横墙的最大间距应符合表 5.2.5 的规定(注：GB 50023—2009 中的表)

(2) 房屋的高度与宽度(有外廊的房屋，此宽度不包括其走廊宽度)之比不宜大于 2.2，且高度不大于底层平面的最长尺寸。”

对其中高宽比不宜大于 2.2 的规定，使用起来就存在不确定性。例如，高宽比为 2.3，2.4，2.6，2.8 等均已大于 2.2，鉴定时如何下结论？是通过或是不通过呢？

高宽比限值在抗震鉴定时是一个主要参数，所以 GB 50023—2009 中 5.2.10 条第一款又规定：房屋高宽比大于 3 时可不进行第二级鉴定而直接评为综合抗震能力不满足抗震鉴定要求，且要求对房屋采取加固或其他相应措施。

对鉴定标准的 5.2.2 和 5.2.10 两条款进行综合分析，当高宽比小于 2.2 时，判定为满足第一级抗震鉴定要求；当高宽比在 2.2～3.0 之间时，判定为不满足第一级抗震鉴定要求，应进入第二级抗震鉴定；当高宽比大于 3 时，直接判定该砖混结构房屋综合抗震能力不满足抗震鉴定要求，应采取加固措施。

例 2. 在 GB 50023—2009 中第 5.2.3 条关于材料强度等级的要求，多处出现“不宜”、“宜”的措辞，这时具体鉴定时的判定造成不方便。

实际上，材料强度是结构的重要指标，鉴定工作中需要采用“行”或是“不行”、“满足”或是“不满足”、“不得小于”等明确的措词，便于使用。综上所述，在鉴定标准中不应出现模棱两可的用词。建议作为鉴定标准应采用确定词语。

3 关于高度和层数限值的讨论

3.1 鉴定标准的规定和不协调之处

GB 50023—2009 中表 5.2.1 对 A 类砌体房屋的最大高度(m)和层数给出限值；表 5.3.1 对 B 类砌体房屋的总高度和层数都给出限值。上述两张表的限值中，针对面广量大的多孔砖砌体结构，出现 A 类房屋限值比 B 类房屋限值高的概念性错误(见表 1)。

表 1 多孔砖砌体房屋 A 类与 B 类总高和层数限值比较

类别	墙体厚度(mm)	6 度		7 度		8 度		9 度		备注
		高度(m)	层数	高度(m)	层数	高度(m)	层数	高度(m)	层数	
A 类	180-240	16	五	16	五	13	四	10	三	摘自表 5.2.1
B 类	240	21	七	21	七	18	六	12	四	摘自表 5.3.1
	190	21	七	18	六	15	五	不宜采用		

3.2 分析与建议

分析表 1，A、B 类房屋总高度和层数出现矛盾和错误的原因是 2009 版修订时，A 类砌体房屋沿用的是 1995 版的限值规定；B 类砌体房屋则采用《建筑抗震设计规范》(GB 50011—2009)的限值规定作为鉴定标准。

由于砌体结构材料的发展和对多孔砖的性能和强度级别的研究日益成熟，新版的抗震设计规范对砌体房屋总高的限值已有提高。作为鉴定要求较低的 A 类砌体房屋，其多孔砖的质量和强度不如现在的多孔砖好，所以对 A 类砌体的多孔砖应增加对砖砌体质量的检查内容，并建议 A 类砌体房屋中大多数建于 20 世纪七八十年代的高度和层数限值与 B 类砌体房屋的限值一致，然后按砌体质量取折减系数使层高限值减小。

4 关于抗震横墙间距限值的讨论

4.1 鉴定标准的规定和不协调之处

GB 50023—2009 中表 5.2.2 给出了 A 类砌体房屋刚性体系抗震横墙的最大间距(m)，5.3.3-1 给出了 B 类多层砌体房屋的抗震横墙房屋的抗震横墙最大间距(m)。

上述两张表中的限值出现了 A 类砌体房屋比 B 类砌体房屋的限值要严格的概念性错误(见表 2)。

表 2 A 类、B 类砌体房屋抗震横墙最大间距比较

楼盖类别	墙体类别	6 度		7 度		8 度		9 度	
		A 类	B 类	A 类	B 类	A 类	B 类	A 类	B 类
现浇或整体式混凝土	实心墙体	墙厚≥240	普通砖 多孔砖	墙厚≥240	普通砖 多孔砖	墙厚≥240	普通砖 多孔砖	墙厚≥240	普通砖 多孔砖
	抗震横墙最大间距	15	18	15	18	15	15	11	11
	其他墙体	墙厚≥180	不限墙厚	墙厚≥180	不限墙厚	墙厚≥180	不限墙厚	/	/
	抗震横墙最大间距	13	13～15	13	13～15	10	10～11	/	
装配式混凝土	实心墙体	墙厚≥240	普通砖 多孔砖	墙厚≥240	普通砖 多孔砖	墙厚≥240	不限墙厚	墙厚≥240	不限墙厚
	抗震横墙最大间距	11	15	11	15	11	11	7	7
	其他墙体	墙厚≥180	不限墙厚	墙厚≥180	不限墙厚	墙厚≥180	不限墙厚	墙厚≥180	
	抗震横墙最大间距	10	10～11	10	10～11	7	7	/	

4.2 分析与建议

在 GB 50023—2009 的表 5.3.3-1 中，将普通砖与多孔砖列为一栏，将中、小型砌块分别相列。这是由于多孔砖在近年来得到深入研究，多孔砖墙体的性能和质量得到很大提高。所以新版抗震规范对多孔砖结构的抗震横墙间距有所放宽。在修订鉴定规范的过程中，编制表 5.2.2 和表 5.3.3-1 时没有仔细考虑这些因素，造成了如上的问题，建议表 5.2.2 和表 5.3.3-1 中相应栏目报数据统一归类和确定限值。

(1) 表 5.2.2 砖实心墙改为普通砖房屋，与表 5.3.3-1 中普通砖相同，限值统一取表 5.2.2 中的值。

(2) 表 5.2.2 与表 5.3.3-1 中增加一栏多孔砖房屋，数据按表 5.3.3-1 中的普通砖、多孔砖房屋中的值。

(3) 表 5.2.2 中增加中型砌块房屋和小型砌块房屋两栏，取值同表 5.3.3-1 中的值。

(4) 在表 5.3.3-1 中增加其他墙体房屋一栏，取值同表 5.2.2 中的值。

5 关于高宽比限值的讨论

5.1 鉴定标准的规定和不协调处

(1) GB 50023—2009 中对 A 类砌体房屋的高宽比限值是第 5.2.2 条中"房屋的高度与宽度(有外廊的房屋，此宽度不包括其走廊宽度)之比不宜大于 2.2，且高度不大于底层平面的最长尺寸"。第 5.2.10 条中"房屋高宽比大于 3，或横墙间距超过刚性体系最大值 4m"，是可不进行第二级鉴定并被评为综合抗震能力不满足抗震鉴定要求且应采取加固或其他措施的条件之一。

(2) GB 50023—2009 中对 B 类砌体房屋的高宽比极值是 5.3.3 条中的表 5.3.3-2 的值(见表 3)。

表 3 房屋最大高宽比

烈度	6	7	8	9
最大高宽比	2.5	2.5	2.0	1.5

注：单面走廊房屋的总宽度不包括走廊宽度。

(3) 比较而知，A 类砌体房屋的高宽比限值在 6 度、7 度时比 B 类砌体房房屋的要严格。这是不应该出现的。

5.2 分析及建议

出现上述不协调的原因仍是 A 类沿用原鉴定标准，B 类采用了新的抗震规范规定，建议 A 类 6 度、7 度采用 B 类的限值，A 类 8 度、9 度用原 2.2 限值。

参 考 文 献

[1] GB 50023—2009 建筑抗震鉴定标准[s]. 北京：中国建筑工业出版社，2009

[2] 程绍革，史铁范，戴国莹. 现有建筑抗震鉴定的基本规定 [J]. 建筑结构，2010，48(5)：1-3

青海玉树地震震害分析及防灾对策

李延和[1] 潘 秀[1] 丁 石[2]

(1. 南京工业大学 210009；2. 南京溧水建筑设计院 210000)

[摘要] 本文对青海玉树地震震害进行了分析，结合 2010 年以来全球地震频发的情况，对我国的防灾对策提出了看法。

[关键词] 青海；玉树地震；震害分析；防灾对策

1 玉树地震简介

“玉树”，在藏语里的意思是“遗迹”。在玉树藏族自治州，一共有 500 多座藏传佛教寺院，4 个国家级文物保护单位，国家级非物质文化遗产项目 8 个。玉树藏文化是中华民族雪域文明的杰出代表。

玉树县位于青藏高原东部，地处玉树藏族自治州东部，东部和东南与西藏自治区接壤，西南与囊谦县为邻，西部和杂多县毗连，西北与治多县联境，北部和东北与曲麻莱、称多县以及四川省相望。西起东经 95°41′40″，东至东经 97°44′34″，经差 2°02′54″，南经北纬 33°44′44″，北至北纬 33°46′44″，纬差 1°05′10″。东西最宽 189.5 公里，南北最长 194.3 公里，总面积 1.57 万平方公里。平均海拔 4493.4 米。从地质构造上看，玉树历史上曾多次发生地震。玉树地处青藏高原块体的中部，该板块的地质活动较为强烈，中强度以上的地震在历史上持续不断，因此玉树地震不是一个偶然的现象。我国台湾地区和青海相继地震，虽然属于不同板块，但是反映了全球地震活动进入高活跃期。

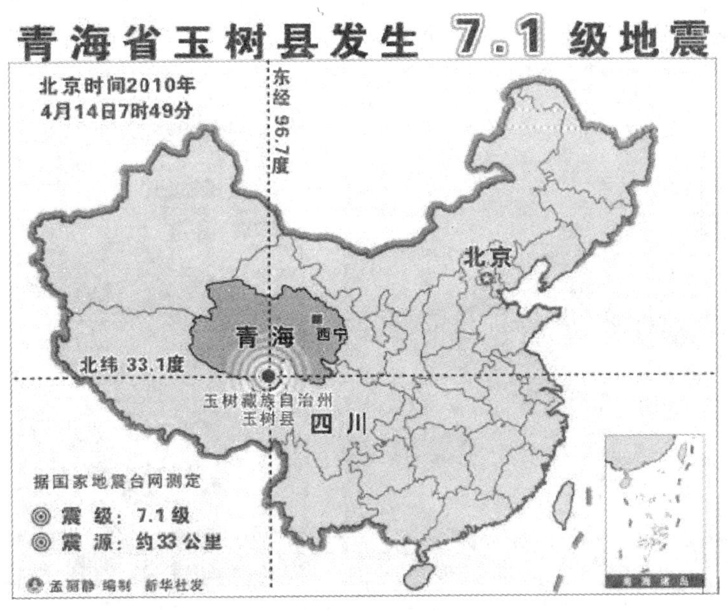

青海省玉树县 2010 年 4 月 14 日晨发生两次地震，最高震级 7.1 级，地震震中位于县城附近。截至 4 月 25 日下午 17 时，玉树地震造成 2220 人遇难，70 人失踪。具体地震情况如下：

第一次地震(前震)：

发震时刻:2010-04-14 05:39:57

震级(M):4.7,纬度(33.1°N),经度(96.6°E),深度(千米):6

参考位置:青海省玉树藏族自治州玉树县拉秀乡日麻村

第二次地震:

发震时刻:2010-04-14 07:49:40

震级(M):7.1,纬度(33.2°N),经度(96.6°E),深度(千米):14

参考位置:青海省玉树藏族自治州玉树县拉秀乡日麻村

第三次地震(余震):

发震时刻:2010-04-14 09:25:17.8

震级(M):6.3,纬度(33.2°N),经度(96.6°E),深度(千米):30

参考位置:青海省玉树藏族自治州玉树县拉秀乡日麻村

地震类型:青海本次地震属于强烈的浅源性地震

截至4月14日下午14时,青海玉树县7.1级地震已经发生18次余震,震区余震活动频繁。截至19日8时,中国地震局台网共记录到玉树地震余震总数为1206个,其中3.0级以上余震12个。

第一次地震时,玉树民族第一中学的值班领导和老师感受到了地震,觉得情况不对,立即组织学生疏散到操场上,无一例伤亡。但学校新教学大楼开裂严重成为危房,教师和学生宿舍严重毁损。

玉树震区有三所实验小学,二所民族中学,玉树三所实验小学损失很大。玉树孤儿院校门坍塌、学生宿舍坍塌,但学生食堂完好,202名同学地震时在食堂吃早餐幸免于难,6名在宿舍的学生被埋,经抢救脱离生命危险。

2 玉树地震原因分析

玉树地震发生的断裂带为风火山断裂带,位于喜马拉雅地震带,历史上曾多发地震,并且震级都不低。这次的地震应该是受地形环境影响,是在印度板块向欧亚板块俯冲挤压应力场下,青藏高原内部不同块体之间的应力释放造成的。

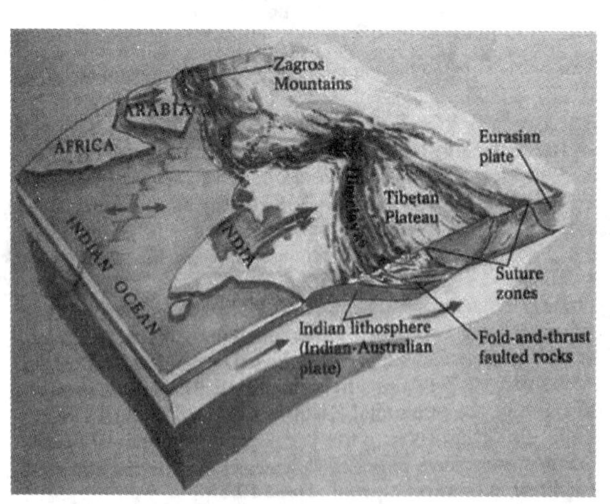

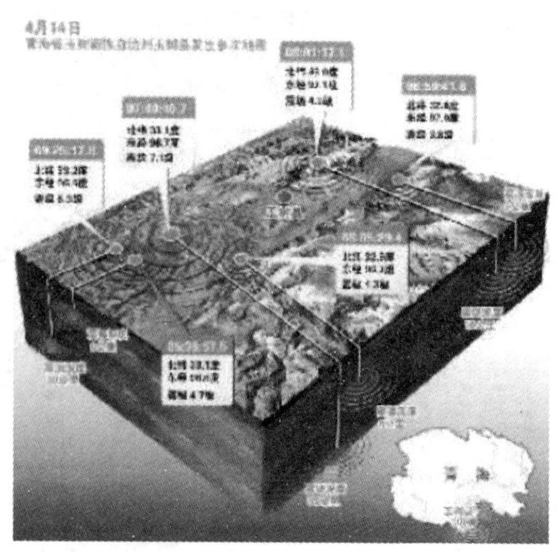

玉树地震与汶川地震相关,是地壳应力释放所致。玉树地震与汶川地震一样,也是发生在欧亚板块的板内地震,来自于印度板块与欧亚板块的碰撞。

为什么时隔近两年之后,汶川地震所引发的地壳应力调整才有所显现?对人类而言,虽然两年是颇长的时间段，但就地球而言，几年、几十年都不过是短暂的瞬间。因此地壳应力调整在两年后显现是正常现象。

由于玉树地震主震之前，即 4 月 14 日 5 时 39 分发生过一次 4.7 级地震，主震发生后，又发生了 6 级地震，因此，玉树地震是前震一主震一余震型地震，余震活动较为丰富。据中国地震台网测定，至 4 月 15 日 16 时，已记录余震总数 829 次，3.0 级以上余震 9 次，其中 6.0 级至 6.9 级地震 1 次，5.0 级至 5.9 级地震 0 次，4.0 级至 4.9 级地震 3 次，3.0 级至 3.9 级地震 5 次。

3　玉树地震震害分析

3.1　震害概述

玉树是少数民族聚居地，人口稀少，经济较为落后。当地建筑大部以土、木为主，少数是钢筋混凝土。这样的建筑抗震能力低，因此应对七级地震时几乎都倒塌殆尽了。玉树县城新建楼房抗震能力较强，50 年代至 70 年代建筑的楼房都有大面积的塌方和裂缝，居民平房基本上都有倒塌现象。

从结构本身来说，抗震性能以钢结构和木结构为最佳。钢结构不用赘述，木结构本身较轻，因此变形时也不会倒塌。比如山西木塔，经历几次地震仍然屹立至今。钢筋混凝土次之，最差的是砖、土或者石结构，因为这些结构经不起变形，一变形就会出现裂缝甚至垮塌。

玉树是以土木为主。因为当地老百姓的收入本来就不高，他们也不大可能花很多钱来建造钢筋混凝土结构的房子。为了省钱，只能建土木、砖木结构的房屋。

土木、砖木结构的房屋是此次玉树震区房屋垮塌的重灾区。据中国地震局现场应急工作队初步调查，灾区房屋结构类型主要有土木结构、砖混结构、钢筋混凝土框架结构等，其中农村地区大部分为土木结构房屋，城镇房屋土木结构占 70%以上，砖木结构和砖混结构约占 20%左右，钢筋混凝土框架结构约 10%。因此地震造成大量房屋被破坏，极灾区结古镇的土木、砖木结构房屋几乎全部倒塌或严重破坏，砖混结构房屋 80%以上倒塌，框架结构房屋约 20%倒塌。未倒塌的房屋中裂缝较多，多数成为危房。例如，州委办公楼四楼会议室倒塌，玉树宾馆被震开一条大裂缝，州民族师范学校一幢四层宿舍楼倒塌，州职业学校教室倒塌，一些提前上自习的学生被埋。

3.2　塞北明珠——震前玉树

玉树州地处青藏高原腹地，山川雄奇，风光壮美，是长江、黄河、澜沧江三大江河的源头，系中国面积最大及海拔最高的国家级“三江源自然保护区”所在地。1/4 的长江水来自玉树地区。康巴藏区的玉树，藏族文化独具特色，如洒脱飘逸的玉树歌舞，美轮美奂的玉树服饰，帐篷城的异彩，赛马节的盛况，其民族文化风情饮誉海内外而独领风骚。

地震前结古镇整齐的房屋

节日时的结古镇格萨尔广场

白云下的美丽天堂

玉树是宗教圣地

3.3 玉树局部建筑地震前后对比

创古寺(亦称禅古寺)属青海省玉树藏族自治州结古镇管辖,位于镇南 4 公里处的创古山腰。“创古”意为“花石头”,得名于寺院附近的一块花色磐石。该寺分上下二寺,相距 70 米,初有下寺,后有上寺,故以下寺为母寺。

震前创古寺

被地震损毁的创古寺主殿一角

3.4 各类建筑的震损情况

主震区85%民房倒塌

玉树县结古镇一片狼藉

玉树气象局周围的民房基本倒塌

玉树气象局周围的民房基本倒塌

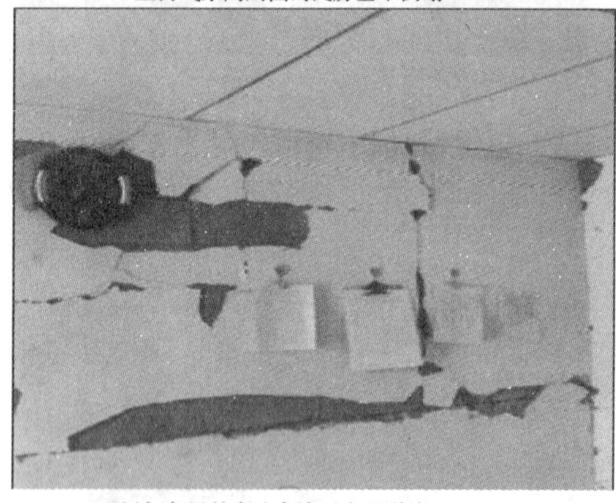
玉树气象局的办公室墙面出现裂缝

结古镇一处倒塌的民房

地震后的村庄

倒塌的建筑

民房墙体裂缝

救灾人员正在倒塌房屋上抢险救人

在玉树职业技术学校废墟上寻找孩子的家长

灾后

3.5 玉树地震破坏的特点分析

这次地震破坏的特点主要有 4 个方面。

第一，发生地点靠近城镇，震中位于玉树县城附近，震害沿着活动断裂呈带状分布，穿过州政府所在地结古镇，烈度达到Ⅸ度，对城镇的房屋、基础设施和生命线工程系统造成比较大的破坏，供电、通信一度中断。

第二，由于当地经济发展水平所限，灾区的房屋结构类型以土木、砖木结构为主，抗震能力差，损害比较严重。

第三，这次地震的地形效应和地震构造效应明显，即灾区居民点的分布与发震构造的方向较一致，因此造成的破坏较大，灾害沿江、沿河谷地带房屋震害的破坏程度明显严重。

第四，灾区环境恶劣，救灾难度较大。地震发生在高原山区，地形复杂、交通困难，抢险救援人员出现不同程度的高原反应，加大了救灾难度。

此次地震发生在甘孜—玉树断裂带上，断裂整体呈北西向分布，地震断层近乎直立，为左旋走滑运动。地震断层的破裂时间为 20～23 秒，断层破裂长度为 60 公里左右。玉树地震与汶川地震有一定关联，二者都位于非常活跃的巴颜喀拉活动地块。

4 2010 年全球强震大扫描

1 月 4 日，所罗门群岛发生 7.2 级地震，引发海啸，至少一座村庄被毁。

1 月 9 日，美国加州发生 6.5 级地震，多人轻伤，2.8 万户停电。

1月12日，海地太子港遭遇7.3级地震，截至2月23日共有22.25万人遇难。

2月2日，巴布亚新几内亚海域发生6.5级地震。

2月7日，我国台湾地区花莲外海6.3级地震，高雄有震感。

2月13日，汤加发生6.3级地震。

2月25日，新西兰南岛南部海域发生里氏5.5级地震。

2月27日，日本冲绳本岛附近海域发生6.9级地震，2人受轻伤。

2月27日，智利附近太平洋海域遭遇8.8级地震，引发海啸，截至26日已有802人遇难。

2月28日，巴基斯坦西北部地区发生6.2级地震。

3月4日，我国台湾地区高雄、屏东交界发生6.7级地震，台湾地区各地震度非常明显。

3月8日，土耳其埃拉泽发生里氏6.0级地震，截至北京时间当晚22时，已导致57人死亡，至少100人受伤。

3月14日，印度尼西亚北马鲁古省海域发生里氏7.0级地震，震中位于北马鲁古省东南132公里处的拉布哈地区，震源深度为56公里。

4月4日，墨西哥北部下加利福尼亚州发生里氏7.2级强震，震中位于州府墨西卡利东南方向18公里处，震源深度为10公里，造成2人死亡，231人受伤。

4月7日，印度尼西亚西部亚齐特别行政区附近海域发生里氏7.2级地震，震中位于亚齐特别行政区锡纳邦县东南方向75公里处，震源深度为34公里，造成至少1人死亡，62人受伤。

4月11日，所罗门群岛发生里氏7.1级地震，震中位于所罗门群岛基拉基拉西南97公里处，震源深度为52公里。

4月12日，西班牙南部地区发生里氏6.2级地震，震中位于南部城市格拉纳达东南约24公里处，震源深度为616公里。

4月14日，中国青海玉树县发生7.1级地震，地震已造成2300多人死亡。

5月7日，秘鲁南部发生6.5级地震，震中位于秘鲁南部塔克纳省西南59公里处，震源深度36公里。

5月9日，印尼发生7.2级地震并引发海啸，震中位于亚齐省首府班达亚齐东南约220公里，震源深度30公里。

5月10日，苏门答腊岛米拉务西南部发生7.4级地震，深度61公里。

5月24日，巴西西部地区发生6.5级地震。

5月28日，南太平洋岛国瓦努阿图发生7.2级地震，随后又发生5级以上余震两次。

6月1日，印度安达曼群岛东部发生6.4级地震。

6月2日，南太平洋岛国巴布亚新几内亚发生6.2级地震。

6月3日，青海省玉树县发生5.3级地震，震源深度7公里。

6月13日，安达曼—尼科巴群岛以西约160公里发生7.7级地震。

6月14日，印度尼科巴群岛可印尼苏门答腊岛西北部海域发生7.7级地震。

6月16日，印度尼西亚东部巴布亚省附近海域发生7.1级地震，造成2人死亡、2人重伤，几十座建筑受损。

6月18日，千岛群岛附近海域发生6.3级地震。

6月27日，南太平洋岛国所罗门群岛附近海域发生6.9级地震。

6月30日，墨西哥发生6.4级地震。

7月2日，太平洋岛国瓦努阿图发生6.8级地震。

7月5日，日本岩手县发生6.4级地震。

7月12日，智利东北部发生6.2级地震。

7月17日，美国阿拉斯加州阿留申群岛发生6.7级地震，震源深度35公里。

7月18日，巴新不列颠相继发生7.2、7.0级地震。

7月21日，巴布亚新几内亚发生6.3级地震。

7月25日，南太平洋岛国瓦努阿图附近海域发生6.2级地震。

8月21日，巴布亚新几内亚新不列颠发生6.4级地震。

8月24日，墨西哥海岸发生6.4级地震。

9月4日，新西兰南岛发生里氏7.2级地震，震中位于克赖斯特彻奇(基督城)以西30公里处，震源深度20公里。截至9月4日10时，地震已造成2人重伤，另有数人受轻伤。

5 全球强震频发，我们该如何应对

2010年以来，全球地震频次略高于平均数，发生了海地和智利等破坏性大地震，我国自2008年四川汶川大地震后，西南地区青海玉树又发生了7级以上的地震，引起了很多人的恐慌，世界末日的谣言四起，我们该如何看待全球地震频发的现象呢？

其实自1900年以来，全球平均每年发生6级地震200次，7级以上地震18次，8级地震1次，但是地震发生时间分布非常不均匀。2010年第一季度全球发生7级以上地震7次，略高于平均数，是正常的地壳运动。

自1900年以来全球共发生8.5级以上地震15次，上一次全球地震活跃期出现在1950年至1965年，这期间8.5级地震发生了7次，其中9级地震3次，分别是1952年堪察加半岛9.0级地震、1960年智利9.5级地震、1964年阿拉斯加9.2级地震。也就是说这一时期发生的8.5级以上的地震占了总数的一半。

进入21世纪，特别是2004年印尼9.3级地震以后，8.5级的地震比以前明显增多，全球地震处于活跃期。

造成地震的伤亡因素主要有两个方面。一是震级高，震源浅。智利和海地地震都是高震级和浅震源的地震。二是人口密度大和建筑物抗震性差。海地地震发生在其首都太子港附近，人口密度大，建筑几乎没有抗震性，所以造成伤亡较大。相反智利是地震多发国家，国家重视建筑的抗震性和民众自救和逃生常识的普及，所以造成的伤亡较小。

我国也是地震多发国家，由于过去对建筑的抗震性和民众的自救及逃生常识普及重视不够，再加上人口密度较大，所以造成的伤亡较大。我国大陆每年发生145次4级地震，20次5级地震，4次6级地震，平均每三年会发生2次7级以上的地震，目前我国大陆地震处于活跃期，是正常的能量释放。

近期以来，南京、天津、河北、河南新乡、陕西兴平、广东佛山等地均出现地震谣言，严重干扰了社会秩序，影响人民正常生活。为此，南京、山西等地

还拘捕过发帖者。

5月2日夜至3日晨，一个地震的谣言又让湖北老河口数万情绪紧张的老百姓露宿田野街头，后经地震部门澄清后大众恐慌情绪才得以消除。

5月11日南京江宁横溪街道陶吴社区的一条水泥路上出现100多米长的黑压压的一片小蛤蟆在路上乱跑，而道路一边的水沟里还上万只的小蛤蟆拥挤在一起。有村民怀疑可能是地震前兆。此事网上也议论很多。有的专家认为此现象是蝌蚪成蛙过程中正常的迁移现象，与地震无关，有的科学家认为反映了一定的地壳活动的信息，应引起重视。

此外，在去年举行的“江苏省十一届人大常委会第十二次会议”上，地震部门认为，根据国务院公布的2006～2020年全国地震重点监视防御区判定结果预测，江苏省未来10年或稍长一段时间内存在发生6级甚至6级以上地震的可能性。地震预报专家冯志生表示，预测未来10年江苏省有6级以上地震的主要依据是，江苏存在发生相应地震的构造以及历史上江苏曾有过类似地震等分析结果。关于地震预测，有关专家认为“无异常报无震的把握性较大，有异常报准地震的把握性很低”。这也说明，地震预报是世界性科学难题。

那么，如何正确分析前述的各种现象，确保民众能够安全的生活和工作呢？我们提出如下建议和对策。

(1) 相信科学，相信政府。

国家投入大量人力、物力进行地震预测方法研究和地震监测及预报工作。众多的地震学科的专家们在辛勤工作，政府一心为民的政策是民众可以安全生活和工作的依靠。应以政府的预报、政府的指导为行为标准，切勿相信地震传言。

(2) 提高警觉性，思想上要重视，行动上要慎重。

① 若出现宏观异常现象(例如动物生活习性和行为异常表现)，一定要重视并向地震部门反映，听从地震部门的指导，不要惊慌失措，影响正常生活。

② 若感觉到房屋存在震动，判断确定发生了地震时要镇定，按照防震自救和逃生方法疏散。政府应完善地震救援机制，加强民众的自救和逃生知识的宣传，研发高科技的救援设备，提高地震救援的反应能力。通过玉树地震的救援组织，我们可喜的看到相关的反应能力比汶川地震时有了很大的提高。

③ 全面了解所居住的房屋、工作和活动场所的房屋结构形式和抗震性能。只有生活、工作在具有一定抗震能力的房屋中，才能基本保证生存的安全。汶川地震震害、玉树地震震害均表明，只要按国家抗震设防要求和规范设计施工的房屋，可基本做到大震不倒。房屋不坍塌给予了地震时逃生的时间和机会。

④ 进一步落实中小学校舍安全工程。玉树地震教训和江苏未来10年可能发生6级以上地震的预测，均要求我们要加快实施国务院关于三年完成中小学校舍安全工程的要求。同时应加强对已有医院、电力、通讯等生命线工程的抗震鉴定与加固处理。加强农村土木及砖木房屋的拆除改建工作，全面实施新农村建设。

⑤ 加强对新建房屋的质量管理。要求新建房屋均应满足设防烈度的抗震要求，从设计、施工、使用全过程进行监督管理，确保房屋的质量达到抗震要求。

基坑支护设计中汽车荷载等效取值分析

陈芋休[1]　吴　亮[2]

（1. 国网电力科学研究院　210003；2. 无锡市大筑岩土技术有限公司　204028）

［摘要］ 采用数值方法对基坑周边汽车荷载按实际大小及作用位置进行模拟，将模拟计算的结果与采用满铺均布荷载作用于基坑坡顶时对支护结构产生的内力及变形进行对比，得出在特定支护结构型式下可将 300kN 的汽车荷载等效为 20kPa 的均布荷载，以此可简化计算过程。

［关键词］ 基坑；汽车荷载；等效；均布荷载

1　问题提出

基坑工程设计中，一般对地面静止堆载和周边建筑物产生的附加荷载都能较为准确的计算，并在施工中也能严格有效控制。而基坑施工过程中，在靠近坑边的位置往往有土方运输车及混凝土搅拌车等重载车辆通行，这些荷载的准确考虑将对基坑安全起到至关重要的作用。按汽车轮压的实际荷载大小及作用位置考虑，则计算工作量将大大增加，如果能采用恰当大小均布荷载进行等效，则将使设计得到简化，因此本文对基坑支护设计中等效均布荷载的取值进行分析。

2　分析条件

采用典型的基坑支护型式及相同的土层几何及物理力学参数建立模型，按照汽车轮压的实际荷载大小及作用位置进行计算分析，得到支护结构实际的内力及变形。然后按均布荷载作用于同样的支护结构上，如果得到的支护结构内力及变形与实际荷载作用下的内力及变形相近，则可取该均布荷载为汽车荷载的等效值。具体模型建立如下：

（1）基坑开挖深度按 8.5m 考虑，基坑支护型式采用本地区比较常用的一种型式：上部 3m 为放坡土钉墙，下部 5.5m 采用钻孔灌注桩加 2 道锚杆，钻孔灌注桩桩径 700mm，桩间距 1000mm，锚杆水平及竖向间距均为 2.0m，模型如图 1 所示。

（2）采用 Plaxis 进行数值分析计算，土体本构模型采用摩尔—库伦模型，土层具体计算参数如表 1 所示[1]，其中土体杨氏模量近似采用割线模量，黏性土按经验公式 250～500c（c 为土的黏聚力）取用。土的泊松比 υ 按经验取值，剪胀角 $\psi=0°$，其余参数均采用本地区典型土层物理力学指标。

表 1　土层物理力学指标表

层号	土名	层厚(m)	重度 γ (kN/m³)	黏聚力 c (kPa)	内摩擦角 ϕ (°)	杨氏模量 E (kPa)	泊松比 υ
1	杂填土	1.24	17	12.0	10.0	5500	0.45
2	粉质黏土	4.3	19.5	45.0	16.8	22000	0.25
3	粉质黏土	4.2	18.8	25.0	13.0	12000	0.35
4-1	粉质黏土	1.2	18.4	10.5	11.5	5000	0.43
4-2	粉土	2.3	18.5	9.0	19.0	5000	0.35
4-3	淤泥质土	1.5	18.1	9.8	10.5	4500	0.46
5	粉质黏土	9.4	19.7	50.0	15.3	25000	0.25

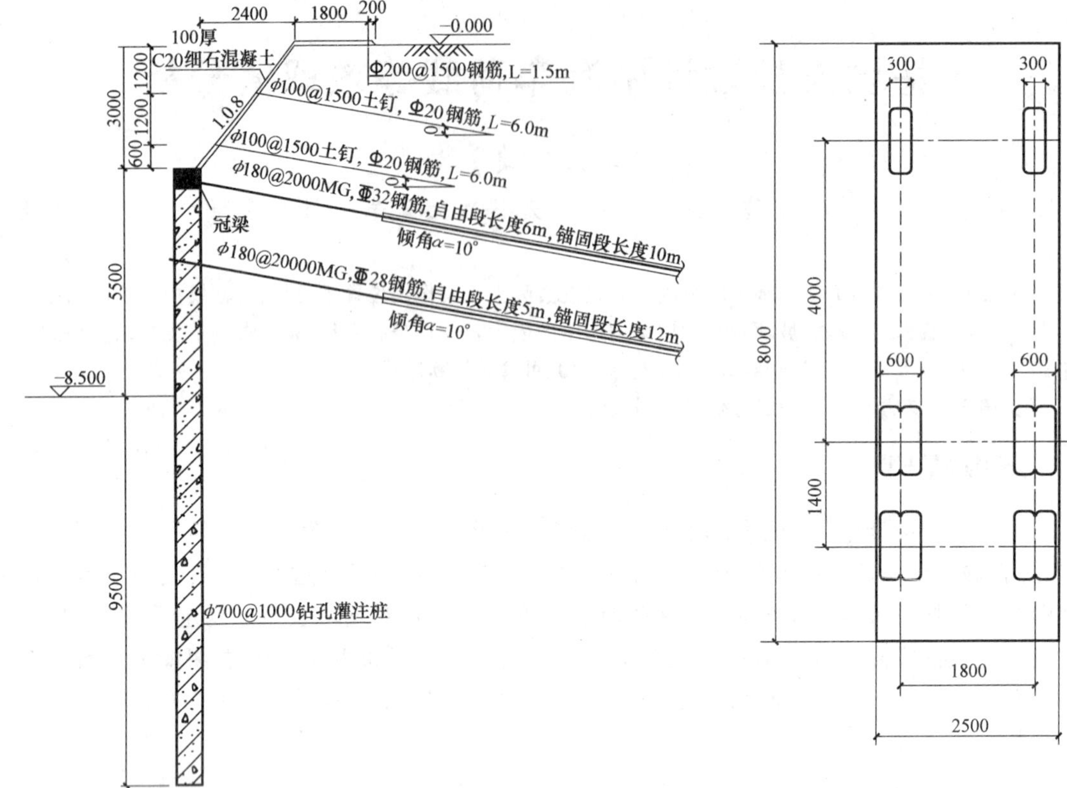

图 1　基坑支护剖面图　　　　图 2　汽车简化平面图

(3) 汽车总重量按 300kN 考虑,前后轮压不相等,前轮轮压为 30kN×2,后轮轮压为 120kN×2,汽车简化平面尺寸如图 2 所示[2]。根据图 2 计算后轮单侧的均布轮压为 200kN/m,作用宽度为 0.6m,考虑动荷载系数为 1.3[3],则单侧计算均布轮压取 260kN/m,两侧车轮中心距 1.8m。

(4) 根据本地区土层分布的特点,表层土一般为填土,承载力相对较低,如果 260kN/m 的轮压直接作用于表层土,则土体将会破坏,因此必须将其通过基础传至土中。而施工现场一般会有一定宽度及厚度的混凝土硬化路面,实际情况中汽车也是在此路面上通行的,因此计算模拟时将混凝土硬化路面作为基础,汽车轮压首先作用于混凝土路面,再通过路面传至土中。

(5) 根据目前基坑设计时地面荷载取值习惯,初步计算时将满铺均布荷载分别取为 10kPa 和 20kPa[4],将计算出的支护结构内力及变形进行对照。

3　分析过程

首先按照 10kPa 和 20kPa 满铺均布荷载计算出支护结构的内力及变形,以此作为参照。按实际计算的汽车荷载,考虑如下三种情况:

(1) 情况一:荷载距离基坑边 2m,混凝土路面厚度 200mm,分别计算混凝土路面宽度为 6m、5m 和 4m 时支护结构的内力及变形情况,如表 2 所示。

从表 2 路面宽度改变后,支护结构各项内力及位移变化均不大。

(2)情况二:荷载距离基坑边 2m,混凝土路面厚度 100mm,路面宽度分别为 6m、5m 和 4m,如表 3 所示。

表 2　情况一时支护结构内力变形对比表

对比项目	土钉最大轴力(kN)		锚杆轴力(kN)		支护桩			备注
	第一道	第二道	第一道	第二道	最大弯矩(kN·m)	最大剪力(kN)	最大位移(mm)	
路宽 6m	11.47	32.13	16.34	449.90	519.73	318.53	37.40	
路宽 5m	11.44	33.85	15.06	450.20	519.98	318.76	37.38	
路宽 4m	11.93	36.50	13.98	449.70	520.29	318.75	37.38	
均布 10kPa	11.40	11.09	17.14	440.80	493.49	302.23	35.47	
均布 20kPa	11.40	11.09	29.23	448.10	531.65	316.07	38.03	

表 3　情况二时支护结构内力变形对比表

对比项目	土钉最大轴力(kN)		锚杆轴力(kN)		支护桩			备注
	第一道	第二道	第一道	第二道	最大弯矩(kN·m)	最大剪力(kN)	最大位移(mm)	
路宽 6m	14.45	36.29	14.64	449.10	519.02	318.05	37.29	
路宽 5m	14.31	36.10	14.59	449.10	519.04	317.96	37.27	
路宽 4m	14.06	36.36	14.13	449.00	518.69	317.85	37.25	
均布 10kPa	11.40	11.09	17.14	440.80	493.49	302.23	35.47	
均布 20kPa	11.40	11.09	29.23	448.10	531.65	316.07	38.03	

表 2 与表 3 相比，仅将路面厚度发生改变，分析结果有如下变化：

(1) 第一、二道土钉轴力有所增加；

(2) 锚杆内力及支护桩变形变化均不大。

(3) 情况三：混凝土路面厚度 200mm，宽度 6m，荷载距离基坑边分别为 2m、4m、6m 和 8m，如表 4 所示。

表 4　情况三时支护结构内力变形对比表

对比项目	土钉最大轴力(kN)		锚杆轴力(kN)		支护桩			备注
	第一道	第二道	第一道	第二道	最大弯矩(kN·m)	最大剪力(kN)	最大位移(mm)	
荷载距 2m	11.47	32.13	16.34	449.90	519.73	318.53	37.40	
荷载距 4m	11.39	19.12	20.27	449.00	530.44	318.76	37.91	
荷载距 6m	11.36	11.06	22.44	449.00	534.41	317.84	38.07	
荷载距 8m	11.33	11.06	23.53	448.10	533.32	315.66	37.98	
均布 10kPa	11.40	11.09	17.14	440.80	493.49	302.23	35.47	
均布 20kPa	11.40	11.09	29.23	448.10	531.65	316.07	38.03	

表 4 是对荷载距离基坑边的距离作了改变，对支护结构的影响主要有如下几点：

(1)随着距离增大，第一道土钉轴力基本无变化，但第二道土钉轴力有所减小(如图 3 所示)；

(2)随着距离增大，第一道锚杆的轴力有所增加(如图 4 所示)，但第二道锚杆的轴力基本无变化；

(3)随着距离增大,支护桩的弯矩有所增加(如图5所示),当距离在1倍基坑开挖深度左右时达到最大值,但剪力和位移变化不大。

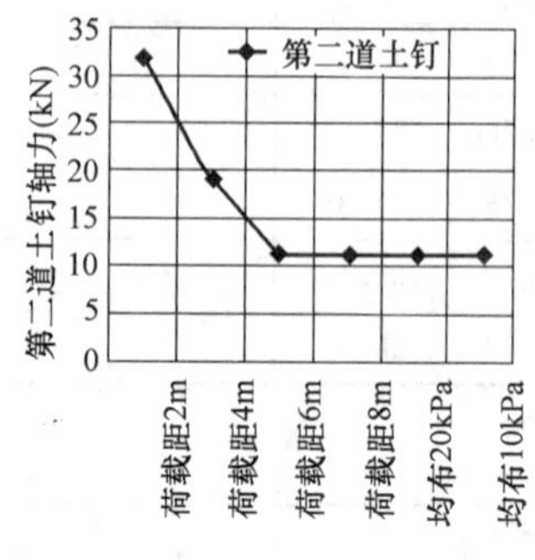

图3　第二道土钉轴力变化

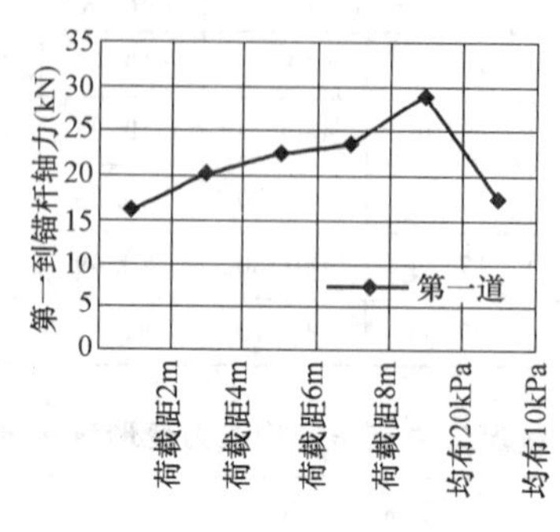

图4　第一道锚杆轴力变化

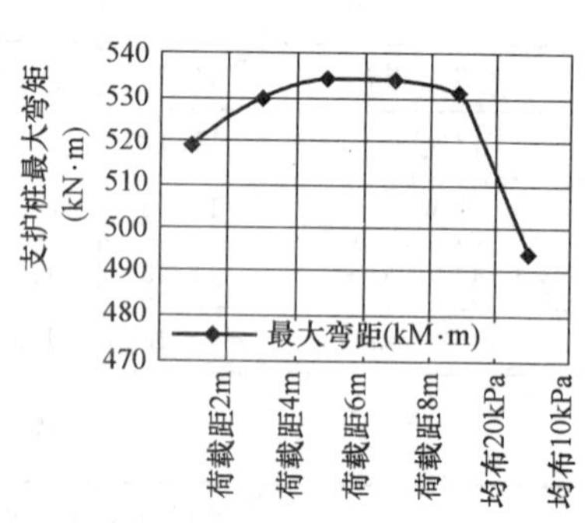

图5　支护桩最大弯矩变化

4　分析结论

对表2、表3和表4的模拟计算结果进行综合分析,有如下特点:

(1) 当荷载位置不变时,混凝土路面刚度减小对上部土钉的轴力有一定影响,但对下部支护桩及锚杆的内力影响较小;

(2) 当荷载位置改变时,上部土钉、下部支护桩及锚杆的内力及变形都有所变化,当荷载与坑边距离接近1倍基坑开挖深度时,支护桩的弯矩达到最大值;

(3) 当均布荷载取为20kPa时,支护桩的弯矩、剪力和位移与300kN重的汽车荷载作用时的效果接近;

(4) 当均布荷载取为20kPa时,第一道锚杆的内力比300kN重的汽车荷载作用时大,第二道锚杆内力两者相近;

(5) 当均布荷载取为20kPa时,第一道土钉的内力与300kN重的汽车荷载作用时相近,但实际荷载作用时第二道土钉的内力较大,最大值超过均布荷载作用时的3倍。

从上述分析,当现场有混凝土硬化道路且其宽度及厚度足够大时,采用20kPa均布荷载等效计算300kN重汽车荷载是基本可行的,但有必要对汽车与基坑边的安全距离提出要求,宜要求汽车距离基坑边5m以外行驶,否则需要在按均布荷载计算的基础上对支护结构局部进行加强处理,加强部位为基坑坡顶往下5m范围。

5　结语

通过本次模拟分析,初步认为在现场有混凝土硬化道路的条件下采用20kPa均布荷载等效计算300kN重汽车荷载是基本可行的,当混凝土道路的宽度及厚度(刚度)足够大时两者结果更趋一致。但上述模拟计算也有不足之处需要进一步分析验证,主要有以下方面:

(1) 本次模拟计算仅8.5m一个基坑深度,尚需进一步验证当基坑深度大于或者小于8.5m时的结果;

(2) 本次模拟计算是基于某特定土层条件,尚需进一步验证当土层条件发生变化时的结果;

(3) 本次模拟计算是基于特定的支护结构型式，尚需进一步验证采用其他支护结构型式时的结果。

参考文献

[1] 刘国彬，王卫东．基坑工程手册(第2版)[M]. 北京：中国建筑工业出版社，2009

[2] 浙江大学土木系，浙江省建筑设计院，杭州市设计院．简明建筑结构设计手册[M]. 北京：中国建筑工业出版社，1980

[3] GB 50009—2001 建筑结构荷载规范[S]. 北京：中国建筑工业出版社，2002

[4] 中交第二公路勘察设计研究院．公路路基设计规范 [S]. 北京：人民交通出版社，2004

钢结构大跨度提篮拱桥的温度效应分析

芮永昇　顾国忠　李法善　王小平　陈晓亮
（常州第一建筑工程有限公司　223001）

［摘要］　本文以某钢结构提篮拱桥为研究对象，建立其参数化模型，应用有限元分析软件 ANSYS 对其温度效应进行了分析，得到在不同的环境温度下钢结构拱桥的变形和应力情况，根据计算结果提出对拱桥预拱度的修正值，从而为设计和施工提供理论依据和参考。

［关键词］　有限元；ANSYS；温度效应；钢结构提篮拱桥；预拱度

1　工程概况

常州市星港路钢结构提篮拱桥，横跨京杭大运河常州区段，全长 198.76m，由主桥与两侧梯坡组成，主桥为单跨提篮拱桥，跨径为 120m（图 1）。

图 1　全桥效果图

钢结构提篮拱桥拱肋轴线为抛物线，弦长 120m，拱轴面上弦高 20m。拱轴面与纵向垂直面夹角 8°（图 2）。

拱肋采用梯形钢箱型断面，上顶板宽 1.3m，下底板宽 0.8m，高 2.0m，内部设置横向和纵向加劲板（图 3，倒立时拍摄）。拱肋顶板、底板和腹板厚为 16mm，横向和纵向加劲板厚 12mm。拱肋加工时按二次抛物线设置预拱度，跨中设 60mm 预拱度。设计温度为 25℃，如拼装时温度不能控制在此温度，应修正拱轴线。

全桥吊杆共 74 根，间距 3m，上下节点均采用耳板销接。水平拉索共 2 根，每根拱肋下对应 1 根。每个拱脚锚固 1 根拉索，两侧拱脚均为张拉端。

拱桥主梁为中横梁、端横梁、短横梁、纵梁组成的梁格体系。主梁跨中预拱 100mm。

2　有限元模型的建立

本文使用大型有限元分析软件 ANSYS10.0 对钢结构拱桥进行数值仿真分析。

由于桥梁结构比较复杂，这里对模型做了适当的简化。假定钢结构桥梁主结构为两端铰支超静定系杆拱，并且为柔性系杆刚性拱。材料为线性弹性各向同性的。在温度荷载作用下，

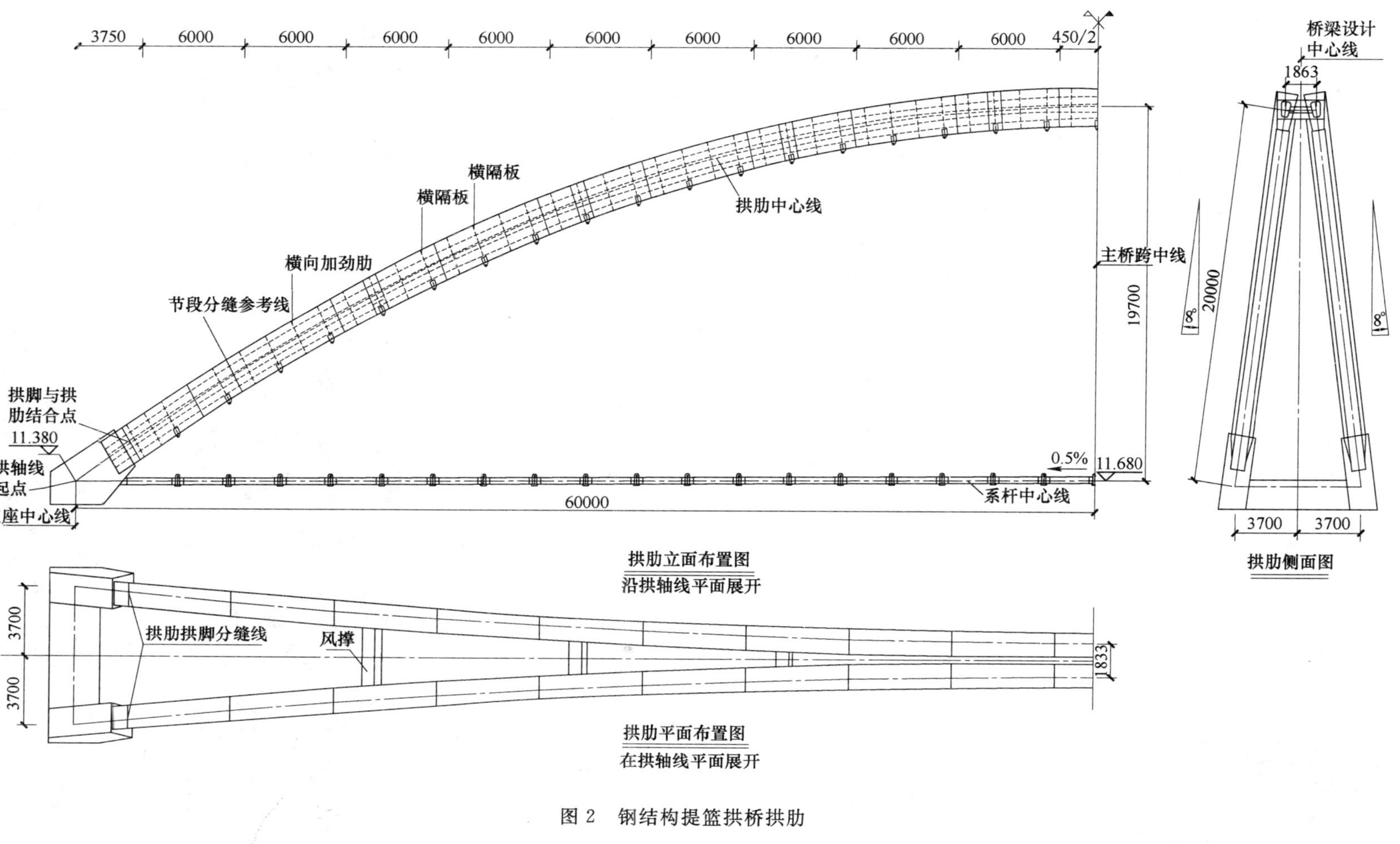

图 2　钢结构提篮拱桥拱肋

图 3 拱肋实物图

结构变形很小，符合小变形假设。

桥面跨中设置伸缩缝，因此温度对桥面的影响较小，建模时不予考虑。桥面梁板结构质量均集中到横梁上，这样既不影响计算结果，又能大大减轻模型的复杂度。

建模时拱肋和风撑用 BEAM188 单元，材料采用 Q345C 钢，其弹性模量为 206GPa，泊松比为 0.3，热膨胀系数为 12×10^{-6}。

吊杆和水平拉索用 LINK8 单元，材料采用桥梁缆索用热镀锌钢丝，其弹性模量为 200GPa，泊松比为 0.3，热膨胀系数为 12×10^{-6}。

建模过程即采用 APDL 参数化设计语言（ANSYS Parametric Design Language）编写命令流文件，然后在 ANSYS 中调用该文件执行命令，从而方便地得到拱桥的有限元模型如图 4、图 5 所示。

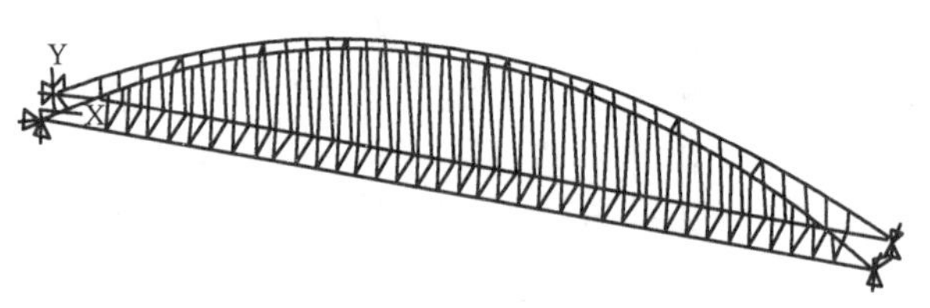

图 4 钢结构拱桥有限元整体模型

图 5 拱肋和风撑的有限元模型

3 计算分析

利用建立的有限元模型，分析钢结构拱桥在环境温度变化为－40℃时的变形（负值表示温度下降）。通过计算分析，可以得到拱桥变形结果，拱肋跨中位移为－74.638mm（负号表示方向向下），主梁跨中位移为－64.88mm（图 6）。

查看拱桥的 von Mises 等效应力云图可以得到其最大等效应力为 10.0 MPa，产生最大应力的位置在拱肋顶端的下翼缘处（图 7）。

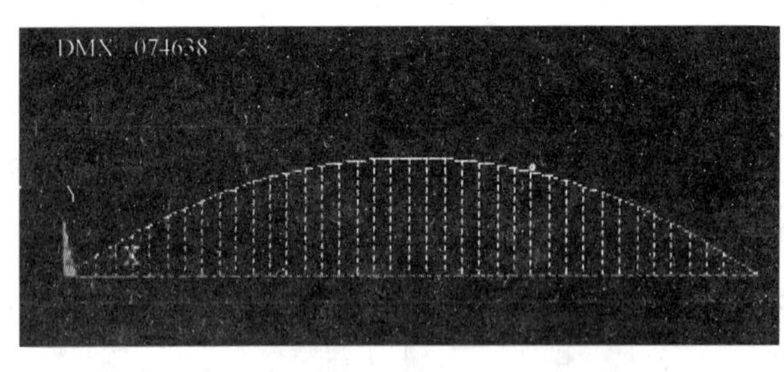

图 6 温度载荷为－40℃时的变形

图 7 拱肋单元应力云图

用同样的方法分别计算出温度荷载为－30℃、－20℃、－10℃、10℃、20℃、30℃、40℃的情形，拱肋跨中位移、主梁跨中位移和最大 von Mises 等效应力见表 1。

由表 1 可以得到钢结构拱桥的力学指标最大位移和最大等效应力随温度变化而变化的规律，其变化趋势如图 8、图 9 所示。

表 1　不同温度荷载下拱桥的位移和最大应力

温度荷载(℃)	拱肋跨中位移(mm)	主梁跨中位移(mm)	最大应力(MPa)
—40	—74.638	—64.883	10.0
—30	—58.311	—48.662	7.51
—20	—37.319	—32.441	5.01
—10	—18.660	—16.221	2.50
10	18.660	16.221	2.50
20	37.319	32.441	5.01
30	58.311	48.662	7.51
40	74.638	64.883	10.0

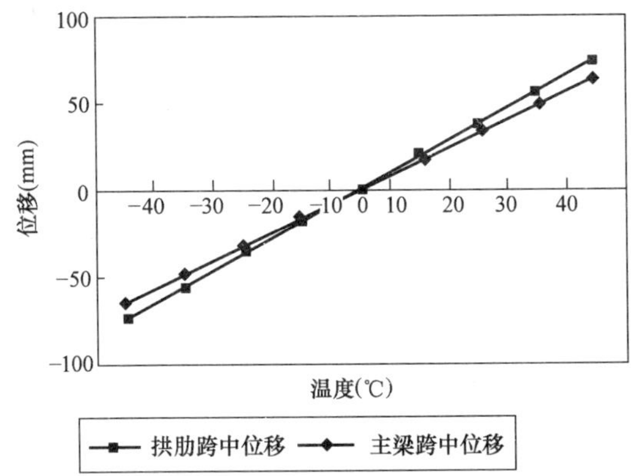

图 8　拱桥位移和温度荷载的关系

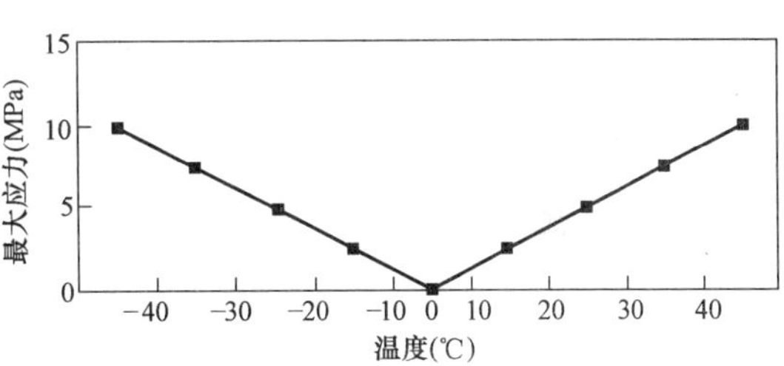

图 9　最大等效应力和温度荷载的关系

由以上分析可以看出，当钢结构拱桥的环境温度升高时，由于材料的热膨胀，拱肋沿其轴线方向伸长，同时拱肋受到水平拉索的作用不能自由地向两端伸长，只有向上拱起才能保证其变形的协调；环境温度下降时与之相反。

结构最大等效应力随着环境温度的改变呈线性变化，但是等效应力始终是正值，它只与温度改变的绝对值有关。

4　工程实践

由于环境温度的改变会对钢结构拱桥的形状和应力产生影响，所以在设计和施工过程中就不得不考虑其温度效应。在设计过程中对拱桥进行力学分析时要把温度作为一种荷载，与其他结构荷载耦合才能得到更符合实际的结果。

2008 年 11 月 13 日，星港路钢结构提篮拱桥开始吊装拱肋，当时气温约为 12℃，比设计温度低 13℃。因此，必须修正拱轴线，选择合适的预拱度，以保证拱轴线与设计相吻合。

根据以上的计算结果，施工温度比设计温度低 13℃，拱肋预拱应比设计值减少 24.258mm，主梁预拱比设计值减少 21.087mm，为了施工方便，取整数分别为 25mm、20mm。经修正后，拱肋跨中设 35mm 预拱度，主梁跨中设 80mm 预拱度。

2009 年 4 月 28 日，对拱桥进行了实际测量，此时气温约为 25℃，为设计温度。根据实测结果，拱肋预拱和主梁预拱基本与设计值相吻合，说明施工时的温度效应刚好被预拱度修正值抵消，验证了预拱度修正值的正确性。修正后的预拱度保证了拱桥的安全、适用和美观。

5 结论

（1）通过钢结构拱桥的有限元分析，可以得出其应力、变形图。温度效应引起的变形不可忽略。施工时环境温度比设计值低 13℃，把拱肋预拱度修正为 35mm，主梁预拱度修正为 80mm。

（2）气温为 25℃时的实测结果说明施工时的温度效应刚好被预拱度修正值抵消，验证了预拱度修正值的正确性。

（3）从等效应力云图中可以清晰地看出，钢结构提篮拱桥在温度效应影响下，应力变化并不是很明显。在温度变化为 40℃的情况下，温度效应引起的应力为 10MPa，只有材料强度的几十分之一。

（4）大型有限元分析软件 ANSYS 能够较好地用于钢结构的有限元分析，而且建模方便，计算结果较准确，可以对结构进行深入地研究。

无锡地铁车站基坑支护设计方案研讨

陈家冬　吴　亮

（无锡市大筑岩土技术有限公司　214028）

［摘要］ 本文针对无锡地铁车站基坑支护常用的支护体系，进行了详细的结构计算分析与经济指标分析，指出了常用方案的工程特点、适用范围，在选取支护方案考虑安全性的同时，应注重其支护结构的可靠性、经济性、可施工性。指出了可根据不同地质条件、周围环境条件选取合理的支护方案的必要性。

［关键词］ 地铁车站；地下连续墙；钻孔灌注桩；SMW 工法；安全性；可靠性；经济性

1　无锡地铁概况

无锡地处苏锡常都市圈的地域中心，是东西向的沪宁城镇聚合轴和南北向通道新长铁路、京沪高速公路的交汇点，是长江三角洲地区的重要城市，也是重要区域性交通枢纽和著名旅游城市。近年来，随着经济社会持续快速发展和城市化速度加快，城市地面道路交通通行能力不足问题日渐突出，为此急需通过发展城市快速轨道交通系统来缓解主城区交通压力。2008 年 12 月，经国务院批准，国家发改委日前正式下文批复了《无锡市城市快速轨道交通近期建设规划》。至 2015 年，无锡市将首先建成轨道交通 1 号线、2 号线，总长度 56.11 公里，设立站点 45 座，形成东西向和南北向的“十”字形轨道交通网络骨架。根据无锡市城市轨道交通线网规划，至远景年 2050 年，城市快速轨道交通网络将以主城区为核心，由“三主两辅”5 条线构成放射＋环形线网，其中 1、2、3 号线为骨架线路，三线呈放射状，4、5 号线为辅助线路，规划线网总长 157.77 公里，设车站 111 座。

2　无锡地铁车站基坑支护与车站结构的常规方案

地铁车站一般长度在 500m 左右，宽度在 20m 左右，而深度一般在 18m 左右，其形状是狭长条状。地铁站的深度较深，相当于房屋建筑 4～5 层的地下室。根据地铁车站的形状及结构特点，一般都采用明挖法施工，基坑支护型式为刚性挡土结构加内支撑，支护后再浇筑车站主体结构，刚性挡土结构作地铁车站的抗浮桩（墙）。

方案一：基坑支护采用 1000mm 厚的地下连续墙，墙深度为 36m。18m 的坑深采用四道内支撑，最上一道支撑采用钢筋混凝土支撑，其余三道为钢支撑。地铁站主体结构采用全现浇钢筋混凝土结构，主体结构墙板厚度为 700mm。

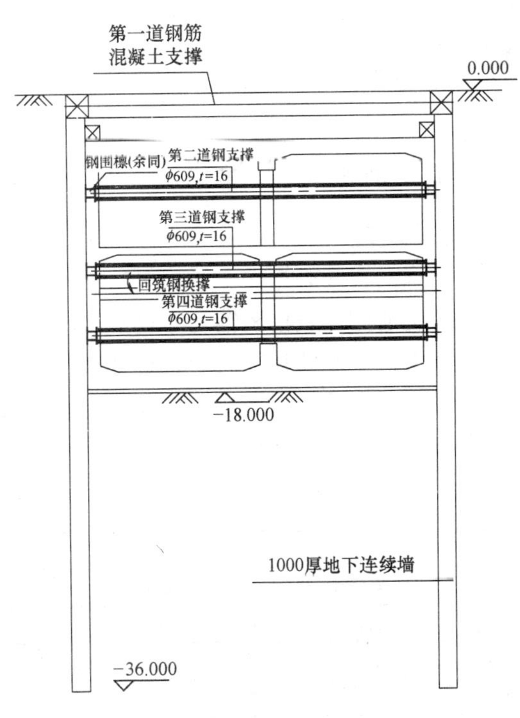

图 1　方案一支护剖面图

方案二：基坑支护采用 ϕ900 的钻孔灌注桩，桩长度 36m，钻孔桩外侧布置一排 ϕ850 三轴搅拌止水桩，止水桩深度 30m。18m 的坑深采用四道内支撑，最上一道支撑采用钢筋混凝土支撑，其余三道为钢支撑，地铁站主体结构采用全现浇钢筋混凝土结构，主体结构墙板厚 700mm。

方案三：基坑支护采用 ϕ850 厚 SMW 工法桩，桩长 30m。18m 的坑深采用四道内支撑，四道支撑均采用钢支撑，地铁站主体结构均采用全现浇钢筋混凝土结构，主体结构墙板厚 700mm，车站的抗浮另应增加抗浮桩或抗浮锚杆。

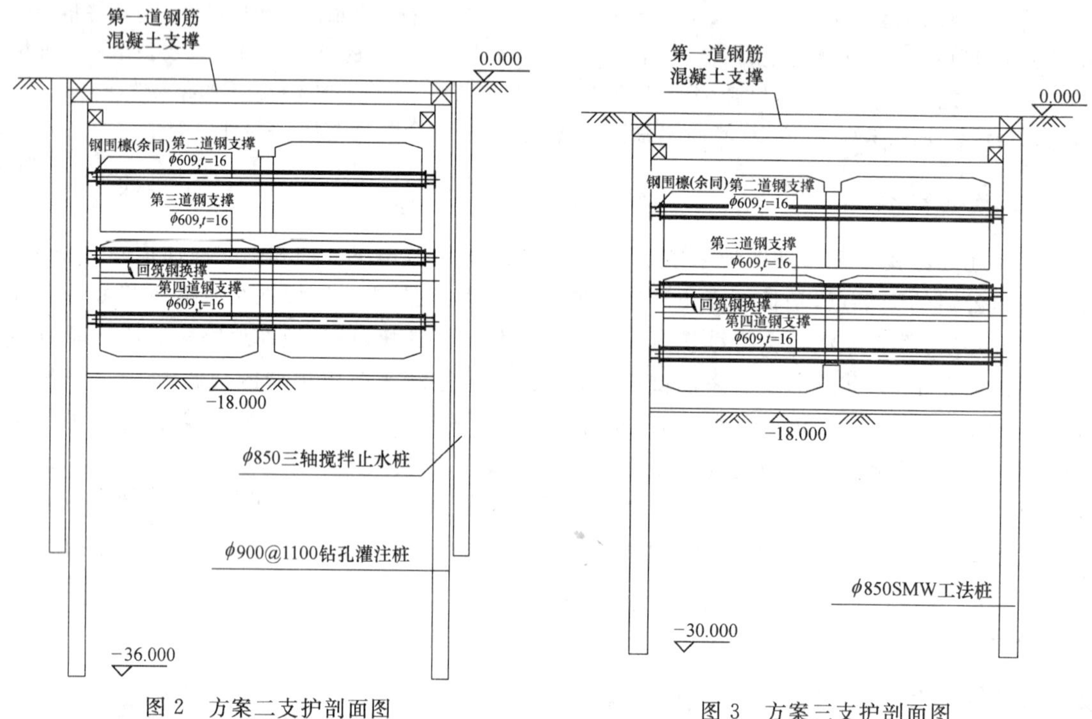

图 2　方案二支护剖面图

图 3　方案三支护剖面图

3　不同方案的结构分析

3.1　计算参数

(1) 基坑安全等级均按一级，重要性系数 $\gamma_0 = 1.1$。

(2) 基坑地面堆载按满铺均布荷载 20kPa 计算。

(3) 计算土层及其物理力学指标如表 1 所示。

表 1　土层物理力学指标表

层号	土类名称	层厚 (m)	重度 (kN/m³)	黏聚力 (kPa)	内摩擦角 (°)
1	杂填土	2.15	17.5	8.00	8.00
2	黏性土	3.85	20.0	28.99	16.05
3	黏性土	3.50	19.5	9.88	18.15
4	黏性土	1.50	19.3	5.62	13.45
5	粉土	2.50	19.1	4.78	19.36
6	黏性土	3.50	20.2	34.35	17.78

续表

层号	土类名称	层厚	重度	黏聚力	内摩擦角
		(m)	(kN/m³)	(kPa)	(°)
7	黏性土	6.70	20.3	51.45	18.47
8	黏性土	2.80	19.2	5.56	16.27
9	黏性土	6.70	19.9	43.56	19.11
10	黏性土	1.80	19.2	8.15	15.23
11	粉土	1.50	18.8	6.52	15.38
12	淤泥质土	3.50	18.8	6.87	12.87
13	黏性土	2.00	19.8	19.78	15.05
14	黏性土	5.60	19.8	17.65	16.15

3.2　各方案结构计算结果(按理正深基坑6.0版计算软件进行计算。计算原理为弹性支点法与经典法)

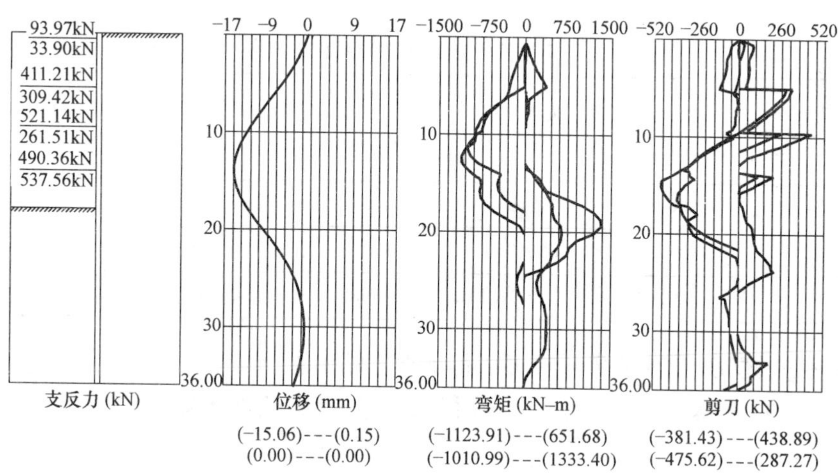

图4　方案一结构计算结果

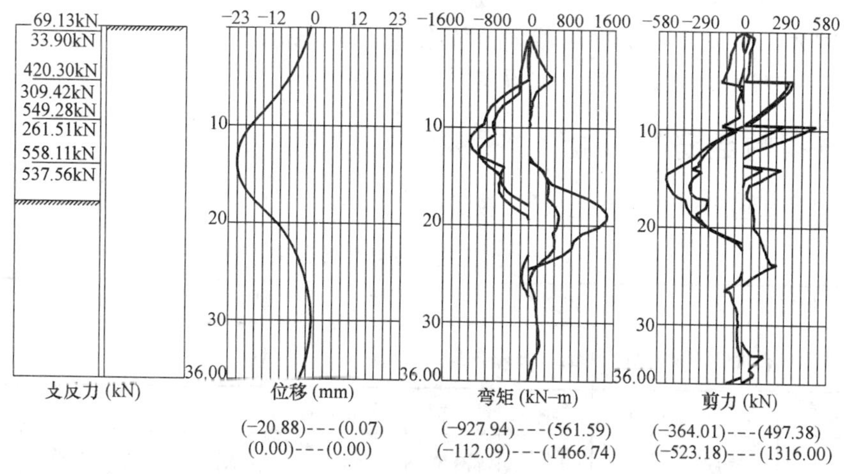

图5　方案二结构计算结果

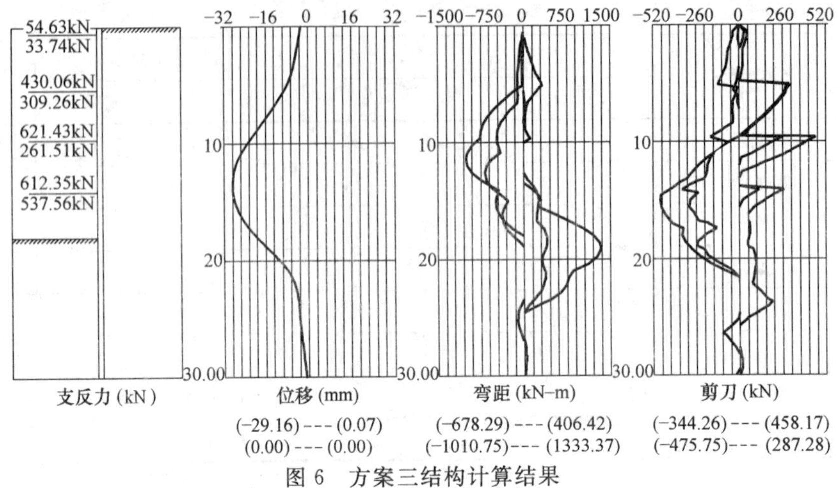

图 6　方案三结构计算结果

将以上三个方案结构计算结果汇总,如表 2。

表 2　三个方案计算结果汇总表

方案	最大弯矩(kN·m)	最大剪力(kN)	最大位移(mm)	第一道支撑力(kN/m)	第二道支撑力(kN/m)	第三道支撑力(kN/m)	第四道支撑力(kN/m)
方案一	1123.91	438.89	15.06	93.97	411.21	521.14	490.36
方案二	927.94	497.38	20.88	69.13	420.30	549.28	558.11
方案三	678.29	403.42	29.16	54.63	430.06	621.43	612.35

根据上述三个方案计算结果分析可以得出如下结论:

(1) 变形控制:方案一是三种方案中位移最小的,方案二和方案三位移逐次增大。因此方案一在控制变形上,优势明显。

(2) 支护结构内力:支护结构弯矩最大值为方案一,方案二和方案三弯矩逐次减小,因此方案一的配筋量将比其他两种方案大。

(3) 支撑力:纵向对比三种方案,第一道钢筋混凝土支撑的轴力都相对较小,而第二、三、四道支撑的轴力比第一道均大很多;横向比较除第一道支撑的轴力是方案一>方案二>方案三外,其余三道支撑轴力均是方案一<方案二<方案三。

4　不同方案的经济性分析

基坑支护以每延米作经济性比较,比较见表 3。

表 3　三个方案竖向支护结构每延米造价

方案	钢筋用量		混凝土用量		水泥用量		型钢用量(t)		估算材料总价(元)	备注
	数量(t)	造价(元)	数量(m^3)	造价(元)	数量(t)	造价(元)	数量(t)	造价(元)		
方案一	3.5	15750	36	12600					28350	
方案二	3.2	14400	20.8	7300					21700	
方案三					9.2	2760	4.7	16450	19210	型钢租赁

从表 3 的结果看，竖向支护结构每延米造价由高到低分别为：方案一＞方案二＞方案三。说明基坑位移控制效果越好，则基坑支护的造价越高。

5 不同方案的特性分析

地下连续墙加结构内衬方案：地下连续墙作为抗侧构件，其抗弯刚度相当大，相对侧向变形亦较小，挡水封闭性较好，不需要再做止水桩。由于地下连续墙在坑底以下有一定长度，故利用地下连续墙作为地铁车站的抗拔结构使用。地下连续墙有抗弯、止水和抗拔三种功能，待内衬结构浇筑后又与内衬结构组成一个复合受力体，形成一个非常强的组合结构体，本结构体系的可靠度与安全度相当高，是地铁车站的一种常用的结构型式，同时在工程造价方面相对贵些。

钻孔灌注桩与三轴搅拌止水桩加结构内衬方案：钻孔灌注桩在水平方向不能连成一体，其止水要靠三轴搅拌桩形成止水墙。由于钻孔灌注桩在坑底以下有一定长度，故可利用钻孔灌注桩作为地铁车站的抗拔结构使用，待内衬结构浇筑后又与内衬结构组成一个复合受力体，共同抵抗侧向土压力。本结构体系有一定的可靠度与安全度，也是地铁车站一种常用的结构型式，与地下连续墙方案相比，在经济性方面要比地下连续墙经济些。由于三轴搅拌桩施工深度的限制，三轴搅拌桩的止水深度一般不超过 30m。

SMW 工法桩加结构内衬方案：采用三轴搅拌桩机械施工的 SMW 工法桩，其施工深度受到一定的限制，最大深度约为 30m。SMW 工法能起到抗弯及止水的作用，车站主体结构的抗浮还需靠打抗浮桩解决。由于 SMW 工法桩中的 H 型钢待内衬结构浇筑后可以拔出，所以与以上两种方案相比，其经济性要更好些，故在某些特定的地质条件下，地铁车站深度不太深时，采用此方案还是安全可靠和经济的。

6 无锡地铁车站基坑支护与结构方案优化

地铁车站面广量大，开挖深度很深，大部分地铁站在居民密集地区，加上地质情况变化多端，故一个好的方案应该是针对本地铁站的地质现状及周边环境情况，以最小的环境影响，最经济的指标及最可靠的结构安全体系组成的方案。

方案一的优化与改进：可考虑地下连续墙作为永久结构的使用，这样内衬结构的墙板可减薄，在经济上可降低工程造价。可采用逆作法的施工工法，这样可节约大量的内支撑，但在挖土工期方面会加长施工工期。可取消内支撑的钢围檩，直接把支撑对撑到连续墙上，因为地下连续墙内配筋量较大，完全能够抵抗支撑的集中受力点，这样的改进经济性好，支撑挖土后马上能够撑上去，安全性也好。可减小地下连续墙的插入比，因为基坑深度有四道支撑，开挖后只要变形在规范容许范围内，减少插入比可节约工程造价。

方案二的优化与改进：可考虑钻孔灌注桩支护与结构内衬组成复合体共同承受土的侧压力。可减少钻孔灌注桩的插入比，因为基坑深度内有四道支撑，开挖后只要变形在规范容许范围内，减少插入比可节约工程造价。可采用咬合桩的施工技术，这样三轴止水桩可取消，以节约工程造价。咬合桩施工在国内已在多个工程中得到应用，使用效果较好。

方案三的优化与改进：可把大直径钻孔灌注抗拔桩改为小直径钻孔灌注抗拔桩，在截面积相等条件下，多根小直径钻孔桩的抗拔摩擦力会高些，且多点式抗拔比单点式抗拔受力均匀些。

7　结语

无锡地铁工程1号线在建设之中，以后逐步还要建设2、3、4、5号线，共计有111座地铁车站，每座地铁车站有其不同的地质资料，地质土层也各不相同。地铁车站所处的周围环境也各不相同。若地铁站周围房屋密集，由于对基坑变形的要求高，可采用方案一来做支护；若地铁站处于复杂土层或软土区，也应采用方案一作支护方案；若地铁车站深度不深，且周围近旁无房屋建筑、重要地下管线或土层地质条件不十分复杂，可采用方案三作为支护方案；方案二可用于一般重要的地铁基坑支护工程中。

不同的支护方案可在不同地质条件及不同重要性的工程中应用，总的要求是考虑安全性的同时应注重其支护结构的可靠性、经济性及可施工性。

参考文献

[1]　建筑基坑支护技术规程(JGJ120-99)[S]. 北京：中国建筑工业出版社，1999

[2]　王树理，王树仁，孙世国. 地下建筑结构设计(第2版)[M]. 北京：清华大学出版社，2009

[3]　无锡地铁1号线江海路站设计文件. 中铁第四勘察设计院编制，2009

[4]　无锡地铁1号线大学城站设计文件. 北京城建设计研究总院编制，2009

地下深基础障碍清除法的设计与施工

王青辉　吴　静　孟　军

［江苏省华建建设股份有限公司（沪）］

［摘要］ 在历史建筑、交通干道和管线分布密集的周边，采用全回转清障机将地下35米范围内的钢筋混凝土整板基础和灌注桩清除。本文主要围绕保证周边建筑、道路和管线安全的前提下来阐述深基础障碍物清除技术。

［关键词］ 深基础；全回转清障机；安全监测

1　工程概况

由上海洛克菲勒集团外滩源综合开发有限公司投资兴建的黄浦区174街坊项目位于上海市外滩历史文化风貌保护区的核心地块，东起圆明园路，西至虎丘路，北邻南苏州河路，南至北京东路。场地内分布有国泰大楼、文汇报大楼、第一百货商店仓库等建筑物，这些建筑物将拆除后重建为其他功能的新建筑。新建建筑物由三层地下室和四幢塔楼组成，基础埋深17m，沿虎丘路围护结构采用33.5m深、800厚的地下连续墙与结构墙"二墙合一"的形式，围护结构和工程桩施工前应将原建筑物的基础清除。其中文汇报大楼西侧紧邻虎丘路，南侧为历史保护建筑亚洲文会大楼，地下一层基础形式为灌注桩＋整板基础。因此清除难度较大，稍有不慎就可能会引起周边道路、管线的变形。其地理位置如图1所示。

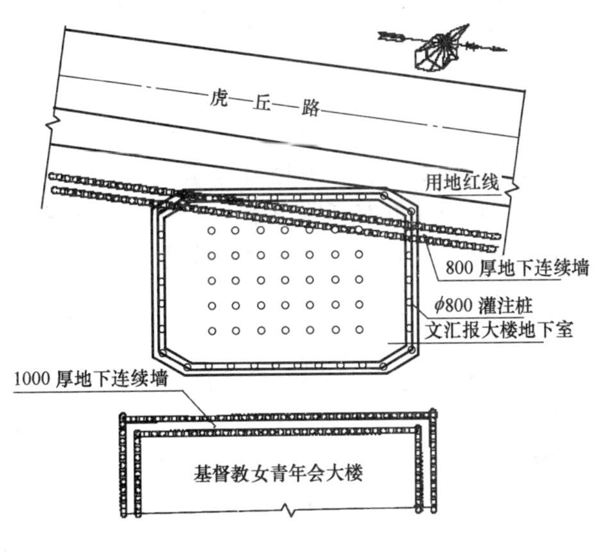

图1　地理位置图

2　周边环境及地下障碍物情况调查

地下障碍物调查主要分两方面同时进行，一方面是到上海市档案馆调查原房屋的设计图纸，另一方面是现场挖探。通过调查文汇报大楼地下室，具体资料如下：

顶板厚度(mm)	底板厚度(mm)	垫层厚度(mm)/底面标高(mm)	基础形式	灌注桩顶标高(m)/灌注桩底标高(m)
300	1500	370/-7.25	₵800 钻孔灌注桩	-6.55/-58.60

通过资料和现场分析可知,文汇报大楼地下室大部分位于新建基坑内部,其中西北角部分在基坑围护外部。地下室结构与新建基坑围护的地下连续墙发生冲突,为保证围护结构正常施工及基坑开挖顺利进行,必须在基坑围护施工前将新建建筑范围内的钢筋混凝土基础和灌注桩清除。

文汇报地下室拆除施工场地狭小,西侧是虎丘路,虎丘路下有多条地下管线,其中距离地下室基础外边线 2.0m 范围内有较多的煤气、上、下等地下管道,埋深 1.20～2.0m,对变形要求较高。虎丘路上车辆较多,不能作为施工机械的施工平台。可见,本次清除施工场地狭小,周围环境对变形要求较高,清除难度大。

3 地下深基础障碍物清除方案设计

常规的清除方法是开槽施工,但本案例中清除深度达 35m,周边道路、管线情况复杂,因此开槽前的围护至关重要。普通的围护已起不了作用,如采用钻孔灌注桩、工法桩甚至地下连续墙来作为开槽围护,不仅工期长,而且造价昂贵。因此,本案例主要从不开深槽的角度出发,通过一些特殊的机械达到清除地下障碍物的目的。

3.1 清除设计方案一

(1) 局部开槽加冲孔钻机破碎法

根据现场勘探和资料分析得知,文汇报大楼原地下室沿虎丘路有一排拉森桩,本次拆除可利用原拉森桩(局部利用地下室外墙)作为围护结构,并设置两道钢支撑的支撑围护体系,先将基础底板的混凝土破碎后挖除,并测出每根灌注桩的坐标,然后进行土方回填,最后用冲孔桩机清除灌注桩。

(2) 冲孔钻机破碎法简介

冲孔钻机破碎法是利用冲孔钻机配和大质量锤头将灌注桩的钢筋混凝土打碎,混凝土碎屑通过正循环泥浆冲出的拔桩方法。其施工流程为:拆除地下室底板后回填素土至场地标高→作业平台就位→吊装设备就位→不断落锤将混凝土桩砸碎,同时利用正循环泥浆将混凝土碎屑带出→重复第 4、5 步直至拔桩达设计标高→回填桩孔→主机台定位销撤除→转场至下一根待拔桩基→进行拔桩→清场、竣工、撤离。

(3) 方案评价

该方案在理论上是可行的,但通过深入分析,发现仍然存在一定的隐患:

① 原有地下室外围的拉森桩是否完整、原有刚度削减了多少等,最终能否作为局部开槽的围护,还有待进一步的检测和考证。

② 冲孔钻机破碎法具有设备简单、成本低等优点,但镐头机破碎底板混凝土及冲孔机清桩均存在施工噪声大、对周边扰动较大等缺点,本项目周边均为居民小区,采用该方案存在一定的扰民隐患。

③ 施工周期长。由于该方案有一定的噪声,不具备夜间施工条件,经过测算从开槽破碎底板至冲孔机破桩结束,大概工期为 150 天,为后续施工的工期带来较大的难度。

3.2 清除设计方案二

(1) 全回转分离减摩法

在不开槽的情况下，利用全回转清障机将与新建筑有冲突处的钢筋混凝土墙板、底板和灌注桩清除。

(2) 全回转分离减摩法简介

全回转分离减摩法利用全回转清障机(RTP-350E)配置比桩径略大的钢套管边旋转边切割边钻进，沉入深度超过原桩长后就能够实现对桩有效的分离减摩，减小桩侧摩阻力，从而达到拔桩的目的。

图 2　RTP-350E 全回转清障机

(3) 方案评价

① 该施工方法是利用先进的施工机械在不开槽的情况下达到清除地下障碍物的目的，控制的要点是地下障碍物清除后的回填，如回填不好可能会导致地基的变形，从而影响周边环境。

② 施工时只需配置一台 120t 履带吊(QUY120)，这使地下障碍物清除不需要占太大的工作面，对其他工作没有影响。

③ 该方案施工过程中噪声低，对周围环境影响小。

④ 施工周期短，但机械台班费较高。

3.3　设计方案选择

上述两种方案均能达到清除地下障碍物的目的，但本项目要求春节前完成新建建筑地下连续墙的施工，如采用方案一，工期不能保证，第二种方案虽然造价相对较高，但其实用性、安全性、可靠性及工期均优于第一种方案，因此最终确定采用全回转分离减摩法进行清障。

4　施工方法

4.1　施工流程

场地硬化→新建地下室围护区域、工程桩定位→清障机就位→吊装设备就位→套管回旋压入→回旋偏心切削→槽内抽水、清土→全断面回旋切断→吊运障碍物→孔内回填水泥土→压密注浆→移机进行下一孔清除→重复 5-15 步骤至清障完毕→ 清场、机械撤离。

4.2　施工准备

采用清障机清障前，首先将清除区域内的场地采用 200 厚 C20 配筋混凝土硬化，以满足清障机和履带吊行走需要。然后将新建筑的围护区域及工程桩在硬化地坪上测量后做好标志，便于清障机有目的的清除。

4.3 机械就位

RTP-350E 全回转清障机主要由底板、回旋机、反力架、配重等形成支座，控制室和液压装置就近布置。首先用 120t 履带吊(QUY120)将底板安放在清障部位，底板清障孔对准需清障处。然后将 31t 的回旋机固定在底板上，并在回旋钻机上套上反力架，将专用配重吊运就位后安装控制室和液压控制装置，并与回旋钻机连接完毕。

图 3 底座就位

4.4 放入端部套管

用 120t 履带吊将 10m 长、直径为 1.5m 的套管对准回旋钻机中心放入，本案例中清障深度为 35m，套管由四节组成，其中第一节套管起到切削障碍物的作用，故顶部有合金钢尖齿。

在套管插入前应将清障机支座调平，否则会对以后套管的垂直度有很大影响。加紧套管时，用起重机将套管吊起，在悬空的状态下抓紧。套管前端插入辅助夹盘之前，先用主夹盘抓住套管，收缩推力油缸落下套管，以防止套管与辅助夹盘发生碰撞。

利用自重压入套管，首先将发动机设置在高速状态，回旋速度设置为中等程度，高速时速度调整盘为 6，底速时速度调整盘为 10，将液压动力站的“压入调整盘”向左旋转到底，液压回路打开，保持压按钮在“压入”的状态，此时因为不向推力油缸供油，套管凭借自重持续下降，在此状态下，套管可以持续下降到推力油缸的最大行程。

插入初期不要过度使套管上下动作，应积极配合自重进行下压，在挖掘初期反复上下动作使地基松动，否则容易造成钻机下方地基坍塌，从而威胁到周边道路的稳定。只有当自重进行压入速度变慢时，方可逐步增加压力。采用自重压入时，压入力计算公式为：

压入力(自重)(F)＝钻机的一部分自重(W_1)＋套管自重(W_2)

4.5 套管静压回转

全套管全回转钻机采用锲型夹型机构将回转钻机的回转支承环与套管固定，锲型加紧机构与套管的咬合与松开由油缸控制，当加紧油缸向上提升时，锲行块跟着上升，加紧机构松开；当加紧油缸向下收缩时，锲型块也随之下降，而牢靠地将套管和回旋支承装置咬合。

套管回旋由液压马达驱动，回旋时，液压马达的动力由主动小齿轮传递至回旋支承外圈的环形齿轮带动回转支承在套管周围回转，回转支承旋转产生的扭矩通过锲型夹紧装置传递到套管上，带动齿轮进行回转。夹紧油缸位于钻机的固定部分，由于不与套管一起回转，从而液压管可以一直处于接续状态，回转时无须将夹紧装置液压管分离，可以大为提高钻进的效率。

进入挖掘中期，当采用自重压入速度变慢时，将液压动力站“压入力调整盘”向右旋转，液压会逐步上升，此时压按钮在置于“压入”状态时，液压油缸向推力油缸供油，此时压入模式转为液压压入，此时压入力计算公式为：

图 4　端部套筒就位

压入力(F)＝钻机的一部分自重(W_1)＋套管自重(W_2)＋液压力(P)＞周边摩阻力(R)＋前端阻力(D)

当单个钻头负载为 4t 左右时，钻头处于过载状态，此时将产生强烈的冲击及振动，因此在施工的过程中必须对钻头负载进行控制，这时需要将套管稍稍提起，实现这种功能的机构称为“B-CON 机构”。通过 B-CON 机构的刻度仪可设定钻头负荷，给拉拔油缸供油，从而将套管稍稍提起。此时测量套管自重 Wc、本体的一部分重量 Wm(RTP-350E 为 20t)及周围表面阻力 F 的合理，则加于钻头的负荷为零。接下来把拉拔油缸的压力卸掉，钻头负荷就增大。当达到设定负荷时，就能保持设定负荷并开始自动切削。

图 5　清障

4.6　接长套管、套管内挖掘

单节套管为 10m，根据 2＃坑初步设计地下连续墙最深为 32.6m，需清除的钻孔灌注桩的长度将达到 35m 左右，因此套管长度 37m，需再接两根 10m、一根 7m 的套管，接套管时用履带吊将套管起吊后在全回转钻机上对接，对接采用高强度螺丝连接。

渣土排出采用冲抓斗，根据本工程配备的 ϕ1500 的套管，选用配套抓斗来排出回旋机钻进产生的渣土。冲抓斗对于回转产生的渣土以及破碎的障碍物都有较好的适应性，可以排出大型的地下障碍物。

4.7 钻孔灌注桩破碎、清除

将套管逐节压入土中后，用高压水枪对桩与护筒之间的土体进行冲刷，并用泥浆泵将冲刷的泥浆抽出，直接将需要拔除的钻孔灌注桩全部暴露出来。顶部桩的拔除采用锲型工具卡在套管和钻孔灌注桩之间，利用套管旋转的扭力将顶部 15～20cm 的钻孔灌注桩拧断后整体拔出，裂断处至地下连续墙标高处的桩基考虑采用重锤破除法进行破除：用吊车将 8t 重锤调入套管内，脱钩后依靠重锤自重以及下坠加速度双重作用，将钻孔灌注桩从上至下破碎，如因渣土太多无法用重锤破碎后，吊车换冲抓斗将套管内的多余渣土挖除，暴露出桩顶后继续用重锤

图 6　吊运障碍物

破碎钻孔灌注桩，多次循环后直至将整个钻孔灌注桩需要拔除的部分拔除。

4.8 回填、拔除套管

套管回旋钻进到预定标高并将套管内渣土及障碍物全部清除后完成第一孔的清障。套管拔除采用回旋装置反向回旋进行，拔除应与孔内回填同步进行，这样才能把土体变形的风险降到最低。具体做法为：在套管反向回旋上升的同时，用挖机将拌制好的水泥土放入孔内，每次回填高度控制在 2m 左右，然后停止回转用重锤夯实。重复上述步骤至套管全部拔出。

图 7　孔内回填

5 监测方案

本案例监测的重点为虎丘路本体及沿虎丘路布置的煤气、通信等管线。由于地理位置特殊，本次监测委托专业监测单位进行全过程跟踪。监测点布置分为历史建筑物沉降观测点(F，共 5 处)、地表沉降观测点(D，沿虎丘路每 15 米布置一个)、雨水沉降观测点(YS，沿最近管线布置，共 3 处)、上水沉降观测点(SS，沿最近管线布置，共 10 处)、煤气沉降观测点(MQ，沿最近管线布置，共 4 处)、电力沉降观测点(DL，共 5 处)。

5.1 监测初始值测定

为取得基准数据，各观测点在施工前，随施工进度及时设置，并及时测得初始值，观测次数不少于 2 次，直至稳定后作为动态观测的初始测值。

测量基准点在施工前埋设，经观测确定其已稳定时方可投入使用。稳定标准为两次观测值不超过 2 倍观测点精度。基准点不少于 3 个，并设在施工影响范围外。监测期间定期联测以检验其稳定性，并采用有效保护措施，保证其在整个监测期间的正常使用。

5.2 施工监测频率

根据工况合理安排监测时间间隔，做到既经济又安全。根据以往同类工程的经验，设定监测频率为：每点一天两次，靠近正在施工处的观测点每两小时一次。

5.3 报警指标

历史建筑沉降累计 20mm，速率 2mm/d；

管线沉降累计 10mm，速率 3mm/d；

地表沉降累计 20mm，速率 3mm/d；

5.4 监测结果

通过全过程监测，累计沉降值和变形速率均在受控范围内。在本项目新建建筑深基础浇筑时，曾出现个别监测点的沉降速率接近报警值，分析认为是浇筑过程中混凝土搅拌车从虎丘路行走过多所致，于是使清障机暂停施工以保证浇筑的连续性，并对接近虎丘路大门的几个清障孔采取压密注浆进行补救。

6 结语

本次地下障碍物的清除为外滩源 174 街坊工程后续建筑的顺利施工打下了坚实的基础。从方案设计至清障完成，实际施工 70 天，相当于采用方案一所需的一半时间，同时整个施工过程无太大的噪音和扬尘，并保证了周边历史建筑和管线的安全。通过该案例的实施，为类似项目的地下障碍物清除工作提供了借鉴。

参考文献

[1] 郭正兴、李金根. 建筑施工[M]. 南京：东南大学出版社，1996

[2] 建筑地基基础工程施工质量验收规范(GB 50202—2002)

脱硫石膏砌块在南昌国际体育中心工程中的应用

钟颖川　朱仲文　胡军伟

（中国建筑第五工程局土木工程有限公司　长沙　410004）

［摘要］ 脱硫石膏砌块是利用电厂烟气脱硫产生的脱硫石膏以及其他工业副产品为生产原料生产的新型墙体材料。对脱硫石膏砌块国内外生产现状和性能分析，对脱硫石膏空心砌块填充墙的特点进行了对比，通过工程实例证明了其特点和应用前景。

［关键词］ 脱硫石膏；空心砌块；墙体

1　引言

脱硫石膏砌块是利用电厂烟气脱硫产生的脱硫石膏、磷石膏、钛石膏等工业副产品为生产原料，并复合掺入一定比例的硅铝质材料，与一般的石膏制品相比具有较高的强度和软化系数。石膏特定的物理和化学性质决定了石膏建材无毒、无辐射的绿色品质，同时具有抗菌、利呼吸、降解甲醛、释放负氧离子的综合功效，是一种绿色环保、低碳的建筑材料。利用电厂脱硫石膏砌块做填充墙体，既能够解决工业废料减少污染，又能够有效减轻建筑物自重，增大建筑面积，具有很好的社会效益和经济效益。

2　脱硫石膏砌块国内外生产现状

20 世纪 40 年代以来，国际上开始用天然石膏制得的半水石膏作原料，以平模浇注法生产石膏砌块。后来改用立模浇注、顶升技术生产，成型技术不断提高，立模顶升工艺由半自动向全自动发展。20 世纪 90 年代以来用烟气脱硫石膏替代天然石膏作原料生产脱硫石膏砌块，既减少了电厂排放烟气中 SO_2 对空气的污染，又使得脱硫石膏变废为宝，成为千家万户非承重隔墙的砌筑材料。

国际上已公认石膏砌块是可持续发展的绿色建材产品，在欧洲占内墙总用量的 30％以上。欧洲生产与使用石膏砌块的国家有俄罗斯（1 亿平方米/a）、法国（2500 万平方米/a）、德国（800 万平方米/a）、比利时（450 万平方米/a）、西班牙（400 万平方米/a）、波兰（400 万平方米/a）等。除中国大陆外，亚洲有 15 个国家与地区生产石膏砌块。主要有印度、韩国、新加坡、泰国、中国台湾地区、中国香港地区、伊朗、沙特阿拉伯、以色列、伊拉克等。非洲石膏砌块生产国有阿尔及利亚（200 万平方米/a）、埃及尔等。北美洲仅有墨西哥生产石膏砌块。南美洲石膏砌块有巴西、智利、阿根廷、委内瑞拉、哥伦比亚。大洋洲仅有澳大利亚生产石膏砌块。

国内生产石膏砌块始于 20 世纪 70 年代后期，多数用手工操作、立式单模浇注、工艺落后、产量低、产品质量不稳定。

2002 年北京热电集团国华公司由德国引进与烟气脱硫配套的产能 38 万平方米/a 的实心石膏全自动生产线。2005 年全国石膏砌块产量约为 300 万平方米，2009 年约为 600 万平方米，绝大部分用于国内工程，部分向境外出口。

从石膏砌块产品看，国外生产的绝大多数是实心的，规格以面积 660mm×500mm 较多，厚度为 80、100；而国内以空心砌块为主，面积 600mm×500mm 居多，厚度为 100mm、120mm、

150mm，也有一些厂家生产与国外规格相同的实心砌块。

武汉冶建技术研究有限公司科技人员通过反复研究，使用武汉阳逻电厂生产的脱硫石膏并加入工业副产品磷石膏、氟石膏等废弃物生产的麦特轻质空心砌块，是一种新型的“绿色环保”节能型墙体材料，而且价格比同类砌块产品低，该产品获得首批“武汉市重点高新技术产品”证书，入选2009年国家建设部“国家住宅康居示范工程选用产品”，获得二项国家发明专利授权。该项目由湖北省科技厅向国家科技部推介为2007年“区域可持续发展科技促进行动项目”。因此具有很好的推广应用前景。

3 轻质脱硫石膏空心砌块性能

3.1 产品主要规格

武汉冶建技术研究有限公司生产的麦特轻质砌块规格主要产品规格有四种，其主要规格参数如表1。

表1 麦特轻质砌块规格主要产品规格

编号	型 号	长度(mm)	高度(mm)	厚度(mm)	备 注
1	80型	600	300	80	实 心
2	100型	600	300	100	空 心
3	120型	600	300	120	空 心
4	150型	600	300	150	空 心

3.2 主要技术指标

2.2.1 砌块强度

(1) 实心砌块 抗压强度≥6.0MPa；抗折强度≥2.5MPa。

(2) 空心砌块 抗压强度≥3.5MPa(空心实体抗压)；断裂荷载≥4.0kN。

2.2.2 容重：80型≤720kg/m^3；100型≤780kg/m^3；120型≤750kg/m^3；150型≤870kg/m^3

2.2.3 导热系数：≤0.10W/m.k

2.2.4 耐热性能：≥3h

2.2.5 隔音性能：≥42dB

2.2.6 抗冻性能：(－20℃五次冻融循环)：质量损失≤5.0%；强度损失≤20.0%

2.2.7 放射性及有害气体：无

4 轻质脱硫石膏砌块墙体特点

4.1 材料自重轻，有效减小承重构件尺寸

麦特轻质石膏砌块能有效降低建筑物填充墙的自重，使其下部承重构件截面尺寸能够减小，提高了建筑物的净高，增大了使用空间的高度。因此，能够满足建筑物对轻质墙体材料的要求，节省劳动力，降低建筑物造价。麦特轻质石膏砌块与部分墙体材料容重比较如表2。显然轻质脱硫石膏砌块的每立方米墙身重比同类材料的自重减轻一半以上。

4.2 墙体强度高、稳定性好

轻质石膏砌块采用独特的工艺设计生产，具有强度高，表面不开裂等优点。建成后的轻质石膏砌块内墙可以钉挂重物。由于轻质石膏砌块体积稳定，砌筑时采用独特的嵌锁连接，墙身整体性能优良，应力传导均匀，有良好的抗冲击和抗震性。与不同材料连接处不需钉钢丝网片，只需用石膏砂浆粘贴玻璃丝布即可，可使墙体表面平整。

表 2 常见墙体材料每 m^3 墙身重比较

材料名称	墙身厚度(mm)	每 m^3 墙身重(kg/m^3)	备 注
机制灰砂砖	120	279	双面粉刷
加气混凝土砌块	150	141	双面粉刷
泰 柏 板	120	100	双面粉刷
麦特轻质砌块	80	60	双面腻子
麦特轻质砌块	100	80	双面腻子
麦特轻质砌块	120	100	双面腻子
麦特轻质砌块	150	110	双面腻子

4.3 现场采用干法施工,砌筑效率高

轻质砌块采取现场干法施工,采用独特的嵌锁连接使墙体整体牢固,配置的石膏砂浆强度高,黏结速度快。砌筑后的墙体平整光滑,墙体表面尺寸偏差小,无须找平抹灰,可直接进行表面装饰。由于其砌块本身的强度高,现场施工过程中砌块的破损率较低,有效地降低了材料造价。

4.4 减小墙身厚度,增加建筑物的使用面积

轻质石膏砌块墙体厚度只有 80～150mm,且墙面无须抹灰。与蒸养粉煤灰砌块墙体相比,在相同建筑面积情况下,使用面积能够增加 2%～5%,有效地增加了建筑物的使用面积。

4.5 材料的整体使用性能优

轻质石膏砌块是一种具有微空隙结构的高强度材料,具有良好的保温、隔热、隔声调节空气干湿度的性能,防火、防水性能具佳石膏与混凝土相比,其耐火性能要高 5 倍,石膏砌块与一般纸面石膏板相比,其耐火性能要高出一个等级。10 厚的石膏层的保温性能相当于 40 的砂浆抹面或 50 的混凝土房的保温隔热性能。当普通外墙砖为 370 厚时,可节能 60%。一般 80 厚的石膏砌块相当于 240 厚实心砖的保温隔热能力。

轻质石膏砌块具有良好的隔声性能,以 80 厚的轻质石膏砌块墙体为例,其建筑隔声值已达 45dB,其他同类型同厚度建筑材料是难以达到此值的。在石膏砌块中掺加轻集体,如膨胀珍珠岩、陶粒等,或将石膏料浆进行发泡,或采用空腔结构加吸声材料等,可改善砌块的保温隔声性能。

轻质石膏砌块墙体还具有“呼吸功能”,能自然调节室内空气的干、湿度。石膏砌块具有呼吸功能,房间内过量湿气可很快吸收。当气候变化湿度减小能再次放出湿气,而不影响墙体牢固程度,即具有调节室内大气湿度功能,可调节室内小气候。墙面在空气湿度较高时也无冷凝水。石膏砌块墙体在短时间高湿度的房间(如卫生间等)仍能正常使用。由于石膏砌块的尺寸、体积比较稳定,墙面不会产生裂缝。也不会发生虫蛀等弊病。轻质石膏砌块还是可再生利用、是一种节能、环保型生态建材。

4.6 轻质石膏砌块墙体的整体造价较低

与一般的同类填充墙体材料相比,轻质石膏砌块墙体的造价是施工单位十分关注的问题。由于 120 厚的麦特轻质石膏砌块的性能等同于 200 厚的加气混凝土砌块,因此轻质石膏砌块的建安造价比同类蒸汽加压混凝土砌块的要低,而且砌筑、粉刷施工速度快,有效地减少了施工过程中的管理成本,降低了整个墙体的施工费用。

4.7 轻质石膏砌块墙体存在的问题

4.7.1 随着运距的增加,脱硫轻质石膏空心砌块的运输成本提高,特别是 150 以上的脱

硫轻质石膏空心砌块自重增加，材料到场价格没有优势，不如地方其他材料便宜，因此，限制了它的推广应用范围。

4.7.2 利用脱硫石膏生产出的砌块往往会出现泛碱现象，使得腻子、涂料等脱落，这是脱硫石膏砌块最大的应用难题。同时，脱硫石膏砌块筑成的墙表面还会出现发黄的现象。

5 工程应用

南昌国际体育中心体育场是南昌市承办 2011 年第七届全国城运会的主体育场，位于南昌市生米大桥以南、东临赣江、西靠丰和大道，建筑高度为 50.85m，地上六层，整个场地平面呈环形，建筑面积为 82742 平方米，可容纳 6 万观众，属甲级大型体育建筑。结构形式为钢结构与钢筋混凝土框架结构，抗震设防烈度为 6 度。

本工程二层以上内墙面积约 3 万平米，原设计内墙采用 200 厚蒸气加压混凝土砌块（卫生间部分 100 厚）。由于轻质脱硫石膏砌块的诸多优点，我公司项目部和业主商定，并经设计方同意，决定改为武汉冶建技术研究有限公司生产的 120 厚麦特轻质石膏空心砌块，用于 5 米以下的内填充墙。经过施工过程的严格测算，120 厚麦特具有现场施工劳动强度低、材料破损率低、施工速度比蒸气加压混凝土砌块快、墙体表面平整光滑易于批刷，节省装饰材料、施工工期短等优点，有效的降低了施工过程中的材料消耗和管理费用，达到了预期的效果。

6 结语

综上所述，脱硫轻质石膏空心砌块作为内填充墙，具有自重轻、强度高、外型整齐、表面光滑、防火、隔热、隔声等优点，并具有可锯、可钉、可钻、可刨等易加工特性，实现了施工的干法作业，是一种新型的绿色环保建材。由于建筑石膏凝结速度快，强度增长快，因而石膏砌块具有很好的市场应用前景。

风洞试验数据处理研究
——风载体型系数的实现

孔江涛[1]　井　珉[2]

（1. 南阳市建筑设计研究院　南阳 473004；2. 南阳理工学院　南阳 473004）

［摘要］ 建筑结构的风荷载是控制结构安全的主要荷载之一。本文较详细地演绎了风洞测压试验中关于风载体型系数的理论推导公式，为风洞试验数据处理提供了依据。

［关键词］ 风压分布；风洞试验；风载体型系数

1　引言

近年来，随着建筑市场的发展和建筑技术水平的提高，出现了大量体型复杂的建筑结构，尤其是一些工业建筑，它们的特点是大跨，长悬挑，高耸，并且这些结构往往在特殊环境下服役。此类结构对水平荷载的影响非常敏感，但是到目前为止，对这些结构进行设计时仍存在着风参数不确定的问题，部分荷载已经超出规范的取值范围，必须借助于实验研究或数值模拟进行风载作用分析。

目前国内一些重大的工程项目，利用风洞试验对结构表面的风压分布进行研究，并进一步获得结构的风载体型系数，以满足我国规范中关于风荷载的计算原则。虽然，风洞试验中利用制作测压模型来对结构表面风压分布进行研究，即将建筑物在满足试验缩尺比例的前提下制作刚度和强度大的有机玻璃模型，根据经验在模型表面布置一定数量的测压孔，以此获得结构表面的风压，但是，风载体型系数在风洞试验中并不能直接测出，必须将测得的风压进行相应的理论推导而获得。

2　风洞试验数据处理与风载体型系数的理论推导

2.1　风速和风压的关系

在结构工程中将风速转换成风压来计算结构所受的风荷载。由于自然界的风具有脉动性，因此将基本风速作为统计量时必须有一个标准，我国规范规定：B类地貌条件，距离地面10米高，平均时距为10min，重现期为50年的最大风速为基本风速。

根据伯努力方程：

$$\omega=-\frac{\gamma}{2g}v^2+c \tag{1}$$

式中　v——风速(m/s)；

ω——来流风压(kN/m^2)；

c——常数。

根据伯努力方程可得普遍应用的风速风压关系式：

$$\omega=-\frac{\gamma}{2g}v^2 \tag{2}$$

2.2　风载体型系数

风载体型系数的定义是建筑物表面实际所受的风压与来流风压之比，表示为：

$$\mu_s = \omega_{实际} / \omega_{来流} = \omega_{实际} / 0.5\rho v^2 \tag{3}$$

风洞试验中每个测点的压力系数是不同的，因此常常按测点所在位置把面积分成若干块，将测点的测点压力系数 μ_{p_i} 值以相应的面积进行加权平均，就得到该面的体型系数：

$$\mu_s = \frac{\sum_{i=1}^{n} \mu_{pi} \Delta A_i}{A} \tag{4}$$

当测点均匀时可取 μ_s 的算术平均值

$$\mu_s = \frac{\sum_{i=1}^{k} \mu_{pi}}{n} \tag{5}$$

式中 μ_{pi}——第 i 测点的压力系数；

ΔA_i——第 i 测点管辖的相应面积；

A——该面总面积；

n——该面的测点数。

以前的风洞试验是用普氏压力计中动静液柱高度差测量测压孔的压力，现代的风洞试验利用扫描筏等电子元件进行测量。

2.3 压力系数到风载体型系数的推导

试验数据处理按式(6)进行：

$$C_{p_i} = \frac{P_i - P_\infty}{P_0 - P_\infty} \tag{6}$$

式中 C_{P_i}——模型测点 i 的风压系数；

P_i——该测点 i 的压力值；

P_0、P_∞——皮托管的总压和静压。

风压系数与体型系数的关系：根据建筑结构荷载规范的规定，作用在建筑物表面某一点 i 的风压 ω_i 的计算公式为：

$$\omega_i = \beta_{z_i} \mu_{s_i} \mu_{z_i} \omega_0 \tag{7}$$

式中 μ_{s_i}——点 i 的风荷体型系数，在规范中的取值不随高度而变；

μ_{z_i}——i 点的风压高度变化系数；

β_{z_i}——i 点的风振系数；

ω_0——基本风压。

而由风洞试验所得的风压计算公式为：

$$\omega_i = \beta_{z_i} C_{P_i} \omega_r \tag{8}$$

式中，C_{p_i} 为模型试验所测的点的风压系数，ω_r 为试验时参考点的风压。又根据风压与风速的关系及风速随高度变化的指数律公式，可得参考点的风压为：

$$\omega_r = \left(\frac{z_r}{z_0}\right)^{2\partial} \omega_{0\alpha} = \left(\frac{z_r}{z_0}\right)^{2\alpha} \left(\frac{H_{T_0}}{z_0}\right)^{2\alpha_0} \left(\frac{H_{T_\alpha}}{z_0}\right)^{-2\alpha} \omega_0 \tag{9}$$

式中，$\omega_{0\alpha}$ 为地貌指数为 α 时的基本风压；z_0 为确定基本风压的高度，在我国 $z_0 = 10m$；α 为大气边界层地貌指数，本试验中 $\alpha = 0.16$；α_0 为标准地貌指数，取 B 类地貌指数 $\alpha_0 = 0.16$；H_{T_0} 为标准地貌的大气边界层高度；H_{T_α} 为地貌指数为 α 时的大气边界层高度。而式(9)中 $\left(\frac{z_r}{z_0}\right)^{2\alpha}$

$\left(\frac{H_{T_0}}{z_0}\right)^{2\alpha_0}\left(\frac{H_{T_\alpha}}{z_0}\right)^{-2\alpha}$恰好为参考点 z_r 处的风压高度变化系数 μ_{z_i}，因此有 $\omega_r=\mu_{z_r}\omega_0\omega_r$，将此代入式(8)得：

$$\omega_i=\beta_{z_i}C_{p_i}\mu_{z_r}\omega_0 \tag{10}$$

对比式(7)与式(10)便可得到风载体型系数 μ_{s_i} 与风压系数 C_{p_i} 的关系为：

$$\mu_{s_i}=C_{P_i}\frac{\mu_{z_r}}{\mu_{z_i}} \tag{11}$$

为了便于工程应用及与规范相对照，本文将模型风洞试验测得的风压系数按式(12)转换成相应的体型系数，该体型系数为测点 i 处的局部体型系数。

由测点的体型系数 μ_{s_i} 知各面上的平均体型系数 μ_s 为：

$$\mu_s=\frac{\sum\mu_{s_i}\cdot A_i}{A} \tag{12}$$

式中 A_i——各测点的影响面积；

A——总面积。

3 结论

通过上述推导过程，可以实现风洞实验数据与风载参数的对接并将其应用于设计当中。

由于风洞实验所得数据较多，经过筛选后的数据可以通过编辑程序，利用计算机实现上述过程，以简化繁杂的数据处理工作。

参考文献

[1] 黄本才 结构抗风分析原理及应用[M]. 上海：同济大学出版社，2001. 18-35

[2] 张相庭．结构风压与风振计算[M]. 上海：同济大学出版社，1985 年

[3] 中华人民共和国国家标准．建筑结构荷载规范[S](GB 50009—2001). 北京：中国建筑工业出版社，2002

[4] E. Simiu，RobertH. Scanlan. 风对结构的作用一风工程导论[M]. 刘尚培，项海帆，谢霁明译. 上海：同济大学出版社，1986

用夹板墙对砖砌体结构抗震加固的计算方法研究

杨　斌[1]　丁　怡[2]

(1. 江苏广播电视大学建工系　南京　210036；2. 南京艺术学院基建处　南京　210013)

［摘要］ 夹板墙对砖砌体结构加固是一种在砌体墙侧面浇筑或喷射一定混凝土的加固方法，对加固后的墙体的抗震验算可以采用楼层增强系数和墙段增强系数分析法；本文结合 PKPM 软件进行算例分析结果，在对砖砌体加固前后的抗震能力做比较的基础上，提出“刚度换算模型法用于夹板墙抗震加固计算”。

［关键词］ 夹板墙；刚度换算；抗震能力系数；砖砌体

1　引言

砖混结构是我国中小城市和城乡村镇广泛采用的一种结构形式，由于其具有设计、施工简便，造价较低等特点，在整个建筑业中占的相当大的比重。但从国内外历次地震灾害，尤其是 2008 年“5·12”汶川大地震灾情结果来看，砖混砌体结构体系震后房屋的破坏率却相当高；地震中砌体墙倒塌严重，预制板普遍塌落，造成极大的财产损失和人员伤亡，教训是十分沉痛的。因此，有效提高砖混砌体结构体系的抗震能力，防止地震时结构体系的垮塌，避免人员过大伤亡，已成为目前砖混结构抗震研究的热点并具有极大的工程应用价值；对震后砖混结构体系的抗震加固与鉴定，是快速进行灾后重建的工作中心任务。

用夹板墙法加固砖墙体可提高墙体本身和结构整体抗震性能，防止砖混结构出现墙体破坏及整体性垮塌，国内目前还没有对夹板墙加固结构进行整体分析的软件。夹板墙加固设计的规范尚有欠缺，建筑抗震加固技术规程(JGJ 116—2009)的综合抗震能力系数太笼统，对单面加固和双面加固，加固厚度及钢筋的多少对系数的影响未作深入剖析。采用将加固的钢筋混凝土厚度等同于砖墙厚度，并用扩大后的墙体总厚度等同于同厚砖砌体进行验算，通过工程算例进行数值模拟分析，是探讨夹板墙的抗震加固计算的思路之一。

2　工程实例分析

2.1　工程概况

某办公楼建筑面积 5800m^2，五层砖砌结构，原设计中无构造柱，房屋总高 20 米，8 度抗震设防要求。当时设计没有考虑抗震，本楼存在的主要问题如下：整个建筑物全部墙体内均无抗震构造柱；原有的圈梁体系未成为封闭体系；基础埋深约 2.8m，基础间无有效的拉接作用；墙体之间、内外墙之间无可靠拉接。应用 PKPM 软件对原结构进行抗震验算结果表明，该结构各层墙段抗力与荷载效应之比平均低于 1.0，不能够满足抗震要求。按现行抗震标准考虑，该建筑无论从构造还是从计算方面都无法满足目前 8 度抗震设防的要求，故这里用夹板墙的方法进行抗震加固。

2.2　夹板墙的设计与计算

原结构的主要问题是无构造柱、圈梁不封闭，抗震能力不足。业主在加固时要求加固后保持原外立面建筑风格不变，不同意采用外加构造柱及增设圈梁方案，因此决定采用夹板墙加固方案，采用喷射混凝土工艺进行施工。

根据PKPM各墙段抗震计算结果，初步设置各层夹板墙方案见图（首层所受地震作用较大，外墙采用双侧夹板墙加强），图中粗线为夹板墙。夹板墙形成筒体的结构形式，从而更为有效地抵抗地震作用。夹板墙伸至室外地坪下500mm处，端部放大形成基础圈梁，夹板墙的纵筋锚入基础圈梁内。

因此，该方案在增强原结构承载力的同时有效地解决了原有结构存在的无构造柱、圈梁不闭合、基础缺乏拉接、墙体间无拉接问题。采用基本参数如下：混凝土等级为C20；墙内竖向钢筋采用ϕ10@150；墙内横向钢筋采用ϕ6@150；墙内穿板短筋采用ϕ12@450；穿墙钢筋采用ϕ10@600，梅花状布置；锚拉筋ϕ8@600，梅花状布置，锚入原墙体深度150，锚入楼板80mm。其他按规程构造要求。

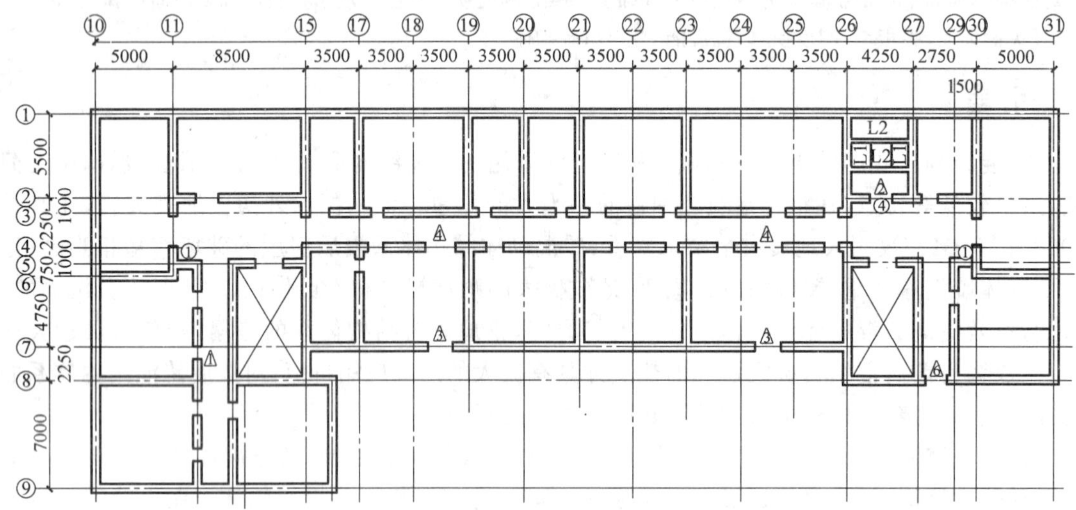

图1　各层初步加固方案示意图

2.3　对初步加固方案效果的评价

用β_s代表整体加固效果，对加固后各楼层的综合抗震能力指数进行评价，按《建筑抗震加固技术规程（JGJ 116—2009）》（下文简称《规程》）《建筑抗震鉴定标准（GB 50023—2003）》求得本结构各层X、Y，方向综合抗震能力指数β_s见下表1。

表1　综合抗震能力指数表

楼层	1		2		3		4		5	
方向	X	Y	X	Y	X	Y	X	Y	X	Y
β_s	2.63	2.19	2.01	1.96	1.47	1.31	1.85	1.57	1.91	1.61

根据《规程》5.1.2条，加固后楼层的综合抗震能力指数不应小于1.0且不宜超过下一楼层综合抗震能力的20%。本加固工程设计中，1～5层加固后综合抗震能力指数介于最小值为1.47与最大值2.63之间，均大于1；加固后4层X方向β_s超过3层β_s的25.%，但与《规程》所界定的20%较接近，尚可接受，因此本初步设计方案可行。

3　刚度换算模型法的理论及应用

3.1　刚度换算模型法推导

在PKPM设计软件中采用墙段抗力与荷载效应的比值α评价砖墙的抗震（抗剪）性能：

$$\alpha = f_{vE} / 1.3 f_{v0} \tag{1}$$

$$f_{vE} = f_v \sqrt{1 + 0.45\sigma_0 / f_v} / 1.2 \tag{2}$$

式中 f_{v0}——墙段实际所受剪切效应；

f_{vE}——验算抗震强度时，砖砌体的抗剪强度；

f_v——砖砌体的抗剪强度设计值，按《砌体结构设计规程》取值；

σ_0——对应重力荷载代表值的墙段平均压应力。

将夹板墙按刚度折算为砖墙进行抗震计算的可行性可通过图 2(a)、(b)中砖砌体 α 值的比较获得：

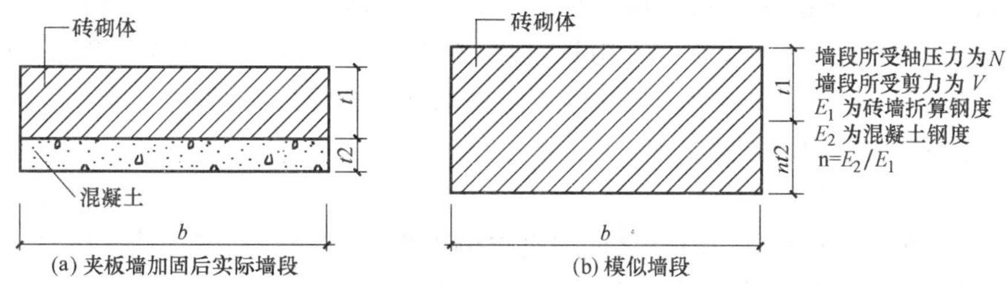

图 2　夹板墙加固后实际墙段及模拟墙段

图 2(a)为夹板墙加固中墙体的实际情况，在该模型中假设砖墙与附于其上的钢筋混凝土夹板墙连为一体，变形一致，则：砖墙与夹板墙竖向变形一致，承受的竖向荷载按照刚度 E 进行分配，则该模型中砌体的平均压应力：

$$\sigma_{01} = N \cdot (E_1 bt_1 / E_1 bt_1 + E_2 bt_2) / bt_1 \tag{3}$$

砖墙与夹板墙水平变形也假定为一致，承受水平荷载按照剪切模量 G 进行分配，又对砌体及混凝土均有 $G = 0.5E/(1+v) = 0.4E$，故侧向荷载亦可以按照刚度 E 进行分配该模型中砌体承担的平均剪应力：

$$f_{v01} = V \cdot (E_1 bt_1 / E_1 bt_1 + E_2 bt_2) / bt_1 \tag{4}$$

现用图 2(b)中模型将图 2(a)中混凝土夹板墙等代为砖砌体，在图 2 模型中：

砌体的平均压应力：

$$\sigma_{02} = N / bt_1 + bt_2 (E_2 / E_1) \tag{5}$$

砌体的平均剪应力：

$$f_{v02} = V / bt_1 + bt_2 (E_2 / E_1) \tag{6}$$

比较式(3)、(5)，可得：　$\sigma_{01} = \sigma_{02}$　(7)

由式(2)、(7)可得：　$f_{VE1} = f_{VE2}$　(8)

比较式(4)、(6)，可得：　$f_{V01} = f_{V02}$　(9)

根据公式(1)、(8)、(9)得到：$\alpha_1 = \alpha_2$

即图 2 中两模型砖砌体的抗力与荷载效应的比值相同，因此“刚度换算模型”方法在理论上是可行的。

3.2 “刚度换算模型”法应用算例

以本文工程实例为算例，计算步骤和结果如下：

第一步：PKPM 计算模型参数的选用

在本加固工程设计中，各层砌块及砂浆的强度不同，因此各层砖墙的换算刚度不同，1～5

层混凝土与砌体刚度比分别为:11.8、11.8、15.6、18.1、23.4,计算中1、2层及3、4、5层分别采用刚度比10(<11.8),15(<15.6)进行分析,即将混凝土夹板墙模拟为10倍、15倍厚的砖墙。

在模型中将混凝土夹板墙按刚度模拟为砖墙,厚度大大提高,为保持墙体荷载与实际情况基本相符,我们采取了降低砖墙密度的方法。根据本工程原结构初步加固方案,算得当混凝土与砖墙刚度比采用10时,砖墙密度大约取11kN/m³;当混凝土与砖墙刚度比采用15时,砖墙密度宜取9kN/m³。

第二步:采用“刚度换算模型”应用PKPM软件进行抗震验算

各层夹板墙采用“刚度换算模型方法”应用PKPM软件对该方案进行评价。计算结果显示,在加固后,3层相对薄弱,其抗震能力计算值见图3,由计算结果可看出,大部分墙段抗力与荷载效应的比值大于1,平均值在1.2附近,但仍有部分墙段不满足抗震要求,抗力与荷载效应的比值小于0.8,有必要增设夹板墙以改善这些墙段的抗震情况。

第三步:改进初步加固方案

改进方案见图3,方案改进主要在以下几个方面:在薄弱部位增设单侧或双侧夹板墙,提高其抗震能力;在3个独立的“筒体”之间增设单侧夹板墙,如同加了两道“支撑”,将它们联结起来,从而能够更好协调,发挥抗震作用,同时也增大了夹板墙面积。

第四步:改进后方案的PKPM计算结果(即:3层各墙段抗力与荷载效应的比值)

从计算结朵可以看出,改进后结构整体抗震能力得到增强,大部分薄弱墙段的抗震情况得到显著改善。各墙段中抗力与效应之比的平均值约为1.3,按8度考虑抗震基本满足要求。

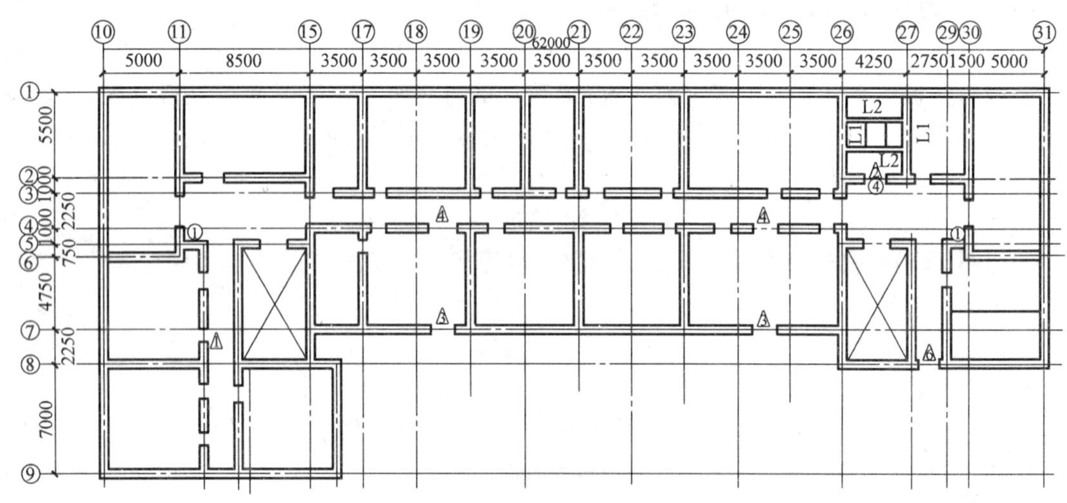

图3 各层改进加固方案示意

3.3 “刚度换算模型”的适用性讨论

《规程》对夹板墙加固方案抗震能力的评价是通过加固后各楼层的综合抗震能力指数β_s进行,以1为界限,大于1的才能够满足抗震要求。而PKPM的计算结果则体现为各墙段抗力与荷载效应的比值α,以1为界限,大于1的墙段满足抗震要求。

可以看出β_s与α对于抗震性能的评价具有相似性,因此可以通过各层β_s与具有代表性的墙段在各层的α的比较,来分析采用“刚度换算模型”方法并应用PKPM计算所得结果的可行性。分别在横、纵墙中选取具有代表性的墙段,将其在各层的α值与该层β_s值进行比较,见图4及图5。

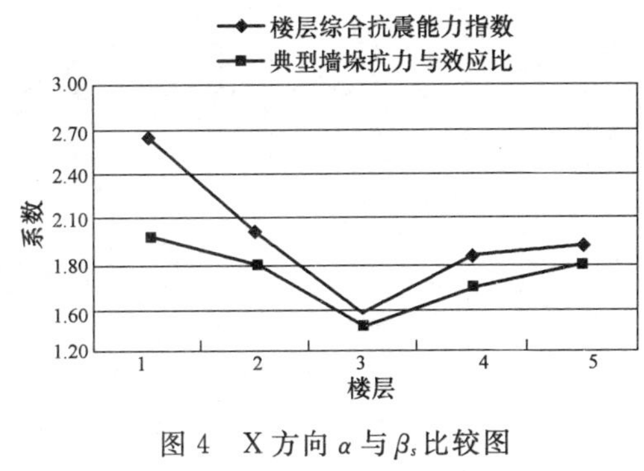

图 4　X 方向 α 与 β_s 比较图

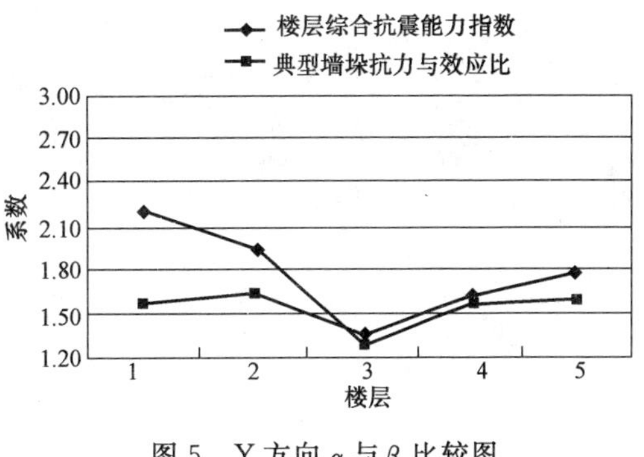

图 5　Y 方向 α 与 β_s 比较图

由图中曲线可以看出，两条曲线走向一致，因此我们可以初步认为，采用“刚度换算模型”方法应用 PKPM 软件来进行抗震能力分析是可行的，该方法对夹板墙结构设计抗震作用可进行辅助分析。

但是该模型的理论前提假定是混凝土夹板墙与原有砖砌体竖向及水平变形一致，承受竖向荷载及水平剪力按照刚度 E 进行分配，忽略了墙段弯曲作用影响，实际情况尚需试验进行测定；另外，在模型中将混凝土按刚度模拟为砖砌体后，墙体厚度大大提高，为保持墙体荷载与实际情况相符，我们采取了降低砌体密度的方法，该方法虽然能保持总荷载与实际情况基本符合，但各墙段竖向荷载往往与实际情况相差较大，而砖砌体墙抗震能力受竖向荷载影响较大。

4　结论及建议

本章总结了砖砌体用夹板墙抗震加固法的计算步骤，举以算例加以说明；对夹板墙加固后墙的竖向承载力及延性提高的情况没有作具体分析，须通过查阅相关文献加以总结；对夹板墙加固后墙的水平抗剪承载力提高数值采用软件进行了结构分析和计算。

采用将加固的钢筋混凝土厚度等同于砖墙厚度，并用扩大后的墙体总厚度等同于同厚砖砌体进行验算，这是忽视了竖向钢筋的抗剪作用，因而计算偏于保守．这里采用了：“刚度换算模型”方法对参数进行假定，并用应用 PKPM 软件对用工程实例进行分析，方法的准确性有待考证。

目前，夹板墙加固设计的规范尚有欠缺，建筑抗震加固技术规程的综合抗震能力指数 β_s 太笼统，规程(JGJ 116—2009)尚不完善，对单面加固和双面加固、加固厚度及钢筋配置多少对系数的影响程度，该规程也未作深入剖析，国内对这方面的实验研究还不充分。本文介绍的“刚度换算模型”旨在对夹板墙的抗震验算方法做些探讨，力求寻找一种具体准确的计算方法。对此，还需要开展进一步的研究加以完善。

三、结构研究与加固技术

日本阪神大地震给人们的教训

汪达尊　（中国建筑技术研究院）

［摘要］ 本文根据1995年元月发生在日本兵库县的大地震灾害调查，给人们揭示了许多教训，为设计工作提供了许多有益的启示。

［关键词］ 地震；抗震设计；火灾；结构加固；地下建筑

1　引言

1995年1月17日晨5时46分52秒，日本兵库县南部发生了里氏7.2级大地震。这是一次自1923年日本关东大地震以来受灾最严重的大地震，使日本人民的生命和财产遭受了巨大的损失。这次地震的震中位置在神户市南面的淡路岛北端（北纬34°36.4′，东经135°02.6′），震源深度约20km。神户市位于震源的北面，距震源很近，因此损失惨重。大阪则位于震源的东面，隔大阪湾相望，故震害较轻。因此，这次地震被命名为“（大）阪神（户）——淡路大地震”。

截至2月27日，地震造成5438人死亡，3人失踪，34523人受伤。房屋破坏：住宅建筑中全部破坏的近9万栋，部分破坏的超过10万栋；公共建筑500多栋；其他建筑3000多栋；道路破坏9000多处；铁路破坏20处；全部修复费用约需3530亿日元。地铁车站内钢筋混凝土柱折断，造成地面下沉2～3m。供电系统遭到严重的破坏，当天有100万户停电，损失达2300亿日元。通信系统在震后有28万多条线路不能使用，占总数的1/5。供水系统在震后有58万户断水。供气系统在震后有85万户停止供气。大地震造成的次生灾害——火灾，共发生531起，烧毁房屋面积达100万平方米以上。这次地震所造成的经济损失近1000亿美元。

从日本这次大地震中，我们应该吸取哪些教训呢？

2　加强房屋的抗震设计

2.1　建造房屋都应该重视抗震

历史上，日本兵库县南部地区仅在淡路岛北部附近发生过一次6.5级以上的地震，因此，在1995年1月17日以前，日本对神户市及其周围地区发生大地震的危险性估计不足，他们的重点放在日本的关东地区，所以日本气象厅所属地震预报部门只负责对东海地震预报，对阪神地区不承担地震预报责任。而1995年1月17日恰恰就在人们认为比较安全的地区发生了大地震，这与我国的情况有点相似，例如河北邢台、辽宁海城、河北唐山原来都是6度地震区，但都发生了10度、9度、11度的大地震。因此，我们不能过分相信目前还不十分成熟的地震预报，在所有地区建造房屋都应该重视抗震问题。

2.2　建造房屋是否重视抗震，后果大不一样

日本神户地区住宅以木结构居多，据统计，木结构住宅全部或部分破坏的达14万多栋，其中全部破坏占一半以上。究其原因，这种1～2层的木结构住宅，大多建造了30年以上，且用传统施工工艺建造。其特点是重屋盖（在黄泥层上铺瓦），多窗户，少墙壁，而且这种墙壁是在

交叉的竹篦上抹泥而成，抗震性能很差。地震来时，当然不堪一击。但是也有些木结构住宅并未遭到严重的破坏，它们是最近10年内按新的施工工艺建造的700多栋住宅。这是因为采用传统的施工工艺建造房屋没有考虑抗震，而采用新的施工工艺建造房屋则考虑了，故后果截然不同。

2.3 从日本震害中吸取具体技术经验

根据日本对2081栋钢筋混凝土结构房屋的调查，其中倒塌和严重破坏的有403栋，约占20％，造成破坏的原因如下：

(1) 底层空旷房屋由于底层破坏而倒塌。这些房屋大多是底层为商店、停车场等大开间(柱网)，上面却是住宅、办公楼等小开间(柱网)，头重脚轻，上刚下柔，底层刚度不够，地震时极易破坏。在调查的34栋倒塌和严重破坏的钢筋混凝土结构房屋中，有30栋是由于底层破坏，而其中23栋是底层空旷房屋。因此，加强底层空旷房屋的底层刚度，则是今后设计所必须重视的课题。我国近年来建造了不少高层宾馆建筑，底层为公用部分，柱网尺寸都比较大，而其上部客房则开间比较小，这也是上刚下柔的结构，对抗震是不很有利的，希望吸取日本的教训。

(2) 房屋的中间层破坏，而顶部和底部各层损失较小，这种破坏形式在过去的震害中比较少见。这种破坏多半是发生在多层房屋(6～10层)，其破坏层为第3～6层。例如，某医院是一座7层建筑物，其第5层遭到严重破坏，其他各层损失较小。分析其原因，是否由于中间层是一个薄弱环节，例如这一层的刚度有变化或屈服强度差等。这仍是一个有待探讨的问题，今后在设计多层房屋时应加注意。

(3) 柱子的箍筋太稀，不能约束纵向钢筋和混凝土。有些3～8层房屋，第1层被压塌。查其原因，底层柱子的箍筋间距太大，约为300mm，以致在地震作用下柱的剪切强度不够，从而纵向钢筋崩出，柱子折断。今后设计时，对底层柱子的箍筋间距应加密，在构造上应把纵向钢筋箍牢，箍筋对柱混凝土有很好的约束力，这一点决不能忽视。

(4) 结构布置不合理造成破坏。神户园穿会馆是一个10层的钢筋混凝土结构，主楼为下面7层，上面3层偏心地布置在主楼短轴方向的一侧。由于布置不合理，地震时因上面3层的激烈振动造成第6层坍塌。

2.4 砂土液化造成灾害

神户市从六甲山移土填海，建造了一些人工岛。填海用土取自六甲山的风化残积土，并与砾石混合，其平均粒径为20～50mm，标贯值 N 在5～10之间。地震时砂土液化现象很严重，造成地面下沉数十厘米，最多的达50cm。堤边护岸也向海洋方向推移2～3m，出现了很深的陷坑。由于砂土液化，也造成一些房屋倾斜。过去地震时常发生细砂和粉砂的砂土层的液化，这次则是由砾石和粉砂混合而成的，比较难液化的砂土也发生液化，这是比较少见的，值得今后注意。

2.5 今后如何建造抗震性能好的房屋

(1) 有条件时应尽可能采用基础隔振措施，其实质是切断或减少地面振动能量对房屋上部结构的输入，从而减轻上部结构的震害。这一抗震思路在阪神大地震中再次获得证实。神户有一座实验楼，是3层钢筋混凝土结构，总建筑面积480m^2，高12.8m，房屋底面设有隔振橡胶垫圈的装置。与它相邻的有一座办公楼，是3层钢结构，总建筑面积1237.5m^2，高度相同，但没有隔振装置。这次地震时，两座楼顶层记录到的峰值加速度(cm/s^2)分别如下。

办公楼：X 向＝965.4；Y 向＝677.7；竖向＝368.8。

实验楼：X 向＝198.1；Y 向＝273.1；竖向＝334.9。

可见隔振装置在降低峰值加速度(水平向)上效果十分明显。

(2) 在房屋平立面布置和结构布置方案上要切实执行规范规定的一些设计原则。例如,房屋体形力求平面简单规则,立面变化均匀,高度适中,高宽比不宜过大,基础要有足够的埋深,合理地划分抗震缝。结构布置方案则希望对称,其质量分布和刚度变化力求均匀,在竖向要等强,不宜有薄弱环节(层次)。

(3) 加强房屋的空间整体性。地震时房屋破坏的原因有三:①地基发生不均匀沉陷,导致房屋整体歪斜和倒塌;②结构构件本身强度不足,发生折断;③结构构件之间节点连接强度不够,发生拉肢下坠。以上三种原因,对人生命威胁最大的是后两种,地震时居住在房屋中的人或被砸死,或被压死;或虽未死,但无法逃生。因此,加强房屋的空间整体性至关重要。只要房屋在地震时不整个坍塌,虽有局部损坏,人都有逃生的可能。

(4) 研究控制结构的技术措施。控制结构的目的是在房屋结构受到地震作用袭来时,如何控制结构的最大反应,以避免其倒塌和破坏。控制结构的措施一般分两种:一种是主动控制(或称积极控制),另一种是被动控制(或称消极控制)。两者的差别在于:前者控制结构,需要从外部输入能量,产生外在控制力去影响房屋结构,以达到控制结构最大反应的目的;后者则不然,它无须从外部输入能量,单靠自身的力量去控制结构。我们认为:为了达到抗震的目的;重点应放在后者。因为地震将很容易造成断水断电(这次日本阪神大地震发生的当天,就有100万户停电),没有电力供应,如何从外部输入能量呢?因此,我们搞抗震设计的重点应放在研究被动控制结构方面,即使断水断电,结构本身也会产生一些有利于抗震的变化,从而避免房屋倒塌。过去有不少这方面的工程实例,可资借鉴。

3 防止次生灾害——火灾

这次阪神大地震引起的次生灾害——火灾十分严重,共发生火灾500多起,烧毁房屋达100万平方米以上。造成火灾的原因如下:

(1) 地震发生后,房屋倒塌。这时煤气泄漏出来,如遇明火(地震发生时已近早6时,有些家庭和餐馆已生火做饭)或电线短路而生的火花,即可引起火灾。再加上日本住宅多木结构,家庭用品中可燃之物甚多。

(2) 地震后即停电,在停电期间,灾民用蜡烛、煤油灯等照明,稍有不慎或遇煤气泄漏极易引起火灾。

(3) 地震后再次通电时,因电线的绝缘部分遭到破坏,一旦恢复送电,短路产生的火花点燃了泄漏出来的煤气或可燃材料,极易发生火灾。

上述三个原因以最后一个为最严重。据69起火灾分析,其中39起由于漏电,22起由于煤气泄漏,8起由于漏电点着了泄漏的煤气,可见漏电和漏气是造成火灾的重要原因。万幸的是,虽然医院、商店和学校里化学药品很多,但这次地震却未发生因化学药品而引起的火灾,否则后果不堪设想。

这次地震后造成的火灾,在扑救上也很困难,其原因如下:

(1) 居民住宅以木结构居多,非常容易起火;

(2) 供水管网被破坏,消防栓也遭破坏,救火没有水源,消防队也难为无米之炊;

(3) 地震后房屋倒塌,堵塞了道路,消防车不能及时赶到现场,或无法接近火源处;

(4) 同时多处起火,有限的消防车分身无术,顾此失彼;

(5) 神户市是鞋业生产集中区,橡胶制品等可燃性物质很多,非常易燃烧。

上述原因中以前两种起主要作用。

人们从这次地震产生的次生灾害——火灾中应当吸取下列教训。

(1) 过去我们的抗震防灾对策多着重在房屋的抗震加固，这当然是对的。但若忽视了次生灾害——火灾所造成人民生命和财产的更重大损失，这就不对了。许多地震中并未被震塌的房屋(其中的生命和财产被保住了)，却被大火付之一炬，这真是雪上加霜，大大地扩大了地震的破坏后果。因此，今后研究防灾对策，必须重视防止次生灾害，如火灾、毒气泄漏、核原子辐射泄漏等，造成比房屋倒塌更为严重的社会后果。

(2) 地震后发生火灾，要靠消防用水去灭火是不现实的。这次日本地震，神户市等地区供水系统原向 135 万多户供水，日用水量 136 万多立方米，但地震后有 58 万户断水，配水管线有 5000 多处破坏，平均每公里有 0.69 处损坏。在这种条件下，如何能靠消防用水去灭火呢？这就对我们消防部门提出了新的要求：应当尽快地研究和发展无水灭火技术。现在虽然有一些干式灭火剂，但还重视不够，一般仍靠消防用水灭火。这在平常是可以的，但地震时将无效。今后应当大力发展高效能的无水灭火剂，火灾来时，人自为战，大家都来灭火，不能单依靠消防人员来扑救，因为地震后火灾四起，消防队是分身无术的。

(3) 地震后恢复通电的时机要慎重选择。这次日本地震是发生后 2 小时才引起火灾的。1 月 17 日晨 7 时 30 分，神户地区有 100 万户停电，电力公司立即调动 4700 人进行抢修；到当晚 8 时，已有 50 万户恢复通电；到 18 日下午 5 时，已有 80 万户恢复通电，其快速程度是很惊人的。但与此同时，也带来另外的后果。此时泄漏的煤气还未散逸干净，许多电器损坏，未经修理，一经通电即发生短路起火，再碰上煤气，一触即发。因此，地震后立即恢复通电，究竟是有利有弊，尚值得商榷。我们认为，这个问题应作专门的研究。

(4) 日本木结构住宅居多，容易着火。我国虽然木结构较少，但近年来各地装修之风甚盛，不少装修材料是可燃的，且燃烧后散发出有毒气体，很多人在火灾中不是烧死的，而是熏死的。因此，今后地震区房屋的装修材料必须慎重选择，不可盲目采用。

4 注意高架桥的破坏

这次日本地震最突出的破坏是公路和铁路的高架桥的损坏和倒塌。日本原来对自己的高架桥是充满信心的，在美国洛杉矶地震中，有许多高架桥破坏，他们不以为鉴，反而认为日本的高架桥固若金汤，不会重蹈覆辙，但是曾几何时，这些神话统统归入破灭。

这次高架桥的主要破坏形态如下：

(1) 桥墩破坏导致桥面下落或整体倾倒；

(2) 桥梁下落导致桥面坍塌；

(3) 桥墩沉降不均匀，导致桥面凸凹不平或倾侧；

(4) 桥梁横向变位过大，导致桥面横向变位。

造成地震时高架桥破坏的原因有以下几个方面：

(1) 阪神高速公路是 20 世纪 60 年代建造的，当时为了举办 1971 年的大阪博览会赶工兴建，采用快速施工法，本身质量即不太好；

(2) 桥墩采用单 T 形结构，一旦柱底部出现破坏，即成可动机构。这次震害中可见到钢筋混凝土柱墩发生剪切破坏或压曲破坏，混凝土破碎，纵向钢筋弯曲，横向钢箍拉断。这些都导致高架桥倾倒；

(3) 桥面采用钢筋混凝土结构，自重也比较大，使整个高架桥头重脚轻，不利于抗震。

(4) 高架桥柱的箍筋太稀，大多为间距 300mm，这显然是不够的。

近年来，我国在许多大都市中也建了不少高架桥，其中北京有些桥墩就是单 T 形结构，将来地震来临，它们能否经得住考验，尚属未定之天。至于上海、广州，由于马路本身就很窄小，高架桥夹在两边房屋之中，一旦地震时发生倾倒，则两边的住户就会遭殃，这不能不引起我们的高度注意。

5 应该多建造水上“建筑”和地下建筑

这次日本地震造成数十万人无家可归，他们采取的措施之一是提供 5 条客轮供灾民居住。而他们有一条地下商业街，面积近 2 万平方米，地下共 3 层，距地铁三客站很近，地铁站受到破坏严重，但这条商业街却只有轻微破坏。一般认为，地下建筑比起地面建筑来，地震时所受的破坏要轻得多。

根据上述经验可认为：许多城市凡有条件，都应当多建造水上“建筑”，如同深圳蛇口的海上世界，他们利用一条旧客轮，开发成一个娱乐场所，也可用作旅馆。一旦地震来临，它们就成为灾民很可靠的避难场所。北京虽然没有大江大河，但像昆明湖、什刹海等处也可以建一些水上娱乐设施，平震结合，这不能不说是一个好主意。至于地下防空洞，我们许多城市都有，有的平常已在使用，地震来时即可接待灾民。

6 加固砖石结构

这次阪神大地震，死亡 5438 人，受伤 34523 人。神户人口约 350 万，死亡比例是 1.55‰，受伤比例是 9.86‰。相比之下，我国 1976 年唐山大地震，死亡 242769 人，受伤 164851 人，唐山人口约 150 万，死亡比例是 161.8‰，受伤比例 109.9‰。后者与前者相比，死亡约为 100 倍，受伤约为 11 倍。

究其原因，主要是唐山多层砖混结构住宅较多，空心楼板干摆浮搁在砖墙之上，一旦砖墙倒塌，楼板倒下来即成“夹心饼干”，其中居民既无法存活，速救也难救。日本以木结构的两层住宅多，倾斜倒塌，被砸死的可能性要小，也容易逃生。因此，我国各地的多层砖混结构住宅要考虑加固，主要要保证砖墙不倒塌，预制空心楼板要与圈梁箍住，不使之散落，这样地震来时就可以避免严重的伤亡。

参 考 文 献

[1] 建筑抗震设计规范(GBJ 11—89)

天津昆仑中心续建超高层建筑中轻骨料混凝土技术的研究与应用

张 磊 方鸿强

（中国汉嘉设计集团股份有限公司 杭州 310005）

［摘要］ 针对天津昆仑中心续建超高层建筑，着重探讨轻骨料混凝土技术在结构设计、施工中的应用及注意事项，研究了轻骨料混凝土对超高层钢结构整体性能的影响。结果表明，较之普通混凝土结构，轻骨料混凝土结构总重量减小了13.63%，结构所承受的地震作用减小了12.19%（多遇水平地震作用下基底总剪力）和14.28%（多遇水平地震作用下基底弯矩）；最大层间位移角减小了3.97%。此外，轻骨料混凝土应用于钢筋桁架模板组合楼板中，减轻了结构自重，减小了地震作用，降低了对既有建筑工程的补强加固工程量，提高了经济效益。

［关键词］ 超高层钢结构；轻骨料混凝土技术；结构设计；自承式钢筋桁架模板轻骨料混凝土组合楼板

1 工程概况

天津昆仑中心位于天津市河西区中心繁华地段；其主楼为超五星级（铂尔曼）酒店及高档办公楼，地下2层（包括地下夹层），地上45层，屋顶高度约180m，形象高度约200.6m；属于复杂超限高层建筑，已通过超限审查。其效果图如图1所示。

本工程为停缓建项目，1996年设计，地下室部分基本建设完成，后因各种原因从2005年停工至2008年。续建要求包括：将主楼办公部分由原来的43层增加至45层，酒店部分由原来的23层减少至21层，但为满足超五星级酒店的要求，建筑功能要求大幅度提高；公寓楼由原来的15～23层阶梯形高层建筑统一增加至31层；酒店部分由于受到地下车库等的影响，将原柱网尺寸7.5m×7.5m增加至9.0m×9.0m。此外，国家相关标准规范经过了多次调整，例如，活荷载标准值的变化使6个主要的建筑功能区荷载取值不满足要求，约占功能区的30%以上；100年一遇的基本风压由0.5kN/m^{2}增加至0.6kN/m^2，增幅达25%；对于地震作用主要参数，多调地震和罕遇地震水平地震影响系数最大值分别由0.10和0.49增大至0.12和0.72，特征周期由0.40s增大至0.58s。本工程的这些特殊性给工程设计增加了非常大的难度。

针对本工程的特点与难点，采用了“调”、“抗”、“放”的先进技术手段，按照“减轻荷载作用，控制总沉降量和减少差异沉降量；充分利用现有结构构件，尽可能地减少既有建筑的拆除、补强和加固工程量，便于施工和质量控制”的整体思路进行设计。

主体结构采用钢框架-钢支撑组成的双重抗侧力结构体系，其中中间和角部的中心支撑沿竖向通高布置，中心支撑与相连的钢柱形成框架筒，使结构竖向刚度连续且尽量保持刚度均匀，同时使结构的抗侧力构件形成整体。考虑到本工程续建项目的特殊性，设计中采用轻骨料混凝土技术：除现浇钢筋混凝土墙、柱、梁等构件外，楼（屋）面板采用承载力高、自重轻、施工安装方便的新型自承式钢筋桁架模板轻骨料混凝土组合楼板，以达到减轻整体结构自重，减小地震作用的目的，从而减小了对既有建筑工程的补强加固工程量，又提高投资效益。图2～图4分别为该结构的平面布置图。

图 1　天津昆仑中心效果图

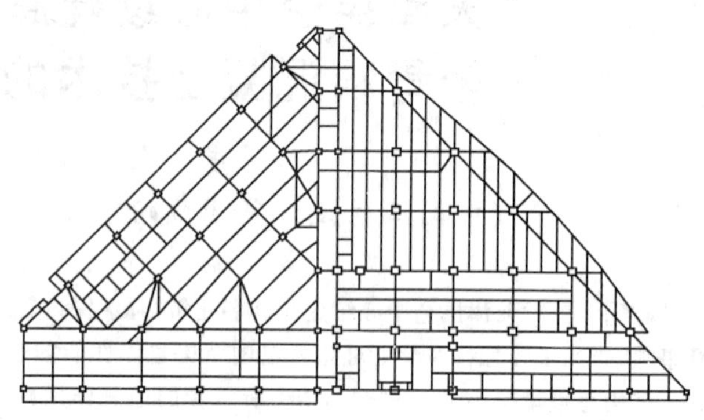

图 2　结构平面布置图

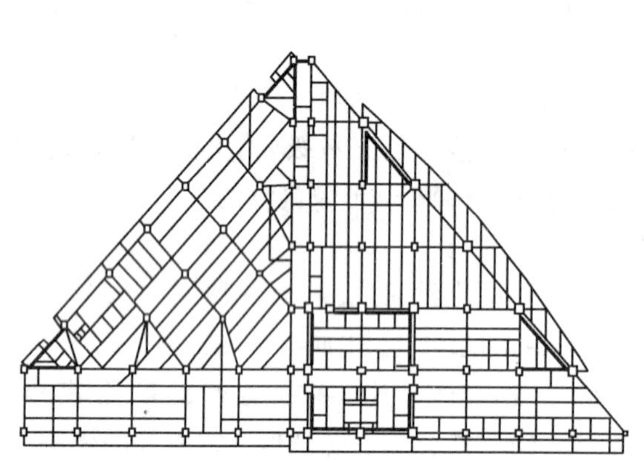

图 3　底部支撑平面布置图

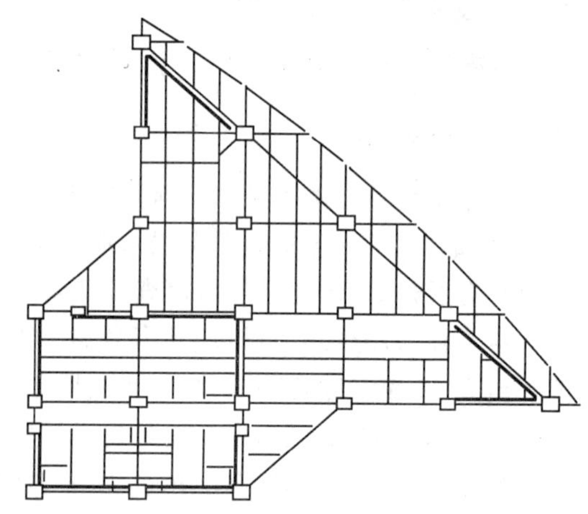

图 4　立面收进后支撑平面布置图

2　轻骨料混凝土的特性

轻骨料混凝土(LWAC),又名轻集料混凝土,它是用轻粗骨料、轻细骨料、水泥和水在必要时加入化学外加剂的矿物掺合料配制而成,并且在标准养护条件下,28 天龄期的干表观密度小于 1950kg/m^3 的混凝土。轻骨料混凝土的强度等级用 LC 表示。虽然目前轻骨料混凝土单方造价比同强度等级的普通密度混凝土稍高,但轻骨料混凝土具有轻质高强、能够减轻建筑物的自重、减小地震作用、降低基础处理费用、缩小结构断面以及增加使用面积等优点,因而具有显著的综合效益,同时轻骨料混凝土还具有良好的耐久性、耐火性、抗震性和抗裂性能[2,3]。

虽然轻骨料混凝土在国内已有所发展,但是对于续建改造项目,特别是在超高层建筑中,轻骨料混凝土技术的工程应用实践很少。本文主要针对天津昆仑中心续建的超高层钢结构,分析和研究轻骨料混凝土技术在工程设计中的应用,具有非常大的工程借鉴价值和现实意义。

3　轻骨料混凝土技术的应用研究及主要问题

3.1　轻骨料混凝土性状对工程设计的影响

轻骨料混凝土的性状(如容重、强度、变形等)因时节、地域等各方面因素的影响有所不同。

因此，了解和掌握所采用的轻骨料混凝土材料的相关技术参数和工程经验是极为重要的。

本工程地处天津地区，是我国轻骨料混凝土发展和应用的主要基地之一，在轻骨料和混凝土生产、施工技术及工程管理能力等方面具有良好的基础。通过分析研究以及实地调研，并结合相关工程经验，为轻骨料混凝土在本工程结构设计中的应用创造了条件。

3.2　结构设计中计算参数的选取

(1) 混凝土容重。普通混凝土结构设计中，该参数的选取一般为 $25kN/m^3$，包括混凝土本身的容重以及钢筋的重量。对于轻骨料混凝土，应在了解材料性能参数的前提下，合理选取其容重。本工程所采用的轻骨料混凝土容重为不大于 $15kN/m^3$，考虑到钢筋的重量、粉刷饰面及材料的离散型等因素，在设计中取容重为 $18kN/m^3$。

(2) 由于本工程为复杂超限高层建筑，在加强层(立面收进处上下各 1 层)、避难层(酒店部分和办公部分各设置 1 层)以及屋顶层均采用了普通混凝土材料。当采用计算机程序进行计算时，需要特别提醒注意的是普通混凝土容重与轻骨料混凝土容重的差值所增加的附加荷载，不可出现荷载错输和漏输的情况。

(3) 轻骨料混凝土技术与普通混凝土结构设计计算结果对比分析与研究。采用 SATWE 程序计算，以 ETABS、MIDAS 程序校核，并进行整体结构的优化；本工程基本风压 $w_0=0.60kN/m^2$(100 年一遇)，地面粗糙度类别 C 类；基本雪压 $S_0=0.40kN/m^2$；建筑结构安全等级为二级；结构重要性系数 $r_0=1.0$；抗震重要性类别为重点设防类(乙类)；抗震设防烈度为 7 度(0.15g)，场地土类别为Ⅲ类，特征周期值为 0.58s，多遇地震作用下阻尼比为 0.02s；计算 X、Y 两个方向的风荷载和地震作用；计算振型为 30 个(振型参与质量满足规范要求)；考虑扭转耦联振动计算。主要计算结果如表 1 所示。

表 1　轻骨料混凝土与普通混凝土结构设计计算结果对比表

轻骨料混凝土技术与普通混凝土结构设计计算结果对比		轻骨料混凝土	普通混凝土
混凝土容重取值(kN/m^3)		18	26
结构总重力(t)		99924	113547
前六阶振型周期(s)(平动系数)	T_1	4.49	4.54
	T_2	4.10	4.14
	T_3	3.28	3.31
	T_4	1.72	1.75
	T_5	1.5	1.59
	T_6	1.52	1.54
周期比	T_3/T_1	0.73	0.73
多遇水平地震作用下扭转位移比	X 向	1.32	1.32
	Y 向	1.35	1.35
结构整体稳定性验算(刚重比)	X 向	2.45	2.39
	Y 向	1.96	1.92
多遇水平地震作用下基底总剪力(kN)	X 向	23690	26289
	Y 向	21053	23619
多遇水平地震作用下基底弯矩(kN·m)	X 向	2006784	2290967
	Y 向	1847353	2113405
多遇水平地震作用下最大层间位移角	X 向	1/418	1/401
	Y 向	1/393	1/379

计算结果表明，轻骨料混凝土技术较普通混凝土结构总重量减小了13.63%，对于本续建工程是极为有利的；由于质量的减轻，其结构所承受的地震作用较普通混凝土减小了12.19%（多遇水平地震作用下基底总剪力）和14.28%（多遇水平地震作用下基底弯矩）；最大层间位移角减小了3.97%。轻骨料混凝土技术在本工程中的应用，不仅减轻了结构自重，进而有效地减小了地震作用，并且成功控制了基础部分的补强加固工程量，对高烈度地区的工程有非常大的价值和现实意义。

3.3 新型自承式钢筋桁架模板轻骨料混凝土楼承板的设计

本工程专门设计了一种新型自承式钢筋桁架模板轻骨料混凝土楼承板，属于新型组合楼板。钢筋桁架模板是将钢筋在工厂加工成钢筋桁架，并将钢筋桁架与底模连接成一体的组合楼板。施工阶段，钢筋桁架能够承受混凝土自重及施工荷载；使用阶段，钢筋桁架与混凝土协同工作，承受使用荷载。这种楼板的优点是力学模型简单、直观，生产机械化程度高；并可减少现场钢筋绑扎工作量，有效保证上下层钢筋间距及混凝土保护层厚度，提高楼板施工质量；混凝土浇筑完毕后，现浇板整体刚度大、抗震性能好。图5所示为典型的钢筋桁架模板组合楼板。

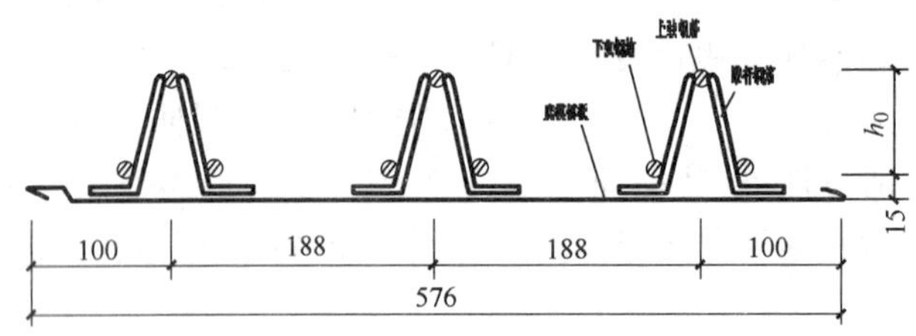

图5 典型的钢筋桁架模板图

在自承式钢筋桁架模板组合楼板设计中，根据钢筋桁架模板型号及楼板厚度、跨度、荷载等具体情况，并针对本工程的特殊性，编制了专门的钢筋桁架模板型号表，计算确定楼板所需增设的负筋。此外，在模板断开处增设了附加的连接短钢筋以及垂直于桁架方向的分布钢筋。楼板正截面承载力、最大裂缝宽度和楼板挠度按照《混凝土结构设计规范》(GB 50010—2002)进行设计；楼板下部钢筋拉应力计算如下式：

$$\sigma_{sk}=\frac{N_{1k}}{A_s}+\frac{M_{2k}}{0.87A_sh_0}\leqslant 0.9f_y$$

式中 A_s——计算宽度范围内杆件截面面积；

f_y——钢筋抗拉强度；

h_0——截面有效高度；

M_{2k}——使用阶段计算截面弯矩值；

N_{1k}——楼板自重标准值作用下钢筋桁架下弦拉力。

特别对于施工阶段的情况，分别进行了钢筋桁架上下弦杆的强度验算、受压弦杆及腹杆的稳定性验算及挠度验算等，以确定模板施工过程中临时支撑的设置。

研究表明[5]，组合楼板设计中，纵向抗剪措施（端部栓钉和横向抗剪筋）的设置可以有效提高模板与混凝土板的组合作用，使得钢板的受拉性能及混凝土的受压性能得到较充分发挥，组合楼板发生弯曲破坏；单独设置端部栓钉和横向抗剪筋可以有效提高组合楼板的刚度及延性，且横向抗剪筋对于楼板刚度的提高优于栓钉，而栓钉对于楼板延性的提高较横向抗剪筋明显，如果同时设置端部栓钉和横向抗剪筋，则楼板刚度和延性均有较大幅度提高。对于本工程应用的钢筋桁架模板轻骨料混凝土组合楼板，通过相关试验研究分析，并依据工程经验，较之普通混凝土组合楼板，适当提高对端部栓钉及抗剪筋的要求，以保证轻骨料混凝土与钢筋桁架模板的有效组合，共同发挥作用。

3.4 轻骨料混凝土技术在施工和工程管理中需要特别注意的问题

轻骨料混凝土在施工中存在由于轻骨料强度偏低导致的混凝土强度不足、泵送中泵压不同导致的骨料与胶凝材料离析、轻骨料孔隙结构差导致吸水以及轻骨料混凝土较普通混凝土收缩、徐变大导致的裂缝等问题[2]。针对上述情况，在工程设计阶段，应根据具体情况，对轻骨料混凝土的施工提出相应的意见及要求；施工阶段应制定科学、安全可靠、有效的《施工组织设计》文件并严格执行，确保施工与设计的紧密结合，使工程的建设达到结构设计的相关要求。

4 总结

本文针对天津昆仑中心续建超高层建筑，着重探讨了轻骨料混凝土技术在工程设计、施工中的应用及注意事项，研究了轻骨料混凝土对超高层建筑整体性能的影响。

(1) 轻骨料混凝土技术在天津昆仑中心复杂超限高层续建项目中的应用，减轻了结构自重，进而有效减小了地震作用，控制了基础部分的补强加固量，对高烈度地区的类似工程具有极大的价值和现实意义。

(2) 计算结果表明，较之普通混凝土结构，轻骨料混凝土结构总重量减小了13.63%，结构所承受的地震作用减小了12.19%(多遇水平地震作用下基底总剪力)和14.28%(多遇水平地震作用下基底弯矩)；最大层间位移角减小了3.97%。

(3) 新型自承式钢筋桁架模板轻骨料混凝土楼承板的设计和应用在本工程中取得了良好效果，不但组合楼板本身具有质量好、刚度大、抗震性能高等优点，轻骨料混凝土技术的采用更加在减轻结构自重、减小地震作用等方面发挥了明显优势。

参考文献

[1] 方鸿强.大底盘多塔楼连体复杂高层建筑群结构设计.建筑结构学报，2009，30

[2] 刘爽，吴文保，赵晓丽.轻骨料混凝土常见质量问题分析与防治.黑龙江水利科技，2008.36(5)

[3] 徐锦平，陈建华，周绍豪.轻骨料混凝土的应用研究及展望.国外建材科技，2007，28(5)

[4] 高永孚.轻骨料混凝土结构构件抗震设计中的几个问题.第八届全国轻骨料及轻骨料混凝土学术讨论会暨第二届海峡两岸轻骨料混凝土产制与应用技术研讨会

[5] 张燕坤，靳海江，姜德民，刘阳花.轻骨料混凝土组合楼板力学性能试验研究.北方工业大学学报，2008，20(1)

火烧受损构件和混凝土强度严重不足构件的加固实例

项剑锋 （浙江省建筑科学设计研究院）

［摘要］ 本文综述了5个火烧工程和3个混凝土强度严重不足工程的梁、板、柱的加固方法。实践表明，这些加固方法不仅安全可靠，而且速度快，费用低，外观漂亮，不影响正常使用。

［关键词］ 火灾；受损构件；混凝土强度；构件加固；楼面梁；框架梁

我们在近几年内曾加固过5个火烧工程和3个混凝土强度严重不足的工程。火烧工程分别是上海洗涤剂五厂生产车间、浙江余杭仪表厂生产车间、温州市迎祥大楼二楼商场、浙江宁海县服装总厂生产车间和浙江临海市浙东绣服城二楼商场。混凝土强度严重不足的工程分别是上海市电子仪表工人俱乐部5号楼楼面梁、浙江永康市二轻综合大楼框架梁和浙江宁海县胡陈港邮电支局综合楼框架梁。现将这些工程的加固方法综述如下。

1 钢筋混凝土大梁的加固

上述几个工程的大梁，我们均采用了自己研制的高强钢铰线预应力加固法进行加固。对于混凝土强度严重不足或已受损的大梁，采用这种预应力加固法特别适宜。因为我们可以根据弯矩图形来布置钢铰线，使预应力总是施加在受拉区。这样，不仅可以减少受拉区混凝土所受的拉应力，还可以同时减少受压区边缘混凝土所受的最大压应力，增加的压力主要由中和轴附近的混凝土承担，大大改善了混凝土截面的应力状态；同时也补强了正截面强度和斜截面强度。

预应力钢铰线一般采用极强限强度为1470N/mm^{2}的7ϕ^s5钢铰线，成对布置在大梁两侧。钢铰线的数量根据强度计算确定。对于火烧受损构件，一般可假定安全系数已降低为1.0，并取钢铰线的计算强度为800N/mm^2，以此确定钢铰线的数量。钢铰线的形状基本上与大梁的弯矩图形相一致（见图1）。两端用圆套筒三夹片式锚具固定，预应力靠旋紧设在梁底水平钢铰线上的U形拉紧螺栓的螺帽施加。预应力值的大小用手持式引伸仪测试，在拉紧螺栓的两侧和斜线段各设置一对铜头测点。水平段的实测预应力值控制在600～1000N/mm^{2}范围内。在张拉完毕以后用环氧胶泥把钢铰线和铁件涂刷一遍，并将已严重受损的混凝土凿去，然后用C30混凝土将钢铰线、铁件及梁底主筋部位的混凝土全部包裹。最后用水泥砂浆对整根梁抹面，并用麻筋石灰浆罩面，用106涂料刷白。经这样处理以后，大梁不仅强度可靠，而且外形比原来的梁还要美观。这种加固方法在“94江浙沪城乡建设新技术、新产品展示会”上获得金奖。有关这种加固方法更详细的介绍可见文献[1]、[2]。

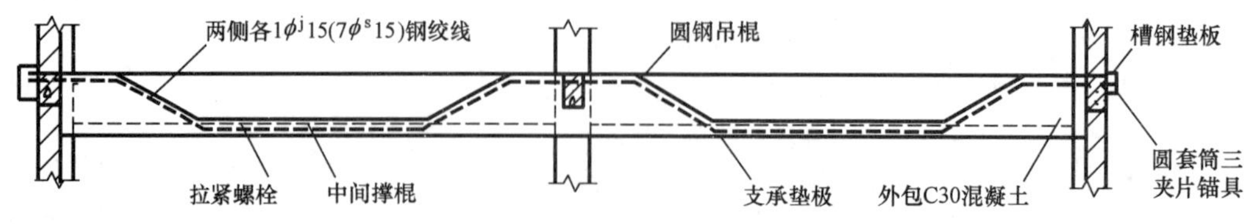

图1 两跨框架横梁加固示意图

2 钢筋混凝土楼板的加固

上述 5 个火烧工程的楼板，我们采用了以下几种加固方法。

2.1 上海洗涤剂五厂生产车间现浇肋形楼板的加固

该楼板的顶面布置有很重的设备，很难移动，而楼板和肋形梁已严重受损。我们采用了不移动设备，在肋形梁之间的楼板底部再设置一根肋形梁，使板和肋形梁同时得到加固的方法。该后浇肋形梁的混凝土从设在梁顶上部板面上的混凝土灌注孔中灌入，孔的尺寸为 15cm×20cm，中矩为 80cm 左右，用插入式振动器振实（见图 2）。该梁搁置在主梁的腹部约 10cm 深度上。中间节点主筋穿过主梁腹部，与相邻后浇次梁的主筋焊接（见图 3），边节点见图 4。加固以后再对肋形梁和楼板作耐久性处理，将板底和肋形梁上已受损伤的混凝土凿去，清除干净后先刷 107 胶水稀释液（胶水∶水＝1∶3），并随即用掺 107 胶水的 1∶1 水泥砂浆（胶水∶水＝1∶2）抹面，厚度较厚处分几次抹平。由于不移动设备，不仅修复速度快，而且费用低。

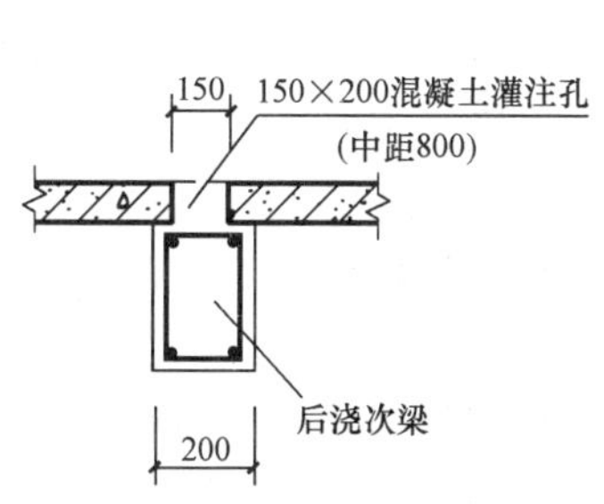

图 2 现浇板下设后浇次梁

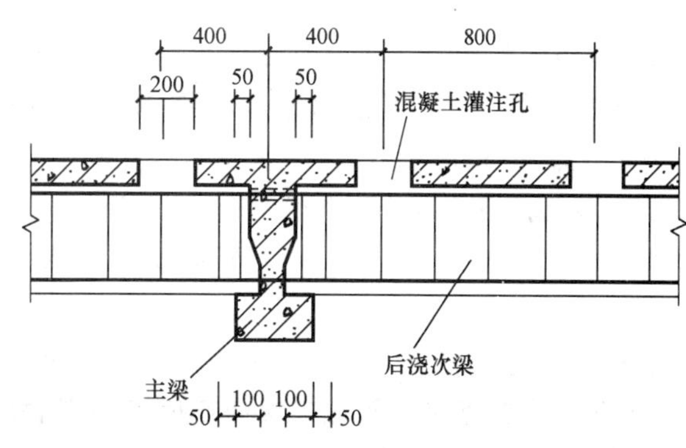

图 3 中节点构造

2.2 浙江余杭市仪表厂生产车间预制小梁现浇板屋面的加固

该屋面的预制小梁为冷拔丝预应力配筋，火烧以后预应力值损失较多，强度也降低较多，现浇薄板的强度也有较大降低。我们采用了在小梁之间的板底再设置一根非预应力小梁使小梁和板同时得到加固的方法。后浇小梁端部节点处理和后浇混凝土的施工方法与上一工程实例相同。

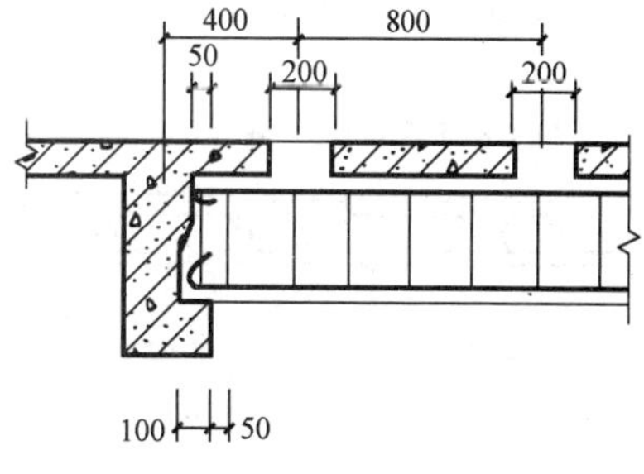

图 4 边节点构造

2.3 温州市迎祥大楼二楼商场顶层楼板的加固

该楼板为住宅现浇肋形楼盖。二楼商场发生火灾后由于热胀冷缩关系，大多数顶层板跨中板底的混凝土已剥落，主筋的强度降低较多。但由于板的跨度和荷重均较小，又为双向板，按计算其强度安全系数仍能满足要求。考虑到板的四周混凝土仍完好，主筋的锚固性能尚可靠，因此我们仅对顶层楼板作耐久性处理。先凿去板底受损伤的混凝土，清除干净后刷一遍 107 胶水稀释液，并随即用掺 107 胶水的 1∶1 水泥砂浆（胶水∶水＝1∶2）抹面，厚度较厚处分几次抹平，最后用麻筋石灰浆罩面，用白色 106 涂料刷白。

2.4 浙江宁海县服装总厂生产车间二层楼板的加固

火灾发生在底层，二层多孔板楼面的底面严重烧伤，有 20%左右的预应力多孔板的板底混凝土已严重剥落，主筋完全裸露，其预应力已基本消失，其余多孔板的板底混凝土也有程度不等的烧伤，其预应力冷拔丝主筋的强度也有程度不等的降低，板面 40 厚钢筋网（配 ϕ^b4@200）细石混凝土找平层和水磨石面层完好无损。建设单位曾收到过几种修复方案，都建议将楼板全部调换。但调换多孔板，一是施工不安全，框架柱的受力性能很不利，容易出问题；二是工期长；三是费用高。我们采用了把筒支多孔板楼面变成多跨连续叠合板的方法补强楼板，取得了令人满意的结果。其具体方法如下：

（1）在 40 厚钢筋网细石混凝土找平层与多孔板之间设置混凝土销钉，使其能承受较大的水平剪力，从而加强整体作用。具体做法是在楼板上凿出 10cm×10cm 的孔洞，跨度方向中距为 80cm 左右，横向方向为 50cm 左右，保证每块多孔板均有一排孔。相邻孔洞错开设置。孔洞两侧的圆孔孔道用纸堵塞，然后用 C30 混凝土灌实。

（2）在板的接头处设置 1ϕ12 负筋（数量可按计算确定），使在活荷载作用下能起到连续板的作用。具体做法是将找平层凿出宽为 10cm 左右的槽（长度约 1/4 跨长），并在整条槽上凿 5 个 15cm×15cm 的孔洞，负筋两端设置直钩弯入孔洞内，然后用 C30 混凝土灌实。

（3）对于板底混凝土已剥落的板，将板底混凝土全部凿去，并将孔道间的混凝土也凿去一部分，使至板底的距离不小于 6cm，两端没有损伤的混凝土可以保留 20cm 左右，然后设置 2ϕ12非预应力筋（数量可根据强度计算确定，原冷拔丝强度按非预应力乙级钢丝取值），用 ϕ4@400 分布筋；最后设置模板，从板顶的孔洞中灌入 C30 混凝土，将整块板浇实。

（4）多孔板板底再作耐久性处理。先清除掉已受损伤的混凝土，然后刷 107 胶水稀释液，并随即用掺 107 胶水的 1∶1 水泥砂浆（胶水∶水＝1∶2）抹面。最后抹麻筋石灰浆，干后刷二度白色 106 涂料。

这种方法施工安全，工期短，费用低。但板面水磨石面层已遭到损坏，需另做面层。

2.5 浙江临海市浙东绣服城二楼商场顶层楼板的加固方法

该楼板也为预应力多孔板楼面，但找平层没有配钢筋网，面层也为水磨石，完好无损。有少数多孔板的板底混凝土已剥落，大多数多孔板的混凝土仅受轻微烧伤，预应力钢丝的强度有程度不等的降低。为了能保住板顶水磨石面层，我们采用了在板跨中点设置后浇钢筋混凝土梁的加固方法。具体做法是在每块多孔板的中点位置凿出 15cm×15cm 的混凝土灌注孔。为了不损坏水磨石面层，先用切割机在面层上割出方块，再用凿子凿孔。在后浇梁的搁置部位将主梁凿进上 5cm、下 10cm 缺口。该工程后浇梁为两跨，中间节点纵向钢筋处在主梁上钻孔，让钢筋贯通（见图 5）。混凝土从混凝土灌注孔内灌入，用插入式振动器振实。孔内混凝土浇至与找平层顶面相平，最后补做水磨石面层。

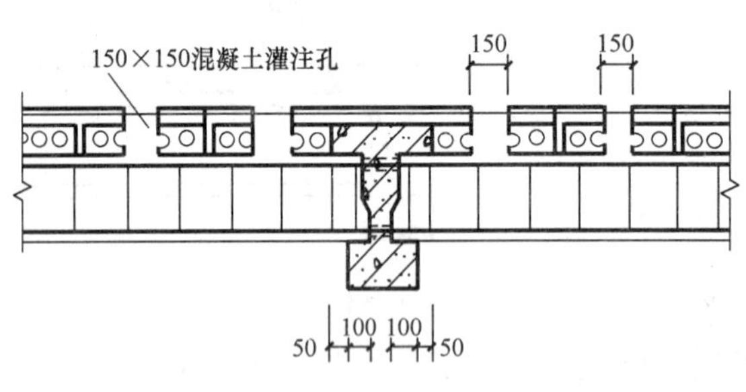

图 5　多孔板下设后浇次梁

采用这种做法，水磨石面层不需要重做，费用较低，而且加固期间楼面上可以正常使用。

3　钢筋混凝土柱子的加固

在我们经手处理的 5 个火烧工程中，柱子虽然也均有严重程度不等的烧伤，但由于原设计强度余地比较大，而烧伤的深度有限，所以均不需要作加固处理，仅作耐久性处理。

耐久性处理方法如下：先将已受损伤的混凝土凿去，清除掉浮砂，然后刷 107 胶水稀释液

(胶水∶水=1∶3),并随即用掺107胶水的1∶1水泥砂浆(胶水∶水=1∶2)进行修补,厚度较厚时分几次补平。最后用1∶2水泥砂浆整体抹面,抹面前先刷107胶水稀释液,以增强黏结力。

参考文献

[1] 项剑锋.高强钢绞线预应力加固法.建筑技术,1992(6)

[2] 项剑锋.钢筋混凝土大梁高强钢铰线预应力加固法.结构与地基国际学术研讨会论文集.1994

在抗震设计中结构刚柔探讨

林英舜 （浙江展诚建筑设计研究有限公司 杭州 310005）

［学术沙龙主题］ 结构的延伸系数是抗震能力的重要指标之一。

1 什么是结构的延伸系数

结构的延伸系数（延伸率）定义为结构在水平地震作用下，最大容许位移 Δ_{max} 与弹性极限位移 Δ_y 之比，即延伸系数 $\mu=[\Delta_{max}]/\Delta_y>1$。

结构塑性变形影响折减系数，当结构产生塑性变形时，地震作用不增加，而位移继续发展，结构通过变形吸收了地震能量，使地震作用控制在弹性极限受荷 P_y 范围内。如果把结构作为理想的弹性体，其作用的地震荷载为 P_e，则结构的塑性变形影响折减系数（以下简称为塑性折减系数）

$$C_1=P_y/\ P_e\leqslant 1$$

2 结构的塑性折减系数 C_1 与延伸系数 μ 的关系

结构的塑性折减系数 C_1 和延伸系数 μ 的关系与结构的振动频率有直接关系，可以分为低频、中频、高频三种不同情况。

2.1 低频结构

因为频率与周期成反比，所以低频结构即长周期结构，一般指结构振动周期 $T>5T_g$ 的结构（T_g 为场地特征周期）。该区段是结构位移控制段，因为长周期即表示结构很柔软，与地面联系很弱，认为不能或很少传递地震能量，质点处于静止状态，无论是弹性结构还是对应的理想弹性结构，它们的质点相对位移均接近地面位移，即 $\Delta_{弹性}=\Delta_e=\Delta_{max}$，据地震荷载与位移图，有

$$C_1=P_y/P_e=\Delta_y/\Delta_e=1/(\Delta_e/\Delta_y)=1/(\Delta_{max}/\Delta y)=1/\mu$$

$$C_1=1/\mu$$

即低频结构的塑性折减系数与延伸系数成倒数关系。

这相当于地震影响系数曲线中自振周期 $T>5T_g$ 的部分。

2.2 中频结构

中频结构即中周期结构（$T=T_g\sim5T_g$），其速度反应大致相同，故它们所吸收的地震能量基本相同（结构所获得的能量 $W=mv^2/2$）。能量又可用力乘以力方向上移动的距离来表示，在图表上即可用曲线、折线、直线与横坐标所包围面积表示，这样三角形 OEG＝梯形 $OACd$，（见图 1），则有

$$P_y\Delta_y/2+P_y(\Delta-\Delta_y)\ =\ P_e\Delta e/2$$

根据平行相似形关系，有 $\Delta e/\Delta_y = P_e/P_y$，代入上式可以推得

$$P_y\Delta_y/2 + P_y(\Delta - \Delta_y) = P_e^2/2P_y$$

进一步推演可得

$$C_1 = 1/\sqrt{2\mu - 1}$$

这就是现在大部分工程所属的中频结构（中周期）。例如，Ⅲ类场地，地震第一组时，$T_g \sim 5T_g = 0.45 \sim 2.25\mathrm{s}$ 的结构。

2.3 高频结构

高频结构即短周期结构[$T=(0.10\sim T_g)\mathrm{s}$]，这种结构非常刚，与地面近乎刚性连接，当地面运动时，质点位移与地面位移接近，无论是弹塑性结构还是理想的弹性结构，它们的质点最大加速度趋近于地面最大加速度，因而它们的水平地震作用相同，即 $P_y = P_e = m|X_0|''_{\max}$（$|X_0|''_{\max}$为地面最大加速度）。也就是 $C_1 = P_y/P_e = 1$。

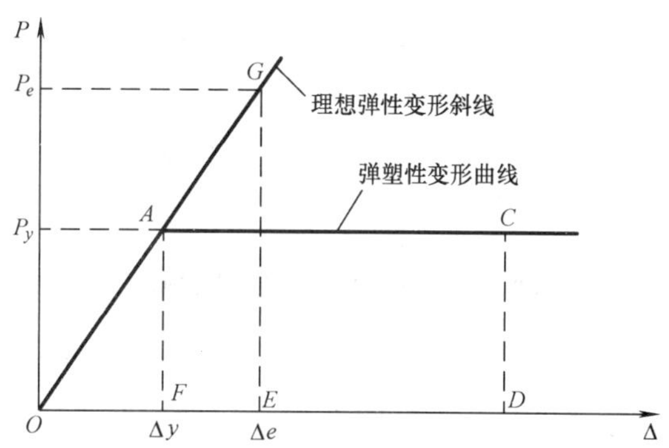

图1　单质点运动的荷载和位移关系折线图

这说明对高频结构的地震荷载不应折减。

综上所述，只要结构有延性，就可对地震荷载进行折减。对于中低频结构，延伸系数大，地震荷载折减得就多。因此，抗震结构设计时，既要保证结构体系有足够的抗侧移刚度以满足位移限值，又不要使其侧移刚度过大，导致结构地震影响系数折减得很小，地震作用加大，用材不经济。

此外，影响地震作用大小的还有结构阻尼系数。由于结构在振动过程中，在构件连接处的摩擦、材料内摩擦及地基振动引起的能量散失，将使结构的振动逐渐衰减，这种使结构摩擦、振动而衰减的力就是阻尼力。它是与速度成正比的，即阻尼力越大，结构自振频率越慢，周期越长，故使地震作用折减得越多（见本文后所附微分方程）。

单质点振动阻尼系数 $C=\sqrt{2km}$，其中 k 为结构刚度，m 为质量。

也就是说，阻尼系数决定于结构刚度 k 和质量 m 的大小。

有阻尼力振动的自振频率为

其中

$$\omega' = \sqrt{1-\xi^2}\,\omega$$

式中　ω——无阻尼振动的自振频率；

ξ——阻尼比 $\xi = C/2m\omega$；

C——阻尼系数。

由上知 C 增大，阻尼比 ξ 增大，有阻尼振动自振频率 ω' 减小，周期变长，地震力减小。当 $\xi=1$ 时，结构不振动，即 $\omega'=0$，此时的阻尼系数 C_r 就称为临界阻尼系数，$C_r = 2m\omega$。

临界阻尼比 $\xi = C/C_r$，简称阻尼比，所以临界阻尼比越大，自振频率越慢，周期越长，地震作用越小。

钢筋混凝土结构的阻尼比：　　　5%。
钢结构的阻尼比：　　　　　　　2%～3%。
钢混结构的阻尼比：　　　　　　4%。
结构的阻尼作用引起的结构地震力折减系数顺序为
钢筋混凝土结构>钢混结构>钢结构
在《建筑结构抗震设计规范》(GB 50011—2001)中，阻尼调整系数按下式计算：

$$\eta_2 = 1 + (0.05 - \xi) / (0.06 + 1.7)$$

也就是说，不同的结构材料组成的结构体系，有各自的振动影响系数曲线(见图 2)。

现规范中，地震影响系数已包括结构影响系数(含结构弹塑性折减系数)，α 是地震系数 k 和动力系数 β 的乘积。

β 是最大反应加速度与地面最大加速度之比，即

$$\beta = S_a / |X_0|''_{max}$$

地震系数 k 是地面最大加速度与地面重力加速度 g 之比，即

$$k = |X_0|''_{max} / g$$

地震烈度提高 1 度，地震加速度增 1 倍，地震系数乘以 2。

因此，α 的计算公式为

$$\alpha = k\beta = |X_0|''_{max} / g = S_a / |X_0|''_{max} = S_a / g$$

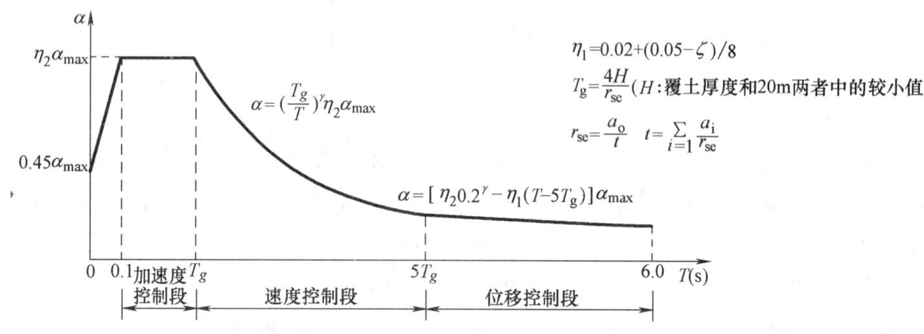

图 2　地震影响系数曲线

α—地震影响系数；α_{max}—地震影响系数最大值；η_1—直线下降段的下降斜率调整系数；
γ—衰减指数；T_g—特征周期；η_2—阻尼调整系数；T—结构自振周期

设计烈度比设防烈度低 1.55 度，即地震作用仅为设防时的 1/3.10，其不足用抗震措施来补充。

结构地震影响系数应根据设防烈度高低、场地类别多少、设计地震分组组数以及结构自振周期和阻尼比确定。若自振周期和阻尼比确定，应有 48 条曲线(设防烈度 6、7、8、9 度；场地类别Ⅰ、Ⅱ、Ⅲ、Ⅳ类；设计地震分组一、二、三组)。

附：地震作用下单质点结构体系的运动微分方程

$$MX''(t) + CX'(t) + KX(t) = -MX_0''(t)$$

即地震地面加速度 $X_0''(t)$的产生外力 $MX_0''(t)$变为位移弹性恢复力 $KX(t)$，各结构阻尼消耗的阻滞力 $CX(t)$以及使结构体系质量 m 产生加速的力 $MX''(t)$。

参 考 文 献

[1] 北京建筑工程学院，南京工学院.建筑结构抗震设计.北京：地震出版社

[2] 建筑结构抗震设计规范(GB 50011—2001)

干拌自密实混凝土耐久性的试验研究综述

王静芬[1]　宗　兰[2]

（1. 江苏新桥建工程有限公司　214423；2. 南京工程学院　211167）

［摘要］ 在自密实混凝土基础上发展起来的干拌自密实混凝土，其最大特点是主要材料（基料）的商品化生产，施工现场无须进行配合比设计，直接在基料中加入一定量水和粗集料，搅拌均匀即可。本文采用压汞法测定了干拌自密实混凝土水泥石的孔结构参数，包括总孔隙率、最可几孔径及平均半径等，探讨了干拌自密实混凝土的孔结构与其耐久性的关系；在前人对干拌自密实混凝土基本力学性能研究的基础上，研究了干拌自密实混凝土的抗氯离子渗透性能；研究了干拌自密实混凝土的抗碳化性能，进而为评价干拌自密实混凝土的耐久性提供了试验依据。

［关键词］ 自密实混凝土；干拌自密实混凝土；抗碳化性能；耐久性

1　研究背景

钢筋混凝土结构已广泛应用于工业与民用建筑，特别是框架结构，无论是在多层建筑，还是在高层建筑中，都得到了非常广泛的应用。由于我国处于地震多发地区，大多数建筑结构要求进行抗震设防设计，以减轻地震灾害。我国的《混凝土结构设计规范》（GB 50010—2002）、《建筑结构抗震设计规范》（GB 50011—2001）、《高层建筑混凝土结构技术规程》（JGJ 3—2002）等都明确规定在框架结构设计中，贯彻“强柱弱梁、强剪弱弯、强节点弱构件”的抗震设计原则，使结构在地震发生时，具有较好的延性，能做到“大震不倒、中震可修、小震不坏”。

但从目前我国钢筋混凝土框架结构施工情况来看，由于在框架的节点处梁、柱钢筋密集，而且规范要求节点处箍筋要加密，这样使得在节点处浇筑混凝土非常困难，难以保证节点混凝土的施工质量，从而很难满足框架结构“强节点”的抗震设计原则。特别是采用泵送混凝土现场浇注时，如何解决节点混凝土密实性问题尤为突出。国内外很多学者也在试图解决这一问题，如提出用高强混凝土灌注等方法，虽然混凝土的强度提高了，但是混凝土的弹性模量也提高了，降低了节点的延性。

随着高效减水剂的出现使配制自密实混凝土成为了可能，自密实混凝土已成为混凝土技术的一个最新发展方向，由于它在浇注时不需要振捣，主要依靠自重即可充满配筋密集的模板和包裹钢筋，并且保持良好的匀质性，所以它能很好的解决上述难题。自从20世纪80年代后期问世以来，自密实混凝土引起了世人的广泛注目，它简化了施工工序，降低了作业强度，节省了动力和劳力，实现了混凝土浇筑的省力化，消除了振捣噪声污染，改善了作业环境，缓解了施工扰民问题，提高了混凝土施工速度和质量。它给解决或改善密集配筋、薄壁、复杂形体以及大体积混凝土施工带来了极大的方便。

但是由于自密实混凝土工作性能的特殊要求，对混凝土拌合物的流动性、间隙通过性和抗离析性能要求较高，所以必需掺加高性能减水剂，并且对粗骨料的粒形、最大粒径以及细骨料的细度模数要求较高，因此配制自密实混凝土需要专门的技术人员在现场提供技术支持，这在一定程度上阻碍了自密实混凝土的大力推广应用。干拌自密实混凝土就是在这种情况下产生的，其主要材料在工厂由专门的技术人员进行干拌装袋，使用时只需在现场加入一定量水和粗骨料，搅拌均匀即可。

2 本课题的研究意义及目的

2.1 自密实混凝土

自密实混凝土(Self Compacting Concrete，简称为 SCC)也称为自流平混凝土，是在低水胶比下具有很高的流动性而不离析、不泌水，能不经振捣靠自重流平并充满模板和包裹钢筋的新型混凝土。它兼有良好的力学性能和耐久性能，且能解决传统混凝土施工中的漏振、过振以及钢筋密集难以振捣等问题，可保证钢筋、预埋件、预应力孔道的位置不因振捣而移位，并能大量利用工业废料做掺合料以提高耐久性。

自密实成型的基本原理是通过复合型外加剂、优质掺合料和粗细骨料的选择、搭配及精心的配合比设计使混凝土拌合物的屈服应力减小到适宜范围，同时又具有足够的塑性黏度，使骨料悬浮于水泥浆中，混凝土拌合物既具有高流动性又不出现离析泌水，能在自重下自由流淌填充模板内空隙并形成均匀密实的结构。

这种混凝土用于难以浇筑甚至无法浇筑的结构部位，可避免出现振捣不足而造成的空洞、蜂窝、麻面等质量缺陷，同时节省动力和劳力、加快工程进度，并解决噪声扰民等问题，具有显著的技术、经济和社会效益。

2.2 混凝土耐久性研究的意义

本课题的题目是干拌自密实混凝土耐久性的试验研究，其目的是通过与同等强度的普通混凝土对比的试验研究，得出干拌自密实混凝土材料的耐久性能。众所周知，混凝土结构的耐久性是基于材料耐久性的进一步深化。混凝土结构在自然环境和使用条件下，随着时间的推移，材料逐渐老化，结构性能劣化，出现损伤甚至损坏，是一个不可逆的过程。它不是直接由力学因素引起的。首先是混凝土材料的物理化学作用的结果，继而影响到建筑物的使用功能和结构的承载力下降，最终会影响整个结构的安全。

研究混凝土结构的耐久性具有重要的意义。对于重要的基础设施，一般设计使用年限约为 50～100 年，这就要求建筑材料具有优良的耐久性，混凝土作为最大宗的建筑材料，其耐久性人们最为关心[3]。以往的工程设计普遍存在着重强度设计、轻耐久性设计的问题。还有一些工程项目在施工中没有严格按照施工规范、设计文件的要求操作，导致混凝土质量不合格、钢筋保护层不足等诸多问题。

此外，在结构使用过程中又没有合理及时的维护，最终造成大量混凝土结构远远没有达到预定的服役年限而提前失效，造成了巨大的经济损失。国内外统计资料表明，由于混凝土结构的耐久性病害而导致的损失非常巨大，并且越来越严重。

美国 1975 年由于混凝土结构受到腐蚀引起的损失达 700 亿美元，1985 年则达 1680 亿美元；目前混凝土基础设施工程总价值约为 60000 亿美元，而每年用于维修或重建的费用预计将高达 3000 亿美元；50 万座公路桥梁中 20 万座已有损坏，平均每年有 150～200 座桥梁部分或完全坍塌，寿命不足 20 年；3000 座混凝土水坝平均寿命 30 年，其中 32%的水坝年久失修。

英国每年用于修复钢筋混凝土结构的费用达 200 亿英镑，最典型的是英格兰岛中部环形快车道上 11 座混凝土高架桥，当初的建造费为 2800 万英镑(1972 年)，到 1989 年因为维修而耗资竟达 4500 万英镑，是当初造价的 1.6 倍；估计以后 15 年还要耗资 12 亿英镑，累计接近当初造价的 43 倍。

日本目前每年仅用于房屋结构维修的费用达 400 亿日元以上；103 座混凝土码头中，凡使用 20 年以上的，均有相当明显的顺筋开裂。其引以自豪的“新干线”使用不到 10 年就出现了大面积混凝土开裂、剥蚀现象。

我国据 2000 年全国公路普查，公路危桥已有 9597 座，达 323451 延米，公路桥梁每年需要维修费用达 38 亿元，而实际到位仅 8 亿元；北京东直门桥、大北窑桥等二十几座立交桥不得不提前进行大修加固，而国内最早建成的北京西直门立交桥使用不到 19 年就被迫拆除，现在后建的桥又不得不进行危桥改造。这反映了混凝土结构耐久性不足造成的损失大大超过了人们的估计。

国外学者曾用“五倍定律”形象地描述了混凝土结构耐久性设计的重要性，即设计阶段对钢筋防护方面不当地节省 1 美元，那么就意味着发现钢筋锈蚀时采取措施将追加维修费 5 美元；混凝土表面顺筋开裂时采取措施将追加维修费 25 美元；严重破坏时采取措施将追加维修费 125 美元[7]。

可见，混凝土结构耐久性问题是结构工程设计中迫切需要解决的重要问题，尤其对我国显得更为重要。这是因为我国人口众多，过去为及时解决居住需要和促进工业生产，建造过不少质量不高的民用房屋和工业厂房。结构设计虽然采用可靠度理论计算，实质上仅能满足安全可靠指标的要求，而对耐久性要求考虑不足，且由于忽视维修保养，现有建筑物老化现象相当严重。截至 20 世纪末，有近 23.4 亿平方米建筑物进入老龄期，处于提前退役的局面。

20 世纪 50 年代，不少在混凝土中采用掺入氯化钙快速施工的建筑，损坏更为严重。近几年房地产开发中反映出的质量问题也很突出，不少新建好的商品房，未使用几年就需要修复，给国家造成了极大的浪费[8]。我国是发展中的大国，正在从事着大规模的基础设施建设，而我国财力有限，能源短缺，资源并不丰富，因此，有效地利用资金，节约能源，既要科学设计出安全、适用、耐久的新建工程项目，还要充分、合理、安全地延续利用现有房屋资源和工程设施。

因此，提高混凝土结构的耐久性、延长其使用寿命，不仅有着丰富的经济效益，而且会获得巨大的社会效益，这已是摆在我国乃至发达国家学术界和工程界面前的重要研究课题。

2.3 干拌自密实混凝土耐久性的试验研究内容

本课题是在汪秀石等对干拌自密实混凝土工作性能和基本力学性能的研究成果基础上进行耐久性的试验研究，与他的研究课题属于同一个大课题。本课题主要研究内容包括以下几方面：

(1) 原材料试验，即根据规范要求对试验所用到的水泥、粗细骨料等原材料进行性能试验。

(2) 参考已有的工作性能和基本力学性能指标，选取粗骨料和加水量为研究参数，分别取粗骨料用量为基料的 15%、25%、35%、45% 四个等级，加水量分别取基料的 12%、13%、14% 三个等级，配制出干拌自密实混凝土。

(3) 研究所配制的干拌自密实混凝土的工作性能，根据中国土木工程学会标准《自密实混凝土设计与施工指南》(CCES 02—2004)选择出满足工作性能要求的配合比，剔除不满足要求的配合比。

(4) 测出满足工作性能要求的干拌自密实混凝土立方体抗压强度，配制同等强度的普通混凝土以作对比。

(5) 将干拌自密实混凝土和对比混凝土制作成标准试件，养护至规定龄期，进行各项耐久性指标检测。得到其干缩值、碳化深度、抗冻等级及氯离子扩散电量值等，从而得出干拌自密实混凝土的耐久性情况，将其与对比混凝土作对比并得出相应结论。

(6) 通过压汞试验测得干拌自密实混凝土内部孔结构分布情况，从机理上研究干拌自密实混凝土表现出各项性能的原因，并与普通混凝土对比。

3 研究结论

3.1 干拌自密实混凝土氯离子渗透试验

试验结果表明，除ZM15外，其余配合比的干拌自密实混凝土在氯离子渗透性下的导电量基本与同等强度的普通混凝土相差不大，尤其是ZM35、ZM45的导电量比对比混凝土还少，说明只要选择合适的配合比，在含氯离子的环境中，干拌自密实混凝土完全能够代替普通混凝土来使用。

3.2 干拌自密实混凝土压汞法孔结构试验

(1) 无论是干拌自密实混凝土还是普通混凝土，其孔结构情况都随养护龄期逐渐优化。

(2) 干拌自密实混凝土在各龄期的孔结构均优于普通混凝土，按优劣排序为ZM15、ZM25、ZM35、ZM45、PT。

(3) 通过与耐久性试验相比较发现，压汞试验和耐久性试验结果有很好的相关性，从机理上说明了混凝土的内部微观结构直接影响着其宏观性能。

(4) 干拌自密实混凝土由于掺加了优质的掺合料，利用掺合料良好的细度和活性，其微细颗粒和二次水化产物可填充混凝土中的孔隙及原始缺陷，从而降低了其总孔隙率，减小了最可几孔径和平均孔径，提高了密实度，所以强度和耐久性均优于普通混凝土。

3.3 干拌自密实混凝土的碳化深度试验

本课题主要研究了干拌自密实混凝土的碳化深度随着粗集料含量不同以及养护龄期不同的变化规律，并与普通混凝土作对比，得到以下主要结论：

(1) 无论是干拌自密实混凝土还是对比混凝土，其碳化深度随着碳化时间的延长逐渐增大。

(2) 不同配合比干拌自密实混凝土的碳化深度呈现一定规律性，均随着粗集料含量的增加其碳化深度也在增大。

(3) 混凝土的碳化深度随着养护龄期的增长而减小。

(4) 与普通混凝土的对比试验表明，无论是哪组配合比的干拌自密实混凝土，相同的养护龄期下，其碳化深度都较普通混凝土小，说明干拌自密实混凝土的抗碳化性能优于同等强度的普通混凝土。

参考文献

[1] 齐永顺，杨玉红.自密实混凝土的研究现状分析及展望[J].混凝土，2007(1)

[2] 张誉，等.混凝土结构耐久性概论[M].上海：上海科学技术出版社，2003

[3] 汪秀石.干拌自密实混凝土基本力学性能试验研究[D].合肥：合肥工业大学，2007

[4] 宗兰，等.干拌自密实混凝土抗氯离子渗透性试验研究[J].江苏建材，2008.(4)

[5] 宗兰，曾丽娟，王元纲，张高勤.干拌自密实混凝土孔结构的试验研究[J].混凝土，2009(10)

钢筋混凝土压弯构件计算的新理念

杜　勇　（太钢设计院）

［摘要］　钢筋混凝土压弯构件按照新的设计理念计算，可充分发挥混凝土承载作用，从而可节省材料和建设资金。

［关键词］　钢筋混凝土；压弯构件；混凝土压应力；矩形压应力；混凝土拉应力

1　前言

目前，社会上的工程界计算钢筋混凝土受弯构件的方法基本上是按照有关教科书或设计规范的相关公式计算钢筋的面积。然而按这种方法计算出的钢筋用量比较大，而且计算也比较烦琐，在计算的过程中没有发挥出混凝土的全部承载力。混凝土的抗压能力较强，但它也具有一定的抗拉能力，但是在设计抗弯构件时却不考虑混凝土的抗拉力，其抗拉力全部由受拉钢筋来承担，混凝土的抗压力也只利用了其设计值而没有发挥其标准值的作用，造成材料上的极大浪费。

如果在构件的设计中进行认真计算，按照构件的实际情况，既可保证结构的整体安全性，又可充分利用材料的抵抗力，就能够节省原材料，有利于国家建设。

2　钢筋混凝土压弯构件的计算新理论

钢筋混凝土构件在设计计算中主要是计算混凝土所承受的压力、拉力、剪力、弯曲力是否超过构件本身相应的抗力，以及构件的刚度和稳定性是否满足规范要求。

2.1　轴心受压的计算

混凝土构件的轴心受压可以看作受压截面上的压力是均匀的，其压应力 $f_0=N/A\leqslant f_c$，其中 f_c 为混凝土的抗压强度设计值；也可以使 $f_0\leqslant f_k$（标准值），但为了安全一般取设计值。若 $f_0>f_c$，超过的压力全部由受压钢筋来承担。

《混凝土结构设计规范》(GB 50010—2002)及教科书的受压混凝土中的受压筋计算由下式确定：

$$A_s'=[(N/0.9\Phi)-f_cA_c]/f_y' \tag{1}$$

式中　Φ——混凝土构件稳定系数；

N——轴心压力设计值；

f_y'——受压筋抗压强度设计值；

f_c——混凝土轴心抗压强度设计值；

A_c——混凝土横截面面积。

实际上钢混凝土构件受到轴心压力后，混凝土构件的任一横截面上混凝土和钢筋同时承受压力 N。当混凝土所承受的压应力值 $\sigma_c\geqslant f_c$ 时，混凝土就开始出现竖向裂纹。这时混凝土的应变为

$$\varepsilon_c=\varepsilon_0 \tag{2}$$

式中　ε_0——混凝土的压应力刚达到 f_c 时的压应变。

$$\varepsilon_0 = 0.002 + 0.5(f_{cuk} - 50) \tag{3}$$

一般取 $\varepsilon_0 = 0.002$。当 $\varepsilon_0 = 0.002$ 时，钢筋也受到一定的压力，产生一定应变 ε_s。这里钢筋的应变应该与混凝土的应变相等，否则混凝土的变形大，钢筋的变形小，混凝土破坏时钢筋还不能发挥出承载力的作用，整个构件就受到了严重的破坏，因此 $\varepsilon_s = \varepsilon_0$。

由于：$\sigma_s = \varepsilon_s E_s = 0.002E_s$，$\sigma_s = (N - f_c A_c)/A'_s$，则

$$A'_s = (N - f_c A_c)/0.002E_s \tag{4}$$

若考虑到稳定性及安全性，上式改为

$$A'_s = [(N/0.9\Phi) - f_c A_c]/0.002E_s \tag{5}$$

由于 $0.002E_s = 0.002 \times 210 = 0.42\text{kN/mm}^2 \quad > 0.235\text{kN/mm}^2$，因此按上述理论计算出的钢筋量可减少一半。

2.2 纯弯混凝土构件的计算

纯弯混凝土构件计算的受拉钢筋面积所用的公式过去都是按照教科书或《混凝土结构设计规范》(GB 50010—2002)上的相应公式来计算。过程是先求出受压区高度，再由轴向合力为零求出受拉钢筋面积。而用新的理论计算纯弯混凝土构件的受拉钢筋量基本上也是用上述方法，不过这里是按受弯混凝土构件的实际情况来考虑。

2.2.1 混凝土受压区的三角形应力图

当混凝土构件受到纯弯曲后，在其横截面中和轴的一侧是受压，而另一侧受拉，而且距中和轴越远，拉(压)应力越大(见图 1)。

混凝土是抗压不抗拉的材料，而钢筋却是抗拉不抗压的材料。当混凝土承受的最大压应力超过 f_c，混凝土开始被压碎。最大拉应力超过 f_1(f_1 为混凝土的抗拉强度设计值)，混凝土被拉断。而 $f_1 \approx 0.1f_c$，因此混凝土承受的外部拉力大部分由钢筋来承担。根据材料力学原理知：$N_1 = N_c$，中和轴处应力为零。

当外力矩作用到混凝土构件上时，最初是混凝土边缘的应力达到 σ_1，当 σ_1 达到 f_1，受拉区的混凝土被拉断，受力区的横截面缩小。缩小的边缘拉应力必然要大于原来的 σ_1，大于 f_1。混凝土边缘继续被拉断，相应的受压区的 σ_c 将逐渐增大到 f_c，若不配置钢筋，在外力矩不变的情况下，整个混凝土将被砌底拉断。若受拉区配置钢筋，整个受拉区的拉力除克服混凝土的拉应力，其余的力全部由钢筋来承担。受压混凝土的截面越小，σ_c 就越大，σ_c 增大到 f_c 时，受压混凝土边缘被破坏，此时中和轴应力为零。受压区的应力图为△，受拉区克服混凝土拉断的应力图为△和矩形，其余的拉力由钢筋承担，计算简图如图 2 所示。

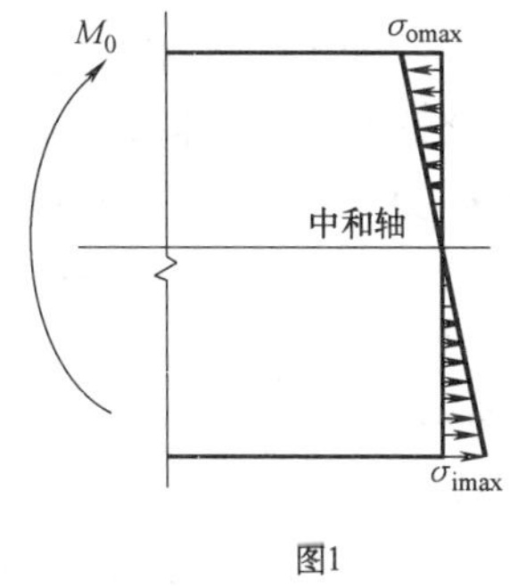

图1

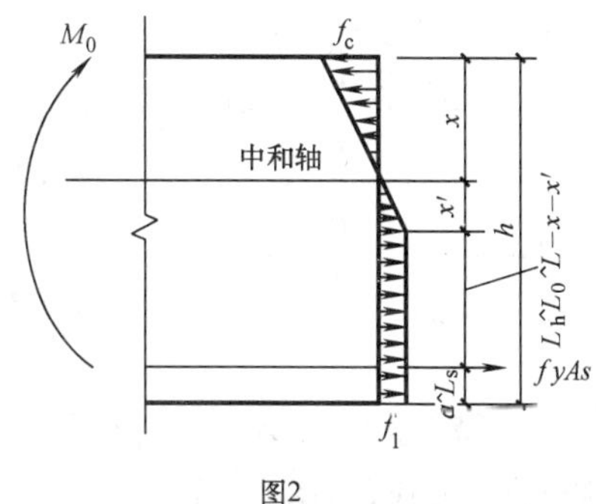

图2

图中由 $\sum N_x = 0$ 和 $\sum M_{中轴} = 0$ 得出式(6)：

$$f_c bx/2 = (f_1 bx'/2) + f_1 b(h - x - x') + f_y A_s \tag{6-1}$$

$$f_c bx^2/3+f_1 bx'^2/3+f_1 b(h-x-x')(h-x+x')/2+f_y A_s(h_0-x)=M_0 \tag{6-2}$$

$$x/x'=f_c/f_1 \tag{6-3}$$

根据以上三式就可解出受压区受拉区的高度及受拉钢筋的面积。该受拉区的钢筋量一定小于按《混凝土结构设计规范》(GB 50010—2002)的计算量，原因是《混凝土规范》不考虑混凝土的抗拉强度。

2.2.2 混凝土受压区的矩形应力图

前面的应力图是受压区边缘的应力刚达到 f_c 的图形。实际上，当外力矩继续增大时，受压区边缘应力逐渐向内发展达到 f_c，而受拉区的混凝土全部断开。

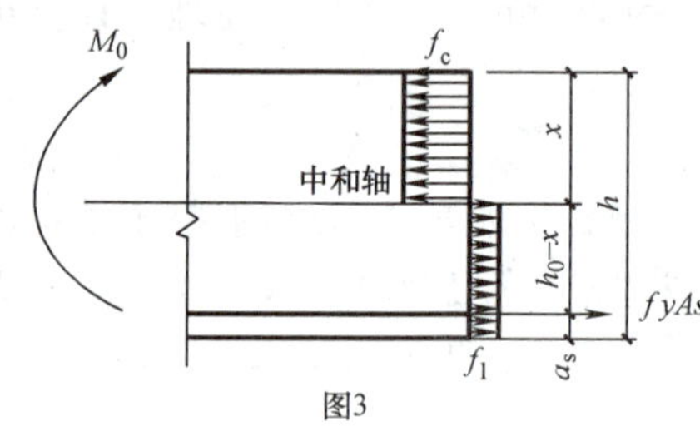

图3

从理论上讲，外力矩增大时边缘压应力将超过 f_c，但是边缘压应力达到 f_c 时，边缘将受到破坏，其应变由 ε_0 逐渐发展到 ε_{cu} 同时也向内发展，其应力也逐渐发展到 f_c，直到整个受压区全部达到 f_c 时，受压区的混凝土就全部受到破坏，此时受拉区的拉力全部受拉钢筋承担，应力图如图 3 所示。由该应力图可列出下列公式：

$$f_c bx=f_1 b(h-x)+f_y A_s \tag{7-1}$$

$$f_c bx(h_0-x/2)+f_1 b(h_0-x)[(h-x)/2-a_s]=M_0 \tag{7-2}$$

由此解出 x 和 A_s，这里：$X \leqslant X_b$。

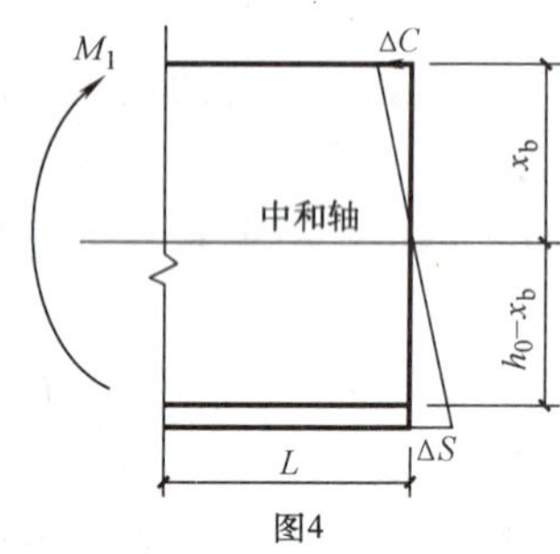

图4

我们设计钢筋混凝土构件的目的就是要使混凝土在受压破坏时，受拉钢筋同时屈服。受压混凝土屈服时，其应变为 $\varepsilon_0 \sim \varepsilon_{cu}$，钢筋受拉屈服时的应变为 ε_s，这里 $\varepsilon_{cu}=f_c/E_c$，$\varepsilon_s=f_y/E_s$。

由应变图(见图 4)知：

$$\varepsilon_{cu}=\Delta c/L \qquad \varepsilon_s=\Delta s/L$$

$$\varepsilon_{cu}/\varepsilon_s=\Delta c/\Delta s=X_b/(h_0-X_b)=\xi_b/(1-\xi_b)$$

又因 $\varepsilon_{cu}/\varepsilon_s=f_c E_s/E_s f_y$ 　则 $f_c E_s/E_s f_y=\xi_b/(1-\xi_b)$

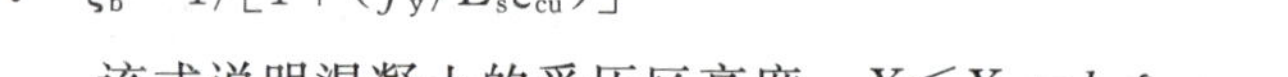

$$\therefore \quad \xi_b=1/[1+(f_y/E_s\varepsilon_{cu})] \tag{8}$$

该式说明混凝土的受压区高度 $X \leqslant X_b=h_0\xi_b$

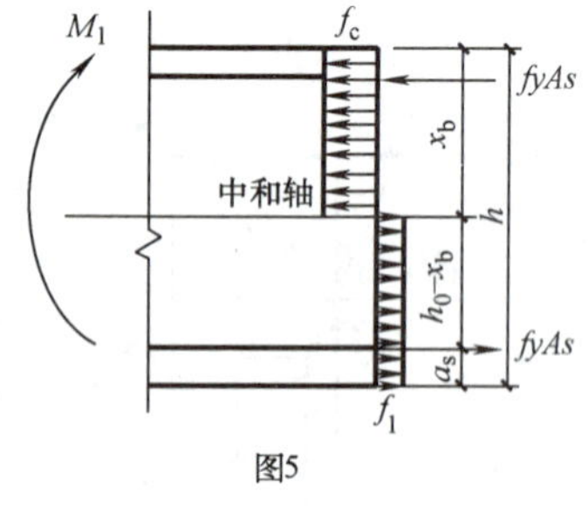

图5

2.2.3 混凝土受压区高度大于 X_b 的计算

当纯弯构件受到较大的外力矩时，混凝土受压区高度将超过 X_b。混凝土受压区将全部被压碎，混凝土构件将彻底失去抵抗力，若使混凝土在外力矩的作用下继续工作，我们可在混凝土的受压区增加一定数量的钢筋。该钢筋量可根据计算简图(见图 5)按式(9)求出：

$$f_c bX_b+f'_y A'_s=f_1 b(h-X_b)+f_y A_s \tag{9-1}$$

$$f_c bX_b(h_0-X_b/2)+f'_y A'_s(h_0-a'_s)=f_1 b(h-X_b)[(h-x)/2-a_s]+M_0 \tag{9-2}$$

这里 X_b 由式(8)求出，A'_s 由式(9-2)求出

$$A_{s1}=A'_s \qquad A_{s2}=[f_c bX_b-f_1 b(h-X_b)]/f_y$$

$$A_s=A_{s1}+A_{s2}$$

用该计算法计算的 A_s 必然小于常规计算法。

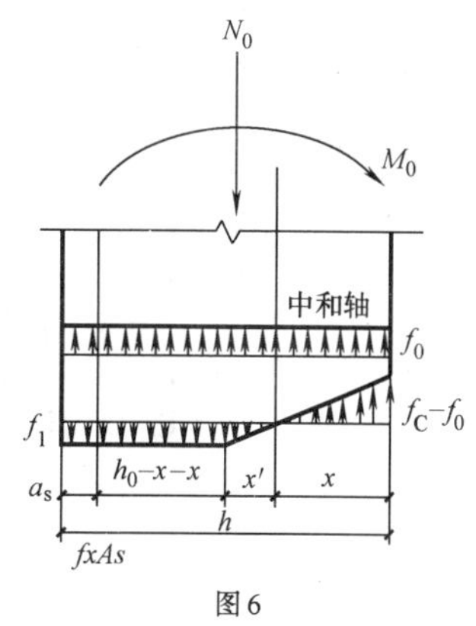

图6

2.3 压弯构件的计算

常规压弯混凝土构件的计算是由 M_0、N_0 求出 $e_0 \to e_a \to e_i$，然后由构件的 L_0 和截面高度 h 求出偏心增大系数 η，而后求出 e 和 e'，再由 N_0e 求出受压高度 X，最后求出 As_1 和 As'。其计算比较烦琐。下面用新的方法可直接求出 As_1 和 As'。

2.3.1 轴力大弯矩小的计算

一般的压弯构件是指在构件的端部加一轴心力 N_0 和一弯矩力 M_0。用新理念计算就是将上述的两种结合起来同一进行计算，如图 6 所示。

该图中，$f_0=N_0/A_C$，由计算简图可列出式(10)：

$$f_0bh+1/2(f_c-f_0)bx=N+1/2(f_1bx')+f_1b(h-X-X')+f_yA_s \tag{10-1}$$

$$x/x'=(f_c-f_0)/f_1 \tag{10-2}$$

$$\begin{aligned}N(h/2-a_s)+M_0+f_1b(h-x-x')[1/2(h-x-x')-a_s]+f_1bx'(h_0-x-2/3x')\\=f_0bh(h/2-a_s)+(f_c-f_0)bx(h-x-1x/3)\end{aligned} \tag{10-3}$$

该式与式(6)相同，只不过增加了个 f_0，解法相同。若按对称配筋计算，可取$A_s'=A_s$。

2.3.2 轴力小弯矩大的计算

轴力小弯矩大的构件基本上是大偏心受压，受压区的受压高度将增大，但必须是 $X \leqslant X_b=h_0\xi_b$，各未知数的计算方法同式(9)，可按图 7 中的计算简图列出式(11)：

$$f_0bh+(f_c-f_0)bX_b+f_y'A_s'=N_0+b(h-X_b)+f_yA_s \tag{11-1}$$

$$\begin{aligned}f_0bh^2/2+f_y'A_s'(h_0-a_s)+(f_c-f_0)bX_b(h_0-X_b/2)+f_1ba_s^2/2\\=f_0ba_s^2/2+f_1b(h-X_b)^2/2+N_0(h_0-h/2)+M_0\end{aligned} \tag{11-2}$$

$$f_0=N_0/A_C \tag{11-3}$$

$$f_yAs_1=(f_c-f_0)bX_b-f_1b(h-X_b) \tag{11-4}$$

X_b 由式(8)求出。根据以上四式可求出 As'和 As。

$As=As'+As_1$，这里 a_s、a_s'、b、f_c、f_1、f_y、E_s、h_0、ε_{cu}、β_1 全部是已知数。

$$\begin{aligned}As'=[h_0a_s^2/2+f_1b(h-X_b)^2/2+N_0(h_0-h/2)+M_0-f_0bh^2/2\\-(f_c-f_0)bX_b(h_0-X_b/2)-f_1ba_s^2/2]/f_y'(h_0-a_s)\end{aligned} \tag{11-5}$$

用该方法解出的 As'要比常规法解出的值小，这里未考虑构件的长细比及偏心距。

3 计算例题

3.1 设计资料

一根截面为 $hb=500\times300$、高度为 4.2m 的 C25 钢筋混凝土柱，两端固接，承受的轴压力标准值 $N_0=400$kN，外部力矩 240kN·m。按照对称配筋设计该混凝土柱的纵向钢筋(选用Ⅱ级钢)。

3.2 设计计算

3.2.1 按常规计算配筋

(1) 计算简图(见图 8)。

(2) 各种已知数据：$f_y=f'_y=0.30\text{kN/mm}^2$、$\alpha_1=1.0$、$f_c=11.9\text{N/mm}^2$、$f_1=1.27\text{N/mm}^2$、$E_s=200\text{kN/mm}^2$、$\varepsilon_{cu}=0.0033$、$\beta_1=0.8$、$a_s=a_s'=30$mm。

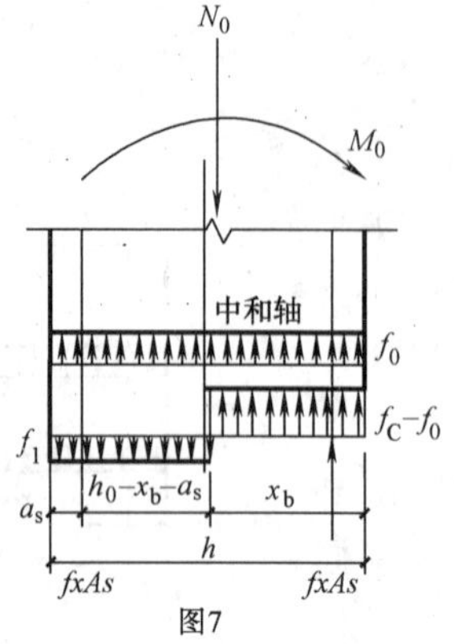

图7

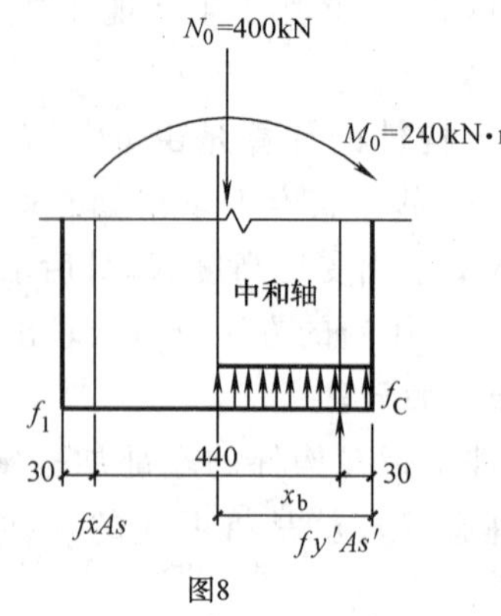

图8

(3) 受压区高度：　　　$\xi_b = 1/[1+(f_y/E_s\varepsilon_{cu})] = 0.55$

$$X_b = \xi_b h_0 = 0.55 \times 470 = 258.8\text{mm}$$

(4) 偏心增大系数 η：

$\xi_1 = 0.5$，$f_cAc/N_0 = 2.23 > 1$，取 $\xi_1 = 1.0$。

$\xi_2 = 1.15 - 0.01L_0/h = 1.006 > 1$，取 $\xi_2 = 1.0$。

$e_0 = M_0/N_0 = 240/400 = 0.6 > 0.3h_0$，为大偏心，$e_a = 0.02$。

$e_i = 0.62$

$\eta = 1 + [\xi_1\xi_2(L_0/h)^2]/(1400e_i/h_0) = 1 + 8.4^2/(1400 \times 0.62/0.47) = 1.038$

(5) 轴向压力距受拉筋的距离 e

$$e = \eta e_i + h/2 - a_s' = 1.038 \times 0.62 + 0.25 - 0.03 = 0.846\text{m}$$

(6) 受压钢筋量：

$As' = [Ne - \alpha_1 f_c\xi_b bh_0{}^2(1-0.5\xi_b)]/[f_y(h_0 - a_s')]$

$= [4000.864 - 1.0 \times 0.0119 \times 0.55 \times 0.3 \times 470^2 \times (1-0.50 \times 0.55)]/$

$[0.3 \times (0.47 - 0.03)]$

$= 235\text{mm}^2$

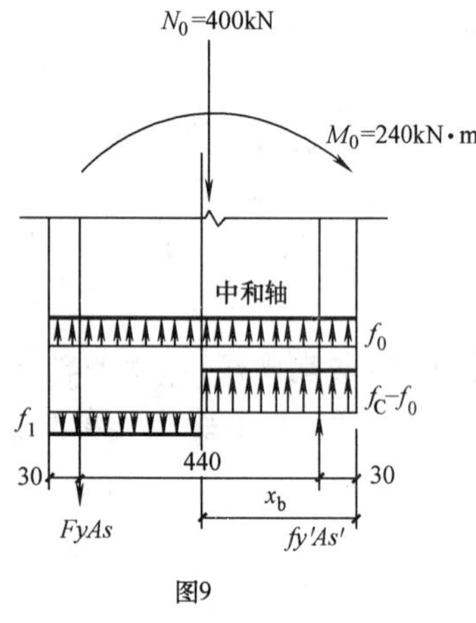

图9

(7) 受压混凝土的抗拉筋 As_1'：

由　$f_y = \alpha_1 f_c\xi_b bh_0$，得

$As_1 = 1.0 \times 0.55 \times 470 \times 300 \times 0.0119 = 3076\text{mm}^2$

(8) 受拉钢筋总量：$As_{总} = As_1 + As' = 3311\text{mm}^2$

选 3Φ25+3Φ28，$As = 3350\text{mm}^2$。

3.2.2　按新的理念法计算

(1) 计算简图(见图 9)。

(2) 各种数据同前。

(3) 轴向力产生的平均压应力 f_0：

$f_0 = 400/(300 \times 500) = 0.0026\text{kN/mm}^2$，$X_b = 258.5\text{mm}$

$$f_c - f_0 = 0.0119 - 0.0026 = 0.0093\text{kN/mm}^2$$

(4) 受压钢筋 As'：

$As' = [h_0 a_s^2/2 + f_1 b(h - X_b)^2/2 + N_0(h_0 - h/2) + M_0 - f_0 bh^2/2 - (f_c - f_0)bX_b(h_0 - X_b/2) - f_1 ba_s^2/2]/[fy(h_0 - a_s)]$

$$=[1/(0.3\times 0.44)][240+400(0.47-0.25)+0.0026\times 0.3\times 30^2/2$$
$$+0.00127\times 0.3\times (470-258.5)^2/2-0.0026\times 0.3\times 470^2/2$$
$$-0.0093\times 0.3\times 258.5\times (470-258.5/2)-0.00127\times 0.3\times 30^2/2]$$
$$=[(1/0.3\times 0.44)][240+88+0.351+8.52-86.15-245.75-0.17145]$$
$$=[(1/0.3\times 0.44)]\times 4.8=36.36\text{mm}^2$$

$$As_1=(1/f_y)[(f_c-f_0)bX_b-f_1b(h-X_b)]$$
$$=[0.0093\times 300\times 258.5-0.00127\times 300\times (500-258.5)]/0.3$$
$$=2097\text{mm}^2$$

(5) 受拉钢筋：

$$As_{总}=As_1+As'=2097+36.36=2133.66\text{mm}^2<3311\text{mm}^2$$

选用 $3\Phi 22+2\Phi 25$，$As=2122\ \text{mm}^2$，误差 11.7mm^2。

4 结束语

通过以上分析，用这种新的理念来计算钢筋混凝土压弯构件的优越性在于方法简单、道理明确、材料节省，能充分利用混凝土的各种抗力。实际上就是混凝土的轴心受压的计算与纯弯曲计算结合起来的结果。这里指的混凝土是日常用的混凝土标号。

桁架结构可靠度优化设计的多阶段决策算子解法

黄炳生　王文涛　(南京工业大学)

[摘要]　应用多阶段决策算子法,讨论桁架结构在造价给定的情况下,如何合理地分配各杆件的可靠度,使结构的总可靠度最大,将桁架结构的杆件基于分配的可靠度进行截面设计。本文所介绍的方法概念清晰,计算简便。

[关键词]　桁架结构;可靠度;优化设计;决策算子;状态变量;矩阵

1　前言

以往的结构优化设计都是把优化问题中所有的量看作确定性的,但是人们已普遍认识到结构问题是非确定性问题,因此工程最优设计必须克服不确定性。很明显,评价和分析这种不确定性的适当手段需要依赖可靠度的方法和概念。

可以说,将基于可靠度的设计方法和优化技术结合起来,是得出实用最佳设计结果的唯一有效方法。因此,研究结构的可靠度优化设计具有重大意义。

本文将桁架结构基于可靠度的设计方法与多阶段决策算子法优化技术结合起来,讨论在结构造价给定的情况下,合理地分配各杆件的可靠度,使结构的总可靠度最大。多阶段决策算子法与其他优化技术相比,具有概念清晰、可直接实施离散变量的优化、计算程序简单、储存和计算工作量小等优点,它成功地应用于许多优化问题[1,3,4]。

本文的研究扩展了多阶段决策算子法的应用领域,同时为结构可靠度优化设计提供了有效的优化技术方法。

2　桁架杆件的可靠度与造价

桁架结构在结点荷载作用下,各杆件为轴心受力杆件,杆件 n 的可靠度指标 β_n 与截面积 A_n 的关系为[2]

$$\beta_n=\frac{M_{R_n}^{(0)}+[A_n-A_n^{(0)}]f_n-M_{sn}}{\sqrt{[\sigma_{R_n}^{(0)}]^2+\sigma_{sn}^2}} \tag{1}$$

式中　$A_n^{(0)}$——杆件 n 初始截面积;

$M_{R_n}^{(0)}$、$\sigma_{R_n}^{(0)}$——杆件 n 截面积为 $A_n^{(0)}$ 的抗力 $R_n^{(0)}$ 的平均值和标准差;

M_{sn}、σ_{sn}——杆件 n 荷载效应 S_n 的平均值和标准差;

f_n——杆件 n 的单位截面积上的抗力,即杆件强度。

杆件 n 的可靠度为

$$\Phi_n=\Phi(\beta_n) \tag{2}$$

式中　$\Phi(\beta_n)$——概率分布函数。

β_n 与 Φ_n 之间的关系不能用初等函数表示,只能通过概率分布函数表查得。文献[2]给出了两者的近似关系式,即

$$\Phi_n = 1 - \frac{1}{3} e^{-\beta_n^2/2} \tag{3}$$

或

$$\beta_n = \sqrt{-2\ln 3(1-\Phi_n)} \tag{4}$$

式(1)和式(2)适用于R_n和S_n正态分布变量的情况，当R_n、S_n不按正态规律分布时，可采用当量正态分布的均值和标准差。

由式(1)得

$$A_n = \{\beta_n \sqrt{[\sigma_{R_n}^{(0)}]^2 + \sigma_{S_n}^2} - M_{R_n}^{(0)} + M_{Sn}\}/f_n + A_n^{(0)} \tag{5}$$

杆件造价为

$$W_n = C_n L_n \rho_n \tag{6}$$

式中　L_n、ρ_n、C_n——杆件长度、材料密度、单价。

3　多阶段决策算子解法

静定桁架结构是一个典型的串联系统，它的任何一个杆件的失效都意味着结构失效，因此结构总可靠度Φ_n与杆件可靠度Φ_n之间的关系为

$$\Phi = \prod_{n=1}^{N} \Phi_n \tag{7}$$

式中　N——结构杆件数。

在桁架结构造价为W_0的情况下，使桁架获得最大可靠度，并使各杆件可靠度得到合理分配时，各杆件截面积优化的数学模型如下：

求

$$A_n \in \{A^{(d)}, d=1,2,\cdots,D\} \tag{8}$$

使

$$\Phi = \prod_{n=1}^{N} \Phi_n \rightarrow \max \tag{9}$$

约束

$$W = \sum_{n=1}^{N} W_n = W_0 \tag{10}$$

按多阶段决策算子法进行优化时，按杆件数将优化问题划分为N个阶段。在第n阶段，决策变量为杆件n截面积A_n，指标函数为杆件n的可靠度Φ_n。由约束条件式(10)的形式，取前n个阶段各杆件总造价Y_{n+1}为阶段n的输出状态变量，即

$$Y_{n+1} = \sum_{n=1}^{N} W_n \tag{11}$$

则状态转换方程为

$$Y_{n+1} = Y_n + W_n \tag{12}$$

为实施多阶段决策算子法，需设计出状态变量集，为此先假设决策变量初值$A_n^{(0)}$，由式(1)可以算出$Y_n^{(1)}$，取状态变量的步距为

$$\Delta Y = [Y_{N+1}^{(1)} - W_0]/(I-1) \tag{13}$$

则状态变量集为

$$Y_n^{(i)} = Y_n^{(1)} - \Delta Y(i-1)\,(i=1,2,\cdots,I;\ n=1,2,\cdots,N)$$

式中　I——各阶段状态变量的个数，也是指标函数矩阵的阿数，根据计算机容量及计算精度

要求确定。

显然，I 越大，ΔY 越小，所求的优化状态变量值越能精确地出现在假设的状态变量集中，迭代次数越少，但计算存储量越大。

有了状态变量集，就可形成各阶段指标函数矩阵 Φ_n，即

$$\Phi_n=\begin{bmatrix} Y_n^{(1)} \\ Y_n^{(2)} \\ \vdots \\ Y_n^{(I)} \end{bmatrix}\begin{bmatrix} Y_{n+1}^{(1)} & Y_{n+1}^{(2)} & \cdots & Y_{n+1}^{(2)} \\ \dfrac{\Phi_n^{(1,1)}}{d_n^{(1,1)}} & \dfrac{\Phi_n^{(1,2)}}{d_n^{(1,2)}} & \cdots & \dfrac{\Phi_n^{(1,2)}}{d_n^{(1,2)}} \\ \dfrac{\Phi_n^{(2,1)}}{d_n^{(2,1)}} & \dfrac{\Phi_n^{(2,2)}}{d_n^{(2,2)}} & \cdots & \dfrac{\Phi_n^{(2,2)}}{d_n^{(2,2)}} \\ \vdots & \vdots & \vdots & \vdots \\ \dfrac{\Phi_n^{(I,1)}}{d_n^{(I,1)}} & \dfrac{\Phi_n^{(I,2)}}{d_n^{(I,2)}} & \cdots & \dfrac{\Phi_n^{(I,2)}}{d_n^{(I,2)}} \end{bmatrix} \tag{15}$$

矩阵的每行对应于输入状态变量 $Y_n^{(i)}$，每列对应于输出状态变量 $Y_{n+1}^{(j)}$。确定各元素 $\Phi_n^{(i,j)}$ 时，是由状态转换方程式(12)求得

$$A_n^*=\frac{Y_{n+1}^{(j)}-Y_n^{(i)}}{C_n L_n \rho_n}$$

在已知的决策变量集 $\{A^{(d)}, d=1,2,\cdots,D\}$ 中取与 A_n^* 最接近的 $A^{(d)}$ 作为决策变量的取值 $A_n^{(i,j)}$，再由式(1)求出 $\beta_n^{(i,j)}$，根据概率函数表或近似公式(9)即可得 $\Phi_n^{(i,j)}$，与之相应的 d 值即为 $d^{(i,j)}$，是与 $\Phi_n^{(i,j)}$ 相对应的决策变量取值的序号，与分子并无相除的意义，其作用是给分子以注解。

于是，结构的优化解为

$$\Phi_{\max}=\Phi_1 \dot{X} \Phi_2 \dot{X} \cdots \Phi_N \dot{X} \tag{16}$$

式中的多阶段决策算子 $\dot{X}$ 为文献[1]定义，它是两矩阵间相应元素求积并取大的运算。式(16)给出的是指标函数优化值，同时伴随形成的决策变量序号依次记录下各阶段优化的决策变量取值序号，最终给出的是优化策略。

在进行多阶段决策分析中，尚要满足边界条件，此处的始段与终段的条件为

$$Y_1=0, Y_{N+1}=W_0 \tag{17}$$

4 算例

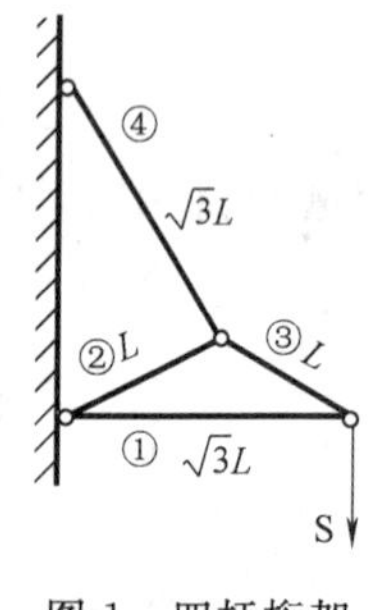

图 1 四杆桁架

本例取自文献[2]。如图 1 所示四杆桁架受随机荷载 S 作用，S 呈正态分布，$M_s=100\text{kN}$，$\sigma_s=10\text{kN}$；1、2、4 杆用Ⅱ级钢筋，假定直径Φ28 的Ⅱ级钢筋的抗力服从正态分布，$M_{R_1}^{(0)}=M_{R_2}^{(0)}=M_{R_4}^{(0)}=202\text{kN}$，$\sigma_{R_1}^{(0)}=\sigma_{R_2}^{(0)}=\sigma_{R_4}^{(0)}=20\text{kN}$，3 杆用Ⅰ级钢筋，设直径为 $\phi 25$ 的Ⅰ级钢筋的抗力也服从正态分布，$M_{R_3}^{(0)}=115\text{kN}$，$\sigma_{R_3}^{(0)}=10\text{kN}$；Ⅱ级钢筋标准强度为 $f_1=f_2=f_4=340\text{kN/mm}^2$，Ⅰ级钢筋的标准强度为 $f_3=240\text{kN/mm}^2$；它们的单价分别为 $C_1=C_2=C_4=3000$ 元/t，$C_2=1500$ 元/t，各杆件的长度如图 1 所示，$l=1.0m$。

按题意，取Φ28 的截面积为 $A_1^{(0)}$、$A_2^{(0)}$、$A_4^{(0)}$，$\phi 25$ 的截面积为 $A_3^{(0)}$，杆

件截面的已知离散变量集$\{DA^{(d)}\}=\{27,28,29,30,31,32,33,34,35,36\}$。计算时，指标函数矩阵的阶数取$I=24$，$\beta_n$与$\Phi_n$的关系式按式(3)和式(4)。

当$W_0=85.58$元时，优化结果$\Phi_{max}=0.946$，造价$W^*=85.26$元；当$W_0=88.26$元时，优化结果$\Phi_{max}=0.983$，造价$W^*=88.40$元。其他结果如表1所示。表中结果与文献[2]相符，其差异是由于本文实施的是离散变量的优化。

表1 四杆桁架优化结果

W_0	$W_0=85.58$元				$W_0=88.26$元			
杆件号	1	2	3	4	1	2	3	4
截面直径(mm)	31	32	28	30	31	33	28	31
截面积(cm^2)	7.79	8.04	6.16	7.07	7.79	8.55	6.16	7.79
可靠度	0.995	0.978	0.998	0.974	0.995	0.996	0.998	0.995
造价(元)	30.59	18.82	7.2	28.65	30.59	20.01	7.2	30.59

5 超静定桁架优化设计

前面讨论的公式及计算过程只适用于静定桁架，因为计算公式是建立在这样的基础之上的，即杆件的荷载效应不随杆件截面积变化而改变及杆件可靠度与结构可靠度的关系如式(7)所示。

而超静定桁架的失效模式一般不再是个典型的串联系统，杆件的可靠度与结构总可靠度的关系较复杂，同时超静定桁架的失效模式的搜索也比较复杂，因此其可靠度优化问题要复杂得多，有待进一步研究。

但对于任何一个杆件的失效均意味着结构失效的超静定桁架结构，杆件可靠度与结构总可靠度的关系同静定桁架，即式(7)。

超静定桁架各杆件的荷载效应S_n的大小及其分布将随杆件截面A_n的变化而变化。不过这个问题可以通过迭代计算解决，在同一类迭代循环中，假定荷载效应S_n保持不变。

这样，对于具有串联系统性质的超静定桁架的可靠度优化设计可按如下迭代程序计算：

(1) 给出各杆件截面积的初始值；

(2) 根据杆件截面求出M_{S_n}和σ_{S_n}；

(3) 用多阶段决策算子法求解得出第一次迭代后各杆件的截面积A_n；

(4) 以新的杆件截面积重复第(2)、(3)步，直到收敛为止。收敛条件为迭代前后各杆件截面积之差小于给定的精度。

6 结语

将桁架结构可靠度优化设计处理为多阶段决策分析问题，使在决策算子与指标函数矩阵被定义后，决策分析由连续的$\dot{X}$算子运算实施，各阶段的指标函数矩阵只使用本阶段的参数独立形成，从而节省计算机的内存，优化决策可逐阶段传递至最后，一次作出决策分析，无须逆序回代，从而使计算简便。

参 考 文 献

[1] Wentao Wang. A Multistage Decision Operator Method for Engineering Optimiza- tion. Engineering Optimization, 1990, 15(4)

[2] 王光远,吴波.基于可靠度最优分布的桁架优化设计.哈尔滨建筑工程学院学报,1990,23(2):10-23

[3] 王文涛.离散变量结构优化设计的多阶段决策算子解法.计算结构力学及其应用,1988,5(1):59-67

[4] 王文涛.有限单元系统的结构组合优化设计,工程力学,1992,9(1):79-81

砌体结构进入高层结构的新途径

陆如祝 （云南楚雄经济技术开发区设计院）

[摘要] 本文通过将具有我国古老传统的砌体结构与现代科学和技术手段相结合，为砌体结构进入高层结构行列鸣锣开道。赋予了我国目前量大面广的砌体结构以新的生命力，意义重大。

[关键词] 砌体结构；剪力墙；地震区；高层建筑；高黏结砂浆

1 引言

砌体结构是历史上最悠久的建筑技术之一。我国使用砌体结构已有数千年的历史，南北朝所建的嵩山嵩岳寺塔高 40m，共 15 层，乃我国砌体结构高度之冠。时至今日，由于砌体结构有其广泛、易取、经济、耐久、耐火、隔声、隔热等诸多优点，砌体结构建筑仍占总建筑量的 80% 左右。

单纯的砌体结构属脆性结构，抗压性能较好，但抗剪、抗拉、抗弯性能较差，延性差，抗侧力能力低。历次震害表明，这类结构破坏之重乃居首位。因此，我国新颁布的抗震规范 GBJ11—89 对砌体结构的层数及高度作了严格的限制。7 度设防区层数、高度分别不得超过 7 层、21m；8 度设防区不超过 6 层、18m。为了防止弯曲破坏，该规范对砌体结构的高宽比也作了限制。砌体结构被限制在多层之内。

我国是发展中国家，经济尚不太发达，在目前及今后相当长的时间内，大量的房屋建筑仍可能会以砌体结构为主。由于我国人口众多，人均所占的可耕面积小，在中、小城市中，建筑必须向高层发展。在高层结构中，结构设计水平力起控制因素，要求结构具有较高的延性及抗侧力能力。因此，框架、剪力墙、框架—剪力墙、简体四大结构体系长期占领着高层结构的世袭领地。能否在砌体结构上做点文章，采取某些措施，提高砌体抗剪、弯、拉能力，改善其延性，提高其抗侧力能力，使砌体结构在非地震设防区及地震区跨入高层结构的行列，在中小城市的建设中有着极其重要的经济及政治意义。在建筑结构的历史上，这也是创新的观念，新的突破。

2 理论及实践表明砌体结构进入高层结构是可行的

1964 年 2 月 27 日，美国阿拉斯加 Prince William Sound 发生里氏 8.6 级地震，配筋砌体结构表现良好。

在 1971 年的菲南多地震中，14 层的 Pasadena Hilton 饭店原配筋砌体完好无损，而相邻的一栋 10 层钢筋混凝土框架建筑受到了重大破坏。

国外某试验称，某纯框架抗力能力 13 千磅(59kN)，纯砖墙抗侧力能力为 6 千磅 (28kN)，两者之和为 19 千磅(87kN)。但若按以框架为边框、墙体为填充墙的整片抗侧力构件计，其抗侧力能力为 40 千磅(181kN)，提高抗侧力能力近 1.1 倍。

北京设计院、国家地震局工程力学研究所对配有水平钢筋及构造柱的砌体结构在振动台上作模拟试验称，墙体的极限位移随配筋量的增加和砌体强度的增加而增加。配筋墙体的延性系数为 3.05，是无筋体的 1.78 倍。当既有水平钢筋又有构造柱时，其延性系数分别为 5.27

(U=0.105)、6.72(U=0.104)，与钢筋混凝土构件的延性系数接近或相当。

1992年，我国首次进行了8层砌体房屋的抗震试验，并在哈尔滨获得圆满成功。输入的模拟地震加速度峰值0.229相当于8度地震烈度。

上述的实践及试验说明，以砌体为主，采取其他的材料配合及技术手段，使砌体结构进入高层结构是完全可行的。这种结构与相同高度的钢筋混凝土结构相比，节省投资约10%～30%，节省钢材、木材、水泥30%～40%，工期缩短许多。

经过几年的实践努力，取得下列几方面的进展。

2.1 砌体组合型剪力墙结构

砌体组合型剪力墙结构与我们常规的钢筋混凝土剪力墙结构相似，设有边框梁、柱(与墙体厚度同宽)墙为配有水平钢筋的砌体材料。但梁柱的断面较钢筋混凝土剪力墙小得多。这种结构也是在原有一般混合结构中构造柱及圈梁基础上的新发展，但又有别于砖混结构。

组合型剪力墙在砌体的两端，中部均设钢筋混凝土柱，中柱的间距一般小于5m，距离大小可根据抗侧刚度的需要而设，边框柱断面大于240×240，中柱一般为240×240。对于配筋率，边、角柱为1.8%～2.0%，中框柱为0.6%～1.4%，直径ϕ12～ϕ16，箍筋ϕ6@=100(200)。每层楼盖标高处全部墙体均设边框梁，梁高h>180mm，配筋总数不少于6ϕ12，梁、柱混凝土不低于C20、砖MU≥10，砂浆用M5、M7.5、M10。在砌体内沿高度设2ϕ6@≤500(用370墙时用3ϕ6)水平钢筋，沿墙体全长设置。施工时先砌墙，后浇梁柱。砌体与边框结构融为一体，相互约束，共同工作变形协调。使砌体的抗侧刚度远大于二者之和。延性系数较纯砌体提高1～2倍。解决了砌体结构进入高层结构的难关。

这类剪力墙的计算要点如下：

(1) 全部水平力由与其平行的纵横墙承担，每片墙体承担的多少，按其抗侧刚度分配。

(2) 每片墙、柱之间的剪力分配，按其等效的抗侧刚度分配。竖向荷载由墙体与柱的等效的抗压刚度分配，此条已有学者已提出执行。但笔者认为水平剪力的分配办法从理论、实践方面还有进一步探讨的必要。采用加强型的约束性剪力墙体抗侧力及抗压能力都比单独计算大得多。

采用组合型剪力墙的砌体结构目前在非地震设防区及7度设防区已建至10层左右(240mm厚墙)。

2.2 高层混合结构形式

新的抗震设计规范(DBJ 11—89)对有抗震设防的底框-抗震墙结构设计及计算作了一系列的规定。但在实践中，特别是在中小城市中要求二层大空间更多层大空间上部为砌体的结构房屋不少。笔者认为：实践提出的问题，规范上没有的内容，应大胆的求索、试验、论证，以求得这方面的进步。

(1) 底部两层底框-抗震墙结构，上部为砌体结构或砌体结构组合型剪力墙结构。这类结构底部为两层钢筋混凝土底框-抗震墙结构，上部4～6层砌体结构或4～8层砌体组合型剪力墙结构。这类结构的计算可以参照底框-抗震墙的设计原则执行，但笔者认为从概念上应注意下列几个问题：

1) 抗震设防区宜把底层与2层，2层与3层的纵、横向抗侧刚度比控制在1左右，(K_1/K_2≈1.40，K_2/K_3≈1.40)使各层的刚度尽量接近，防止变形集中。

2) 框架柱的计算高度可按各自层高度考虑，抗震墙的计算高度按底部两层层高之和的广义层高考虑。

3）3 层楼板除了传递本层的楼面荷载外，还承担着上部砌体结构的水平力及倾覆力矩的分配及传递，具有转换层的作用，故该层楼的整体性应特别加强，厚度宜用 120～160mm。

（2）底部多层钢筋混凝土框-剪结构、剪力墙结构，上部为 5～7 层砌体组合型剪力墙结构。根据实际的需要，底部几层为大空间结构，上部 5～7 层为写字楼或住宅。这种建筑结构亦可采用底部几层为框-剪结构，上部 5～7 层为砌体组合型剪力墙结构。

1）这类结构在概念上应注意下列几点：

① 上部的砌体组合型剪力墙一定按其构造要求严格设计施工，在砌体内配置适度的水平筋。在砌体的周边需设钢筋混凝土约束梁柱，当高度接近 40m 左右时，可采用加强型的约束块。

② 砌体组合型剪力墙结构与底部框剪结构的结合部楼层已有转换层结构，故楼层的板厚及配筋、梁系应按转换层结构要求特别加强。

③ 下部框架-剪力墙部分的剪力墙布置应遵循均匀、分散、对称、周边的原则。平面部分宜采用 I、L、T、J、L 形状，以得到更高的抗侧刚度。单片剪力墙的长度不宜过长，应控制高长比 H1—/B>2H1/B>4 更好，构成高墙的态势，使剪力墙以弯曲破坏为主要控制因素。

④ 底部各层框架-剪力墙部分的抗侧刚度之比宜在 1.40 左右，砌体组合型剪力墙与相邻钢筋混凝土框一剪结构的抗侧刚度比宜控制在 1.40 左右。

2）这类结构在内力与位移的计算上应注意下列几点：

① 这类建筑一般是高 30～40m 的中等高层建筑，内力与位移在地震设防区水平地震力已成为控制因素。

② 这种结构由于各层的刚度比控制在 1.0 左右，沿竖向刚度比较均匀，各层的水平剪力可用基底剪力法求得。

③ 底部框剪结构的计算办法有两种。一种是按底框-抗震墙的方法计算，墙承担与其计算方向的全部剪力。剪力墙的高度采用底部大空间的广义高度。此时的框架柱作为第二道防线也应具备一定的抗侧力能力。另一种是当剪力墙的布置合理，已构成抗弯的高墙态势，底部可用框-剪系统的方法计算，其刚度特征值 λ 应控制在 1.80～2.50。上部的砌体结构大为改观。因此，各层的剪力由与其平行的剪力墙承担，顶点位移与层间位移都应较砖混放宽。

2.3　底部为钢筋混凝土剪力墙结构，上部为多层的砖混结构或砌体组合型剪力墙结构

当从下至上的中等高层建筑为住宅楼时，亦可采用这种结构。在非地震设防区下部几层用钢筋混凝土剪力墙，上部为 7 层砖混结构。砖的等级宜用 MU15、MU10，砂浆的强度等级宜分别用 M10、M7.5、M5.0。此时从上至下全部墙厚用 240 墙亦可。在 7 度、8 度地震设防区上部可用 7 层的砌体组合型剪力墙。这种结构底部的钢筋混凝土剪力墙的刚度远大于上部刚度。一种方法是各按自身刚度计算内力与位移；另一种方法是把下部的刚度统折算为砌体的等效刚度，统一计算其内力与位移。

除上述几种主要形式外，还有在砖混结构中沿两个主轴方向加入适当数量的钢筋混凝土墙的形式。这时砌体结构只考虑承担竖向荷载，水平荷载全部由钢筋混凝土剪力墙承担，这样如果一般高层住宅。当底部几层用 MUl5 砖（240 厚）、M10 砂浆，可建至 12 层左右。若在底部几层砌体中加入水平钢筋则效果更佳。

随着科学技术水平的提高，MU15、MU20、MU25 砖及砌块的生产将逐步普及，为砌体结构跨入高层结构打下良好的基础。

砌体结构跨入高层建筑技术的重大突破，对于我国的中小城市建筑的发展将起着极大的推动作用。有着极大的经济及政治意义。望在此方面的有志者从理论、实践各方面进行探索，使之日益完善。

3 我国今后的努力方向

3.1 以砌体结构为主，对多种构造形式的结构进行试验与研究及开发利用

本文谈及的几种高层的形式是我国砖、砌块材料、砂浆较低的情况下而产生的。现在国外还常用下列几种形式：

1）砖混组合墙结构。两侧用120单位厚的砖墙，中部为60单位厚配合有单片钢筋网的芯心混凝土结构，配筋率为0.15％～0.25％。

2）砖砌体的集中带配筋结构，改均匀配筋为集中配筋带。沿楼层高度1～1.5m设置混凝土配筋带，带宽与墙同，高60mm。带内设3ϕ10筋，沿全长设置。

3）砌块配筋结构。常见的有空心砌块芯柱结构，异形实心砌块竖向、水平钢筋网结构。

上述几种结构墙厚为240、300、190，在7度、8度地震设防区可建至10～20层的住宅楼。结合我国的具体情况还可发展其他构造及结构形式。

对于砌体结构进入高层结构虽有一定的理论基础，但还比较肤浅；虽有一定实践，但毕竟还很少。特别在我国，由于多种原因，这类结构建得更少。必须对多种构造形式的结构作物理、数学、力学模型的试验；对其受力性能及破坏机理作进一步的探索，特别是地震设防区的抗震性能的试验及研究更为必要。建立及完善高层砌体结构的设计计算理论，使之规范化、法律化。

3.2 加强轻质、高强度新型砖、砌块和砂浆的开发利用

在我国，由于在观念上把砌体结构长期限制在多层范围内，一般低强度的砖、砖块（MU7.5、MU10、MUl5）及低强度的砂浆（M2.5、M5、M7.5、M10）已经能满足，故目前国内建材生产绝大部分以上述强度的砖为主。砌体结构进入高层，要在7度、8度地震设防区建盖10～20层的住宅楼，上述材料已望尘莫及。因此，我国必须加强对高强度的砖、砌块以及高强度、高黏结砂浆的试制、研究和开发利用。

从我国现行规范看，砌体强度只有原砖（砌块）强度的20％～40％左右。说明砂浆的强度及黏结性对砌体的影响极大。现在，国外已经生产出抗压强度高达230MPa的砖（亦MU230），一般在30～60MPa之间；亦能生产抗压强度高达55MPa的砂浆（亦M55）。如果我们用MU40砖、M20砂浆再加上配筋砌体及混凝土的约束构造，用240厚墙在7度、8度地震设防区建盖10～20层的高层住宅建筑，结构各方面均属可能。此外，高强还要轻质，国外的高强空心砖重力密度为6～13kN/m^3。因此，我们必须作出更大的努力。

3.3 在高层砌体结构中采用结构振动控制系统

结构的振动控制从J、T、O、Yao提出，经20余年的试验、研究及实践，在全世界已取得丰硕的成果。在地震工程及领域中，从观念、理论、方法、实践上都是创新和突破，也是工程结构抗震又一新途径。将来把结构的主动控制系统（Active Control）、被动控制系统（Passive Control）与混合控制系统（Hybrid Control）用于高层砌体结构中，重要目的就是减震，即减少振动能量（地震或风振）对高层砌体结构的输入。改变过去那种单纯靠结构的刚度、强度去“硬抗”振动能量。

例如，1995年1月17日5时46分52秒，日本兵库县南部发生里氏7.2级大地震。神户市同地点有两栋3层同高12.8m的楼房。一栋是实验楼，3层混凝土框架结构，面积480m^2，

房底面设有被动控系统的隔振的橡胶垫层；另一栋是3层钢结构的办公楼，面积1237.5m^2，但未设任何振动控制系统。地震时两栋楼房顶部记录到的加速度峰值(cm/s^2)分别如下。

办公楼：x向=965.4；y向=677.7；z=368.8

试验楼：x向=198.1；y向=273.1；z=334.9

百分比(%)(实验楼/办公楼)：20.5；40.3；90.8

可见设了振动控制系统后在降低水平方向的峰值加速度方面效果极佳。可以预言，在高层砌体结构中设置了振动控制系统后，在同烈度、同场地、同构造的情况下，可建更多的楼层、更高的楼。

3.4 配筋预应力砌体结构

预应力用于混凝土结构中是尽人皆知，是混凝土结构高混凝土一大跨度的延伸。根据砌体结构的受力特性，给砌体在适当的位置配筋并施加预应力，可以提高砌体的竖向承载能力，改善抗弯性能，提高抗拉强度，加强结构的刚度，提高延性。这无疑为砌体结构进入高层结构又开辟一条新途径。

参考文献

[1] 砌体结构设计规范(GBJ 3—88)

[2] 混凝土结构设计规范(GBJ 10—89)

[3] 施楚贤.砌体结构理论与设计.北京：中国建筑工业出版社

浅谈碳纤维结构加固技术

赵　磊　曹　斌　（南阳市建筑设计研究院）

［摘要］ 碳纤维材料是一种被誉为“太空时代材料”的高科技材料。它具有强度高、密度小、耐腐蚀、耐久性好等特点。近年来，碳纤维材料在结构加固和工程改造中得到了日渐广泛的应用。

［关键词］ 碳纤维；结构；加固；技术

1　碳纤维加固技术简介

Carbon Fiber Reinforcd Polymer 意为碳纤维增强材料，其英文缩写为 CFRP。它的主要原料就是碳纤维丝。碳纤维丝的生产是通过氧化有机聚合物纤维，只留下碳素材料，其碳原子沿原纤维长度排列整齐而形成碳素纤维。

碳纤维在土木工程中的运用，最先是将其制成棒材或型材，替代钢筋或型钢。也有将碳纤维剪成短截，拌入混凝土用来制作碳纤维混凝土，以提高混凝土的抗拉强度。

用于结构加固和工程改造的碳纤维材料的形式有很多种，最常用的是碳纤维片材。碳纤维片材可分为碳纤维板材和碳纤维布（即碳纤维织物）。两者的区别在于碳纤维布在施工过程中浸润树脂后进行粘贴；碳纤维板材在使用前就已用树脂将其固化成板状，施工中再用树脂将其粘贴在结构表面。

2　碳纤维材料的特点

2.1　碳纤维材料的优点

与其他外部加固材料相比，碳纤维材料具有以下优点：

（1）抗拉强度大。例如，碳纤维布的抗拉强度可达到 350 MPa 以上，是普通碳素钢的十几倍，高强型碳纤维布的弹性模量比钢材稍高，高弹性碳纤维布的弹性模量比钢材高几倍。

（2）强度重量比小。碳纤维布的密度只有钢材密度的 1/5～1/4。

（3）耐久性好。耐腐蚀，耐老化，在正常使用条件下不会产生腐蚀。

（4）耐疲劳性能好。在循环寿命达 1000 万次时疲劳强度还保留 80%左右。

2.2　碳纤维材料的缺点

碳纤维材料也有其材料性能上的缺点，主要表现在以下两方面：

（1）应力应变关系为线性，即破坏形态为脆性。

（2）碳纤维布的抗剪强度较低，易折断，弯曲时拉伸强度降低，垂直纤维方向弹性模量只有纤维方向弹性模量的 50%～60%。

3　碳纤维材料加固的优越性

与一般的加固方法相比，碳纤维加固技术的优越性表现在以下几方面：

（1）应用范围广。碳纤维加固可广泛应用于各种结构类型、各种结构形状和各种结构部位。碳纤维加固不仅可用于建筑物加固，而且同样可应用于桥梁、隧道、涵洞等结构的加固，碳纤维材料具有柔韧性，对圆形、曲面的结构也可采用这种方法。

（2）碳纤维加固几乎不改变结构形状和外观。这是传统加固方法所无法比拟的。

（3）碳纤维加固高强高效。碳纤维材料不仅有高强度类型，而且有高弹性模量类型。在加固工程中可充分利用高强度、高弹性模量的特点来改善结构的受力性能，达到高效加固的目的。

（4）碳纤维材料加固附加荷载小。在使用碳纤维布加固时，粘贴后每平方米重量不到1kg，厚度仅1mm左右，对结构的自重及尺寸影响很小，对结构产生的附加荷载小。

（5）碳纤维材料加固施工方便。碳纤维材料自重轻，能在狭小的空间操作，施工占用的场地少，施工时不影响房屋正常使用；下料切割方便，具有良好的可操作性，不需大型施工机械和重型设备，在施工过程中不用螺栓、铆钉临时固定，简化了施工操作。

（6）施工质量易于保证。碳纤维材料是柔性的，在粘贴施工中可以达到百分之百的有效粘贴率。如果发现有气泡，也可以采取注射树脂的方法加以补救。

（7）碳纤维材料有着良好的耐腐蚀性和耐久性。碳纤维材料和结构胶不受恶劣环境影响，大大减少了防腐维修费用，对内部的混凝土结构也起到了保护作用。

与一般的加固方法相比，碳纤维加固技术最大的不利之处在于材料价格高。碳纤维加固的主要材料碳纤维布及碳纤维板材均依赖进口，材料价格高（尤其是碳纤维板材），因此碳纤维加固的成本较其他方法高。

4 碳纤维结构加固施工要点

碳纤维结构加固技术性能是否能够达到要求的关键是碳纤维材料与混凝土基材的黏结性能能否保证。

首先，碳纤维加固时，基层的处理质量至关重要。基层处理需要特别细致地进行，确保基层质量。基层是否清洁，表面有无浮渣，表层是否平整，都将直接影响黏结质量。在对构件表面进行打磨之前，需要消除被加固构件表面的剥落疏松、蜂窝腐蚀等劣化混凝土，露出混凝土结构层，并用修复材料将表面修复平整。有裂缝的，需对裂缝进行补缝或封口处理，被粘贴的混凝土表面应打磨平声，除去皮层浮浆、油污等杂质，使混凝土表面露出新面。在转角粘贴处还要进行倒角处理并打磨成圆弧状。此后，还要进行找平处理。混凝上表面凹陷部位用找平材料填补平幕，且不应有棱角，转角处应用找平材料修复为光滑的圆弧。

其次，粘贴碳纤维时，滚压的密实度对黏结性能也有较大影响。粘贴操作应按如下步骤进行：裁剪碳纤维布→配制浸渍树脂并均匀涂抹于所要粘贴的部位→用特制的滚筒沿纤维方向滚压→多层粘贴重复上述步骤→最后→层碳纤维布表面均匀涂抹浸渍树脂。在滚压过程中，应反复多次滚压，尽量排除气泡，以免影响黏结质量。

再次，环境的温度和湿度对黏结质量也有影响。温度过低（低于5℃）或过高（高于60℃）、湿度过大（大于8 5%）也会影响黏结质量。当环境温度高于60℃时，应采取隔热措施加以防护；当环境温度低于－5℃时，应停止施工，否则树脂的固化及最终强度都会受到影响。

5 工程实例

河南某市的一座商住楼，设计为8层，柱、梁混凝土强度设计值为C25，已建7层。在施工过程中，发现送检的混凝土试样强度达不到设计强度。经当地建筑工程质量安全监督部门现场回弹一抽芯检测，部分梁杠强度达不到设计要求。经设计单位复核，将该建筑降为7层，墙体全部采用轻质墙，混凝土设计强度降为C20。后经有关部门对全部柱、梁进行强度普查，仍有相当部分柱、梁需进行加固处理。该建筑除一、二层为商铺外，其余均为住宅，业主要求加固后柱截面不能加大。经加固施工单位与业主、建设主管部门共同协商确定采用碳纤维材料加固柱。在加固方案的设计过程中进行了加固对比试验，取得了令人满意的效果。同时，由于该建筑只建好了1～7层框架，墙体没有砌筑，因此墙体自重及活荷载等其他一些荷载尚未施加。在碳纤维加固后施工加这些荷载，更有利于发挥碳纤维材料对混凝土的约束作用。目前该加固施工已经完成，顺利通过了质监部门验收，即将投入使用，为业主挽回了大量经济损失，得到了业主及建设主管部门的高度评价。

建筑工业化发展与防震减灾应用

王钟玉[1]　纪颖波[2]

（1. 中建八局第一建设有限公司　青岛 266071；2. 北方工业大学　北京 100041）

［摘要］ 本文评价了国内外建筑工业化的发展过程，研讨了美国、日本及欧洲等的成套建筑工业化建造技术，调查了我国汶川、唐山、集集及日本阪神等地震工程，分析了当前建造技术及市场条件下国内建筑工业化发展与防震减灾的相关性和适用性，提出了建筑工业化可持续发展的建议。

［关键词］ 建筑抗震；工业化；结构体系；防震；减灾

我国的建筑工程正面临着由"量"到"质"的深刻转变，如果要跟上国际建筑工业化的步伐，使我国的工程建设和人居环境整体水平有一个大的飞跃，并在发生震灾时确保结构安全，防止大量危及生命的情况发生，实现建筑工业化对推进产业现代化的进程具有重要意义。建筑工业化是建筑现代化的根本标志。

1　建筑工业化发展概况

1.1　建筑工业化的概念及范畴

工厂化是指结构构件、装饰材料、建筑部品和产品在工厂中生产。工业化涉及整个房屋建筑产品的全生产和建造过程，从设计开始到最后交付；标准化是工业化的重要内容。产业化是指趋向于社会整体产业链层面的工业化。

1.2　建筑工业化的发展史概要

中国：20 世纪 50 年代提出构件生产工厂化、现场施工机械化、设计标准化；1978 年提出建筑设计标准化、构件生产工厂化、施工机械化、墙体改革；1995 年《建筑工业化发展纲要》提出了"推广先进技术，设计与施工配合，完善成套技术和工法体系，技术装备多层次化和高效化，计算机及施工生产自动化，节能降耗，质量管理标准化，工人素质培训，建筑构件、配件标准化、系列化，企业专业集团化整合，专业型企业骨干化，机械设备工具市场化专业化工具化，学会、协会、咨询、监理等机构共同协调"等要求。

日本：历经 20 世纪 60 年代住宅产业阶段，20 世纪 70 年代盒子式、单元式、大型壁板式等工业化住宅形式阶段（率先在工厂里生产住宅），20 世纪 90 年代住宅通用型部件阶段、成套化集合型住宅等阶段；采用产业化方式生产的住宅占竣工总数的 28%，轻钢结构的工业化住宅占工业化住宅的 80%；形成了住宅产业现代化模式。

美国：未出现第二次世界大战的"房荒"问题，并不太提"建筑工业化"，但其建筑工业化水平极高，活动房屋、木框架、预制构配件多达数万种，砌块 2000 多种；住宅的个性化发展促使钢结构住宅建筑体系以经济适用为原则向多样化发展；2001 年提出的住宅开发战略为"高明的增长，高明的选择"，涉及城市规划、基础设施、人口等各方面，考虑了居住、商业、娱乐、工业和开敞空间的各项需要。

俄罗斯：较早的实现了建筑标准化，曾有预制构件厂 4500 家，做到了人、机与生产的高度组织结合，以装配式大板住宅建筑体系居多。

瑞典：建筑采用预制构件达 95%；其 80%的住宅采用以通用部件为基础的住宅通用体系；

已成为最大的住宅制造国,"独户住宅"产品已畅销世界。

法国:以全装配大板工具式模板现浇工艺为标志,建立了许多专用体系;发展了以构配件制品和设备为特征的第二代建筑工业化,提出"构造体系"手段;现以 G5 软件系统把遵守同一模数规则、在安装上具有兼容性的建筑部件汇集在产品目录之内,供建造者采用。

1.3 建筑工业化建筑结构体系的发展

1.3.1 预制混凝土结构

发达国家混凝土工程中预制构件的比例,美国占 35%,俄罗斯占 50%,欧洲占 35%~40%;预制预应力混凝土结构在北美预应力混凝土中占 80%以上。其中,内浇外挂式结构,先安装预制混凝土外墙板,然后整浇内墙,其结构刚度、抗震性能比全用大板好;也可改用内浇外砌式结构。另一种是盒子式结构,整浇成型的盒子构件可视为空间薄壁结构,刚度大,承载能力强,起到类似筒体的作用,可增强房屋整体抗震性能。

预制混凝土结构的代表建筑有:美国北卡罗莱纳州 Charlotte 市的 IJL 金融中心,预制混凝土结构,30 层;亚利桑那州菲尼克斯会议中心,直径 61m 圆屋顶由 32 块双 T 形板现场浇装;纽约长岛混合配筋预制混凝土框架体系停车场,容纳 1700 辆,6 个月完工。

1.3.2 轻钢结构体系

欧洲及美国的轻钢结构体系房屋中,非居住单层建筑物占 50%以上,日本新建 1~4 层建筑大多采用轻钢结构。

日本的集成建筑:以专业化大工厂和社会化协作的生产方式,将建筑部件加以装配集成,为市场提供终极完善产品的全新建筑体系。其采用全钢结构,梁柱采用优质热轧 H 型钢,楼板采用抗弯压型钢板做底模,上面现浇混凝土,可达 6m 跨度;主体用钢量 $60kg/m^2$;外墙 100 厚加气混凝土板。这类建筑体系多用于 2~7 层住宅,7 层板式住宅施工工期 20 天。

意大利的 BASIS 工业化建筑体系:采用钢结构,居住、办公舒适方便,抗震性能较好,适用于建造 1~8 层钢结构住宅;柱子采用 H 型钢,主次梁用大断面冷弯型钢,支撑用角钢,梁柱通过连接板用高强螺栓连接,用压型钢板现浇混凝土组合楼板。$180m^2$ 的样板房,10 人 40 天即可建成,其中钢骨架施工工期为 3 天。

1.3.3 我国建筑工业化的发展状况

我国在唐山地震后开展整体板柱建筑"IMC"研究,并发布了《整体预应力装配式板柱建筑技术规程》(CECS 52—93)。近年来,预制结构发展缓慢。

2002 年,我国发布了《钢结构住宅产业化导则》,通过了 36 项钢结构住宅科研项目立项;并确立了若干项建设部钢结构住宅产业化科技示范工程。

2 各国地震震害特征对比分析

以下简要对比了我国汶川地震、唐山地震和台湾集集地震以及日本阪神地震等。

2.1 汶川地震震害破坏原因分析(以北川县为例)

从工程地质角度汶川地震震害破坏原因包括以下几方面:发震断裂从县城通过;县城附近地震破裂位移大;县城坐落在河滩松散的堆积物上,场地效应和地基失效加剧破坏;山体滑坡、岩石崩塌破坏。

从地基土力学角度汶川地震震害破坏原因包括以下几方面:强震作用力;震中心区过大地表开裂或隆起;江河滩涂砂土液化;山体滑坡作用。

2.2 汶川地震房屋期限破坏状态分析

(1) 房屋整体倒塌:1980 年以前修建的房屋,全部倒塌。

(2) 房屋部分整体倒塌,局部倒塌加严重破坏:按“74 规范”设计,80%整体倒塌;20 世纪 80 年代修建,按“78 规范”设计,50%整体倒塌。

(3) 房屋未整体倒塌但严重破坏,局部倒塌加严重破坏:90 年代修建,按“89 规范”设计。

(4) 房屋未整体倒塌但有破坏甚至严重破坏:2000 年以后修建,按“01 规范”设计。

2.3 汶川地震城镇房屋与农村房屋的震害对比

汶川地震共造成川、陕、甘等省房屋倒塌 1.6 亿平方米,共计 696 万间(其中四川 558 万间),其中农村房屋占 80%以上;损坏 2336 万间(其中四川 2001 万间)。

2.4 汶川地震、唐山地震建筑震损情况分析

四川省倒塌,城镇占 18.67%,农村占 81.33%;四川城镇居民倒塌,城市和县城占 34.83%,乡镇占 65.17%;四川省 6 个地级市重灾区,房屋倒塌的占 4.71%,严重破坏的占 14.09%,中等破坏的占 25.45%,轻微损坏或基本完好的占 55.75%;各类型建筑倒塌数量占震前该类建筑总量的比例(倒塌率),如表 1 所示。

表 1 汶川地震四川省 6 个重灾区及唐山地震房屋倒塌情况统计表

汶川地震(四川省 6 个重灾区)					唐山地震			
建筑用房类别	震前总面积(万平方米)	地震后安全性应急评估		倒塌率排序	建筑面积(万平方米)	严重破坏和倒塌(万平方米)	严重破坏和倒塌率(%)	可修复率
		倒塌(万平方米)	倒塌率(%)					
工业、仓储	7779.97	895.09	11.51	1				
医疗、卫生	758.20	53.47	7.05	2	22.5	19.2	85.54	11.90
文化、图书、体育	181.93	12.15	6.68	3				
商业、宾馆、娱乐、交通	3223.44	171.59	5.32	4				
机关、团体、事业办公	4948.46	244.19	4.93	5	80.7	71.6	88.69	10.25
学校、教育、培训	3729.19	134.28	3.60	6	46.3	42.7	92.25	3.06
城镇居民住宅	40044.62	1219.22	3.04	7	894.1	869.5	97.25	—
其他	—	—	—	—	125.6	114.0	90.7	26.84

从该表中对比发现,唐山地震房屋倒塌率远远超过汶川地震;住宅严重破坏和倒塌率最高达 97.25%,且不可修复。汶川地震的住宅倒塌率最低的只有 3.04%;工业仓储房屋倒塌率最高达 11.51%,原因是开间大,纵向长,排架、框架之间斜撑少,整体稳定性差,易由单个构件破坏而导致整体倒塌。

掘救率指震后经过挖掘抢救出来的人占地震被掩埋的总人数的比率。唐山地震的掘救率高达 70%,而汶川地震的只有 7%。这与地震强度、房屋结构形式、地震发生时间、人员防震意识、救援力量、气象、次生灾害大小等因素有关。

2.5 汶川地震房屋建筑破坏特征分析

汶川地震倒塌的房屋,以垂直垮塌、水平倾倒为主。

现就汶川地震房屋建筑破坏特征分析如下。

(1) 砖混结构:纵横墙 X 形裂缝,垂直于圈梁的贯通裂缝;空心砌体墙损坏重于实心砌体墙,砌块墙损坏重于砖墙;独立砖柱损毁严重;大梁支座处裂缝严重。

(2) 框架-结构:梁柱接头塑性破坏,框架内填充墙斜向裂缝或垮塌;因扭转作用底层角柱

严重破坏；大跨框架因层间位移过大造成框柱失稳破坏；框托结构底部框架没有抗震墙，底层倒塌倾斜；短柱大多剪切破坏；单跨震害重于多跨框架。

(3) 框架-剪力墙结构：墙肢之间连梁破坏，剪力墙上水平或斜向裂缝，有的竖向分布筋被剪断；抗震墙在上部楼层中断的，在中断的楼层形成薄弱层，而导致倒塌。

(4) 楼梯间：所有结构形式中，楼梯间最先受到破坏摧毁，使逃生的通道被阻断；砌体结构楼梯间整体性不足，梯间墙体破坏倒塌造成楼梯段支座失效，进而导致整个楼梯间破坏；框架结构中，由于支撑效应使得楼梯板承受较大的轴向力，地震时楼梯段处于交替拉弯和压弯状态，易发生破坏；楼梯梁受上下梯段剪切、扭转破坏作用而破坏。

(5) 预制空心板：板间连接质量差，致整体性差而损毁。

(6) 填充墙：框架结构、框架-剪力墙结构的填充墙首先破坏，墙体拉结不足，大量开裂。

(7) 屋顶塔楼：因鞭梢效应显著破坏严重。

(8) 抗震缝：因宽度不够相互碰撞破坏。

(9) 民居木土结构：破坏严重，但是少有全部倒塌的。

(10) 基础：采用基底隔振的建筑，室内感觉晃动不明显，破坏较轻。

2.6 日本阪神地震房屋建筑破坏特征分析

日本阪神地震房屋建筑破坏特征分析如下。

(1) 重屋顶的木屋：倒塌破坏率最高。

(2) 钢筋混凝土结构：神户市严重破坏或倒塌率达 11.6%；其中 4%的严重破坏和 2%的倒塌毁坏是按照“81 规范”设计的；按照旧规范设计的、有柔性薄弱层的、缺乏延性构造的、结构布置不对称的、在混凝土里面埋设管道的、未留防震缝的、跨越断层线的钢筋混凝土房屋，倒塌破坏率也较高。

(3) 劲性钢筋混凝土结构：一直认为这是最佳抗震结构体系之一，但 1981 年以前建造的劲性结构房屋破坏严重；按照“81 规范”建造的，总体上震害很轻，但是仍有倒塌和严重破坏的情况；15 层以下结构的破坏严重，更高的结构破坏较轻。

(4) 钢结构：有 17.7%严重破坏或倒塌，钢结构房屋的倒塌、严重破坏和中等破坏的百分率比钢筋混凝土和劲性钢筋混凝土房屋的相应百分率还要高；1981 年以前建成的钢结构房屋地震时遭到严重破坏的比重比 1981 年以后建成的钢结构房屋高得多；52 栋中、高层钢结构集合住宅，采用富有创新性的巨型抗力矩框架结构，地震时，有 21 栋结构钢框架遭到严重破坏，宽达 50cm，壁厚 5cm 的正方形柱和管柱均发生脆性破坏，交叉斜撑钢构件的宽翼缘断裂，柱子中的残余水平断错宽达 2cm，这说明采用新技术需要十分谨慎。

地震经验教训重复出现，例如，有柔性首层的房屋的抗震性能远不如无柔性首层的房屋；缺乏延性会造成柱子的剪切破坏，引起房屋严重破坏或倒塌；非结构构件的破坏会堵塞应急通道，甚至夺去人的生命等。

2.7 中国台湾集集地震

在中国台湾集集地震中，许多中、高层建筑在地震时倒塌的主要原因之一就是施工质量差，例如，柱子箍筋间距过大，在箍筋外侧布置竖向筋，钢筋搭接长度不够，以及箍筋没有一处弯折 135°弯钩的，等等。钢结构建筑的破坏率占 0.6%；混凝土和砖砌体结构破坏率达 75%。

3 抗震设计规范的更新与地震灾害损伤比较

3.1 抗震设计规范颁布及应用

美国、日本的抗震设计规范是世界上最先进的，其他大多数国家或多或少地参考采用美国、日本的规范，如表2所示。

表2 抗震设计规范颁布年份与死亡人数对比表

规范	中国大陆		中国台湾地区	日本	美国	土耳其
第一部规范	1959年草案；1974年版；1978年修订			1924年；1950年	1927年	1940年
近期先进规范	1989年版；2001年版；2008年修订		1974年	1971年；1981年；2000年	1973年；1999年	1975年；1997年
近期地震	1976年 唐山地震 7.8级	2008年 汶川地震 8.0级	1999年 集集地震 7.6级	1995年 阪神地震 7.3级	1994年 洛杉矶地震 6.6级	1999年 伊兹米特地震 7.8级
第一部规范与地震相隔时间(年)	(2)	34	—	71	67	59
先进规范与地震相隔时间(年)	—	19	25	24	21	24
死亡人数(人)	242769	约87000	2445	6348	61	15851

从规范的比较可以看出：建筑物抗震设计规范颁布得越早，地震时遭受的损失就越少。中国直到唐山地震还没有这样的先进规范，所以死亡人数远远超过其他地震。地震伤亡有75%～95%来自建筑物的倒塌破坏。汶川县死亡300人，其中县城只有6人死亡，因为县城执行抗震规范较好，房屋虽损坏严重，但倒塌相对较少。重灾区汉旺镇，1980年以前的房屋，80%整体倒塌；20世纪80年代的，45%整体倒塌；20世纪90年代的，局部倒塌或严重破坏；21世纪的，一般为严重破坏。

由此可见，抗震规范是减轻地震风险和灾害的基本有效手段。

3.2 正常设计施工与非正常设计施工的震害对比分析

1995年日本阪神地震中，一些2～5层的预制混凝土住宅保持了很好的工作状态。就整个地区预制混凝土结构性能的调查，只要预制构件的连接部位能够保持结构整体性，则预制混凝土结构有较好的抗震性能，特别是按照“81规范”设计的房屋。

日本、美国和土耳其的近代先进规范从颁布到发生强震的时间为24年、21年和24年，但是死亡人数却有很大差别；土耳其地震，新建的高层建筑结构破坏率比老的高层建筑结构破坏率还要高，其原因不是规范本身，而在于规范没有得到切实的实施，施工质量也没有得到良好的控制。

4 国内外不同抗震设计理念的工业化建筑体系应用比较

4.1 美国的预制混凝土结构

1993年，加州学者研究了混凝土构件延性连接器(DDC)，预制梁通过螺栓与预制柱连接，简化了施工工序，有利于抗震；当延性杆达到非弹性阶段，连接器的其他部位仍然处于弹性阶段，这样所有的塑性特征只出现在延性螺杆部分，从而使梁和柱免遭破坏。

1994年，减灾委推荐采用柔性连接(ductile connection)。这种连接方式既可以用于预制混凝土框架体系，又可以用于预制混凝土板柱结构。1997年，统一规范允许在高烈度地震区使用预制混凝土结构，但前提是通过试验和分析证明，该结构在强度、刚度方面具有甚至超过相应的现浇混凝土结构。

1995 年，华盛顿大学的混合配筋预制混凝土框架整体性能试验表明，混合体系的抗剪性能优于普通框架，试验过程没有发现抗剪强度衰减，抗剪钢筋应力值不到 15%f_y；构件破坏很小，震后裂缝闭合，从而缩短了维修时间。

1999 年，加州大学对 5 层预制混凝土结构体系在强震作用下的抗震性能试验表明：剪力墙可有 2.7%的位移，远大于规范数值；残余位移 7.6mm，体系没有损坏；层间侧移达 4.5%，且仅在 3%时，结构才出现轻微破坏；随着基底剪力增加，即使在大位移情况下，预制混凝土框架结构也表现出良好的抗震性能。这说明在高烈度地区可采用预制混凝土框架-剪力墙结构体系。美国对预制混凝土结构半刚性梁柱节点的研究表明，当固定系数大于 0.8 时，预制结构与现浇结构的地震反应差异很小；并且通过试验可以肯定，“强柱弱梁”的设计思路有利于减少这种差异。

4.2 预制混凝土工业化住宅——万科试验楼

万科试验楼的建筑面积为 1200m^2，共 5 层，结构安全等级二级，设计使用年限 50 年，建筑抗震重要性分类丙类，抗震设防烈度 7 度，场地类别Ⅱ类，设计地震分组第一组，框架抗震等级三级。

预制柱，预制梁及叠合梁，柱筋用冷挤压套筒连接；梁柱节点区的浇筑，较难保证混凝土的均匀性，测试结果显示，安装后的节点区钢筋上部的应力变化幅度明显大于下部钢筋，尤其是底层柱与柱连接处的钢筋明显屈服。因此，该工程采用的构件拆分方式及连接方式不适合工业化住宅发展的技术要求。

叠合连续楼板预制部分 70mm 厚，后浇部分 80mm 厚。经测试，楼板除具有单向叠合连续板的内力重分布特征外，还具有沿整体后浇层向周边板块内力调整的特点，具有一定的双向板受力特征，能有效的提高结构整体工作性能；受载各阶段产生的应变、挠度、裂缝等都比理论计算值要小很多，具备工业化体系发展前景。

4.3 工业化预制装配式(PC)住宅——上海“某新里程”试点楼

上海“某新里程”试点楼共 14 层，框架-剪力墙结构，柱、梁、剪力墙为现浇，楼板、阳台采用预制叠合板，外墙、女儿墙采用预制墙板，楼梯梯段为预制；历经 2 次台风，没有发现窗墙渗漏。初步形成了保温、隔热、隔声、防渗功能为一体的外墙。自重减轻，抗震性能增强；横墙和外纵墙全部拉通对直，减少了构件规模，简化了节点构造，加强了结构整体抗震能力。

4.4 钢结构体系的代表

MB 体系住宅：包括以轻钢龙骨支撑的适用于 3 层以下轻钢结构房屋，以及以钢包混凝土梁柱框架为支撑体系的多层及高层房屋；具有自重轻、工期短、质量好、造价低等特点。

远大集成住宅是一座 6 层 3000m^2 的钢结构住宅，工期 3 个月，能抗强风强震；全套住宅(包括整体厨房、浴室，全套家具)造价 3000 元/m^2，结构用钢量 60kg/m^2。

钢-混凝土组合结构体系，包括钢管混凝土、型钢混凝土组合结构、压型钢板混凝土组合楼盖、外包钢组合结构体系等

4.5 引进技术优缺点

澳大利亚速成建筑系统(RBS)：采用熟石膏、无碱玻璃纤维及添加剂在工厂做成板材和组件，现场拼装施工的墙体。板孔填充混凝土可用于多层和小高层建筑的内外檐承重墙体，板孔填充岩棉可用于钢结构、框架结构的外檐围护墙体。120mm 厚板材垂直承载力不小于 160kN/m。经过低周反复荷载试验和结构动力特性测试并修正结构有限元模型，可分析发现，该结构体系虽然整体结构物的刚度较大，吸收地震力较多，但由于薄片墙较多，具体分配到

每片墙上的地震剪力有限，试验工程墙片最大地震剪力远小于低周反复荷载试验所给出的极限数值。研究后的做法是：楼板全现浇，层间设圈梁，转角及内外墙处设配筋芯柱，大洞口两侧采取加强措施。

ELCON 大板建筑体系：特点是 L 形的基本墙体构件和现场预制，对现场预制条件要求较高。

5 建筑工业化与城市规划和环境保护

新中国成立以来，我国每年由地震、地质、旱涝、海洋、疫病等自然灾害造成的直接经济损失约占国民生产总值的 4%；其中发生 17 次 M6.8 级以上地震；虽然已经确定了 52 个城市作为国家重点防震城市；但是 16 次震中发生在村镇，汶川地震在倒塌的城镇乡住房中，乡镇住房倒塌占 65.2%。因此，有计划地将量大面广的乡镇房屋建设纳入基本建设程序势在必行。

保护环境、节约能源就是防灾减灾。2005～2020 年，国内将建设 300 亿平方米住宅（美国历史最高峰住宅建造量为 1972 年建成 2.6 亿平方米，200 万户），建筑工业化可以明显提高房屋使用寿命，直接降低能源消耗。

以深圳市为例，深圳市每年产生建筑施工垃圾 1500 万立方米，施工用水 9.45 亿吨，施工模板用木材损耗 31.5 亿平方米；采用实验楼的工程，80%外墙用工业化预制墙板，50%的结构水平构件采用预制梁板，现场垃圾减少 95%，污水排放减少 54%，水耗减少 41%；在深圳市住宅项目推行工业化的计划为例，2009 年占 5%，2012 年将占 20%，工业化住宅面积将达 180 万平方米。由此可见，推广工业化住宅的节能减排效果相当可观。

6 建筑工业化与防震减灾

6.1 中华人民共和国防震减灾法

修订后的《中华人民共和国防震减灾法》已于 2009 年 5 月 1 日起施行，其中主要有以下条款涉及建筑设计、施工及改建、扩建等的防震工作。

第三条　防震减灾工作，实行预防为主、防御与救助相结合的方针。

第三十五条　新建、扩建、改建建设工程，应当达到抗震设防要求。重大建设工程和可能发生严重次生灾害的建设工程，应当按照国务院有关规定进行地震安全性评价，并按照经审定的地震安全性评价报告所确定的抗震设防要求进行抗震设防。建设工程的地震安全性评价单位应当按照国家有关标准进行地震安全性评价，并对地震安全性评价报告的质量负责。前款规定以外的建设工程，应当按照地震烈度区划图或者地震动参数区划图所确定的抗震设防要求进行抗震设防；对学校、医院等人员密集场所的建设工程，应当按照高于当地房屋建筑的抗震设防要求进行设计和施工，采取有效措施，增强抗震设防能力。

第三十六条　有关建设工程的强制性标准，应当与抗震设防要求相衔接。

第三十八条　建设单位对建设工程的抗震设计、施工的全过程负责。设计单位应当按照抗震设防要求和工程建设强制性标准进行抗震设计，并对抗震设计的质量以及出具的施工图设计文件的准确性负责。施工单位应当按照施工图设计文件和工程建设强制性标准进行施工，并对施工质量负责。建设单位、施工单位应当选用符合施工图设计文件和国家有关标准规定的材料、构配件和设备。工程监理单位应当按照施工图设计文件和工程建设强制性标准实施监理，并对施工质量承担监理责任。

第四十三条 国家鼓励、支持研究开发和推广使用符合抗震设防要求、经济实用的新技术、新工艺、新材料。

6.2 基于防震减灾理念的中国建筑工业化发展规划建议

(1) 选择适合中国国情的结构体系：我国城镇地少人多，交通设施比较落后，不宜照搬国外独栋小住宅模式，应优先发展7～16层的小高层集成住宅。要形成跨行业跨部门的企业集团，才能承担起巨额的资金投入和科研经费，统筹规划，提高产品竞争力。

(2) 推行通用体系，提高科技贡献率：在经济发展的增长因素中，技术进步的贡献率是第一位的，发达国家的科技贡献率达60%～80%；而我国只有26%，主要表现为选题松散，未能抓住发展建筑(住宅)工业化这一永恒的主题来发展通用体系。

(3) 合理推广预制(预应力)混凝土结构体系：汶川地震调查中发现，部分砌体砂浆强度非常低，手捏成粉，框架节点加密箍筋明显不足；现浇现砌的施工质量得不到保证。

(4) 扩大钢结构使用范围，发展轻型钢结构：我国建筑用钢占钢产量的1%，发达国家为5%～10%；应重视适用于我国各地区地质条件的轻钢结构研发，积极发展H型钢、T型钢、薄壁型钢，闭合型钢等优化断面型材。

(5) 在结构设计和建筑设计标准图集中提高对装配式楼屋盖整体性的要求：改变旧体制，鼓励生产厂与设计、承包商紧密结合，抓紧研发合理的结构体系。

(6) 合理变革现有标准、规范编制体系：发达国家采用散页式编排，就一个问题或方面，编制一个标准或规范，易编制，有利技术更新。

(7) 梳理和紧缩规范体系：国内工业化住宅部品、设备产品缺口严重，标准编制跟不上需要，这跟标准过分复杂有关；当前我国的住宅部品发展是自流的无序的，和建筑安装生产是脱节的，造成了多方面的危害。

(8) 加强专项规范编制和修订：例如，修订预制混凝土质量标准；在协会标准《门式刚架轻型房屋钢结构技术规程》CECS102、《钢筋混凝土装配整体式框架节点与连接设计规程》CECS43等的基础上，颁布相应国标、行业标准和地方标准。

(9) 加强农房建设，实施城乡建设统筹的经验做法，免费提供若干套农房设计图纸供农民自主选择，免费提供测量和咨询服务，加强对工匠的技术培训，加强质量安全巡查。

7 结语

新一代高技术建筑涉及工业技术各个部门，不再由建筑师和结构工程师能独立完成，需要各工业部门的工程师协同工作，共同参与。勒·柯布西耶的观点得到证实，建筑没有终极，只有不断的变革，我们没有选择，只能接受机器在所有领域中的挑战，直到人们利用机器来为自己的需要服务。

参考文献

[1] 王铁宏等. 用全面和辩证的思维做好房屋震害研究分析. 北京：中国建筑工业出版社，2008

[2] 叶耀先等. 地震灾害比较学. 北京：中国建筑工业出版社，2008

[3] 薛伟辰. 预制混凝土框架结构体系研究与应用进展. 工业建筑，2002，32(11)：47

锚杆静压桩在厂房加固处理中的应用

曹　斌　赵　磊　（南阳市建筑设计研究院）

［摘要］ 本文介绍了厂房梁、板、墙体出现裂缝后，采用锚杆静压桩进行加固处理后，厂房又重新投入使用。该设计方法提高了基础承载力，又可直接观测压桩力，桩身质量可靠且节约经济、节省工期。

［关键词］ 锚杆静压桩；厂房；基础；加固应用

1　工程概况

南阳市某加工厂房为3层现浇钢筋混凝土框架结构，建筑面积约2400m²。厂房平面为规则的矩形，尺寸为50m×16m。横向共11跨（轴线①～⑫），除端部两跨跨度为4.3m外，其余各跨跨度为4.6m；纵向共2跨（轴线Ⓐ～Ⓒ），跨度均为8m。厂房基础采用混凝土强度等级为C20、直径300mm的锤击沉管灌注桩，沉管灌注桩设计承载力为300kN，采用现浇混凝土桩承台、地梁、楼板、柱、梁。该工程于2004年底完成基础施工，2005年建成投入使用。由于各种原因，该厂房无任何勘察、设计及施工资料。厂房在使用过程中部分梁、板、墙体出现裂缝现象，厂房下沉量较大，需对基础、结构进行加固处理。本文仅介绍基础部分的处理。

2　工程地质条件

根据加固施工进场后进行的工程地质勘探，该工程地层情况如下。

（1） 填土层：层厚3.0～8.4m，黄色，主要成分为残积土，湿，结构松散。

（2） 耕土层：层厚0.2～1.3m，灰褐，黑灰色，含少量细砂，湿，结构稍密。

（3） 淤泥质土：层厚1.2～6.2m，灰黑色，含较多腐木，饱和，流塑。标贯击数1.5～2.3击，f_k=50kPa。

（4） 中细砂：层厚0.3～5.0m，桔黄色，灰白色，主要以中细砂混少量粗砂为主．局部为黏性上，饱和，松散一稍密，局部较密实。标贯击数平均9.6击，f_k=145kPa。

（5） 残积粉质黏土：褐黄—灰褐色，顶板埋深约11～15m，揭露深度5～9m，标贯击数8.8～25.2击，承载力标准值f_k=2000kPa。

3　工程质量问题及原因分析

3.1　工程质量问题

（1） 厂房总体沉降量较大，且沉降不均匀，其中⑥～⑫轴沉降较大。

（2） 厂房Ⓐ轴外墙墙体出现沿⑥轴向⑫轴上升的斜裂缝，裂缝长度及宽度持续发展。

（3）2层和3层楼板及天面板出现裂缝，板裂缝集中在⑤～⑪轴之间，其中⑤～⑥轴及⑥～⑦轴较严重。

（4） 3层及天面部分次梁出现裂缝，梁裂缝集中在⑤～⑪轴之间，其中⑤～⑥轴及⑥～⑦轴较严重。

3.2 原因分析

该工程质量问题产生的原因主要是由于基础不均匀沉降引起的。

(1) 该工程为沉管灌注桩基础。由于地层上部填土层及淤泥质土未完全固结,在上部荷载作用下填土层及淤泥质土层产生固结沉降,从而将桩周上部土层对桩的正摩阻力交替转换成负摩阻力并使桩的实际承载力大幅度降低,导致基础下沉。

(2) 该工程采用沉管灌注桩基础,施工时由于该工程地层变化较大,部分桩桩底难以到达硬持力层,端承桩变成了摩擦桩,其承载力也难以达到设计承载力的要求,导致基础产生较大的沉降及不均匀沉降,从而引起上部结构开裂。

4 基础加固处理方法

由于该工程为已建建筑物,加固为室内作业,不宜使用大型机械进行施工。根据该工程的地质情况及工程现状,经综合比较各种加固方法,该工程适合采用锚杆静压桩的加固方法。该方法对提高基础承载力效果显著且可直接观测桩的承载力,桩身质量可靠,抗震能力强,且经济有效,施工速度较快,适合在室内施工,对环境影响小,无泥浆污染,加固施工时对建筑物附加沉降小。

4.1 锚杆静压桩加固方法

锚杆静压桩技术为桩式托换技术。它将压桩架通过锚杆与建筑物基础联接,利用建筑物自重荷载作为压桩反力,用千斤顶将桩分段压入地基中,再将桩与基础连接在一起,从而通过静压桩承担部分基础荷载。

4.2 锚杆静压桩加固设计

4.2.1 锚杆静压桩单桩承载力设计

该工程静压桩采用直径为250mm×250mm的预制桩。锚杆静压桩单桩承载力设计值为350kN,按规范要求最终压桩力为525kN。考虑到该工程基础采用的钻孔灌注桩,为减少静压桩变形,使静压桩变形与原钻孔灌注桩协调,设计最终压桩力取为700kN。

4.2.2 锚杆静压桩桩长设计

该工程锚杆静压桩桩底设计持力层为砾砂层或残积土层,桩长范围约为13~17m,平均约15m,桩长最终控制由压桩的经标定的油压千斤顶压力表读数达到设计最终压桩力来确定。

4.3 特殊处理方法

该工程最初的加固方案是直接用钻凿设备凿出压桩孔及锚杆孔,锚杆采用植筋的方法与承台连接,直接利用原承台进行压桩。在实际施工过程中发现,原基础承台厚度严重不足且基础承台混凝土质量较差。其中部分承台已呈破坏状态。为保证锚杆静压桩施工的顺利进行,在原基础承台的基础上制作包柱式承台,对原承台进行加固。

4.4 锚杆静压桩加固施工工艺

(1) 开挖出原基础承台,清除承台面上填土,以保证作业。

(2) 按加固设计图放线定位,采用钻凿设备凿出压桩孔及锚杆孔并进行清理,压桩孔凿成上小下大。

(3) 采用植筋的方式将压桩反力装置的锚杆埋设好,对原基础进行加固处理,等植入锚杆螺丝养护好达到设计强度后再安装压桩架。

(4) 采用千斤顶压桩,压桩过程必须连续,压桩过程中应保持桩段垂直,压桩力不能超过设计最大压桩力,避免基础上抬。

(5) 预制桩每节桩长为 25m,接桩采用硫磺胶泥。

(6) 压桩至设计要求时,进行封桩。向压桩孔内灌入 C25 混凝土,在桩顶用钢筋与锚杆对角交叉焊牢,然后再浇注早强高强混凝土。

5 加固效果

该工程采用锚杆静压桩加固方法进行加固后,基础沉降稳定,厂房重新投入使用。

6 结语

锚杆静压桩加固方法不需大型机械设备,适合室内施工,对环境影响小。该方法提高基础承载力的效果显著,可直接观测压桩力,桩身质量可靠,且经济有效并可节省工期,是一种较好的加固方法。

干拌自密实混凝土梁柱节点试验研究

李延和[1]　吴　元[2]　杜吉坤[3]

(1. 南京工业大学加固与鉴定中心　南京 210009;

2. 东南大学土木工程学院　南京 210096;

3. 江苏省苏科建设技术发展有限公司　南京 210008)

[摘要]　多、高层框架结构中,在梁柱节点区往往存在混凝土级差问题。如果按设计要求,节点区按柱混凝土浇筑,将给施工带来很大不便;如果按梁混凝土浇筑,则需要一些额外加强措施,也会给施工带来较大麻烦。针对上述问题,本文提出节点区用干拌自密实混凝土浇筑,可以很好地解决上述问题。通过一个混凝土节点和一个干拌自密实混凝土梁柱节点在低周反复荷载作用下的各种性能对比,得出利用干拌自密实混凝土浇筑框架节点是可行的,其性能优于混凝土节点。

[关键词]　干拌自密实混凝土;框架节点;抗震性能

1　引言

在多、高层框架结构中,柱子承受较大竖向荷载,一般采用较高强度等级的混凝土,以满足轴压比及建筑功能的要求,而对于受弯为主的楼层梁板,因仅承担本层荷载,一般采用较低强度等级的混凝土。这就带来一个问题:梁柱节点处的混凝土是随柱子还是随梁?根据文献[1]中"强节点"的设计要求,梁柱节点应与柱混凝土保持一致,即节点区应与梁混凝土分开浇筑,且柱混凝土应深入梁中一定距离(见图 1)[2][3]。

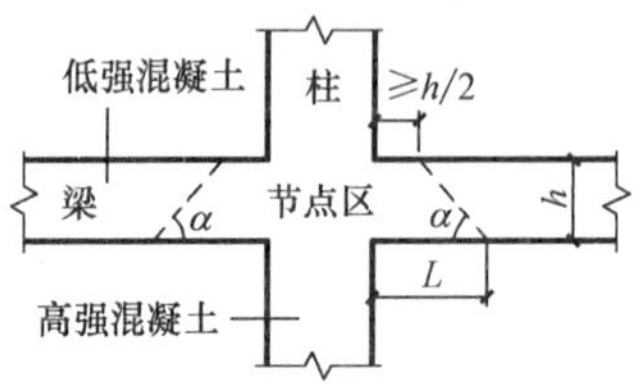

图 1　节点区按柱混凝土浇筑

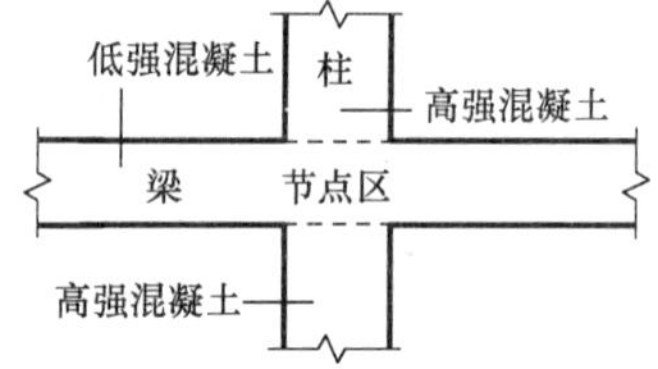

图 2　节点区按梁混凝土浇筑

上述做法虽能满足设计要求,但施工存在较大困难,主要表现在以下几方面:

(1) 目前工程多为商品混凝土,坍落度较大,如果不采取措施,节点区混凝土振捣后流出距离较长,影响质量。

(2) 在钢筋密集的节点区,用筛网或隔板分隔梁柱混凝土,存在相当困难。

(3) 上述施工方法要求在同一施工面上同时施工两种混凝土,极易引起混淆,造成工程事故。

为解决上述难题,人们提出了节点按梁混凝土浇筑的办法——梁柱节点[4]。但其可能不能满足"强节点"要求,需要通过一些措施对节点进行加强,这些措施主要有[57]:梁端加腋、加短竖筋、加 X 形钢筋、加型钢等。虽然这些措施解决了节点强度问题,但也给原本钢筋非常密集的节点区的施工带来了更大的麻烦。

针对上述问题,本文提出用干拌自密实混凝土浇筑节点。干拌自密实混凝土是一种由水泥、集料(或不含集料)、外加剂和矿物掺合料等原材料,经工业化生产的具有合理级分的干混料。其具有早强、高强、高流态、黏结强度高、耐久、耐疲劳等性能，在现场只需加入一定量的水，搅拌均匀后即可使用，非常适合浇筑框架节点区。

本文通过对比普通混凝土框架节点和干拌自密实混凝土梁柱节点的抗震性能，考察干拌自密实混凝土用于框架节点区浇筑的可行性，研究其对框架节点性能的影响。

2 试验研究

2.1 试件设计

本次试验共两个试件（见图 3），J1 为 C40 混凝土浇筑，J7 在节点区用干拌自密实混凝土浇筑。两个试件按现行规范[1,9]设计，设计抗震等级二级，轴压比 0.15。试件尺寸及配筋如图 4 所示。材料性能如表 1 所示。

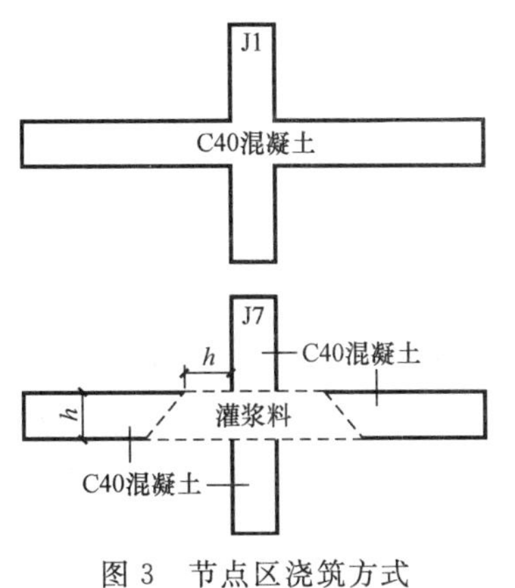

图 3 节点区浇筑方式

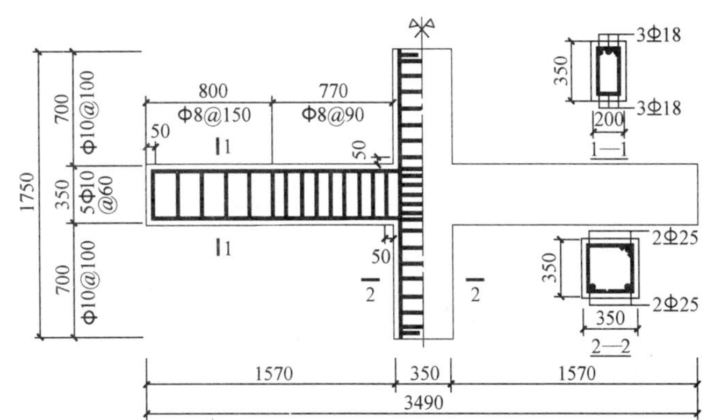

图 4 试件尺寸及配筋详图

表 1 材料性能表

钢筋	Φ8	Φ10	Φ18	Φ25	干拌自密实混凝土及混凝土	干拌自密实混凝土	C40 混凝土
屈服强度（MPa）	362	315	392	365	f_{cu150}（MPa）	62.1	42.4
极限强度（MPa）	486	423	546	574	f_c（MPa）	56.5	32.2

2.2 试验装置及加载方式

试件采用低周反复加载，试验中首先对试件施加轴力至预定值，保持恒定，然后在梁外端施加反对称反复荷载，研究节点抗震性能，加载装置及加载示意图如图 5、图 6 所示。加载制

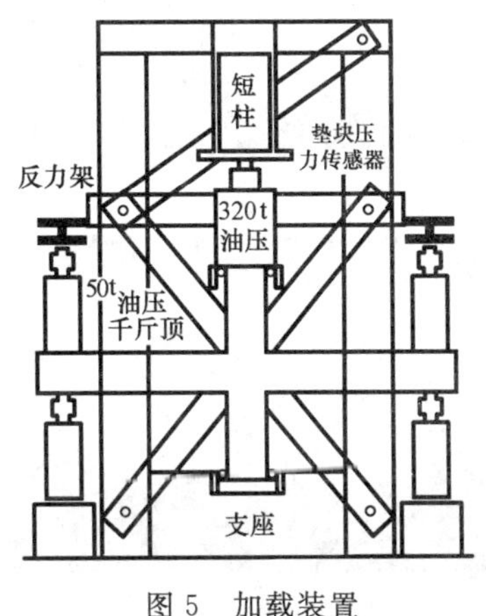

图 5 加载装置

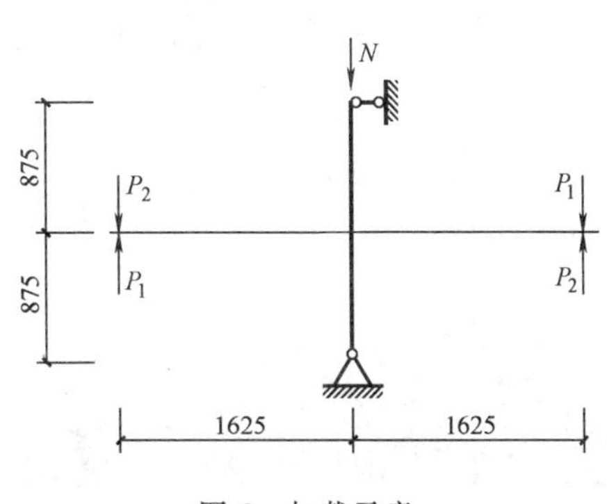

图 6 加载示意

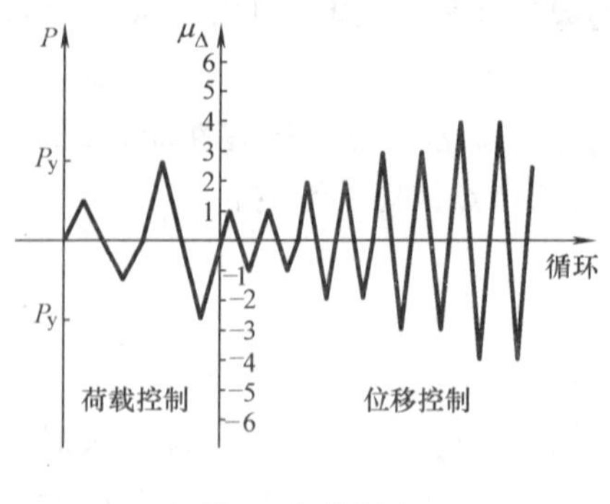

图 7　加载制度

度如图 7所示，试件屈服以前，采用荷载控制；试件屈服以后，采用位移控制，即按 1 倍、2 倍……屈服位移控制循环加载，在每一个位移量下循环两次。直至梁外端承载力下降至最大承载力的 80%或达到危险位移，认为试件破坏。

2.3　测量内容

本次试验采集的数据主要有：核心区附近梁柱纵筋应变；核心区箍筋应变；节点贯穿段梁筋滑移量；梁外端 P-Δ 滞回曲线；梁端塑性铰转角和截面曲率；核心区剪切变形等。

3　试验结果

3.1　试验破坏过程

两个试件的破坏过程比较类似。都是先在梁端弯矩较大区附近出现一两条竖向弯曲裂缝，宽度很小，高度也不大。之后，随着荷载的增大，裂缝不断发展，逐渐向梁截面中部延伸，数量不断增多，宽度变化不大。再增加荷载，梁柱交界面出现裂缝，高度与初裂缝相当，宽度很小。荷载继续增加，梁端纵筋屈服，梁端竖向弯曲裂缝基本贯通梁截面，整个梁段上的裂缝基本出齐，加载进入位移控制阶段。当梁端控制位移达到 2Δ 时，节点核心区出现交叉斜裂缝，裂缝长度较长，但数量不同，J1 有 4 条，J7 只有 2 条。此后，随着梁端位移的加大，交叉斜裂缝数量增多，并不断发展，梁上裂缝变化不大，仅在梁端弯矩较大处宽度有较大发展。后期，试件承载力开始下降，梁端受压区混凝土部分压碎，下表面混凝土开始剥落，纵筋外露，梁端形成了明显的塑性铰，柱端受压区角部也出现了纵向受压裂缝，混凝土局部保护层也有剥落迹象。最后，加载在危险位移下结束，试件破坏形态类似(见图 8、图 9)，核心区损伤较小，梁端裂缝较严重，最终为梁端弯曲破坏，复合文献[1][9]的设计目标，只是 J1 受压区破坏范围略大，且由于 J7 核心区强度较大，J7 核心区交叉斜裂缝较少。

图 8　J1 裂缝形态

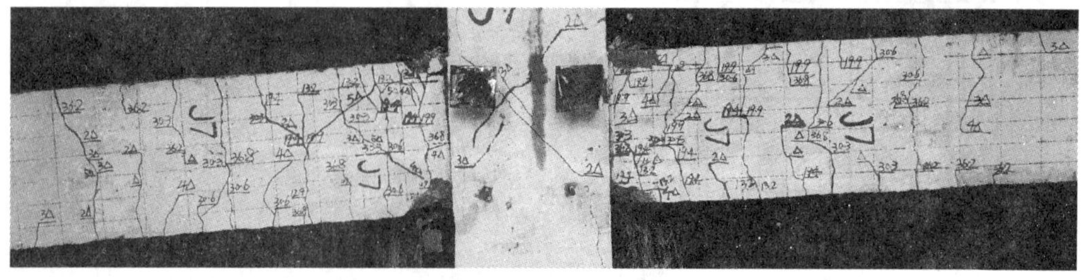

图 9　J7 裂缝形态

3.2 抗震性能分析

3.2.1 延性

延性是反应结构、构件或材料非弹性变形能力的一个度量指标[10]，分为位移延性、转角延性和曲率延性。表 2 给出了本次试验试件的位移延性，数值都超过了 4.0，符合派克对钢筋混凝土框架梁的最低延性要求[11]。此外，干拌自密实混凝土梁柱节点的位移延性稍大，表明其变形能力稍好。

表 2 试件梁端位移延性

试件	Δ_y(mm)	Δ_u(mm)	Δ_u/Δ_y
J1	14.6	60.0	4.1
J7	12.9	62.8	4.9

表 3 试件特征荷载

试件	P_{cr}(kN)	P_y(kN)	P_u(kN)	P_{cr}/P_u	P_y/P_u
J1	13.8	46.3	59.8	0.23	0.77
J7	12.9	44.0	57.6	0.22	0.76

3.2.2 特征荷载值

表 3 给出了试件的开裂、屈服及极限荷载值。由该表可得，各个特征荷载差别很小，干拌自密实混凝土完全可以用来浇筑框架节点，其开裂荷载约为极限荷载的 20%，屈服荷载为极限荷载的 75%左右，与混凝土节点相似。

3.2.3 刚度退化

描述节点刚度的指标有使用阶段刚度和环线刚度[10]。由于试件内部不断出现新的损伤，试件将不再呈现弹性性能，而表现出明显的刚度退化，即刚度将随位移的增大而逐渐降低。图 10 给出了本次试件的刚度退化曲线。由该图可得，两个试件的刚度差别不大，退化规律也比较一致：都是开始退化较快，而后逐渐减慢，最后几乎不再变化。此外，曲线开始部分，J1 的刚度要比 J7 略大，而后两者慢慢重合。这主要是因为干拌自密实混凝土的弹性模量要比混凝土低[12]，而弹性模量决定初始刚度，致使 J1 的初始段刚度自然较 J7 略大，而后，随着损伤在试件中的积累，弹性模量对节点刚度的影响已经大大降低，加之试件尺寸及配筋完全相同，因此，刚度退化曲线呈现上述规律是完全可以理解的。

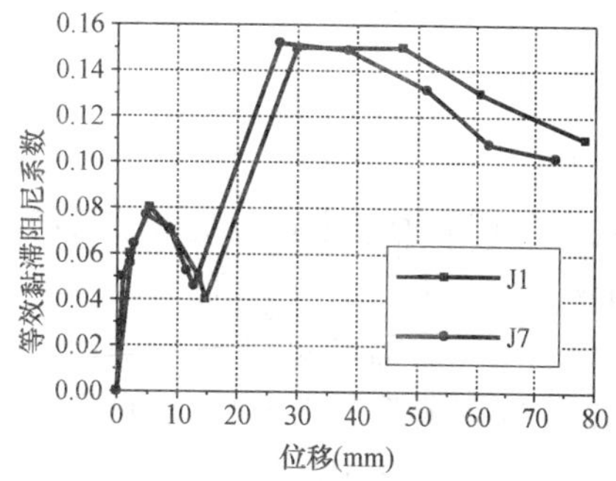

图 10 刚度退化曲线

3.2.4 耗能性能

3.2.4.1 等效黏滞系数

能量耗散能力是以荷载-变形滞回曲线所包围的面积来衡量的[10]。反映耗能能力的指标有等效黏滞阻尼系数和功比指数。本文采用等效黏滞阻尼系数来反映试件的能量耗散能力。图 11 为试件试验过程中的等效黏滞阻尼系数对比。由该图可得，两曲线形态类似，耗能能力相差不大。在加载初期，由于塑性变形较小，试件耗能能力都较小。之后，随着荷载的增大，构件非弹性变形增大，耗能能力上升；但当接近屈服荷载时，由于要追踪屈服荷载，荷载加载级差减小，使构件整体损伤停留在一个特定状态，致使构件整体耗能能力不断减小；当找到屈服荷载点后，构件开始位移控制加载，位移突然增大很多，构件中塑性变形大量产生，耗能能力大大提高。此时，构件往往达到或接近最大承载力（见图 12 和图 13）。随后，加载到 3Δ 时，构件耗能能力还能继续维持，再继续加载，耗能能力逐渐下降，直到荷载降至最大承载力的 80%以下时，耗能能力已经较差，不再适合吸收外部能量，构件宣告破坏。

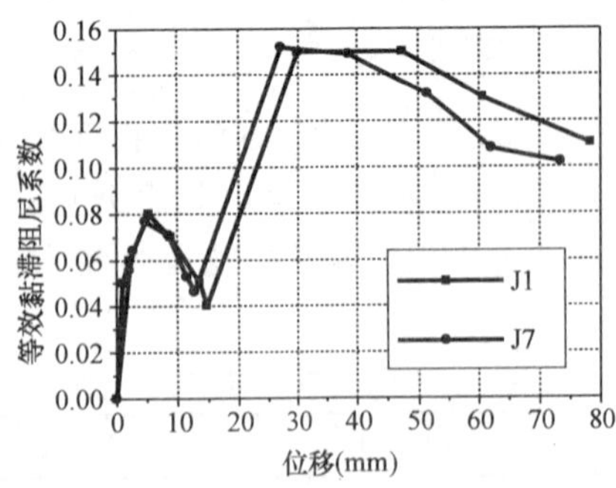

图 11　等效黏滞阻尼系数曲线

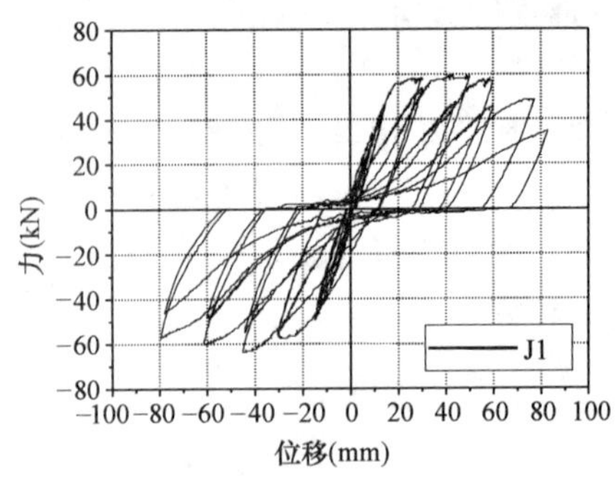

图 12　J1 滞回曲线

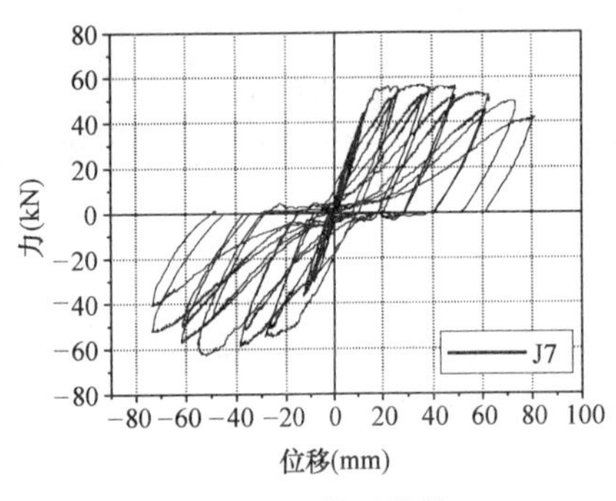

图 13　J7 滞回曲线

3.2.4.2　梁端荷载-位移滞回曲线

滞回曲线综合反映了节点承载力、刚度、耗能能力等抗震性能。本次试验的两个试件的滞回曲线如图 12 和图 13 所示。由图可得，在加载初期，即力控制加载阶段，由于试件基本处于弹性阶段，滞回曲线包围的面积很小，力和位移之间几乎成线性关系，试件刚度几乎保持不变，耗能能力很小。进入位移控制加载后，力和位移变为曲线关系，力随着位移的增大增长量变小，即试件刚度随着加载位移的增大在不断减小，且减小的程度不断加快，滞回环初期呈弓形，面积较大，耗能能力较强；之后，由于梁筋在节点核心区的黏结滑移及裂缝开闭等因素影响，导致滞回环向反 S 形发展，耗能能力下降，刚度也较快下降；最后，承载力降至最大荷载的 80%以下，试件破坏。总的看来，在核心区用干拌自密实混凝土替代混凝土浇筑后，试件承载力、刚度、耗能能力都没有明显改变，干拌自密实混凝土梁柱节点性能要稍稍好于混凝土节点，表明干拌自密实混凝土梁柱节点应用于框架结构是可行的。

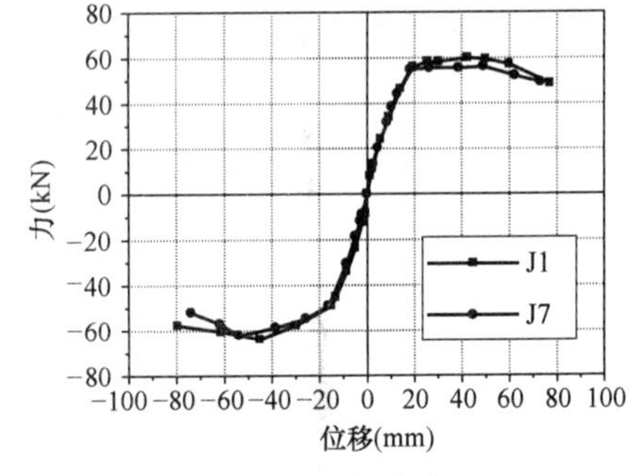

图 14　骨架曲线

3.2.4.3　骨架曲线

骨架曲线为滞回曲线各加载级第一循环的峰值点所连成的包络线[13]，其综合反映了试件受力和变形的关系，集中表现了试件在各个受力阶段的性质，是分析结构弹塑性地震反应的重要依据。图 14 为本次试验的骨架曲线。由该图可以看出，J1 和 J7 的骨架曲线几乎重合，且比较平缓，具有很好的延性，在整个受力过程的各个阶段，试件受力性能非常接近，这再次说明干拌自密实混凝土应用于框架节点的可行性。

4　小结

针对高层框架结构中存在的节点施工问题，本文提出用干拌自密实混凝土浇筑节点的建议。为考察其可行性，按现行规范要求设计了一个混凝土节点和一个干拌自密实混凝土梁柱节点，通过对上述节点在低周反复荷载作用下的性能对比，发现干拌自密实混凝土梁柱节点延性稍好；各特征荷载与混凝土节点非常接近；初始刚度比混凝土节点略小，但后期几乎保持一致；耗能、梁端荷载-位移滞回曲线及骨架曲线都差别很小。综上所述，研究表明干拌自密实混凝土应用于框架节点是可行的。

参考文献

[1] 中华人民共和国建设部. 建筑抗震设计规范(GB 50011—2001)[S]. 北京：中国建筑工业出版社，2008

[2] 朱华超. 梁柱节点处不同强度等级混凝土的施工实践[J]. 施工技术，2000，29(5)

[3] 蔡鹏程. 不等强梁柱节点混凝土替换技术[J]. 施工技术，2003，32(11)

[4] 李英民，刘建伟，郑清，等. 高剪压比钢筋混凝土框架梁柱节点抗震性能研究[J]. 重庆建筑大学学报，2007，(4)

[5] 程懋堃. 高强混凝土柱的梁柱节点处理方法[J]. 建筑结构，2001，(5)

[6] 余琼，李思明. 核心区和柱混凝土强度不等时节点的性能研究[J]. 同济大学学报(自然科学版)，2004，32(12)

[7] 陆浩亮，李思明，金国芳. 梁柱不同混凝土强度的高层框架节点试验和有限元分析[J]. 力学季刊，2004，(1)

[8] 李延和，王伯清，茆宏新，吴元. 干拌自密实混凝土的配制及性能研究[J]. 建筑结构，2010，(待发表)

[9] 中华人民共和国建设部. 混凝土结构设计规范(GB 50010—2002)[S]. 北京：中国建筑工业出版社，2002

[10] 唐九如. 钢筋混凝土框架节点抗震[M]. 第一版. 南京：东南大学出版社，1989

[11] Park R，Thompson K J. Behavior of Prestressed，Partially Prestressed，and Reinforced Concrete Interior Beam-Column Assemblied under Cyclic Loading：Test Result of Units 1 to 7，Research Report 74-9，Dep. of Civil Engineering，University of Canterbury，Chrischurch，New Zealand，1974

[12] 仲晓林，孙跃生. CGM 高强无收缩干拌自密实混凝土系列产品的研究与性能[A]. 第三届全国混凝土膨胀剂学术交流会[C]. 重庆：中国建材工业出版社，2002

[13] 中华人民共和国建设部. 建筑抗震试验方法规程(JGJ101—96)[S]. 北京：中国建筑工业出版社，1997

复合砂浆钢筋网加固方法试验研究

任生元 （常州市鼎达建筑新技术有限公司）

[摘要] 复合砂浆钢筋网加固方法是一种新兴的加固方法，其实用性强，优势明显，能满足加固要求，具有广阔的应用前景。本文通过8根钢筋混凝土加固梁的对比试验，对钢筋混凝土加固梁构件的极限承载能力、刚度退化、应力发展等试验结果进行整理分析。对复合砂浆钢筋网加固的钢筋混凝土梁极限承载力、极限挠度等结果与其他加固方法进行比较，对各种方法的加固效果进行对比分析。

[关键词] 复合砂浆；加固试验；承载能力

1 引言

在目前实际的加固工程中，我们可选的方法比较多，如何选取加固效果好、费用低的加固方法是加固工程界关心的问题。

目前，复合砂浆钢筋网加固方法是一种新兴的加固方法，其实用性强，有着光明的前景。与粘贴纤维加固修补方法及粘钢、喷射混凝土加固技术相比，高性能复合砂浆复合钢丝(筋)网加固修补混凝土结构具有明显的技术优势，是一种具有广阔发展前景的加固方法。

本文通过对比试验(3根复合砂浆钢筋网加固法加固梁，2根粘帖碳纤维布加固梁，1根粘贴钢板加固梁以及2根对比梁)；采集简支梁在分级加载至破坏全过程的应力、挠度、裂缝宽度、长度以及极限荷载等数据，进一步了解和掌握试验简支梁在正常使用荷载和极限荷载作用下的结构刚度、破坏形态和极限承载能力，全面分析采用三种加固方法的简支梁的受力及破坏全过程。

2 试件设计及制作

2.1 试件设计

根据《混凝土结构设计规范》(GB 50010—2002)的要求，本试验共设计了8根试验梁，每个试件的配合比完全相同，振捣、养护等条件完全一致，试验梁均采用矩形截面的简支梁，考虑到工程中常用的钢筋混凝土梁的高宽比和跨高比，截面尺寸为 $bh=200\text{mm}\times400\text{mm}$，构件总长4000mm，计算跨度为3800mm。所有构件采用相同的配筋，根据常用配筋率和不超筋的限制，梁底纵向受拉钢筋采用HRB400级钢筋，配筋情况为2Φ12，钢筋保护层厚度设计为30mm；架立钢筋和箍筋采用HPB235级钢筋，架立钢筋为2Φ6，箍筋为 $\phi6$@100。受拉钢筋的截面配筋率为0.31%，混凝土的强度等级设计为C15。梁截面配筋情况如图1所示。同时，考虑到方便吊装，在梁两端各预埋一根Φ12(HRB400)吊钩。试件设计如表1所示。

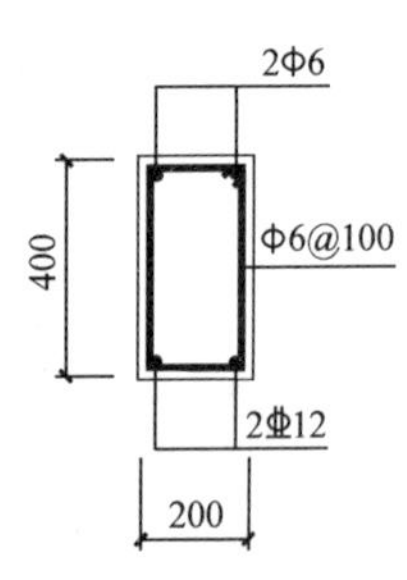

图1 试验梁的基本尺寸和配筋

表1 试验梁加固方法及编号表

加固方法	碳纤维布	复合砂浆钢筋网	粘贴钢板	对比梁(不加固)
试验梁根数	2	3	1	2
试验梁编号	L1、L2	L3、L4、L5	L6	L7、L8

2.2 试验所用材料

试件的相关材料性能如下。

(1) 主筋力学性能：如表2所示。

表2 钢筋抗拉强度及弹性模量表

直径 d (mm)	面积 A_s (mm^2)	实测抗拉强度 (N/mm^2)	抗拉强度标准值 (N/mm^2)	抗拉强度设计值 (N/mm^2)	弹性模量代表值 (N/mm^2)
6	28.3	602.5	400	360	2.0×10^5
12	113.0	607.5	400	360	2.0×10^5

(2) 混凝土的力学性能：如表3所示。混凝土的强度等级是构件承载力的重要影响因素之一，考虑到现有结构的加固改造工程中混凝土的强度等级普遍较低，因此本试验中的混凝土的设计强度等级为C15，构件的实际混凝土强度以立方体试块的抗压强度实测为准。

表3 混凝土抗压强度及弹性模量表

梁编号	实测抗压强度 (N/mm^2)	抗压强度标准值 (N/mm^2)	抗压强度设计值 (N/mm^2)	抗拉强度标准值 (N/mm^2)	抗拉强度设计值 (N/mm^2)	弹性模量 (N/mm^2)
L1～L6	24.2	16.0	11.4	1.73	1.24	2.74×10^4
L7～L8	22.2	14.7	10.5	1.64	1.17	2.65×10^4

(3) 复合砂浆加固用钢筋网：采用钢筋网和抗剪销钉为增强材料，主筋和箍筋强度等级HRB400，直径$\phi6$。钢筋的力学性能指标见表2。

(4) 高性能复合砂浆：以水泥和其他超细粉填料为主及添加剂和少量有机纤维加水与砂拌合而成，具有高强度、低收缩、大的极限拉伸应变，密实性好，并与原混凝土表面有较高的黏结强度。现场制作了复合砂浆试块，其抗压强度均值为36.8MPa。

(5) 碳纤维布：采用上海怡昌碳纤维材料有限公司生产的CFC2—2(300g/m^2)碳纤维布，相关材料性能如表4所示。

表4 碳纤维布性能指标表

材料名称	厚度(mm)	拉伸强度(MPa)	弹性模量(GPa)	延伸率(%)
CFC2—2	0.167	4091	218	1.87

(6) JK粘结胶：采用常州市建筑科学研究院有限公司生产的JK粘结胶，其性能指标如表5所示。

表5 JK粘结胶性能指标

材料名称	拉伸剪切强度(MPa)	正拉黏结强度(MPa)
JK粘结胶	16.8	4.35(混凝土破坏)

(9) 钢板：采用一4mm厚Q235钢板，150mm宽。

3 试验准备

3.1 试件加固

3.1.1 粘贴碳纤维布加固(L1、L2)

在试验梁底采用JK粘结胶粘贴碳纤维布两层，150mm宽，两端粘贴两道、中间粘贴一道宽 150mm、间距为 250mm 的 U 形箍。具体施工方法见有关规范或规程。其加固示意图如图 2 所示。

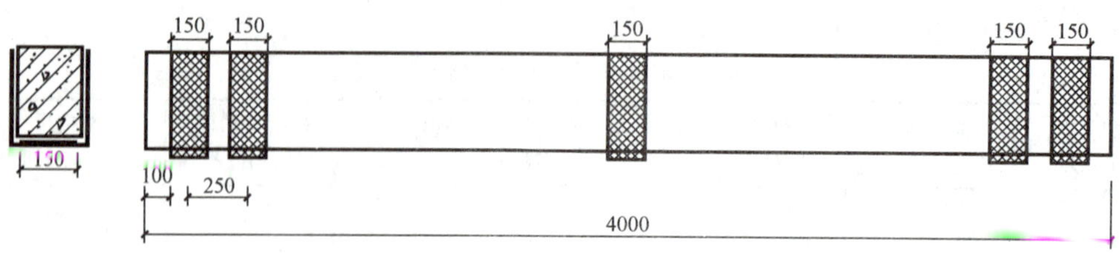

图 2 试验梁 L1、L2 的加固示意图

3.1.2 复合砂浆钢筋网加固(L3、L4、L5)

梁每侧钢筋网为 11Φ6(HRB400)(上部 6@50,下部 5@30),梁底的钢筋网为 7Φ6@50,箍筋Φ6@30,剪切销钉Φ6@200,采用 JK 植筋胶植入,呈梅花形布置。复合砂浆的厚度:梁两侧为 25mm,梁底为 35mm。其加固示意图如图 3 所示,制作过程如图 4 所示。

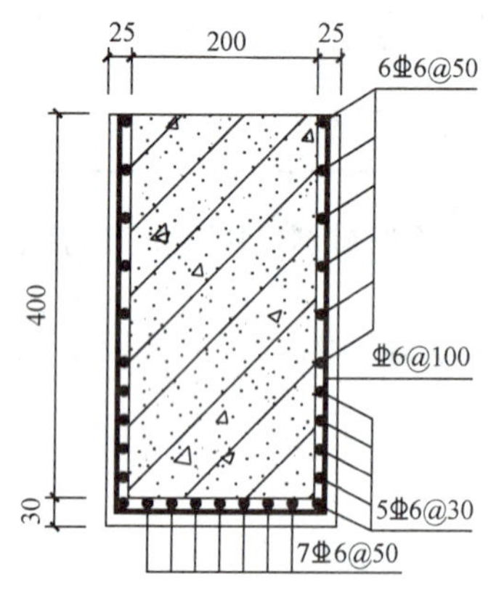

图 3 试验梁 L3、L4、L5 的加固示意图

图 4 钢筋网的绑扎和安装

3.2 加载方案

试验加载先按照规范的理论进行初步计算,得到各个试验梁的开裂荷载和受弯承载力极限值。

采用力控制分级加载方式进行加载。在规范中要求每级加载值不宜大于正常使用极限荷载计算值的 20%,持荷时间不少于 10min,然后记录本级荷载下的结构响应。当总荷载加至计算开裂荷载的 80%~120%时,进一步减小每级荷载增量,初步定为 5%。

根据现场情况进行了调整,调整后的现场实际加载工况为每级加载量为 7.72kN,当总荷载加至计算开裂荷载的 80%~120%后,每级加载量为 3.86kN。加载量中已经包括工字梁和千斤顶等加载重量。

本试验采用油压千斤顶,通过反力架分级施加集中荷载至试验梁上工字钢,由工字钢支撑点传至试验梁两集中力,加载示意图如图 5 所示。

3.3 测点布置

试验的主要量测内容包括梁在荷载下的挠度、开裂荷载、裂缝宽度、破坏荷载。试验中采用的仪器如表 6 所示,

表 6　试验中投入仪器设备一览表

测试项目	设备	数量
主梁挠度	百分表	5 个
裂缝宽度	刻度放大镜	1 个

(1) 位移测量:在支座、三分点、跨中分别放置精度为 0.01mm 的百分表,具体布置如图 5 所示。

(2) 平截面假定:在梁侧布置振弦式应变计;

(3) 应变量测:使用数据采集仪,布点有梁底的受拉钢筋、CFRP、钢筋网

(4) 裂缝观察:主要观测主裂缝的出现,裂缝的出现以目测和理论值开裂计算来判断,借助于放大镜并结合测出的混凝土应变的变化来确定,而且通过放大镜来观测各个裂缝的发展过程。裂缝宽度用刻度放大镜来测量。

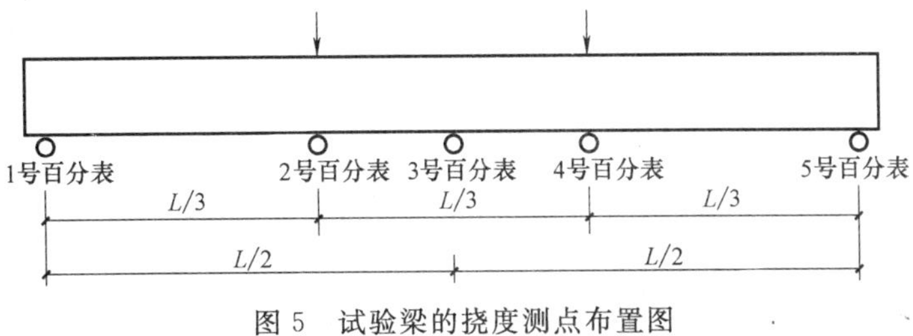

图 5　试验梁的挠度测点布置图

4　试验过程、结果及分析

4.1　终止条件

根据试验规范规定,试验终止要满足以下条件:

(1) 对有明显物理流限的热轧钢筋,其受拉主钢筋应力达到屈服强度,受拉应变达到 0.01;

(2) 受拉主钢筋拉断;

(3) 受拉主钢筋处最大垂直裂缝宽度达到 1.5mm;

(4) 最大挠度达到跨度的 1/50;

(5) 受压区混凝土压坏。

根据本试验的试验条件,并结合加载方式,确定试验以试验梁的完全破坏为终止条件。

4.2　试验现象及破坏特征

试验表明,用钢筋网加固混凝土梁后,梁的破坏特征和普通混凝土梁的破坏特征相似。

4.2.1　对比梁(L7、L8)

未加固对比梁(L7、L8),当加载到 23.16kN 时,梁跨中出现第 1 条弯曲裂缝;当分别加载到 55.97kN 和 61.76kN 时,梁屈服;之后,变形急剧增加,最大荷载分别为 61.76kN 和 63.69kN;继续加载,最后受压区混凝土压坏(图 6、图 7),属于典型的适筋梁破坏。

4.2.2　CFRP 加固梁(L1、L2)

梁 L1、L2 用 2 层 CFRP 加固,初期刚度与对比梁差不多,加载到 27.02kN 时跨中出现第 1 条弯曲裂缝,开裂后,CFRP 发挥作用,刚度也比对比梁略高;纵筋屈服后,外贴的 CFRP 开始较大地发挥作用;当加载到 65.02kN 和 61.76kN 时,梁屈服,但因为外贴 CFRP 继续发挥作用,故承载力能进一步得到提高;当分别加载到 88.78kN 和 81.06kN 时,CFRP 布拉断剥离(图 8、图 9),梁黏结破坏。

图 6　L7 的实际破坏情况

图 7　L8 的实际破坏情况

图 8　L1 的实际破坏情况

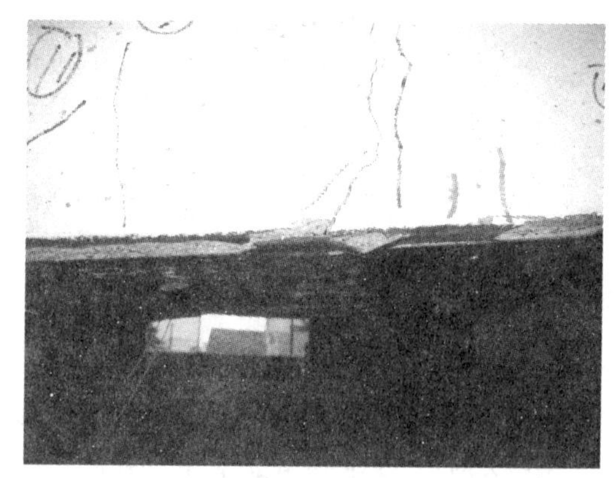

图 9　L2 的实际破坏情况

4.2.3　复合砂浆钢筋网加固梁(L3、L4、L5)

复合砂浆加固梁,初始刚度比较大,分别在 50.18kN、42.46kN、46.32kN 时于跨中出现弯曲裂缝;当加载到 140kN 左右时,梁屈服,刚度急剧下降,但由于外侧钢筋网应力能继续增加,故荷载还能继续度提高;最大荷载达到 158.26kN,受压区混凝土开始压碎破坏。图 11 给出 L5 破坏时的情况。

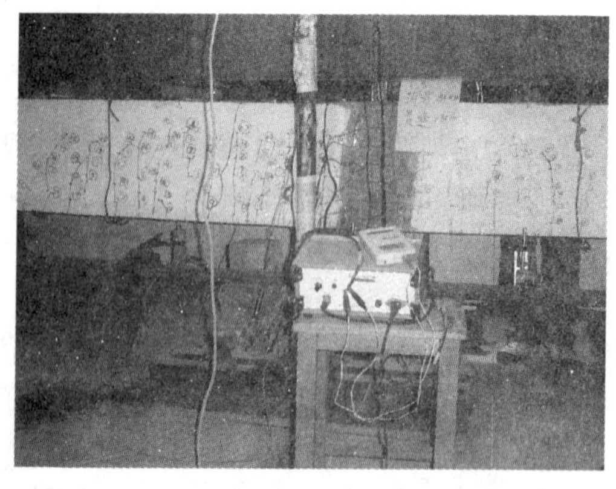

图 10　L4 复合砂浆加固梁破坏情况

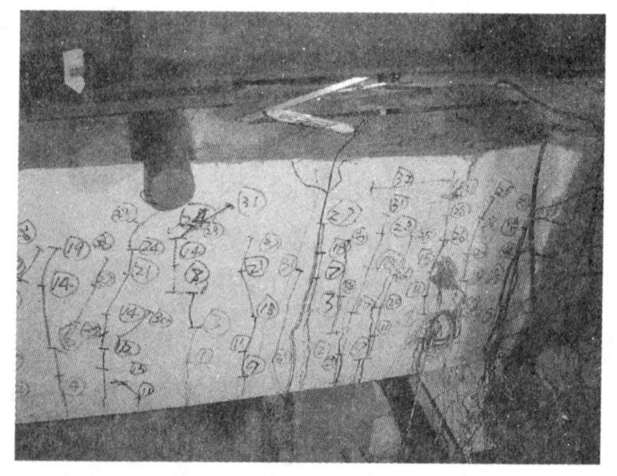

图 11　L5 复合砂浆加固梁破坏情况

4.3 试验终止

各个试件梁的终止结果如表7所示。

表7 试验终止结果表

编号	加固材料	跨中挠度实测值(mm)			梁破坏时情况
		开裂挠度	荷载达设计值时挠度	荷载达极限值时挠度	
L1	碳纤维布	2.69	未达设计值即破坏	32.62	加载下一级时纤维布拉断剥离，裂缝宽>1.5mm
L2	碳纤维布	2.70	未达设计值即破坏	20.01	加载下一级纤维布拉断剥离，裂缝宽>1.5mm
L3	复合砂浆钢筋网	2.83	13.15	34.89	加载下一级受拉主筋变形较大，受压区混凝土压碎破坏
L4	复合砂浆钢筋网	2.92	11.33	50.52	加载下一级受拉主筋变形较大，受压区混凝土压碎破坏
L5	复合砂浆钢筋网	2.28	12.09	42.13	加载下一级受拉主筋变形较大，受压区混凝土压碎破坏
L6	粘钢板	3.79	10.40	26.15	本级结束时钢板剥离
L7	无	3.45	7.16	33.54	本级结束时裂缝较多，裂缝宽>1.5mm，$f>1/50$
L8	无	3.04	6.86	33.67	本级结束时裂缝较多，裂缝宽>1.5mm，$f>1/50$

4.4 受弯承载力及变形能力分析

综合试验过程中结构在各阶段的荷载和对应的变形情况可以对结构的承载能力和变形能力做简单描述。试验梁各阶段荷载及对应的变形如表8所示。

表8 试验梁试验荷载及变形

试验阶段	开裂		屈服		极限(破坏)	
	荷载(kN)	变形(mm)	荷载(kN)	变形(mm)	荷载(kN)	变形(mm)
L1	27.02	2.15	65.62	11.53	88.78	27.98
L2	27.02	2.24	57.90	12.34	81.06	17.12
L3	50.18	2.41	127.38	12.68	158.26	33.12
L4	42.46	2.87	150.54	18.04	173.7	49.56
L5	46.32	1.94	138.96	17.20	158.26	42.06
L6	48.22	3.79	150.06	17.24	160.78	26.15
L7	23.16	2.96	55.97	18.13	61.76	32.65
L8	23.16	2.04	57.90	10.36	63.69	11.55

从表8可见，经过复合砂浆钢筋网及粘贴钢板加固以后混凝土梁的开裂荷载、屈服荷载和极限荷载得到了明显的提高，而粘贴碳纤维布加固方法加固的梁对梁的开裂荷载、屈服荷载提高不是很明显，但对梁的极限承载力有一定的提高。

4.5 荷载-位移曲线分析

加固梁的荷载-挠度曲线是梁综合性能的直接体现，它不仅直观地反映了梁的刚度在整个受力过程中的变化情况，还反映了梁的裂缝开展及加固后的延性变化。曲线的斜率大小与加固后梁的刚度大小成正比例关系，斜率大则刚度大。按照百分表的实测数据给出梁跨中截面荷载-位移曲线，如图 12～图 16 所示。

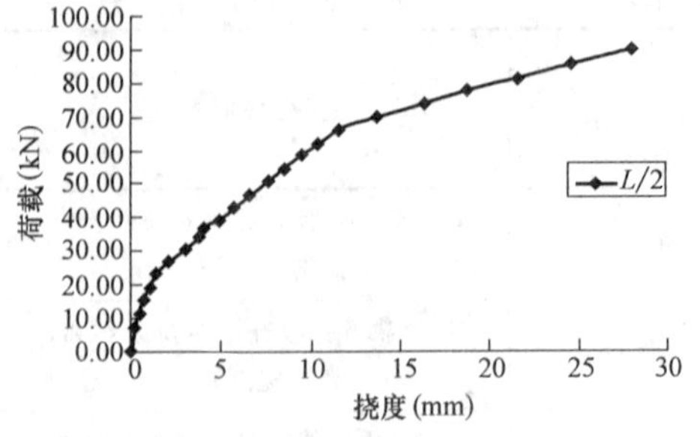

图 12　梁 L1 的 $L/2$ 位置的荷载位移曲线

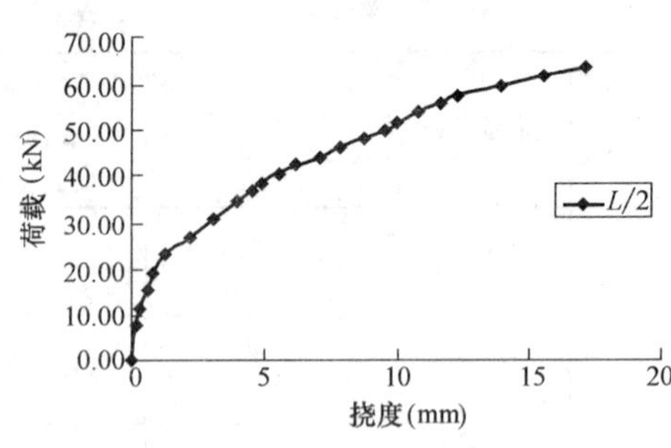

图 13　梁 L2 的 $L/2$ 位置的荷载位移曲线

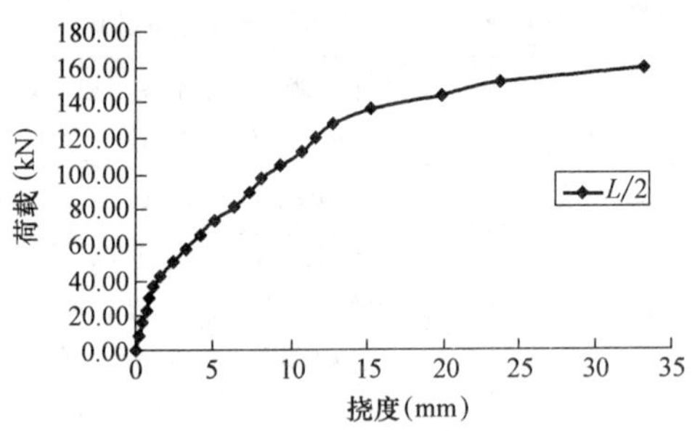

图 14　梁 L3 的 $L/2$ 位置的荷载位移曲线

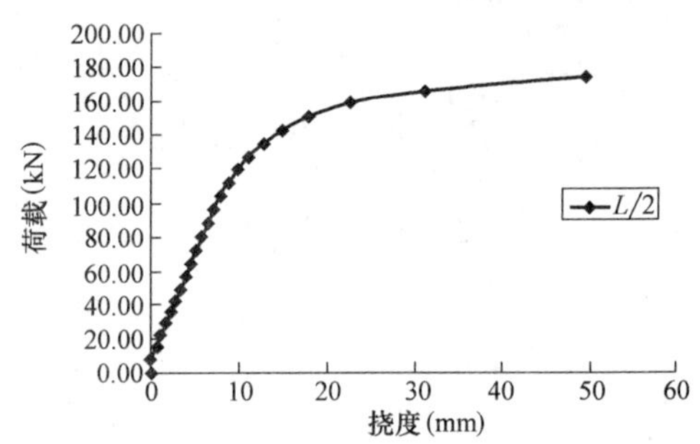

图 15　梁 L4 的 $L/2$ 位置的荷载位移曲线

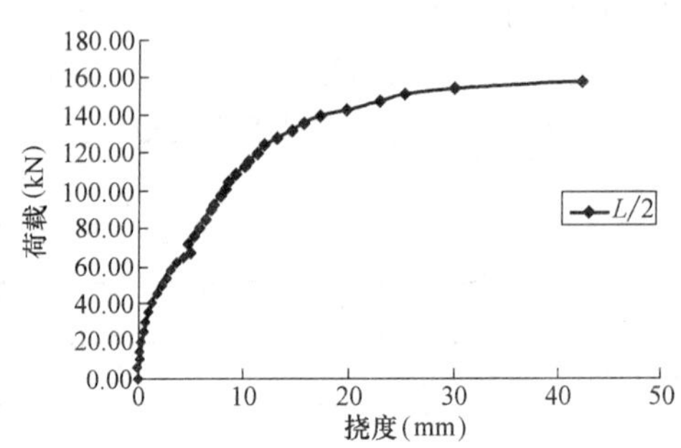

图 16　梁 L5 的 $L/2$ 位置的荷载位移曲线

从梁的荷载-位移曲线可知，每根梁的破坏过程都基本经历了三个阶段，即弹性阶段、弹塑性发展阶段和结构屈服破坏阶段。

4.6　裂缝结果分析

4.6.1　裂缝分布

试验梁裂缝的分布情况大致如图 17～图 24 所示。

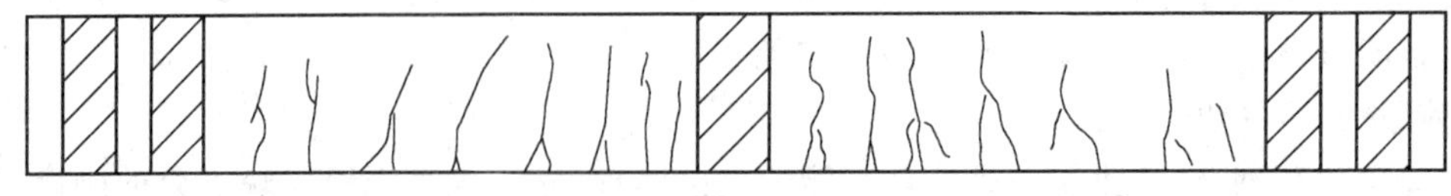
图 17　试验梁 L1 裂缝图

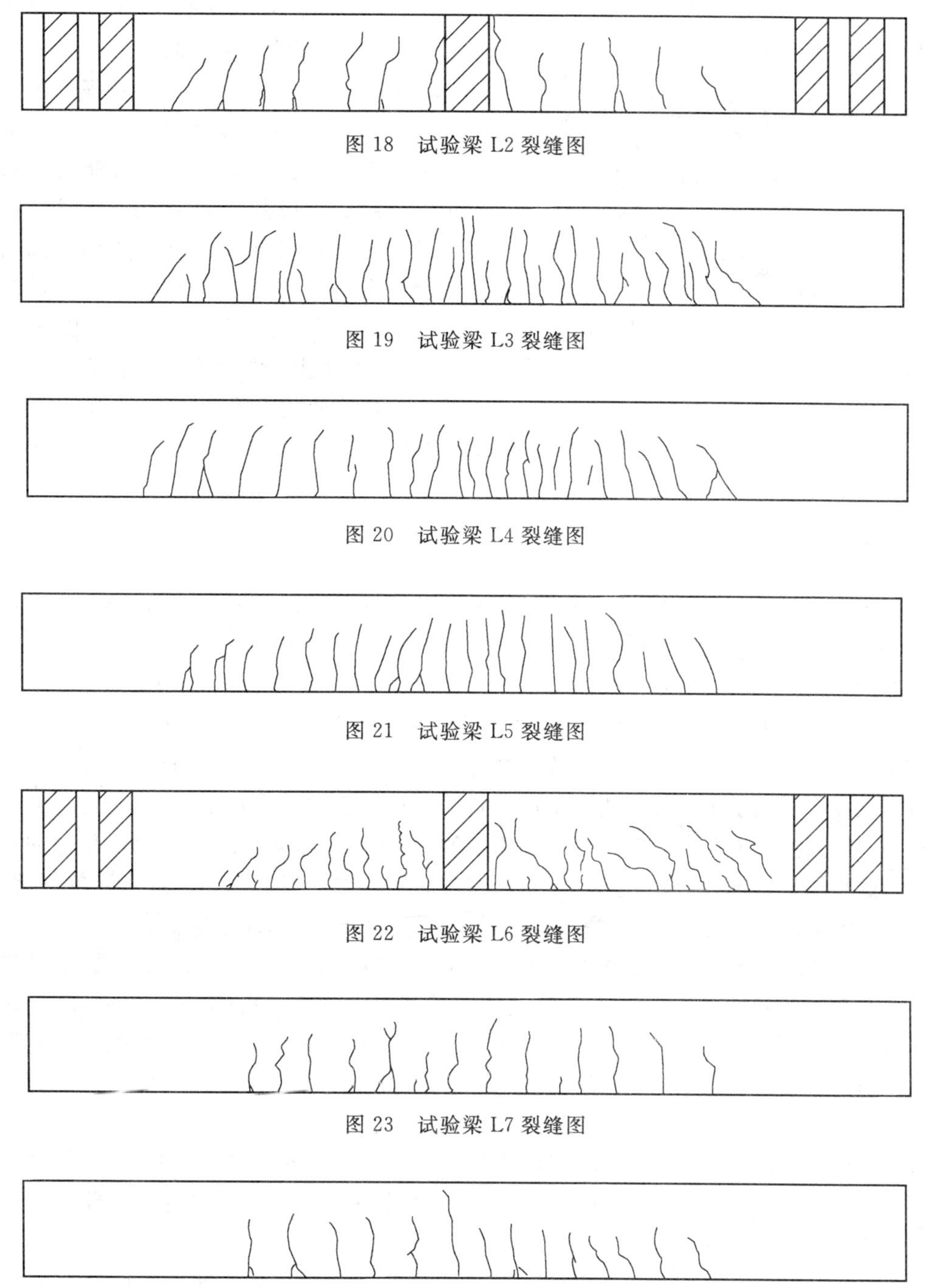

图 18 试验梁 L2 裂缝图

图 19 试验梁 L3 裂缝图

图 20 试验梁 L4 裂缝图

图 21 试验梁 L5 裂缝图

图 22 试验梁 L6 裂缝图

图 23 试验梁 L7 裂缝图

图 24 试验梁 L8 裂缝图

4.6.2 裂缝宽度分析

裂缝宽度的测量通过刻度放大镜进行测试，分析裂缝宽度发展的量测和判断。图 25 以 L1、L3、L6、L8 为例，给出碳纤维布、复合砂浆钢筋网、粘贴钢板加固梁与对比梁的裂缝宽度发展的对比曲线（以跨中附近的裂缝为例）。

从裂缝分布图、裂缝宽度发展曲线及试验情况可知：裂缝的出现基本从跨中向两侧发展；裂缝宽度在一定荷载范围内随试验荷载增大而增大。但随着裂缝的逐渐加密，裂缝发展趋势

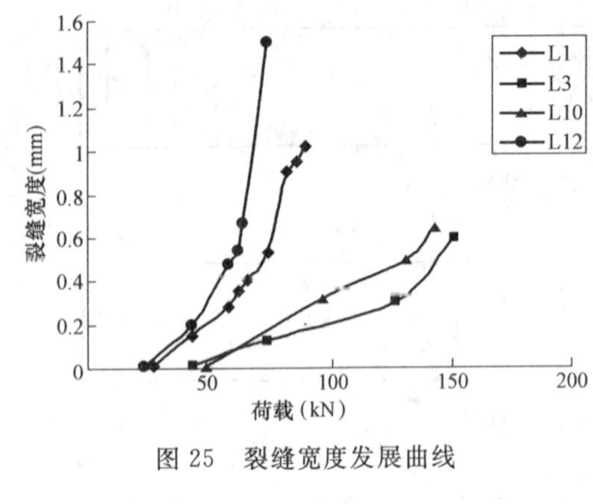

图 25　裂缝宽度发展曲线

减缓，有时甚至裂宽减小，裂缝开展到达一定程度后，宽度继续快速增加。

从裂缝分布图可以看出，每根梁出现的主要都是弯裂缝，并主要集中在纯弯段。从裂缝的分布上看，由于加固的作用，降低了原混凝土保护层对裂缝的影响，减少了裂缝间距，使得裂缝细而密，表明采用这些加固方式能较好改善混凝土梁的延性性能，对抗裂、限裂非常有明显的效果。从裂缝宽度发展曲线可以看出，通过加固使得混凝土梁的裂缝跨度发展变缓。在相同荷载作用下，复合砂浆钢筋网(L3)和粘贴钢板(L10)加固梁的对裂缝宽度发展的控制效果最好，而碳纤维布(L1)粘贴加固的效果次之。

5　结论

通过对碳纤维布、复合砂浆钢筋网、粘贴钢板加固梁以及对比混凝土梁的受弯性能试验，了解了混凝土梁在多种方法加固后，在极限荷载作用下的结构刚度、破坏形态和极限承载能力、裂缝发展等情况，全面分析了每根梁的受力及破坏全过程。现将试验成果总结如下：

(1) 试验过程基本分为三个阶段，即弹性阶段、弹塑性阶段和最终破坏阶段。

(2) 试验中每根梁出现的主要都是弯裂缝，并主要集中在纯弯段，通过这些加固方式能较好地改善混凝土梁裂缝的开展。由于加固材料和受拉钢筋共同承担了梁底拉力，减少了钢筋的伸长量，很好地控制了裂缝宽度，提高了构件的延性性能，对抗裂、限裂非常有明显的效果。

(3) 试验加载初期，结构的刚度较大，随着荷载的增加，裂缝开展，刚度下降较快；继续增加荷载，结构刚度退化程度略有减慢；在试验加载后期，刚度退化曲线非常缓慢。

(4) 虽然碳纤维布加固的各根梁都是碳纤维布剥落破坏，但是屈服荷载和极限荷载较未加固的梁仍然有一定的提高。荷载-位移曲线开始基本为线性关系；钢筋屈服后，由于纤维应力的继续增长，荷载仍然有提高；当纤维脱落时，由于纤维脱落引起的应力突然释放，使得荷载突然降低，此后，随着位移增大，荷载又重新回到未加固梁基本相同数值。可见纤维一旦脱落，加固基本失效。

(5) 复合砂浆钢筋网加固梁在相同荷载等级下，纯弯段的裂缝分布具有非常明显的“密而细”的特点；此外，复合砂浆良好的抗拉强度使得裂缝的发展较对比梁的延迟。破坏的形态近似于延性很好的钢筋混凝土适筋梁。

(6) 粘贴钢板加固梁是钢板与混凝土间撕脱导致加固梁破坏。这种破坏没有明显的预兆，钢板与混凝土间黏结突然撕脱，梁中原有钢筋应力突增，很快进入强化阶段使得梁发生脆性破坏。因此，良好的钢板粘贴工艺可以使得钢板更好的发挥作用。

(7) 通过试验情况发现，复合砂浆钢筋网和粘贴钢板加固对简支混凝土梁的极限承载能力提高效果比粘贴纤维布更为有效。

既有建筑物的检测与评价初探

赵挺生[1]　周道青[2]

（1. 北京冶金安全环保研究院；2. 南京江宁建筑工程质量监督站）

［摘要］ 本文针对既有建筑的自我验证性、可测性、抗力退化性、未确知性和复杂性的特点，提出了既有建筑物检测与评价的原则，并就结构抗力退化与结构自我验证性原理作了简要分析，提出了结构抗力退化的简化算法。

［关键词］ 既有建筑物；结构性能；负荷经历；抗力退化；检测；评价

1　引言

据国家统计局报导，1985 年全国建筑物面积约 46 亿平方米，半数以上的建筑物已使用 20～30 年，存在不同程度的隐患。目前，我国工业发展主要依靠对现有企业挖潜改造和改建、扩建。旧有建筑物现状如何，成为企业及其主管部门所关心的问题。同时，旧有建筑物由于长期负荷运行、受环境侵蚀，使结构受到了不同程度的损伤。这些都要求对旧有建筑物进行检测与评价，了解旧有建筑物现状，消除旧有建筑物隐患，保证生产、生活安全。

为此，本文依据旧有建筑物特点，分析如何实施对旧有建筑物的检测与评价。

2　既有建筑物的特性

既有建筑物不同于设计原型建筑物，它经过使用期变成了旧有建筑物。它不仅在表现形式上，既有建筑物是一个客观实体；而且，旧有建筑物还具有以下特点：

（1）旧有建筑物具有自我验证性。旧有建筑物在其建造和长期使用过程中，经历的最大作用对结构的直接验证。

（2）旧有建筑物具有可测试性。旧有建筑物作为客观实体，可以通过实测了解和识别结构的性能。

（3）旧有建筑物结构抗力具有退化性。旧有建筑物长期负荷运行，使结构产生磨损，加上环境对结构的侵蚀，使结构的承载能力减低。

（4）旧有建筑物具有未确知性。虽然旧有建筑物是客观存在的实体，然而，旧有建筑物的结构特性仍具有随机性。结构遭受的作用是随机的，使结构的反应也表现出随机性。旧有建筑物的客观存在性与旧有建筑物结构特性的固有随机性，构成了旧有建筑物的未确知性。

（5）旧有建筑物具有复杂性。设计原型结构是简化的理想模型，真实建筑物不是单纯的平面结构，而是一个复杂的空间体系。

由于旧有建筑物有其特殊性，围绕旧有建筑物的特性开展检测与评价，才能正确掌握和了解旧有建筑物的结构现状，为旧有建筑物的合理使用提供技术决策。

3　既有建筑物的检测

对旧有建筑物实施检测与评价的目的是为了使建筑物合理使用，减少旧有建筑物隐患，杜绝倒塌事故发生。

表 1 列出了截至 1991 年部分工业与民用建筑物倒塌事故。由该表可以看出，建筑物倒塌多是由局部某一构件破坏，引起整个建筑物倒塌。也就是说，建筑物倒塌具有连续性，即多米诺骨牌现象。建筑物破坏的这一规律，要求我们在旧有建筑物检测中，采取全面检查方法，注意检查结构的每一环节。同时，旧有建筑物是一个十分复杂的系统，全面检查的工作量大且影响生产。因而，必须根据建筑结构受力特性，突出重点，检测主要的承力构件、构造。甚至可以采取抽样调查后，决定全面检测，还是抽测。

表 1 截至 1991 年部分工业与民用建筑房屋倒塌事故统计

倒塌事故原因	工业建筑		民用建筑	
	数量(座)	所占比例(%)	数量(座)	所占比例(%)
(1)柱、墙首次破坏	7	4.7	17	15.2
(2)屋面倒塌	77	51.7	28	25
(3)大梁、板	13	8.7	19	17
(4)其他	52	34.9	48	42
(5)总计	149	100	112	100

旧有建筑结构的特性上是具有随机性的，测试工作不可能完全准确地掌握结构性能，而旧有建筑结构过去的负荷经历却对结构性能作了检验。调查了解结构过去的负荷经历，利用结构的验证荷载方法(见后文)，可以正确了解结构的性能。

旧有建筑物的检测工作，应是全面检查、突出重点，注意调查研究。

4 旧有建筑结构抗力退化

4.1 旧有建筑物检测与评价中的未来使用期

结构的可靠性是指结构在规定的时间内，在规定的条件下，完成预定功能的能力。规定的时间是判定结构可靠性的基本条件。对于旧有建筑物，还在于旧有建筑结构抗力的时变性。规定旧有建筑物未来使用期，对于准确地估计结构抗力随机变量，提高结构可靠性的准确度量是有必要的。

不同材料构成的不同结构，随环境的变化及材料腐蚀、磨损的不同，结构抗力的退化也不同。在试验资料不齐全的情况下，规定合适的未来使用期，使不同材料构成的不同结构抗力退化呈现出均匀性，可以减化结构抗力退化的计算。

规定旧有建筑物检测与评价中的未来使用期是必不可少的，是旧有建筑物检测与评价的基础。笔者在文献[1]中建议将旧有建筑物未来使用期定为 5 年。

4.2 旧有建筑物结构抗力退化分析

旧有建筑物结构抗力退化可以简化为两个方面：一方面是旧有建筑物过去使用经历造成的结构损伤，另一方面是旧有建筑物在有损伤条件下继续使用所造成的进一步损伤。前者通过旧有建筑物现状检测，可以比较准确地估计；后者则比较困难。但在规定未来使用期不太长的情况下，忽略后者，近似以前者代替，作近似估计是可行的。

旧有建筑物结构抗力退化，通常根据结构现状，以退化因子形式给出。例如，AASHTD 建议退化系数取 0.8～1.0，OHBDC 建议取约 0.85。笔者在文献[1]中，根据《工业厂房可靠性鉴定标准》反推求出了不同材料结构构件，未来使用期为 5 年时，在不同现状下的抗力退化系数，如表 2～表 4 所示。退化系数以裂缝和变形(或变形和偏差)现状决定，取两者之积作为该结构抗力退化系数，一般为 0.88～1.0。

表 2　钢筋混凝土结构裂缝和变形评定等级的抗力退化系数

序号	构件种类	裂缝和变形评定等级			
		1	2	3	4
1	屋架、托架、屋面梁、平台主梁柱、中重级工作制吊车梁	1	0.994	0.974	0.948
2	一般构件	1	0.992	0.968	0.940

表 3　钢结构构件的变形和偏差评定等级酶抗力退化系数

序号	构件种类	变形和偏差评定等级			
		1	2	3	4
1	屋架、托架、梁、柱中重级工作制吊车梁构造和连接	1	0.997	0.981	0.962
2	一般构件及支撑	1	0.994	0.974	0.948

表 4　砌体结构构件裂缝和变形(偏斜)评定等级的抗力退化系数

序号	构件种类	裂缝和变形(偏差)评定等级			
		1	2	3	4
1	砌体结构构件	1	0.994	0.974	0.948

5　验证旧有建筑结构的承载抗力方法

通过实测，可以直接或间接地判别结构的特性，但由于旧有建筑物实际动态受荷及抗力的未确知性，以及测试中不可避免的误差，使估计出的结构特性的准确性大大降低了。利用结构过去的使用荷载经历的最大作用信息，分析判别结构的承载抗力性能，应是一种较精确的分析方法。根据概率理论，结构在验证样本 * 下的后验抗力分布为

$$P(R<\gamma)=P(R<\gamma,*)=P(R<\gamma,*)/P(*)$$

式中　$P(R<\gamma,*)$——验证样本和抗力的联合分布；

　　　$P(*)$——验证样本的联合分布。

文献[1]详细探讨了验证荷载的分析计算方法，给出了公式及应用实例，限于篇幅，在此不作详细介绍。

6　既有建筑物的评价

上文讨论了既有建筑物检测与评价中的检测原则、结构抗力退化计算以及旧有建筑物的验证荷载分析方法。这里要讨论的是如何对检测的结构构件参量，如裂缝、变形、腐蚀、破损连接状态、结构布置、支撑和承载能力等进行评定，以及如何对这些资料进行分析，给出旧有建筑物现状的评价。

在表征旧有建筑物结构现状的众多参量中，依据其可衡量性可以分为两类：一类是可计算参量，即可用具体数字表述且可用数学物理方法计算的参量；另一类是不可计算参量，即无法用具体数字表述，且不能用数学物理方法计算的参量。当然，对于可计算参量，我们要用计算评定方法；对于不可计算参量，我们可以用语言值(好、中、差)评定，即概念评定。计算评定与概念评定是旧有建筑物检测与评价中的常用方法。用极状状态来表述，即能用数值指标判定

其界限状态的，可用计算评定方法；而不能用数值指标判定其界限状态的，可用概念评定方法。

7 结束语

本文就目前受到社会广泛关注的既有建筑物检测与评价中的几个问题进行了阐述。提出了旧有建筑物的五个特征，即自我验证性、可测试性、抗力退化性、未确知性和复杂性。围绕旧有建筑物特征，指出旧有建筑物检测应全面检查，突出重点，注意了解结构过去的使用性能。就结构抗力退化，分析了抗力退化的两个方面，即结构过去使用所造成的损伤和结构在未来使用期内的进一步损伤。在假定未来使用期不太长（如 5 年）的情况下，给出了结构抗力退化系数。简要分析了结构的验证荷载方法。

本文最后就既有建筑物评价中的指标评价原则，提出了概念评定与计算评定相结合的方法，对能用数值指标判定其界限状态的，用计算评定方法；对不能用数值指标判定其界限状态的，建议采用概念评定方法。

限于本课题研究的继续不断深入，此阶段成果仅为抛砖引玉，提供同仁们讨论时参考。不当之处，敬请赐教。

参考文献

［1］ 赵挺生. 服役结构可靠度的近似概率分析. 西安：西安冶金建筑学院. 1992

［2］ 戴国莹，何江. 现有建筑的抗震概念鉴定初探. 建筑物鉴定与加固. 第二届全国学术讨论会论文集，11，1993

［3］ D. E. Allen. Limit States criteria for Structure Evaluation of Existing Buildings，Can. Civi. Eng. 1. 1991

楼面荷载施工过程中逐层传递与模板支撑试验研究

王国佐　李国建　胡铁毅　孟峰伟　邵志刚
（苏州二建建筑集团有限公司）

［摘要］ 施工现场模板支撑架的搭设通常与事先经审核的施工方案有出入，存在一定的安全隐患。本文通过对苏州供电公司生产营业调度综合用房工程（主楼）的10～13层连续四层楼面模板支撑体系的现场动态监测，研究在楼面混凝土浇筑过程中，模板支撑体系中立杆轴力实测值与设计值的比较、框架梁下中立杆与边立杆轴力之间的差异以及支撑力沿竖向楼层传递的规律。

［关键词］ 扣件式钢管支撑架；荷载传递；现场监测；支撑轴力；偏离系数

目前，在我公司所有工程中使用最广泛的模板支撑体系为扣件式钢管模板支撑体系，这种支撑体系有如下特点：受外界荷载的变异性大；现场搭设质量差异性大；杆件连接处扣件的拧紧程度随意性大；杆件本身质量和受力形式变化性大，如杆件的初弯曲、锈蚀以及偏心受压等。由于这些特点的存在对支撑体系的安全性有着很大影响，因此，对公司工程项目中所采用的扣件式钢管模板支撑体系进行一次现场监测显得尤为必要。

1　工程概况

本次试验依托工程为苏州供电公司生产营业调度综合用房工程（主楼），地下2层，地上22层，试验选取10～13层连续四层标准层楼面（⑥～⑧）作为试验楼层。楼板厚度110mm，框架梁截面尺寸600mm×750mm，梁长10900mm，楼层层高4.0m。现场混凝土浇筑采用固定泵浇筑，混凝土强度等级C40，现场施工进度6天一楼层。模板支撑体系采用扣件式钢管（ϕ48mm×3.0mm）支撑架，10～13层楼面模板支撑架搭设方案[1]如下：

（1）立杆间距以900mm×900mm的原则布置，根据结构的现场实际情况尽量平均分配。框架梁底三立杆支撑，横向间距750mm，通过小横杆将梁侧立杆与梁底中间支顶立杆连接，次梁底中间不设支顶立杆。

（2）楼板面支撑架步距底部1800mm、顶部2200mm，水平杆横向（⑥A轴线方向）连续设置，纵向（⑥A～⑦A）隔一设置；扫地杆距楼面250mm，框架梁下两侧设置，其他部位未设置。

2　测试内容及方法

2.1　测试内容

在楼面混凝土浇筑过程中，模板支撑体系中各立杆轴力实测值与设计值的比较、框架梁下中立杆与边立杆轴力之间的差异以及支撑力沿竖向传递的规律。

2.2　测试方法

在10～13四层楼面下模板支撑架的立杆上贴应变片，测定每根立杆在楼面混凝土浇筑过程中轴力的变化情况。

2.3　仪器及测点布设

仪器采用江苏省东华测试技术有限公司生产的静态应变测试系统（60通道，4台）、应变传

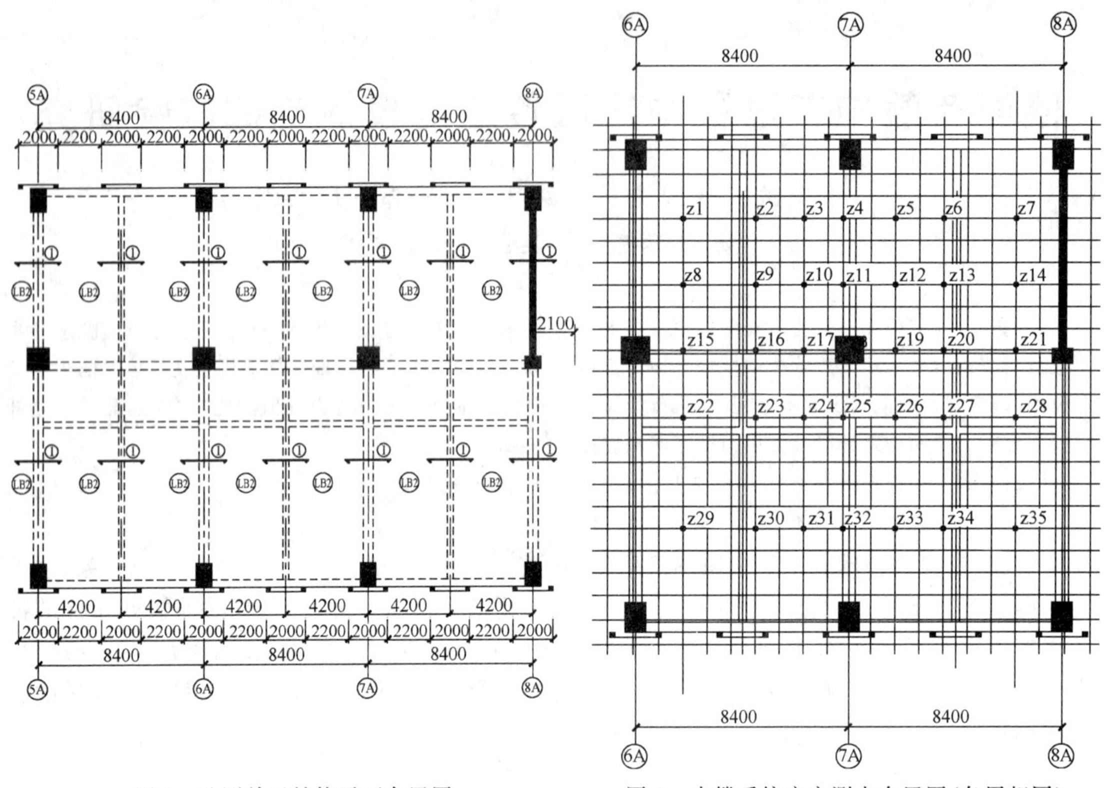

图 1　监测单元结构平面布置图　　　　图 2　支撑系统应变测点布置图(各层相同)

感器(共 240 测点),应变片粘贴于钢管表面。每层共布设测点 35 个,其中梁下 11 个,板下 24 个。测点时间为从浇筑混凝土开始至结束的整个过程,测点记录时间每 10 分钟记录一次。

2.4　施工监测过程、进度及人员组织

施工监测过程、进度及人员安排如表 1 所示。

表 1　施工监测过程、进度及人员安排表

楼层	序号	具体工作	时间	人员
钢筋应变片粘贴	1	加工端子和连接导线,并编写号码	2 天	
	2	楼板和梁钢筋上贴应变片,并做好保护(一次制作或分批制作)	2 天	
10 层	1	安装 10 层楼面支撑系统和模板		施工方应提前 2 天通知检测方布置应变片和采集数据的时间
	2	在 10 层支撑系统布置应变传感器	1 天	
	3	采集 10 层应变初值	1 天	
	4	浇筑 10 层楼面系统		—
	5	浇筑完毕后,采集 10 层应变值	1 天	
	6 *	拆除 7 层支撑系统和模板后,采集 10 层应变值	1 天	
	7	数据整理	1 天	
11 层	1	安装 11 层楼面支撑系统和模板		施工方应提前 2 天通知检测方布置应变片和采集数据的时间
	2	在 11 层支撑系统布置应变传感器	1 天	
	3	在 11 层楼板和梁钢筋上贴应变片,并做好保护	1 天	

续表

楼层	序号	具体工作	时间	人员
11 层	4	采集 10、11 层应变初值	1 天	
	5	浇筑 11 层楼面系统		—
	6	浇筑完毕后，采集 10、11 层应变值	1 天	
	7 *	拆除 8 层支撑系统和模板后，采集 10、11 层应变值	1 天	
	8	数据整理	2 天	
12 层	1	安装 12 层楼面支撑系统和模板		施工方应提前 2 天通知检测方布置应变片和采集数据的时间
	2	在 12 层支撑系统布置应变传感器	1 天	
	3	在 12 层楼板和梁钢筋上贴应变片，并做好保护	1 天	
	4	采集 10～12 层应变初值	1 天	
	5	浇筑 12 层楼面系统		—
	6	浇筑完毕后，采集 10～12 层应变值	1 天	
	7 *	拆除 9 层支撑系统和模板后，采集 10～12 层应变值	1 天	
	8	数据整理	2 天	
13 层	1	安装 13 层楼面支撑系统和模板		施工方应提前 2 天通知检测方布置应变片和采集数据的时间
	2	在 13 层支撑系统布置应变传感器	1 天	
	3	在 13 层楼板和梁钢筋上贴应变片，并做好保护	1 天	
	4	采集 10～13 层应变初值	1 天	
	5	浇筑 13 层楼面系统		—
	6	浇筑完毕后，采集 10～13 层应变值	1 天	
	7	数据整理	3 天	
数据整理和撰写报告	1	数据汇总		
	2	对比分析		
	3	撰写报告		

3 实测结果分析

本次试验采集了 10 层楼面 35 个测点 199 时段计 6965 个测试数据，11 层楼面 35 个测点 130 时段计 4550 个测试数据，12 层楼面 35 个测点 125 时段计 4375 个测试数据，13 层楼面 35 个测点 69 时段计 2415 个测试数据，详见附件。

3.1 支撑架各立杆轴力实测值与设计值的比较

以在浇筑混凝土过程中每层所有梁或板下立杆轴力的设计值为基准，可得到浇筑过程中各立杆实际轴力相对于设计轴力值的偏离系数。该系数可反映各立杆轴力的偏离设计值的程度，体现出各立杆轴力的真实安全储备，可为支撑的安全设计提供参考。

3.1.1 梁下立杆轴力偏离程度

图 3～图 6 分别为 10～13 层梁下立杆轴力偏离图。

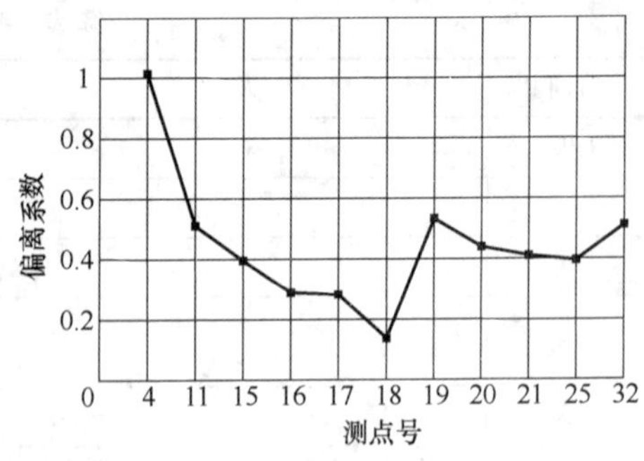

图 3　10 层梁下立杆轴力偏离图

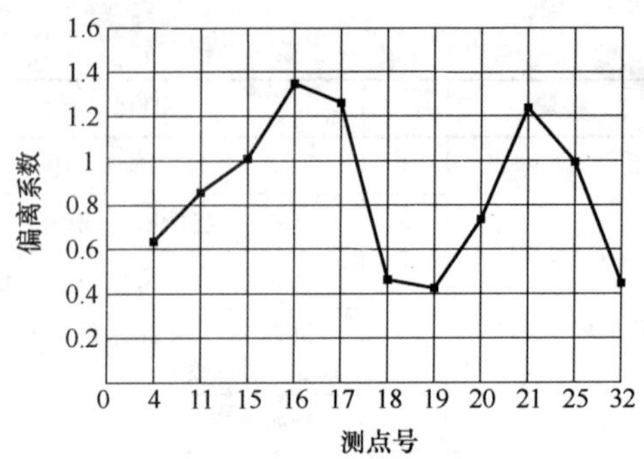

图 4　11 层梁下立杆轴力偏离图

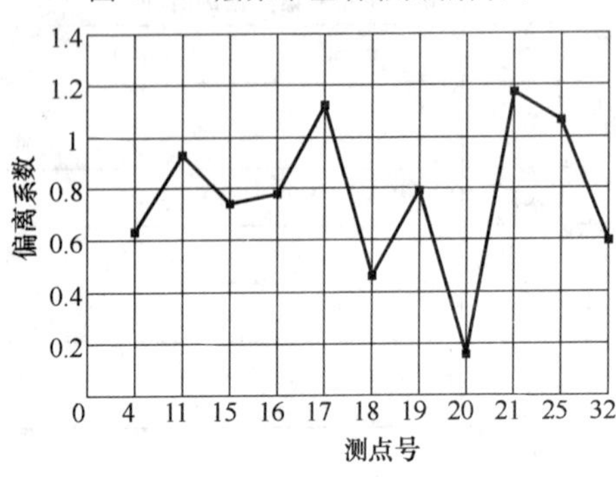

图 5　12 层梁下立杆轴力偏离图

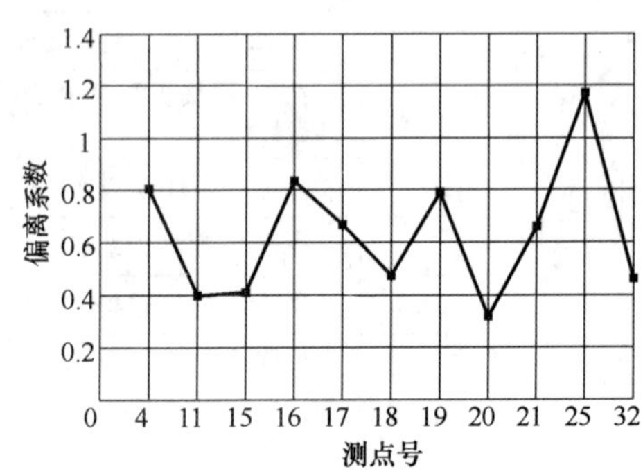

图 6　13 层梁下立杆轴力偏离图

3.1.2　板下立杆轴力偏离程度

图 7～图 10 分别为 10～13 层板下立杆轴力偏离图。

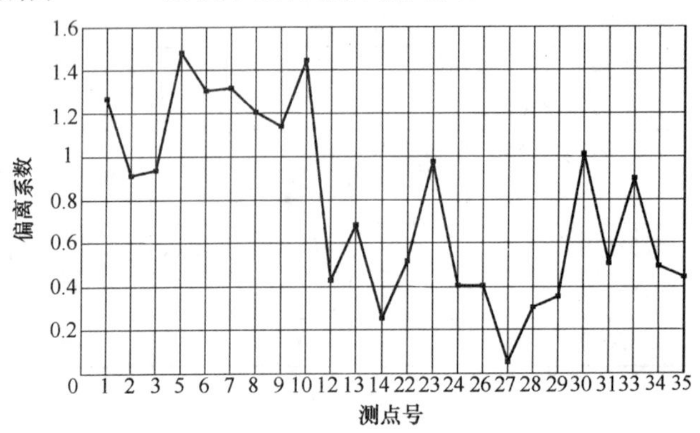

图 7　10 层板下立杆轴力偏离图

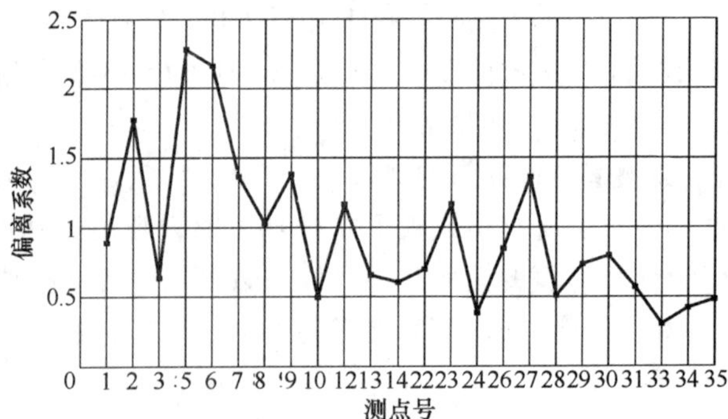

图 8　11 层板下立杆轴力偏离图

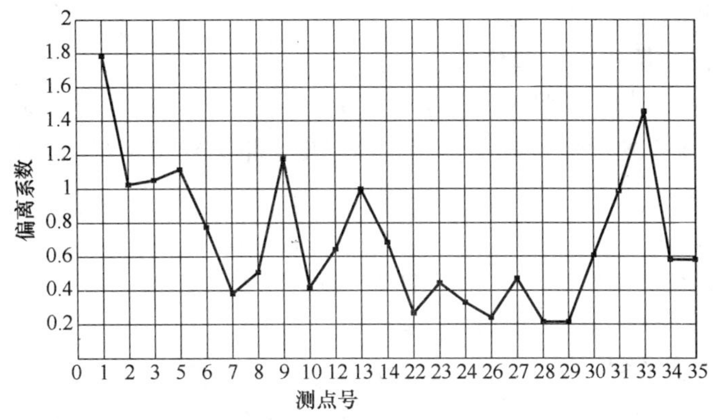

图 9　12 层板下立杆轴力偏离图

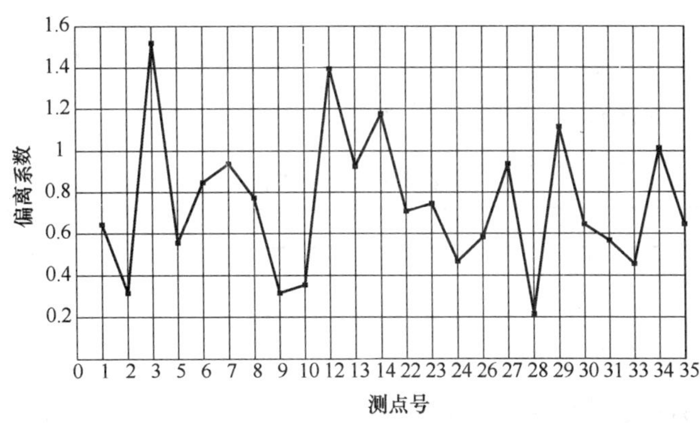

图 10　13 层板下立杆轴力偏离图

由上述各图可见，梁下立杆轴力的实测值相对于设计值（－11.82kN）偏离较小，偏离系数最大达 1.4，偏离系数大于 1.0 的占 20%，平均偏离系数为 0.67；板下立杆轴力的实测值较设计值（－6.69kN）偏离较大，偏离系数最大可达 2.3，偏离系数大于 1.0 的占 29%，平均偏离系数为 0.79。

3.2　梁中立杆与梁边立杆实测轴力的比较

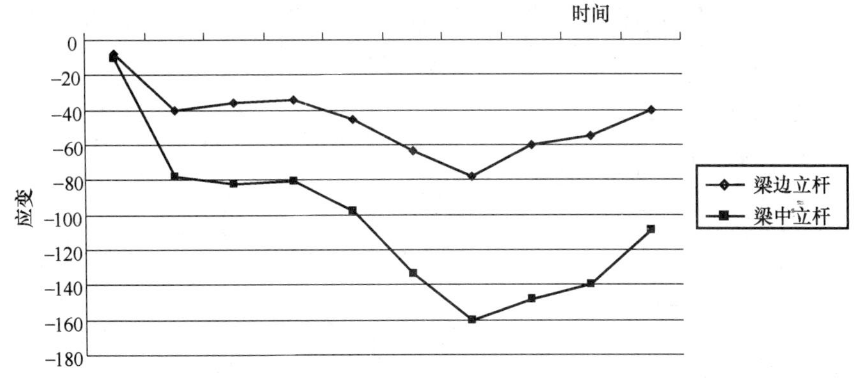

图 11　12 层框架梁边立杆与梁中立杆应变变化曲线图

由图 11 可见，12 层楼面梁中立杆轴力明显大于梁边立杆轴力，本次试验在梁边立杆距梁侧 450mm 的条件下现场监测，结论为梁中立杆轴力 2 倍于梁边立杆轴力。其中，梁下立杆设计值为－11.82kN(应变－139)，立杆容许值－10.06kN。

3.3 支撑力沿竖向楼层传递规律分析

近似认为支撑杆件截面积均相等，则其压力大小与相应的应变量成线性关系，上层楼面施工引起的下层支撑应变的增量与该层楼面支撑应变增量的比值可反应出荷载在这两层支撑中的分配比例。

3.3.1 计算方法

(1) 计算10层楼面浇筑混凝土前后10层楼面支撑应变差值，并将其作为10层楼面支撑应变的基准值。

(2) 同理，可分别计算11～13层楼面支撑应变的基准值。

(3) 计算11层楼面浇筑混凝土前后10层楼面支撑应变差值，与11层基准值的比，即为11层楼面浇筑混凝土过程中传递到10层楼面支撑的比例，即n11/10。

(4) 同理，计算12楼面、13层楼面浇筑混凝土过程中传递到10层楼面支撑的比例，即n12/10、n13/10，n12/11、n13/11，n13/12。

由上述比例系数可构成表2所示的分配系数表。

表2 分配系数表

10层楼面	1.0			
11层楼面	n11/10	1.0		
12层楼面	n12/10	n12/11	1.0	
13层楼面	n13/10	n13/11	n13/12	1.0

由表2所示比例系数可见，表中的每一列反映了不同层浇筑过程中在下部某一层引起的支撑力与该浇筑层支撑力的比例关系，表中的每一行反映了某一层浇筑时下部各层支撑力的分配比例关系。

3.3.2 各测点分配系数

各测点分配系数如表3所示。

表3 各测点分配系数表

NO	n11/10	n12/10	n13/10	n12/11	n13/11	n13/12
Z2	0.134454	0.045455	－0.0303	0.606061	0.181818	0.287879
Z3	0.371429	0.074074	－0.01695	0.037037	0	0.076271
Z5	0.116279	0	0.044444	19	－0.2	0.488889
Z6	0.131579	－0.18182	0.103448	0.454545	0.137931	0.5
Z7	0.4	－0.23077	0.52381	－1.07692	0.714286	0.142857
Z8	0.327273	－0.25	0.137255	－1.375	0.176471	0.235294
Z10	3.333333	2	0.5	5	0.388889	0.777778
Z12	0.135593	0.166667	－0.05952	0.055556	0.095238	0.047619
Z13	0.27907	0.078431	－0.05263	0.058824	－0.01754	0.263158
Z14	0.305556	0.245283	0.052632	0.490566	0.368421	0.394737
Z15	0.115789	0.061224	0.047619	0.122449	0.071429	0.452381
Z16	0.190184	0.148515	0.021505	0.49505	0.182796	0.107527
Z17	0.083333	0.050725	0.015625	0.217391	0.21875	0.5
Z18	－0.08333	0.056604	－0.02564	0.075472	0.051282	－0.02564

续表

NO	n11/10	n12/10	n13/10	n12/11	n13/11	n13/12
Z19	0.605263	0.193548	0.024096	0	0	0.168675
Z20	0.333333	−0.32558	0.071429	−0.18605	0.214286	−0.07143
Z21	0.177966	0.12766	0.068966	0.446809	0.137931	0.333333
Z22	0.029851	0.058824	0.078947	1.117647	0.315789	−0.02632
Z23	0.548387	−0.52	0.15625	−0.72	0.21875	0.125
Z24	0.25	−0.04	0.057143	−0.56	0.085714	−0.17143
Z25	0.10084	0.043165	0.019481	0.266187	0.084416	0.253247
Z26	0.015873	0.285714	0.034483	1.285714	0.206897	−0.10345
Z27	−0.0099	0.029412	0.015625	0.941176	0.28125	0.375
Z28	−0.3	0.041667	0.285714	0.291667	0.857143	−1
Z29	−0.07692	1	0.078947	2	0.184211	0.092105
Z30	1.171429	0.325581	0.2	0.325581	0.257143	0.428571
Z31	0.585366	0.153846	−0.4	0.230769	−0.3	−1.5
Z32	−0.5	0.291139	0.26087	−0.24051	−0.02174	0.586957
Z33	−1.375	0.093458	0.222222	0.214953	0.5	1.111111
Z34	−0.8125	0.190476	0.056338	0.071429	−0.07042	0.084507
Z35	0.066667	0.25	0.055556	0	0.111111	0.527778

3.3.3 支撑力竖向分布规律

表 4 为支撑力竖向分配系数表。

表 4 支撑力竖向分配系数表

	10 层楼面	11 层楼面	12 层楼面	13 层楼面
10 层楼面	1.0			
11 层楼面	0.214554	1.0		
12 层楼面	0.143977	0.956336	1.0	
13 层楼面	0.082173	0.175234	0.176207	1.0

由表 4 可见：

(1) 由 13 层楼面浇筑混凝土时引起的 13 层、12 层、11 层、10 层支撑应变增量比值为 1.0∶0.176207∶0.175234∶0.082173；由 12 层楼面引起的 12 层、11 层、10 层支撑应变增量比值为 1.0∶0.956336∶0.14397；由 11 层楼面引起的 11 层、10 层支撑应变增量比值为1.0∶0.214554。可见，上部荷载在向下部传递过程中，呈现出逐层递减的趋势。

(2) 由 13 层楼面、12 层楼面、11 层楼面浇筑引起 10 层应变增量分别为 0.082173、0.143977、0.214554，即 10 层以上楼层浇筑过程中，13 层有 8.2%传递到第 10 层支撑，12 层有 14.4%传递到第 10 层支撑，11 层有 21.4%传递到第 10 层支撑。可见，该层距离浇筑楼层越远，对其荷载影响越小。

(3) 由 13 层楼面浇筑混凝土时引起的 12 层楼面支撑应变增量比值为 0.176207，由 12 层楼面浇筑混凝土时引起的 11 层楼面支撑应变增量比值为 0.956336(因数据明显异常，不参与统计，剔除)，由 11 层楼面浇筑混凝土时引起的 10 层楼面支撑应变增量比值为 0.214554。可见，上部楼层混凝土浇筑时荷载传递到下部第一楼层取平均值 19.5%＝(0.176207＋0.214554)/2。

(4) 由13层楼面浇筑混凝土时引起的11层楼面支撑应变增量比值为0.175234，由12层楼面浇筑混凝土时引起的10层楼面支撑应变增量比值为0.143977。可见，上部楼层混凝土浇筑时荷载传递到下部第二楼层时取平均值15.9%＝(0.175234＋0.143977)/2。

(5) 由13层楼面浇筑混凝土时引起的10层楼面支撑应变增量比值为0.082173。可见，上部楼层混凝土浇筑时荷载传递到下部第三楼层为8.2%。

4 结论与建议

通过本次监测可以得到如下结论：

(1) 整个楼面浇筑过程中，各立杆轴力呈现出有规律的发展和变化。

(2) 楼面混凝土浇筑过程中，上部楼层荷载传递到下部第一楼层时有20%左右，传递到下部第二楼层时15%左右，传递到下部第三楼层时10%左右。可见，当前施工现场的模板支撑留置层数较为合理。

(3) 梁下立杆轴力的实测值相对于设计值(－11.82kN)偏离较小，偏离系数最大达1.4，偏离系数大于1.0的占20%，平均偏离系数为0.67；板下立杆轴力的实测值较设计值(－6.69kN)偏离较大，偏离系数最大可达2.3，偏离系数大于1.0的占29%，平均偏离系数为0.79。可见，现场的钢管模板支架承受荷载很不均匀，存在一定的安全隐患。建议现场模板支架的水平牵杆必须纵横向连续设置，不宜一隔一设置，以保证整体受力。

(4) 测试过程中，12层楼面梁中立杆轴力2倍于梁边立杆轴力。由于小横杆刚度有限，承受荷载时中间变形大，两端变形小，导致梁中立杆受力远大于梁边立杆。考虑到目前现场施工的实际情况，建议尽量少采用梁下三立杆支撑，若采用三立杆，应禁止后加设梁中立杆，并保证梁中立杆有纵横向水平杆牵通。

参考文献

[1] 邵志刚，沙萍等.苏州供电公司生产营业调度综合用房工程(主楼)主体结构模板施工方案，2009

[2] 建筑施工模板安全技术规范(JGJ162—2008)

[3] 林璋璋，杨俊杰.多层模板支撑体系的实测分析.施工技术，2005

[4] 上荣军，扣件式钢管模板支撑架的设计与使用安全.施工技术，2002

不同版本规范工程桩静荷载试压值的确定与分析

陈家冬 （无锡大筑岩土技术有限公司；江苏地基工程有限公司）

［摘要］ 按各地区现行桩基验收的要求，对于甲类及乙类建筑，施工后的工程桩需要进行静荷载试压，通过试压试验确定工程桩的承载力特征值能否满足设计要求。本文论述了钻孔桩验收静荷载试压值的确定以及达到验收要求的静荷载试验的各种方法，在保证执行验收规范的前提下，寻求可操作性高、经济可靠的验收方法。

［关键词］ 不同版本规范；施工前静荷载试压；施工后承载力验收

1 问题的提出

随着城市化建设的发展，我国各地区越来越多的多层及高层建筑正在建造，如地基土强度不足，则一部分多、高层建筑必须采用桩基础。按照《建筑桩基技术规范》(JGJ 94—2008)第5.3.1条规定，设计等级为甲级的建筑桩基应通过单桩静载试验确定其单桩竖向极限承载力标准值。设计等级为乙级的建筑桩基，当地质条件简单时，可参照地质条件相同的试桩资料结合静力触探等原位测试和试验参数综合确定；其余均应通过单桩静载荷试验确定。设计等级为丙级的建筑桩基，可根据原位测试和经验参数确定。

再根据《建筑基桩检测技术规范》(JGJ 106—2003)第3.3条中规定，设计等级为甲、乙级的桩基，施工前应采用静载荷试验确定单桩竖向抗压承载力特征值，施工后对于甲级的桩基，挤土群桩施工产生挤土效应的桩基应采用单桩竖向抗压承载力静载试验进行验收检测。

根据上述规范我们可以理解为：甲、乙级的建筑桩基在施工前必须做静荷载试验以确定承载力，施工后对于甲级建筑桩基及有挤土效应的群桩，应再进行承载力验收检测。由此引出以下几个细节问题：

(1) 施工前的静载荷试验桩能否作为正常的工程桩使用；

(2) 施工后的乙级及以下建筑桩基是否要再进行静载荷试验；

(3) 施工前的确定承载力试验与施工后静载荷验收检测是否采用同一承载力要求值；

(4) 钻孔桩试验桩的混凝土强度等级是否一定要高于正常工程桩混凝土强度等级；

(5) 各种不同版本的桩基规范，根据混凝土强度确定的桩身极限承载力各不相同，到底以哪一种为准。

2 目前在应用的规范及不同规范下桩的竖向压力设计值的计算

目前，用于桩基设计、施工及验收的规范有《建筑地基基础设计规范》(GB 50007—2002)、《建筑桩基技术规范》(JGJ 94—2008)和《建筑基桩检测技术规范》(JGJ 106—2003)。

一般情况下，工程桩在使用阶段承载力主要是由桩与土的摩擦与端阻所提供的承载力，此时混凝土的抗压强度会大于摩擦与端阻所提供的承载力，而当要进行静载荷试压时，有时混凝土的强度值会起控制作用，因为试压荷载是正常使用时荷载的2倍以上，混凝土强度等级较低时，混凝土就会压碎。

《建筑地基基础设计规范》(GB 50007—2002)第 8.5.9 条单桩竖向力设计值计算公式为

$$Q \leqslant A_p f_c \psi_c \tag{1}$$

式中 f_c——混凝土轴心抗压强度设计值；

Q——相应于荷载效应基本组合时的单桩竖向力设计值；

A_p——桩身横截面积；

ψ_c——工作条件系数，预制桩取 0.75，灌注桩取 0.6～0.7(水下灌注桩或长桩时用低值)。

《建筑桩基技术规范》(JGJ 94—2008)第 5.8.2 条单桩竖向力设计值计算公式为

$$N \leqslant \varphi_c f_c A_{ps} + 0.9 f'_y A'_s \tag{2}$$

$$N \leqslant \varphi_c f_c A_{ps} \tag{3}$$

式中 N——荷载效应基本组合下的桩顶轴向压力设计值；

f_c——混凝土轴心抗压强度设计值；

f'_y——纵向主筋抗压强度设计值；

A'_s——纵向主筋截面面积；

φ_c——基桩成桩工艺系数，混凝土预制桩取 0.75，干作业非挤土灌注桩取 0.90，泥浆护壁和套管护壁非挤土桩、部分挤土灌注桩、挤土灌注桩取 0.7～0.8。

考虑桩身钢筋起作用时采用式(2)，不考虑桩身钢筋时采用式(3)。

上述式(1)与式(3)，如果 ψ_c、φ_c 均取低值时，承载力设计值相差 16%，若按《建筑桩基技术规范》(JGJ 94—2008)考虑桩身钢筋的作用时，其差值会更大，确定承载力极限值可按该规范第 297 页公式，即

$$R_u = \frac{2R_p}{1.35} \tag{4}$$

式中 R_u——桩身极限受压承载力计算值；

R_p——桩身受压承载力设计值。

再根据式(4)计算出的桩身极限受压承载力两个版本的差值很大，而按《建筑地基基础规范》(GB 50007—2002)确定的桩身极限受压承载力要小得多。

3 计算实例

某水下工程钻孔灌注桩设计桩径 ϕ650，桩身混凝土 C30，根据桩身混凝土强度确定最大静载荷试压值，桩身内配筋 12 根 ϕ14 钢筋(HRB335 级)，计算桩身极限承载力 R_u。

按《建筑地基基础设计规范》(GB 50007—2002)公式计算：

$$Q \leqslant A_p f_c \varphi_c = 3316.6 \times 1.43 \times 0.6 = 2845.6\text{kN}$$

$$R_u = \frac{2R_p}{1.35} = \frac{2 \times 2845.6}{1.35} = 4215\text{kN}$$

按《建筑桩基技术规范》(JGJ 94—2008)公式计算，考虑钢筋作用：

$$\begin{aligned} N \leqslant \varphi_c f_c A_{ps} + 0.9 f'_y A'_s &= 0.7 \times 1.43 \times 3316.6 + 0.9 \times 300 \times 12 \times 0.1538 \\ &= 3319.9 + 498.3 \\ &= 3818.2\text{kN} \end{aligned}$$

$$R_u = \frac{2R_p}{1.35} = \frac{2 \times 3818.2}{1.35} = 5656\text{kN}$$

不考虑钢筋作用：

$$N \leqslant \varphi_c f_c A_{ps} = 0.7 \times 1.43 \times 3316.6 = 3319.9\text{kN}$$

$$R_u = \frac{2R_p}{1.35} = \frac{2 \times 3319.9}{1.35} = 4918\text{kN}$$

根据不同规范版本计算出的桩身极限承载力差别较大，上述三种计算方法最大值与最小值的差值达1441kN，到底选择上述哪种计算值作为静载荷加荷的极限值确实给岩土工程师带来了很大的选择困惑。

4　细节问题的解决思路

施工前的静载荷试验桩可否作为工程桩使用的问题：若要作为工程桩使用，首先要检查静载后桩身是否完整，若桩身完整还要看该桩的沉降量值与卸载的回弹率。$P \sim S$ 曲线中的沉降量不宜大于40mm，且卸载后的回弹率应不低于30%，分析起来静载试验后该桩仍在弹塑性变形阶段，就可作为工程桩使用。

施工后乙级及以下建筑桩基是否要再进行静载荷试压的问题：若为群桩基础且施工时产生挤土效应的桩基应进行静载荷验收检测，非群桩基础或非挤土桩可不做静载荷验收检测，但必须按《建筑基桩检测技术规范》(JGJ 106—2003)进行桩身质量的检测。

施工前确定承载力试验与施工后静载荷验收检测是否采用同一承载力要求值的问题：施工后静载荷验收检测主要看是否能满足设计要求的承载力，严格地讲应该是同一值，对于钻孔桩但考虑到若要在工程桩中任意抽选验收检测桩时，静荷载极限值可根据工程桩的混凝土强度等级适当降低，但静荷载试压值不宜小于特征值的1.8倍，因为试压到极限要把所有桩的强度等级都提高到不被破坏的强度值，任意抽选则要把所有桩的强度等级都提高，这样不经济，若要指定某桩作为试压桩而只提高该桩的强度等级，又违反了任意抽检的原则，失去公正性。

钻孔桩试验桩的混凝土强度等级是否一定要高于正常工程桩混凝土强度等级的问题：施工前的静载荷试验桩一般情况下会高于正常的工程桩混凝土强度等级，施工后的验收检测桩宜与正常使用的工程桩为同一强度等级。

各种不同版本的桩基规范，根据混凝土强度确定桩身极限承载力各不相同，到底选取哪一种为准的问题；按照不同版本的现行规范计算出的桩身极限承载力差别很大，根据工程实践，笔者认为按《建筑桩基技术规范》(JGJ 94—2008)公式计算较宜，且在重要建筑中不宜考虑钢筋的作用，这样的选取也是一种安全的选取。

5　结语

在建筑地基基础行业内不同版本规范，给岩土工程师带来了选择的困惑，岩土工程师在执行规范工程中，应选择经工程实践证明是可行的版本规范，同时应考虑可操作性、经济性和可靠性。

工程桩的验收检测是房屋使用前的最后一道关口，从大一点的范围讲是人命关天，故工程桩的验收检测桩的选取应采取随机抽样的原则，指定哪根桩作为工程桩的验收检测桩是不妥的。

静荷载试压值应根据混凝土的材料强度按《建筑桩基技术规范》(JGJ 94—2008)经计算后确定。

参考文献

[1] 建筑地基基础设计规范(GB 50007—2002)[S].北京:中国建筑工业出版社,2002
[2] 建筑桩基技术规范(JGJ 94—2008)[S].北京:中国建筑工业出版社,2008
[3] 建筑基桩检测技术规范(JGJ 106—2003)[S].北京:中国建筑工业出版社,2003

盾构隧道施工对周边单桩的影响效应

叶 斌[1] 赵宏华[2]
（1. 苏州轨道交通有限公司 苏州 215000；
2. 南京工业大学 土木工程学院 南京 210009）

［摘要］ 针对苏州轻轨一号线玉山公园—苏州乐园盾构隧道区间施工，采用三维有限元数值模型研究了盾构隧道施工对正上方单桩内力的影响。计算结果表明：在盾构动态施工过程中，上部桩身轴力沿深度减小；随着深度继续增加，桩身轴力沿深度逐渐增大，桩身轴力沿桩长呈现中间小、两头大的特点。随着盾构远离桩基，桩身受拉段轴力大小及长度均变小，桩身最大弯矩均在桩身中点附近。在盾构动态施工过程中，竖向沉降沿桩身几乎不变，随盾构推进而逐渐变大；当盾构逐渐远离桩基，盾构施工对桩基竖向沉降的影响趋于稳定，纵向位移在桩顶处达到最大值，桩身竖向沉降比纵向位移大。当盾构需要正下方穿越桩基时，必须进行事前调查，采取措施，仔细监测，将监测结果反馈于施工中，进行信息化施工。

［关键词］ 盾构隧道；单桩；位移；数值分析；内力

1 前言

随着现代化城市建设的发展，地铁盾构隧道的施工越来越多，在施工的过程中经常会碰到隧道从桩基正下方穿越的工程，桩基位于隧道正上方的情况与桩基位于隧道侧边的情况有很大的差异。当隧道正下方穿越桩基时，桩基将上部荷载沿着一定的扩散角传递给地基土，导致地基土产生土拱效应，产生扩散拱。由于隧道土体的开挖，也会导致桩基周围土体产生较大的土体位移，使得隧道顶部的土体发生下沉塌陷，在隧道顶部就会形成一个塌落拱，隧道周围土体则会发生压剪破坏。当基桩的扩散拱与隧道顶部的塌落拱交叉时，基桩的沉降将会急剧增大，引起单桩内力不同程度的增加，因此在盾构掘进过程中要严密监测桩身内力的变化，及时采取措施，确保上部桩基及建筑物的安全[1]。

Morto[2]利用室内模型试验发现隧道开挖会对临近桩基产生很大的影响，得出了邻近桩基的变形是地下空间设计和施工中最关键的问题。Mroueh[3]利用三维有限元方法，研究了隧道开挖引起的地层损失对既有基础的影响。Xu[4]借助三维边界元方法，分析了隧道掘进产生的地层移动对单桩的影响。Cheng [5]通过三维数值分析的方法，将土体、桩基、隧道看作一个整体，分析了三者相互作用的影响。Yong-Jo Lee[6]通过模型试验和有限元软件模拟，对隧道开挖引起的桩基影响进行了二维分析研究，指出隧道附近的既有桩基内力和变形受桩端位置（在隧道轴线以上、以下、轴线处）、桩顶荷载、地层损失率、土体强度、桩体尺寸、隧道直径等因素的影响。刘丽[1]通过计算表明由于基桩扩散拱与隧道冠顶的塌落拱相交叉，基桩的反应比侧桩明显，在盾构开挖面距离桩基较近时，会使基桩产生负摩阻力，降低了桩基承载力，在桩端位置处则会产生较大的侧向位移，同时由于盾构隧道的施工使得正上方桩基产生了附加的轴力和弯矩。朱逢斌[7]通过数值分析研究发现，当桩位于隧道拱顶正上方时，开挖对桩体水平位移和弯矩的影响很小，而因开挖所致的轴力数值为正，轴力和沉降均随桩端与隧道拱顶间距增大而减小，当桩位于隧道拱顶正上方时，桩端与隧道拱顶间的最小安全距离约为 3m。以上两者的研究均是针对南京地质条件展开数值模拟计算的，对于其他土层中盾构施工影响正上方单桩的研究尚不充分。

本文结合苏州轻轨一号线玉山公园—苏州乐园盾构隧道的施工情况，利用大型三维有限元软件 Plaxis 3D Tunnel，从整体上研究桩 - 土 - 隧道三者之间相互作用的特征，着重研究了盾构正下方穿越桩基时单桩内力变化的机理和特点，探讨了盾构正上方桩身内力的变化规律，为盾构的顺利掘进提供参考资料。

2 三维数值计算模型的建立

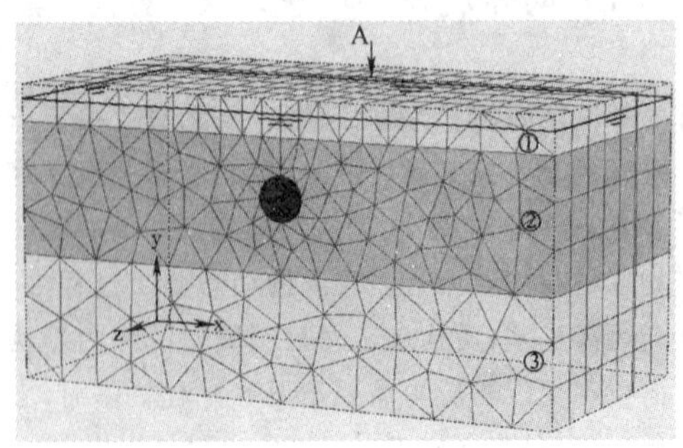

图 1 盾构隧道穿越单桩的三维模型

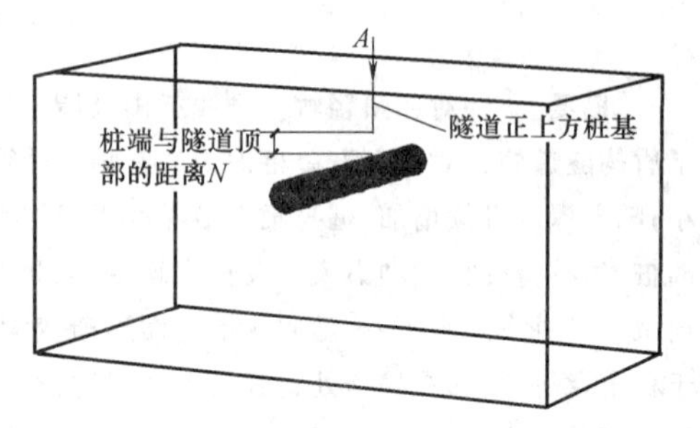

图 2 单桩与隧道的相对位置示意图

三维有限元模型尺寸为 80m×40m×40m($X \cdot Y \cdot Z$)。模型边界约束条件为：模型底部施加完全固定约束，两侧施加竖直滑动约束，表面则取为自由边界。划分好的有限元网格见图 1，共计 3840 个单元，12127 个节点，单桩与隧道的相对位置见图 2。盾构推进过程采用刚度迁移法[10~12]，隧道、土体和桩身参数详见文献[13]。

3 计算结果及分析

3.1 隧道掘进过程的计算工况

盾构掘进过程中与桩基的相对位置如图 3 所示，图中 M 为盾构切削面距桩基中心的距离，当 M 为正值时，表示盾构切削面在到达桩基之前盾构开挖面与桩基的距离；当 M 为负值时，表示盾构越过桩基后盾构开挖面与桩基的距离。计算了盾构掘进过程中 M 依次为 12m、9m、6m、3m、0、－3m、－6m、－9m、－12m 时桩基竖向沉降及纵向位移的变化规律。

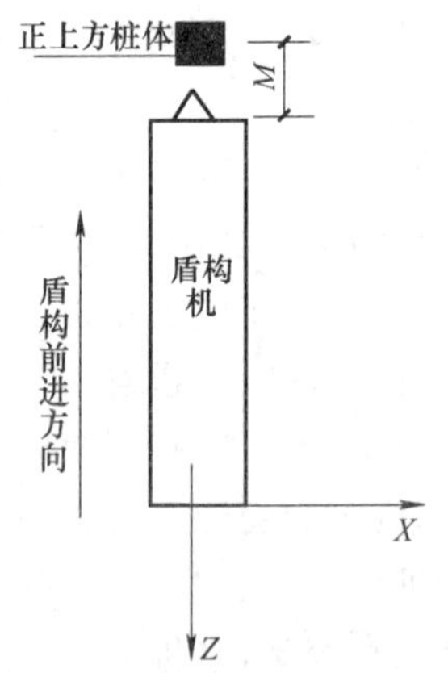

图 3 盾构穿越正上方单桩平面图

3.2 盾构对单桩内力的影响

图 4 为盾构隧道动态施工的过程中桩身轴力的变化图，由图看出，上部土层的竖向沉降导致桩侧摩阻力相对较大，桩身轴力沿深度减小；在桩顶下 6.7m 处，桩间土相对位移为 0，桩身轴力达到最小值，随着深度继续增加，在桩体底部，桩体间产生了负摩阻力，导致桩身轴力沿深度增大。桩身轴力沿桩长呈现中间小、两头大的特点。

图 5 为盾构隧道动态施工过程中桩身横向弯矩变化图。由图可知，在隧道施工过程中，最大的桩身负弯矩为－165kN·m 左右，最大正弯矩为－0.5kN@m 左右，桩身弯矩很小，而且变化不大，对桩身的不利影响比较小。这主要是因为在盾构隧道施工的过程中桩身的水平位移变化很小。在盾构推进的过程中，桩身弯矩的变化规律基本一致，

变化较小，桩身最大弯矩均在桩身中点附近。

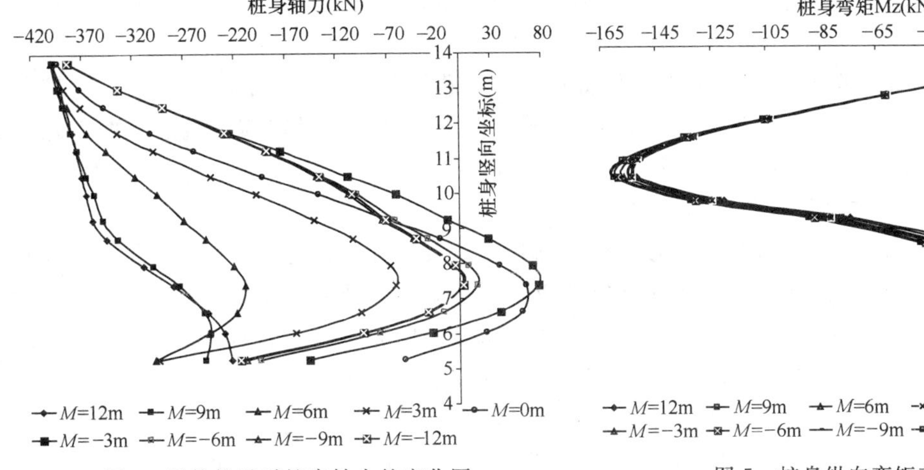

图 4　盾构推进时桩身轴力的变化图

图 5　桩身纵向弯矩变化图

3.3 盾构对单桩位移的影响

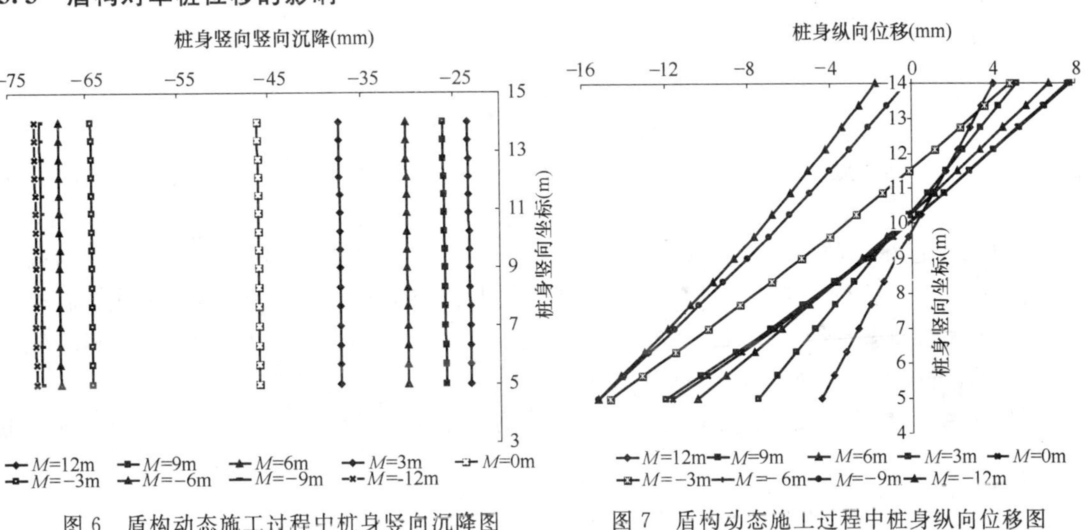

图 6　盾构动态施工过程中桩身竖向沉降图

图 7　盾构动态施工过程中桩身纵向位移图

图 6 为盾构动态施工过程中正上方桩身竖向沉降变化图。由图可见，在盾构动态施工过程中，当盾构工作面逐渐靠近桩基时，即 $M>0$，整个桩身的竖向沉降逐渐变大，而且竖向沉降沿着桩身几乎不变。当盾构工作面到达桩基时，桩身竖向沉降增大的速率最大；当盾构工作面越过桩基后，即 $M<0$，整个桩身的竖向沉降仍然逐渐变大，随着盾构逐渐远离桩基，整个桩身的竖向沉降增大的幅度逐渐变小，说明盾构施工对桩基竖向沉降的影响正趋于稳定。

图 7 为盾构动态施工过程中单桩纵向位移的变化图，由图可见，在盾构动态施工过程中，桩身的纵向位移曲线为一倾斜直线，桩身发生纵向倾斜。由图可见，盾构穿越桩基的过程中，由于桩底离盾构较近，盾构周围土体受到盾构及支护压力的挤压作用产生负向位移，导致桩底纵向位移均为负值，而且逐渐变大。在盾构到达桩基之前，由于盾构土舱支护压力的作用，桩顶纵向位移的方向和土舱压力的方向相反，桩顶纵向位移为正值；当盾构越过桩基后，盾构土舱压力对桩基的影响逐渐减小，在周围土体移动的影响下，部分桩顶纵向位移与土舱压力作用方向一致，变为负值。在盾构逼近桩基的过程中，桩顶与桩端纵向位移差逐渐加大，桩身纵向

倾斜逐渐变大；当盾构到达桩基时，桩顶与桩端纵向位移差达到最大值，桩身纵向倾斜达到最大值；当盾构越过且逐渐远离桩基时，桩顶与桩端纵向位移差逐渐下降，桩身纵向倾斜则逐渐变小。

对比图 6 和图 7 可知，桩身竖向沉降比桩身纵向位移大很多，可见，盾构施工主要使桩身产生竖向沉降，引起较小的桩身纵向位移，因此，盾构正下方穿越桩基时应该重点采取措施控制桩身竖向沉降，确保上部结构安全及盾构顺利掘进。

3.4 盾构隧道正下方穿越桩基的施工对策

盾构隧道正下方穿越桩基时，必须进行事前调查，以预测盾构隧道施工带来的周围地基的变形和对正上方桩基的影响。如果预测结果表明盾构施工可能对正上方桩基产生的不利影响超过其承受能力时，应根据情况采取相应对策和措施，做好监测工作，及时将监测结果反馈施工中，进行动态施工。盾构要安全通过正上方桩基可按以下方法步骤进行[11]：

(1) 对盾构隧道正上方的桩基进行调查。通过调查，弄清桩基的几何尺寸、构造形式、桩周地基土特性以及上部结构物(建筑物、构筑物)的体型和几何尺寸、功能和重要性、结构形式、建造年代、使用情况(包括现有损坏情况和维修的难易程度等)等，同时还要确认桩基及上部结构物的设计条件、设计方法等；

(2) 确定盾构施工的影响范围；

(3) 根据桩基及上部建、构筑物的情况确定已有桩基的容许变形量和容许应力值；

(4) 预测盾构施工对桩基的影响，按预测结果拟定施工方法、测量计划等，同时对桩基设定施工标准值，作为施工时的目标；若预测值大于容许值，还要根据工程实际情况采取相应对策；

(5) 按照已确定的施工方法，谨慎地开展施工。施工时，设置仪器对桩基上部结构物进行定时监测，同时加强对深层土体的变形监测，在条件允许下对估计受影响大的桩基进行直接监测，以准确掌握桩基周围土体、桩基和上部结构物及其在施工中的动态变化情况，并将结果与施工管理标准值和容许值作比较，同时反馈到施工中，进行信息化施工；

(6) 通过桩基后，逐渐减少测量频率，一边确认已有桩基的安全性，一边继续监测，直至趋于稳定。

4 结论

(1) 在盾构隧道动态施工的过程中桩身轴力沿深度减小，随着深度继续增加，桩身轴力沿深度增大。桩身轴力沿桩长呈现中间小、两头大的特点。

(2) 在盾构到达桩基之前，桩身全部受压；在盾构到达桩基时，桩身轴力在桩顶下 5～9m 范围内为正值，桩身受拉，且受拉的部分较长，盾构隧道施工对桩身的不利影响达到最大；在盾构越过桩基 6m 以后，桩身受拉段的长度、轴向拉力减小均很快，盾构施工对桩身不利的影响逐渐减弱。在隧道施工过程中，桩身弯矩很小，最大弯矩均在桩身中点附近。

(3) 在盾构动态施工过程中，随着盾构逐渐靠近桩基，盾构正上方桩身的竖向沉降逐渐变大；当盾构到达桩基时，桩身竖向沉降增大的速率最大；当盾构越过桩基后，整个桩身的竖向沉降仍然逐渐变大，随着盾构逐渐远离桩基，盾构施工对桩基竖向沉降的影响正趋于稳定。

(4) 在盾构动态施工过程中，纵向位移在桩顶处达到最大值，沿桩身从上到下逐渐减小，盾构穿越桩基的过程中，由于桩底离盾构较近，桩底纵向位移均为负值。在盾构到达桩基之前，桩顶纵向位移的方向和土舱压力的方向相反；当盾构越过桩基后，桩基桩顶纵向位移变为负值,与土舱压力作用方向一致。桩身竖向沉降要比桩身纵向水平位移大。

参考文献

[1] 刘丽.盾构掘进过程中邻近桩基的反应分析研究[D].青岛:山东科技大学,2006

[2] Morton,J. D. ,and King,K. H. Effeets of tunnelling on the bearing capacity and settlement of piled foundations[J],Proe. ,Tunnelling 79,IMM,London,1979:57-68

[3] Mroueh H,Shahrour I. Three-dimensional finite element analysis of the interaction between tunneling and pile foundations[J],International Journal for Numerical and Analytical Methods in Geomechanics,2002,26:217-230

[4] Loganathan N,Poulos HG Xu KJ. Ground and pile- group responses due to tunnelling[J]. Soils and Foundations, 2001,41(1):57-67

[5] Cheng C Y,Dasari G R,Leung C F,et al. 3D numerical study of tunnel-soil-pile interaction[J]. Tunnelling and Underground Space Technology,2004,19(4):381-382

[6] Yong-JooLee a ,Richard H. Bassett. Influence zones for 2D pile-soil-tunnelling interaction based on model test and numerical analysis[J]. Tunnelling and Underground space Technology,2006,(7):1016-1034

[7] 朱逢斌,杨平,ONG C W.盾构隧道开挖对邻近桩基影响数值分析[J].岩土工程学报,2008,30(2):298-302

[8] 张凤样,傅德明,杨国样,项兆池.盾构隧道施工手册[M],北京:人民交通出版社,2005

[9] 杨冠天,项彦勇,张峰.基于间隙参数模型的盾构隧道周围土体位移分析[J].岩土力学,2005,26(10):1602-1606

[10] 于宁,朱合华.盾构施工仿真及其相邻影响的数值分析[J].岩土力学,2004,25(2):292-296

[11] 王占生.盾构近距穿越桩基的研究[D],北京:北京交通大学,2002

[12] 朱合华,徐前卫,傅德明,等.地层适应性盾构模型试验设计方法初探[J].岩土力学,2006,27(9):1437～1441

[13] 赵宏华,陈国兴,叶斌.盾构掘进对单桩内力的动态影响 [J].南京工业大学学报(自然科学版),2010,32(3):23-29

HRBF500 级钢筋混凝土受压柱的试验研究

梁书亭[1] 朱筱俊[2] 庞 瑞[1] 陈德文[3] 邹科官[1]

(1. 东南大学 RC&PC 教育部重点试验室 南京 210096;2. 东南大学建筑设计研究院 南京 210096;3. 南京民用建筑设计研究院 南京 210002)

[摘要] 为将超细晶粒钢筋列入我国混凝土结构设计规范提供试验和理论研究基础,进行了 10 根 HRBF500 级钢筋混凝土受压柱的静载试验,重点研究了轴向荷载偏心距、配筋率、长细比、钢筋及混凝土强度等级等参数的影响,总结了超细晶粒钢筋混凝土受压柱力学性能的变化规律。在对国内外规范高强钢筋设计强度的取值对比分析和本试验数据的基础上,对 HRBF500 级钢筋提出了设计强度建议取值。对 500MPa 级钢筋在受压构件中的最小配筋率提出了具有一定原创性的建议。对本试验的 M_u-N_u 的相关曲线数据进行了拟合,并同理想 M_u-N_u 相关曲线进行了对比。通过对比分析证实规范《混凝土结构设计规范》(GB 50010—2002)规定的受压构件的设计计算方法能较好地适用于超细晶粒普通强度钢筋和 HRBF500 级钢筋混凝土受压构件。

[关键词] HRBF500 级钢筋;超细晶粒钢筋混凝土柱;轴压;偏心受压;试验研究

1 引言

目前,欧洲混凝土结构设计规范中钢筋使用强度最高为 600MPa[1],美国规范钢筋最高使用强度为 550MPa[2]。在我国,由于 HRBF500 和 HRB500 级钢筋尚未列入《混凝土结构设计规范》(GB 50010—2002)中,故该规范中钢筋最高使用强度仅为 400MPa 的 HRB400 钢筋[3],高强钢筋在我国的推广仍然受到了很大程度上的阻碍。可喜的是,由于我国钢铁行业工艺技术的进步和高强度钢筋研制的突破,国内高强度钢筋的供应商逐渐增多;随着我国高层、超高层建筑和大型框架及大跨结构的增多,建筑行业对高强度钢筋的需求也越来越强烈。因此,近几年来,我国在高强钢筋的应用方面正在逐渐缩短与发达国家的差距,像 500MPa 级的高强钢筋开始频繁地被应用于我国的实际建筑项目中,而中央及一些地方主管部门也开始为高强钢筋在生产和设计计算中所采用的一些参数设定相关标准。

超细晶粒钢筋指晶粒直径达到 0.1～10μm 之间的钢筋。超细晶粒钢筋制作工艺以普通低碳钢为原料,通过在线控轧、控冷,利用细晶强化等工艺手段,减小晶粒尺寸,形成超细晶粒,提高钢筋的强韧性等性能指标,在强度、延性、耐高温、低温性能、抗震性能和疲劳性能等方面均达到优良水平。《钢筋混凝土用钢第 2 部分:热轧带肋钢筋》(GB 1499.2—2007)新标准规定细晶粒热轧钢筋(hot rolled bars of fine grains)为在热轧过程中,通过控轧和控冷工艺形成的细晶粒钢筋;其金相组织主要是铁素体加珠光体,不得有影响使用性能的其他组织存在,晶粒度不粗于 9 级[4]。

本文试验构件纵筋将采用的即为超细晶粒 500MPa 级钢筋(HRBF500 级钢筋)。采用 HRBF500 级高强钢筋代替当前我国建筑行业主流的 HRB335 级钢筋,不仅可以大量节约钢筋用量,有利于绿色节能,还可明显改善目前框架结构中框架柱以及梁、柱节点内钢筋过于拥挤的现象,提高工程的性价比,取得良好的社会和经济效益。

到目前为止,我国对高强钢筋混凝土构件受力性能的研究仍然相对欠缺。我国尚缺乏超细晶粒钢筋受压构件的试验，因此，本文对 HRBF500 级钢筋混凝土受压柱的研究工作将为超细晶粒和高强钢筋列入规范提供必要的试验依据，具有重大现实意义。

2　试验概况

设计试件为两端铰支的钢筋混凝土轴心受压柱和偏心受压柱。试件考虑了钢筋的型号和混凝土的强度等级、纵筋配筋率、荷载偏心距、构件几何长度和长细比等因素的影响，共包含 10 根采用超细晶粒 500MPa 级钢筋的柱子。除了试件 C5H 外，主要使用设计强度等级为 C50 的混凝土和 HRBF500 的主筋，C5H 则采用了 C40 的混凝土和 HRBF500 的主筋。构件含有一根轴心受压柱，即 C5A，其余均为偏心受压柱。所有构件的截面尺寸均为 250mm×180mm，箍筋均使用Φ8@100。表 1 给出了试验构件的混凝土强度等级、配筋、长度和偏心率等参数。

表 1　试件编号、尺寸及材料表

	试件编号	偏心矩 e(mm)	偏心率	长度 l(mm)	主筋	箍筋	主筋配筋率(%)
HRBF500 级钢筋，C50 混凝土	C5A	0	0	1500	4Φ16	Φ8@100	1.79
	C5B	40	0.18	1500	4Φ16	Φ8@100	1.79
	C5C	80	0.37	1500	4Φ16	Φ8@100	1.79
	C5D	120	0.55	1500	4Φ16	Φ8@100	1.79
	C5E	160	0.74	1500	4Φ16	Φ8@100	1.79
	C5F	200	0.92	1500	4Φ16	Φ8@100	1.79
	C5G	160	0.74	1500	6Φ16	Φ8@100	2.68
	C5H (C40)	160	0.74	1500	4Φ16	Φ8@100	1.79
	C5I	160	0.74	1200	4Φ16	Φ8@100	1.79
	C5J	160	0.74	1800	4Φ16	Φ8@100	1.79

3　HRBF500 级钢筋的屈服强度取值

我国的《混凝土结构设计规范》(GB 50010—2002)及《建筑抗震设计规范》(GB 50011—2001)中尚未把 500MPa 级钢筋(HRB500 级或超细晶粒 HRBF500 级)列入，《钢筋混凝土用钢第 2 部分：热轧带肋钢筋》(GB 1499.2—2007)虽然增加了细晶粒钢筋的三个牌号 HRBF335、HRBF400 和 HRBF500，但只规定了它们的生产标准，对设计强度并未作出任何建议。我国目前在实际应用中对 HRBF500 级钢筋的强度取值很不统一。河北省建设厅建议省内工程对 500MPa 级的钢筋采用 $f_y=f'_y=420$MPa；云南省建设厅则建议取 $f_y=450$MPa，$f'_y=400$MPa。表 2 列出当 HRBF500 钢筋设计强度($f_y=f'_y$)分别取 420MPa、435MPa 和 450MPa，即钢筋材料分项系数分别取 1.20、1.15 和 1.11 时按《混凝土结构设计规范》(GB 50010—2002)受压柱计算方法得到的本试验中受压构件的承载力计算值与实测极限强度的对比。

表 2 采用不同设计强度时承载力计算值与实测极限强度的对比

构件编号	实测极限值(kN)	f_y=420MPa, γ_s=1.20		f_y=435MPa, γ_s=1.15		f_y=450MPa, γ_s=1.11	
		承载力计算值(kN)	实测极限值/承载力计算值	承载力计算值(kN)	实测极限值/承载力计算值	承载力计算值(kN)	实测极限值/承载力计算值
C5A	1925	1489	1.29281	1500	1.28333	1511	1.27399
C5B	1800	1424	1.26404	1433	1.25611	1442	1.24827
C5C	1290	956	1.34937	966	1.33540	976	1.32172
C5D	850	616	1.37987	629	1.35135	642	1.32399
C5E	535	399	1.34085	410	1.30488	420	1.27381
C5F	370	280	1.32143	288	1.28472	297	1.24579
C5G	680	541	1.25693	555	1.22523	569	1.19508
C5H(C40)	520	385	1.35065	395	1.31646	406	1.28079
C5I	570	399	1.42857	410	1.39024	420	1.35714
C5J	520	399	1.30326	410	1.26829	420	1.23810
平均值			1.32878		1.30160		1.27587
样本方差			0.00277		0.00237		0.00230
变异系数			3.964%		3.741%		3.757%

从表 2 可知，对三种不同的材料分项系数取值，采用 HRBF500 级钢筋的构件的实测承载力极限值与承载力的比值除有 1 个数据为 1.19508 之外，全部在 1.20 以上。因此，不管设计强度取值为 420MPa、435MPa 还是 450MPa，都能保证采用 HRBF500 级钢筋的构件具有足够的强度储备。另外三组比值的变异系数都不超过 5%，说明实测承载力极限值与按规范计算出的理论值之比有着比较好的稳定性。

本文建议 HRBF500 级钢筋的强度设计值取为 $f_y=f'_y=435$MPa，即材料分项系数取 1.15。我国的《混凝土结构设计规范》(GB 50010—2002)规定，不高于 400MPa 级的低强度普通钢筋的材料分项系数取 $\gamma_s=1.1$，而强度标准不小于 650MPa 的预应力钢筋材料分项系数取 $\gamma_s=1.2$。此外，从表 2 中的计算数据可以看出，材料分项系数取 1.1、1.15 和 1.2 时，HRBF500 级钢筋对应的设计强度取值都能得到比较充分的利用，这种情况下又产生了适当提高一定量的可靠度的需要。因此，从这几方面来考虑，HRBF500 级钢筋的材料分项系数取用 1.15，强度设计值取用 $f_y=f'_y=435$MPa 都是一个比较适中的取值。该取值同欧洲规范及德国 DIN 1045—1 一致，但欧洲规范的荷载分项系数比我国《混凝土结构设计规范》(GB 50010—2002)的取值要大，所以若将来我国规范采用 $\gamma_s=1.15$，构件的配筋率仍会低于欧洲规范。

4 规范方法理论值与试验实测值的对比

采用本文建议的 HRBF500 级钢筋设计强度按规范方法计算得到承载力计算值和实测承载力极限值列于表 3 中进行对比。从表 2 可以看到，采用《混凝土结构设计规范》(GB 50010—2002)中的方法进行计算时，超细晶粒 500MPa 级钢筋混凝土受压构件均具有足够的强度储备。构件承载力实测极限值与计算值的比值都较稳定。

表 3　所有构件承载力计算值与实测极限强度的对比

试件编号		C5A	C5B	C5C	C5D	C5E	C5F	C5G	C5H	C5I	C5J
实测极限值(kN)		1925	1800	1290	850	535	370	680	520	570	520
$f_y=435$MPa $\gamma_s=1.15$	承载力计算值(kN)	1500	1433	966	629	410	288	555	395	410	410
	实测极限值/承载力计算值	1.28	1.26	1.34	1.35	1.30	1.29	1.23	1.32	1.39	1.27

由上述数据分析可知，超细晶粒钢筋混凝土受压构件和使用传统工艺钢筋的钢筋混凝土受压构件一样，适用于现行规范的计算方法，可以用现行规范方法来设计。

5　最小配筋率

我国规范对抗震及非抗震受压构件取不同水准的最小配筋率。对非抗震受压构件，《混凝土结构设计规范》(GB 50010—2002)规定，受压构件全部纵筋的配筋率不应小于 0.6%，一侧钢筋的配筋率不应小于 0.2%；全部纵筋的配筋率不宜超过 5%。受压构件全部纵向钢筋最小配筋百分率，随着钢筋强度的增大而减小，当采用 HRB400 级、RRB400 级钢筋时，应在该规定的基础上减小 0.1%；当混凝土强度等级为 C60 及以上时，应在该规定基础上增大 0.1%。

各国钢筋混凝土构件受拉钢筋最小配筋率的取值方法主要分为模型推导方法和经验法两种。我国规范长期采用模型推导方法，以防止受拉区混凝土开裂后受拉钢筋因数量不足而立即进入屈服后塑性变形较大的阶段为原则确定，即由下式确定：

$$M_{cr}=M_u \tag{1}$$

式中　M_{cr}——相应素混凝土构件开裂弯矩；

M_u——实配受拉钢筋截面的抗弯承载力。

式(1)可细化为

$$\gamma f_t W_0=A_s f_y Z \tag{2}$$

式中　γ——混凝土构件的截面抵抗矩塑性影响系数，可由《混凝土结构设计规范》(GB 50010—2002)中的式(8.2.4)求得；

W_0——换算截面受拉边缘的弹性抵抗矩；

Z——计算 M_u 时的内力臂。

$Z=h_0-\frac{x}{2}=h_0-\frac{\rho_{\min}f_y bh_0/f_c b}{2}$，故有

$$\gamma f_t W_0=\rho_{\min}f_y\left(1-\frac{\rho_{\min}f_y/f_c}{2}\right)bh_0^2 \tag{3}$$

因为按经验 $\rho_{\min}$ 较小，故可忽略 $\rho_{\min}$ 的二次项，最终可得如下形式：

$$\rho_{\min}=\alpha f_y/f_t \tag{4}$$

式中　α——待定常数。

当 $\rho_{\min}<0.002$ 时，取 $\rho_{\min}=0.002$。对非抗震柱，$\alpha=0.45$，可得到采用 HRBF500 级钢筋作为受拉钢筋所需的最小配筋率(见表 4)。

表 4　HRBF500 级受拉钢筋的最小配筋率(%)

	C25	C30	C35	C40	C45	C50	C55	C60	C65
HRBF500	0.200	0.200	0.200	0.200	0.200	0.200	0.203	0.211	0.216

由表 4 可知，HRBF500 级受拉钢筋的最小配筋率可在 400MPa 级的基础上减小 0.05%，即在《混凝土结构设计规范》(GB 50010—2002)表 9.5.1 的基础上减小 0.15%，对 C60 及以上的混凝土仍可增加 0.1%后使用。

6 N_u-M_u 相关方程和曲线

由 N_u-M_u 的相关方程，可以通过计算机预先绘制出一系列对应于特定的钢筋类别、特定的混凝土强度等级和特定的截面尺寸的偏心受压构件的 N_u-M_u 的相关曲线。设计时可先计算 e_i 和 η 值，然后由 N 和 $N\eta e_i$ 查图求得需要配置的受压和受拉钢筋面积，可大幅减少计算量，因而可节省大量时间。

本试验中所有构件都为对称配筋矩形截面。下面将简单推导对称配筋矩形截面 N_u-M_u 的相关方程。

6.1 大偏心受压状态下的 N_u-M_u 相关方程

由对称配筋截面 $A_s=A'_s$ 及 $f_y=f'_y$ 易知 $N_u=\alpha_1 f_c bx$

故 $x=\dfrac{N_u}{\alpha_1 f_c b}$

所以
$$N_u\left(\eta e_i+\frac{h}{2}-a_s\right)=\alpha_1 f_c b\,\frac{N_u}{\alpha_1 f_c b}\left(h_0-\frac{N_u}{2\alpha_1 f_c b}\right)+f'_y A'_s(h_0-a'_s) \tag{5}$$

经整理后得到
$$N_u\eta e_i=\alpha_1 f_c b\,\frac{N_u^2}{2\alpha_1 f_c b}+\frac{N_u h}{2}+f'_y A'_s(h_0-a'_s) \tag{6}$$

即

$$M_u=\alpha_1 f_c b\,\frac{N_u^2}{2\alpha_1 f_c b}+\frac{N_u h}{2}+f'_y A'_s(h_0-a'_s) \tag{7}$$

这就是矩形截面大偏心受压构件对称配筋条件下的 N_u-M_u 的相关方程。从式(7)可以看出 M_u 是 N_u 的二次函数，并且随着 N_u 的增大 M_u 也增大。

6.2 小偏心受压状态下的 N_u-M_u 相关方程

假定截面为局部受压，由轴向力及力矩平衡可得

$$N_u=\alpha_1 f_c b\xi h_0+f'_y A'_s-\frac{\xi-\beta_1}{\xi_b-\beta_1}f_y A_s \tag{8}$$

$$N_u e=\alpha_1 f_c b h_0^2\xi(1-0.5\xi)+f'_y A'_s(h_0-a'_s) \tag{9}$$

对称配筋截面 $A_s=A'_s$，$f_y=f'_y$，代入式(8)、式(9)并整理得

$$N_u=\frac{\alpha_1 f_c h_0(\xi_b-\beta_1)-f'_y A'_s}{\xi_b-\beta_1}-\frac{\xi_b}{\xi_b-\beta_1}f'_y A'_s \tag{10}$$

所以
$$\xi=\frac{\beta_1-\xi_{bs}}{\alpha_1 f_c h_0(\beta_1-\xi_b)+f'_y A'_s}N_u-\frac{\xi_b}{\alpha_1 f_c h_0(\beta_1-\xi_b)+f'_y A'_s}f'_y A'_s \tag{11}$$

取
$$\lambda_1=\frac{\beta_1-\xi_{bs}}{\alpha_1 f_c h_0(\beta_1-\xi_b)+f'_y A'_s}$$

$$\lambda_2=\frac{-\xi_b f'_y A'_s}{\alpha_1 f_c h_0(\beta_1-\xi_b)+f'_y A'_s}$$

则有

$$\xi=\lambda_1 N_u+\lambda_2 \tag{12}$$

综合可得

$$N_u\left(\eta e_i+\frac{h}{2}-a_s\right)=\alpha_1 f_c b h_0^2(\lambda_1 N_u+\lambda_2)\left(1-\frac{\lambda_1 N_u+\lambda_2}{2}\right)+f'_y A'_s(h_0-a'_s) \tag{13}$$

即

$$M_u=\alpha_1 f_c b h_0^2(\lambda_1 N_u+\lambda_2)\left(1-\frac{\lambda_1 N_u+\lambda_2}{2}\right)+f'_y A'_s(h_0-a'_s) \tag{14}$$

这就是矩形截面小偏心受压构件对称配筋条件下 N_u-M_u 的相关方程。可以看出，M_u 也是 N_u 的二次函数，但随着 N_u 的增大而 M_u 将减小。

6.3 N_u-M_u 实测数据点拟合曲线与理想曲线的对比

图 1 列出了截面尺寸为 250mm×180mm，使用 500MPa 级钢筋和 C50 混凝土，纵筋为 4Φ16 并对称配筋时的 M_u-N_u 实测数据点拟合曲线与理想曲线的对照图。其中实测数据来自 B 组构件的 C5B～C5F，而理想曲线则基于规范规定及推导得出的式(3)和式(10)，并同样使用实测材料性能参数得出。

由图 1 可知，拟合曲线基本被包裹在理想曲线之内，理想曲线取值不是非常安全。

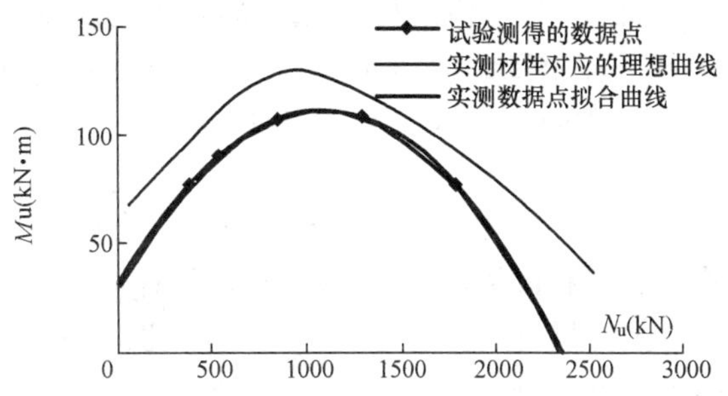

图 1 HRBF500 钢筋、C50 混凝土的 M_u-N_u 曲线

7 结论

(1) 通过对国内外最新规范的介绍分析，结合我国的国情为 HRBF500 级钢筋的设计取值提出了具体的建议。

(2) 通过对本试验中的两组构件的承载力实测极限值与规范理论计算值进行了比较，得出了以下结论：现行规范计算方法既适用于超细晶粒普通强度钢筋混凝土受压构件的计算，也适用于超细晶粒 500MPa 级钢筋混凝土受压构件的计算。为超细晶粒钢筋特别是超细晶粒 500MPa 级钢筋将来正式列入我国相关规范提供了参考。

(3) 对 HRBF500 级纵筋最小配筋率的变化进行了探讨，提出对规范的相关补充建议。

(4) 推导了 M_u-N_u 相关方程，并对本试验的 M_u-N_u 的相关曲线数据进行了拟合，同推导出的方程绘制的理想 M_u-N_u 相关曲线进行了对比。

参考文献

[1] Eurocode 8. Design of Structures for Earthquake Resistance[S]. 2003

[2] ACI318-05 Building Code Requirements for Structural Concrete[S]. American Concrete Institute. Farminton Hills. Michigan. USA. 2005

[3] 混凝土结构设计规范(GB 50010—2002)[S]

[4] 钢筋混凝土用热轧带肋钢筋(GB 1499.2—2007)[S]

碎石桩处理液化地基的优化设计

王　健[1]　韩选江[2]
(1. 宿迁学院建筑工程系　宿迁　223800；
2. 南京工业大学土木工程学院　南京　210009)

[摘要]　本文分析了碎石桩抗液化机理及碎石桩处理液化地基的设计方法，将以复合地基承载力为主和抗液化设计为主的方法进行联合分析，建立复合地基抗液化临界置换率 m_F 和目标桩土应力比 n_F，给出了碎石桩处理液化地基的优化设计方法。

[关键词]　碎石桩；液化地基；优化设计

碎石桩作为一种有效的地基处理技术，在工程中得到了广泛的应用。然而，设计人员往往将碎石桩和褥垫层分别设计，致使设计成果不经济或不安全。笔者通过建立抗液化临界置换率 m_F 和目标桩土应力比 n_F，将碎石桩、桩间土和褥垫层有机结合，实现了优化设计，具有一定的使用价值，特别在处理多层或小高层建筑的液化地基时价值更高。

1　碎石桩抗液化机理

碎石桩复合地基的抗液化加固机理主要有以下几个方面[1]：

(1) 挤密、振密等加密作用。碎石桩成桩过程中桩管对周围砂层产生的横向挤压力以及灌注碎石后的振动、反插致使周围土体受到加密效应，使土层的密实度提高，振密性降低，抗液化能力增强。

(2) 排水减压作用。碎石桩在地基中形成竖向排水减压通道，在地震期间加速了孔隙水压力的消散，使孔压消散与增长同时发生，降低由于循环荷载作用而产生的超静孔隙水压力，可以有效地消散和防止超孔隙水压力的增高及砂土液化，提高了地基的抗液化能力，并加速地基排水固结。

(3) 预震作用。碎石桩施工过程中的强烈振动，使地基获得了强烈的预震，结构中的不稳定的颗粒滑落形成较为稳定的结构，对增加砂土抗液化能力极为有利，抗液化能力得到提高。

(4) 碎石桩的减震作用。由于碎石桩复合地基的抗剪强度大于土体的抗剪强度，在地震时分担水平地震剪应力对土体的作用，从而改善了复合地基的抗剪性能，提高了地基的稳定性。

2　碎石桩处理液化地基的设计方法

2.1　按照复合地基承载力为主的设计方法

将复合地基要求达到的承载力特征值，代入文献[2]中的复合地基承载力计算公式，即

$$f_{spk}=mf_{pk}+(1-m)f_{sk} \tag{1}$$

式中　f_{cf}——复合地基承载力特征值；

f_{pf}——碎石桩承载力特征值；

f_{sf}——桩间土承载力特征值。

求出桩土置换率 m，再将 m 代入下式：

$$m=\frac{A_p}{A}=\frac{d^2}{d_e^2} \tag{2}$$

按正三角形布桩时，$d_e=1.05L$；按正方形布桩时，$d_e=1.3L$。

再求出桩间距 L。

然后，根据文献[3]中的标准贯入试验方法进行桩间土的抗液化校核，若桩间土的标贯锤击数大于由规范计算出的临界值 N_{σ}，则设计满足要求，否则应修改设计方案，使其达到抗液化要求；再根据文献[2]静载荷试验方法进行承载力检验。

2.2 按照抗液化设计为主的设计方法

抗液化设计和按承载力设计的步骤差不多，只是在确定桩距时计算方法不同，下面仅就桩距的计算方法进行阐述。

2.2.1 *假定加固土层没有流失、仅发生侧向位移的桩距确定方法*

文献[2]中碎石桩桩间距计算公式如下。

正三角形布桩时：
$$L=0.952D\sqrt{\frac{1+e_0}{e_0-e_1}} \tag{3}$$

正方形布桩时：
$$L=0.886D\sqrt{\frac{1+e_0}{e_0-e_1}} \tag{4}$$

式中 D——碎石桩直径；

e_0——天然土的初始孔隙比；

e_1——加固后桩间土要求达到的孔隙比。

2.2.2 *假定加固土层没有流失、发生侧向和竖向位移的桩距确定方法*

文献[4]中提出了同时考虑地面下沉时挤密桩间距的计算方法，其计算公式如下。

正方形布桩时：
$$L=0.886D\sqrt{\frac{\left(1-\frac{\Delta S}{H}\right)}{\frac{e_0-e_1}{1+e_0}-\frac{\Delta S}{H}}} \tag{5}$$

正三角形布桩时：
$$L=0.952D\sqrt{\frac{\left(1-\frac{\Delta S}{H}\right)}{\frac{e_0-e_1}{1+e_0}-\frac{\Delta S}{H}}} \tag{6}$$

式中 H——初始加固深度；

ΔS——加固后地面下沉量。

2.2.3 *考虑加固土层流失、发生侧向和竖向位移的桩距确定方法*

文献[5]提出了考虑加固土层流失和地面下沉时挤密桩间距的计算方法，其计算公式如下。

正方形布桩时：
$$L=0.886D\sqrt{\frac{(1+e_0)\left(1-\frac{\Delta S}{H}\right)-(1+e_0)\beta}{e_0-e_1-(1+e_0)\frac{\Delta S}{H}}} \tag{7}$$

正三角形布桩时：
$$L=0.952D\sqrt{\frac{(1+e_0)\left(1-\frac{\Delta S}{H}\right)-(1+e_0)\beta}{e_0-e_1-(1+e_0)\frac{\Delta S}{H}}} \tag{8}$$

式中 β——土粒流失比；

$\frac{\Delta S}{H}$——抗液化挤密桩沉降比，振动沉管取0.03～0.06。

3 碎石桩处理液化地基的优化设计

3.1 优化设计原理

采用碎石桩处理液化地基时，必须既满足承载力要求又满足抗液化要求，因此，在进行碎石桩设计时，可以设法求出加固处理后桩间土土层达到液化临界标贯击数的复合地基置换率(复合地基抗液化临界置换率)和正好满足抗液化和承载力要求的桩土应力比(目标桩土应力比)，再求出目标桩土应力比对应的褥垫层厚度，从而实现碎石桩和桩间土一体化设计，达到优化设计的目的。

3.2 优化设计方法

由于多层和小高层建筑对地基的承载力要求不是太高，当采用碎石桩法处理液化地基时，只要地基液化处理符合要求后，承载力一般都能满足要求，因此，处理多层和小高层建筑的液化地基时，通常以抗液化设计为主的方法进行碎石桩设计。

进行碎石桩设计时，可根据地基土的物理性质指标，按以抗液化设计为主的方法计算出碎石桩桩径和桩距，从而计算出满足抗液化设计要求的置换率，然后将要求达到的复合地基承载力特征值、桩间土承载力特征值及置换率代入公式，求出目标桩土应力比，再通过现场试验或数值分析的方法，得出目标桩土应力比对应的褥垫层厚度，最后整理形成设计文件。

3.3 优化设计步骤

(1) 计算桩距和桩径。根据工程地质勘察报告和成桩设备情况确定桩径，代入式(3)或式(4)，求出桩距 L。

(2) 计算置换率。将桩距 L 和桩径 D 代入式(2)，可得

$$m_F=\frac{e_0-e_1}{1+e_0} \tag{9}$$

式中 m_F——复合地基抗液化临界置换率，即假设加固处理后桩间土土层达到液化临界标贯击数 N_{cr} 的复合地基置换率。

(3) 计算目标桩土应力比。将 m_F 代入文献[2] $f_{cf}=f_{sf}[1+m(n-1)]$中，得

$$n_F=\frac{f_{cf}/f_{sf}+m_F-1}{m_F} \tag{10}$$

式中 n_F——目标桩土应力比，即按抗液化设计的桩土应力比，n_F 介于2～4。

(4) 褥垫层厚度的确定。褥垫层厚度可进行现场试验，根据试验数据通过回归或做图的方法建立褥垫层厚度和桩土应力比曲线方程或曲线图，将目标桩土应力比 n_F 代入曲线方程或通过做图求出褥垫层厚度。

亦可通过室内试验确定桩体、桩间土、褥垫层各项参数，然后通过数值分析建立褥垫层厚度和桩土应力比曲线方程或曲线图，从而合理确定褥垫层厚度。

4 工程实例

4.1 工程地质条件

宿迁学院9号学生宿舍场地内土层以河流相冲洪积成因的粉土、黏性土为主，地基液化等级为严重，属对建筑抗震不利地段。在钻探控制深度范围内土层公为8个工程地质层，如表1所示。

表 1 各土层单元性质表

层号	土层名称	土层厚度(m)	平均厚度(m)	重度 γ kN/m³	黏聚力 C(kPa)	内摩擦角 Φ(°)	孔隙比 e_0	力学指标	液化
1	耕土	0.3~0.50	0.40						
2	粉土	3.70~4.50	5.10	19.1	20	34.2	0.706	f_{ak}=110kPa E_s=7.5MPa	液化
3	粉土	3.60~7.20	6.50	19.5	22	32.4	0.647	f_{ak}=160kPa E_s=10.0MPa	液化
4	黏土	1.30-3.10	2.00	18.6	48	7.9	0.889	f_{ak}=120kPa E_s=5.0MPa	
5	粉质黏土	2.30~6.30	4.62	19.5	47	11.3	0.702	f_{ak}=105kPa E_s=4.5MPa	
6	黏土	1.40~4.90	2.31	19.5	23	18.8	0.691	f_{ak}=190kPa E_s=6.50MPa	
7	中砂	0.90~3.70	2.40	19.5	76	11.2	0.682	f_{ak}=250kPa E_s=16.0MPa	局部液化
8	粉质黏土	未穿透	未穿透					f_{ak}=155kPa E_s=6.0MPa	

4.2 工程设计

根据工程地质资料，该工程采用满堂等边三角形布桩形式，基础外布置4排保护桩，桩径450mm，处理至③层粉土有效桩长9.4m，复合地基承载力特征值为180kPa，桩间土承载力特征值可取(110×5.1+160×6.5)÷11.6=138kPa。取土的天然孔隙比 e_0=0.7，对前期已处理过工程的桩间土进行室内试验，测得处理后的桩间土孔隙比为0.43~0.54，故可取要求孔隙比 e_1=0.49。

将以上参数代入式(9)，可得 m_F=0.124。

代入式(6)，可得 L=1.22m，取 L=1.20m。

将 m_F 代入式(10)，可得 n_F=3.45。

工程完工后，经现场试验测得桩土应力比与砂石垫层厚度关系如图1所示。

从该图可以看出，褥垫层可采用300mm厚1∶1砂石垫层。

综上所述，最终设计成果如下：满堂等边三角形布桩形式，桩径450mm，桩距1.2m，有效桩长9.4m，4排护桩，褥垫层为300mm厚1∶1砂石垫层。

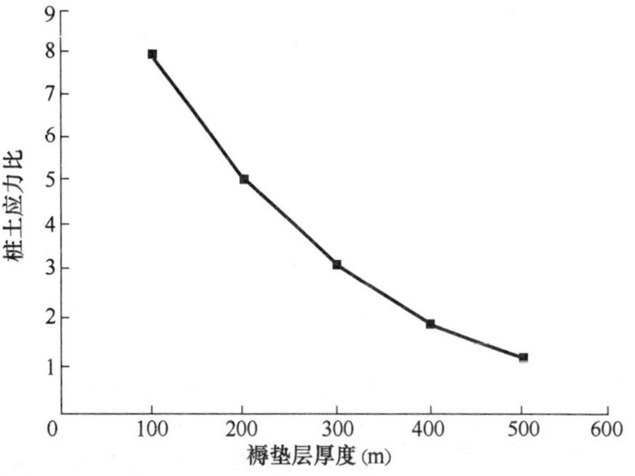

图1 桩土应力比与褥垫层厚度关系

4.3 工程质量

工程完工后，经检测承载力满足设计要求，液化已经消除，且自2005年8月竣工至今未出现任何质量问题。

5 结束语

本文分析了碎石桩抗液化机理及碎石桩处理液化地基的设计方法，提出在抗液化设计的基础上，将按照复合地基承载力为主和按抗液化设计为主的方法进行联合，通过建立复合地基抗液化临界置换率 m_F 和目标桩土应力比 n_F，以实现碎石桩、桩间土和褥垫层整体设计达到优化设计的目的，并通过工程实践证明其可行性。

参考文献

[1] 地基处理手册编写委员会. 地基处理手册.[M]. 第 2 版. 北京：中国建筑工业出版社，2000

[2] 建筑地基处理技术规范(JGJ 79—2002)[S]. 北京：中国计划出版社，2002，20～40；156

[3] 建筑结构抗震设计规范(GB 50011—2001)[S]. 北京：中国建筑工业出版社，2002，20～21

[4] 张吉占，王士杰. 关于松砂、粉土地基上挤密碎石桩距计算公式[J]. 岩土工程师，1994，(3)

[5] 张吉占. 估算抗液化挤密桩间距的新方法[J]. 河北农业大学学报，1990

四、工程抗震与灾后修复

静力弹塑性分析在超高层建筑结构抗震性能评估中的研究与应用

王　珏[1]　方鸿强[2]　章宏东[2]

（1. 浙江东都建筑设计研究院　杭州　310007；

2. 中国汉嘉设计集团股份有限公司　杭州　310005）

［摘要］ 本文结合华峰中心超高层建筑结构设计，阐述了静力弹塑性分析方法的复杂性、本构关系、水平力分布模式以及性能点确定的原理和步骤，运用能力谱法对结构的抗震性能进行评估。分析了整体结构塑性铰产生、分布规律和各种水平力分布模式对分析结果的影响。分析结果显示，整体结构抗震性能良好，可满足抗震设防要求。

［关键词］ 超高层建筑；静力弹塑性分析；塑性铰；性能点

1　概述

随着超高层建筑的不断涌现，也给结构工程的分析与设计带来新的挑战。在我国现行《建筑抗震设计规范》[1]GB 50011—2001（2008 年版）（以下简称《抗震规范》）中，提出了“三水准两阶段设计”的设计方法，其中第一阶段设计是结构构件承载力验算；第二阶段是结构的弹塑性变形验算，在条文 3.6.2 中，明确要求“不规则且具有明显薄弱部位可能导致地震时严重破坏的建筑结构，应按本规范有关规定进行罕遇地震作用下的弹塑性变形分析。此时，可根据结构特点采用静力弹塑性分析或弹塑性时程分析方法。”

非线性分析的计算量大，难度高，这在一定程度上，制约了其在设计工作中的应用。近年来，随着结构分析设计软件和硬件的不断发展，有些程序增加了弹塑性分析的相关内容，使进行弹塑性分析的成本和难度有了一定程度的降低。

目前，国内进行弹塑性分析的软件主要有 PKPMCAD 系列的 PUSH&EPDA、ETABS、MIDAS、SAP2000 等。由于软件编制时所基于的原理和功能方面的差异，以及分析时涉及弹塑性的理论问题，需要解决诸如能力谱建立、求解性能点时多自由度与单自由度体系的相互转换、等效阻尼比的确定等一系列问题。

本文将主要应用 PUSH&EPDA 软件进行相关问题的分析。

2　静力弹塑性分析方法

静力弹塑性分析方法（PUSH-OVER）是对结构在罕遇地震作用下进行弹塑性变形分析的一种简化方法，本质上是一种静力方法。虽然从理论上来说，用该方法来预测结构弹塑性动力响应仍有缺陷，但是，研究成果和工程应用表明，在适用范围内，该方法能够较为准确地反映结构的非线性地震反映特征；根据分析结果，可以得到结构在罕遇地震作用下最大层间位移角，观察结构各构件的弹塑性发展进程，确定结构的薄弱层和薄弱构件，获得结构整体的抗震破坏模式。

目前，工程界一般采用（美国）FEMA-273 所推荐的目标位移法进行结构的推覆分析，并采用 FEMA-273[2]和 ATC-40[3]（美国）所建议的方法评价结构是否到达控制目标。

2.1 静力弹塑性分析方法的复杂性[4]

采用空间有限元模型对建筑结构进行罕遇地震作用下的变形分析是十分复杂的，这主要体现在地震作用的复杂性，结构自身性能表述的复杂性和计算分析方法的复杂性。

地震作用的复杂性主要表现在它的随机性。对于峰值加速度相同而波形不同的地震波，所导致的结构地震反应可以差别很大。由于弹塑性时程分析本身的复杂性以及选波的困难，使得在部分工程应用中，采用静力弹塑性分析方法，即采用静力加载的方式来估算动力时程的结果。这种方法尽管相对较易实现，但对于高阶振型效应较为明显的结构，采用该方法，会导致误差，其大小，与高阶振型效应大小等因素有关。

结构自身弹塑性性能描述的复杂性主要体现在：(1)材料本构关系的描述比线弹性阶段复杂，在给出材料初始弹性状态物理特性的同时，还要正确描述材料的滞回性能；(2)有限单元模型复杂，需要较好地反映结构的弹塑性性质。

计算方法的复杂性主要体现在：(1)非线性方程组的求解复杂；(2)分析的计算效率和计算结果的准确性之间需要平衡；(3)需要具备高效的线性方程组求解器。

2.2 材料的本构关系以及塑性铰的特性[4][5]

在静力弹塑性分析方法中，一般将材料关系用构件截面的弯矩—曲率或弯矩转角关系表示。

各种塑性铰的本构模型都可归纳为图 1 所示。

ATC-40[3]遭受地震后，可能出现的状态分为 IO(Immediate Occupancy)，DC(Damage Control)，LS(Life Safety)，SS(Structural Stability)四种状态，一般可解释为“立即居住”、“损坏控制”、“生命安全”和“结构失稳”。该标准同时还给出了梁、柱、墙等构件在上述几种相应状态下的塑性限值，各类铰均可用图 2 表示。

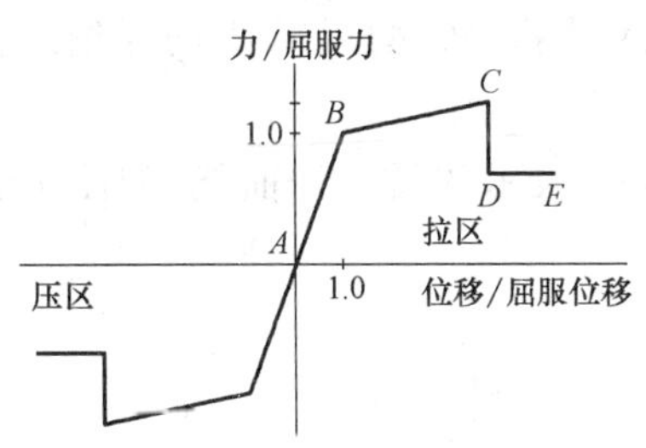

图 1 塑性铰本构关系

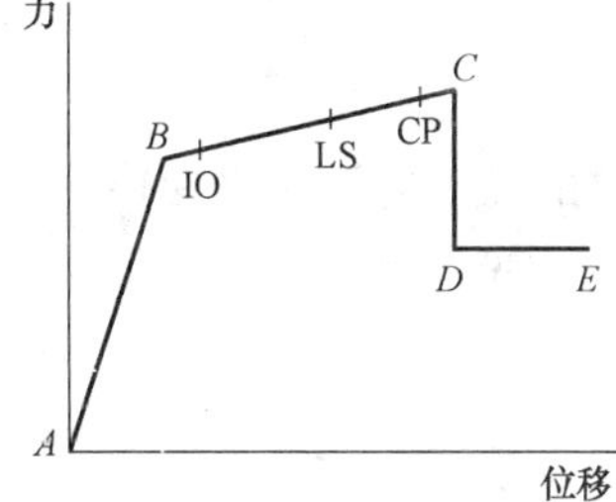

图 2 不同性能水准下的塑性铰位移限值

其中，B，IO，LS，CP (Collapse Prevention)，C 点为性能点；结构在 B 点出现塑性铰，在 C 点倒塌，各性能点所对应的横坐标为相应的弹塑性位移限值。

在 PUSH&EPDA 有限元程序中，在进行静力弹塑性分析时，对于混凝土材料的受压本构关系采用 SAENZ 曲线模拟，如图 3 所示。钢材的本构关系如图 4 所示。

2.3 水平力分布模式[5][6]

侧向荷载的分布方式，既应反映出地震作用下结构层惯性力的分布特征，又应使所求得的位移能大体真实地反映地震作用下结构的变形状况。目前，侧向荷载的分布有两类：

一类是固定模式，这种模式也是现在应用比较多的。FEMA-273 推荐三种形式：(1)均布分布：各楼层侧向力大小取所在楼层重力大小；(2)倒三角分布：结构振型以基本振型为主时的惯性力分布形式；(3)SRSS 分布：反应谱振型组合得到的惯性力分布。由于任何一种荷载分布方式都不可能反映结构全部的变形及受力要求，因此，在工程应用中，最少要考虑两种以上

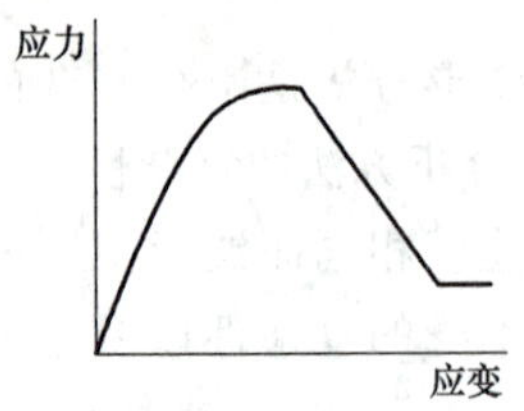

图 3　混凝土本构关系

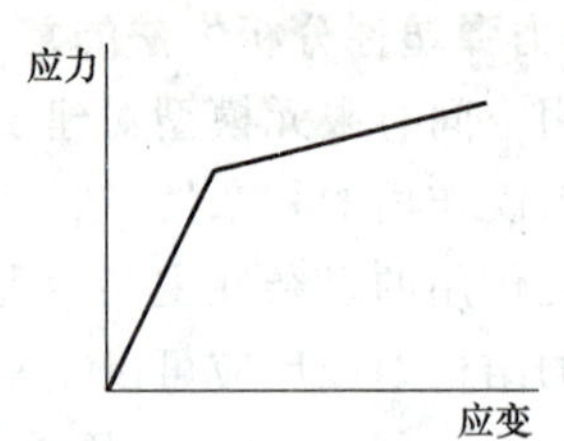

图 4　钢材本构关系

的荷载分布方式进行分析。

另一类是非固定模式(实时模式)。这是一种理想的水平力分布方式,即适应性的侧向力加载分析(Adaptive push-over analysis)。根据结构在不同工作阶段的周期由设计反应谱求得作用在结构上的总水平力,并根据结构的振型来确定水平力分布方式;对结构施加某种分布的水平力,并逐渐增加水平力数值使结构的各杆件逐步进入塑性。由于结构进入塑性,结构的动力特性发生改变,因此又反过来调整水平力的大小和分布。这样相互调整,直到结构达到预定的破坏。

在 PUSH&EPDA 有限元程序中,共有三种一类模式的侧向力分布:均布分布、倒三角分布和弹性 CQC 地震力;同时也提供了实时模式。

2.4　结构性能点的确定[7]

结构性能点的确定一般采用抗震性能设计的能力谱法,该方法主要按以下几个步骤进行:

(1) 用静力弹塑性法求出结构的能力曲线,如图 5 所示。

(2) 将能力曲线变换为用谱加速度和谱位移关系表示的能力谱曲线,如图 6 所示。能力谱位移 S_d 及能力谱加速度 S_a 的计算,以及由能力谱曲线计算出结构周期 T 的详细过程,见文献[7]。

(3) 由规范的反应谱变换为用谱加速度与谱位移关系表示的需求谱曲线,如图 7 所示。具体过程详见文献[7]。

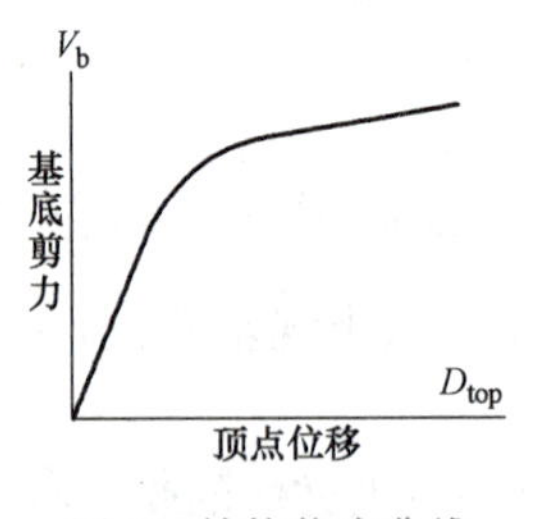

图 5　结构能力曲线

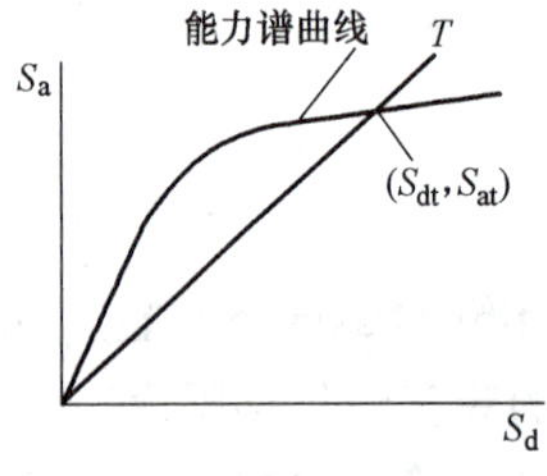

图 6　结构能力谱曲线

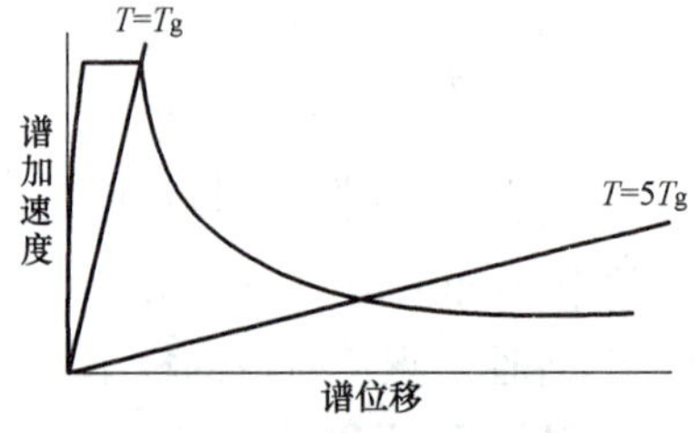

图 7　规范需求谱

(4) 计算结构阻尼比。结构在推覆过程中,构件逐渐进入弹塑性状态,阻尼比随着增加,沿能力谱曲线上每一点,都可由能量法计算该时刻下的阻尼比。结构总阻尼比如式(1)表示:

$$\beta_s=\beta_e+K\beta_0 \tag{1}$$

式中　β_e——结构弹性状态下的阻尼比;

β_0——附加阻尼比;

K——附加阻尼修正系数。

钢筋混凝土结构弹性状态下的阻尼比为0.05。

(5) 确定结构性能点

将结构的能力谱与规范在罕遇地震下的需求谱叠加,可计算结构的性能点,如图8所示。

计算出能力谱曲线上每一点的阻尼比,阻尼比沿曲线由小到大变化,而需求谱则随阻尼比增加,由外到里收缩。因此能力谱曲线上必有一点的谱值与该点同阻尼比的需求谱值重合,这一点就认为是结构的性能点。

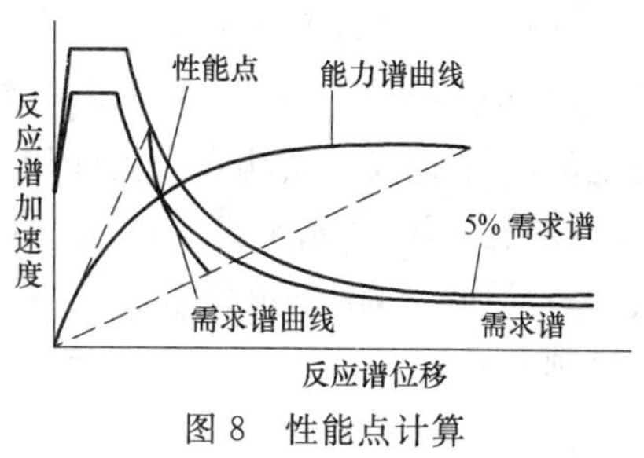

图8 性能点计算

3 工程实例

3.1 工程简介

华峰中心位于杭州钱江新城CBD核心区,主楼地下3层,地上30层,标准层层高4.1m,总高度约为150m。总建筑面积为7.3万平方米,其中地上为5.2万平方米,地下为2.1万平方米。如图9所示。

图9 建筑效果图

主楼为A级高度的高层建筑,结构的设计使用年限为50年,建筑结构安全等级为二级,建筑抗震设防类别为标准设防类。建筑抗震设防烈度为6度[2],设计基本地震加速度值为0.05g,设计地震分组为第一组,场地类别为Ⅲ类,场地特征周期值为0.45s。多遇地震作用下,结构阻尼比均取0.05。

主楼采用现浇钢筋混凝土框架—核心筒组成的双重抗侧力结构体系。钢筋混凝土楼板将外框架与核心筒联系在一起,协同工作,共同抵抗各种荷载和作用[8]。

主体结构合理地利用电梯井、管道井和楼梯等组成的核心筒,作为结构受力的第一道防线,是主要的抗侧力体系,有很大的竖向刚度、水平刚度和抗扭刚度。

外框架作为结构受力的第二道防线,与核心筒协同受力,形成多道抗震设防结构。框架柱主要沿建筑周边布置。为减小柱截面尺寸,提高在地震作用下的延性,底部几层采用型钢混凝土柱;沿高度,逐渐减小含钢率,逐步过渡到钢筋混凝土柱,以减小结构由此引起的刚度和承载力突变。框架梁均与核心筒剪力墙和框架柱刚接。

3.2 计算模型

采用PUSH&EPDA,建立三维有限元模型进行静力弹塑性分析,模型考虑以下几点内容:

(1)模型初始条件为结构考虑恒荷载、活荷载、风荷载、小震作用等工况,按正常弹性分析设计所得结果;(2)材料本构关系按照前述软件默认的本构关系;(3)梁、柱等一维构件采用纤维束模型,剪力墙采用平面应力膜单元;(4)楼板作为梁的翼缘计入其竖向作用,楼板的面内刚度采用刚性楼板假定模拟,考虑楼板对竖向构件的约束作用;(5)考虑P—△效应。

3.3 不同水平力分布模式下主要分析结果的比较

分析所采用的水平力分布方式主要为PUSH&EPDA软件自带的四种方式,即:均布分布、倒三角分布、弹性CQC地震力分布和实时分布。各种水平力分布方式下,性能点分析结果见表1。

从分析结果可以看出：

(1) 各水平力分布方式下进行静力弹塑性分析得到的大震作用下的位移角均小于《规范》规定的限值 1/100，结构在大震作用下的变形满足要求。

(2) 在不同的水平力分布方式下进行静力弹塑性分析，得到的性能点变形结果存在比较大的差异；其中，倒三角分布方式与 CQC 分布方式的结果比较接近，而其他两种方式得到的结果则差异较大，特别是实时分布方式的计算结果。

表 1　各加载方式下主要性能点指标

加载方式	加载方向	基底剪力(kN)	顶点位移(mm)	最大层间位移角
倒三角	X	29294	432	1/303
	Y	31630	279	1/461
均布	X	55983	420	1/324
	Y	59963	259	1/469
CQC	X	41692	423	1/319
	Y	44281	272	1/464
实时	X	11856	879	1/147
	Y	22321	490	1/252

(3) 不同水平力分布方式下，塑性铰沿高度分布规律也有差别，如图 10 所示。很明显，实时分布方式下的塑性铰出现的高度范围要大于均匀分布和三角形分布。

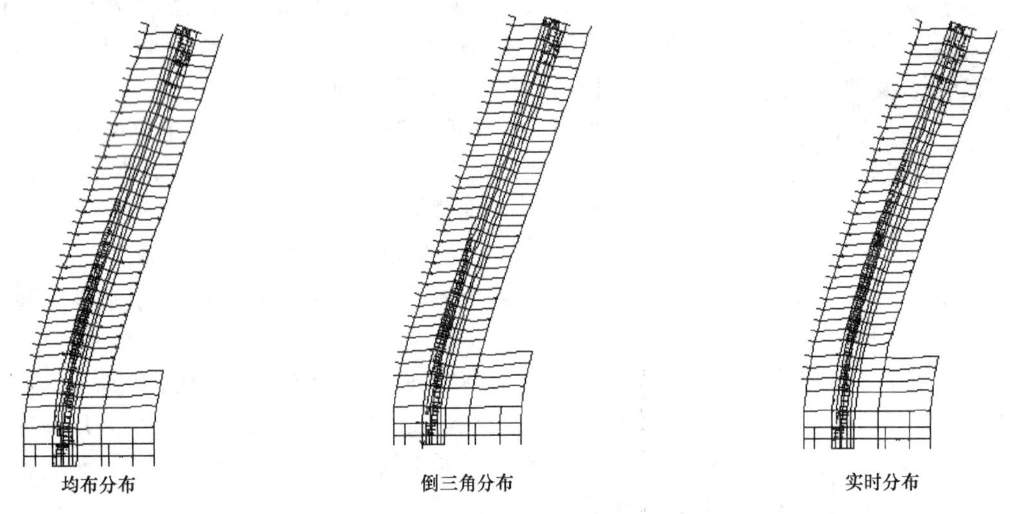

图 10　建筑某纵向断面在各分布方式下的塑性铰分布

(4) 不同水平力分布方式下，结构推覆曲线形状也存在较大差异，如图 11 所示。图中，纵坐标表示基底剪力，横坐标表示顶点位移。

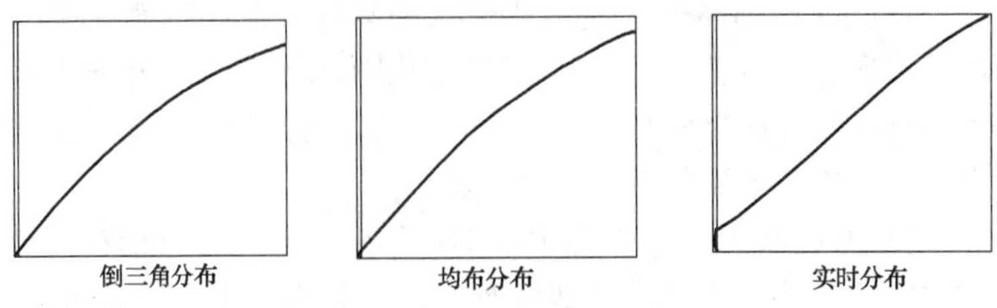

图 11　结构推覆曲线形状

3.4 外框架与核心筒间的地震剪力分配

外框架与核心筒之间的地震剪力分配比例会随着结构构件逐渐进入弹塑性状态而逐步相应地发生变化。剪力分配的总体特点是:在下部,主要由核心筒承担大部分层剪力,外框架承担比例较小;随着层数增加,外框架承担的层剪力比例逐渐增加;在上部几层,外框架承担的层剪力比例大于剪力墙的比例。这也体现在结构的总体变形特征上,下部以核心筒的弯曲变形为主,上部以框架剪切变形为主。随着侧向荷载逐渐增大,连梁屈服、筒体开裂会导致核心筒刚度逐渐降低,外框架承担的层剪力比例逐渐增大,直至极限状态,因此,外框架可以有效地发挥出第二道抗震防线的作用。

3.5 塑性铰分布特点

从分析结果(图 10)来看,塑性铰的出现有以下几个特征:

(1)沿高度方向,塑性铰主要出现在结构中下部,以及顶部几层;(2)塑性铰主要分布在核心筒上、框架梁端部以及连梁端部,框架柱在罕遇地震作用下基本上仍旧保持弹性状态;(3)除侧向荷载为实时分布外,总体而言,塑性发展程度不大,最大弹塑性位移角远小于规范规定的限值。

3.6 结构的抗震能力评估

图 12、图 13 为结构在倒三角分布下两个方向的性能曲线以及各自的性能点。从中可以看出:

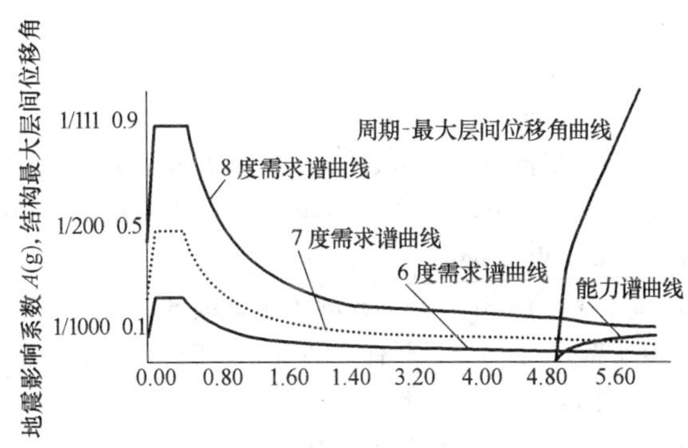

图 12 倒三角分布下 X 方向能力曲线与需求谱曲线

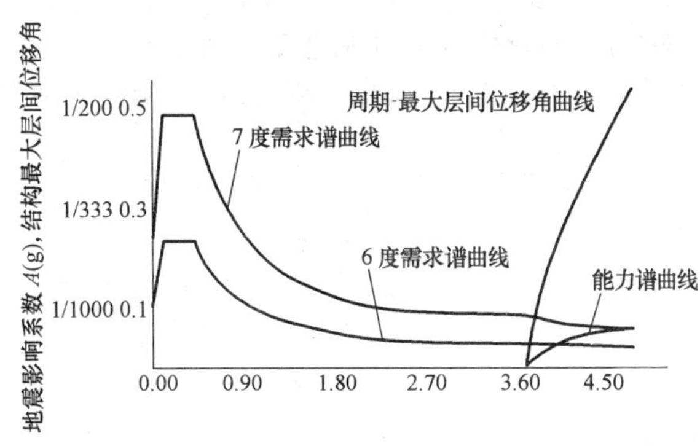

图 13 倒三角分布下 Y 方向能力曲线与需求谱曲线

(1) 结构具有较好的延性,结构在大震作用下的变形满足现行规范要求,即“大震不倒”。

(2) X、Y 两个方向的抗震性能不一样。X 方向能承受 7 度罕遇地震作用,而 Y 方向仅能承受 6 度罕遇地震作用;主要是因为两个方向的抗侧力构件布置不一样,以及抗侧刚度不同导致的。设计时,在满足建筑功能的同时,应尽可能使得两个方向的动力特性相近。

4 结论及建议

(1) 静力弹塑性分析方法是对结构在罕遇地震作用下进行弹塑性变形分析的一种简化方法。在适用范围内,利用该方法能够较为准确地反映结构的非线性地震反映特征,评估结构的抗震能力,了解结构在地震作用下的破坏模式,整体和局部的变形特征,以及地震剪力的分配,确定结构的薄弱层和薄弱部位。进而可以有针对性地采取抗震措施,有效地提高整体结构的抗震性能。

(2) 设计采用的水平力分布方式应能反映出地震作用下结构层惯性力的分布特征;同一结构在不同水平力分布方式下的静力弹塑性分析结果可能存在比较大的差异;因此,建议最少要考虑两种以上的荷载分布方式进行静力弹塑性分析。

3) 因静力弹塑性分析的计算量非常大,耗时长,建议分析时,去掉不必要的附属结构、构件,尽量只保留主要的抗侧力构件。

综上所述,在一定适用范围内,合理恰当地利用弹塑性分析方法,能验证结构在罕遇地震作用下的反应,评估结构的抗震能力,验证第二道抗震防线的作用,从而更加合理地采取具有针对性的抗震措施。该方法不失为结构进行性能化设计的一个较为实用的合理方法。

参 考 文 献

[1] GB 50011—2001 建筑抗震设计规范(2008 年版)[S]. 北京:中国建筑工业出版社,2008

[2] FEMA356(2000)Prestandard and Commentary for the Seismic Rehabilitation of Buildings[S]. Federal Emergency Management Agency, Washington, D. C

[3] ATC40 Seismic Evaluation and Retrofit of Concrete Buildings[S]. Applied Technology Council, 1996

[4] 多层及高层建筑结构弹塑性静力、动力分析软件 EPDA&PUSH 用户手册及技术条件[M]. 中国建筑科学研究院 PKPM CAD 工程部,2008

[5] 汪大绥,贺军利,芮明倬,等. 带有剪力墙(筒体)结构静力弹塑性分析方法与应用[J]. 建筑结构,2006,36(7)

[6] 刘劲松,裘涛. 复杂体型高层建筑结构推覆分析[J]. 江苏建筑,2006 年第 1 期

[7] 徐培福等. 复杂高层建筑结构设计[M]. 北京:中国建筑工业出版社,2005

[8] 方鸿强. 大底盘多塔连体复杂高层建筑群结构设计[J]. 建筑结构学报,2009,增刊(115)

型钢混凝土框架柱抗震设计的若干问题

梁书亭[1]　陈德文[2]

（1. 东南大学；2. 南京市民用建筑设计研究院）

［摘要］ 本文就型钢混凝土框架柱抗震设计中的轴压比、延性、型钢侧向失稳、抗剪能力等问题进行讨论，提出有关设计建议，希望对工程设计有所裨益。

［关键词］ 型钢混凝土构件；框架柱；抗震设计；轴压比；剪跨比

1 引言

现代建筑为满足使用功能的多样化，体形日趋复杂，高层及超高层建筑不断涌现，这给结构设计带来了许多新的问题，有时难以满足现行规范的要求，也可能会出现相互矛盾的问题。特别是高层及一些特种结构柱子的抗震设计问题显得尤为突出，例如：高层建筑的底层柱子，其轴力相当大，对于钢筋混凝土结构，为满足现规范关于抗震框架柱轴压比 $n=N/f_{cA}$ 的限值要求，柱子断面势必较大，这样往往又会形成抗震性能很差、设计中十分忌讳的短柱，虽然在工程实践中采用了加密箍筋等措施，但结构试验发现这对提高短柱的延性效果不大，况且框架柱增大断面，相应抗侧刚度增大，吸收的地震能量也随之增加，反而加重了框架的破坏。实际的震害也说明了这一点。如 1995 年初发生的日本阪神大地震，短柱剪切破坏相当严重，混凝土剥落、箍筋外漏拉脱，有不少建筑是整层破坏倒塌，损失惨重。因此，如何提高框架柱的抗震能力，是我们设计的重要议题。

理论分析、试验研究和实际震害均表明，对于钢筋混凝土框架柱而言，在高轴压比下加密箍筋和改变箍筋形式对提高柱子延性及耗能能力的作用不大，增大柱子截面又往往会形成短柱，短柱的震害亦很重。显然，高轴压比情况下的柱子应采用具有良好抗震能力的钢管混凝土柱或型钢混凝土柱。

根据文献[1]的研究，当试验轴压比 $n'<0.45$ 时，可采用图 1(a)所示的复合箍筋柱，当 $n'>0.45$ 小于现规范规定的抗震轴压比限值时，可采用图 1(b)所示的螺旋箍筋柱或型钢混凝土柱，当轴压比大于现规范规定抗震轴压比的限值时，应采用图 1(c)所示的型钢混凝土柱或钢管混凝土柱。下面就型钢混凝土柱抗震试验和设计中的几个问题进行探讨。

在探讨问题之前，先讨论上面提到的试验轴压比和设计轴压比间的关系[2]：

试验轴压比：

$$n'=N'/f'_{cm}bh_0 \tag{1}$$

设计轴压比：

$$n=N/f_c bh_0 \tag{2}$$

式中　$N'=N_{GK}+N_{EK}$；$N=\gamma_G N_{GK}+\gamma_E N_{EK}$；$f'_{cm}=1.36f_{cm}=1.5f_c$

(2)式/(1)式得

$$\begin{aligned}\frac{n}{n'}&=\frac{N/f_c bh_0}{N'/f'_{cm}bh_0}=\frac{N}{N'}\times\frac{f'_{cm}}{f_c}\\&=\frac{\gamma_G N_{GK}+\gamma_E N_{EK}}{N_{GK}+N_{EK}}\times\frac{1.5f_c}{f_c}\\&\approx 1.22\times 1.5=1.83\end{aligned}$$

则有：

$$n = 1.83n'$$

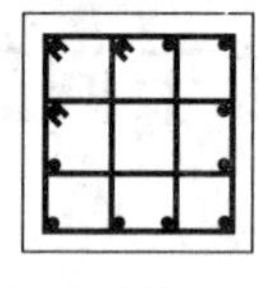
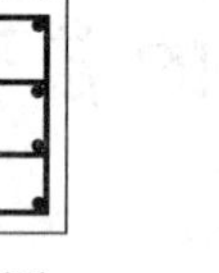
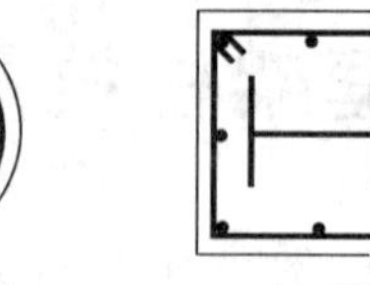
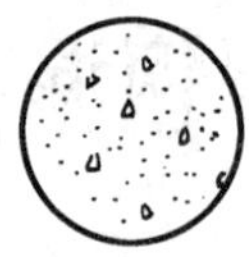

(a) 复合箍筋柱　(b) 螺旋箍筋拄　(c) 型钢混凝土柱和钢管混凝土柱

图 1　框架柱截面形式

2　型钢混凝土柱的轴压比

众所周知，轴压比是影响钢筋混凝土框架柱延性的主要因素，轴压比的增加往往会导致框架柱延性的恶化。大量的试验研究和震害资料表明，大轴压比下，即使采用密集箍筋或有效的箍筋形式也不能有效地改善柱的延性。在这种情况下，可以采取降低轴压比的措施来换取延性的改善。型钢混凝土柱的型钢分担了混凝土所承担的较大轴力，从而达到降低框架柱混凝土轴压比的目的。

型钢混凝土柱中的混凝土实际轴压比与柱中型钢的含量即型钢的含钢率 ρ_{ss}、型钢弹模 E_{ss} 与混凝土弹模 E_c 之比 α_E 及混凝土的弹性特征值 γ 等有关。型钢混凝土柱混凝土的实际轴压比 n_c 与普通钢筋混凝土柱轴压比 n 的关系推导如下。

对普通钢筋混凝土柱：

$$n = N/f_c bh_0 \tag{3}$$

对型钢混凝土柱：

$$n_c = N_c/f_c bh_0(1-\rho_{ss}) \tag{4}$$

根据型钢混凝土柱内型钢和混凝土共同变形的特点，有如下关系：

$$\varepsilon_{ss} = \varepsilon_c \tag{5}$$

又有：

$$\varepsilon_{ss} = \frac{\sigma_{ss}}{E_{ss}} = \frac{N_{ss}}{E_{ss}\rho_{ss}bh_0} \tag{6}$$

$$\varepsilon_c = \frac{\sigma_c}{\gamma E_c} = \frac{N_c}{\gamma E_c bh_0(1-\rho_{ss})} \tag{7}$$

(6)式和(7)式代入(5)式整理得：

$$N_{ss} = \frac{E_{ss}}{E_c} \times \frac{\rho_{ss}}{1-\rho_{ss}} \times \frac{N_c}{\gamma} \tag{8}$$

令：

$$\alpha_E = \frac{E_{ss}}{E_c} \tag{9}$$

(9)式代入(8)式有：

$$N_{ss} = \alpha_E \times \frac{\rho_{ss}}{1-\rho_{ss}} \times \frac{N_c}{\gamma} \tag{10}$$

由平衡关系得总轴压力为：

$$N = N_c + N_{ss} \tag{11}$$

将(10)式代入(11)式，整理后得：

$$N_c=\frac{N}{1+\alpha_E\times\frac{\rho_{ss}}{1-\rho_{ss}}\times\frac{1}{\gamma}} \tag{12}$$

将(12)式代入(4)式：

$$\begin{aligned} n_c&=\frac{N}{1+\alpha_E\times\frac{\rho_{ss}}{1-\rho_{ss}}\times\frac{1}{\gamma}}\times\frac{1}{(1-\rho_{ss})\times f_c bh_0} \\ &=\frac{1}{(1-\rho_{ss})+\frac{\alpha_E\rho_{ss}}{\gamma}}\times\frac{N}{f_c bh_0} \end{aligned} \tag{13}$$

令：

$$\beta_c=\frac{1}{(1-\rho_{ss})+\frac{\alpha_E\rho_{ss}}{\gamma}} \tag{14}$$

将(14)式代入(13)式则得：

$$n_c=\beta_c n \tag{15}$$

上面各式中：N、N_c、N_{ss}分别为型钢混凝土柱所承受的总轴力、混凝土所承担的轴力、柱内型钢所承担的轴力；β_c为型钢混凝土柱内混凝土轴压比降低系数。

对于型钢混凝土柱，若混凝土强度等级为C30，则$E_c=30\text{kN/mm}^2$，Ⅰ级型钢的弹模E_{ss}为210kN/mm^2，则有$\alpha_E=E_{ss}/E_c=7.0$。假定$\rho_{ss}=7.0\%$，代入式(14)可得$\beta_c=0.63$。这就是说，在相同条件下，该型钢混凝土柱中混凝土的实际轴压比是相同尺寸的普通钢筋混凝土柱的轴压比的63%，降低了37%。这样，在大震作用下，型钢混凝土柱在保证其承载力的同时，可以充分发挥混凝土及构件的变形能力，从而具有较高的延性。

3 箍筋对型钢混凝土柱强度和变形的影响

文献[3][4]的研究表明，箍筋对型钢混凝土柱抗剪能力的影响不及其对普通钢筋混凝土柱的影响大，但对型钢混凝土柱的延性确有重要影响。

在文献[4]中，笔者对轴压比分别为0.3(RC-1、SRC-2、SRC-4)和0.6(SRC-3、SRC-5)，配箍率ρ_{sv}分别为0.25%(SRC-4、SRC-5)和0.38%(RC-1、SRC-2、SRC-3)的四根型钢混凝土柱和一根普通钢筋混凝土柱进行了反复荷载下的试验研究。从其骨架曲线(见图2)上可以看到，在相同轴压比下，配箍率越高，其延性越好，曲线下降就越平缓。同时还可以看到，由于型钢的存在，当试件的承载力下降到最大承载力的60%左右时，能在维持该承载力基本不变的情况下，继续承受反复荷载的作用，塑性变形不断增大而不至于立即倒塌，具有明显的二道设防的功效，这对于抗大震是非常有益的。增加箍筋可以加强其对柱内核心区混凝土的约束作用，从而提高混凝土的极限变形，保证混凝土和型钢共同工作。

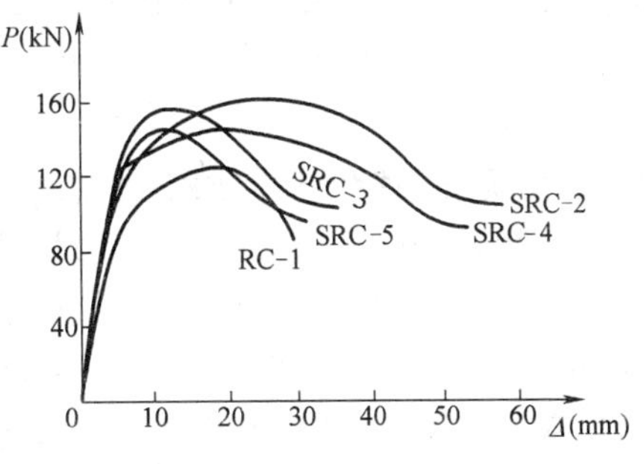

图2　P—△骨架曲线

如果箍筋不足或做法不满足构造要求，框架柱特别是高轴压比下的柱子，在反复荷载作用下由于箍筋过早失效、纵向钢筋失去侧向约束而导致纵筋屈曲，承载力突然下降，延性变得很差。甚至还会出现型钢侧向失稳的情况。图2中试验柱 SRC-3 和 SRC-5 就属于这样的例子。因此，对于型钢混凝土柱铰处的箍筋必须有良好的锚固措施，高轴压比下最好采用焊接，以保证箍筋的可靠锚固。

4 型钢的侧向失稳和柱子的剪切黏结破坏

型钢混凝土短柱的抗震性能试验和实际震害表明，若设计不当，会产生型钢的侧向失稳或柱子的剪切黏结破坏，这会降低柱子的承载能力和耗能能力，限制了构件延性的充分发挥，应采用措施加以避免。

造成型钢混凝土柱中型钢侧向失稳的原因主要有：一是由于柱子混凝土的脱落，引起型钢侧向刚度降低所致；二是由于柱内型钢的强度过低，而先于纵筋屈服，导致型钢失稳。型钢混凝土柱的剪切黏结破坏发生于型钢和混凝土之间黏结作用消失，沿柱身出现竖向裂缝，致使型钢外侧混凝土齿裂而使混凝土脱离工作。造成型钢混凝土柱剪切黏结破坏的主要原因是二者之间的黏结作用较差及混凝土得不到有效的约束所致。

防止型钢侧向失稳和柱子剪切黏结破坏可采取如下一系列的措施：一是加强混凝土的侧向约束，即加密箍筋及其良好的锚固；二是采用宽翼缘型钢或局部加强型钢与混凝土之间的黏结，加焊横隔，以提高型钢的侧向刚度；三是采用高强度的型钢以保证不先于纵筋屈服；四是在型钢的侧面加焊抗剪销钉，型钢两侧加焊钢板，以防止型钢与混凝土之间产生黏结滑移。

5 型钢混凝土柱的抗剪承载力计算

影响型钢混凝土柱的抗剪承载力的因素主要有：剪跨比 λ，配箍率 ρ_{sv}，轴压比 n，型钢的配钢率 ρ_{ss}，混凝土强度等级等。

分析型钢混凝土柱抗剪承载力的方法很多，比较常用的有两种理论：累加强度理论和极限平衡理论。(1)累加强度理论的主要依据是，型钢和混凝土之间的黏结力很小，对柱子的整个受力过程几乎没有什么影响，计算时可不考虑二者的共同工作，认为型钢混凝土柱的抗剪承载力是由型钢和钢筋混凝土两部分抗剪承载力的叠加而得。钢筋混凝土部分的抗剪承载力可看做是由纵筋销栓、混凝土和钢筋三部分抗剪能力累加而成。(2)极限平衡理论则取柱子的极限破坏状态作为计算图式，利用隔离体的极限平衡条件可求得构件的极限抗剪承载力。

目前，世界各国对型钢混凝土柱抗剪承载力的计算方法并不相同。国内主要研究单位依据自己的试验结果建立了一系列相应的计算公式。归纳起来，这些计算公式的不同点主要有如下两点：一是是否考虑轴压比对抗剪承载力的影响；二是型钢腹板抗剪强度取值的差异。

文献[5][6]的研究成果认为，当 $n\leqslant 0.5$ 时，轴力对抗剪有利，当 $n>0.5$ 时，对柱子的抗剪强度具有不利的影响；当轴压比太高时，柱子将会发生剪切破坏，同时也会削弱型钢的抗剪强度。对于发生剪切黏结破坏的型钢混凝土柱其抗剪承载力几乎不受轴压比的影响。据资料分析，在进行型钢混凝土柱的抗剪承载力计算时，不考虑轴压比的影响是偏安全的。

日本在计算型钢混凝土柱的抗剪承载力[6]时，是由下列两项中的较小值控制的。一是腹板的抗剪能力，二是由型钢两端塑性弯矩决定的抗剪能力。由腹板抗剪能力决定柱子承载力时，型钢发生剪切屈服；由两端塑性弯矩决定抗剪能力时，型钢发生剪切破坏。文献[5]认为，对于剪压破坏的构件，型钢所受剪力按腹板受纯剪来计算。下面列出几种型钢混凝土柱中型钢抗剪承载力的计算公式，供参考。

文献[6]建议的公式：

$$V_{ss}=(1/\sqrt{3})t_w d_w f_y \tag{16}$$

文献[3]建议的公式：

$$V_{ss}=0.38t_w d_w f_y \tag{17}$$

文献[7]建议的公式：

$$V_{ss}=(0.85/\lambda)t_w d_w f_y \tag{18}$$

式中，t_w、d_w、λ 分别是型钢腹板厚度、高度、剪跨比。

6 结语

本文针对型钢混凝土柱的抗震试验和设计中所涉及的轴压比、箍筋、型钢的侧向失稳和柱子的剪切黏结破坏、柱子的抗剪承载力等几个问题进行了讨论，提出了对这些问题的看法，并给出了相应的计算公式，供研究和设计参考，并希望进一步补充和完善。

参考文献

[1] 梁书亭.钢筋混凝土框架结构抗震自控研究.东南大学博士学位论文，1991.10

[2] 程文瀼，易浚义，娄宇.钢筋混凝土框架柱的抗震自控设计.工程抗震，1992.3

[3] 丁建南.劲性混凝土框架结构短柱的抗震性能试验研究.东南大学硕士论文，1990.3

[4] 梁书亭，丁大钧，陆勤.RC内埋工字钢柱铰的抗震性能研究.建筑结构，1994.2

[5] 张素芳.SRC框架短柱在低周反复荷载作用下的延性，西南交通大学学报，1990.3

[6] 日本《劲性钢筋混凝土结构设计规准．解说》摘要.冶金建筑研究总院，1988.8

[7] 钢筋混凝土组合结构论文集.西安冶金建筑工程学院，1989.8

建筑结构设计中与地震作用有关的因素

林英舜(浙江展诚建筑设计有限公司　杭州　310005)

［学术沙龙主题］ 建筑结构设计中考虑的地震作用因素

1　建筑结构设计中地震作用的大小与下列因素有关

(1) 与抗震设防烈度有关;

(2) 与建筑结构的重要性有关;

(3) 与结构类型(材料)、结构体系有关;

(4) 与场地土类别有关;

(5) 与建筑布置、结构质量、分布有关;

(6) 与结构抗侧刚度周期有关;

(7) 与采用的设计方法、计算方法有关;

(8) 与设计者经验、判断能力有关;

(9) 与房地产投资者理念有关;

(10) 与地动活跃性有关。

2　地震作用大小与上述因素有关的原因

2.1　地震的大小用震级和烈度表示

国家根据地震发生史,板块理论,断裂破碎带情况,当地人口密集程度,经济发展水平,经济投入能力,主管对地震灾害的重视程度等来确定地区的抗震设防烈度。我国规定从 6 度开始抗震设防,接着是 7 度、8 度、9 度抗震设防。除了考虑水平地震作用外,8 度和 9 度还要考虑竖向地震作用。随着设防烈度的提高,地震作用也越强烈。7 度和 8 度抗震设防,又因地震作用加速度不同,分为 7 度与 7 度强,8 度与 8 度强。当按规定需作结构抗震时程分析时,需输入地震加速度时程曲线的最大值(峰值)。

表 1

抗震设防烈度		6 度	7 度	8 度	9 度
第一阶段设计	多遇地震	18gal	35(55)gal	70(110)gal	140gal
	设防地震	50gal	98(147)gal	196(294)gal	392gal
第二阶段设计	罕遇地震		220(310)gal	400(510)gal	620gal

$1gal=1cm/s^2$,括号内为 7 度强和 8 度强。

按强度计算时,输入水平地震作用系数最大值 α_{max}。

表 2

抗震设防烈度	6 度	7 度(7.5 度)	8 度(8.5 度)	9 度	比值	50 年超越概率
多遇地震	0.04	0.08(0.12)	0.16(0.24)	0.32	0.333	63%
偶遇地震	0.12	0.23(0.36)	0.45(0.72)	0.90	1	10%
罕遇地震	0.26	0.50(0.72)	0.90(1.20)	1.40	2～1.5	2%～3%

2.2 按建筑重要性分类决定结构重要性系数和抗震措施

甲类建筑(特殊设防类):指使用上有特殊设施,涉及国家公共安全的重大建筑工程和地震时可能发生严重次生灾害等特别重大灾害后果,需要进行特殊设防的建筑。(专定建筑,重要性系数 $\gamma_0>1.1$)

乙类建筑(重点设防类):指地震时使用功能不能中断或需尽快恢复的生命线相关建筑,以及地震时可能导致大量人员伤亡等重大灾害后果,需要提高设防标准的建筑。($\gamma_0=1.1$,按本地区设防烈度计算,抗震措施按规定提高)

丙类建筑(标准设防类):指大量的除甲,乙,丁类以外按标准要求进行设防的建筑。($\gamma_0=1$,设防烈度和抗震措施按本地区标准)

适度设防类(丁类建筑):指使用上人员稀少,且损坏时不致产生次生灾害,允许在一定条件下适度降低要求的建筑。($\gamma_0=0.9$,按本地设防烈度,抗震措施适当降低。)

2.3 水平地震作用

水平地震作用与水平地震影响系数 α_{max},与结构阻尼比 ξ 有关,与结构重力荷载代表值 $\overline{w}$ 有关。$Q=\alpha_{max}\overline{w}$,$\overline{w}$ 中包含结构自重和重力荷载代表值;α_{max} 中包括结构阻尼比 ξ 和结构影响系数 C。

结构影响系数 C 如表 3:

表 3

	C		C
钢框架结构	0.25	钢筋混凝土抗震墙结构	0.35～0.40
钢筋混凝土框架结构	0.30	无筋砌体结构	0.45
钢柱铰接排架	0.30	多层内框架或底层全框架砌体结构	0.45
钢筋混凝土柱铰接排架	0.35	钢烟囱小塔等高柔结构	0.35
混凝土柱铰接排架	0.40	钢筋混凝土烟囱小塔等高柔结构	0.40
各类木结构	0.25	混凝土烟囱小塔等高柔结构	0.50
钢筋混凝土框架抗震墙或抗震支撑结构	0.30～0.35		

理论推出的计算水平地震作用与实际测得值有较大差异,其原因有结果的塑性变形(非弹性)、结构实际阻尼比不一致及其他原因。"74 规范"采用平均阻尼比 $\xi=0.05$,考虑到这种情况在抗震设计中,采用了以个反映多种影响的综合系数 C,称为结构影响系数。即 $Q=C\alpha_{max}\overline{w}$ "89 规范"及以后采用反应谱曲线 α-T,α 是 ξ 的函数。

各类结构阻尼比比如表 4:

表 4

钢筋混凝土结构 $\xi=0.05$	砧石结构 $\xi=0.05$
钢混结构 $\xi=0.04$	预应力结构 $\xi=0.03$
钢结构≤12 层时 $\xi=0.035$	门式钢架、轻房钢结构 $\xi=0.05$
>12 层时 $\xi=0.02$,大震时取 0.05	

阻尼比为阻尼振动的实际阻尼系数与产生临界阻尼所需阻尼系数之比。α_{max} 取决于抗震设防烈度和小震(多偶),中震(偶遇),大震(罕遇)计算水准有关。烈度大,水准高则 α_{max} 越大,其值变化约在 0.04～1.4 之间。

2.4 地震作用与场地土类别有关

所谓场地土是指约 $1km^2$ 场地大小，相当一个工厂，自然村，居住小区的土地范围。场地土按软硬程度，即剪切波速度快慢分为四类如表 5：

表 5

土的类型	岩土名称和性状	土剪切波速度 m/s
坚硬土或岩石	稳定岩石或密实的碎石土	$V_s>500$
中硬土	中密，稍密的碎石土，密实，中密的砾，粗中砂，$f_{ak}>200$ 黏性土和粉土坚硬黄土	$500\geqslant V_s>250$
中软土	稍密的砾粗中砂，除松散外的细粉砂。$f_{ak}\leqslant 200$ 黏性土和粉土 $f_{ak}>130$ 的填土，可塑黄土	$250\geqslant V_s>140$
软弱土	淤泥和淤泥质土，松散沙，就进沉积的黏性土和粉土的填土，流塑黄土 $f_{ak}\leqslant 130$	$V_s\leqslant 140$

f_{ak}单位为“kPa”。用土的剪切波速和场地覆盖层土的厚度来判定场地土类别，共分Ⅰ，Ⅱ，Ⅲ，Ⅳ类。上海地区大部分为Ⅳ类场土（软土覆盖层深厚），场地特征周期最大达到 $T_g=0.9s$。

用场地土类别与地震分组（分第一组，第二组，第三组）来决定场地特征周期 T_g。当特征周期 T_g 较大时，即场地较软时，地震影响 T-α 曲线水平段右移，凹曲线也相应右移，在相同的结构自震周期情况下 α 值增大。

2.5 地震作用与建筑布置、质量、分布，与结构的抗侧力刚度，结构第一自振周期有关

如建筑高度高→侧向刚度小→自振周期长→地震反应小。

质量大→地震作用大

质量分布 ↘

建筑高度 →决定振型多少和振型波形式

平面形状 ↗

如错层，平面不连续，质量严重不对称等→扭转，竖向构件不连续，中断，突变→应力突变，放大末端产生鞭梢效应等。

2.6 地震作用大小与设计采用的抗震水准有关

抗震设防目标：小震（多遇地震）不坏（基本完好）B_1 或轻微破坏 B_2

中震（偶遇地震）可修（中等破坏）B_3

大震（罕遇地震）不倒（严重破坏）B_4

抗震破坏的五个等级：

B_1 基本完好，B_2 轻微破坏，B_3 中等破坏，B_4 严重破坏，B_5 倒塌。

抗震的三个水准：

第一水准：即多遇地震作用下建筑物结构不坏，以众值烈度即 50 年超越概率 63%，比基本烈度低 1.55 度作为计算依据，结构假定为弹性体系，用线性静力方法计算结构内力，多采用地震反应谱曲线确定地震影响系数 α，控制层间位移角在 $\Delta_\theta\leqslant 1/300-1/1000$。需作抗震概念设计，采取必要抗震措施。地震强度为第二水准的 1/3，地震重现期为 50 年。

第二水准：即偶遇地震作用下即（中震下）建筑物可修。为设防基本烈度，50 年超越概率 10%。采用第二水准动参数计算，应采用相应的抗震措施，保证结构有足够的塑性变形能力，

有充分的延性变形以吸收地震能，应满足层间位移角 $\Delta_\theta \leqslant 1/120-1/180$ 要求。地震作用强度假定为 1，地震重现期为 475 年。

第三水准：为罕遇地震作用下即大震烈度时建筑物不倒，其地震强度比基本浓度高一度。即 6 度设防升至 7 度弱设防，7 度设防升至 8 度弱设防，8 度设防升至 9 度弱，9 度升至 9 度强，50 年超越概率 2%～3%，采用第三水准动参数，用非线性静力或动力计算方法，结构有较大塑性变形，结构进入弹塑性体系，层间位移角限制 $\Delta_\theta \leqslant 1/30-1/120$，应做抗震概念设计，应满足承载力，弹塑性变形验算，应采取有力的抗震措施，需考虑 $P-\Delta$ 效应（重力二阶效应），地震强度为设防烈度的 1.5～2 倍，地震重现期为 2000 年。

第一水准地震作用小，第二水准为设防水准，第三水准作用最大。

塑性计算地震作用小，弹性计算地震作用大。

采用精度高的计算程序，计算结果准确。

采用不良程序偏离正确值远，且会弄错并可能产生安全隐患。

采用计算机演算与手算，数值不一样，如多种内力组合，人算就不如机算快而全。采用手算难以考虑楼板非刚性变形影响，机算可作有限元分析。人算可以宏观控制，机算则不能等。

2.7 地震作用与设计者能力和经验判断有关

符合抗震体形而规则的结构，地震反应正常，反之则不然，有经验的设计者，可以考虑多种因素影响而采用适当的结果，反之则不能。熟识本地区地基性状的可以准确选定基础形式和承载能力特征值，从而大大减少基础投入。准确判断抗震薄弱部位，采取适当措施，可提高安全度，并节约材料。

2.8 与房地产商或投资者理念有关

有的投资者以质量为先，特别是关系人年安全的结构为重，把安全放在第一位，坚决贯彻国家规范。

有的投资者目光长远，看到事物发展变化，使结构留有余地。

反之，有的投资者，只图眼前利益，不能把握全局，扣紧不应扣紧的地方使结构遗留隐患。

2.9 本地区如果处于板块剧烈运动时期，应提高设防能力；相反如处于冬眠期则可适当减弱

深入研究地震活动规律和强度，有助于做好抗震设防工作。

参考文献

[1] 高层建筑混凝土技术规程(JGJ 3—2002). 中国建筑工业出版社

[2] 建筑抗震设计规范(GB 50011—2001)

某改建轻轨车站的抗震性能研究

朱见励[1]　陈旭杭[2]

（1. 同济大学土木工程学院　上海　200092；

2. 上海同永加固工程有限公司　上海　200092）

［摘要］ 为满足城市发展的需要，上海某轨道交通站房需要进行改造。本文对上海轨道交通三号线某站房改造进行抗震性能分析，运用SAP2000建立有限元计算模型，对站桥结构进行研究，用反应谱法和时程分析法分析了结构在地震作用下的内力和变形，研究结果表明，按照现行有关抗震设计规范验算的站桥结构体系抗震性能基本满足要求。

［关键词］ 轻轨；改造；站桥整体结构；抗震分析；反应谱法；时程分析法

随着现代工业的迅速发展和城市规模的日益扩大，世界各国大城市都存在着交通需求与道路设施供给之间的矛盾，因此，为了城市的可持续发展，以及有效解决大城市交通拥挤的突出问题，发展城市甚至城市之间的快速轨道交通已经成为世界性的趋势[1-2]。在我国，随着国民经济的飞速发展，大城市既有的轨道交通也面临着巨大压力，一条轨道线上同时开设多条列车线路，使得轨道运营压力日益增大[3]。上海轨道交通明珠线宝山路站运营压力较大（同时运营两条线路），业主拟对该车站进行改造，改造内容主要为在既有站房结构的局部区域内，新增一条轨道线，对既有站房结构局部楼板作大开孔，新增站台及新增网架作用在既有车站上，对此，应对该车站结构进行改建后的情况作受力分析。

1　工程概况

上海轻轨线宝山路站站房，主体为高架三层侧式站台站，底层为铁路客技站线路，二层为站厅层，三层为站台层，车站北侧布置110m长、10m宽的四层辅助用房（含两个夹层），屋面为钢网架屋面，建筑面积约为14000m^2，建于2000年。现因使用上的需要，业主拟进行改建，改造后宝山路站南北侧分别新加12m宽的岛式站台，原车站网架屋面作相应的加宽。其中改建后Ⓐ轴左侧柱采用与原有柱网错位布置，Ⓒ-Ⓓ轴间桥墩位置处楼板开孔，新做桩基采用钻孔灌注桩。现站房站台层平面图见图1，剖面示意图如图2～图3所示。

2　计算模型与动力特性

2.1　计算模型

采用三维有限元方法建立站桥结构体系计算模型。房屋建筑结构安全等级为一级，抗震设防烈度为7度，基本地震加速度为0.10g，地震分组为第一组，场地类别为Ⅳ类，框架抗震等级为二级。基本风压为0.55kN/m^2，地面粗糙度为B类[4]。

该站房设置两道抗震缝，上部结构形成三段独立的结构，选择其中一段结构（①-⑦轴）如图4所示。该模型中，梁体、立柱和横梁都采用空间梁单元来模拟。车站建筑框架结构中的节点均视为刚性节点，站桥连接部位以及轨道梁视为刚接。并假定柱与基础固结。网壳所有杆件均采用link杆系单元，计算模型见图5，所有计算时不考虑非线性，只在线弹性范围内进行计算。

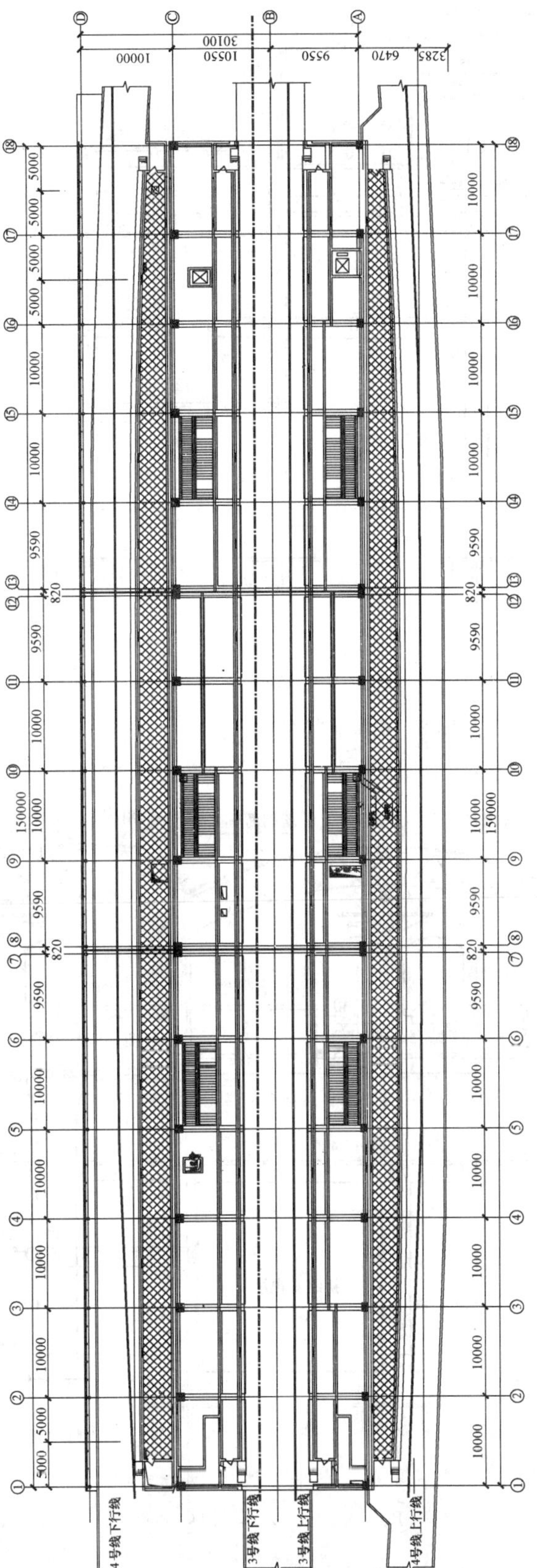

图1 站房站台层平面示意图

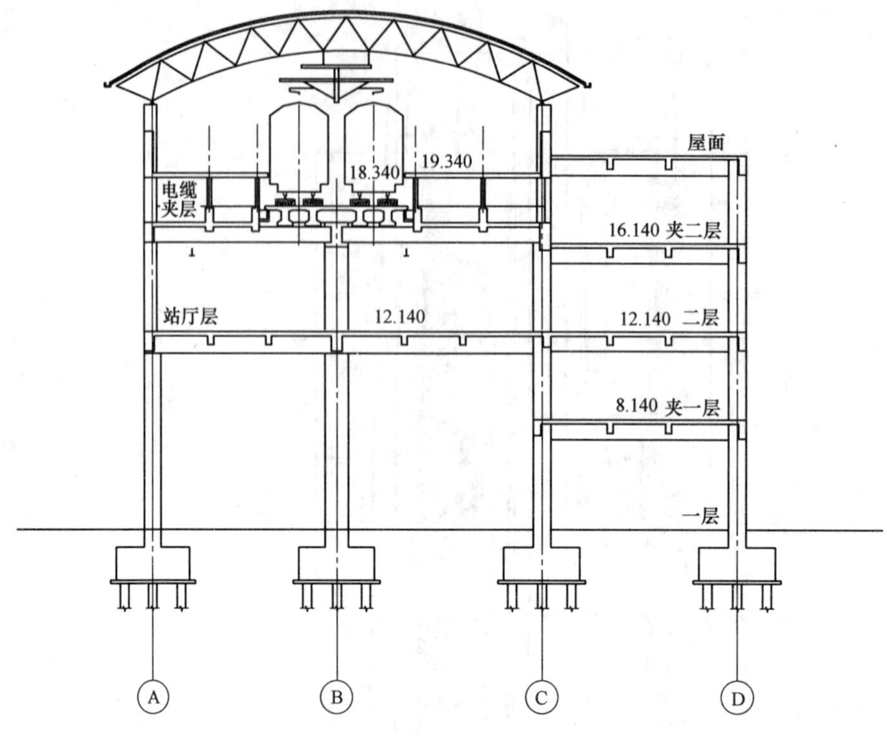

图 2 现状横断面

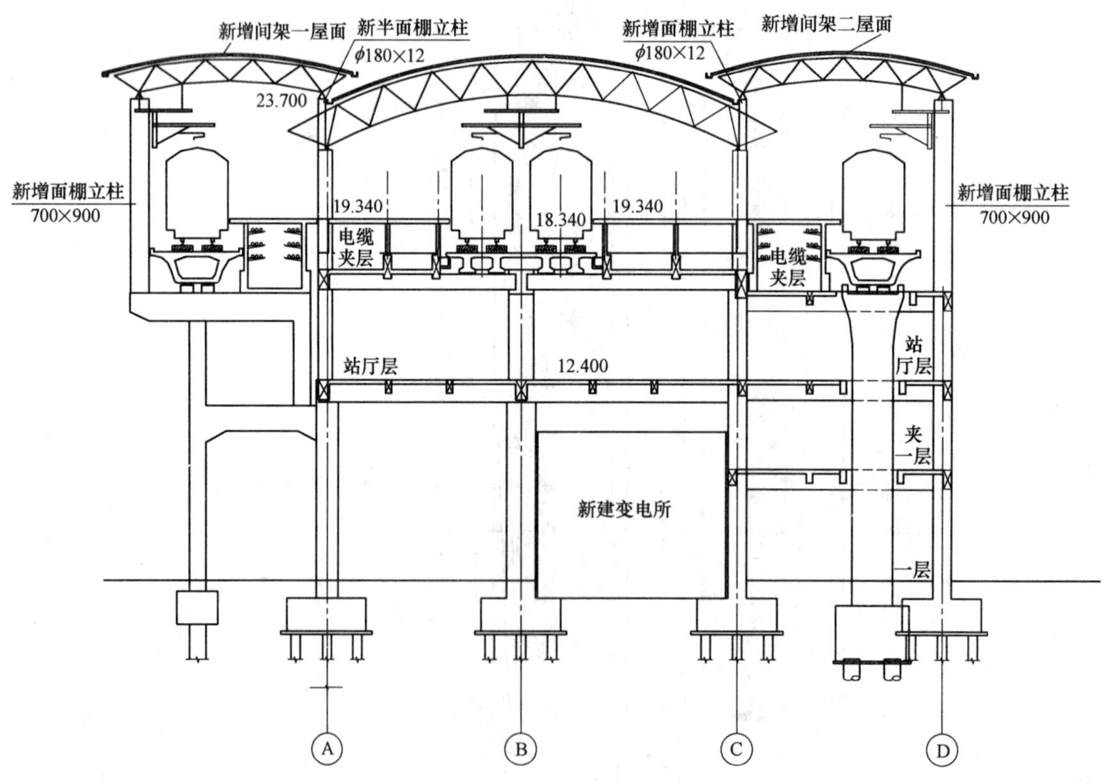

图 3 改建后横断面

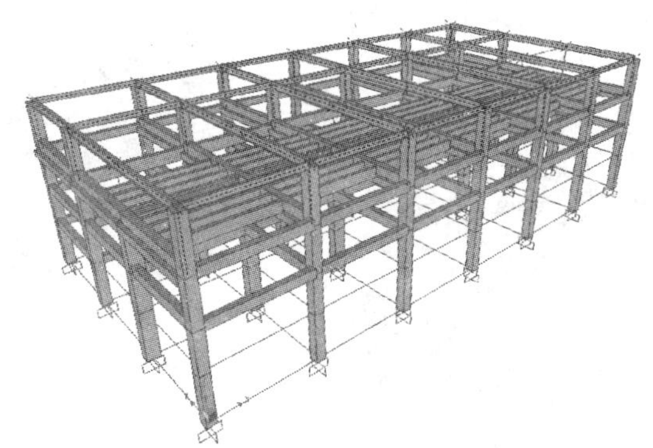

图 4　主体结构计算模型渲染图

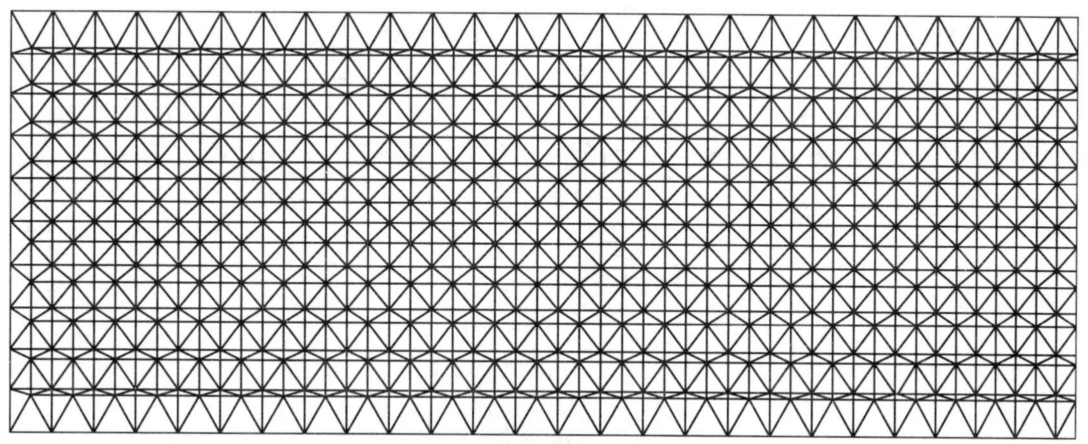

图 5　网壳结构计算模型

2.2　动力特性分析

该站房的抗震性能首先应取决于站房的结构动力特性。一共计算出了 15 阶振型，前 5 阶振型的频率及基本特征如表 1 所示。网壳部分选取第一区段(①-⑦轴)验算，详细计算结果见表 2。图 6 所示分别为第一区段网壳前四阶振型图。按现行规范经验算，该网壳个别杆件不满足抗震承载力要求，均为稳定承载力不足。

表 1　1～7 轴主体结构在地震作用下动力特性

振型号	周期	转角	平动系数	(X+Y)	扭转系数
1	0.9122	10.38	0.85	(0.82+0.03)	0.15
2	0.8242	103.96	0.98	(0.06+0.92)	0.02
3	0.7117	34.53	0.18	(0.13+0.05)	0.82
4	0.1846	5.91	0.94	(0.93+0.01)	0.06
5	0.1753	100.22	0.95	(0.03+0.92)	0.05

表 2　一区网架周期属性表

模态	1	2	3	4	5	6
频率(Hz)	8.4675	8.5205	8.5595	8.7391	8.7983	8.8496
周期(s)	0.1180	0.1173	0.1168	0.1144	0.1136	0.1130

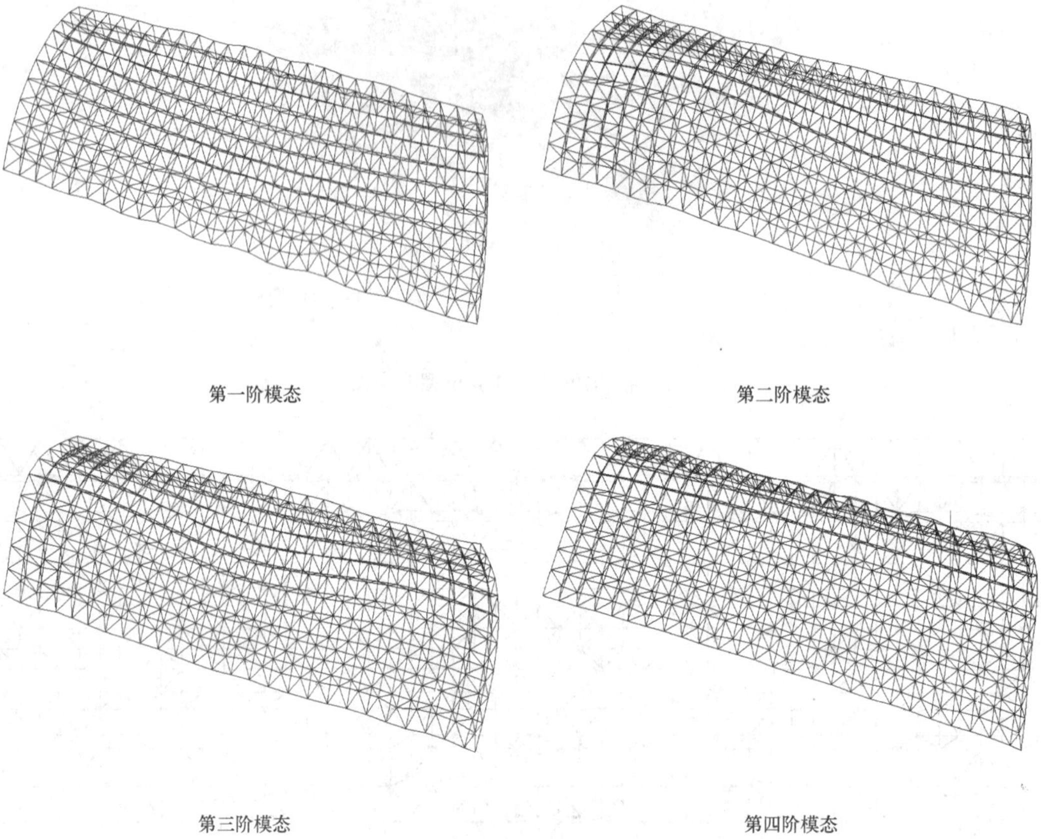

第一阶模态　　　　第二阶模态

第三阶模态　　　　第四阶模态

图 6　网架前四阶模态

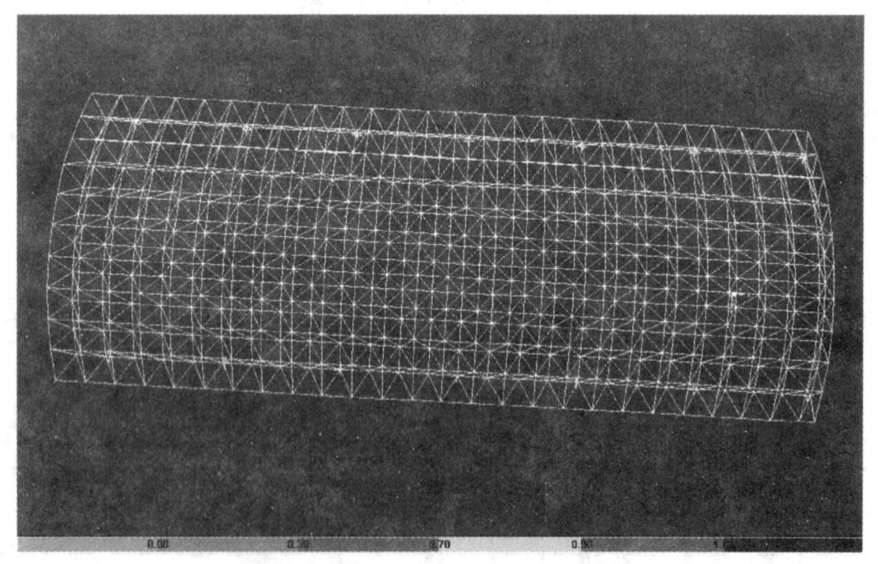

图 7　含地震作用的组合工况下应力比云图(一区)

2.3　时程分析校核

地震作用是一个时间过程,但是反应谱方法只能得到最大反应,不能反映结构在地震动过程中的经历。实际上,对于结构某一截面的各个内力分量,最大值出现的时间不尽相同,因而同时取最大值进行抗震计算不太合理。而且,地震动的持续时间对结构的地震反应也有重要的影响。为了真实地反映地震对建筑物的作用,可以选用天然实测地震记录作为输入地震波,也可以采用人工模拟的加速度时程曲线。本文分别采用典型的上海人工波 SH2,对该站房结构体系进行多遇地震作用下的动力分析。

对于主要的轨道梁、轨道横梁等,按现行"桥规"计算校核,采用 SAP2000(桥梁模块)验算校核主要构件的抗震承载能力。经验算[5-6],该结构轨道梁等构件基本满足抗震承载力要求。

主要规范为《城市轨道交通设计规范》(DGJ 08-109-2004)、《地铁设计规范》(GB 50157—2003)、《铁路桥涵设计基本规范》(TB10002D1—2005)。

由于该站房上部结构分成三段,除风荷载外(不起控制作用),受力性能相似),此部分以一区(1～7 轴)为例,采用时程分析(Time History)校核该站房主要构件,时程类型采用直接积分计算,分析类型采用线性分析,结构阻尼取 0.05,地震波采用上海人工波 2(SH2),波形如图 8,结构模态及相关验算结果见图 9。

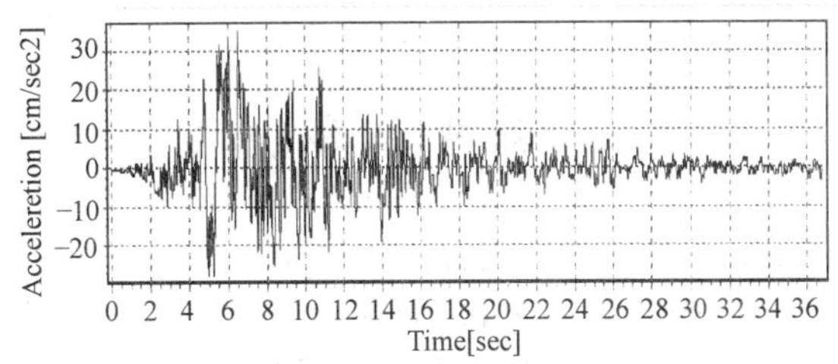

图 8　上海人工波 2(A-T)

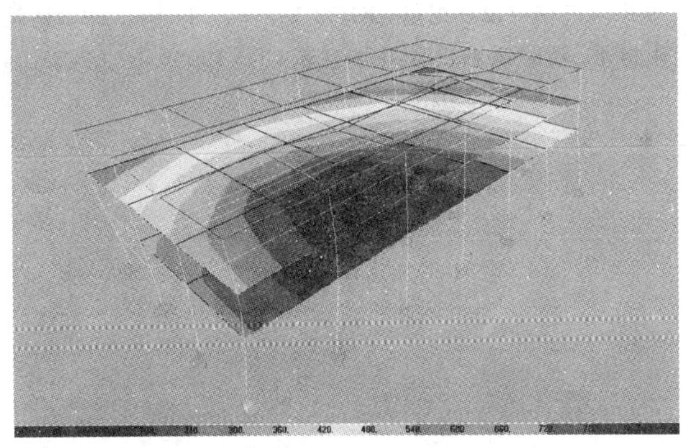

图 9　在峰值时刻结构面层变形云图(单位 mm)

表 3　典型轨道梁及轨道横梁内力验算统计表

位置	验算纵筋(底)(mm²)	实配纵筋(底)(mm²)	验算箍筋(mm²)	实配箍筋(mm²)	验算挠度(mm)	允许挠度(mm)
6-7 轴轨道梁	3440	7359	408	615	4.92	5.0
2-3 轴轨道梁	4045	7359	247	615	4.50	5.0
3-4 轴轨道梁	3240	7359	360	615	2.85	5.0
2 轴轨道横梁	5288	12063	280	452	4.44	5.0
4 轴轨道横梁	5960	13761	335	452	0.50	5.0

经验算,主要构件承载力基本满足要求,轨道梁等构件基本上挠度起控制作用,根据《地铁设计规范》(GB 50157—2003)9.1.5 条,钢筋混凝土与预应力混凝土梁式桥跨结构在列车静活

载作用下，挠度不应超过1/2000，经验算，该结构轨道梁等基本满足现行规范要求。与轨道横梁直接相连的框架柱，经验算其配筋满足要求。

3 结论

通过本文研究，得出以下结论：

(1) 在对轻轨铁路进行站桥整体结构的结构设计时，要充分考虑其荷载种类和荷载组合有其特殊性，同时要考虑建筑结构和桥梁结构所规定的荷载内容，并分别按照两种结构要求的荷载组合内容进行分析，从而找出结构最大应力值，并相应的现行规范进行验算。

(2) 结构形式对称有利于提高地铁车站结构的抗震性能，地铁车站结构应尽量保持平面形状的对称性。局部夹层对于刚心质心的偏离影响较大，应尽量避免局部夹层形式。

(3) 楼板大开口后，已经不能满足平面内无限刚假定，局部开口处形成薄弱区，应对开口处楼板进行加固；网架结构个别杆件稳定承载力不足，也应对不足杆件进行加固；主体结构抗震承重力基本满足现行规范要求。

参考文献

[1] 金辰虎.现代城市轨道交通[J].交通工程科技，2001，(5)：1—3

[2] 绍圻.新世纪中国城市轨道交通展望[J].地铁与轻轨，2000，(1)：47—48

[3] 杨林德，陆忠良，白廷辉等.上海地铁车站抗震设计方法研究[R].上海：同济大学土木工程学院，2002

[4] 建筑抗震设计规范(GB 50011—2001・2008版)[s].北京：中国建筑工业出版社，2008

[5] 上海地方标准规范.城市轨道交通设计规范(DGJ08-109—2004)[s].中国建筑工业出版社，2008

[6] 中华人民共和国行业标准.铁路桥涵设计基本规范(TB 10002.1—2005)[s].北京：中国铁道出版社，2005

从传统乡土工艺谈村镇民居抗震功能

王先文[1]　孙　骏[2]　周云龙[1]　向志辉[1]
（1. 中建八局第一建设有限公司　青岛　266071；
2. 青医附院　青岛　266001）

［摘要］　乡土环境下民居其数量之多占据了抗震防范的最大基数。其结构形式受乡土环境、乡土材料、乡土技术等多方面因素的影响，抗震性和耐久性参差不齐。但民间工匠特有的技艺传承性和能动随机性也造就了许多优秀的民居建筑。5·12汶川大地震后农民群众更加关注住房的抗震性。本文根据民居震害情况、结合抗震规范和传统乡土工艺，探讨如何在尊重自然环境、保护生态、因地制宜的建设好社会主义新农村或改造现有乡镇民居。使得村镇民居，做到大震不倒，墙倒屋不塌，让普通百姓安得广厦千万间。

［关键词］　传统民居；抗震设防；乡土工艺；穿斗式结构；砖木结构；底层框架结构

1　概述

民居是出现最早也是最基本的一种建筑类型，数量最多，分布最广，是“家”的所在。但民居又最具地方性，也更有创造性，根据各地自然和人文环境的不同，有多种样式。绝大多数大都利用当地出产的材料，用最经济的方法，密切结合气候和地形、环境等自然因素建造的。

从原始人穴居时代到取树枝搭建窝棚，从窝棚到土石木构，从单纯的土木小屋到秦砖汉瓦的宫殿庙宇；实现了避风遮雨、抵抗野兽与自然伤害以及政权文化的需要，是有情的原始生命对无情的洪荒自然界的被动适应和发展。也就是从那时起，自然景观、人文景观、乡土民居融合共生。

随着社会经济的发展，对自然事物的逐步认知，建造工艺的传承和总结使窝棚越搭越大，越建越复杂，空间和用途越来越多了。房子的概念承载了安居乐业的农耕文明理想，生活也被房屋支撑的家所替代。当5·12汶川大地震把城镇夷为平地，千万间村民住房坍塌损坏，灾民生活也就立即陷入流离失所的困境。迫使百姓在现有经济条件下不得不思考如何提高重建住房及现有住房的抗震性能和耐久性。

中国传统经典民居从其建制中体现了独有传统乡土工艺，具有乡土技术、民间工匠、乡土民俗和乡土经济等诸多元素，其中传统的木结构形式非常利于抗震，经历了千百年依然挺立坚固。这主要是采用的是“以柔克刚”的思维，通过种种巧妙的措施，其目标是以最小的代价，将强大的自然破坏力消弭至最低程度。

2　震后调查与分析

当代建筑设计以抵御9度地震为目标，而我国传统的木结构建筑基本上能达到这个要求，柔性的框架结构能做到墙倒屋不塌。中国的传统木结构，具有框架结构的种种优越性，如“墙倒屋不塌”的功效。

这次汶川大地震中，许多穿斗式构架结构（见图1）的民居墙体均不同程度地受损，但主体结构仍未倒塌，就是这种柔性框架结构抗震能力的表现。调查结果如表1～表3所列。

从结构形式上分析，当前绵竹地区乡镇一级建筑的主要形式有砖木结构、砖混结构、底层

(a) 受灾倒塌情况

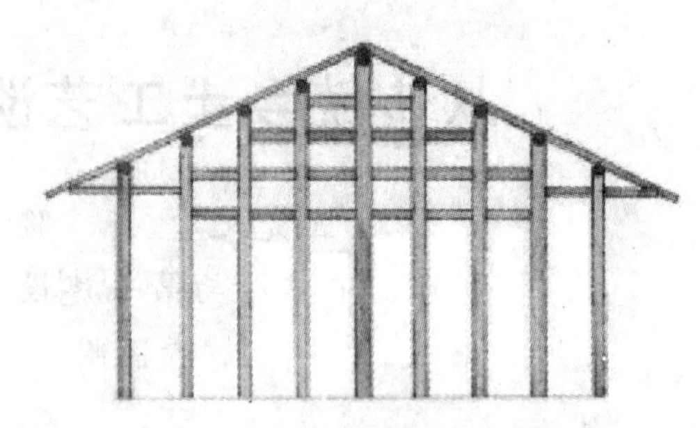

(b) 原始构架结构

图 1　穿斗式构架房屋

框架上部砖混结构或不规范的混合结构等。在乡镇一级城镇中大量存在的不规范的混合结构,一种是迎街面有框架柱和框架梁,背街面采用砖混结构的“混合底框”;另一种是底层迎街面局部框架其他空间为砖混的混合结构。这些不规范的混合结构基本都是农村民居,其存在主要在于农村经济水平低下。

表 1　绵竹市三乡镇震害调查统计表

乡镇名称及统计		基本完好 A 级	轻度损伤 B 级	中度损伤 C 级	严重损伤 D 级
齐天镇	栋数	32	27	21	41
	比例/%	26.4	22.3	17.4	33.9
绵远镇	栋数	35	36	91	79
	比例/%	14.5	14.9	37.8	32.8
兴隆镇	栋数	17	28	61	40
	比例/%	11.6	19.2	41.8	27.4
合计	栋数	84	91	173	160
	比例/%	16.5	17.9	34.1	31.5

注:A 级为无明显震害建筑物,无须修复即可使用;B 级为有轻微开裂,少许修复即可使用;C 级为震害明显,需进行加固、修复后方可使用;D 级为震害严重,需进行大面积加固处理后或无加固使用价值,需拆除建(构)筑物。

表 2　不同结构震后损坏情况对比

程度	严重损坏	中等损坏	损伤轻微或基本完好
结构	农房、砖混砌体结构、底框结构等	砖混砌体结构、框架结构等房屋建筑	传统木结构、框架结构等
特点	建设年代较早的、抗震设防较低的房屋建筑	损坏部分主要为围护结构、加固后可继续使用	近年来按照标准规范新建的房屋建筑

(1) 砖木结构

绵竹市调查的三个乡镇中,砖木结构建筑物有一定数量存在,这种建筑结构形式在绵竹地区农村比较普遍,且大多施建于 20 世纪 70 年代末以前。砖木结构承重墙、承重柱采用砖砌筑或砌块砌筑,屋架用木结构。普遍采用顶部木屋架,或砖混结构上托一层的砖木结构,因砖木结构屋架轻,有利于抗震。但绵竹地区砖木结构屋架多采用小青瓦干散形式。

因此,该种形式的结构多出现干散小青瓦震落,木屋架多数轻微或严重移位现象。木屋盖房屋的屋盖整体性普遍不足,部分房屋的檩条、木椽尺寸偏小,未铺设望板或设置屋盖支撑。

同时，山墙处大多采用硬山搁檩的方式，檩条支座不稳固，在遭受地震作用时造成山墙局部破坏和屋盖坍塌。

表3　两河藏汉民居不同结构选材工艺及震后情况对比图表

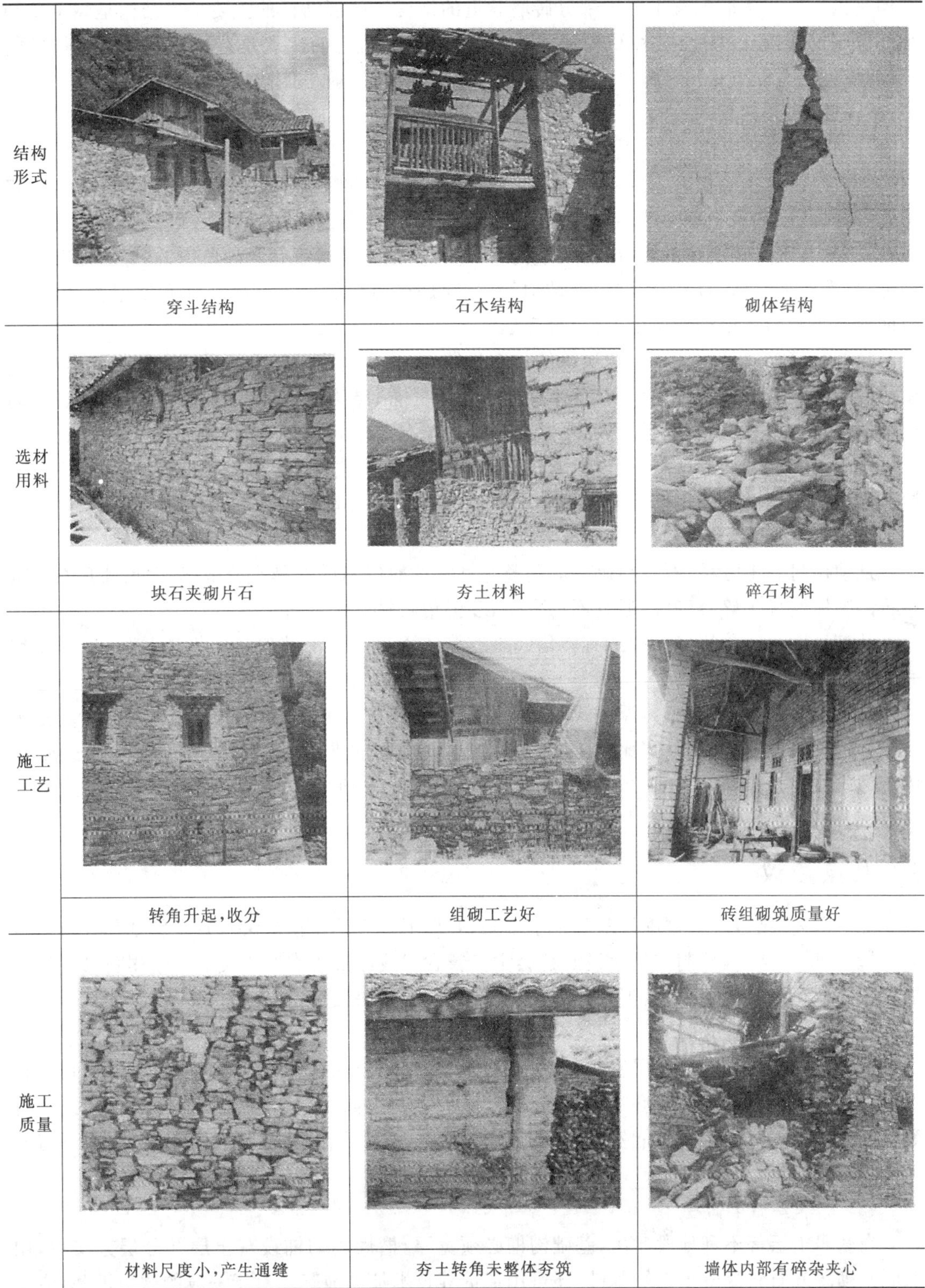

结构形式	穿斗结构	石木结构	砌体结构
选材用料	块石夹砌片石	夯土材料	碎石材料
施工工艺	转角升起，收分	组砌工艺好	砖组砌筑质量好
施工质量	材料尺度小，产生通缝	夯土转角未整体夯筑	墙体内部有碎杂夹心

(2) 砖混结构

砖混结构是绵竹地区乡镇一级城镇住房的主要形式。砖混结构是指建筑物中竖向承重结构的墙、柱等采用砖或砌块砌筑,柱、梁、楼板、屋面板等采用钢筋混凝土结构。通俗地讲,砖混结构是以小部分钢筋混凝土及大部分砖墙承重的结构。砖混结构的主要承重结构是黏土砖和小部分钢筋混凝土构件,这种结构形式适用于多层住宅,它的优点是造价低,保温、隔热性能好,便于施工。缺点是房屋开间、进深受限制,室内格局一般不能改变,墙体结构占据空间过多,整体性、耐久性较差。

(3) 底层框架结构

随着经济水平的提升,近些年来大部分地震设防地区都强制要求4层以上建筑改为框架结构,同时高层建筑中剪力墙结构或框架剪力墙结构应用普遍,抗震性能较好。在绵竹震害调查中,当地普遍采用所谓的"底层框架结构"。绵竹乡镇一级城镇有两种所谓的"底层框架",一种为"标准底框",即一层为标准框架结构;另一种是在迎街面设置有框架柱和框架梁,但在背街面普遍采用砖混结构的所谓的"混合底框"。

传统的穿斗式结构体系比较明确的住宅建筑,在此次地震中经受了考验,几乎没有发生倒塌或结构严重受损的情况,对于其他木结构体系不完善、结构逻辑体系混乱的住宅多出现不同程度的震害。此外,用石墙承重较多的建筑,受损情况严重,开裂、局部崩塌、垮塌情况较多。

从施工工艺和使用材料上分析,农民的潜意识里房子越坚固越耐久越抗震,经济条件好的把从城市建筑里学来的钢筋混凝土把小小的住宅做的看似坚不可摧。殊不知恰好成了刚性破坏的典范。

从使用材料上分析,石材料砌体墙的整体性往往对材料的选择十分敏感,大尺寸片石夹砌块石的整体性优于碎石砌筑,通缝不易发生,多棱角石材优于乱石;

从施工工艺上分析,砌筑时,有转角起拱或墙体垂直收分的建筑抗震性能较好,墙体不留通缝也很重要。

从建筑形式上分析,整体浮筏式基础、斗栱、榫卯是抗击地震的关键,我国古代很少建造平面复杂的建筑,主要采用长宽比小于2∶1的矩形。规则的平面形态和结构布局有利于抗震。传统建筑往往是中间的一间(当心间)最大,两侧的次间、梢间等依次缩小面宽,这样的设计非常有利于抵抗地震的扭矩。

3 几点建议

综上所述,结合现行抗震规范和乡土工艺,有如下几点建议使广大百姓了解如何在尊重自然环境、保护生态、因地制宜的建设好社会主义新农村或改造现有乡土民居。使得村镇民居能最大限度地达到抗震要求,做到大震不倒,墙倒屋不塌,让普通百姓安得广厦千万间。

(1) 场地选择要恰当

选择地势平坦、开阔,上层密实、均匀或稳定基岩等有利的地段。不宜在软弱土层、可液化土层、河岸、湖边、古河道、暗埋的滨塘或沟谷、陡坡、松软的人工填土,以及孤突的山顶或山脊等不利地段建房。不应在可能发生滑坡、崩塌、地陷、地裂、泥石流以及有活动断裂、地下溶洞等危险地段建房。

(2) 地基要做牢做稳

在软弱土层等不利地段建房,基础沟槽必须宽厚,槽底均匀铺设灰土层并分层夯实后,用水泥浆砌砖或石料混凝土做好基础,还可用加桩等技术加固地基。对于一般的软土地基,应设置大脚，预防不均匀沉降。如果是建楼房，应设置地圈梁，以防不均匀沉降对上部结构的影响。

(3) 房屋结构布局要合理

房屋体形要合理。设计房屋时，要避免立面上突然变化，平面形状也宜简单、规则，墙体布置得均匀、对称些，使房屋具有良好的抗震性能。对于土坯房，房屋高度要低些，一般是一间一道横墙，硬山搁檩，双坡四出檐式；楼房采用内廊式平面，纵横墙较密，加上墙体间咬砌搭接，房屋的整体性就好。横墙要加密。横墙支撑着纵墙，限制纵墙的侧向变形，同时还承受屋顶、楼层和纵墙等传来的地震力，在房屋抗震上起着很大的作用。

所以，在地震区建造的房屋，在满足使用要求的情况下，横墙宜布置得密一些，一般居住用房以不超过两个开间为宜。如果使用上需要有更大的空间时，就要采用诸如加墙垛、圈梁等措施，来增强纵墙的强度和稳定性。墙壁上开洞要恰当。墙壁上开洞，削弱了墙的强度和整体性。应尽量少开洞或开小洞。开洞要均匀，不要在靠近山墙的纵墙上或靠近外纵墙的横墙上开大洞。

(4) 屋顶要轻

一般民用房屋的屋顶，常用的草棚、泥顶和瓦顶等几种。由于各地做法不一，它们的重量差别很大，轻的每平方米只有十几公斤，重的每千方可达数百公斤。在地震区建房，应优先采用轻质材料做屋顶。屋顶上不要做笨重的附属物。屋顶上的附属物，如女儿墙、高门脸等，既笨重又不稳定，在Ⅵ度左右地震中就会大量破坏，甚至造成人员伤亡。所以，地震区应当尽量不做或少做这类装饰性的附属物，如果必须建造时，就要做得矮些和稳固些。

(5) 墙体要有足够的强度和稳定性

墙体要选择好材料。墙体材料选择时要考虑强度和耐久性。一般来说，采用砖墙比土坯墙和石头墙好。对于石头房屋，有棱角毛石比光滑卵石好。土坯墙的耐久性，同土质的好坏有很大的关系，黏性较好的泥土比砂性太大或杂质太多的泥土好。最好在制坯或夯墙的黏性土中掺和一些草筋(如麦秸、稻草、或干净的杂草等)，以增强土坯或或土墙的强度。这三种墙在地震区使用时，必须采取加强措施。采用一系列构造措施。

为了保证房屋具有必要的抗震能力，除使结构具有必要的强度外，一系列的构造措施也可以提高房屋结构的延性和刚度。除注意纵横墙、内外墙间的拉接外，宜增设钢筋混凝土构造柱和圈梁，以提高房屋的耐震能力。

(6) 确保施工质量

墙、柱要错缝咬砌，土坯、砖石块体应错峰咬砌，内外墙最好同时砌筑。如果不能同时施工，宜放踏步岔，不要用马牙岔。受力大的小断面砖柱，砌筑要精心，要砌实心柱，不留通天缝。灰浆要饱满，不要用“带刀灰”(只在砖石边角抹灰浆)，不要单纯地用砂浆和泥。要适当加水泥、石灰，以提高灰浆强度和黏结力。砖石表面要干净，干砖还要浸水后再砌。这样才能使砖石与灰浆黏结牢靠。木构件结合要好。木骨架的榫眼要开得恰当，使榫头结合紧密。如果木柱不够粗壮，或是在烈度为Ⅷ度以上的地区建房，应对木构件进行;加固处理，这样可有效地提高其抗震能力。

参考文献

[1] 楼庆西. 中国古建筑二十讲. 北京：中国建筑工业出版社

[2] 林洙. 中国古建筑图典. 北京：中国建筑工业出版社

[3] 仇保兴.震后乡镇典型调查分析.北京:中国建筑工业出版社
[4] 徐雷等.汶川地震绵竹震害调查及对乡镇建筑抗震建设的思考.西安建筑科技大学学报,2009(5)
[5] http://bbs3. zhulong. com/forum/detail5946128_1. html 中国古代建筑的抗震智慧 作者 zjs1982
[6] http://www. qzsp. gov. cn/dizhen/kangzhenShow. asp? id=23 农村民居抗震设防知识
[7] http://hi. baidu. com/611830/album/item/1bc28635cb09740491ef39ee. html 刘涛所及 图 1 a)

某大开间多层框架结构倾斜扶正实例

吴佳雄　林　红(浙江工业大学)

[摘要]　本文介绍了用沉井纠偏和喷射纠偏等方法综合治理扶正一多层大开间框架结构房屋的实例。

[关键词]　多层框架结构;房屋倾斜;纠偏扶正;大开间房屋

1　工程概况

该工程为七层钢筋混凝土框架结构,建筑面积 1900m²。由四个 6m×8.1m 大开间柱网组成,平面呈品字形。建筑总高度约 21m。基础为折板片筏,板厚 140mm,四周均悬挑 2.4m。建筑场地属泻湖相—滨海相沉积区。淤泥质土分布广且厚度变化大,土体压缩性和灵敏度高。地下水位高,且局部有二层地下水存在,表层土含水量高。属典型的"软弱地基"。该建筑物约一半面积坐落在回填的大池塘内,而施工中又仅对此池塘基作浅层换土处理。结构及平面布置如图 1 所示。

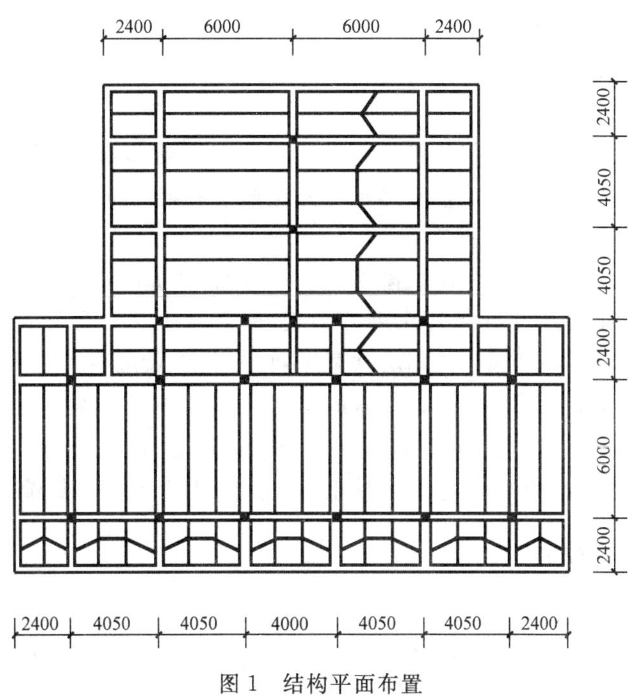

图 1　结构平面布置

2　建筑物存在的主要问题

该工程从施工开始到竣工共进行 19 次沉降观测,未交付使用前出现较大扭曲倾斜,多处填充墙身出现裂缝、门窗关闭难等问题。经现场监测存在的问题有:

(1) 不均匀沉降

根据观测结果该工程累计最大沉降量为 583mm(在 7 点),最小沉降值为 225mm(在 1 点),相对不均匀沉降量达 357mm。

(2) 房屋倾斜

由于不均匀沉降造成建筑物扭曲状倾斜，最大倾斜值已达 310mm。

(3) 沉降速率快

仅在纠偏准备工作期间 40 天内监测沉降量最大处达 40mm，沉降速率为 1mm/天。实属所建房屋中较大问题。

3 倾斜沉降原因分析

(1) 地基土过于松软且不均匀。土层除上部约 0.7m 厚的黏土和 0.7m 的轻亚黏土外，下卧层均属淤泥及淤泥质黏土层，厚度最深达 25.5m。在大池塘处虽作人工浇层换土处理，但是由于基础埋深较大，部分区域实际换土厚度仅为 0.8～1.6lm，这些都是造成不均匀沉降的主要原因。

(2) 设计和施工中措施不当。由于建筑物有一半部位处于大池塘内，另一部分则在塘岸上，但设计中未能采取有效加固措施(如加大基础面积等)。而施工中又未对浇层换土处理予以重视，千万部分土体松动。都是产生不均匀沉降和速率较快的原因。

(3) 室外管道和窨井施工中抽排水都集中在靠近大池塘一侧，使这一地区的土体较长时间里都处于抽排水的循环中，加速了沉降。

4 倾斜扶正方案

鉴于该工程基础是交叉折板片筏，对地基沉降的影响性较大，因此，纠偏方案总的原则是小范围逐步扩展的方针。采用喷射法将池塘岸边较硬土层局部松软并逐步排出泥土，以调整建筑物的沉降速率。然后用沉井法抽水排泥的方法慢慢将沉降调整均匀。最后进行必要的基础加固。沉井设置及施工工艺如图 2 所示。

为了控制好沉降速率和各点实际沉降量的大小，除在作业时进行观测监控外，主要是分段流水作业。即首先向 1、2、3、4、5 号注水静停数天，然后在 1、2、3 号井抽水并静停数日再注。反复若干次后开始在 1、2、3 号采用喷射方法强制排泥(排泥量多少由沉降观测控制，每班作业 2～3mm 为宜)。为了保证折板片筏基础受压的均匀性，强制排泥一定程度后停止，井内注水的同时 5、4 号井抽水并静停，以调整筏底应力，使之协调。重复几个循环，可基本保证整体建筑物以 4、5 号井连线为轴线进行纠偏，直至符合扶正标准。历时三个半月，纠偏扶正工作完成。

5 倾斜扶正效果及验收

沉降观测采用 NA—Z 型自动安平水准仪加光学平板，倾斜观测采用 T—2 经纬仪。测点均沿用施工阶段的观测点。喷射强制排泥时作现场监测，其他情况为每一循环完成后进行观测，以确定下一循环的沉降控制量。测点布置如图 3 所示。

倾斜观测以建筑物 A、B 两点为参照点。纠偏扶正前后的倾斜和沉降观测结果汇总于表 1、表 2。

表 1 倾斜观测结果(mm)

测　　点	纠偏前(1990.10.22 测)		纠偏前(1990.10.22 测)	
	$\overline{X}$	$\overline{Y}$	$\overline{X}$	$\overline{Y}$
A	247	200	51	33
B	157	205	43	36

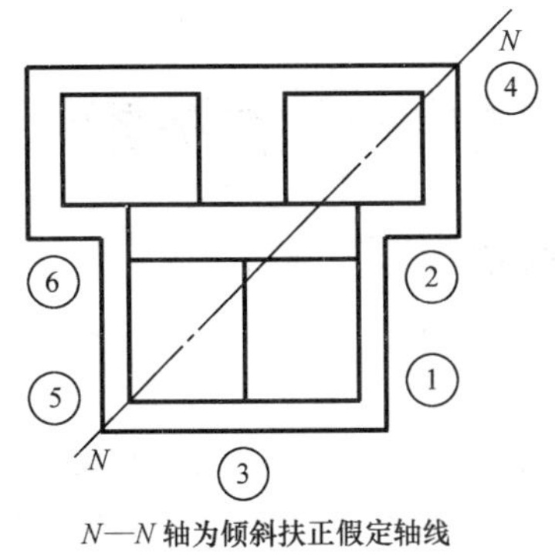

图 2　沉井设置及工艺

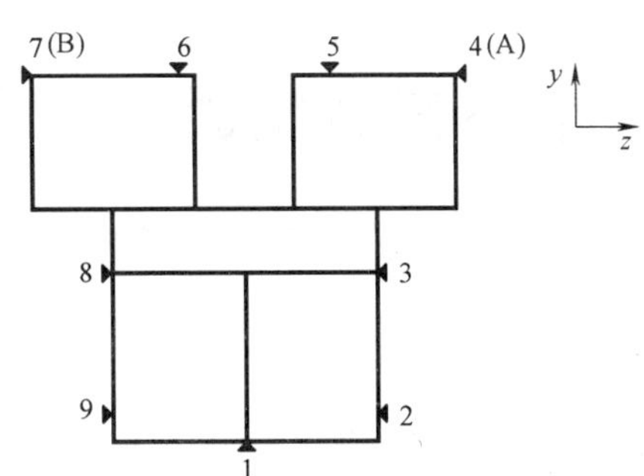

图 3　测点布置

表 2　沉降观测结果

测点号	1	2	3	4	5	6	7	8	9
纠偏前标高(m)	4.7886	4.8515	4.7122	4.6826	4.5812	4.5456	4.4903	4.6262	4.7304
纠偏后标高(m)	4.4974	4.5377	4.4552	4.4850	4.4383	4.4147	4.3984	4.4424	4.4882
沉降量(cm)	29.12	31.38	25.70	19.76	15.09	13.09	9.19	18.38	24.22

6　结论

(1) 根据倾斜观测结果，A、B 两点的倾斜分别为$\overline{X}_A=51$mm；$\overline{Y}_A=33$mm 和$\overline{X}_B=43$mm；$\overline{Y}_B=36$mm。均小于国家标准对建筑物垂直度允许偏差 3‰的要求(建筑物总高 21m，允许的垂直度偏差为 21×3‰=63mm)。

(2) 沉降观测结果。通过纠偏各点相对标高已趋接近，最大相对沉降差由原来的 36.12cm 降低到 13.93mm。沉降变化基本保持直线状态。从 4、5、6、7 点累计沉降分别为 19.76cm、15.09cm、13.09cm、9.19cm 和这些测点直线距离分别为 11m、5m、9m 呈线性关系。结果如图 4 示意。

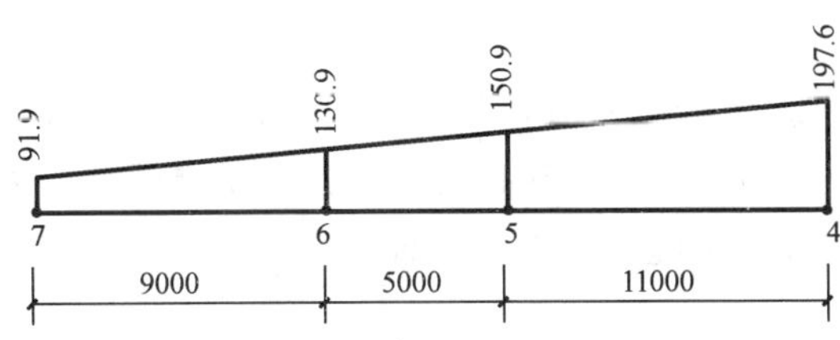

图 4　测点沉降分布线

因此，保证了折板片筏基础没有出现因纠偏而造成事故。

由此可见，利用沉井和喷射法进行倾斜扶正在软弱地基上的复杂结构中应用是行之有效的方法之一。关键是要根据具体情况，合理地确定纠偏工艺。

参考文献

[1] 汤文良.《掏土法》对倾斜房屋扶正的实践[D]. 现代结构技术论文选集(上册). 全国现代结构研究会，1995 年 8 月

精心实施屋面预应力孔板空中张拉的探索

袁 薇 屠晓伟 朱东明 唐伟明 张 浩
（无锡锡山建筑实业有限公司）

［摘要］ 传统预应力张拉构件的做法是施工现场制作胎模，安装张拉台座，实现地面上张拉预制后吊装就位，但施工速度较慢，受施工场地约束，不能同时进行多榀屋架施工，因此在本工程不具备现场张拉预制条件及吊装路线，同时合同工期中不允许安排充足的吊装工期的情况下，精心地采用空中现浇，并实现屋面预应力孔板张拉的成功。

［关键词］ 空中张拉；圈梁加固；钢筋拉杆；传力丝杆

1 工程概况

工程为地方粮食储备库，建筑面积共 7795m^2，为单层砖混结构。关键工序主要在于屋面采用预应力钢筋混凝土拱板结构，尺寸为 21.72m×1.19m×2.1m（长×宽×高）。其屋盖 21 垮。拱板实际长度 21720mm（两端各出轴线 360mm）宽 1220mm，共 76 块，其下底板为平板，上顶板为抛物线形弧板。上顶板和下底板厚度均为 40mm，两侧均为有筋肋。上顶板肋梁为 70mm×120mm，下底板肋筋为 70mm×150mm，上下板间每隔 1750mm，用厚度为 60mm 的隔板相连。

预应力拱板配筋：下底板 36ϕ5 预应力筋，分布筋为 ϕ5@200mm，上顶板 12ϕ6 和 4ϕ10，分布筋 ϕ4@200mm。

拱板中下底板预应力采用 800 级冷轧带肋钢筋，$f_{ptk}=800\text{N/mm}^2$ 预应力张拉控制应力 $\delta_{cbn}=0.70\times800=560\text{N/mm}^2$，拱板混凝土 C35。拱板上下弦均考虑 0.5kN/m^2 施工荷载。

2 施工条件

本工程属粮食储备库改造工程，地处原粮库内，场内一切设施及服务功能均处于正常运转中，无法提供多榀屋面预应力拱板的张、场地及场内运输吊装路线。因此要考虑如何摆脱施工场地的条件约束以保证工程顺利施工是当前要解决的问题。

3 方案讨论

序号	方　　案	分　　析
1	工厂预制、场内吊装	施工简单，工序简化，但拱板上下板厚均为 40mm，长度达到 21.72m，路途运输困难、极易损坏且预制成本高
2	现场施工结构体内预制，垂直吊装	在建工程室面面积小，同时可施工的榀数较少，降低施工速度，无法满足工期要求
3	空中张拉、浇筑成型	缺乏实践经验，考虑空中张拉不便及张拉台座及平台支撑系统是否可靠

根据现场误差无法提供通畅的吊装路线和预制场地，给履行合同工期带来了难度，因此决定采用一次张拉、成型、就位的施工工艺。

4 现场实施

4.1 根据设想，制定预应力拱板空中现浇流程，如下图：

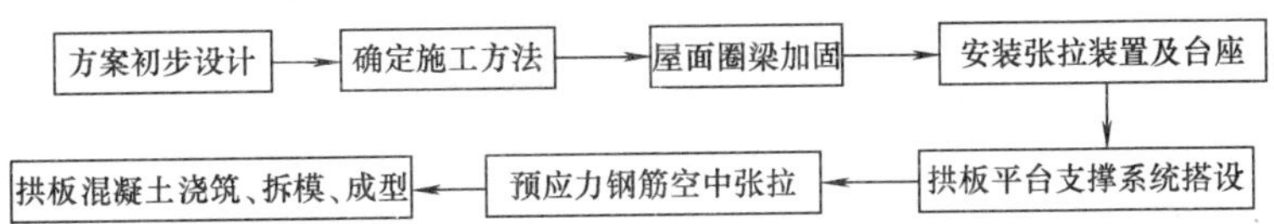

4.2 其张拉工艺及施工方法同地面预制一样，在此就不一一赘述，只将空中张拉有几个需要解决的关键点作一重要阐述及探讨如下：①方案设计②预制张拉平台的支撑系统③张拉装置及台座④如何实施空中张拉

4.2.1 方案设计

(1) 利用现浇结构体——屋面圈梁作张拉台座并安置张拉装置

由于采用在高空直接预制预应力构件，考虑采用现浇结构体中的屋面圈梁作为安装张拉装置的张拉台座，首先在粮库内搭设满堂脚手架预制平台，顶层水平支撑钢管部安装可调拖托，顶撑屋面圈梁，其上铺模板，作为预应力拱板施工台面，拱板顶部伸出屋顶圈梁部分后浇，直接以屋面圈梁作为先张预应力张拉台墩，张拉应力主要有屋面圈梁传至顶层水平支撑钢管。

(2) 根据张拉应力计算圈梁受力分析

先张法预应力拱板直接以屋面圈梁为张拉支座，在高空预制。预应力筋采用800级 $\phi5$ 冷轧带肋钢筋，控制应力 $\delta_{con}=0.7f_{ptk}=560\text{N/mm}^2$，考虑张拉程序：$0\rightarrow1.03\delta_{con}$，单根预应力筋张拉里为 $1.03\times560\times19.6=11305.28\text{N}$。一榀拱板共有36根预应力筋，则单榀拱板张拉对圈梁作用 $40\times11305.28=406099\text{kN}$ 的水平侧移，特别在圈梁端部和拱板底板肋部作用力大，应力集中，易产生裂缝，根据结构和荷载的对称性，取山墙至圈梁中心15m长一段圈梁验算，钢管支撑亦取一半跨度(10500mm)计算。根据计算结果对结构体进行处理。

(3) 根据圈梁受力分析进行加固

① 圈梁强度由C25提高到C35，提高圈梁抗压能力。

② 圈梁内箍筋 $\phi8$@200 加密至 $\phi8$@100，圈梁两侧各增2Φ12钢筋，提高圈梁抗扭能力。(见图1与图2)

③ 圈梁外侧上角增埋40×4角钢，防止圈梁角部混凝土压碎。

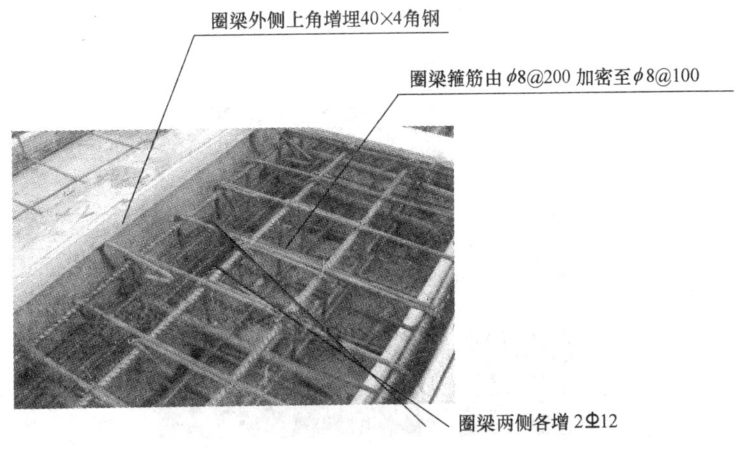

图1 屋面圈梁加固图

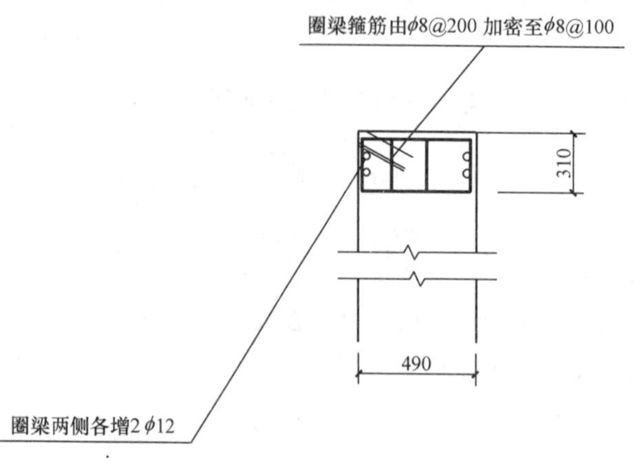

图 2　屋面圈梁加固示意图

4.2.2　安装张拉装置及支座

(1) 张拉示意及补强措施

增加钢筋拉杆，抵消部分拉力，如图 3。

① 在构造柱+4.60m 处埋设 ϕ14 钢筋拉钩，此拉钩与檐沟拉钩之间顺次用 ϕ14 钢筋拉杆连接。(见图 3)

② 在檐沟和拱板端头锚板的肋顶部间顺次用 ϕ14 钢筋拉杆连接。(见图 4)

通过设置钢筋拉杆，抵消拉力，使檐沟免受较大的弯矩。

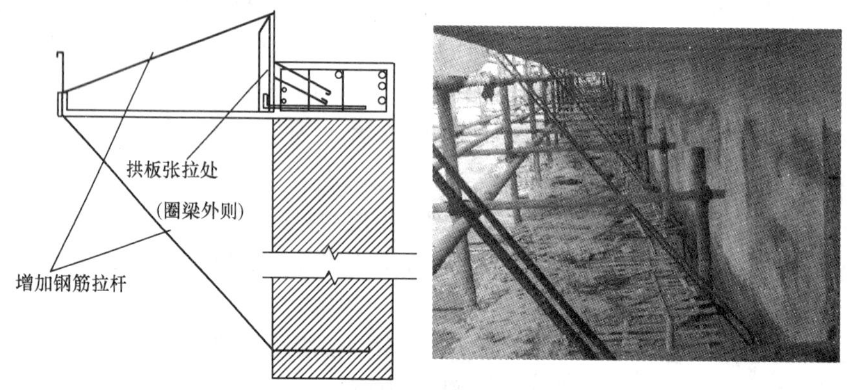

图 3　构造柱处埋设钢筋拉杆

图 4　檐沟与端头锚板钢筋拉杆

(2) 安装张拉装置

在圈梁向外的混凝土天沟底预埋螺栓，以固定锚板，(见图 5、图 6、图 7))。固定预应力钢筋采用厚度为 20mm 的垂直锚板，下底板处高度为 280mm，垂直锚板背部加 10mm 厚梯形加劲肋板，(见图 8、图 9)。

图 5 圈梁上预埋螺栓实物图

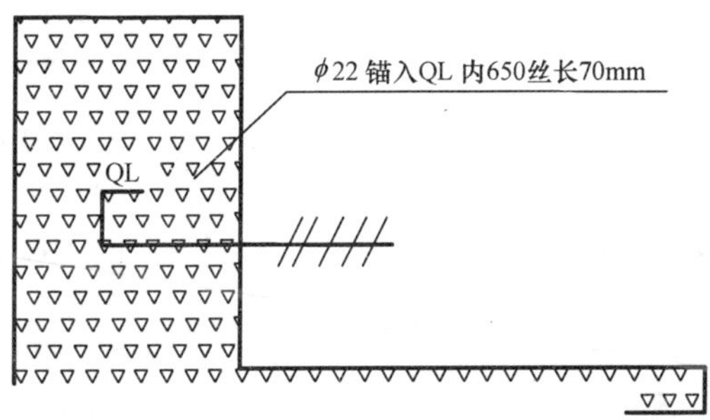

图 6 螺栓预埋位置

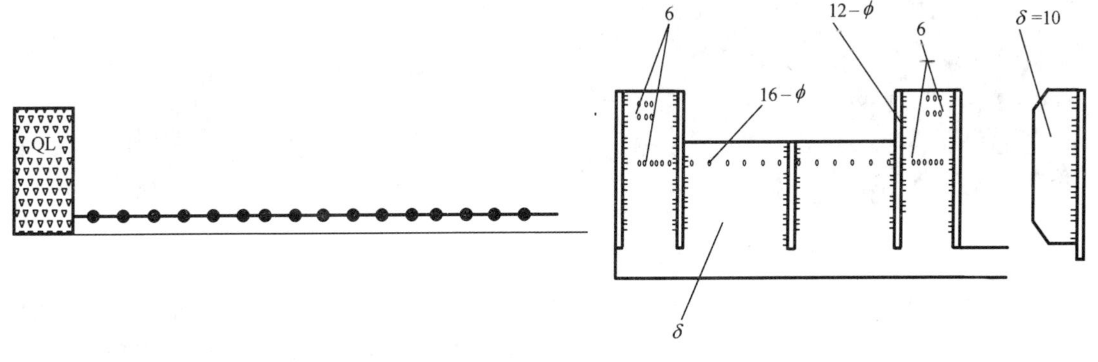

图 7 螺栓预埋布置图

图 8 端头锚板

4.2.3 预制张拉平台的支撑系统

(1) 计算荷载，编制排架支撑系统搭设方案。

(2) 根据方案搭设钢管脚手排架系统作为构件的现场预制及张拉平台(见图 10、图 11、图 12、图 13)。

(3) 在脚手架上安装传力丝杆，传递钢筋张拉时产生的水平力。

图 9 拱板空中现浇端头锚板

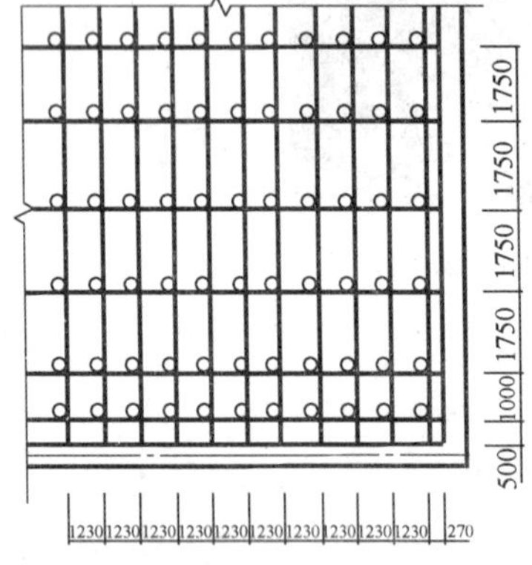

图 10 排架搭设系统平面图

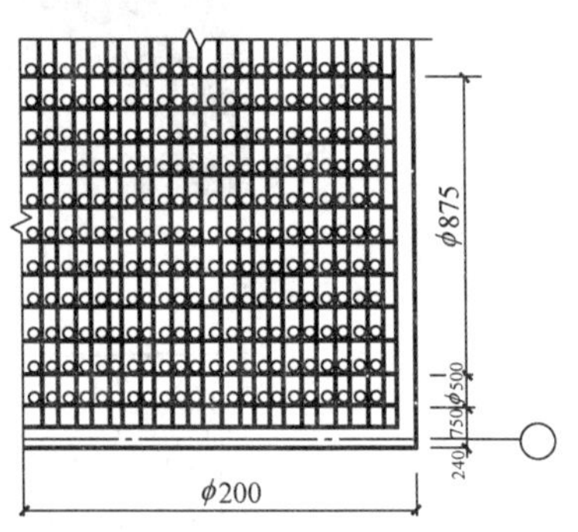

图 11 张拉平台支撑系统加密

图 12 支撑系统现场图

图 13 现场拱板模板搭设

丝杆的安装间距为 200mm，安装时必须先插水平钢管，然后两边同时与圈梁顶紧。丝杆与圈梁之间增加垫铁，加大与圈梁之间的受力面积。丝杆的作用是传递预应力钢筋张拉时产生的水平力，使搭设的整体脚手架共同受力防止由于圈梁受较大的水平力而发生破坏变形，（见图 14）。

4.2.4 实施空中张拉

（1）张拉采用专用的空中预应力张拉机，机上要有刻度尺，以便于应力控制。张拉应力检测采用“智能型钢丝测力仪”，逐根检测，发现应力损失大时及时补张，在钢筋检测应力控制时，应最大限度地控制上限，即超张拉 5％的应力值。

图 14　丝杆安装现场图

(2) 为了使预应力拱板系统整体受力均匀,张拉时每 2 根分组进行先张拉底板钢筋后张拉两肋钢筋。张拉钢筋分两次进行,第一次应力控制在 40%~50%,第二次一次性按设计强度超张拉到 5%。

图 15　预应力拱板空中现浇成型、放张

5　结束语

屋面预应力拱板空中现浇施工方法得到了业主、监理和设计的一致肯定。

将传统的拱板现场预制施工方法改为空中现浇的方法后,虽然增加了脚手架支撑系统成本 73067.48 元,圈梁加固费用 38885.15 元,但减少了吊装费用 145215.04 元,张拉费用 53276.87 元,同时减少了工序的反复,节约了人工费用 32549.36 元,缩短了工期,减少了周转材料的使用时间,间接减少了费用 8796.42 元,共计节约成本 127885.06 元。

双排桩复合重力拱支护体系关键参数的敏度分析

薛 强[1] 郭院成[2] 时 刚[2]
（1. 机械工业部第六设计研究院 郑州 450007；
2. 郑州大学土木工程学院 郑州 450001）

［摘要］ 双排桩复合水泥土重力拱支护体系的受力变形特征主要取决于排桩桩径、桩间距以及重力拱体矢高和厚度等，本文采用三维数值模拟技术，通过分别改变双排桩复合重力拱支护体系的关键技术参数，研究前排桩、后排桩及重力拱体侧移曲线、内力分布曲线的变化规律，进行双排桩复合重力拱支护体系设计参数的灵敏度分析，为该类复合支护结构的优化选型提供一定的技术参考。

［关键词］ 双排桩支护；重力拱支护；敏度分析；数值模拟

1 前言

双排桩以其较大的抗侧移刚度常用于对基坑周边侧移限制严格的环境条件的城市人口密集地区，拱形支护以其较大的弯剪刚度和合理的受力性能，特别是采用水泥土材料时所具有的良好的止水功能，常用于地下水位较高地区的基坑支护工程中，将二者有机组合，形成双排桩复合连拱支护体系，可实现高水位城区的深基坑支护工程。

对于深度超过 12m 的城区基坑工程，直接采用双排桩复合连拱支护结构可能造成连拱支护部分环向压力过大，或土压力作用下过大的顶端侧移。将连拱支护部分的壁厚加大形成双排桩复合重力拱支护体系，可实现开挖深度的继续加大。目前关于双排桩复合水泥土重力拱支护体系的研究还很匮乏，本文采用有限元数值模拟方法，对其进行受力变形分析。

2 有限元模型的建立

2.1 基本假设

双排桩复合重力拱支护体系的主要材料包括土、混凝土和水泥土，数值模拟采用如下假定：

(1) 基坑开挖过程中按不排水条件考虑，不考虑基坑开挖和降水对土体性质的影响，不考虑土体的流变性；

(2) 土体是一均质、连续体，桩体和重力拱的存在不会改变土体的性质；按弹塑性材料考虑，本构模型采用 Drucker-Prager 屈服破坏准则；

(3) 假设桩体和重力拱为线弹性体，均采用线弹性实体单元进行模拟；

(4) 土体、桩体接触方式采用面-面接触，接触类型为刚体-柔体接触。

2.2 模型建立

2.2.1 基坑工程概况

基坑支护结构采用如下参数：基坑深度 16m，采用双排桩复合重力拱支护结构。双排桩采用 Φ1200mm 混凝土灌注桩，前后排中心距 3.5m，左右排距为 3.0m，沿基坑水平向基坑一侧取两排桩，坑底以下桩插入深度为 9m。水泥土重力拱采用水泥土搅拌桩相互搭接，起拱高度

1.0m，拱壁厚度为5m，拱净跨为7m，坑底以下水泥土重力拱的插入深度为6m。具体参数见表1、表2所示。

表1　双排桩、重力拱参数

双排桩	重力拱	连梁	双排桩	重力拱	连梁
桩深 25m	拱深 22m	高度 1.0m	水平排距 3.0m	拱高 1m	
桩径 1.2m	跨度 7m	截面宽度 1.0m	前后排距 3.5m	拱厚 5m	

表2　土体及支护结构材料参数

土层	层厚(m)	容重(kN/m³)	模量(MPa)	黏聚力(kPa)	泊松比
1	0.0～1.0	18.0	10	10	0.35
2	2.0～6.0	18.0	15	10	0.31
3	7.0～11.0	18.5	30	20	0.30
4	12～16.0	18.5	30	30	0.30
5	17～22.0	18.5	40	40	0.29
6	23～25.0	18.5	50	40/60	0.28
7	26～30.0	18.5	50	40/60	0.30
水泥土		18.5	800		0.25
混凝土		23.5	25500		0.21

2.2.2　模型的边界条件

以前排桩±0.000点为中心，坑外远端取40m为影响边界，取固定约束边界；坑内远端取20m为影响边界，为对称约束；模型右侧取对称约束，左侧为限制y向位移约束；模型底部取30m为影响边界，为固定支座约束。

2.2.3　支护结构模型

取双排桩复合重力拱支护结构的1/2进行模拟分析。采用有限元软件进行分析，基坑支护结构的单元网格划分如图1所示。

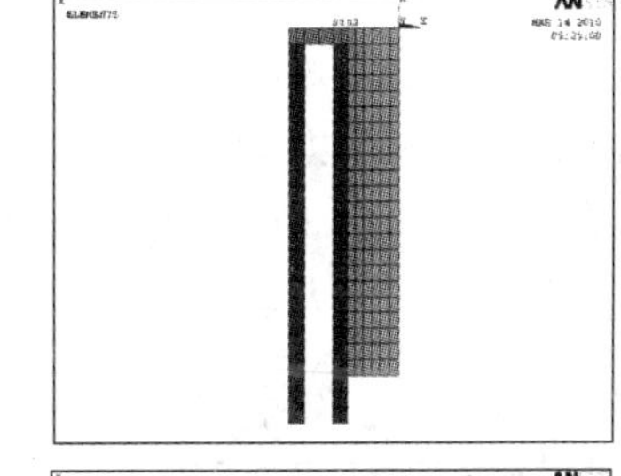

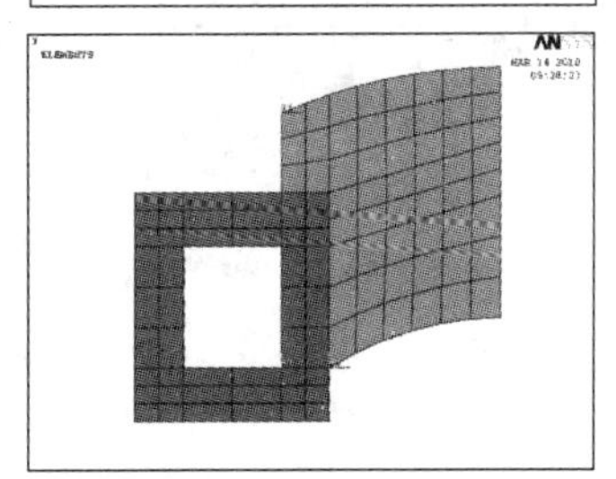

图1　支护结构网格划分立面图和平面图

3　关键参数的敏度分析

双排桩复合重力拱支护体系的受力和变形特征除与基坑深度和土层特征相关外，主要取决于双排桩桩径、间距以及重力拱体的净高和厚度等技术指标。

3.1　桩径变化的影响

分别取0.9m、1.1m、1.2m、1.3m的桩径尺寸进行数值模拟，研究桩径对支护结构受力变形分布特征的影响。

3.1.1　前后排桩水平位移的对比

由图2、图3可以看出随着桩径的增大，前后排桩的水平侧移在开挖面以上逐渐减小，但是变化趋势一致，前后排桩呈现弯剪型变形；开挖面以下几乎完全一致。主要是因为桩径的增大使支护结构的整体抗侧移刚度也相应增大。

3.1.2　重力拱水平位移的对比

由图4可以看出，重力拱水平向侧移随着桩径的增大而减小，这和双排桩的变化规律基本一致，重力拱呈现出弯曲型变形。

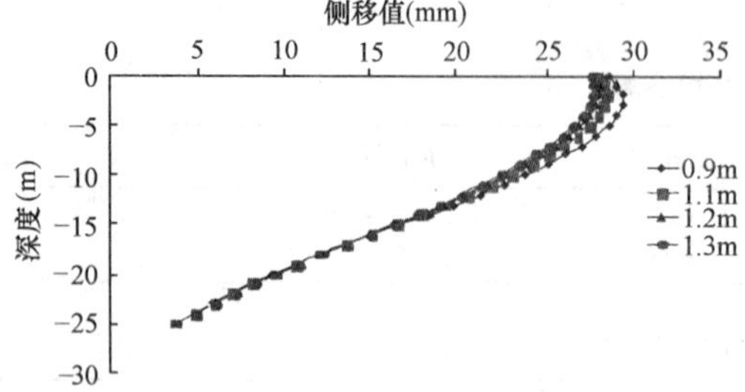

图 2 不同桩径尺寸前排桩侧移曲线对比

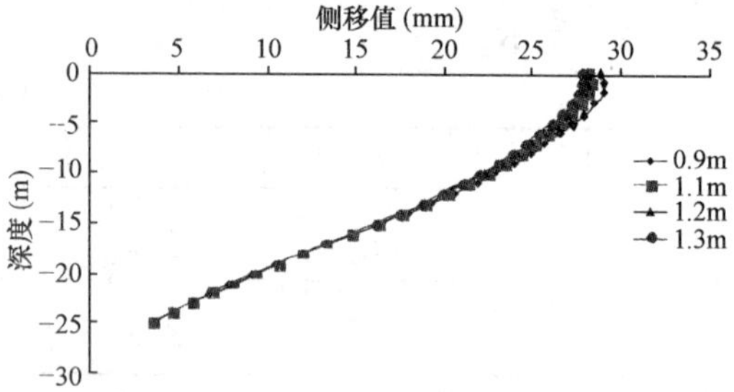

图 3 不同桩径尺寸后排桩侧移曲线对比

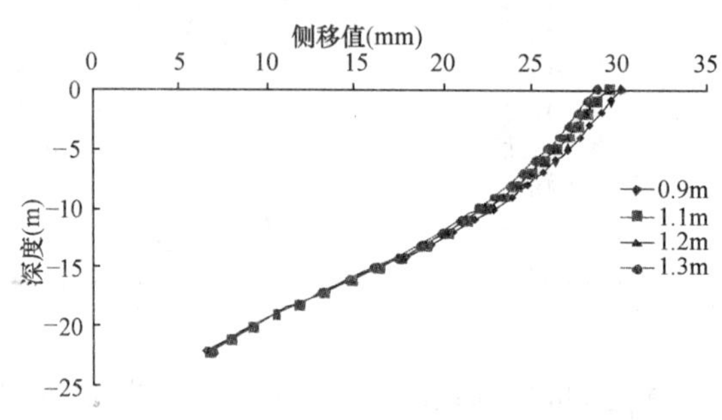

图 4 不同桩径尺寸重力拱侧移曲线对比

3.1.3 前后排桩弯矩的对比

由图 5、图 6 可以看出前、后排桩的桩身弯矩随着桩径的增大而增大，前排桩增大幅度比较大，结合图 2 和图 3 可以得出这样的结论：桩径的增大可以一定程度的减小支护结构的侧移，但是支护结构内力却明显增大，所以实际工程中不能一味地增大桩径达到支护效果。

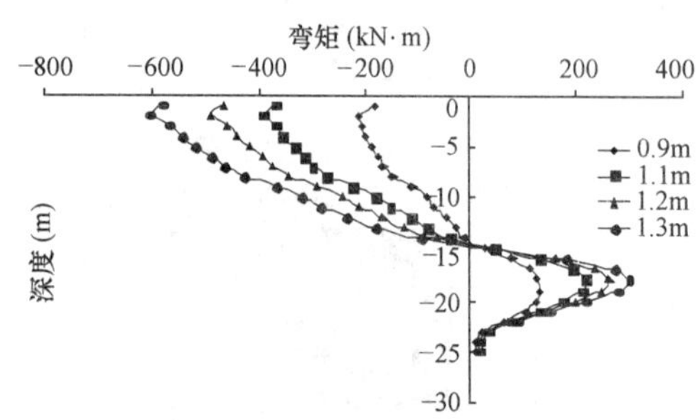

图 5 不同桩径尺寸前排桩弯矩曲线对比

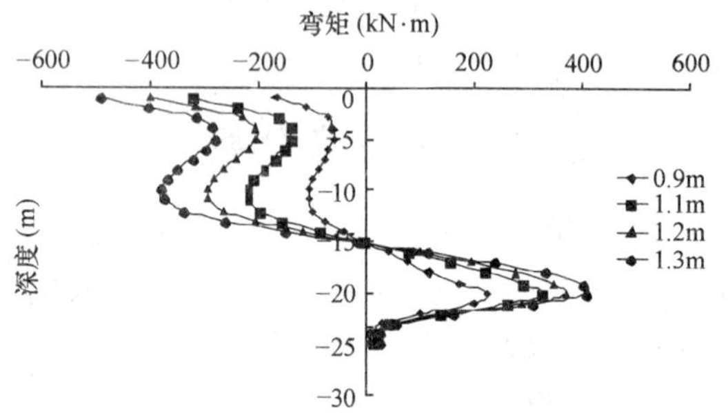

图 6 不同桩径尺寸后排桩弯矩曲线对比

3.2 桩距变化的影响

分别取桩距为 3.0m、3.5m、4.0m、4.5m 来研究桩距这一参数对整个支护系统的影响。

3.2.1 前后排桩水平位移的对比

由图 7、图 8 可以看出随着双排桩排距的增大，前、后排桩的水平向侧移在支护上部逐渐减小，支护下部略有增大，说明后排桩对前排桩的拉锚作用随着桩距的增大而增大，桩距增大到一定值时，后排桩的作用更接近于桩锚结构中的锚杆。

3.2.2 重力拱水平位移的对比

由图 9 可以看出随着桩距的增大重力拱的侧移在上部逐渐减小，在下部几乎保持不变，最大的侧移值一致出现在拱体顶面，桩距的变化对重力拱水平向侧移影响不大。

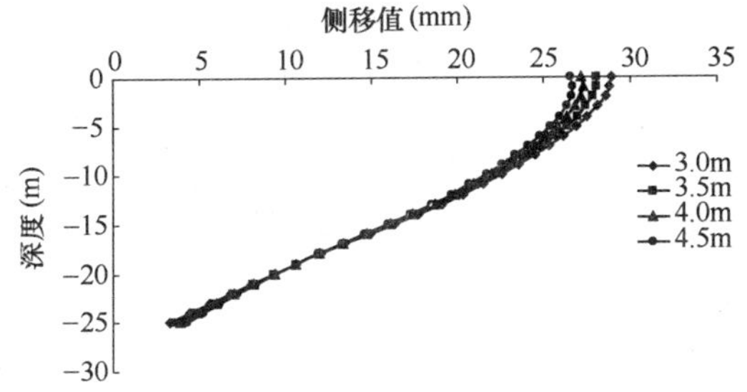

图 7 不同桩距前排桩侧移曲线对比

图 8 不同桩距后排桩侧移曲线对比

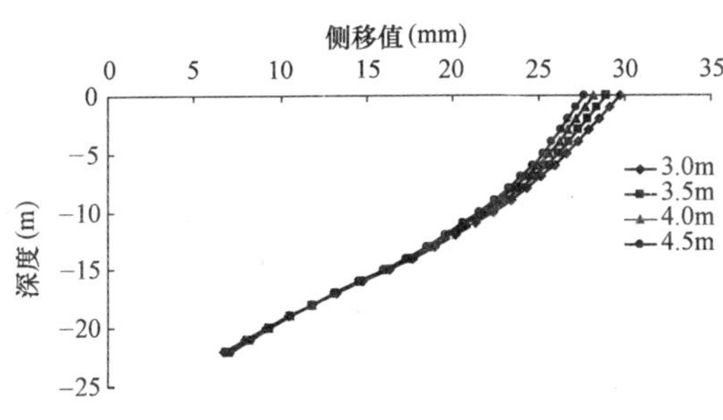

图 9 不同桩距重力拱侧移曲线对比

3.2.3 前后排桩弯矩的对比

由图 10、图 11 可以看出随着双排桩距的增大，前、后排桩的桩身弯矩都在增大，在基坑开挖面以上前排桩桩身弯矩的增大趋势明显比后排桩桩身弯矩的增大趋势快，说明随着双排桩排距的增加前排桩分担的荷载比例在逐渐增加，前排桩逐渐成为主要的受力构件。

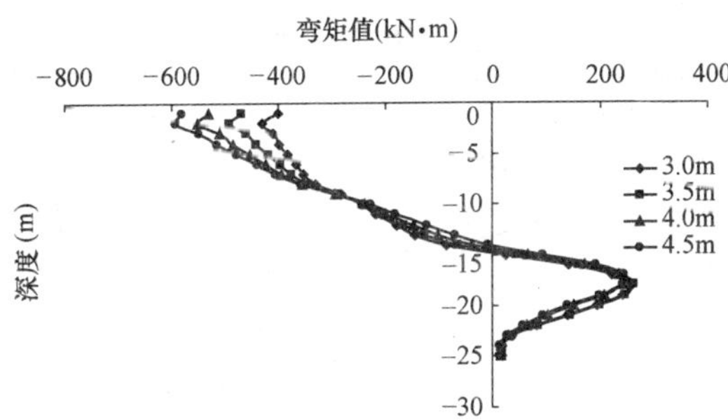

图 10 不同桩距前排桩弯矩曲线对比

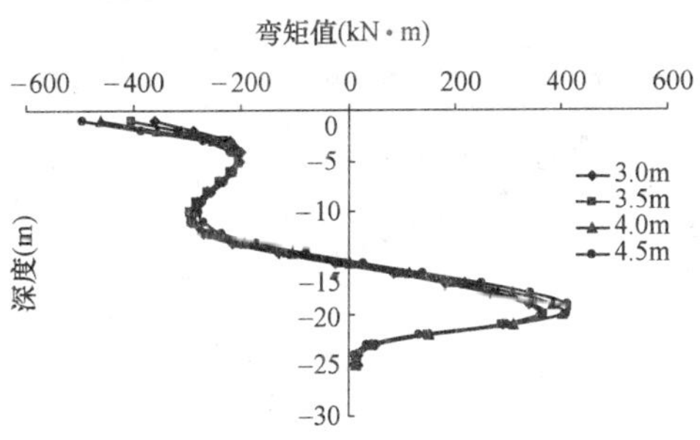

图 11 不同桩距后排桩弯矩曲线对比

3.3 拱净高变化的影响

取不同水泥土重力拱高度进行对比分析。水泥土拱高度取以下值：0.8m、1.0m、1.1m、1.2m。

3.3.1 前后排桩水平位移的对比

由图 12、图 13 可以看出拱体净高对前后排桩的水平侧移影响很小，在实际工程设计优化中可以优先考虑其他参数的影响。

3.3.2 重力拱水平位移的对比

由图 14 可以看出，和双排桩侧移规律一致，拱体净高对重力拱本身的水平侧移影响也很小，几乎可以忽略不计。

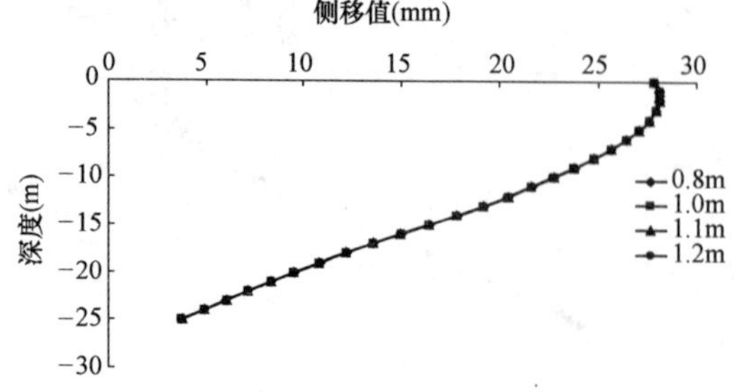

图 12　不同净高前排桩侧移曲线对比

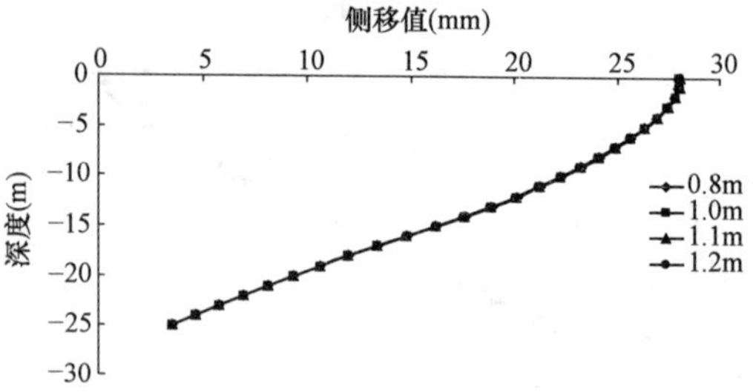

图 13　不同净高后排桩侧移曲线对比

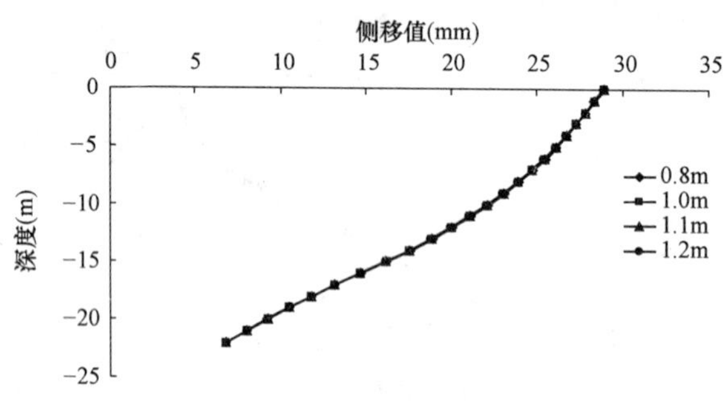

图 14　不同净高重力拱侧移曲线对比

3.3.3　前后排桩弯矩的对比

由图 15、图 16 可以看出，随着拱体净高的增大，前、后排桩的桩身弯矩略微减小，说明拱体净高的变化对其旁边双排桩的受力性能的影响不大。

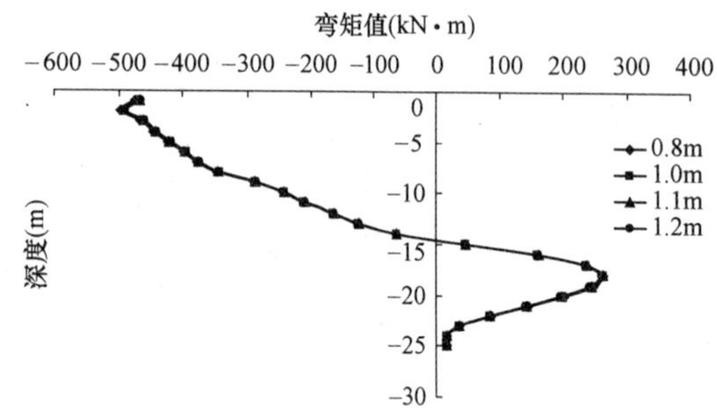

图 15　不同净高前排桩弯矩曲线对比

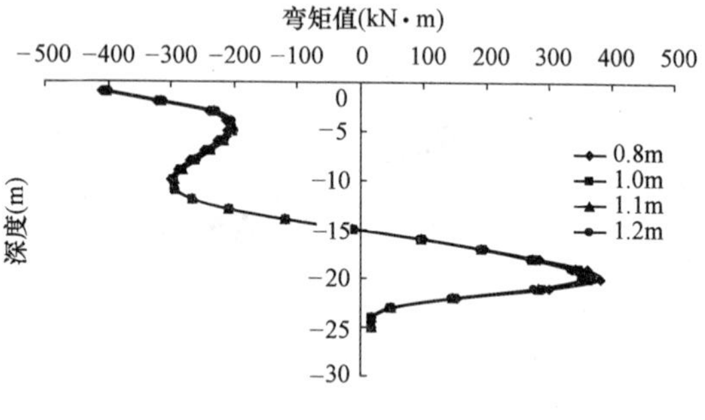

图 16　不同净高后排桩弯矩曲线对比

3.4　拱厚变化的影响

取不同水泥土重力拱厚度进行对比分析。水泥土拱厚度取以下值：4.5m、5.0m、5.3m、5.5m。

3.4.1　前后排桩水平位移的对比

由图 17、图 18 可以看出随着拱身厚度的增加，前排桩和后排桩的侧移略有增加，但是变化幅值很小。

3.4.2　重力拱水平位移的对比

由图 19 可以看出拱身厚度的变化对重力拱的影响很小，可以忽略不计，说明当拱身厚度达到一定值时，增大拱身厚度对支护结构变形影响不大。

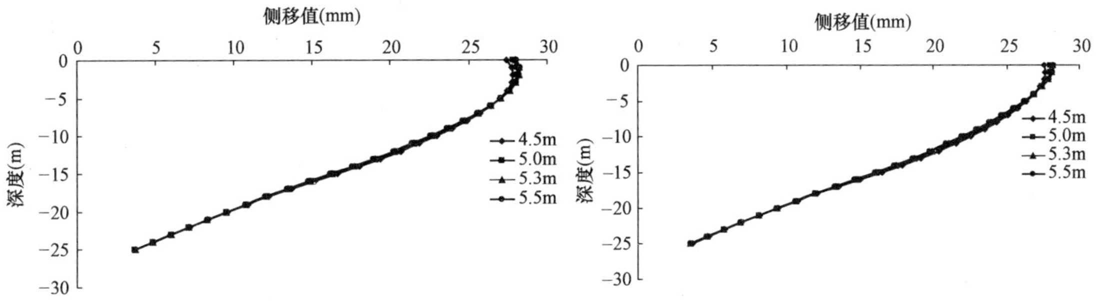

图 17　不同拱厚前排桩侧移的对比　　图 18　不同拱厚后排桩侧移的对比

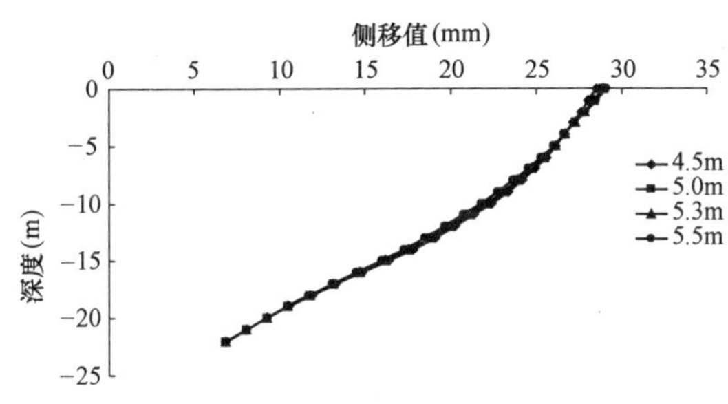

图 19　不同拱厚重力拱侧移的对比

3.4.3　前后排桩弯矩的对比

由图 20、图 21 可以看出随着拱身厚度的增加，前排桩和后排桩的桩身弯矩有所减小，这和图 17、图 18 所得规律相对应，拱身厚度的增加使侧移略有增加，桩身内力减小。

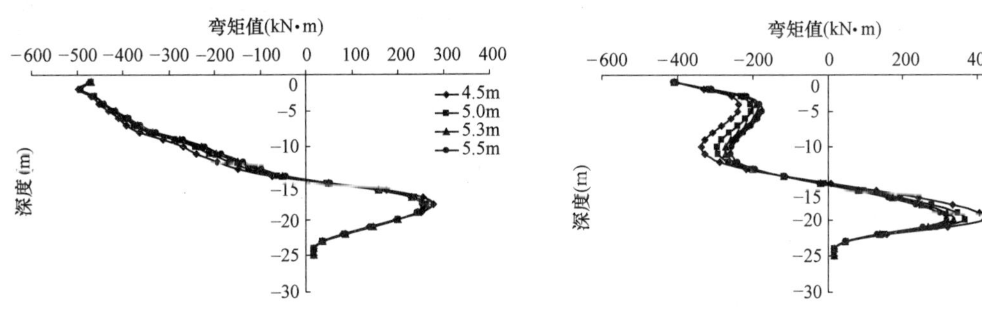

图 20　不同拱厚前排桩弯矩的对比　　图 21　不同拱厚后排桩弯矩的对比

4　结束语

本文主要分析了桩径、桩距和拱体净高关键参数对双排桩复合重力拱支护受力变形的影响，主要结论如下：

(1) 双排桩桩径的增大使支护结构的整体抗侧移刚度增大，支护结构的侧移逐渐减小，但是双排桩桩身弯矩增大幅度较大。拱冠后侧土压力变化很小，可以忽略不计。

(2) 双排桩排距的增大使后排桩在整个支护体系中的拉锚作用增大，双排桩和重力拱的水平侧移均随着桩距的增大而减小，但是双排桩桩身弯矩值则增大。

(3) 拱体净高对整个支护结构的位移和内力影响均很小，甚至可以忽略不计。

(4) 拱身厚度的增加使双排桩侧移有所增加，桩身弯矩减小，对拱后土压力影响不大。

参考文献

[1] 季三荣，郭院成，张建成．双排桩复合连拱支护结构的三维有限元分析[J]．河南科学，2009，27(3)：846-849

[2] 郭院成，郭呈祥，叶永峰．基于水平土拱效应的排桩支护结构合理桩间距的研究[J]．四川建筑科学研究，2008，34(4)：136-139

[3] 郭院成，季三荣，张景伟，郑荣军．双排桩复合重力拱支护体系的工作机理分析[J]．郑州大学学报(工学版)，2010，29(4)

浅述高层建筑变形缝两侧剪力墙结构的滑模施工

储开春　王晓东　邱　燕

（江苏省苏中建设集团股份有限公司　226600）

［摘要］ 本文通过实例，总结工程实践，对高层建筑变形缝两侧剪力墙结构的施工提出两种施工方案，经对比后采用整体滑模施工工艺，解决了由于变形缝宽度较小，施工人员无法进入缝内进行模板支设和模板拆除的问题。

［关键词］ 高层建筑；变形缝；剪力墙；滑模施工

1　工程概况

上海市"绿洲康城"高层住宅小区是南汇区重点工程项目，共9幢高层住宅，其中七号楼为31层剪力墙结构，建筑面积为32514m^2，建筑总高度为97.2m。在㉚轴㉛轴之间设计为"‖"型变形缝，变形缝宽度400mm，长度8500mm，如图1所示：

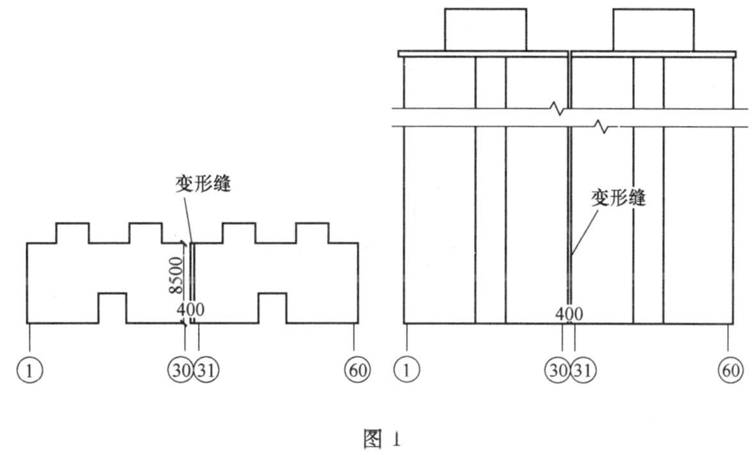

图1

2　施工难点

（1）当采用依次流水施工，将①－㉚轴剪力墙结构混凝土浇筑完成后施工㉛－⑥⓪轴结构时，因变形缝宽度只有400mm，扣除模板和木楞的厚度后只有290mm左右，工人也无法进入变形缝内对㉛轴剪力墙外侧模板进行紧固、支撑工作，如图2所示。

（2）当采用平行施工，即①－㉚轴和㉛－⑥⓪轴同时施工，在支设㉚、㉛轴剪力墙外侧模板时，因变形缝宽度只有400mm，再扣除模板和木楞的厚度只有200mm左右，工人也无法进入变形缝内对㉚、㉛轴剪力墙外侧模板进行支撑加固，螺栓紧固工作，如图3所示。

3　问题分析、初定方案

问题的关键点是"施工工人无法进入变形缝内对㉚、㉛轴剪力墙外侧模板的紧固、支撑工作"，就是要解决"不需要工人进入变形缝内进行模板支设操作，并使得㉚、㉛轴剪力墙外侧模

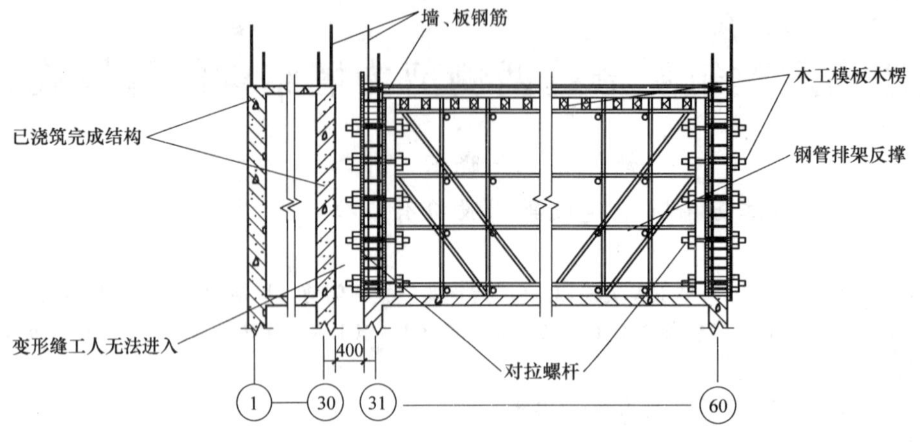

图 2

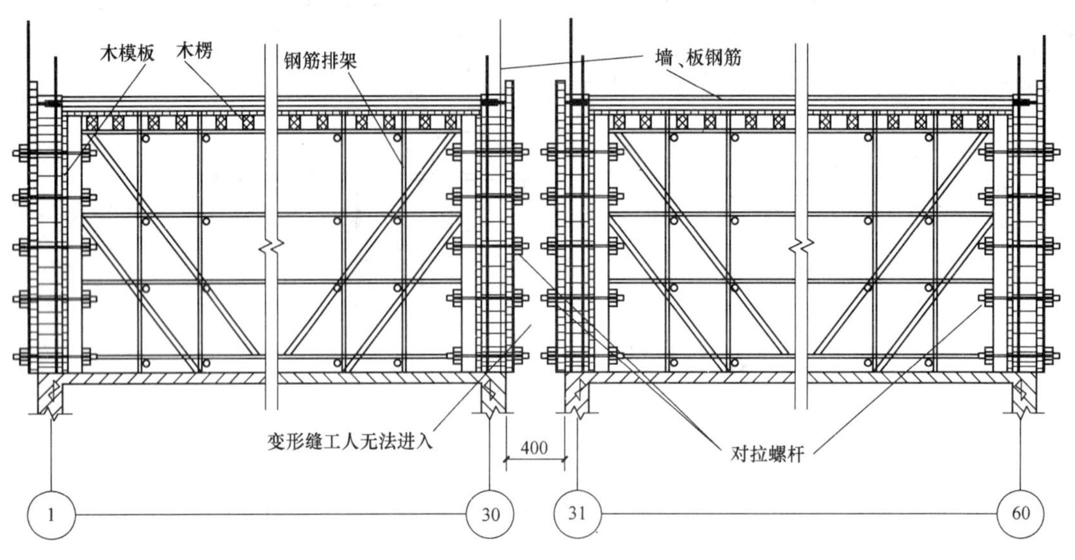

图 3

板有足够的支撑强度和稳定性，以保证混凝土的浇筑和结构成型后质量符合设计和规范要求”的问题。

通过分析按依次流水施工和平行施工，我单位现场技术组初定出以下两种方案。

方案一：采用依次流水施工，依靠已完成的剪力墙为模，在变形缝内放置 400mm 厚的轻质高强材料，再用对拉螺杆在㉚、㉛轴剪力墙内侧紧固。如图 4 所示。

方案二：采用平行施工，在变形缝内采用整体定型模板。整体定型模板外形成长方体，利用整体定型模板的两个侧面分别作为㉚、㉛轴剪力墙外侧的模板，定型模板宽度与变形缝一致为 400mm，高度为 3m 比标准层层高 2.8m 高 20cm，（其中 10cm 为模板底部与底层已完成的结构混凝土交接接头高度，还有 10cm 为上部比预浇筑楼面标高高 10cm，以便于混凝土的浇筑）。定型模板的长度为变形缝的长度 8.5m，定型模板的制作如图 5 所示，整体定型模板的支设紧固后如图 6 所示。

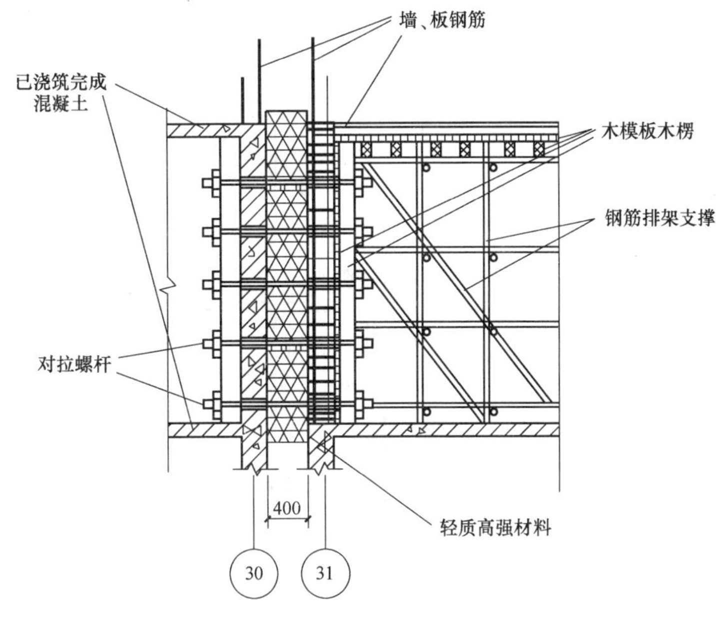

图 4

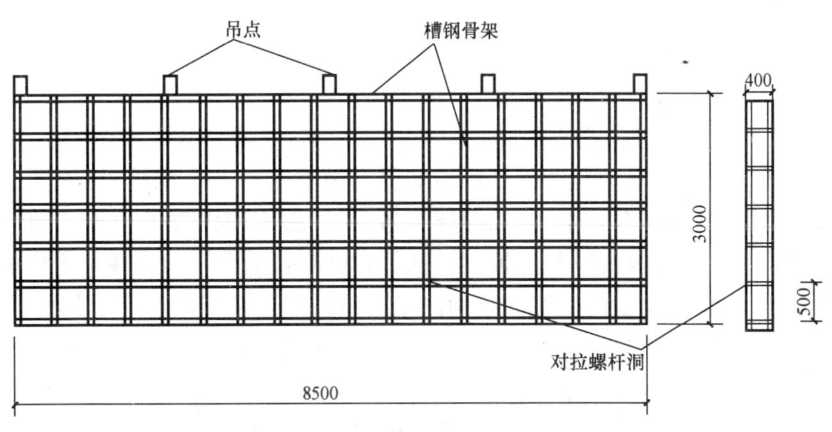

整体滑模正立面、侧立面图

图 5

4 方案比较、确定方案

“方案一”虽然是采用依次流水施工，有利于各工种之间流水作业和周转材料的使用，但是中间的轻质高强材料目前市场较少，采购难度高、且价格较高，最不理想的是在混凝土浇筑完成取出时较为困难、损坏性较大，重复利用率低，造成成本提高，所以该方案在滑出后不久就被否认。

“方案二”采用平行施工，整体定型模板制作的原材料木楞、木模、槽钢均为现场常用周转材料和易购材料，制作成型后可重复利用，经我单位技术管理科、设计院、业主、监理共同协商、论证后一致同意采用“整体定型滑模”施工。

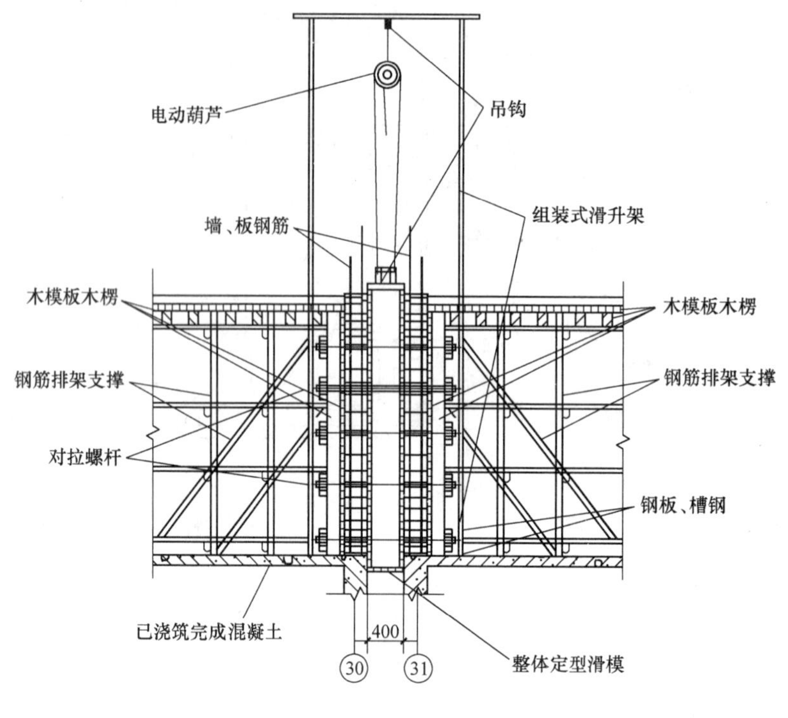

图 6

5　整体定型滑模方案设计

整体定型滑模是利用电动葫芦通过组装式滑升架整体滑升定型模板，使模板滑升到要支设的高度位置，然后通过钢管排架，对拉螺杆与㉚、㉛轴剪力墙内侧的模板共同固定、支撑，以解决不需要工人进入变形缝内进行模板支设操作，并使得㉚、㉛轴剪力墙外侧模板有足够的支撑强度和稳定性，保证混凝土的浇筑和结构成型后质量符合设计和规范要求的问题。

因在整体模板滑升时剪力墙混凝土已凝固，强度达到设计强度的(25～30)％以上，(一般为第一天浇混凝土，第二天滑升模板)，所以滑升时整体模板的主要受力来自整体定型的自重和整体定型滑模在滑升过程与两侧混凝土墙面形成的摩阻力。

5.1　整体定型滑模的自重计算

现场实测的每块木模板重量为 15kg、每块木模板面积为：长×宽＝1.83×0.915＝1.67m²

则每平方米木模板重量：15÷1.67＝8.98kg/m²

则整体定型模板共需木模板用量为：3×8.5×2＋3×0.4×2＝53.4m²

则整体定型模板自重量为：53.4×8.98＝479.53kg

整体定型模板骨架使用 8cm 宽重型 A 级槽钢，查“常用型钢理论重量换算表”得每米 8cm 宽重型 A 级槽钢重量为 8.04kg/m。

整体定型模板使用 8cm 宽重型 A 级槽钢水平和垂直方向间距均为 500mm，则水平方向用量为：(8.5×7×2＋0.4×7×2)×8.04＝711.54kg；垂直方向用量为：(3×19×2＋0.4×19×2)×8.04＝1038.77kg

注：上式中的 14 和 19 分别为横向和竖向 8cm 宽重型 A 级槽钢的根数

则整体定型模板总自重量为：479.53＋711.54＋1038.77＝2229.84kg≈2.23t

5.2　整体定型滑模在滑升过程中与两侧混凝土墙体接触面的摩阻力计算

从《液压滑动模板施工技术规范》GBJ－113－87 附录二中查得模板与混凝土的摩阻力为 $1.5kN/m^2$，则模板与混凝土的摩阻力为：8.5×3×2×1.5＝76.5kN÷9.8N/kg＝7806kg≈7.81t

5.3　采用电动葫芦在滑升过程中总重量

2.23＋7.81＝10.04t

为了安全起见，在本工程中采用 5 个 3t 级的电动葫芦（即起吊重量为 15t＞8.98t），均匀分布在 8.5m 长的整体定型模板如图 5 所示的五个吊点上。

6　整体定型滑模施工工艺注意事项

整体定型模板施工工序：组装式滑升架组装→整体定型模板就位（或提升就位）校正固定→㉚、㉛轴剪力墙钢筋的绑扎验收→㉚、㉛轴剪力墙内侧模板的就位→㉚、㉛轴剪力墙内外侧模板的紧固→㉚、㉛轴剪力墙混凝土的浇筑→组装式滑升架的拆卸。

6.1　组装式滑升架在组装注意事项

（1）组装式滑升架在组装时应严格按组装顺序进行，滑升架底部水平槽钢在立杆两侧的距离应相等，以利于立杆受力时，荷载均匀分布在底部钢板上，再由钢板均匀传递给混凝土受力构件。

（2）所有立杆竖直后均要与楼层内钢管排架锚固连接，以增强整体滑升架的稳定性。

（3）在五个电动葫芦安装后电源线路必须安装在整体模板滑升过程中碰不到的位置，其控制开关由两级组成，一级为总开关，（可以同时启动五个电动葫芦，以利于各个吊点的受力均匀），二级为单个控制开关（即当在某点受阻或发生高低差时，可以通过另一点来进行调整）。

6.2　整体定型模板的滑升注意事项

（1）整体定型模板滑升前应先将内外侧模板的支撑扣件松开，对拉螺杆抽除，并将㉚、㉛轴剪力墙内侧模板、钢管拆除后移送到滑升范围外，避免影响滑升工作。

（2）整体定型模板滑升前应试滑升，所谓试滑升即为利用一级总开关在打开电源后立即关闭电源，这样重复两到三次，试滑升有利于调整各个吊点的受力均匀，发现链条松紧程度与其他松紧程度相差较大的可以通过二级单个控制开关调节，使所有吊点的受力均匀。

（3）整体定型模板滑升时应严格控制滑升速度，应控制在 100mm/min，整个滑升过程在半小时左右完成，在滑升过程中障碍物时应立即停止，障碍物排除后方可继续滑升。

（4）整体定型模板滑升就位后应对模板表面浮浆进行清理，清理干净后涂刷滑模剂，以便于模板滑升和混凝土表面成型美观。

6.3　变形缝两侧剪力墙钢筋的绑扎验收注意事项

（1）钢筋的规格、直径、数量、间距、锚固长度、搭接长度等应符合设计图纸和规范要求。

（2）水平钢筋的制作长度不宜过长，避免钢筋在吊运过程中变形影响钢筋绑扎质量。

（3）剪力墙钢筋绑扎完成后要注重保护层垫块扣挂的数量和间距，防止混凝土保护厚度过小或产生露筋现象。

6.4　变形缝两侧剪力墙内侧模板的就位

（1）内侧模板就位前应先将剪力墙根部碎混凝土块、木屑等垃圾清理干净，避免集在根部影响新浇混凝土与原混凝土的粘接，影响混凝土的内在质量。

（2）内侧模板就位前应对模板表面浮浆进行清理、整平，清理干净后涂刷隔离济，以便于模板滑升和混凝土表面成型美观。

(3) 内侧模板就位应按照剪力墙根部定位线和焊接在剪力墙钢筋根部与剪力墙宽度一致的水平定位钢筋就位，以保证剪力墙位置的准确性。

6.5 变形缝两侧剪力墙内外侧模板的紧固

(1) 如图 6 所示㉚、㉛轴剪力墙内外侧模板是通过对拉螺杆和钢管支撑紧固的，在紧固时应先穿对拉螺杆、套弧形扣、将螺母拧至半紧状态，然后在模板顶端挂垂直校正线，通过垂直校正线将内外侧模板垂直度偏差校正到规范允许范围内时，再将螺母拧紧。

(2) 模板支设到位，对拉螺杆拧紧后，还应用短钢管将模板和钢管排架进行连接，以加强内外侧模板的支撑强度和稳定性。

(3) 内外侧模板支设完成后为了防止上层结构混凝土浇筑时模板根部漏浆，应在内侧模板和楼面混凝土交接处用细石混凝土或砂浆将内侧模板和楼面混凝土交接缝堵住。

6.6 组装式滑升架的拆卸

混凝土浇筑完成后按照先断电源后拆架的顺序将组装式滑升架拆除，拆除后集中堆放、保养以便于下层施工时使用。

6.7 变形缝两侧剪力墙混凝土的浇筑

(1) 变形缝两侧剪力墙混凝土的浇筑应与同层结构混凝土同时浇筑，避免施工缝的产生。

(2) 变形缝两侧轴剪力墙混凝土浇筑时应分层浇筑，每次浇筑高度不应大于 550mm，减少一次性浇筑混凝土对模板冲击力。

(3) 混凝土浇筑后剪力墙顶面应清除松动石子，用木卡拍平，在混凝土达到 1.2N/mm^2 前禁止上层剪力墙钢筋的焊接绑扎活动。

7 方案效果分析

(1) 整体定型滑模法施工与填充轻质高强材料法施工相比较，整体定型滑模法施工对控制变形缝两侧剪力墙位置、尺寸的准确度更有效，更能保证变形缝两侧剪力墙混凝土成型质量。

(2) 整体定型滑模法施工排除了变形缝两侧剪力墙混凝土成型后人员在变形缝内清理填充材料时高空作业的危险性，使施工安全更能得到保障。

(3) 两种施工法相比较，整体定型滑模法施工操作程序更简便，主体每层结构施工可节约时间 0.5 天，使整幢楼提前 15.5 天封顶，为二次结构施工赢得了宝贵的时间。

(4) 经测算整体定型滑模法施工成本为 11.2 万元，填充轻质高强材料法施工成本为 36.7 万元，两种方法相比较，可节约两倍多的成本，为项目创造了很好的经济效益。

8 结束语

现场实际施工中有无数个像建筑物变形缝两侧剪力墙结构施工这样的技术难点，我们施工现场技术管理人员应从安全、质量、成本、工期等方面综合考虑，优选出最佳施工方案后再实施，才能实现企业项目管理的综合效益。

双桩基础在坡度隧道施工中的变形研究

叶 斌[1] 赵宏华[2]

(1. 苏州轨道交通有限公司 苏州 215003;

2. 南京工业大学岩土工程研究所 南京 210009)

[摘要] 针对苏州轻轨一号线盾构隧道的施工情况,采用三维有限元数值模型,研究盾构掘进坡度对双桩承台基础变形的影响。计算结果表明:隧道纵向坡度对左、右桩横向水平位移的影响较小。桩身横向水平位移沿着桩身向下成直线变化的规律。当隧道纵向坡度发生变化时,左、右桩的沉降值变化比较明显,盾构掘进坡度对双桩承台基础中左、右桩沉降的影响比较大。隧道纵向掘进坡度变化所引起的双桩承台中左桩水平横向位移比右桩大;双桩承台中左桩的沉降要小于右桩,由此导致了整个双桩承台发生了向右方向的沉降倾斜。在施工时应该重点监测桩身的竖向沉降,及时采取相应的加固措施。

[关键词] 隧道;盾构施工;双桩;数值分析

随着城市化建设的不断深化和地铁数量、规模的不断扩大,盾构法施工隧道受到越来越欢迎,这主要是盾构法修建地铁隧道施工安全快速、城市内施工不会阻碍交通、对周围环境影响小等优点,已成为城市中地铁建设的主流施工方法。而城市中的高层建筑多是由桩基支承,隧道开挖会引起地层应力的变化,导致不同程度的地层移动[1-5],对既有桩基施加轴向和侧向力,减小桩基的承载力,增加桩基的不均匀沉降,从而影响上部结构的正常使用,为此就有必要研究盾构施工对周边桩基的影响。

目前国内外许多学者就此课题已经取得了许多研究成果。朱逢斌[6][7]通过数值分析研究了盾构隧道开挖对邻近群桩基础的影响,指出隧道开挖导致群桩中前排桩变形及内力均大于后排桩,且同排桩水平位移沿桩身分布几乎重合。刘丽[8]通过计算表明由于基桩扩散拱与隧道冠顶的塌落拱相交叉,基桩的反应比侧桩明显,在盾构开挖面距离桩基较近时,会使基桩产生负摩阻力,降低了桩基承载力。

现有研究成果多数将隧道模型和施工过程进行了大量简化,没有考虑盾构动态掘进过程中桩身位移变化的规律变形,而且将土体简化为均匀土层,也没有考虑降水排水过程、盾尾注浆压力、注浆材料凝固、盾壳刚度因素的综合影响。为此本文结合苏州轻轨 1 号线盾构隧道的施工情况,利用大型三维有限元软件 PLAXIS 3D Tunnel,针对不均匀土层,考虑降水排水、盾尾注浆压力、盾壳刚度因素的综合影响,模拟不同位置处注浆材料弹性模量的变化,从整体上研究桩—土—隧道三者之间相互作用的特征,着重分析了盾构掘进坡度对双桩基础变形的影响,初步摸清盾构周边桩基位移的变化规律,为盾构的顺利掘进提供参考资料。

1 盾构施工对周边桩基变形影响的数值模拟

1.1 数值计算模型

文献[8]通过 Plaxis 3D Tunnel 三维有限元计算软件与离心模型试验结果的对比分析,验证了采用三维有限元软件研究盾构掘进过程对邻近桩基影响的可靠性。因此,本文利用 Plaxis 3D Tunnel 有限元计算软件进行计算研究。

三维有限元模型尺寸为 80m×40m×42m($X\times Y\times Z$)。模型边界约束条件为:模型底部施加完全固定约束,两侧施加竖直滑动约束,表面则取为自由边界。划分好的有限元网格见图1,共计 3068 个单元,9686 个节点。隧道周围土层采用摩尔-库伦模型以及 15 节点楔形体单元模拟,土层参数见表 1。

盾构隧道与侧桩位置见图 1。桩体、隧道衬砌、盾构壳体均采用 8 节点线弹性板单元模拟,桩—土、盾壳—土体和衬砌—土之间均设置接触面单元。隧道的直径为 6m,中心埋深 14m,盾壳长 9m,厚度为 0.04m,压缩模量为 2.06×10^5 MPa,泊松比为 0.3。隧道周边存在双桩承台桩基础,桩身直径为 0.6m,桩长为 20m,承台板尺寸为 4m×4m×1.5m,其上作用有 400kN 的均布荷载。具体见图 2、图 3。

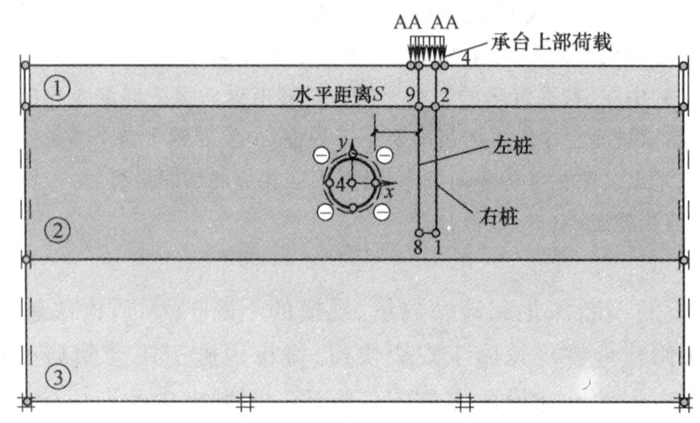

图 1　地铁隧道与桩相互作用示意图

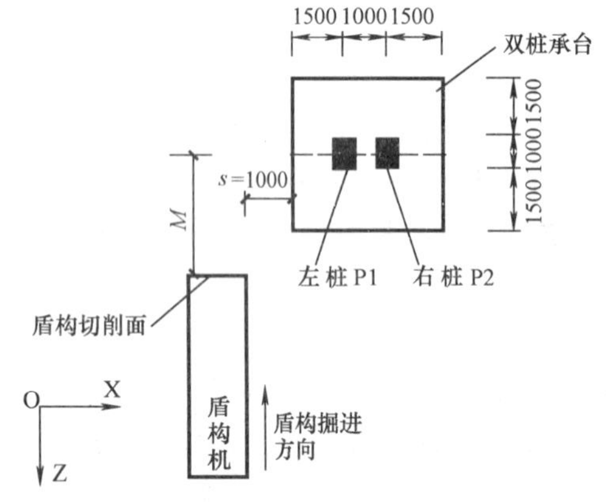

图 2　盾构与周边双桩承台基础的平面图

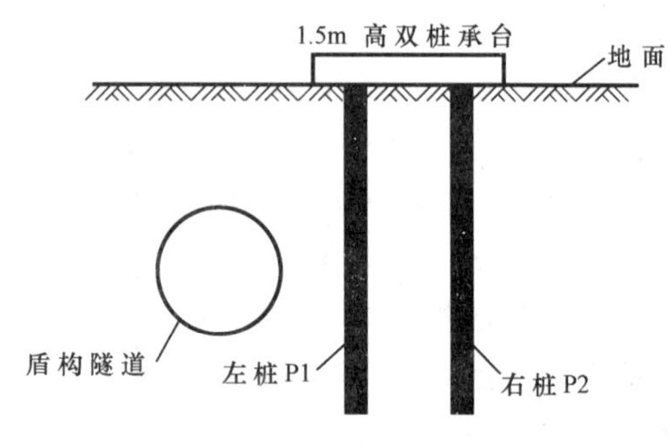

图 3　盾构与周边双桩承台基础的剖面图

表 1　土体参数

土层编号	层厚(m)	土体容重 γ(kN·m^{-3})	土体饱和容重 γ_{sat}(kN·m^{-3})	土体变形模量 E(MPa)	土层黏聚力 C(kPa)	土体内摩擦角 ϕ(度)	泊松比 μ
①	5	18	20	6	32	18	0.32
②	18	18	19.5	12	9	26	0.3
③	17	17	19	4.5	13	14	0.32

注:地下水位在地面下 2m,土层编号见图 1。

注浆区的浆体采用线弹性模型及 15 节点楔形体单元模拟。注浆液未凝固时浆体弹性模量为 1MPa，泊松比为 0.4，浆液凝固后浆体弹性模量为 3MPa，泊松比为 0.28。

1.2 盾构隧道掘进过程的数值模拟

在有限元模拟计算时，由于盾构衬砌宽度为 1.5m，因此，盾构每一个开挖的施工步长度设为 3m，在开挖 3m 的过程中进行 3 个增量步的模拟，分别是：(1)对开挖步进行排水降水模拟，产生开挖时的孔隙水压力；(2)模拟土体开挖过程，在此增量步内“杀死”开挖步内土体；盾尾进行注浆，产生均匀的注浆压力；同时在掘削面施加支护力，计算时该压力取为 150kPa，方向为 Z 轴负向；(3)“杀死”注浆压力，激活不同位置处注浆区单元材料模拟注浆液；激活盾尾的衬砌单元模拟安装衬砌过程；设置地层损失系数，计算时取为 3%。

2 盾构掘进坡度对双桩承台基础的变形影响

2.1 盾构掘进坡度对左桩变形的影响

图 4 为盾构隧道施工时，不同纵向坡度条件下，左桩横向水平位移变化图。由图可以看出隧道施工过程中，隧道纵向坡度对左桩横向水平位移的影响较小。隧道施工时纵向坡度发生变化并不会影响双桩承台中左桩横向水平位移，因此在隧道施工时，隧道纵向坡度的施工误差允许值放宽要求后，对双桩承台中左桩的横向水平位移影响不大。

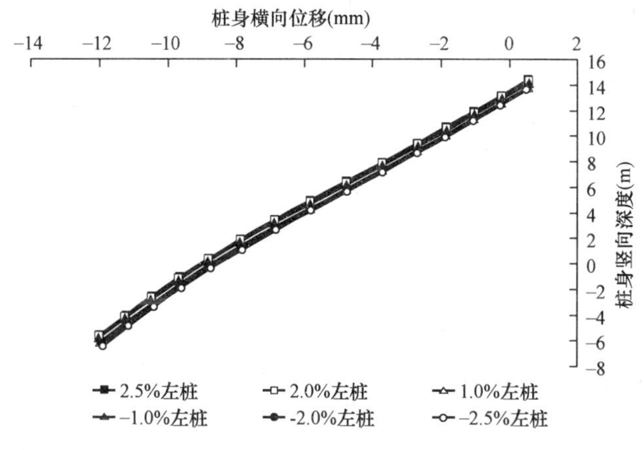

图 4 不同盾构掘进坡度下左桩变形图

左桩上部桩身产生了正向的横向水平位移，说明左桩上身发生了偏离隧道方向的倾斜，而左桩下身产生了负向的横向水平位移，说明桩身下部发生了偏向隧道方向的倾斜，整个桩身的横向水平位移沿着桩身向下成直线变化的规律，由桩顶处正向的水平位移直线变化到负向的水平位移。

图 5 为不同纵向坡度情况下，双桩承台左桩竖向沉降变化图，由图可以看出，当隧道纵向坡度发生变化时，左桩的沉降值变化比较明显，将坡度为 2.5%与－2.5%进行比较可以发现，坡度为 2.5%时左桩沉降小于坡度为－2.5%时的沉降，对其他纵向坡度作同样比较可以发现其变化规律一致，所以当隧道纵向坡度向上时，隧道施工导致左桩的沉降要小于隧道坡度向下时导致左桩的沉降。在隧道施工时应该注意隧道纵向坡度的变化，尽量减小纵向坡度的施工误差，同时更加注意避免发生坡度向下的施工误差。

在不同的纵向坡度下，左桩的整个桩身的沉降变化曲线形状一致，说明不同的隧道纵向坡度对左桩的沉降影响一致。在隧道纵向坡度向上的情况下，隧道纵向坡度由 1%变化到 2.5%

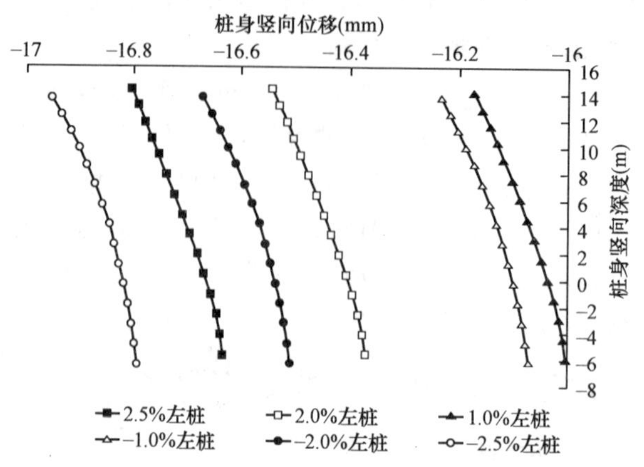

图 5　不同盾构掘进坡度下左桩变形图

时，整个桩身的最大竖向沉降也由－16.2mm 变化到－16.8mm，随着纵向坡度的增加，整个桩身的竖向沉降也随之增加；在隧道纵向坡度向下的情况下，隧道纵向坡度由－1％变化到－2.5％时，整个桩身的最大竖向沉降也由－16.5mm 变化到－16.9mm，随着纵向坡度的增加，整个桩身竖向沉降也随之增加。由此可以看出，在盾构隧道施工时纵向坡度的施工误差会导致双桩承台中左桩的沉降增加，在施工时应该重点监测桩身的竖向沉降，及时采取相应的加固措施。

2.2　盾构掘进坡度对右桩位移的影响

图 6 为盾构隧道施工时，不同纵向坡度条件下，双桩承台基础中右桩横向水平位移变化图。由图可以看出隧道施工过程中，在不同的隧道纵向坡度条件下，整个桩身横向水平位移几乎相等，说明隧道纵向坡度的变化对桩身的横向水平位移影响较小。在隧道施工时纵向坡度发生变化并不会对双桩承台中右桩横向水平位移产生太大的变化，因此在隧道施工时，隧道纵向坡度的施工误差允许值放宽要求后，对双桩承台中右桩的横向水平位移影响不大。同时，右桩上部桩身产生了正向的横向水平位移，说明右桩上身发生了偏离隧道方向的倾斜，而右桩下身产生了负向的横向水平位移，说明桩身下部发生了偏向隧道方向的倾斜，整个桩身的横向水平位移沿着桩身向下成直线变化的规律，由桩顶处正向的水平位移直线变化到负向的水平位

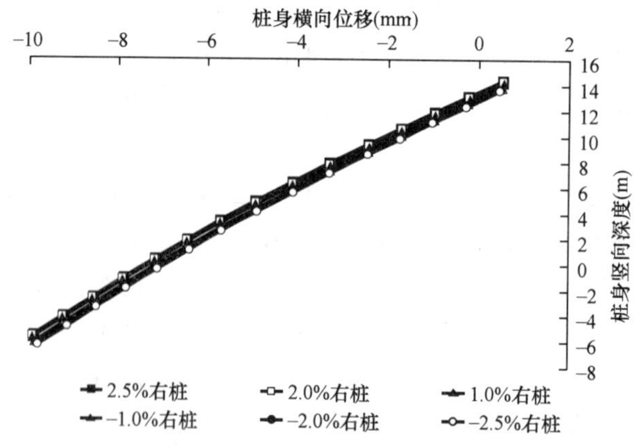

图 6　不同盾构掘进坡度下左桩变形图

移。将不同隧道纵向坡度的变化对双桩承台中左桩和右桩的影响进行比较后可以发现，隧道纵向坡度的变化产生的双桩承台中左桩的水平横向位移比右桩的水平横向位移大，整个双桩承台发生了一定程度的倾斜。

图 7 为不同纵向坡度情况下，双桩承台右桩竖向沉降变化图，由图可以看出，当隧道纵向坡度发生变化时，右桩的沉降值变化比较明显，坡度为 2.5%时左桩的沉降要小于坡度为－2.5%时的沉降，对其他纵向坡度作同样比较可以发现其变化规律一致，所以当隧道纵向坡度向上时，隧道施工导致右桩的沉降要小于隧道坡度向下时导致右桩的沉降。在隧道施工时应该注意隧道纵向坡度方向的变化，尽量减小纵向坡度的施工误差，同时更加注意避免发生坡度向下的施工误差。

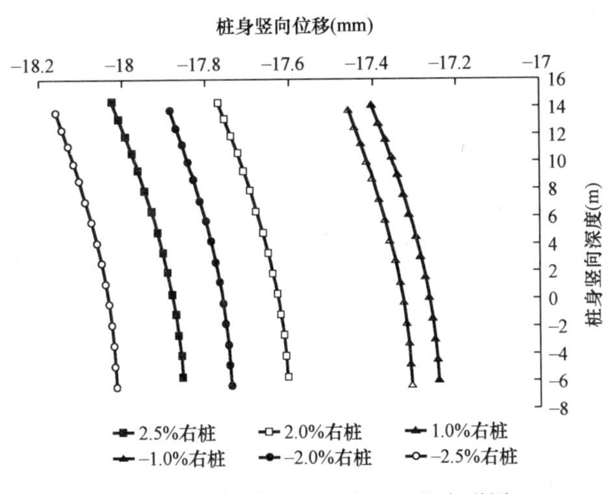

图 7　不同盾构掘进坡度下左桩变形图

在不同的纵向坡度下，右桩的整个桩身的沉降变化曲线形状一致，说明不同的隧道纵向坡度对右桩沉降的影响一致。在隧道纵向坡度向上的情况下，隧道纵向坡度由 1%变化到 3.5%时，整个桩身的最大竖向沉降也由－17.2mm 变化到－18.2mm，随着纵向坡度的增加，整个桩身的竖向沉降也随之增加；在隧道纵向坡度向下的情况下，隧道纵向坡度由－1%变化到－3.5%时，整个桩身的最大竖向沉降也由－17.3mm 变化到－18.5mm，随着纵向坡度的增加，整个桩身的竖向沉降也随之增加。

由此可以看出，在盾构隧道施工时纵向坡度的施工误差会导致双桩承台中右桩的沉降增加，在施工时应该重点监测桩身的竖向沉降，及时采取相应的加固措施。将隧道施工的纵向坡度对双桩承台中左桩和右桩的沉降影响进行比较后可以发现，隧道施工导致双桩承台中左桩的沉降要小于双桩承台中右桩的沉降，由此导致了整个双桩承台发生了向右方向的沉降倾斜。

3　结论

通过对不同盾构掘进坡度的数值模拟分析可以发现，在盾构掘进的过程中，周边双桩承台基础的影响如下。

（1）隧道纵向坡度对左桩身的横向水平位移的影响较小。隧道施工时纵向坡度发生变化并不会影响双桩承台中左桩横向水平位移。左桩上身发生偏离隧道方向的倾斜，而左桩下部则发生了偏向隧道方向的倾斜，整个桩身的横向水平位移沿着桩身向下成直线变化的规律。

（2）当隧道纵向坡度发生变化时，左桩的沉降值变化比较明显，盾构掘进坡度对双桩承台基础中左桩沉降的影响比较大。在施工时应该重点监测桩身的竖向沉降，及时采取相应的加固措施。

（3）在盾构隧道施工过程中，隧道掘进的纵向坡度变化对右桩身的横向水平位移影响较小。右桩上部桩身发生了偏离隧道方向的倾斜，而右桩下身发生了偏向隧道方向的倾斜，整个桩身的横向水平位移沿着桩身向下成直线变化的规律。

（4）隧道纵向掘进坡度变化所引起的双桩承台中左桩水平横向位移比右桩大，整个双桩承台发生了一定程度的倾斜。

（5）当隧道纵向坡度发生变化时，双桩承台中右桩沉降值变化比较明显。在不同的盾构掘进坡度下，隧道施工导致双桩承台中左桩的沉降要小于右桩，由此导致了整个双桩承台发生了向右方向的沉降倾斜。

参考文献

[1] 张凤祥，傅德明，杨国祥，项兆池．盾构隧道施工手册[M]，北京：人民交通出版社，2005

[2] 杨冠天，项彦勇，张峰．基于间隙参数模型的盾构隧道周围土体位移分析[J]．，岩土力学，2005，26(10)：1602-1606

[3] 于宁，朱合华．盾构施工仿真及其相邻影响的数值分析[J]．岩土力学，2004，25(2)：292-296.

[4] 徐前卫．盾构施工参数的地层适应性模型试验及其理论研究[D]．申请博士学位论文，上海：同济大学土木工程学院，2006

[5] 朱合华，徐前卫，傅德明等．地层适应性盾构模型试验设计方法初探[J]．岩土力学，2006，27(9)：1437—1441

[6] 刘丽．盾构掘进过程中邻近桩基的反应分析研究[D]，青岛：山东科技大学，2006

[7] 朱逢斌．地铁隧道开挖对原有桩基工作性状的影响研究[D]，南京：南京林业大学，2007

[8] 朱逢斌，杨平，ONG C W．盾构隧道开挖对邻近桩基影响数值分析[J]．岩土工程学报，2008，30(2)：298-302

室外施工电梯配重防坠落改造创新

成跃兵　钱爱成　黄晓霞

（南通新华建筑集团有限公司　226300）

［摘要］ 施工电梯配重因为钢丝绳坠断，导致配重坠落弹出致人死亡，现进行技术改造创新，增加配重防坠装置，以确保安全运行。

［关键词］ 配重防坠；挂钩；导轮

1　概述

施工电梯是现代高层建筑施工垂直运输的主要施工设备之一。对于保证施工工期与安全，降低施工成本，减轻劳动强度起着不可替代的作用。带配重装置的电梯（SCD200）相对优点是机械磨损小、电流小（对电机和电气元件破坏小）、耗电少，是一种寿命高、省电节能的设备，能为企业和社会节省了大量的电能。

图 1

带配重装置的电梯在使用一段时间后进行检查，发现导轮和轨道间的间隙存在不均匀现象，造成配重摆动大，容易脱轨，以至造成钢丝绳坠断，配重高空坠落伤人。导轮与配重之间原是螺栓固定，使用一定时间后发现有松动现象，固定方式有活动余地。

现对配重进行一系列技术改造创新。

2　增加配重防坠装置

厂家在电梯原始设计中，没有配重防坠装置，如果配重脱轨且钢丝绳拉断会发生坠落。现我们在使用过程中增加防坠装置，即使钢丝绳拉断或松动，防坠装置会立即把配重挂在电梯架上，避免坠落发生。配重一旦坠落的必要条件是，由于对轮出轨后，形成配重与标准节卡死、造成钢丝绳拉断、引起配重坠落。

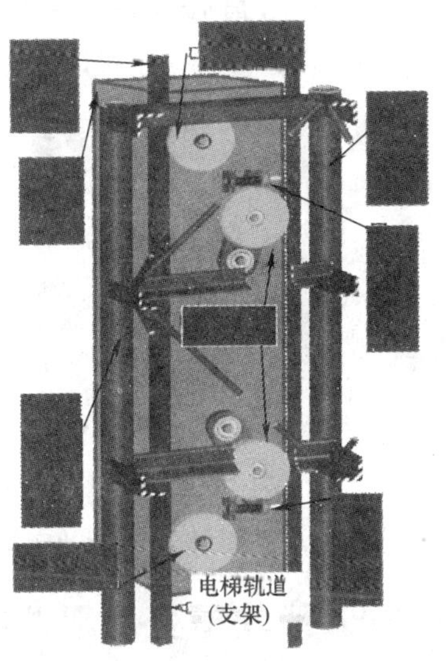

图 2

（1）防坠器采用挂钩式的防坠方法，挂钩与钢丝绳进行联动，一旦钢丝绳被拉断或松动，挂钩在弹簧的作用下迅速与电梯标准节挂靠，使配重安全地挂靠在标准节上。

（2）由于配重的重量很大，防坠器必须在钢丝绳断裂的瞬间或钢丝绳松动发挥作用，否则，产生加速度后就丧失了功能，即便发挥作用，对整体结构的破坏性也太大，因此，对防坠挂钩采预紧式弹性装置。

（3）由于电梯标准节的腹杆，方向不一、比较复杂，为了在挂钩发挥作用时起到应有的作用，挂钩必须具备左右摆动自我调整的功能。因此，对挂钩的钩身采用万向节的设计。

(4) 由于配重物在发生作用时，具有一定的冲击力，为了减少由于冲击力对标准节腹杆的损伤，在防坠器挂钩的钩槽内设置4道横向铅丝，起到缓冲作用。(详见防坠器挂钩制作图)

通过增加防坠装置，经过多次模拟坠落试验，该装置起到了防坠效果。

3 增加一对张紧式导轮系统

确定配重导轮轨道允许偏差值、对所有轨道进行维修监控：轨道接头错位允许偏差：水平方向必须小于2mm。现增加一对张紧式导轮系统，确保导轮与轨道紧密切合。

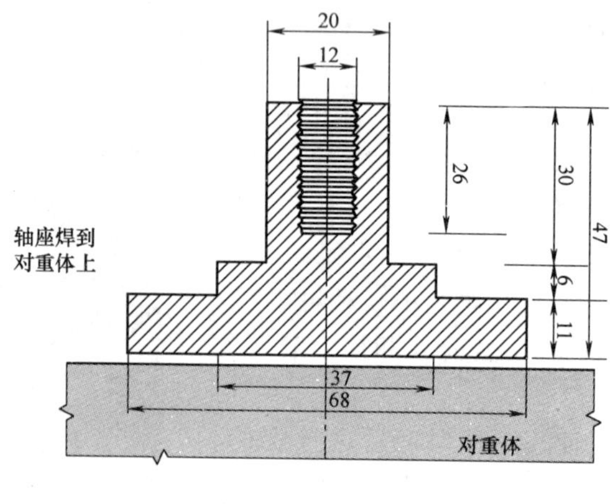

图3

4 改变固定方式

由原来的螺栓固定改为焊接固定，通过改变固定方式，把导轮直接焊接在配重上，彻底解决了原设计螺栓固定产生松动的问题。

5 加大导轮直径和导轮轴直径

(1) 原配重导轮直径小，转动快，滚动摩擦磨损大。对拆下的旧滑轮进行检查，发现导轮轴磨损变形明显，现加大导轮的直径，直径由原设计的100mm改为180mm。这样就加长了力臂、降低了摩擦力，使轮轨之间始终为滚动摩擦避免滑动摩擦所造成的磨损(详见轨道导轮加工图)。

图4

(2) 加大导轮轴直径，由原设计轮轴直径12mm变为20mm，增强了轮轴的刚度和抗变形能力。

增大导轮及轮轴直径，磨损和变形情况将会有所改善。通过以上两个措施，导轮和轮轴的直径加大，确实能够使轮轨之间始终为滚动摩擦避免滑动摩擦所造成的磨损，使用一段时间后轮轴看不到明显变形。

6. 原“凹”形轮槽变为双八字形轮槽，并增加轮槽深度，加大卡边面积

对导轮槽进行检查，原设计导轮槽呈“凹”形，轮槽深12mm，宽9mm。切和不深，配重摆

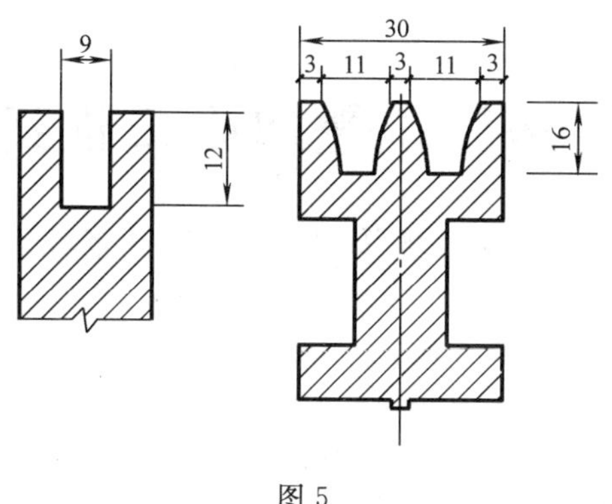

图 5

动大时容易脱轨。现增加轮槽深度，加大轮槽对轨道的卡边面积；轮槽开口为八字形，增加轮槽对轨道的导向性和可调性，还增加一道轮槽，这样导轮还可以使用两次。

7　带配重装置电梯改造后相对不带配重装置相比工效

（1）电梯每年节省电费为：按每天 10 小时工作计算：每天可节约用电 13×10＝130 度电，每度电按 0.9 元计算，每天节约电费 117 元，按每年工作 300 天计，节约电费产生效益为117×300＝35100 元。

（2）每年避免直接经济损失为：

原每年维修费用 4.542 万元，本次改造费用 0.8 万元，改造后节省费用 3.742 万元，维修费用明显下降。

经过在项目中的运用，积极采取对策，改造后的整个配重系统，能够起到自我调整、纠偏切合、稳定运行的效果，解决了该类电梯使用中的一大隐患，提高了电梯运转率，保障了安全运行，节约了维修费用。

多层砖混房屋抗震加固工程实例浅析

胡树森　王　彤　刘冀钢　（张家口市抗震办公室）

［摘要］ 本文在总结历次地震多层砖房震害经验教训的基础上，通过剖析多层砖房实例的抗震鉴定、强度验算、采取加固构造设计的程序，从而反映出提高地震区未设防多层砖房抗震能力的途径，保障地震区广大人民群众生命财产安全，最大限度地减轻地震灾害的对策。

［关键词］ 砖混房屋；抗震鉴定；结构验算；抗震加固；效果评价

1　概述

实践证明，原有多层砖房的抗震加固，是抗御地震灾害最积极、最有效的对策之一。

在我国广大地震区，未经过抗震设防的多层砖房，需进行抗震加固的工程量大面广。一般情况下，未设防的多层砖房抗震能力相当脆弱，人员又相对集中，历次地震灾害的经验教训都告诉我们，造成人民群众生命财产直接损失的不是地震，而是来自不抗震的建筑工程，其中多层砖房的破坏尤为严重。

1976 年唐山大地震，唐山市路南区的地震烈度是 11 度区，多层砖房全部倒塌。这次地震波及天津市汉沽区，地震烈度是 9 度区，多层砖房的破坏率为 93.8%。波及北京市是 6～7 度区，多层砖房的破坏率为 27.2%。1988 年云南澜沧耿马 7.6 级地震，澜沧县人民医院是栋多层砖房，住院部震前进行了抗震加固，震后只有局部的轻微损坏继续救治病人，而相邻的门诊部因没有进行抗震加固，遭到了严重破坏，大部分倒塌只得拆除。

1988 年原苏联亚美尼亚地震和 1990 年伊朗地震，多层砖房的破坏也是非常严重的，这两次地震之后，各国专家学者纷纷发表评论，例如：美国科罗拉多大学比兰姆教授讲："造成伤亡的是建筑物，而不是地震。"《世界报》发表评论说："地震中死亡人数多，主要原因是房屋质量差。" 国内外这样的事例还很多，改善多层砖房抗震能力薄弱的现状，增强其抗震强度和延性，符合我国广大地震区的实际情况，又是一条切实可行、行之有效的抗震减灾措施。

如何提高原有多层砖房的地震能力，其程序是采用本地区的地震基本烈度标准或抗震设防烈度标准，依据《工业与民用建筑抗震鉴定标准》(TJ 23-77)，对多层砖房的抗震能力进行鉴定和强度验算，不符合《工业与民用建筑抗震鉴定标准》(TJ 23-77)中条文要求的应进行抗震加固处理。

加固构造措施根据建筑工程实际情况，按照华北标准图集《民用建筑抗震加固构造标准图集》(Gc-02)中的构造措施，结合建筑工程抗震薄弱环节，进行加固设计，目的是通过加强建筑工程各部构件的整体性，提高多层砖房的变形能力，达到最大限度地减轻地震灾害的破坏。另外在确保提高多层砖房抗震能力的同时，要注意新增构造措施与原建筑立面的协调，使每一项抗震加固工程不但要发挥减轻地震灾害的经济效益，同时还要注意发挥环境效益和社会效益。

鉴于上述情况，针对我市某栋三层砖混结构教学楼的抗震加固工程进行粗略地述论。(后附计算简图、加固简图)一般每项抗震加固工程从抗震鉴定到竣工验收，大致要经过六个阶段工作，其程序即：一是抗震鉴定、二是抗震强度验算、三是抗震加固设计、四是设计图纸审查，五

是抗震加固施工、六是工程竣工验收。本文重点剖析一下前三部分工作，后三部分属管理，施工的工作内容，本文不作探讨，

2 抗震鉴定

(1) 基本情况

单廊式教学楼。建筑面积：923.40m^2。建设日期：1975年。加固时间：1982年。原设计烈度：未设防。加固设计烈度：七度。

(2) 结构概况

三层砖混结构房屋，片石基础，75号黏土砖墙体、4号砂浆砌筑，装配式钢筋混凝土圆孔板楼(屋)盖，纵横墙承重，属中等刚性房屋。

(3) 鉴定结果

① A.1轴、B.4轴门窗洞边至外墙尽端为0.6m，局部尺寸不符合门窗洞边至尽端最小尺寸七度不得小于1m的要求。

② 三层均未设圈梁，不符合七度隔层设置圈梁的要求。

③ 抗震横墙最小面积率不符合七度隔层设置圈梁的要求。

1.2 层抗震横墙验算(取5轴)

$[A/F]_{min}\times a=0.0549>0.0401$　　　强度不符合要求

3层抗震横墙验算(取3轴)

$[A/F]_{min}\times a=0.0419>0.0283$　　　强度不符合要求

(4) 结论意见

本工程构造措施与横墙强度验算，不符合七度抗震要求，应采取抗震加固措施。

3 抗震砖墙面积率验算

根据《工业与民用建筑抗震鉴定标准 TJ 23-77》，对本建筑工程进行抗震强度验算：

(1) 底层横墙验算(取5轴)

$A=(9.5\times3-1.5\times2-1.8\times3)\times0.37+7.37\times3\times0.24=12.743(m^2)$

$F=32.4\times9.5-307.8(m^2)$

$A_k=(9.5-1.5)\times0.37=2.96(m^2)$

$F_k=(3.5+4.5)\times9.5=76(m^2)$

$ZA_k/(FA_k/A+F_k)=2\times2.96/(307.8\times2.96/12.743+76)=0.0401$

查《标准》第11条表4(三层房屋的第一层，承重横墙有一个门，4号砂浆)，并将表中数值乘以调整系数a=1，得：

$[A/F]_{min}\times a=0.0549>0.0401$　　　强度不符合要求

(2) 底层纵墙验算

$A=(32.4-1.5\times2-1.8\times8)\times0.37+(32.4-1.5\times6-2.8)$

$\times0.37+(25.4-0.9\times5-3.36)\times0.24=17.38(m^2)$

$F=32.4\times9.5=307.8(m^2)$

$A/F=17.38/307.8=0.0561$

查《标准》第11条表4(三层房屋的第一层，承重纵墙每开间有一个窗，4号砂浆)，并将表中数值乘以调整系数a=1，得：

$[A/F]_{min} \times a = 0.0483 < 0.0561$　　　　强度符合要求

(3) 二层横墙验算结果同底层，计算公式、查《标准》略。得：

$[A/F]_{min} \times a = 0.0549 > 0.0401$　　　　强度不符合要求

(4) 二层纵墙验算

$A = (32.4 - 1.5 \times 2 - 1.8 \times 8) \times 0.37 + (32.4 - 1.5 \times 7) \times 0.37$

$+ (25.4 - 0.9 \times 5 - 3.36) \times 0.24 = 17.853(m^2)$

$F = 307.8(m^2)$

$A/F = 17.853/307.8 = 0.058$

查《标准》第 11 条表 4(三层房屋第二层，承重纵墙每开间有一个窗，4 号砂浆)，并将表中数值乘以调整系数 a=1，得：

$[A/F]_{min} \times a = 0.0483 < 0.058$　　　　强度符合要求

(5) 三层横墙验算(取 3 轴)

$A = (9.5 \times 3 - 1.5 \times 2 - 1.8 \times 3) \times 0.37 + 7.37 \times 2 \times 0.24 = 10.9746(m^2)$

$F = 32.4 \times 9.5 = 307.8(m^2)$

$A_k = 7.37 \times O.24 = 1.7688(m^2)$

$F_k = (6.15 + 1.8) \times 9.5 = 75.525(m^2)$

$ZA_k/(FA_k/A + F_k) = 2 \times 1.7688/(307.8 \times 1.7688/10.9765 + 75.525) = 0.0283$

查《标准》第 11 条表 4(三层房屋的第三层，承重横墙有一个门，4 号砂浆)，并将表中数值乘以调整系数 a=1，得：

$[A/F]min \times a = 0.0419 > 0.0283$　　　　强度不符合要求

(6) 三层纵墙验算结果同二层，计算公式、查《标准》略。得：

$[A/F]min \times a = 0.0483 < 0.058$　　　　强度符合要求

抗震砖墙面积率验算结果：

本工程一、二、三层横墙未能满足地震烈度七度的抗震强度要求，应采取抗震加固措施。

式中　A——验算楼层中平行于地震力方向全部抗震墙在 1/2 层高处净面积的和；

A_k——验算楼层中平行于地震力方向的第 K 道抗震墙在 1/2 层高处的净面积；

F——楼层的建筑面积；

F_k——验算楼层中第 K 道抗震墙与其两侧相邻抗震墙之间建筑面积的 1/2。

对于装配式钢筋混凝土楼(屋)盖等中等刚性楼(屋)盖房屋，抗震横墙面积率按 $2A_k/(FA_k/A+F_k)$抗震纵墙面积率按 A/F。

抗震墙的面积率不应小于表 4$[A/F]$min 值乘以调整系数 a，不符合要求时，应增加抗震墙或加固墙体。

4　抗震加固设计

抗震加固工程设计应本着“小震不坏，大震不倒”的设计原则，在保证满足抗震强度的前提下，适当考虑建筑立面协调美观问题，避免出现“捆绑式”的加固效果，本项工程设计是在综合考虑“技术可靠，经济合理，立面美观"的要求下进行设计的。主要从构造上解决原设计横墙抗震强度不满足设防的要求和未设圈梁等构造问题，采取的抗震构造措施如下。

(1) 在抗震横墙处增设 200 号钢筋混凝土构造柱，新设构造柱与横墙连结应符合华北标准图集《民用建筑抗震加固构造标准图集》(Gc-02)的构造要求。构造柱基础应设在冰冻线

－1.50m 以下。

(2) 在一层、二层楼板处，增设两道 200 号钢筋混凝土圈梁。在圈梁与构造柱交接处设Φ18 钢拉杆通过室内与另一端圈梁、构造柱连结部位交圈闭合。

(3) 构造柱、圈梁与外墙连结部每 1.5m 应设 200 号钢筋混凝土键。

(4) 通廊设 14 号槽钢支撑，一端与钢拉杆的钢垫板焊接。另一端与构造柱螺栓钢垫板焊接。支撑和拉杆、圈梁。构造柱结合成整体，支撑既可传递横墙与构造柱的地震力，又是抗拉杆件，起抗拉作用。

这项抗震加固工程，与一般抗震加固工程不同的是，其构造措施主要体现两个方面的改进，一点是小断面构造柱偏中设置，主要便于横墙和钢拉杆连接；另一点是改矩形圈梁为遮阳板式圈梁，在不减少配筋和不消弱连结强度的情况下，着重考虑与原建筑立面协调。

见计算简图、加固平面图、加固立面图，其余剖面图、节点大样图就不再列举。

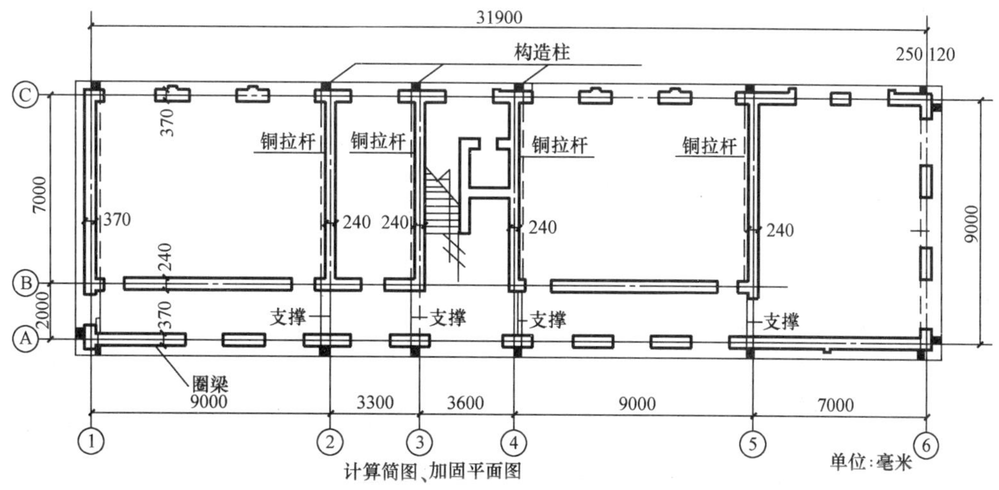

计算简图、加固平面图

5 抗震加固效果

这项多层砖房抗震加固工程施工质量较好，立面设计与原建筑装饰较和谐，整栋建筑工程进行了粉刷，既满足了抗震要求，又发挥了美化环境的效益，并且经历了 1983 年河北省万全 5.1 级地震和 1989 年大同—阳高 6.1 级地震六度区的影响，没有出现任何震害现象。

而没有进行抗震加固的房屋建筑，在 1983 年河北省万全 5.1 级地震后，我市建筑工程破

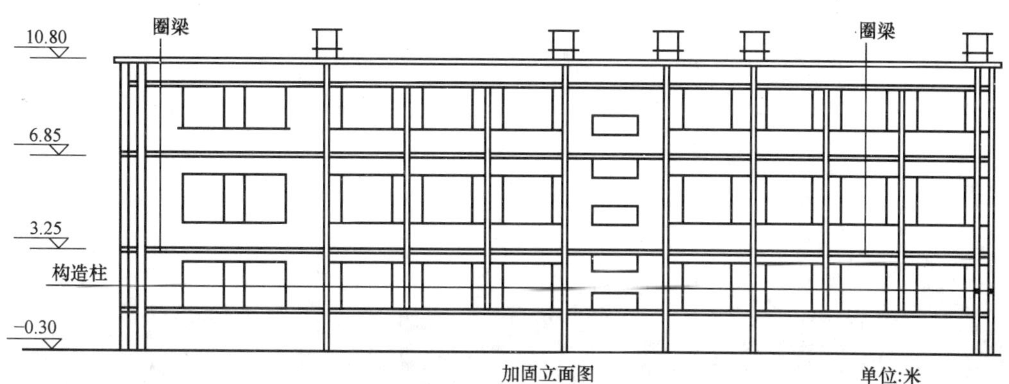

加固立面图

坏率占全市总建筑工程面积的 4.93%(注:我市地震基本烈度是七度),已进行抗震加固的工程没有出现一例震害问题,真正达到了"小震不坏,大震不倒"的抗震要求。

只有把工程抗震搞好,地震这一自然现象才不会酿成严重灾害。

参考文献

[1] 中国建研院震害调查组.唐山地震多层砖混结构房屋震害调查//唐山地震抗震调查总结资料选编,1977

[2] 建设部抗震办公室.全国抗震工作概况//中国减灾,1992 年第 2 卷第二期

混合结构产生温度裂缝原因分析及处理

王稼琛　梁仁旺　裘以惠　史美筠　（太原工业大学）

［摘要］　混合结构温度裂缝是一种较为常见的裂缝形式，本文从一典型事例出发分析了这种裂缝的形态、产生机理及其影响因素，阐述了温度裂缝的性质及处理方法。

［关键词］　混合结构；温度裂缝；裂缝分布；温度应力计算；裂缝处理

1　引言

虽然结构设计是建立在强度的极限承载力基础上的，但大多数工程的使用标准却是由裂缝控制的。因而，建筑物裂缝产生原因也成为工程界非常关注的课题。

结构物在实际使用过程中承受两大类荷载，其中静荷载、动荷载和其他荷载称为第一类荷载，而变形荷载(温度、收缩和膨胀、不均匀沉降)称为第二类荷载。由此，建筑物产生裂缝的原因也分为两大类即荷载作用与变形作用。

根据国内外的调查资料，工程实践中结构物的裂缝原因，属于由变形变化引起的约占80%，属于由荷载引起的约占20%。变形变化引起的裂缝是指结构由于温度变化、材料收缩和膨胀。不均匀沉降等因素而引起的裂缝。本文结合工程实例对由于环境温度所引起的裂缝进行了详细的分析。

2　建筑物概况及裂缝分布

某厂办公楼为三层砖混结构，长49.2m，宽13.8m，一字取，三层平面如图1所示。建筑物中部门厅处及会议室为纵墙承重，纵墙厚370mm，其余均为横墙承重，横墙厚240mm。楼板为钢筋混凝土预制板，每一层楼板下均设置240mm×240mm的圈梁。平屋顶，屋面做法如图2所示。条形基础底宽2.2m，埋深1.6m。该办公楼1984年开始修建，1985年竣工，1986年墙体陆续出现明显裂缝，之后裂缝逐年增加，到1992年6月裂缝最大宽度达8mm。

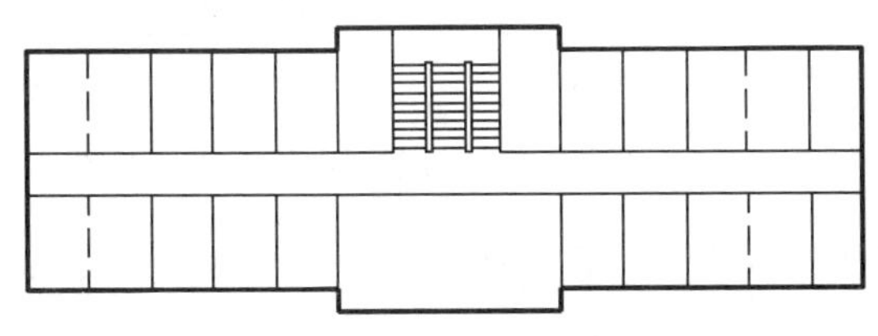

图1　三层平面图

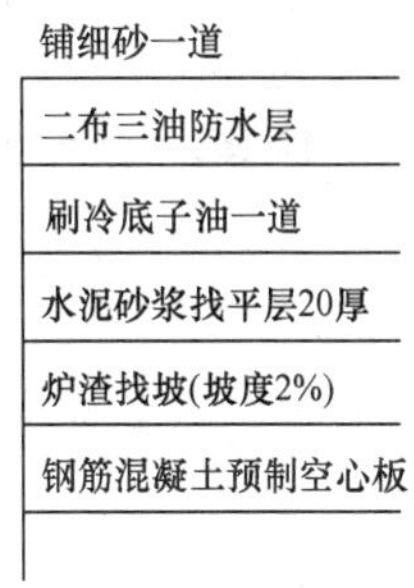

图2　原屋面做法

经仔细检查发现，建筑物裂缝主要分布在三层，有与水平面呈45°左右的墙体斜裂缝、墙与屋面联接处的水平裂缝及屋面预制板搭缝开裂等三种形式。一、二层没有发现裂缝。

与墙面呈45°的斜裂缝主要分布在纵墙两端部及会议室横墙顶端，最大宽度为8mm，如图3、图4所示，裂缝在建筑物顶部呈正八字形。外墙窗上角处还有水平向裂缝(有的稍向上倾斜），裂缝上下墙体前后错开，裂缝宽度1～2mm。屋面预制板与墙顶接触面水平开裂，裂缝宽度不大。靠近外墙的预制板向外移动，搭缝处开裂。

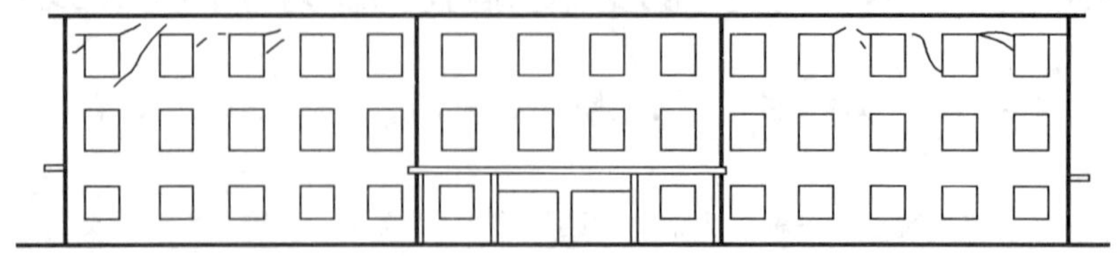

图3 南立面裂缝分布图

3 裂缝分析及验算

从裂缝分布的范围（主要分布在建筑物的顶层）、裂缝形态（建筑物顶部正八字形裂缝和水平裂缝）以及裂缝的发展情况，判定裂缝是由于温度收缩应力引起的。

由于太阳辐射屋面楼板的平均温度高于墙体，并且墙体的收缩大于楼板。这样顶板与墙的相对温差所引起的相互制约的变形在顶板内产生压应力，接触面上产生剪应力。顶板与墙体的自由差异变形越大，接触面上的剪应力也就越大。与墙体平行作用的剪应力在墙内引起的主拉应力（如图5）超过一定数值后，便引起主拉应力斜裂缝。灰缝强度不良处则由于剪应力作用而产生水平裂缝。在建筑物纵墙端部及大开间房（如会议室）的横墙端部剪应力最大，故剪拉裂缝容易在这些部位出现。与墙面垂直的剪应力，从屋面均匀地传给墙体，在窗顶处由于墙体截面变小，剪应力增大，墙体水平开裂。如果屋顶与墙体接触面处的剪应力超过接触面的抗剪强度，屋顶与墙体相对错动引起水平裂缝。

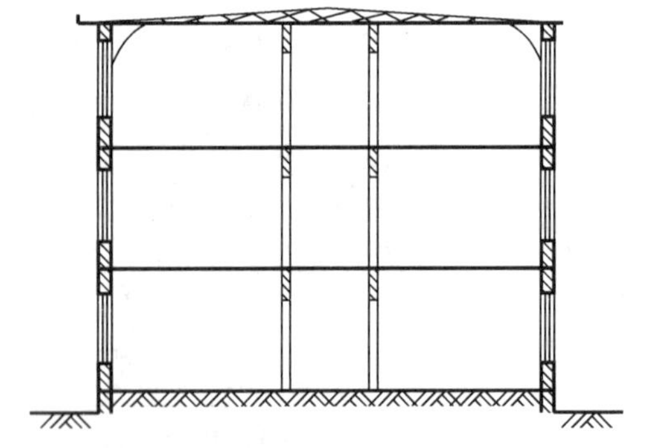

图4 三层会议室、楼梯间横墙裂缝分布图

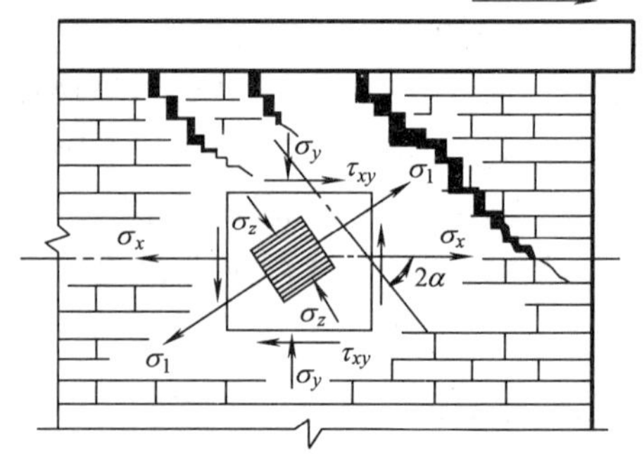

图5 墙体端部斜裂缝形成示意图

根据王铁梦提出的混合结构温度应力近似计算法[1]，假定结构物相互约束满足关系式：

$$\tau = C_x u$$

式中 u——楼板与墙体间相对位移。

在建筑物端部，垂直压应力很小，则此区域的主拉应力等于最大剪应力：

$$\sigma_I = \tau_{\max} = C_x \alpha T / \beta \times \tanh(\beta L/2)$$

$$\alpha T = \alpha_2 T_2 - \alpha_1 T_1$$

$$\beta = \sqrt{C_x t / bhE_s}$$

式中 C_x——水平阻力系数，混凝土板与砖墙 $C_x = 0.36 \sim 0.6\text{N/mm}^3$，混凝土板和钢筋混凝

土圈梁 $C_x=1.0\text{N/mm}^3$；

t——墙厚(mm)；

b——一面墙负担的楼板宽度(mm)；

h——楼板厚度(mm)；

E_s——混凝土的弹性模量(MPa)；

α_1——墙的线膨胀系数，砖砌体 5×10^{-6}；

T_1——墙的温差(℃)；

α_2——楼板线膨胀系数，混凝土 10×10^{-6}；

T_2——楼板的温差(℃)。

建筑物顶板承受太阳的直接辐射作用，按山西省气象台太原地区气象资料，考虑屋面做法，取板截面的平均最高温度为 50℃，砖砌体外墙承受的最高平均温度为 30℃，初始温度 12℃，两纵墙的间距为 4.8m，即 $2b=4800\text{mm}$，顶板厚 $h=70\text{mm}$，砖墙厚 370mm，顶板与钢筋混凝土圈梁的阻力系数 $C_x=\text{N/mm}^3$，建筑物全长 $L=49200\text{mm}$，则

$$\begin{aligned}\tau_{\max}&=C_x(\alpha_2T_2-\alpha_1T_1)/\sqrt{C_xt/bhE_s}\times\tanh(\sqrt{C_xt/bhE_s}\times L/2)\\&=\frac{1.0(10\times10^{-6}\times38.5\times10^{-6}\times18)}{\sqrt{1.0\times370/(2400\times70\times2.6\times10^4)}}\tanh(\sqrt{\frac{1.0\times370}{2400\times70\times2.6\times10^4}}\times\frac{49200}{2})\\&=\frac{2.9\times10^{-4}}{2.91\times10^{-4}}\tanh7.16\\&=0.996\text{MPa}\end{aligned}$$

考虑升温较快，取应力松弛系数 $H(t)=0.7$，则砖砌体的徐变剪应力 $\tau_{\max}^e=\tau_{\max}H(t)$得：$\tau_{\max}^e=\sigma_I^e=0.996\times0.7=0.697\text{MPa}>0.25\text{MPa}$　开裂。

根据上述计算，可见墙体的剪应力与温差、水平阻力系数 C_x、建筑物长度、每一面墙所承担的顶层楼板宽度 b 等因素有关。

墙体的剪应力和温差成正比，采取隔热措施，以减少温差，便可有效地降低剪应力。而该办公楼之所以会产生裂缝，就是因为其屋面原设计中的蛭石保温隔热层在施工时被取掉，从而加大了顶板和墙体的温差。建筑物长度对于剪应力的影响较小，剪应力和建筑物长度呈非线性关系。会议室横墙上部的斜裂缝就是很好说明。

4　裂缝处理

由于太阳辐射热引起顶层楼板膨胀，导致墙体开裂。这种由于变形变化所引起的裂缝无承载力危险。对于这类裂缝的处理，可采用抽砖重砌、增配钢筋网或灌浆封闭等。但该办公楼原屋顶无保温隔热层是产生温度裂缝的主要原因，为根治裂缝，必须对原屋顶进行翻修，使保温隔热层厚度达到建筑标准要求。

参考文献

[1]　王铁梦．建筑物的裂缝控制．上海：上海科学技术出版社，1987．12

[2]　山西省气象台太原地区气象资料(1986～1992 年)

[3]　砌体结构设计规范(GBJ 3-88)

钢筋混凝土梁板结构产生裂缝剖析及处理

沈　洪[1]　周道青[2]

（1. 淮阴市房地产管理处；2. 南京江宁建筑工程质量监督站）

［摘要］　本文从在对房屋进行鉴定实践中发现的钢筋混凝土梁板结构裂缝实际情况出发，阐明梁板裂缝产生的原因及处理方法，并通过实例来进一步说明问题。

［关键词］　梁板结构；水平裂缝；纵向裂缝；受弯构件鉴定；裂缝修补；加固法

在对房屋进行安全鉴定检查中，我们发现钢筋混凝土梁板裂缝是一个带普遍性的实际问题，一般可见的裂缝有水平裂缝、垂直裂缝、纵向裂缝、横向裂缝、斜裂缝、不规则裂缝等，它们的出现不但影响建筑功能，如外观、保温、隔音及防水等，而且影响建筑物的安全与使用。它对结构耐久性具有一定危害。造成钢筋混凝土梁板裂缝的原因往往是综合性的。在分析处理时，只有找准原因，才能采取正确的处理措施。

1　梁板裂缝的原因分析

钢筋混凝土梁、板结构事故主要有倒塌、开裂、错位、变形等，其中尤以开裂事故居多，开裂事故中又以收缩裂缝最多。引起梁、板等受弯构件的裂缝主要原因不外乎以下四个方面：

1.1　施工方面原因

（1）材料使用不当。常见表现为使用过期水泥和受潮水泥，砂、石中有害杂质含量过高。

（2）配料不当。有的施工人员任意套用混凝土配合比，有的施工人员不搞设计与验算，不搞配合比设计，更不留试块。这样能造成两种后果，其一为因水泥用量多，水灰比较大，骨料强度低，混凝土配合比不当，其二是导致混凝土强度达不到设计要求。如某临街三层门面小楼，底层为现浇混凝土梁、板、柱结构，用作营业，二、三层为砖混结构，用作宿舍。该楼交付使用后，梁、板出现裂缝，最大缝宽为2mm，并且日趋严重，板的挠度达1/80，人在上面行动，颤动很大。查其原因之一为混凝土施工质量差，没有搞混凝土配合比设计，混凝土原设计标号为C20，而实际标号为C13左右。

（3）配筋不当。钢筋配置没有按图施工，有的甚至凭经验盲目无图施工，具体表现为以下几点：

① 钢筋代换不当。其一情况为在原设计为适筋梁中，用光面钢筋等面积代替螺纹钢筋，因光面钢筋小于螺纹钢筋抗拉设计值，因而导致梁成为少筋梁，产生裂缝，甚至破坏；其二情况为往往有个别施工人员对适筋梁进行钢筋代换只顾能满足经济合理，能满足强度要求，而不顾钢筋型号是否一致，光面钢筋和螺纹钢筋在梁中混用，钢筋型号不同时，钢筋是分批受力，而不是均匀受力，这种情况表面上看是适筋梁，实际上是少筋梁；其三情况为梁中用光圆钢筋代换变形钢筋或根数少的大直径钢筋代用根数多的小直径钢筋时，没有考虑对抗裂性能不利影响。

② 钢筋少配。如上面提到的三层小楼中，其梁裂缝原因之二为设计配筋 $1243m^2$，而实际配筋为 $764m^2$。

③ 钢筋错位下移。施工时将悬挑结构梁板和连续梁板的支点处的负弯矩钢筋错位下移

至板或梁的中下部，使悬挑梁、板根部和连续梁板支点处开裂，甚至断裂发生倒塌事故。

④ 钢筋错位偏移。施工十分马虎，大梁主筋严重向一侧偏移，改变梁酌受力状态，出现偏心受力，梁处于非平面弯曲工作，侧向失稳而使梁侧面产生裂缝。

⑤ 钢筋放置错误。施工人员不懂现浇板结构知识，错将主筋放到长方向，而不是按规定放置在短方向，致使主要承重的短方向楼板配筋量不足。

⑥ 其他情况。梁、板的钢筋保护层过大或过小都有可能导致混凝土开裂；钢筋间距过大，能引起钢筋之间的混凝土开裂。

(4) 模板的支设与拆除不当。梁、板混凝土结构裂缝在模板支设与拆除中产生具体表现有以下几点：

① 模板构造不合理，模板各杆间的变形不同而导致混凝土裂缝。

② 模板和支架的刚度不足，施工荷载(特别是动荷载)作用下，模板变形过大而造成开裂。

③ 拆模时间过早，不能满足梁、板本身和其上荷载作用的强度要求。

(5) 混凝土浇灌不当。浇筑混凝土前，木模与基层没有用水湿透，浇筑时没有防止混凝土离析现象，不按规定位置和方向任意留设施工缝，不将施工缝留在剪力最小的部位。

(6) 混凝土养护不当。在气温、湿度低或风速过大，没有及早对梁、板混凝土进行喷水养护。特别当浇水养护有困难时，没有采取覆盖塑料薄膜等有效方法。这不仅严重降低混凝土的强度，而且能引起收缩裂缝。在气温低的情况下，梁、板混凝土配料，搅拌质量较差，没有采取有效措施，在养护期受冻，造成混凝土强度不足。

(7) 其他情况。如板的厚度控制不严。过厚或过薄均能导致楼板裂缝。

1.2 设计方面原因

引起梁、板裂缝的原因，在设计方面主要原因有以下五种情况：

(1) 设计简图与梁、板实际受力情况不符合，计算简图的内力分析不准。

(2) 荷载漏算与少算。

(3) 对地基不认真处理，导致地基不均匀下沉，给梁、板带来附加应力。

(4) 对混凝土结构基本知识掌握不透，造成梁、板截面太大，配筋量不足，钢筋锚固长度不够。

(5) “设计”人员不懂建筑结构，随意乱套、乱改图纸，使梁、板结构和构造有许多薄弱之处。

1.3 使用方面原因

在使用方面，造成梁、板裂缝主要原因是在楼板上大量堆放材料、构件等，超过梁板的承载能力。

1.4 其他原因

造成梁、板裂缝，还有其他原因，例如：梁、板长期使用，耐久性不足，保护层开裂，剥落严重，主筋外露、锈蚀，随着锈蚀作用的加剧，膨胀作用加强，导致梁板顺筋裂缝，严重影响承载力。

2 梁、板裂缝的处理方法

裂缝的修补方法要根据裂缝的形式、大小产生的原因和结构受力情况及使用要求综合制定，常见的处理方法有以下几种。

(1) 表面修补法：此法适用于对承载力无影响，裂缝宽度小于 0.3mm 的表面裂缝。包括表面涂沫水泥砂浆，表面涂环氧树脂胶泥和贴玻璃布、表面凿槽嵌补。

(2) 内部修补法：此法用压力泵把胶结材料压入裂缝中，结硬后起补缝作用。适用于裂缝宽度较大，对结构整体性有影响，有防水、防渗要求的裂缝修补。

(3) 结构加固法：此法适用于对梁、板结构的承载能力，整体性有较大影响的裂缝的修补。常见的方法有：

① 增大截面加固法：就是通过加大混凝土和钢筋截面积，并通过一些构造措施，对原结构进行加固补强。在原梁、板的受拉区补加混凝土对被加的钢筋起到黏结和保护作用，在受压区被浇混凝土，能增梁、板的有效高度，后加的部分能有效地发挥作用；

② 改变受力体系的加固法：该法能大幅度降低计算弯矩，达到提高结构承载力的目的一般采用增设支点法，托梁拔柱法，将多跨简支梁变为连续梁等方法；对于悬挑梁板结构，当梁板中的主筋错配至梁板的下部，而混凝土强度足够时，则可在梁、板端加梁增撑法进行加固。小梁的支撑方法有下斜支撑、上斜支撑、增设立柱三种；

③ 预应力加固法：此法就是采用外加预应力钢筋对建筑物的梁板进行加固的方法；

④ 粘贴钢板加固法：此法是指钢胶粘剂把钢板粘贴在梁、板外部一种加固方法；

⑤ 外包钢加固法：此法就是采用异种材料(型钢)对梁进行加固补强，能够在基本上不改变原梁截面尺寸情况下，大幅度提高承载力的方法；

⑥ 增补受拉钢筋加固法：此法是指在梁受力较大区段补加受拉钢筋，提高梁承载力的方法；

⑦ 剥筋重浇法：当现浇板的混凝土强度低，钢筋错位严重，无法用他法进行结构补强时，可采用剥筋重浇法，具体做法是：打掉同板有关的混凝土，将钢筋剥出来，在支承板的墙内间隔打洞，重新布筋，混凝土标号提高一级，板适当加厚，支模后重新浇灌，梁有时可采用此法。

3 工程实例分析

3.1 实例一

(1) 工程与事故概况

某中学一教室楼，砖混结构，楼梯西为四层，楼梯东为三层，开间 3m，全长 40m，进深为 8m，层高 3.45 m，平面见图 1，每开间为三开间 9m 长，该房使用一段时间后，发现三、四层屋面沿大梁两侧，沿墙边的混凝土楼板上部普遍开裂，裂缝上宽下细，缝宽 0.1～1mm 不等，混凝土设计标号为 200 号，梁的截面尺寸 150mm×500mm，板厚 80mm，面层厚 20mm，梁结构尺寸见图 2，板结构尺寸见图 3。

(2) 原因分析

① 复核原设计(用 74 规范复核)

通过对梁板的荷载计算，梁板正截面强度和梁斜截面复核计算等，设计方面不存在问题，原设计是安全的。

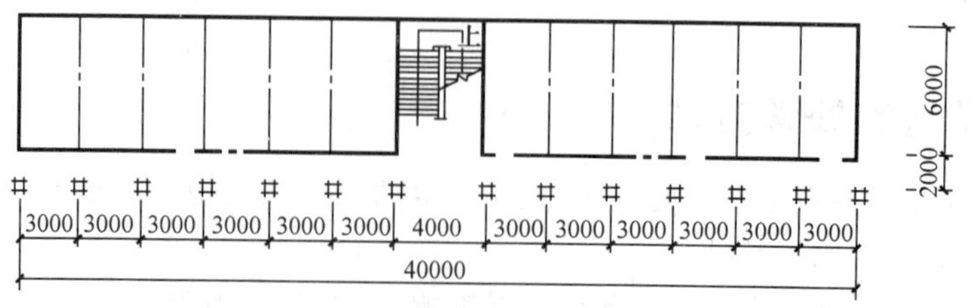

图 1　设计平面图

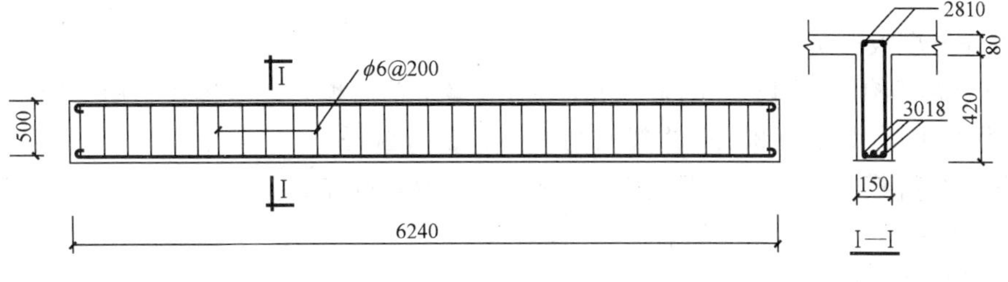

图 2　大梁配筋图

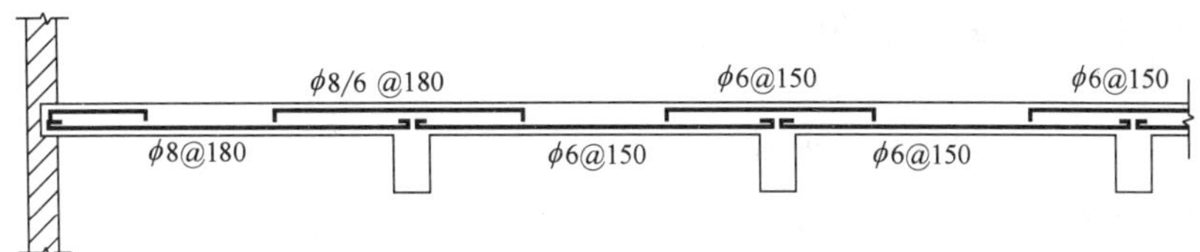

图 3　屋面板配筋图

② 分析施工问题

凿开部分混凝土检查，发现板内负钢筋被踩下，钢筋保护层为 30mm，钢筋下移 15mm。测试混凝土强度达到 200 号，经结构计算，在支座处板截面不满足要求。

由①、②可知钢筋错位下移是造成板裂缝的原因。

(3) 裂缝处理

因该屋面为上人屋面，已产生结构性裂缝，要加固处理，施工顺序为先加固梁，后加固板。

① 板加固：采用加大截面法，在原板面上补浇 5cm 厚混凝土层，混凝土等级为 C20，施工时原板不清洗，承载力计算按新旧板独立工作计算得知：支座配筋为 Φ8@180，跨中配筋为 Φ6@180。见图 4。

② 梁加固：因后浇 5cm 厚混凝土板。屋面的恒载加大，促使梁承载力不够，需对梁加固，现采取外部粘钢板加固法，经结构计算，在肋形梁底面粘贴厚 3mm，宽 150mm，长 5000mm 的 A3 钢板，板头距墙中轴线为 500mm，梁可满足承载力要求。加固工艺为：铲除粉刷层→混凝土凿毛→消除表面浮灰→涂刷 YT-302 混凝土界面处理剂→压抹 C25 高强快硬砂浆→养护至 $f_c \geqslant 10MPa$ 时，用丙酮擦抹表面→在混凝土及处理过的钢板上同时涂 3mm 厚结构胶→粘贴钢板并用 U 型夹具夹紧→24h 拆除夹具→钢板用 20mm 厚 M5 水泥砂浆抹面→再固化 48h 投入使用。

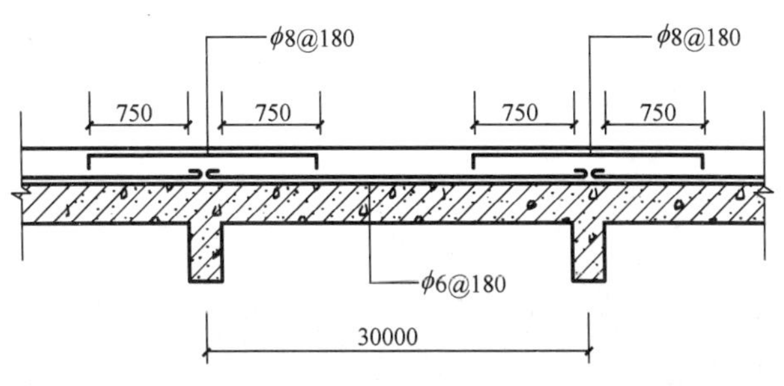

图 4　板补强加固示意图

3.2 实例二

(1) 工程与事故概况

某多层砖混结构厂房，长 54m，宽 15m，钢筋混凝土单向板肋形梁楼盖与屋盖，主梁跨度为 15m，梁高为 130cm，梁宽为 28cm，次梁高为 60cm，宽为 20cm。

该厂房梁板拆模 20 天后，发现主梁普遍开裂，其裂缝特征为：

① 裂缝数量：每根主梁侧面均有 6～7 条裂缝。

② 裂缝的长度为 50～57cm。

③ 裂缝的最大缝宽为 0.25mm。

④ 裂缝位置：在次梁以下 5cm 开裂出现，往下延伸至梁底上 8cm 处。

⑤ 裂缝的形状：中间宽，两端细，呈枣核形。

(2) 原因分析

从裂缝的特征可看出裂缝的产生原因有二：

① 现浇肋形梁板在施工时浇水养护困难，大部分收缩在早期完成。

② 主梁收缩受到强大的受拉钢筋和刚度很大的楼板、次梁的约束，而在梁的薄弱部位或应力复杂部位产生收缩裂缝。

(3) 裂缝处理

该梁收缩裂缝不影响结构安全，采用上述表面修补法可解决问题。

总而言之，梁板裂缝对房屋均有不同程度危害，不仅要认真观察与分析混凝土梁板裂缝，而且要针对具体情况采取修补、加固措施，只有像这样，我们房屋安全鉴定工作才更具有实际意义。

五、工程环境与施工技术

高效预应力加固大梁的钢绞线耐磨性能分析

周贤葆[1]　叶相华[2]

（1. 安徽海螺集团有限公司　芜湖 241136；

2. 江苏建华建设有限公司　南京 210037）

［摘要］　本文结合工程实际需要探讨了预应力钢绞线的耐磨性能，采用里氏硬度分析对比法得出 1860 级钢绞线的耐磨度是Ⅱ级钢绞线的 10 倍，是Ⅰ级钢绞线的 30 倍的结论。该结论对判断某工程钢绞线的安全使用提出了科学依据。

［关键词］　预应力钢绞线；钢筋；硬度；耐磨度

1　概述

某水泥有限公司水泥熟料库大棚钢筋混凝土构架梁采用高效预应力加固法进行加固[1]。因为高效预应力加固法的预应力钢绞线布置于被加固梁的体外，而水泥熟料库在堆料过程中，水泥熟料的流动对混凝土构件梁及其体外的钢绞线产生挤压和摩擦，所以必须研究体外预应力筋的耐磨性能，探讨钢绞线抵抗磨损的能力。目前专门讨论和研究钢绞线和钢筋材料耐磨性能的资料很少，仅查阅到关于钢材硬度的资料。根据大百科全书对硬度的定义：材料抵抗更硬物体压入其表面的能力称为硬度，硬度越高，耐磨性越好。因此，可以通过研究钢绞线和钢筋的硬度来确定钢绞线和钢筋的耐磨性能。

2　关于材料硬度

金属材料的硬度可由布氏硬度（HB）、洛氏硬度（HRA，HRB，HRC）、维氏硬度（HV）以及里氏硬度（HLD）等来表示，其中布氏、洛氏、维氏等硬度指标与金属材料的强度之间存在确定的对应关系，该关系可参阅国家标准《黑色金属硬度及强度换算值》（GB/T 1172—1999）[2]，但是 GB/T 1172—1999 中给出的是板材试件的硬度值，没有扎制成钢筋的硬度对应值。1978 年瑞士 Dr. Dietrnar Leeb 提出了一种新的硬度定义（称为里氏硬度）。里氏硬度在板材试件方面的与其他硬度（布氏、洛氏、维氏）的关系在国家标准《金属里氏硬度试验方法》（GB/T 17394—1998）[3]中给出了相应换算方法。

实际工作中，由于里氏硬度法原理更适应于研制测试仪器，国内外研制了多种型号的里氏硬度仪。例如国产的 DHT-100 型里氏硬度仪。

里氏硬度仪可用于确定钢筋硬度与抗拉强度的关系，在此我们用里氏硬度值来判断钢筋和钢绞线的硬度和耐磨性能。

3　钢绞线和钢筋里氏硬度及耐磨性讨论

由于《黑色金属硬度及强度换算值》（GB/T 1172—1999）的相关数据是在试验室条件下采用标准试件和标准试验方法得来，所得结果并不适用于现场检测。此外，上述数据主要适用于板材试件，对于筋材试件国标中没有涉及。

目前可以采用里氏硬度计对钢筋进行硬度测试和试验研究，得出钢筋的里氏硬度值和强度的关系式。文献[4]基于此思路进行了系统研究提出了钢筋的抗拉强度值与里氏硬度值之间的线性回归公式为：

$$f_b = 0.952HLD + 167 \tag{1}$$

式中 f_b——钢筋的抗拉强度(MPa)；

HLD——里氏硬度值。

为便于本文研究，现将式(1)变换得

$$HLD = (f_b - 167)/0.952 \tag{2}$$

该式表示里氏硬度值与钢筋强度值的关系。利用式(2)我们可以讨论Ⅰ级钢筋(HPB235)，Ⅱ级钢筋(HRB335)与钢绞线(Φ^s)的里氏硬度并进行比较。

取 f_b为钢筋(钢绞线)的抗拉强度标准值：

Ⅰ级钢筋(HPB235)时，$f_b = f_{yk} = 235\text{MPa}$；

$$HLD(\text{I}) = (f_b - 167)/0.952 = (235 - 167)/0.952 = 59.6$$

Ⅱ级钢筋(HRB335)时，$f_b = f_{yk} = 335\text{MPa}$；

$$HLD(\text{II}) = (f_b - 167)/0.952 = (335 - 167)/0.952 = 176.5$$

1860 级钢绞线时，$f_b = f_{ptk} = 1860\text{MPa}$；

$$HLD(\text{s}) = (f_b - 167)/0.952 = (1860 - 167)/0.952 = 1778.4$$

则比较Ⅰ级钢筋，Ⅱ级钢筋与 1860 级钢绞线的硬度值

$$\frac{HLD(\text{s})}{HLD(\text{Ⅰ})} = 1778.4/59.6 = 31.4$$

$$\frac{HLD(\text{s})}{HLD(\text{Ⅱ})} = 1778.4/176.5 = 10.08$$

$$\frac{HLD(\text{Ⅱ})}{HLD(\text{Ⅰ})} = 176.5/59.6 = 2.96$$

由上述计算而知：1860 级钢绞线的里氏硬度是Ⅱ级钢筋的 10 倍，是Ⅰ级钢筋的 30 倍，Ⅱ级钢筋的里氏硬度是Ⅰ级钢筋的 3 倍。鉴于硬度越高，耐磨性越好的概念，设 HD 表示耐磨度，假定硬度与耐磨度成正比的线性关系。

$$HD \approx k \cdot HLD \tag{3}$$

式中 k——耐磨度系数。

则

$$\frac{HD(\text{s})}{HD(\text{Ⅰ})} = \frac{k \cdot HLD(\text{s})}{k \cdot HLD(\text{Ⅰ})} = 30$$

$$\frac{HD(\text{s})}{HD(\text{Ⅱ})} = \frac{k \cdot HLD(\text{s})}{k \cdot HLD(\text{Ⅱ})} = 10$$

由此可以近似地认为 1860 级钢绞线的耐磨度是Ⅱ级钢筋的 10 倍，是Ⅰ级钢筋的 30 倍。

4 结论

根据以上讨论，从估算的角度分析，1860 级钢绞线的耐磨度是Ⅱ级钢筋的 10 倍，是Ⅰ级钢筋的 30 倍。对某水泥公司熟料库大棚这样的仓库，假定仓库中熟料每年磨损Ⅱ级钢筋的厚度为 1mm，则五年磨损 5mm，那么对 1860 级钢绞线，需 50 年才可能磨损 5mm 钢绞线，这仅是 Φ^s 15.24 钢绞线七股中的一股。对于体外布置的钢绞线，最容易磨损的位置为转向块处的最外侧一股，在此位置我们设置了定位钢筋，可以阻挡熟料的挤压摩擦，所以实际磨损比 5mm 要多。另外，建筑工程预应力混凝土结构施工规程 7.4.1 条规定[5]，预应力钢绞线的允许断丝

为一股，换句话说，即使经50年后钢绞线被磨损断掉一股丝，也能符合受力要求，加固结构仍然是安全的。

参考文献

[1] 李延和，陈贵，李树林等. 高效预应力加固法理论及应用[D]，北京：科学出版社，2008年5月

[2] 黑色金属硬度及强度换算值(GB/T 1172—1999). 北京：计划出版社，2000

[3] 金属里氏硬度试验方法(GB/T 17394—1988). 北京：计划出版社，1999

[4] 管小军，顾祥林，陈谦等. 硬度法现场检测既有混凝土结构中钢筋的强度[J]. 结构工程师，2004(6)，P66-69

[5] 建筑工程预应力施工规模(CECS 180:2005). 北京：计划出版社，2005

根据基坑支撑轴力实测值探讨支撑轴力计算

吴建华　沈石千

（江苏南通二建集团有限公司　226200）

［摘要］ 根据施工现场支撑轴力的实测数值，选择有代表性的 Z8、Z18 二个位置的支撑实测数值，考虑因温度影响和支撑构件的收缩变形的影响后的数值，再用“逐层开挖，支撑力不变”法和“二分之一负担法”所得计算结果相比较，所得结果相接近。土压力计算中内摩擦角 φ 选用直接快剪所得出的 φ 值。

［关键词］ 内摩擦角 φ；固结快剪；直接快剪；位移曲线

基坑支撑轴力计算，计算方法的不同，所选用的土压力不同，所得结果也不同。到底哪种方法比较好，与实际比较接近，本文就此问题进行探讨。

1　某工程支撑轴力实测

本工程基坑南北长 179m，东西北端近 50m，南端 120 多米的梯形平面。挖土深度 10.3m，局部坑中坑坑底 12.3m。坑内南端设三道对角支撑，中部和北部均为二道支撑。第一道支撑距原地面 1.2m，第二道支撑距地面 3.9m，第三道支撑距坑底 2.3m，距坑中坑底 4.3m，见图 1 及剖面图。

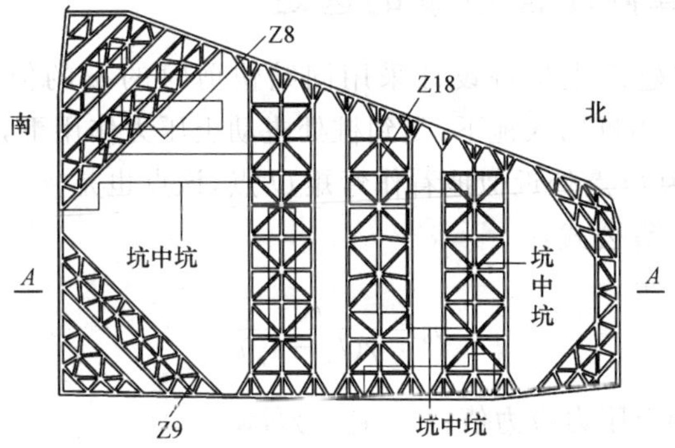

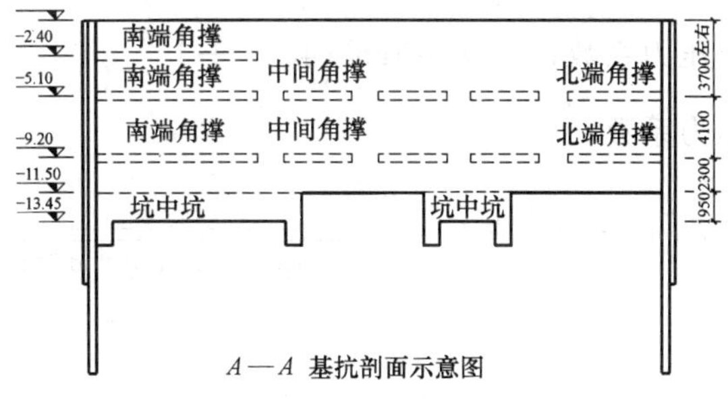

A—*A* 基抗剖面示意图

图 1　支撑平面图

支撑轴力实测值变化很大，不能反映出由于土压力所作用下的支撑真实的轴力。经研究分析，发现温度变化及混凝土收缩硬化也造成轴力值偏小，将这些影响值考虑后所得到最终值就是由土压力所产生的真实值。本工程选择有代表性的支撑 Z8、Z9、Z18 进行计算，见表 1。

表中温差指轴力测试时温度与该层支撑结硬时(浇筑后 7d)的温度之差。每 $\Delta T=1$℃时，第一道支撑(截面为 600×500)取 105kN/℃，第二道支撑、第三道支撑(截面为 850×600)取 170kN/℃。

表 1　Z8、Z9、Z18 支撑轴力最大最终值

序号	名称	实测值(kN)	温度影响值调整			硬化收缩影响调整		最终值(kN)
			ΔT(度)	ΔP/1℃	ΔP(kN)	T=30 天	ΔP(kN)	
Z8	第一道支撑	−158	−25℃	75	−1875	T=30 天	−660	−2693
	第二道支撑	−1453	−17℃	125	−2122	T=30 天	−1145	−4723
	第三道支撑	−3674	+0.5℃	125	+63	T=30 天	−1145	−4756
Z9	第一道支撑	−1032	−22℃	75	−16510	T=30 天	−660	−3342
	第二道支撑	−5843	−18.5℃	125	−2313	T=30 天	−1145	−9301
	第三道支撑	−4013	−8℃	125	−1000	T=30 天	−1145	−6158
Z18	第二道支撑	−4223	−15.5℃	125	−1938	T=30 天	−1145	−7306
	第三道支撑	−11622	+18.5℃	125	+2313	T=30 天	−1145	−10454

硬化收缩指支撑混凝土浇筑后约 30d 后，混凝土硬化收缩趋于稳定时(偏于安全)所造成的轴力减少。第一道支撑(截面为 600×500)取值 660kN，第二道支撑、第三道支撑(截面为 850×600)取 1145kN。

2　支撑土压力计算内摩擦角 φ 的选定

根据地质钻探报告“建议支护桩设计采用固结快剪时的 φ 的值。本工程固结快剪 $\varphi=15.2°$ 按固结快剪 φ 取值，当桩插入地下，受到桩处主动土压力作用下，由桩入土部分的被动土压力相平衡。以土压力为 O 点处近似地看作弯矩 O 点，该点也是支护桩的反弯点。该点距坑底的距离称为 y_o，y_o 的计算公式：

$$y_o=\frac{e_a}{\gamma(k_a-k_p)}$$

式中　e_a——坑底处主动土压力应力值；　$e_a=\gamma H k_a$

γ——土的容重；

k_a——土的被动土压力系数；　$k_a=\tan^2\left(45°-\frac{\varphi}{2}\right)$

K_p——被动土的压力系数。

$$k_p=\tan^2\left(45°+\frac{\varphi}{2}\right)\text{或 } k_p=\left[\frac{\cos\varphi}{\sqrt{\cos\varphi}-\sqrt{\sin(\varphi+\sigma)\cdot\sin\varphi}}\right]^2$$

式中　$\sigma=\frac{\varphi}{3}\sim\frac{2\varphi}{3}$。

k_a、K_p 与 e_a 均与土的 φ 取值有关。

当 φ 取固结快剪　$\varphi=15.2°$

经初步计算，y_0 约距坑底为 3m 左右。

根据基坑支护桩外侧土压力位移 Z8 处(见图 2)，三条位移曲线代表三道支撑施工时地下土体位移。曲线 1 为第一道支撑下挖土完成，第二道支撑浇筑不久后的土体位移，最大位移为地面以下 9m 左右。其反弯点约在 12～14m 处。距基坑面约 7m 左右。曲线 2 为第二道支撑下挖土完成。最大位移为 12～13m 之间，其反弯点为 18～20m 处，距基坑面约 9m 左右。曲线 3 是第三道支撑下挖土，最大位移值为深 15m 处，其反弯点为 22～24m，距基坑面10～12m。

如 φ 按直接快剪 $\varphi=7.6°$进行计算

当考虑地面荷载 $q=10\text{kN/m}^2$ 时，经计算支护桩侧压力距基坑底的压力“0”点位置如下：(具体计算见后)

三道支撑时　第一道支撑下挖土　　$y_{01}=6.918\text{m}$

　　　　　　第二道支撑下挖土　　$y_{02}=9.9\text{m}$

　　　　　　第三道支撑下挖土　　$y_{03}=11.60\text{m}$

其计算结果与实测结果相近，笔者认为用直接快剪的 φ 值计算 y_0 较符合实际情况。

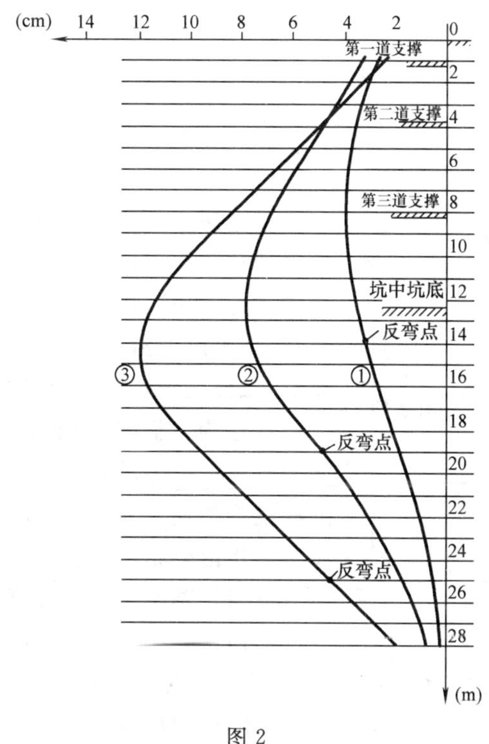

图 2

3　理论计算

3.1　逐层开挖法计算原理

多层支撑施工时，先施工支护桩，然后开挖第一层土，挖至第一层支撑底面处，进行第一层支撑施工，待支撑具有一定强度后进行第二层支撑施工。第二道支撑混凝土无强度时，支护桩承受的压力全部由第一道支撑和此时基坑面下被动土压力承担。见图 3。

基坑挖土深度 H_1 为第二道支撑底面。$y_1=\dfrac{e_q+e_a}{\alpha(K_p-K_a)}$ 可以求出 R_B 和 R_0。

待第二道支撑混凝土强达到一定强度后，进行第三层土方开挖，土方开挖至第三层支撑底时行第三道支撑施工，见图 4。

此时第三道支撑还未能承受力。基坑侧壁土压力全部由 R_B，R_c 及被动土 R_{o2} 承担，挖土深度为 H_2，基坑底处最大主动侧压力为 e_q+e_a，$e_a=\gamma K_a\cdot H_2$。求出 o_2 点位置 $y_2=\dfrac{e_g+e_a}{\gamma(K_p-K_a)}$，此时 R_B 认为不变的，并且已经求得，只有 R_c 和 R_{o2} 为未知，二个未知力可解出。当第三层支撑混凝土具有一定强度后进行第四层土方开挖，土方开挖至第四层支撑底面后，或基坑底，见图 5。

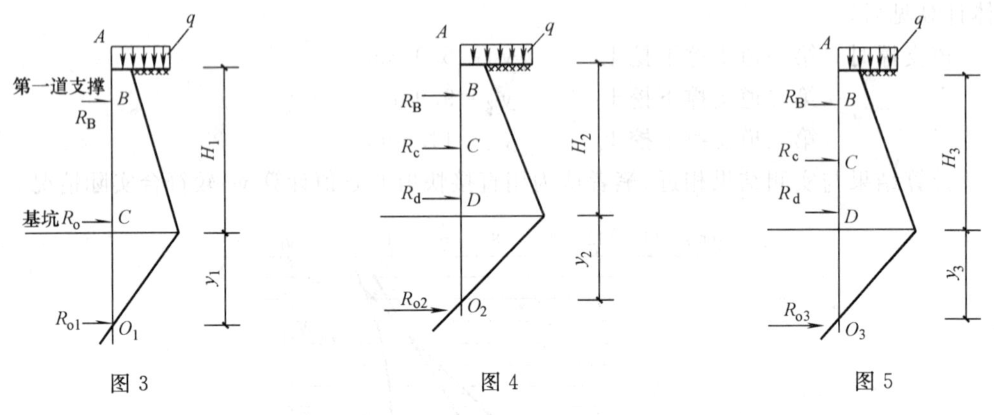

图 3　　图 4　　图 5

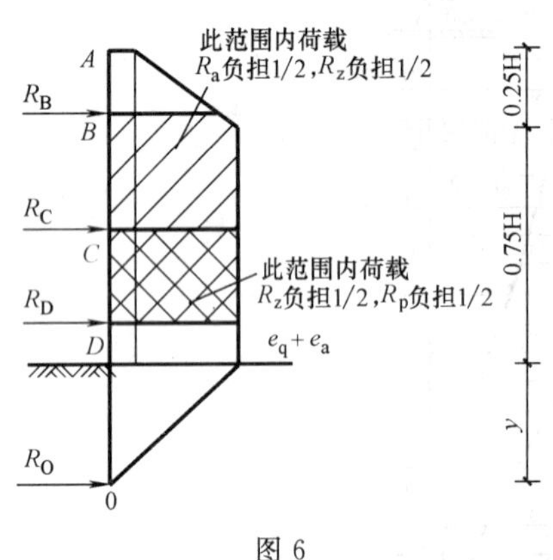

图 6

挖土深度 H_3，$e_a=\gamma K_a H_3$，求出 o_3 位置，此时支护桩受到荷载作用，由 R_B、R_C、R_D 及 R_{O3} 承受。其中 R_B、R_C 认为已知的，其值为不变，只有 R_D 及 R_{O3} 两个未知数，完全可以求出。

3.2　二分之一负担法计算原理

本法为了简化土压力计算而提出，根据软土试验，认为基坑以上土压力分布呈梯形状态，见图 6。土压力随深度增加而增加，至 $0.25H$，$0.25H$ 以下不再增加。压力呈矩形分布，基坑以下部分又呈三角形分布，最后至 0，0 点至基坑距离 y 计算同逐层开挖法相同。

所谓"二分之一负担"法，见图 6。二支撑间荷载由上面支撑承担 1/2，下面支撑承担 1/2。B 支撑以上荷载由 B 支撑承担，BC 段荷载由 B 支撑承担 1/2，由 C 支撑承担 1/2。同样 D0 段支撑由 D 支撑承担 1/2，由 0 点即代表被动承担力，也为 D0 短荷载的 1/2。

3.3　计算结果

采用逐层开挖法和二分之一负担法计算 Z8 和 Z18 有坑中坑时的支撑点处侧压力计算结果见表 2。

表 2　支撑轴力理论计算结果

支撑点名称	三道支撑		二道支撑	
	逐层开挖法	二分之一负担法	逐层开挖法	二分之一负担法
R_B	238.16(238.16)	220.3(315.63)	/	/
R_C	473.98(473.98)	472.7(669.62)	756.8(756.8)	406.6(774.43)
R_D	168.4(665.47)	847.2(1226.02)	252.54(649.58)	922.85(1221.96)
R_0	/	546.8(872.03)	502.33(716.7)	546.85(867.7)

注：括号内数据为有"坑中坑"时计算结果

4　考虑温度和混凝土收缩变形的实测轴力与逐层开挖法和二分之一负担法所计算的轴力比较

4.1　实测轴力换算成单位宽度荷载

为了便于比较，将实测的轴力经过温度及硬化收缩修正后的最终值换算成单位宽度荷载。见表 3。

表 3　实测值换算成单位宽度荷载

	支撑与坑壁夹角 α	支撑点之间距离	考虑温度和收缩变形的实测轴力(kN)			单位宽度垂直力 $R=\frac{P\cdot\sin\alpha}{L}$		
			P_B	P_C	P_D	R_B	R_C	R_D
Z_8	45°	7	−2693	−4723	−4756	−272.0	−477.0	−481.9
Z_9	45°	8	−3442	−9301	−6158	−295.3	−822.0	−544.2
Z_{18}	90°	10		−7306	−10454		−730.6	−1045.4

4.2　将实测结果与计算结果列于表 4、表 5

(1) 三道支撑

表 4

支撑点名称	逐层开挖法		二分之一负担法		实测值		备注
	无坑中坑	有坑中坑	无坑中坑	有坑中坑	Z_8	Z_9	
R_B	−238.16	−238.16	−220.3	−315.63	−272.0	−295.30	
R_C	−473.98	−473.98	−472.7	−669.62	−477.0	−822	
R_D	−168.4	−665.47	−847.7	−1226.03	−481.9	−544.2	
R_O			−546.8	−872.03			

(2) 二道支撑

表 5

支撑点名称	逐层开挖法		二分之一负担法		实测值	备　注
	无坑中坑	有坑中坑	无坑中坑	有坑中坑	Z_{18}	
R_B						
R_C	−756.8	−756.8	−406.60	−774.43	−730.6	
R_D	−252.54	−649.58	−922.85	−1221.96	−1045.1	
R_{O2}	−502.33	−716.7	−546.85	−867.7		

4.3　比较分析

(1) 考虑温度变形和硬化收缩变形后的支撑轴力与“逐层开挖法”和“二分之一负担法”计算结果相接近。

三道支撑的第三层支撑、二道支撑的第二道支撑“逐层开挖法”数值略偏小，“二分之一负担法”数值略偏大。

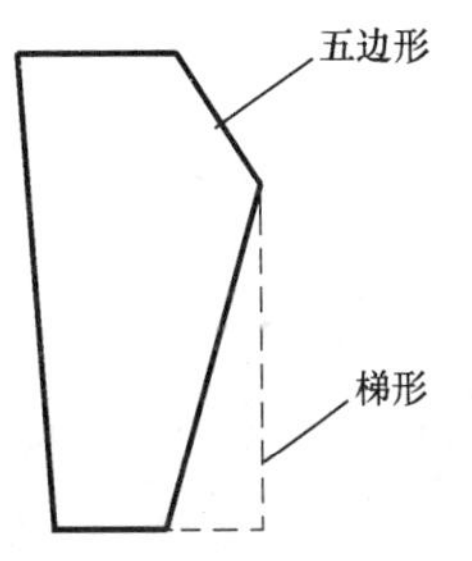

原因：“逐层开挖法”有一个假定，计算下层支撑时，假定上层支撑轴力不变，特别计算第三层支撑时特别明显，实际随着第二层下层突发开挖，第三层支撑处支护桩向内位移，支护桩绕第二层支撑点转动，而使第一层支撑内力减小。假定不变，从而使第三层支撑计算轴力偏小。

“二分之一负担法”根据学者试验研究可知，支护桩的土压力不是梯形分布，而是呈五边形分布，见图。所以计算结果偏大，越下层，支撑计算结果越偏大。

(2) Z9 中间一层支撑实测值比计算值偏大有两个原因，Z9 处存在电梯井基础施工，其基坑基底接近坑中坑基底增加挖土深度近 2m。另一个原因，Z9 处增加施工现场办公用地荷载所以第二层支撑和第三层支撑均比计算的值来的大。

(3) Z18 实测值与有坑中坑的计算值最接近。

5 总结

(1) 软土地基中土压力的主动土压力系数 K_a 与被动土压力系数 K_p 的计算，土的内摩擦角 φ 的取值影响很大，采用固结快剪所得的内摩擦角 φ 偏大，应该采用直接快剪所得的内摩擦角 φ。

(2) 支撑轴力采用“逐层开挖法”计算第三层以下支撑(包括第三层支撑)计算结果相对偏小，采用“二分之一负担法”计算第三层以下支撑轴力又相对偏大。

(3) 土压力计算时充分考虑基坑周围环境的影响，特别是地面的堆载及邻近工地挤压桩的施工影响。

(4) 挖土深度不仅考虑底板底面，还要考虑基坑承台设备基础、电梯井基础等底面。

某旧房偷梁换柱工程的设计与施工

赵传智　周育媛　(武汉科技大学)

［摘要］　本文简要介绍了某旧房的偷梁换柱工程，其特点是：改造面积大、工期短，且不能影响上层住户的正常生活，故难度较大，作者在设计与施工中，采取了一系列措施，从而使该工程能顺利按时完成，可供其他有关类似工程参考。

［关键词］　改造工程；承重横墙；横向框架；施工方案；速凝剂；钢筋混凝土基础

1　旧房改造工程概况

某旧房兴建于 20 世纪 50 年代，为三层砖混结构，木屋架红瓦屋盖，竹筋混凝土预制板及现浇钢筋混凝土纵、横梁楼盖，底层纵、横向承重砖墙 370，二、三层 240，毛石基础。

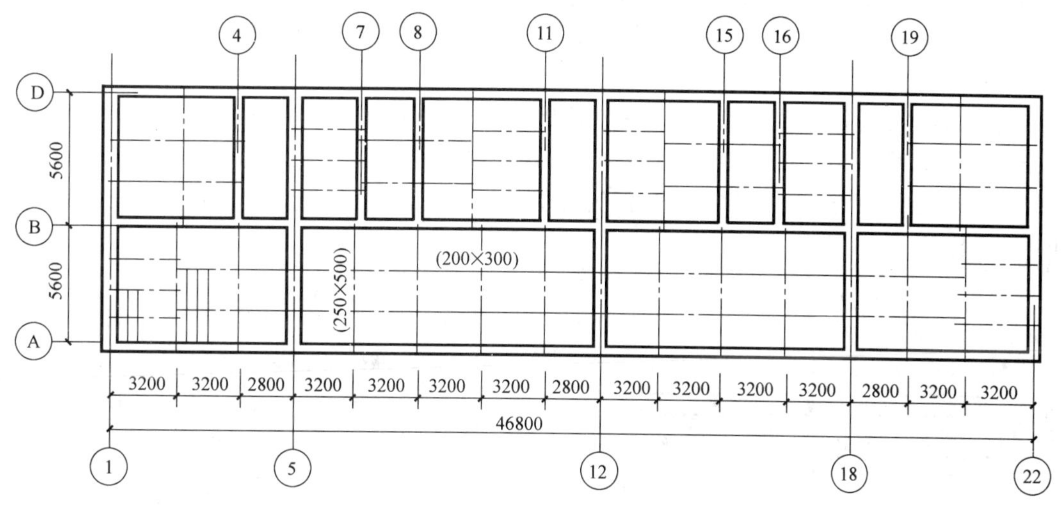

图 1　某旧房底层结构平面

2　改造工程实施要求

(1) 底层改为商场，所有纵、横向承重内墙均需拆除，二、三层宿舍结构不变；

(2) 施工期限为一个月，时值冬季(12 月 25 日～元月 25 日)；

(3) 施工期间，不得影响二、三层住户的正常生活。

3　设计方案

(1) 房屋全长 46.8m，拆除内纵、横墙后，屑刚、弹性方案，为增强其横向刚度，在⑤轴承重横墙下，设置三榀横向框架，其他承重横墙下均设置墙梁，在中间承重纵墙下，设置内框架(见图 2)。

(2) 根据原基础设计资料，地基土层为砂质黏土，$R=19\text{t/m}^2$；考虑到地基土层已经 20 年以上的压实，基土承载力可提高 20%，故框架柱下均采用独立钢筋混凝土基础，按 $f=200\text{kN/m}^2$

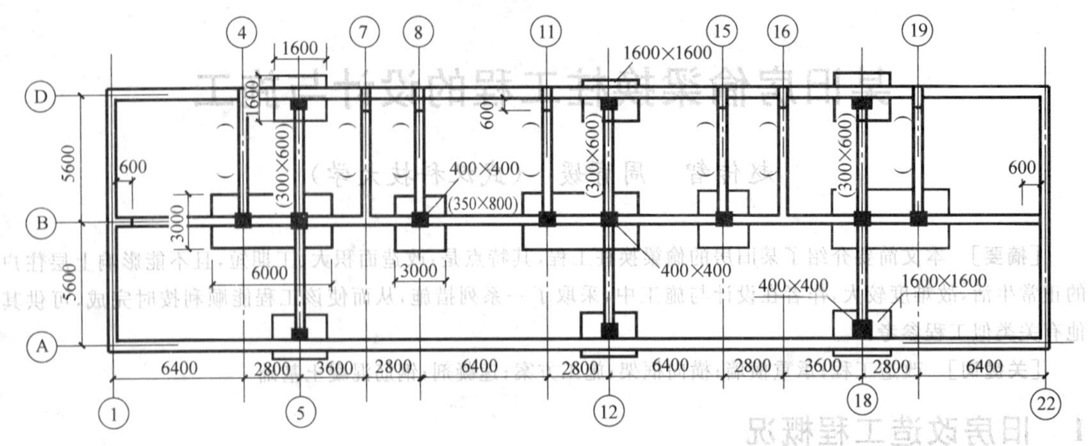

图 2　改建后的底层结构平面

设计。在横向墙梁及纵向内框架两端，均未另设置基础，但各保留 600mm 长的原有墙段(不影响商店营业)，以弥补原房屋因拆墙而损失的横向刚度，并解决梁端墙体的局部承压问题。

(3) 为便于保证新增框架纵、横梁的浇捣质量，在其梁顶及原楼板底间，各留有 200 及 300 的非结构垫层，见图 3。

(4) 为尽量不破坏原底层结构，并保证新、老结构的整体结合，新设框架横梁(300×600)置于原楼盖纵梁(200×300)的底面(见图 3)，原有楼盖横梁(250×500)在伸入新设框架纵梁(350×800)处打掉混凝土，重新浇捣，但为确保支撑作用，在框架纵梁的原有横梁支托处，增设小牛腿(图 4)

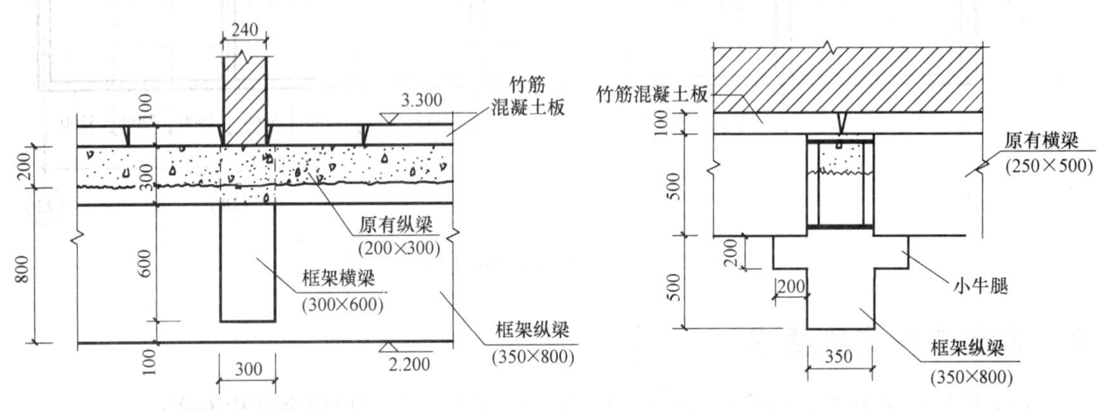

图 3　框架纵、横梁及其垫层　　　　图 4　框架纵、横梁与原有横梁的整体结合

4　施工方案

本工程房屋陈旧、改造面积大、工期紧，且为满负荷施工，故风险大、难度高。为此，采取如下措施：

(1) 将房屋全长沿⑧轴划为三个施工段，自右向左，顺序施工。

(2) 为解决基础面积大的难题，对框架采用逆施工作业法，即先施工框架梁、柱，后施工基础。

(3) 框架梁、柱的施工首先需解决卸载问题，即卸除原纵、横向承重墙上的梁、板荷载，按常规做法，这需将底层楼板及各层的纵、横梁自下而上另加支撑顶起，即“支撑卸载法”，但这将影响二、三层住户的正常生活，难以实现。故采用“短柱传载法”，即在纵、横向承重墙上，按框架梁、柱位置，利用老墙砌体拱的作用，逐段挖空(每段长不超过 1m)，逐段用钢短柱顶起，见图5，此外，原有底层纵、横梁及支承于纵墙上的楼板，尚需另加支撑顶起。

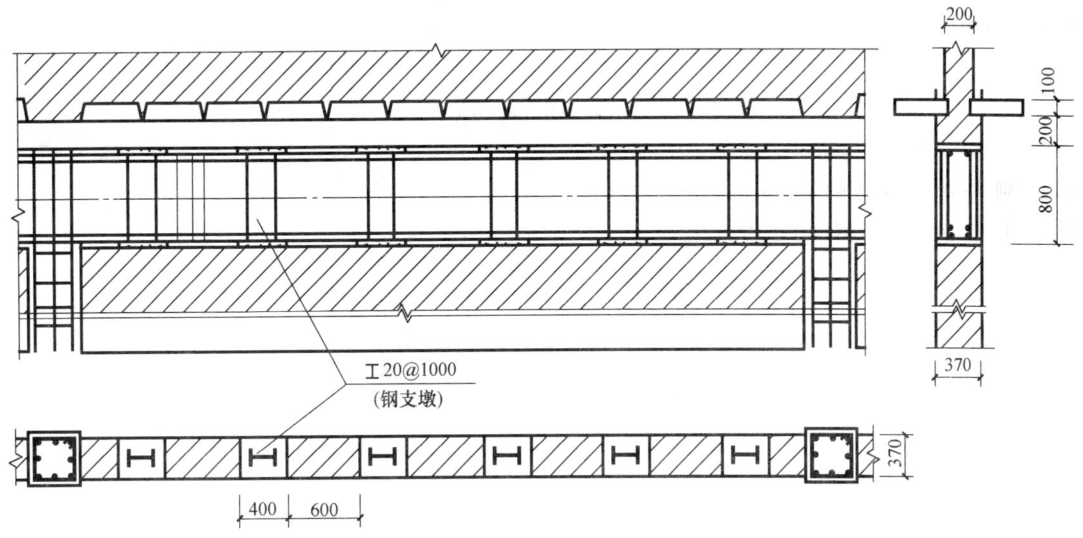

图 5 框架梁、柱施工示意图

其次，需解决支模、扎筋及混凝土的浇捣问题。梁的底模可利用原有墙体，故仅需加支梁、柱的侧模。梁的纵向主筋可在钢支墩两侧通过，在钢支墩段的箍筋可焊于钢支墩的上、下垫板上，柱主筋可直接插人基础的槽内。混凝土可在侧模处浇捣，仅在楼板底的非结构垫层处需填塞，可加入少量铝粉，预防收缩缝隙。

(4) 待框架梁混凝土的强度等级达设计要求的 75%后(约两周)，即可沿柱基长边两侧砌两道施工短墙，上架 2～3 根工字钢梁，支撑起基础上的梁段，则可拆除其下的旧墙体，进行柱下基础的正常施工。

(5) 为加速施工，在混凝土中施加速凝剂，并将混凝土的设计强度等级提高一级。

(6) 为确保施工安全，施工框架梁、柱时，必须做几组试块，经试验合格，方可拆除梁下的支撑墙体。

5 结语

本改造工程按上述设计、施工方案实施，按期完工，未出任何结构安全事故。仅在安设钢支墩及敲打原有梁头时，楼上墙体因底撑松动及震动，稍有开裂，完工后，即停止发展，稍加粉补即可。

在旧房改造工程中，偷梁换柱最为常见，关键问题是对旧有承重墙体卸载，本工程所采用的“短柱传载法”，直接利用原有墙体承重(作为施工中的临时支撑)，避开了另加支撑的卸载难题，且施工简便、安全、迅速，但需增加一些施工用型钢的费用。

必须注意，采用“短柱传载法”的关键是归有墙砌体拱的作用，故要求旧有墙体应有较好的砌筑质量。本工程虽建于 20 世纪 50 年代，但砌筑质量较好，故采用钢支墩的间距为 1m，若旧有墙体的质量较差，则应减少钢支墩的间距，以确保施工安全，但若钢支墩的间距过小，也会影响换梁的质量与受力状况，是不适宜的。

至于砖砌体提供的作用能达多大的跨度，未经试验，在《砌体结构设计规范》(GBJ3—88)中规定砖砌平拱过梁的最大跨度不宜超过1.8m，可作参考。但旧有墙体的施工质量难以达到平砌砖拱梁的标准，故建议采用本法时，钢支墩的间距，视旧有墙体的砌筑质量，取为0.75～1m。

参考文献

[1] 砌体结构设计规范(GBJ 3-88)
[2] 混凝土结构设计规范(GBJ10-89)

由震害谈混凝土框架结构施工质量控制

董恩琅　马俊峰　王钟玉　柴永征
（中建八局第一建设有限公司　青岛　266071）

［**摘要**］ 本文总结了混凝土框架结构震害特征及其施工特点，并进行了震害分析，提出了针对性的施工措施，最后从施工质量控制的角度提出了保证混凝土框架结构抗震性能的建议。

［**关键词**］ 混凝土；框架结构；施工；质量控制；震害分析

1　概述

钢筋混凝土框架结构是我国工业与民用建筑中最常用的结构形式之一，层数一般在十层以下，目前，多层钢筋混凝土结构是商店、办公、学校等公共建筑和工业厂房大量采用的主要结构形式，本文通过对各地建筑物的震后分析，旨在找到框架结构房屋经受地震震害后的特点，提高钢筋混凝土框架结构的抗震性能。

2　混凝土框架结构震害统计

通过查阅相关资料，对震后建筑物的破坏形态进行统计分析，从中找出地震破坏的薄弱点。

2.1　构件震害

混凝土框架结构的破坏，主要集中在构件破坏上。局部的构件失效，不能完全导致整体结构的坍塌。

对于整体倒塌的框架结构，通过仔细观察倒塌的房屋各个梁、柱及梁柱节点，发现很多构件明显不符合抗震设计的要求，受力钢筋明显偏少，而且构造措施严重不足，没有足够的箍筋。类似的情况在 1997 年的伊朗大地震中也可见到。

钢筋混凝土框架结构的主要构件，梁、柱、填充墙休的震害形态各不相同，构件的破坏程度和破坏形态直接决定了框架结构的抗震性能。

2.1.1　梁的破坏形态

框架梁的破坏在震后的房屋中很少见到，有的也是产生横向微小裂缝，这种破坏形态与现行建筑抗震设计规范的要求（强柱弱梁）不太符合，从汶川地震灾区框架结构震害来看，较多数的建筑物并没有达到“强柱弱梁，强剪弱弯、强节点弱构件”这一目标，梁出现塑性铰的情况很少。

2.1.2　柱的破坏形态

框架柱的破坏集中在柱顶及柱底，在节点区外形成塑性铰，如图 1，图 2，图 3，图 4，柱端在地震力作用下形成塑性铰，混凝土被压碎，受力钢筋屈曲变形，形成“灯笼状”。

另外值得注意的是，由于填充墙的嵌固作用，使个别框架柱形成短肢柱，产生剪切破坏。短柱的破坏在地震中非常普遍，需要引起格外的注意。

2.1.3　填充墙的破坏形态

填充墙的破坏都先于框架结构本身，在地震作用下，整个墙面产生交叉裂缝而破坏，同时，伴随梁底横向裂缝，严重者，墙体在平面外失稳毁损。如图 5，图 6。

图 1 某 3 层框架底层柱上端破坏，箍筋崩出，纵筋鼓出

图 2 某 4 层框架底层柱子上端震害

图 3 某 3 层框架底层柱下端破坏

图 4 某 4 层框架底层柱下端破坏

图 5 某五层框架结构，建于 2008 年，填充墙倒塌

图 6 某 7 层框架结构，填充墙破坏

2.2 节点连接震害

框架结构节点核芯区破坏的情况不多，基本都是产生在柱头位置，如图 7。极个别的会出现在核芯区，这种情况基本上都是因为核芯区钢筋配置不足，没有按照抗震要求进行构造设置导致，而目前高层结构混凝土强度等级往往设计为梁板混凝土与墙柱混凝土不同标号的设计来达到“墙柱弱梁”的目的，但这种做法的可怕之处就是导致梁柱核芯区混凝土强度不足而留

下结构隐患。梁柱节点破坏形态见图1～4，图7。

2.3 结构缝震害

结构缝的设置不合理，也会产生破坏，主要的破坏形式是结构缝间距太小，导致两侧结构在地震作用下产生相互碰撞，如图8所示。

图7 某框架节点破坏

图8 某6层框架伸缩缝碰撞破坏

2.4 附属构件震害

附属于结构的次要构件，比如女儿墙等，会由于“鞭梢效应”在地震作用下被拉裂破坏，产生水平裂缝。雨棚等平层构件在竖向地震作用下，在根部产生纵向裂缝。如图9所示，女儿墙破坏，柱头断裂。

图9 某15层框架-剪力墙结构，出屋面水箱间，柱节点破坏，节点区无箍筋

图10 某框架结构扭转垮塌

2.5 结构整体震害

混凝土框架结构在震区有少量倒塌现象，大多数框架结构房屋，虽然填充墙体破坏严重，但房屋本身都能够达到“大震不倒”。但也有个别框架结构，发生整体倒塌现象。如图10所示。

3 混凝土框架结构施工特点及其震害分析

根据震害特征，钢筋混凝土框架结构的抗震重点是梁柱接头部位，框架填充墙和附属于结构的次构件。

梁柱接头部位是吸收地震能量的关键部位，如果不能有足够的变形来适应，势必造成节点破坏造成结构毁损。框架结构的楼层刚度远远大于框架柱的刚度,水平地震作用下,楼板及框架梁是不会产生震害危险的,以水平地震作用为主的地震,往往会伴随着对结构的空间扭转,框架结构设计时,更注重于对框架结构平面内的内力计算,但空间扭转效应很难准确度量,因此,框架结构塑性铰多数会出现在柱端。对于大跨度房屋,竖向地震作用就会明显,楼板会随着地震效应在竖向进行震动,梁端产生塑性铰的可能性就会大些。

框架填充墙体嵌固在框架中间,一般结构计算并不计算填充墙体的抗震效应,但填充墙体的存在,无疑会限制框架结构的整体变形,吸收一定的能量,而填充墙体吸收了能量而不能通过有效变形来消耗,在地震的往复作用下,便会产生交叉裂缝,直至墙体与结构完全脱离倒塌。

混凝土框架结构的抗震,主要是靠钢筋的作用来实现。结构施工依据《混凝土结构工程施工质量验收规范》(GB 50204—2002)和《G101 图集》的要求组织施工,而结构设计单位依据的是设计规范,目前,大多数设计单位不能够从施工难度上对设计进行优化,设计不考虑施工的情况相当普遍,这就导致施工单位在施工过程中不可避免地要进行现场调整,在调整过程中,如果不能够合理地进行优化设计,就会导致抗震隐患,从震害形态上可以发现,出现震害的部位,钢筋并不能完全符合抗震要求。

目前,我国的建筑施工队伍良莠不齐,为了经济利益,降低建筑物的结构耐久性和可靠性的事情时有发生,从 2008 年汶川地震的震害调查中发现,大量的倒塌建筑物都是一些低资质单位,甚至无资质单位建造的产品。因此,需要加大广大建筑行业从业人员的抗震意识,最大限度地保证结构设计的合理化和可操作化,保证建筑设计产品的合理实现。

框架结构本身比较简单,但从框架结构衍生出来的结构形式,交叉节点等核芯区要复杂得多,尤其是钢筋的配置过多,这也给纯钢筋混凝土结构的施工增加了难度。如何合理避免钢筋过密就成为了施工控制的重点和难点。

4 混凝土框架结构施工质量控制建议

4.1 钢筋施工

4.1.1 框架柱

框架柱的钢筋配置重点在于柱端箍筋加密区,必须严格按照抗震要求和设计要求配置。但在施工过程中,会经常发现,为了绑扎梁钢筋方便,梁柱节点区域内柱子的箍筋配置明显不足,严重者会将箍筋取消,这是严重的错误。

箍筋弯钩必须保证不小于 135°或者采用焊接节点。多肢箍箍筋的配置以大箍套小箍并且以降低箍筋重叠为优先原则。

抗震建筑,应避免搭接绑扎接头,因为搭接绑扎接头导致主筋重叠部位 120°范围内,混凝土不能有效握裹。因此,钢筋接头应优先采用机械连接或焊接接头的形式,接头宜设置在框架柱反弯点与箍筋加密区之外的部位。

4.1.2 框架梁

目前,框架梁比较通用的做法是,上部钢筋都能够做到“能通则通”,即将上部贯通筋通过闪光对焊或机械连接的方式形成贯通筋贯穿整条轴线的支座节点(柱子),这样做,能够保证钢筋间距,满足规范的要求。但下部钢筋在绑扎时,不容易穿筋,基本上都是每跨钢筋在支座内锚固,这也是(××)《G101 图集》的标准做法。但这种配筋形式造成底部钢筋在节点区过密,浇筑混凝土时,难以下料,钢筋挤在一起不但不能保证钢筋的有效锚固,同时,造成钢筋在柱头位置形成混凝土隔离层,而减小柱头的有效面积,这也是柱头破坏强于柱底破坏的原因。因此，建议梁底钢筋在绑扎时，将底部钢筋贯通支座，尽量达到“能通则通”的原则。

4.2 混凝土施工

混凝土施工的重点是框架柱以及梁柱节点部位，务求振捣密实，才能保证质量。

(1) 在混凝土浇筑工序中，应控制混凝土的均匀性和密实性。

(2) 混凝土时，应注意防止混凝土的分层离析。混凝土自由倾落高度一般不宜超过 2m，浇筑柱混凝土的高度不得超过 3m，否则应采用串筒、斜槽、溜管等下料。

(3) 框架梁板柱整体浇筑时，应在柱浇筑完毕后停歇 1～1.5h，使混凝土获得初步沉实后，再继续浇筑，以避免接缝处出现裂缝。

(4) 梁柱节点钢筋较密时，浇筑此处混凝土时用小粒径石子同强度等级的混凝土浇筑，并用小直径振捣棒振捣。

(5) 当梁柱混凝土强度等级不同时，梁柱节点区高强度等级混凝土与梁的低强度等级混凝土交界面处理，应按设计要求执行。当设计无规定时，梁柱节点区混凝土强度等级应与柱相同，并应先浇筑梁柱节点区高强度等级混凝土，再浇筑梁的低强度等级混凝土，两种强度等级混凝土的交界面应设在梁上。在浇筑节点区高强度等级混凝土时，不得用钢丝网隔开，以防止梁在柱端人为形成断层。梁的混凝土必须在节点区混凝土初凝前浇筑。

5 结论

通过对震害分析，找出结构抗震薄弱点，针对薄弱点，采取加强措施，能够有效提高结构的抗震性能。同时，由于概念上与实际情况的差别，框架结构的强柱弱梁机制很难做到，应对框架结构的强柱弱梁机制保证措施进一步研究。

参考文献

[1] 李宏男等.汶川地震震害调查与启示.建筑结构学报，2008，29(4)：14

[2] 苏启旺，李力.汶川大地震中框架结构震害分析.四川建筑科学研究，2008，38(4)，164

[3] 中国建筑科学研究院.2008 年汶川地震建筑震害图片集.北京：中国建筑工业出版社，2008 年 9 月

[4] 李英民等.汶川地震建筑震害与思考.重庆：重庆大学出版社，2008 年 10 月

快速加固冀东油田1号填岛陆岸地基新技术

韩选江[1]　张健[2]　夏忠明[2]

（1. 南京工业大学；2. 江苏地基工程总公司）

［摘要］ 本文全面介绍冀东油田1号人工岛陆岸地基快速处理的工程概况、场地条件及采用多点胁迫振冲联合挤密法的原理及施工工法参数控制等内容，并阐明施工工法实施情况及效果，为同类工程提供参考。

［关键词］ 地基处理；振冲法；共振；机械碾压法；砂土液化；不均匀沉降

1　工程概况

冀东南堡油田1#构造产能工程的1#陆岸终端是由粉土和粉砂吹填成陆，由于吹填时间短，该土体处于松散～稍密状态，承载力低且结构较松散，该地基承载力不能满足设计采油工业设施及建筑物地基设计荷载要求。

特别，在地震及设备振动荷载作用下，该吹填粉土和粉砂极易发生液化并导致上部结构产生过大沉降及不均匀沉降，将影响结构安全和正常使用。因此，必须进行地基的预处理加固。

该拟建场地新近吹填的东西区共15万平方米面积，如能进行预处理快速加固，将为后续工程及架立开采钻井平台提前很多时间。

2　场地条件

拟建场地地势较为平坦，高程为3.83～4.11m。相对高差0.28m。场地的原始地貌为近海海陆交互相滨海平原地貌。

根据钻孔揭露，勘察场地表层土主要为素填土和吹填土、第四系主要地层由海陆交互相沉积物构成。在勘察深度范围内，自上而下可划分为6个工程地质层，各层土的特征分述如下：

第①层吹填土（Q_4^{ml}）：浅灰色；湿-饱和；松散，以粉砂和粉土为主，含较多黏性土，含少量贝壳碎片。层厚0.70～5.20m左右。层顶高程0.75～3.99m。

第①$_1$层素填土（Q_4^{ml}）：黄褐－浅灰色；稍湿；松散；以粉砂和粉土为主，含少量砾石，局部顶部为杂填土，局部填有漂石、碎石。层厚2.10～7.30m左右。层顶高程3.86～4.11m。

第②层粉砂（Q_4^{mc}）：灰色；稍密－中密，局部松散；以长石石英为主，分选均匀，级配不良，含粘粒，含贝壳碎片，该层局部缺失。层厚0.70～6.40m左右。层顶高程－4.98～0.07m。

第②$_1$层粉土（Q_4^{mc}）：灰色，中密－密实，湿，切面粗糙，韧性低，摇震反应迅速，干强度中等，含少量砂性土，该层局部缺失。层厚0.60～5.40m左右。层顶高程－1.21～0.21m。

第②$_2$层粉质黏土（Q_4^{mc}）：灰色，软塑－流塑，切面光滑，无摇震反应，韧性中等，干强度中等，该层仅分布在zk3、zk15钻孔地段。层厚0.40～0.80m左右。层顶高程－1.19～－0.33m。

第②$_3$层淤泥（Q_4^{mc}）：灰色，流塑，切面光滑，无摇震反应，韧性中等，干强度中等，有腥臭味，该层仅分布在zk16、zk17、zk18钻孔地段。层厚0.30～1.90m左右。层顶高程－2.14～0.09m。

第③层粉土（Q_4^{mc}）：灰色，中密－密实，湿，切面粗糙，韧性低，摇震反应迅速，干强度中等，含少量砂性土，该层局部缺失。层厚 0.50～5.20m 左右。层顶高程－6.61～－3.13m。

第③$_1$ 层粉质黏土(Q_4^{mc})：灰色，软塑一流塑，切面光滑，无摇震反应，韧性中等，干强度中等，该层仅分布在 zk2、zk3、zk7、zk8、zk11、zk17 钻孔地段。层厚 0.40～3.50m 左右。层顶高程－7.37～－4.54m。

第④层粉砂(Q_4^{mc})：浅灰色；中密一密实；饱和；矿物成分以长石石英为主，亚圆形，分选均匀，级配不良，含黏粒，含贝壳碎片。层厚 0.60～3.30m 左右。层顶高程－9.37～－6.93m。

第④$_1$ 层粉土(Q_4^{mc})：灰色，中密一密实，湿，切面粗糙，韧性低，摇震反应迅速，干强度中等，含少量砂性土，该层局部缺失。层厚 0.40～2.70m 左右。层顶高程－10.16～－8.69m。

第④$_2$ 层粉质黏土(Q_4^{mc})：灰色；软塑一流塑；切面光滑，韧性中等，土质均匀，无摇振反应，含贝壳碎屑，局部粉质黏土与粉砂互层，夹粉砂薄层。层厚 2.60～3.50m 左右。层顶高程－7.44～－6.98m。

第⑤层粉质黏土(Q_3^{mc})：灰色；软塑一流塑；切面光滑，无摇振反应，韧性中等，干强度中等，含贝壳碎片。厚度 1.40～12.50m 左右。层顶高程－19.11～－9.43m。

第⑤$_1$ 层淤泥质粉质黏土(Q_3^{mc})：灰色；流塑；切面光滑，无摇振反应，韧性中等，干强度中等，有腥臭味。厚度 0.30～5.20m 左右。层顶高程－18.81～－14.13m。

第⑥层黏土(Q_3^{mc})：灰色一黄褐；可塑一硬塑；切面光滑，无摇震反应，韧性中等，干强度中等。揭露厚度为 1.20～6.20m。层顶高程－22.43～－19.57m。

第⑥$_1$ 层粉土(Q_4^{mc})：灰色，密实，湿，切面粗糙，韧性低，摇震反应中等，干强度中等，该层仅见于 zk13 钻孔地段。层厚 1.20m。层顶高程－21.23m。

第⑥$_2$ 层粉砂(Q_3^{mc})：褐黄；密实；饱和；矿物成分以长石石英为主，亚圆形，分选均匀，级配不良。揭露厚度为 1.40～1.70m 左右。层顶高程－24.35～－20.77m。

地下水位埋深在 3.40～3.70m 左右。地下水类型为第四系孔隙潜水，且地下水和海水有密切的水力联系。大气降水、潮汐变化会直接影响地下水位的升降。地下水的年变幅约 1m。

3　地基预处理目标

根据设计院要求，场区地基经预处理后的加固深度及承载性能须满足以下条件：

(1) 加固有效深度：9m 深；

(2) 地基承载力标准值 f_{ak}：达到 150kPa；

(3) 地基抗液化能力满足：

① 能抗 7 度(0.185g)的地震荷载作用，处理后粉细砂的相对密实度 Dr≥0.7；

② 表层 8m 深度内能抗 8 度(0.3g)的动荷载作用，处理后粉细砂的相对密实度 Dr ≥0.8。

(4) 工后沉降要求：不大于 20cm。

4　多点胁迫振冲快速加固工法

根据场地新近吹填土质条件，结合处理其他新近吹填土的工程经验，决定采用多点胁迫振冲联合挤密法进行快速加固。

该法利用予力技术作用原埋，将振冲法和碾压法有机匹配结合起来，通过对新近吹填土体骨架施加予力作用，即施加振冲力、激振力、共振力、挤压力和碾压力，促成饱和松散砂土体，产生预变形和预沉降，使之地基土以后可能产生的大部分沉降变形事先消除在加固处理过程中，经处理后能更好地满足工程使用阶段的承载变形要求。其予力度控制标准为0.85～0.65。这种复合型的两种加固方法能有机匹配揉合在一起，相互补充，相互促进，共同形成有机结合的快速高效加固吹填土的新工法。

该法应用ZCQ-30型及ZCQ-75型振冲设备，采用二点共振和三点共振原理进行深层加固并匹配10～12t的振动碾压机交叉作业，共同完成快速加固施工。

施工参数控制如下：

振冲孔平面布置采用正方形和正三角形布置两种。正方形布置的孔与孔的间距为2m，孔深9m，采用2孔共振法。正三角形布置的孔与孔的间距为1.5m，孔深10m，采用3孔共振法（参见图1和图2）。

图1　二点共振胁迫振冲快速加固

图2　三点共振胁迫振冲快速加固

振冲器的下沉及上拔速度为1～2m/s，上拔间距为0.5m；水压控制为0.1～0.2MPa；液化电流与密实电流控制为15～20A；留振时间控制在20～60s，须区分好桩底、桩身及桩口不同区段采用不同标准。

5　加固施工及实施效果

该快速加固工法的施工流程为：

平整场地→测放振前标高→测放振冲点位→多点胁迫振冲施工→测放振后标高→推平场地→振动碾压平整场地→工后检测（分块分段流水依次进行）。

施工用水就在现场挖设集水井，每机组1个，振冲用水采用集中循环回用。

施工前，建立施工测量控制网，进行振冲前对各小区的振前标高测量。将各施工小区划分成10m×10m井字形布置测量点，计算出施工小区振前平均标高，振后以同样方式进行复测，以获取振冲处理的沉降值。

该现场先采用二点共振胁迫振冲，后为了加快进度全部改用三点共振胁迫振冲，加固深度也从9m深入到10m，仅施工60d就全部完成加固任务，比预先安排工期提前了20d。经过此预加固处理后，现场地面沉降量约45～50cm，实现了快速加固，取得了显著的经济效益和社会效益。

参 考 文 献

[1] 中冶地勘岩土工程总公司,冀东南堡油田 1# 构造产能建设工程 1# 陆岸终端地基预处理工程勘察报告,2007 年 1 月

[2] 韩选江,张健等.多点胁迫振冲联合挤密法,中华人民共和国国家知识产权局《发明专利公报》,2007 年 3 月 8 日,第 22 卷,第 10 号

水泥混凝土路面病害的防治

马国会[1]　王自权[2]

（1. 河南省宛南建筑公司；2. 新野县工程质量监督站）

［摘要］ 本文介绍了水泥混凝土路面病害的现象、成因、防治措施并提出了预防的建议。

［关键词］ 水泥混凝土路面病害；成因；防治措施

水泥混凝土路面的病害对于行车速度、安全及舒适性具有重要影响。其病害主要有纵、横、斜向裂缝和交叉裂缝、断裂、板沉陷和胀起、错台和拱起、表层坑洞、露骨、网裂和起皮、粗集料冻融裂纹、修补损坏等。本人结合工作实际浅谈一下水泥混凝土路面病害的防治。

1　水泥混凝土路面病害的处治对策

1.1　裂缝修补

水泥混凝土路面裂缝形式多样，处治时要根据具体情况采用相应的技术措施。缝宽不足0.5mm的非扩展性表面裂缝，采用压注灌浆法；局部性裂缝，且缝口较宽时，采取扩缝灌浆法；对贯穿全厚的裂缝，采用条带罩面法。对裂缝宽度大于3mm的裂缝，用环氧树脂与固化剂搅拌均匀后直接灌注。

1.2　接缝修补

接缝施工时，为保证清缝质量，对杂物充填较多的纵缝，必须用切缝机切割，其他缝也应用铁铲对杂物和老化的填料进行清理，然后用高压气体吹净。对加热型填缝材料，按规定进行熔化，使其具有较好的流动性。用黄油枪或扁嘴铁壶沿缝方向均匀浇灌加热后的填缝料至缝填满为止（不宜过高或过低），灌缝深度至少应大于1.5cm。灌缝应在路面干燥及路面板下没有积水时进行，保证填料与缝壁粘接牢固且不被高压水剥离、挤出。根据填缝料性质，做好施工交通控制工作，待填缝料冷却后开放交通（一般需30min），以免其被行车粘掉。坚持周期性养护，延长其有效使用寿命。

1.3　局部修补

对出现错台的板块，先采用压浆调整，恢复平顺，调整后仍有高差，且错台量小于10mm，可用建筑磨平机打磨掉高出的部分或人工凿除高出部分，凿除（打磨）宽度一般为10～30cm。错台量大于10mm的，在低的一侧用沥青砂或细粒式沥青碎石衬平，衬补长度按高差的1%～2%，也可用聚合物水泥砂浆薄层修补。修补前应用钢丝刷将原路面清理干净。大面积麻面、露骨、平整度差等结构性病害，常采用沥青混凝土罩面处理，处理厚度应大于2.5cm，罩面前要对破碎板及整个路面进行修补和压浆处理。一般的麻面可不作处理，只对露骨严重部分作整段处理，可用聚合物砂浆作薄层处理。

1.4　破碎板块修补

采取换板方式处理水泥混凝土路面严重破碎板，即挖除整块破碎板，然后浇筑水泥混凝土，板厚与原面板厚度一致，但一般不宜小于24cm，否则可采用钢筋混凝土进行修复。板角断裂等破损采用局部修补方式，即对板角断裂的部分切割成正方形或矩形，在原板壁上加装传力杆后，在凿除位置浇筑混凝土。

1.5 加铺沥青层

加铺沥青层是旧水泥混凝土路面有效的补强措施之一，不仅提高了路面的承载能力，消除了原有接缝处易产生唧泥、断裂、脱空等多种病害的不利影响，同时也提高了路面平整度和抗滑能力，改善了路面使用性能，提高了路面服务水平，目前在城市道路水泥混凝土路面维修工程中逐渐推广应用。

2 水泥混凝土路面病害预防的建议

水泥混凝土路面的病害处治始终是一种事后补救的方法，对水泥混凝土路面病害，更多的应当以建立预防为主的思想，尽量在设计和施工中予以避免减少，本文在此提出以下几点建议：

(1) 严格路基特别是基层参数的选取，如各基层回弹模量、含水率、液限、现场承载力等，确保施工值与设计值一致，并且设计取值与现场客观实际相符，因此必要时应加大基本设计依据、参数的现场实际测定方面的工作，而不能仅按规范选取；

(2) 加强路基施工管理，对填方路基，确保分层回填，分层碾压，并强化施工单位自检和监理检查工作，一要保证达到要求的压实度，并要求压实均匀，特别是路肩部位及车道与路肩交接部位，此处极易产生纵向错台；对半填半挖路基，特别注意挖、填结合部位的碾压；

(3) 对用作路基的土，应加强土质的鉴别和性能测试，对膨胀土，注意区分其类别，对强膨胀土，必须置换，对中、弱膨胀土，采用适当的方法对土质进行改良，基坡较大时，采用适当的设施来加强土坡稳定性，从而保证路面不破坏；

(4) 加强路面材料研究，选择适宜的材料及配比，对特殊路段，也可适量采用成本较高的新型路面材料，如钢纤维混凝土、连续配筋混凝土等，初期投资的适当增加可大量减少后期养护费用；

(5) 加强路面施工管理，采用规范化、程序化的施工和养生方法，适时切缝，掌握适合的操作时机，并根据气温变化的不同情况做不同的处理。

参考文献

[1] 公路工程质量检验评定标准(JTG F80/1-2004)．北京：人民交通出版社，2008

[2] 公路水泥混凝土路面施工技术规范(JTG F30-2003)．北京：人民交通出版社，2006

减少及消除砖混房屋的几种质量通病的设计施工措施

王自权[1]　马国会[2]

（1. 新野县工程质量监督站；2. 河南省宛南建筑公司）

［摘要］ 本文从设计和施工介绍了移民工程中质量通病的类型。分析产生原因并提出相应的防治措施。

［关键词］ 移民工程；质量通病成因；防治措施

丹江移民工程一期已基本结束，由于各方面原因，一些移民点房屋出现了大量质量通病。从移民搬迁后反映的问题看，出现的质量通病主要有：墙体裂缝、屋面墙面及窗台渗水、楼地面空鼓起砂等现象。本文结合工作实际，就一些质量通病进行探讨。

1　墙体裂缝

1.1　设计

（1）工程地基应按变形控制设计，并进行地基变形计算，采用天然和复合地基的工程平均沉降值不大于150mm。

（2）住宅工程的顶层和底层砌体应设置通长现浇混凝土窗台梁，高度不宜小于120mm，纵筋不少于4ϕ10，箍筋ϕ6@200；其他层的外窗在窗台标高处应设置通长现浇混凝土板带；房顶两端砌体沿高度方向应设置间隔不大于1.3m的混凝土板带，板带的混凝土强度不应小于C20，纵向配筋不宜小于3ϕ8。

（3）新型墙材应严格按照国家规范设置抗裂措施，特别是构造柱和圈梁一个不能少。预留的门窗洞口应采用钢筋混凝土边框加强。

（4）房屋顶层的砌筑砂浆的强度等级不小于M7.5。

1.2　施工

（1）蒸压粉煤灰砖、灰砂砖等新型墙材的出釜停放时间不能小于28d，上墙含水率宜为5%～8%。

（2）浇浇凝土板带尽量不设施工缝，一次性浇筑完成。

（3）主体与阳台板之间的拉结必须预埋拉结筋。

（4）砌筑用砂应采用中粗砂。

（5）抹灰应在砌体砌完后30d后进行

2　屋面墙面及窗台渗水

2.1　设计

（1）移民工程的屋面多为钢性屋面，设计时应注意其强度不小于C25，厚度不小于50mm，分格缝设置正确，缝宽不大于30mm，且不小于12mm。

（2）对女儿墙、高低嘴跨、上人孔、变形缝和烟道等节点应设计防渗构造详图。

（3）屋面防水等级不宜小于二级。

2.2 施工

(1) 对于屋面防水施工一定要制定详细的施工方案，特别是细部构造的施工做法，一定要详细认真，因为渗水部位大多出现在细部节点上。

(2) 施工时，混凝土宜先铺三分之二，再放置钢筋，后铺三分之一的混凝土，振捣并碾压密实，分两次压光。

(3) 分格缝应按要求设置，钢筋一定要在分格缝处断开。在分格缝表面干燥后立即嵌填防水油膏。

(4) 保水养护不少于14d。

(5) 施工完后应做蓄水或淋水试验。

关于窗台渗水大多是在施工时马虎造成的。因此在施工时要注意做到：室外窗台应低于室内窗台板20mm为宜，并设置顺水坡，雨水排放畅通。金属窗外框与室内窗台板的间隙必须采用耐候高弹性密封胶进行封闭，确保水密性，防止产生渗漏。

3 楼地面空鼓起砂

3.1 设计

面层为水泥砂浆时，应采用1∶2水泥砂浆，为混凝土时其强度不小于C20。且宜采用早强型的硅酸盐水泥和普通硅酸盐水泥，选用中粗砂，含泥量不大于3%。

3.2 施工

(1) 浇筑面层混凝土或铺设水泥砂浆前，基层应清理干净并湿润，消除积水；基层处于面干内潮时，应均匀涂刷水泥素浆，随刷随铺水泥砂浆或细石混凝土面层。

(2) 严格控制水灰比，用于面层的砂浆稠度不大于35mm用于地面的混凝土坍落度不大于30mm。

(3) 水泥砂浆面层要涂抹均匀；混凝土面层浇筑时，应采用平板振捣或辊子滚压，保证面层强度和密度。

(4) 掌握和控制压光时间，压光次数不少于两遍，分遍压实。

(5) 养护要及时，连续养护不少于7d。

移民工程由于时间紧、任务重，参建队伍素质良莠不齐。出现了大量的质量通病。对此施工方要增强质量意识，加强管理，制定内部管理制度，从严进行质量控制，把质量通病消除在施工阶段。创合格及优良工程，向移民交一个满意工程。

参考文献

[1] 姚兵．全国建筑施工企业项目经理培训教材．北京：中国建筑工业出版社
[2] 王赫主编．建筑工程质量事故分析．北京：中国建筑工业出版社

某工程混凝土多孔砖砌体裂缝的原因分析及处理方法

张新成

（河南省鹤壁市建筑业协会　鹤壁市　458030）

［摘要］ 本文介绍某工程四层混凝土多孔砖砌体裂缝的原因分析及处理方法，与同行进行交流，后期赐款。

［关键词］ 混凝土多孔砖；砌体裂缝；原因分析；处理措施

1　工程概况

某活动中心，四层砖混结构，平面布局呈“L”型，建筑面积 $3616m^2$，±0.000 以下采用 MU10 机制黏土砖，M10 水泥砂浆，±0.000 以上采用 MU10 混凝土多孔砖，M10 混合砂浆。建筑外墙厚度为 370mm，外墙保温采用 6mm 厚聚苯板，窗户采用双层玻璃塑钢窗。该工程于 2006 年 8 月竣工交付使用（当时未发现裂缝），2006 年年底供暖半月后开始出现裂缝，2007 年 3 月初，发现大部分墙体都不同程度地出现了裂缝，裂缝形状、分布等特征明显。

2　墙体裂缝分布情况及特征

根据《建筑结构检测技术标准》（GB/T 50344—2004），对该工程一～四层墙体进行了普查，裂缝的位置、走向、长度、宽度及形态特征如下：

2.1　一、二层墙体产生的竖向裂缝

该类型中间宽、两端窄的裂缝，裂缝宽度一般在 0.08～0.62mm 之间，一般从楼板延伸至圈梁底部，裂缝深度均贯穿墙体。

2.2　门洞口上方斜向裂缝

该类型裂缝从门洞口上方向上斜向延伸圈梁底部，裂缝宽度一般为下宽上窄，裂缝深度均贯穿墙体，多数门洞口上方均出现此类裂缝。

2.3　外墙窗过梁端部竖向或水平裂缝

该类型裂缝出现在外墙窗过梁端部，裂缝宽度一般较小且宽度变化不大，多数外墙窗过梁端部均出现此类裂缝。

2.4　三、四层墙体产生的斜向裂缝

该类型裂缝形态多为中间宽、两端窄的裂缝或上宽下窄的楔形裂缝，裂缝宽度一般在 0.10～0.90mm 之间，裂缝深度均贯穿墙体。该类型的裂缝出现在内横墙上，裂缝走向均为靠近外墙处较低的斜向裂缝。

2.5　一～四层楼梯间墙体的水平裂缝

该类型裂缝出现在混凝土现浇楼板的上表面处，裂缝宽度一般变化不大，三、四层楼梯间墙体的水平裂缝宽度较大，一、二层楼梯间墙体的水平裂缝宽度较小。

3　墙体裂缝的原因分析

根据裂缝特征及工程现场实际情况，墙体裂缝分为干缩裂缝和温度裂缝。

3.1 一、二层墙体裂缝

一、二层墙体产生的竖向裂缝、门洞口上方斜向裂缝及外墙窗过梁端部竖向或水平裂缝属于墙体干缩裂缝。该类型裂缝是由于室内温度较高，混凝土多孔砖及砌筑砂浆受热脱水收缩，收缩时在墙体内部产生拉应力，当拉应力达到一定程度时，就会在墙体较薄弱处产生裂缝，释放应力。

3.2 三、四层墙体裂缝

三、四层墙体产生的斜向裂缝和一～四层楼梯间墙体的水平裂缝属于墙体温度裂缝。该类型裂缝是由于室内温度较高，混凝土现浇楼板受温度影响而产生变形，楼板的变形对墙体产生推力，使墙体内产生拉应力，当拉应力大于墙体的抗拉强度时就会导致墙体产生裂缝。

4 墙体裂缝的处理方法

根据裂缝情况，采取以下三种方案对出现裂缝的墙体进行加固修复处理。

4.1 墙体裂缝处理

对一、二层墙体竖向干缩裂缝和三、四层墙体斜向温度裂缝采用整体双面加横向钢筋的方法进行加固修复处理。

4.1.1 工艺流程

剔除粉刷层→剔凿水平灰缝→刷素水泥浆→加设钢筋→灰缝填充→养护→加挂钢丝网片→恢复粉刷层

4.1.2 工艺要点

(1) 剔除粉刷层：首先将一、二层出现竖向干缩裂缝的墙体和三、四层出现斜向温度裂缝的墙体表面粉刷层剔除，剔除时从楼板顶面至顶板底面，每隔 500mm 剔除一道粉刷层，每道剔除宽度为 100mm(要求剔除部位含一条水平灰缝)，从墙体一端至另一端横向剔除，墙体两侧剔除位置应对应。然后将裂缝处粉刷层沿裂缝方向剔除，剔除宽度为 200mm。粉刷层剔除后应清除墙面浮灰及油污等杂质。

(2) 剔凿水平灰缝：将墙体粉刷层剔除部位的水平灰缝进行剔凿，墙体两侧所剔凿的灰缝应对应，两侧剔凿深度各为 30mm，并将灰缝中浮灰清除干净，水平灰缝间距为 500mm。

(3) 刷素水泥浆：在剔凿的水平灰缝内刷素水泥浆。

(4) 加设钢筋：将 $\phi 6$ 冷扎扭钢筋嵌入所剔凿的水平灰缝内。

(5) 灰缝填充：在钢筋外侧用 1∶1 水泥砂浆将水平灰缝分层填充密实。

(6) 养护。

(7) 加挂钢丝网片：在墙体裂缝处沿裂缝方向加挂 200mm 钢丝网片，并与墙体可靠连接。

(8) 恢复粉刷层：将剔除的粉刷层进行恢复。

4.2 洞口斜向干缩裂缝处理

对门洞口上方斜向干缩裂缝采用局部双面加横向钢筋的方法进行加固修复处理。

4.2.1 工艺流程

剔除粉刷层→剔凿水平灰缝→刷素水泥浆→加设钢筋→灰缝填充→养护→加挂钢丝网片→恢复粉刷层。

4.2.2 工艺要点

(1) 剔除粉刷层：首先将门洞口上方裂缝部位的粉刷层剔除，墙体两侧剔除位置应对应。粉刷层剔除后应清除墙面浮灰及油污等杂质。

(2) 剔凿水平灰缝:在墙体粉刷层剔除部位选取三道水平灰缝进行剔凿,水平灰缝间距为300mm,裂缝两侧剔凿长度各为500mm,墙体两侧所剔凿的灰缝应对应,剔凿深度各为30mm,并将灰缝中浮灰清除干净。

(3) 刷素水泥浆:在剔凿的水平灰缝内刷素水泥浆。

(4) 加设钢筋:将 $\phi6$ 冷扎扭钢筋嵌入所剔凿的水平灰缝内。

(5) 灰缝填充:在钢筋外侧用 1∶1 水泥砂浆将水平灰缝分层填充密实。

(6) 养护。

(7) 加挂钢丝网片:在墙体裂缝处沿裂缝方向加挂 200mm 钢丝网片,并与墙体可靠连接。

(8) 恢复粉刷层:将剔除的粉刷层进行恢复。

4.3 楼梯间墙体裂缝处理

对一～四层楼梯间墙体的水平温度裂缝和外墙窗过梁端部竖向或水平裂缝采用单面加挂钢丝网片的方法进行修复处理。

4.3.1 工艺流程

剔除粉刷层→加挂钢丝网片→恢复粉刷层。

4.3.2 工艺要点

(1) 剔除粉刷层:将裂缝处的粉刷层剔除。

(2) 加挂钢丝网片:在墙体裂缝处沿裂缝方向加挂 200mm 钢丝网片,并与墙体可靠连接。

(3) 恢复粉刷层:将剔除的粉刷层进行恢复。

该工程在供暖结束后,对墙体裂缝按照上述方法进行了处理,处理之后裂缝没有再出现。

参考文献

[1] 尹辉.民用建筑房屋防渗漏技术措施.北京:中国建筑工业出版社

[2] 王寿华,黄荣源,穆金虎.建筑工程质量症害分析及处理.北京:中国建筑工业出版社出版

(本文指导教师,杨太文　硕士　教授级高工 鹤壁市住建局副局长)

既有建筑改造施工中屋顶安装塔吊技术

万　博[1]　李树林[1]　郭　川[2]

(1. 南京工业大学工程检测鉴定与加固中心　南京　210009;

2. 连云港市城建房地产开发有限公司　连云港　222000)

[摘要] 本文根据三个工程实例情况,针对在既有建筑屋顶上安装塔吊进行分析。文中给出了详细的计算分析过程,可供参考。

[关键词] 既有建筑屋顶;改造施工;塔吊;安装

1　引言

为了满足新的功能需求和商场档次的提升,城市中心地带既有商业建筑改造日益增多。这些商业建筑改造具有工期紧、施工场地狭小的特点。施工中常常需要安装塔吊以解决水平及垂直运输。但是商业建筑改造的特点决定塔吊安装不能采用常规新建基础后安装的方法。因此,改造工程中,将塔吊安装于既有建筑物屋顶的方法有效地解决了工期紧及场地狭小的问题。

例 1: 芜湖市中心某 31 层商业建筑一期改造,40TM 塔吊安装于核心筒屋顶层内(图 1)。

例 2: 芜湖市中心某 31 层商业建筑二期改造,40TM 塔吊安装于屋顶(图 2、图 3)。

例 3: 南京市中心某 7 层商业建筑改造,40TM 塔吊安装于屋顶(图 4)。

图 1　芜湖某工程一期塔吊安装于核心筒内

图 2　芜湖某工程二期塔吊安装于屋顶

上述改造工程中塔吊安装于既有建筑的屋顶具有一定的特殊性,需要综合考虑塔吊钢基础、原有结构的情况及塔吊安装的可行性。本文以一市中心既有建筑屋顶安装塔吊为例,对塔吊安装的方案设计进行论述。

图 3　芜湖某工程二期塔吊钢基础

图 4　南京某工程塔吊安装过程（使用屋面吊安装）

2　工程概况

某 7 层商业建筑，框架结构，柱网尺寸 8m×8m。由于局部功能改变，需要进行局部加层改造。本改造工程水平及垂直运输量较大，据分析，只有采用塔吊才能满足工程的工期及造价需要。若在商场周围底层架设塔吊，周围高楼耸立，难以进行回转，且周围步行街及广场均正常使用，没有地方用于架设塔吊。兼顾工期和使用要求，考虑在楼顶设立塔基，塔基采用十字钢梁基础。塔吊从地面运输至屋顶采用将塔吊分段后用汽车吊将其吊至屋面。塔吊在屋顶的拼装采用在 WQ6 系列屋面起重机进行吊装。

3　塔基设计

3.1　荷载参数

塔吊厂家提供的塔式起重机说明书要求：在安装塔机时，应对建筑物上的塔机基础的承载能力进行核算，其承载能力应等于或大于基础载荷表中所列数据。基础载荷表见表 1，图 5：

表 1

载荷名称	单位	数值
基础所受的垂直载荷（F_v）	kN	280
基础所受的水平载荷（F_h）	kN	60.5
基础所受的倾覆力矩	kN·m	611
基础所受的扭矩	kN·m	98.6

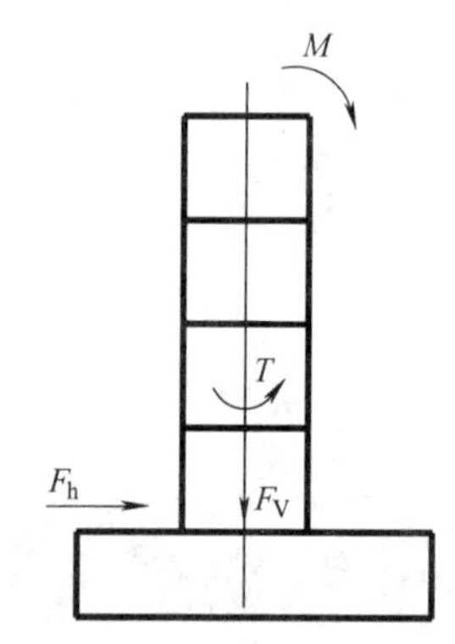

图 5　塔吊基础载荷简图

3.2　塔基十字钢梁布置（见图 6）

3.3　塔基十字钢梁受力分析

塔臂转动至与其中任一根钢梁平行时，钢梁受力最大。钢梁与柱顶连接，很难做到刚性连接，因此采用铰接进行分析。塔吊的重力荷载、水平荷载、倾覆弯矩及扭矩均是通过塔吊的立杆传递至钢梁。钢梁受力简图如图 7：

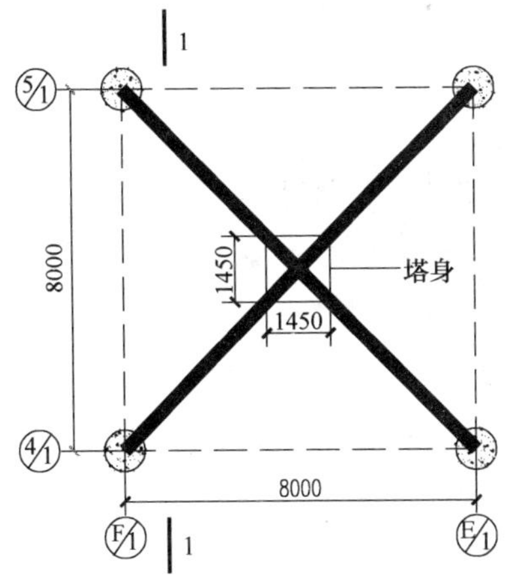

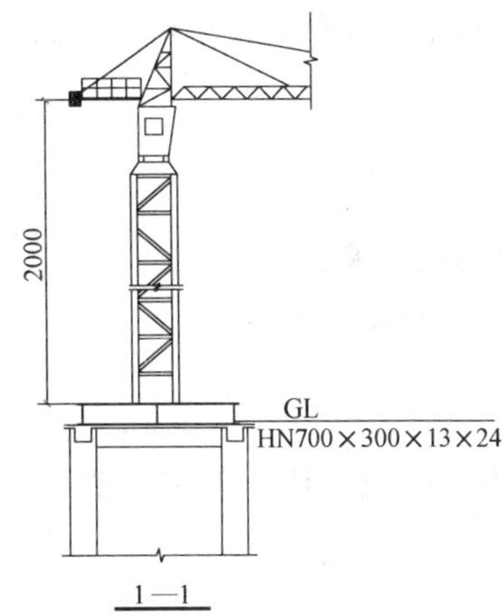

图 6　塔基十字钢梁布置平面图

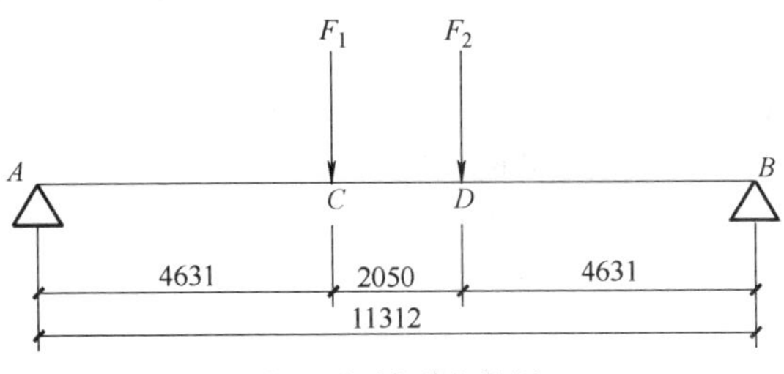

图 7　钢梁受力简图

重力荷载作用于每根立杆的竖向力：

① $F_V/4=280/4=70$kN

倾覆弯矩作用于每根立杆的竖向力：

② $M/2.05=611/2.05=298.05$kN

水平荷载作用于每根立杆的竖向力：

③ $F_h\times 0.7/2.05=60.5\times 0.7/2.05=20.66$kN（根据经验钢梁取 H700×300）

$$F_1=①-②-③=-247.71\text{kN}$$

$$F_2=①+②+③=388.71\text{kN}$$

由图 7 可以计算出，钢梁所受最大弯矩：$M_x=326.24$kN·m，$M_y=98.6$kN·m（M_y 取基础载荷表中的扭矩数值）。最大剪力：$V_x=70.45$kN，$V_y=T/2.05=48.1$kN。

3.4　塔基钢梁设计

塔基钢梁选用热轧 H 型钢 HN700×300×13×24，$A=235.5\text{cm}^2$，$i_x=29.3$mm，$i_y=67.8$mm，$I_x=201000\times 104\text{mm}^4$，$W_x=5760\times 103\text{mm}^3$，$f=205\text{N/mm}^2$，$E=206\times 103\text{N/mm}^2$。

3.4.1　强度验算

$$\sigma=\frac{M_x}{\gamma_x W_{nx}}+\frac{M_y}{\gamma_y W_{ny}}=\frac{326.24\times 10^6}{1.05\times 5760\times 10^3}+\frac{98.6\times 10^6}{1.2\times 722\times 10^3}$$

$$=167.75<f=205\text{N/mm}^2$$

沿腹板平面方向的剪力主要由腹板承担，翼缘作用不考虑：

$$\tau_x=\frac{V_x}{A_F}=\frac{70.45\times 10^3}{13\times(700-24\times 2)}$$

$$=8.31\text{N/mm}^2<f=120\text{N/mm}^2$$

沿翼缘方向的剪力主要由翼缘承担，腹板作用不考虑：

$$\tau_y=\frac{V_y}{A_y}=\frac{T\div 2.05\times 10^3}{24\times 300\times 2}$$

$$=3.34\text{N/mm}^2<f=120\text{N/mm}^2$$

强度满足要求。

3.4.2 整体稳定性验算

$$\frac{M_x}{\varphi_b W_x}+\frac{M_y}{\gamma_y W_y}\leqslant f$$

两端铰接，因为是十字钢梁，跨中有侧向支撑，β_b 取 1.75，

$$\varphi_b=\beta_b\times\frac{4320}{\lambda_y^2}\times\frac{A\cdot h}{W_x}\left[\sqrt{1+\left(\frac{\lambda_y t_1}{4.4h}\right)^2}+\eta_b\right]\cdot\frac{235}{f_y}$$

$$=1.75\times\frac{4320}{83.42^2}\times\frac{235.5\times 10^2\times 700}{5760\times 10^3}\left[\sqrt{1+\left(\frac{83.42\times 17}{4.4\times 700}\right)^2}+0\right]\times 1$$

$$=3.42,\eta_b=0$$

$$\frac{M_x}{\varphi_b W_x}+\frac{M_y}{\gamma_y W_y}=\frac{326.24\times 10^6}{3.42\times 5760\times 10^3}+\frac{98.6\times 10^6}{1.2\times 722\times 10^3}=130.36\leqslant f$$

整体稳定性满足要求。

3.4.3 局部稳定计算

$\frac{h_0}{t_w}=\frac{700-48}{13}=50.15<80\sqrt{\frac{235}{f_y}}$，无须验算腹板稳定性，按构造配置腹板加劲肋。

3.4.4 挠度验算

F_1 作用时：

① C 点处挠度：

$$\omega_c^{F_1}=\frac{F_1\times 4631^2\times 6681^2}{3EI\times 11312}$$

$$=\frac{-247.71\times 10^3\times 4631^2\times 6681^2}{3\times 206\times 10^3\times 201000\times 10^4\times 11312}$$

$$=-16.88\text{mm}$$

② D 点处挠度： $\omega_D^{F_1}=\frac{F_1\times 4631\times 11312^2}{6EI}(\omega_{D\zeta}-\alpha^2\zeta)$

$$\zeta=\frac{4631}{11312}=0.4094$$

$$\alpha=\frac{4631}{11312}=0.4094$$

查表：$\omega_{D\zeta}=0.3411$

$$\omega_D^{F_1}=\frac{F_1\times 4631\times 11312^2}{6EI}(\omega_{D\zeta}-\alpha^2\zeta)=\frac{-247.71\times 10^3\times 4631\times 11312^2}{6\times 206\times 10^3\times 201000\times 10^4}(0.3411-0.4094^3)$$

$$=-16.10\text{mm}$$

F_2 作用时：

① C 点处挠度：

$$\omega_C^{F2}=\frac{F_2\times 4631\times 11312^2}{6EI}(\omega_{D\xi}-\beta^2\xi)$$

$$\xi=\frac{4631}{11312}=0.4094, \beta=\frac{4631}{11312}=0.4094$$

查表：$\omega_{D\xi}=0.3411$

$$\begin{aligned}\omega_c^{F2}&=\frac{F_2\times 4631\times 11312^2}{6EI}(\omega_{D\xi}-\beta^2\xi)\\&=\frac{388.71\times 10^3\times 4631\times 11312^2}{6\times 206\times 10^3\times 201000\times 10^4}(0.3411-0.4094^3)\\&=25.26\text{mm}\end{aligned}$$

② D 点处挠度：

$$\begin{aligned}\omega_D^{F2}&=\frac{F_2\times 4631^2\times 6681^2}{3EI\times 11312}\\&=\frac{388.71\times 10^3\times 4631^2\times 6681^2}{3\times 206\times 10^3\times 201000\times 10^4\times 11312}\\&=26.48\text{mm}\end{aligned}$$

叠加后：

C 点挠度：$\omega_C=-16.88+25.26=8.38\text{mm}$

D 点挠度 $\omega_D=-16.10+26.48=10.38\text{mm}$

塔吊垂直度：$\frac{\omega_D-\omega_C}{H}=\frac{10.38-8.38}{20000}=0.1/1000<4/1000$，满足塔吊验收要求。

按照钢结构设计规范中受弯构件挠度容许值要求：

$\frac{\omega_D}{l}=\frac{10.38}{11312}=0.9/1000<1/500$，满足钢结构设计规范中主梁挠度要求。

4 塔吊正式使用前的验收程序

(1) 塔基方案经施工单位内部审批完毕后，需得到原建筑物设计单位的审批，然后再经过专家会审批准后实施。

(2) 塔基钢梁施工完毕经监理验收后，再进行塔吊安装。

(3) 塔吊安装完毕后，报安全检测部门进行检测，检测合格后，备案后才能使用。

5 结语

详细讲述了既有商业建筑改造工程中塔吊安装于屋顶塔基设计的方法。所给出的 3 个实例，均成功采用了屋顶架设塔吊的技术。屋顶架设塔吊，施工难度较大，但取得了较好的经济效益。

参 考 文 献

[1] 李树林等. 既有框架建筑顶部安装塔吊设计分析[J]. 工业建筑，2006

[2] 崔田田. 混凝土预制拼装塔式起重机基础的研究与应用[D]. 南京工业大学，2009

[3] 钢结构设计规范[S](GB 50017—2003). 中国计划出版社，2003

[4] 崔田田，李延和等. 塔式起重机基础的荷载分析[J]. 江苏建筑，2010

工程质量管理与区域经济发展初探

李国方
（芜湖市建设工程质量监督站　241000）

［摘要］ 本文从建设工程的特点及其与一般工业产品的区别，分析了工程质量的特点，论述了工程质量管理的目的。进而分析了工程质量管理对区域经济发展的影响。分析了区域经济发展对工程质量管理工作的需求，分析了加强工程质量管理对推动区域经济发展的作用。最后本文结合作者多年以来从事工程质量管理工作的经验，论述了加强工程质量管理的具体措施和方法。

［关键词］ 工程质量；管理；建筑业；区域经济

1　引言

随着我国经济体制改革的不断深化，社会主义市场经济的建立和发展，我国国民经济进入了一个持续增长的新时期，为满足人民群众日益增长的物质生活与精神生活的需要提供了保证。国民经济的发展离不开工程建设，工程建设离不开工程质量。江泽民同志在论述质量问题的重要性时精辟地指出："提高产品质量，提高经济效益，是我国经济发展第二步奋斗目标的一个重要经济发展战略……。""产品质量是一个极其重要的问题，我们必须把产品质量提到突出的位置来抓，一个国家产品质量的好坏，从一个侧面反映了民族的素质，各个部门、各企业和全体社会成员都要为不断提高我国产品质量而努力。"深刻领会江泽民同志的讲话精神，使我们能更好地从发展战略的高度认识质量问题的重要性，可以说：从一个国家看，质量问题已经成为经济能否通上新台阶的关键问题，从一个企业看，质量已成为企业立足市场的基石，经济建设中的质量问题主宰着一个企业乃至一个民族、一个国家的兴衰沉浮。加强工程质量管理对促进一个地区的经济发展，起到举足轻重的作用，本文就工程质量管理与区域经济发展的关系进行初步探讨。

2　工程质量管理的目的和作用

2.1　建筑工程的特点及其与一般工业产品的区别

（1）群体性。往往由一组不同功能的建筑物组成，来满足人们生产和生活的需要。因此在同一地点，要由不同专业、不同工种、不同工艺交叉生产。不像一般工业产品，采用比较单一的工艺，不受干扰地进行生产。

（2）固定性。每一组工程都要固定在指定地点的土地上，分散进行生产。不像一般工业产品能够集中生产，自由运输。

（3）单一性。每一工程都要与周围环境相结合，由于环境、地基承载力的变化，只能单独设计生产。不像一般工业产品，同一类型可以批量生产。

（4）协作性。每一工程从设计、施工到固定设备安装，每一个步骤都需要很多性质完全不同的工种，作为一项系列工程，安排计划，协作配合才能进行生产，不像一般工业产品只需要单一和少数工种配合就可以生产。

（5）复合性。很多工程都是现场建造和工厂预制相结合的复合体，预制装配程度愈高，建筑工业化的水平愈高。不像一般工业产品，在工厂生产流水线上组装生产。

（6）预约性。一般工业产品是先有产品后进行交易，而建筑工程是先有施工图，再根据预定的条件进行生产，是先交易后生产。因此，选择设计、施工单位通过投标、竞争、约定、成交就成为建筑业物质生产的一种特有方式。

（7）一次性。建设工程的实施必须一次成功，它的质量必须在建设的一次过程中全部满足合同规定要求，它不同于产品制造，如果不合格可以报废，售出的可以退货或退还货款的方式补偿顾客的损失。工程质量不合格会长期影响生产使用，甚至危及生命财产的安全。

（8）高投入性。任何一个建设工程都要投入大量的人力、物力和财力，投入建设的时间也是一般制造业生产不可比拟的。因此业主和实施都对于每个工程都需要投入特定的管理力量。

（9）管理的特殊性。一个工程的施工地点是特定的，产品位置固定而操作人员流动，从而形成了工程管理方式的特殊性，这种管理方式的特殊性还体现在工程项目建设必须实施监督管理，这样可以对工程质量的形成有制约和提高作用。

（10）风险性。每个工程是在自然环境中进行建设，受自然环境的制约、阻碍或损害也多。由于建设周期很长，遭遇社会风险的机会也多，工程质量会受到或大或小的影响。

2.2 工程质量的特点

由于建设工程不同于一般的商品，所以工程质量本身具有以下特点：

（1）影响因素多。如决策、设计、材料、机械、环境、施工工艺、施工方案、操作方法、技术措施、管理制度、施工人员素质等均直接或间接地影响工程质量。

（2）质量波动大。工程建设因其具有复杂性、单一性，不像一般工业产品的生产那样，有固定的生产流水线，有规范化的生产工艺和完善的检测技术，有成套的生产设备和稳定的生产环境，有相同系列规格和相同功能的产品，所以其质量波动性大。

（3）质量变异大。由于影响工程质量的因素较多，任一因素出现质量问题，均会引起工程建设系统的质量变异，造成工程质量事故。

（4）质量隐蔽性多。每个工程在施工过程中，由于工序交接多，中间产品多，隐蔽工程多，若不及时检查并发现存在的质量问题，事后看表面质量可能很好，容易产生判断错误，即将不合格的产品认为是合格的产品。

（5）终检局限性大。每个工程建成后，不可能像某些工业产品那样，可以拆缺或解体来检查内在的质量，很多工程质量只能依赖于施工过程中的质量保证资料来判断，所以工程竣工验收时，难以发现工程内在的隐蔽的质量缺陷。

2.3 工程质量管理的目的

工程质量管理是建设行政主管部门代表政府为实现建设工程质量的社会利益、公众利益，通过法律、法规和强制性标准规定基本质量目标，以特定的方式和手段，对工程建设全过程，实施全面的工程质量规划、指挥、协调和监督的总和。

工程质量管理的目的是为了保障国家的法律、法规和技术标准得以正确贯彻执行，维护社会主义市场经济秩序，维护公众利益，保证工程使用安全和环境质量，推动工程项目建立完善的、科学的、行之有效的施工现场质量保证体系，使工程项目建设的全过程始终处于质量受控状态。同时，工程质量管理的目的是为满足人们日常生活和生产活动中对建筑物的各种需求。

2.4 工程质量管理的作用

（1）在建筑经济活动中采取有力手段，对忽视工程质量，粗制滥造、弄虚作假、以次充好等损害消费者和国家利益的行为进行揭露曝光，通过监督检查来发现和纠正这些危害工程质量的做法，并依法进行查处。

(2) 工程质量法规和技术标准是建立建筑市场经济秩序的重要前提和条件。通过政府对工程质量的监督管理是贯彻工程质量法规和技术标准，维护建筑市场经济秩序的重要保证。

(3) 通过质量监督机构对工程质量管理活动的监督检查，能够督促和帮助施工企业建立健全质量管理制度、培训人员，支持企业质量管理人员正确行使职权，从而促进施工企业素质的不断提高和质量管理体系的不断健全。因此，政府对工程质量的监督管理是促进施工企业提高素质，健全质量体系的重要条件，也为保证工程质量奠定了基础。

(4) 工程质量关系到经济建设的成就，关系到人们生产、生活及生命财产的安全，通过工程质量管理工作的开展，将进一步确保工程的地基基础和主体结构的安全，对一个地区经济的稳定发展，改善投资环境具有重要作用。

(5) 政府通过工程质量监督管理工作的开展，能够发现技术标准本身的缺陷和不足，为修订标准和制定新标准以及改进标准化工作提供依据，是客观可信的质量信息源。

3 工程质量管理对区域经济发展的影响

3.1 工程质量对建筑业本身发展的影响

3.1.1 加强工程质量管理，能够促进建筑市场健康发展

建筑市场管理属建筑业管理范畴，在市场经济条件下由于工程建设参与各方的经济效益目标存在着差异，建设工程质量和建设工程经济效益之间的矛盾客观存在。他们对建设工程质量目标的追求也具有差异性。而建设工程的经济利益主要通过有效良性运行的市场竞争机制得以调节，实现和优化政府对建筑市场经济活动的调整主要依据市场杠杆作用和运用市场经济竞争规律得以实现。在工程建设中一切不规范行为都会对工程质量产生影响，最终在工程质量上反映出来。因此政府对建筑市场的管理重点集中落在了工程质量管理上，通过工程质量管理活动，实现建设工程质量的宏观控制，增强工程参与各方的质量意识，提高工程质量保证能力，提高他们的整体素质和竞争能力，从而改善建筑市场要素，维护建筑市场秩序，促进建筑市场的繁荣和发展。

3.1.2 加强工程质量管理，能够提高企业竞争力

就一个工程而言，企业的效益是由质量、工期和造价(成本)三个因素决定的，其中质量是核心，因为它是决定工程成败的关键。“质量是企业立足市场的基石”，质量已成为企业竞争举足轻重的筹码。通过工程质量管理活动，可以进一步强化企业的质量意识，提高他们的管理水平，从而保证国家法律、法规和强制性技术标准的实施，提高社会和用户对工程质量的满意程度，进而提高了企业的社会信誉和质量信誉，增强了企业的市场竞争能力，使他们获得更大的潜在的可持续发展的长期效益。

3.2 工程质量管理对相关产业发展的影响

3.2.1 工程质量管理对房地产产业发展的影响

随着我国住房制度的改革，房地产业得到迅速发展，成为拉动国民经济增长和居民消费的重要产业。住宅工程质量与人民生活息息相关，对住宅工程质量管理是工程质量管理工作的一个重点。通过质量管理使住宅质量得以保障就能使房地产开发建设形成产、供、销的良性循环，保证住宅建设市场快速有序地发展。

3.2.2 工程质量管理对建筑材料构配件行业发展的影响

工程建设中涉及工程使用的建筑材料、构配件、设备多达几百种。在工程质量管理中，对建筑材料和构配件的使用要求是先检验后使用，不合格的产品不得在工程上使用，这样一项管理制度就对建筑材料、构配件和设备供应商供应的产品质量提出了严格的要求，使这些产品的生产企业面临一个优胜劣汰的竞争机制。加强工程质量管理，为这些企业的生存和发展带来了一个公平的健康的竞争市场环境。随着工程质量的不断提高，对这些工程使用产品的质量要求也会越来越高，这样也进一步促进了这些产品供应商不断进行技术革新和产品改造，推动建筑材料、构配件和设备生产企业的技术进步。

3.3 工程质量管理对区域经济发展的影响

3.3.1 工程质量管理与经济效果

工程质量管理的目的，就是通过一系列工程质量管理活动，保证经济效果的质与量的统一。工程质量管理工作就是为促进企业施工的工程，力求达到满足社会的现实需要，从而提高建筑产品的经济效果和效益。

3.3.2 工程质量管理对区域经济发展的影响

工程质量的好坏不仅影响用户的方便和使用，有的房屋倒塌还会造成生命财产的严重损失。根据芜湖市近年来对工程质量监督管理的情况来看，每年查出有近5%的工程存在结构隐患，每年按400个工程计算，约有20个左右，通过工程质量管理工作的开展，使结构隐患得到控制和改进，避免了事故的发生，每个工程若按200万元的挽回损失的投资计算，相当于抢救了4000万元的建设投资。对于发现和查处质量问题每年约1500起(次)，每起按挽回投资2万元计算，就达3000万元，如果把逐年减少的重大质量事故及提高的工程质量合格率的效益地计算在内的话，这将是一个巨大的宏观经济效益。

通过工程质量管理活动，能够促进工程质量的提高，使工程的价值和使用价值统一，再从前述工程质量管理对相关产业的带动作用来看，工程质量管理工作对一个地区的经济发展具有极大的作用和影响。

4 加强工程质量管理推动区域经济发展

4.1 加强工程质量管理可改善投资环境

(1) 加强工程质量管理工作，向工程建设参与各方提供优质服务，有利于投资者基本建设投资的效用，可以按照预期的工期、质量、造价目标顺利实施工程建设，进行生产或销售，及时发挥投资的效益。

(2) 加强工程质量管理，向工程建设参与各方提供优质服务，使工程的结构安全、使用功能和环境质量得到保证并达到投资者对质量的需求目标，降低了投资者使用工程时的维护成本，给使用者带来间接的经济效益。

4.2 加强工程质量管理对建筑业发展的作用

我国建筑业正处在历史上最好的发展时期，但是，随着入世承诺兑现的临近，国外著名建筑企业纷纷进入我国市场，建筑市场的竞争将更加激烈。面临着多方面的挑战。加强工程质量管理，能够全面系统地建立健全建设工程质量保证体系，质量管理体系和质量监督体系，有效维护建筑市场秩序，规范建设行为，保证建设工程安全使用和环境质量，推进建筑业技术进步，实现建设工程质量的宏观控制，把握建设工程整体发展，保证建筑市场运作经济性和社会性的实现，有助于促进建筑业质量兴业，输出兴业战略的实施，有利于国内建筑市场的国际化管理,有利于开拓国际市场,提高行业竞争能力。

4.3 加强工程质量管理对区域经济整体发展的作用

加强工程质量管理能够直接推动建筑业的发展,随着建筑业发展,能够更好地带动区域经济整体发展,主要表现在:

(1) 建筑业的发展,在解决"三农"问题上发挥重要作用。就芜湖市情况而言,建筑业吸纳农村富余劳动力近8万人,占农村富余劳动力进城务工总数近1/3,农民工进入建筑业不仅是完成大规模施工任务和促进建筑业发展的需要,也是增加农民收入,促进城乡经济统筹发展,改变城乡二元经济结构的重要途径。

(2) 建筑业的发展带动了相关产业如房地产、建筑材料、构配件、设备等行业的发展。就芜湖市情况看,预拌混凝土生产企业,从1996年的1家,发展到现在的8家,新型墙体材料生产企业从2000年的3家,发展到现在的10家,塑钢门窗加工企业,从1998年5家发展到现在的20余家,房地产业的发展更是无须多言。从这一组数据可以看出,加强工程质量管理,推动了建筑业发展,对带动相关产业发展起到了有力的推动作用。

(3) 加强工程质量管理,使社会固定资产投资的经济效益、环境效益和社会资产得到保证和提高,使一个地区的能源、交通、通信、水利、城市公用等基础设施能力不断增强,为冶金、建材、化工、机械等工业部门进行正常生产,提高生产作出了基础性的贡献,也为人民群众物质文化生活条件的不断改善作出巨大的贡献。

5 加强工程质量管理的措施和建议

5.1 加强企业内部质量保证体系的建设

(1) 指导和监督企业加强质量管理,强化企业质量责任制度,进一步推行ISO 9000系列标准的贯彻实施,引导企业强化各项基础工作,提高质量管理水平。

(2) 研究制定与建筑生产规律相吻合的建筑企业质量管理标准,各级工程质量监督机构和施工图审查机构,不但要依据强制性技术标准,还要依据质量管理标准,通过对工程实体质量、施工图和设计文件质量及工程技术资料的抽查、审查,严格执法,将不具备质量保证能力的企业清除市场,以确保工程质量。

5.2 继续完善各项行之有效的管理制度

5.2.1 进一步完善施工图审查制度

(1) 施工图审查制度是《建设工程质量管理管理条例》中设定的一项制度。自2000年起陆续在全国各地实施,很多施工图审查机构目前只对建筑工程的施工图、设计文件进行审查,未开展市政工程施工图设计文件的审查,在这方面还需进一步完善。

(2) 建立施工图审查机构中审查人员的考核上岗和培训制度,不断提高审查人员的技术水平。加强对施工图审查机构的监督管理,对施工图审查机构和审查人员在审查过程中发生的违法违规行为要严肃处理。对审查中发现的勘察设计质量问题要依法追究责任,同时要对审查中发现的问题进行分类汇总,并针对问题对勘察设计人员进行相应的技术培训,不断提高勘察设计的技术水平。

(3) 目前我国的地震形势依然十分严峻,抗震设防质量管理是工程质量管理的重要内容,要结合施工图设计文件审查工作,认真贯彻执行抗震规范,对抗震规范中禁止采用的结构体系要严格把关。

5.2.2 进一步推进和完善工程竣工验收备案制度

工程竣工验收备案制度也是《建设工程质量管理条例》中设定的一项新制度，是基本建设程序的重要组成部分。要进一步加强和规范工程竣工验收备案工作，建立和完善工程竣工验收备案工作的程序、方法、措施、制度，将促进工程建设各方主体规范建设活动和质量行为，严格全过程的质量管理，健全质量保证体系，增强质量保证能力。

5.2.3 积极推进工程质量保险制度

工程质量保险是市场经济条件下工程质量保证的重要手段，也是进一步完善工程质量保证体系的重要内容。根据国际上的一般做法，实行勘察、设计责任险和工程质量保证险等险种，保险的受益人为房屋最终业主，房屋产权转移时保险受益人随之转移，因此也是一种能较好解决工程交付使用后质量纠纷的机制。积极推进工程质量保险制度，将进一步促进房屋消费者对工程质量不断高涨的追求，提高社会对工程质量的监督作用，促进工程建设各方责任主体在工程建设活动中强化工程质量必须以用户满意、用户需求为目标，达不到质量标准，满足不了用户的需求，则会引起赔偿，这将从根本上改变目前我国工程质量管理中提高工程质量在很大程度上还依赖政府命令和规范标准的情况，使追求工程质量提高，成为企业自觉自愿的行为。

5.3 抓好队伍、依法行政

(1) 抓好工程质量监督队伍建设，不断提高工程质量监督人员的执法水平和专业能力。要做好质量监督人员的培训考核和工程质量监督机构的考核工作，并把勤政廉政建设和精神文明建设作为各级监督机构的主要考核内容之一。

(2) 深化质量监督机构的改革，积极稳妥地将附设在质量监督机构内的检测机构与监督机构相分离，使其成为依法独立承担相应法律责任的专业化的中介服务组织，进一步确立质量监督机构的执法地位。

(3) 大力推进电子政务，加强诚信制度建设。各地区要以建设部工程质量监督信息系统为平台，进一步完善工程质量监督系统的功能，完成整个系统的联网工作，并及时将企业和个人的不良质量行为上网公示，用信息技术来进行市场管理、行业管理、企业管理和项目管理，不良记录应成为企业资质年检时的重要依据，使诚信制度建设得以加强。

6 总结与展望

本文从工程质量管理的目的和作用着手，分析了建设工程和工程质量的特点。建设工程质量是满足安全、使用、经济、美观等特性规定综合要求的能力之总和，它既包括工程建设活动过程又包括活动的结果，它既是服务，又是以实物为主要形式的有形产品，对工程质量的管理要全方位、全过程的管理，因此工程质量管理是一个多层次、多阶段的决策管理过程，它对区域经济发展起到不可忽视的作用，它对能源、通信、工业、制造业的生产发展做出了基础性贡献，为改善人民群众物质文化生活条件做出了巨大贡献，它所产生的经济效果是巨大的，由于工程质量管理是基于实践经验的管理，不论是国内还是国外对工程质量管理系统的理论研究还处于起步阶段，对于工程质量管理对经济发展的影响和作用更是处于探索阶段，全面系统地开展这方面的理论研究应该说还有很多问题需要进一步探讨，比如定性与定量相结合开展工程质量管理与经济发展两个层面的评价研究，从指标体系的建立、评价方法的改善，都有待于实践中不断摸索、改进、完善，如何有效地评价工程质量管理对经济发展的作用，还需要在工作实践基础上不断积累总结，使其理论方法得到实践的检验和完善。随着建设市场国际化，建设主体多元化，我国建设工程质量管理，要根据知识经济时代的要求，不断地进行深化改革，有效地保证建设工程质量在国家和公众方面的根本利益，使工程质量管理在经济建设中发挥出应有的作用。

参考文献

[1] 全国建设工程质量监督工程师培训教材编写委员会.工程质量管理与控制.中国建筑工业出版社，2001年2月

[2] 全国建设工程质量监督工程师培训教材编写委员会.工程质量监督概论.中国建筑工业出版社，2001年2月

[3] 郭仪丁.建设工程质量政府监督管理.化学工业出版社，2004年3月

[4] 黄健之.建设工程竣工验收备案手册.中国建筑工业出版社，2002年7月

[5] 工程建设与建筑业法规知识读本，建设部体改法规司法律出版社.1994年6月

[6] 姚兵.工程质量监督与管理(内部资料)，1998年5月

[7] 李岗清主编.曾培炎，何椿霖，吴仪副主编.中国利用外资基础知识.中共中央党校出版社，1995年4月

[8] 中华人民共和国建筑法

[9] 建设工程质量管理条例(国务院令279号)

[10] 工程质量监督工作导则

[11] 建设领域推广应用新技术管理规定(建设部令第109号)

AHP 法在工程质量检测机构混凝土配合比设计风险管理中的应用

顾静忠

（南通市建设工程质量检测站有限公司　226000）

［摘要］ 本文把 AHP 法运用于混凝土配合比设计风险分析，实现了混凝土配合比设计的风险定性分析、风险因素的排序、风险的综合评价。通过专家评分，整理和综合人们的主观判断，使定性分析与定量分析有机结合，实现定量化决策，是一种风险管理决策分析的新的尝试，供参考。

［关键词］ 层次分析法；混凝土配合比设计；风险管理

1　前言

层次分析法（Analytic Hierarchy Process 简称 AHP）是美国运筹学家 T. L. Saaty 教授于 20 世纪 70 年代初期提出的，是对定性问题进行定量分析的一种简便、灵活而又实用的多准则决策方法。它的特点是把复杂问题中的各种因素通过划分为相互联系的有序层次，使之条理化，根据对一定客观现实的主观判断结构（主要是两两比较），把专家意见和分析者的客观判断结果直接而有效地结合起来，对每一层次元素两两比较的重要性进行定量描述。而后，利用数学方法计算反映每一层次元素的相对重要性次序的权值，通过所有层次之间的总排序计算对所有元素的相对权重并进行排序。层次分析法，以其定性与定量相结合地处理各种决策因素的特点及其灵活简洁的优点，迅速地在系统分析、经济管理、科研评价等各个领域得到广泛的重视和应用，运用层次分析法（AHP 法）可使系统分析人员的思维过程系统化、数学化和模型化，尤其适用于多准则、多目标的复杂问题的决策分析。本文采用层次分析法的观点和方法，对建设工程质量检测机构混凝土配合比设计中的风险进行科学分析、科学管理。

2　层次分析法的基本步骤

2.1　建立层次结构模型

在深入分析实际问题的基础上，将有关的各个因素按照不同属性自上而下地分解成若干层次，同一层的诸因素从属于上一层的因素或对上层因素有影响，同时又支配下一层的因素或受到下层因素的作用。最上层为目标层，通常只有 1 个因素，最下层通常为方案或对象层，中间可以有一个或几个层次，通常为准则或指标层。当准则过多时（譬如多于 9 个）应进一步分解出子准则层。

2.2　构造成对比较阵

从层次结构模型的第 2 层开始，对于从属于（或影响）上一层每个因素的同一层诸因素，用成对比较法和 1～9 比较尺度构追成对比较阵，直到最下层。

比较第 i 个元素与第 j 个元素相对上一层某个因素的重要性时，使用数量化的相对权重 a_{ij} 来描述。设共有 n 个元素参与比较，则 $A=(a_{ij})_{n\times n}$ 称为成对比较矩阵。

成对比较矩阵中 a_{ij} 的取值可参考 Satty 的提议，按下述标度进行赋值。a_{ij} 在 1～9 及其倒数中间取值。

2.3 计算权向量并做一致性检验

对于每一个成对比较阵计算最大特征根及对应特征向量，利用一致性指标、随机一致性指标和一致性比率做一致性检验。若检验通过，特征向量(归一化后)即为权向量；若不通过，需重新构造成对比较阵。

检验成对比较矩阵 A 一致性的步骤如下：

表 1 两两比较法的得分标度

标度 a_i	含义
$a_{ij}=1$	元素 i 与元素 j 对上一层次因素的重要性相同
$a_{ij}=3$	元素 i 比元素 j 略重要
$a_{ij}=5$	元素 i 比元素 j 重要
$a_{ij}=7$	元素 i 比元素 j 重要得多
$a_{ij}=9$	元素 i 比元素 j 极其重要
$a_{ij}=2n, n=1,2,3,4$	元素 i 与 j 的重要性介于 $a_{ij}=2n-1$ 与 $a_{ij}=2n+1$ 之间
$1/a$	i 比 j 得 a，则 j 比 i 得 $1/a$

(1) 计算衡量一个成对比矩阵 A($n>1$ 阶方阵)不一致程度的指标 CI：

$$CI=(\lambda(A)-N)/(n-1)$$

其中 λ_{max} 是矩阵 A 的最大特征值。

(2) 从有关资料查出检验成对比较矩阵 A 一致性的标准 RI，RI 称为平均随机一致性指标，它只与矩阵阶数有关。

(3) 按下面公式计算成对比较阵 A 的随机一致性比率 CR：

$$CR=CI/RI$$

(4) 判断方法如下：当 $CR<0.1$ 时，判定成对比较阵 A 具有满意的一致性，或其不一致程度是可以接受的；否则就调整成对比较矩阵 A，直到达到满意的一致性为止。

2.4 计算组合权向量并做组合一致性检验

计算最下层对目标的组合权向量，并根据公式做组合一致性检验，若检验通过，则可按照组合权向量表示的结果进行决策，否则需要重新考虑模型或重新构造那些一致性比率较大的成对比较阵。

3 混凝土配合比设计风险管理案例分析

3.1 混凝土配合比设计风险定性分析

首先进行风险定性分析，主要包括两个内容，分别是风险概率及影响估计。在风险分析中，使用风险概率-影响矩阵，根据风险的重要程度进行风险分类。针对混凝土配合比设计的风险管理的特殊性，采用了专家调查法对风险因素、风险发生的可能性及风险对配合比设计的影响程度进行客观评定。通过对该客观数据的记录、统计、分析，得到如下结果，其中风险程度是风险概率与风险影响的乘积。

表 2 混凝土配合比风险因素汇总表

配合比设计风险 Q	风险因素	风险概率 P	风险影响 I	风险程度 D
人员风险 O	$O1$ 检测人员无上岗证上岗	0.1	0.1	0.01
	$O2$ 检测人员理论计算失误	0.2	0.5	0.1

续表

配合比设计风险 Q	风险因素	风险概率 P	风险影响 I	风险程度 D
人员风险 O	$O3$ 试拌人员操作失误	0.6	0.4	0.24
	$O4$ 内部监督员管理不到位	0.5	0.1	0.05
	$O5$ 检测人员未经试配，按理论计算发出检测报告	0.2	0.2	0.04
	$O6$ 检测人员技术水平低，试配数据调整失误	0.2	0.3	0.06
仪器设备风险 M	$M1$ 未按规定记录仪器使用记录	0.1	0.2	0.02
	$M2$ 仪器设备未按规定保养，运行状况不佳	0.3	0.2	0.06
	$M3$ 设备未按规定周期检定	0.1	0.2	0.02
	$M4$ 试验设备试验过程中损坏	0.5	0.05	0.025
环境条件风险 C	$C1$ 试拌室、标养室温度不符合要求	0.1	0.2	0.02
	$C2$ 试拌室、标养室湿度不符合要求	0.3	0.1	0.03
	$C3$ 标养室试块堆放不符合要求	0.5	0.01	0.05
原材料风险 T	$T1$ 接样室管理混乱，试配材料搞错	0.1	0.2	0.02
	$T2$ 试配前未做原材料试验	0.2	0.1	0.02
	$T3$ 原材料试验不合格	0.8	0.1	0.08
	$T4$ 委托单位送样材料与工地现场不符	0.05	0.9	0.045

3.2 根据评价目标建立层次结构模型

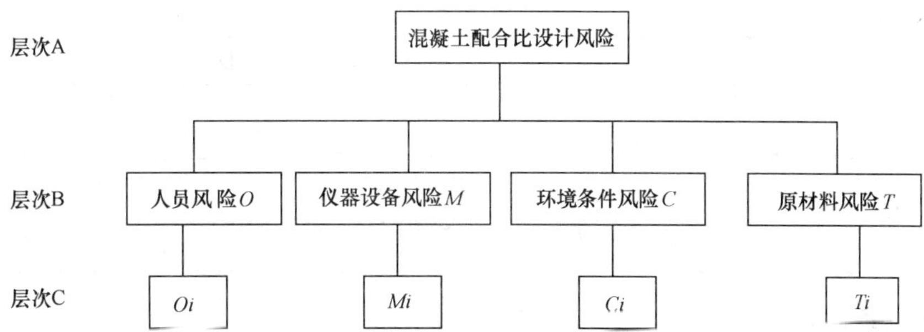

3.3 利用专家评分和定性分析结果确定 A-B 层次判断矩阵，计算每个因数的权重向量 W，并进行一次性检验

（1）权重向量 W 的计算如下：

$$\begin{bmatrix} O \\ M \\ C \\ T \end{bmatrix} = \begin{bmatrix} (1+3+5+1)/4 \\ (1/3+1+3+1/5)/4 \\ (1/5+1/3+1+1/5)/4 \\ (1+5+5+1)/4 \end{bmatrix}$$

$$W = \begin{bmatrix} O/(O+M+C+T) \\ M/(O+M+C+T) \\ C/(O+M+C+T) \\ T/(O+M+C+T) \end{bmatrix} = \begin{bmatrix} 0.354 \\ 0.160 \\ 0.061 \\ 0.425 \end{bmatrix}$$

（2）A-B 层次判断矩阵计算见表 3：

表 3

Q	O	M	C	T	权重向量 W	一致性检验
O	1	3	5	1	0.354	$\Lambda_{max}=4.077$ $CI=0.026$ $CR=0.9$ $CI/CR=0.028<0.1$
M	1/3	1	3	1/5	0.160	
C	1/5	1/3	1	1/5	0.061	
T	1	5	5	1	0.425	

3.4 利用专家评分和定性分析结果确定 B-C 层次判断矩阵，计算每个因数的权重向量 *W*，并进行一次性检验

（1）人员风险 *O*-*O*i 判断矩阵计算见表 4：

表 4

O	O1	O2	O3	O4	O5	O6	权重向量 W	一致性检验
O1	1	3	5	7	5	1	0.285	$\Lambda_{max}=6.150$ $CI=0.030$ $CR=1.24$ $CI/CR=0.024<0.1$
O2	1/3	1	5	7	5	1/3	0.241	
O3	1/5	1/5	1	3	3	1/5	0.098	
O4	1/7	1/7	1/3	1	1/3	1/7	0.027	
O5	1/5	1/5	1/3	1/3	1	1/5	0.064	
O6	1	3	5	7	5	1	0.285	

（2）仪器设备风险 *M*-*M*i 判断矩阵计算见表 5：

表 5

M	M1	M2	M3	M4	权重向量 W	一致性检验
M1	1	2	3	6	0.431	$\Lambda_{max}=4.098$ $CI=0.033$ $CR=0.9$ $CI/CR=0.036<0.1$
M2	1/2	1	3	5	0.341	
M3	1/3	1/3	1	3	0.167	
M4	1/6	1/5	1/3	1	0.061	

（3）环境条件风险 *C*-*C*i 判断矩阵计算见表 6：

表 6

C	C1	C2	C3	权重向量 W	一致性检验
C1	1	2	5	0.570	$\Lambda_{max}=3.051$ $CI=0.025$ $CR=0.58$ $CI/CR=0.044<0.1$
C2	1/2	1	3	0.321	
C3	1/5	1/3	1	0.109	
—	—	—	—	—	

（4）原材料风险 *T*-*T*i 判断矩阵计算见表 7：

表 7

T	T1	T2	T3	T4	权重向量 W	一致性检验 $\Lambda_{max}=4.019$ $CI=0.006$ $CR=0.9$ $CI/CR=0.007<0.1$
T1	1	5	5	1	0.374	
T2	1/5	1	3	1/7	0.156	
T3	1/5	1/3	1	1/5	0.062	
T4	1	7	5	1	0.502	

3.5 确定风险因素总排序

（1）计算 C 层次的综合权重向量，并进行一致性检验，确定所有风险因素的总排序见表 8：

表 8 C 层次综合权重向量计算表

层次 B / 层次 C	O	M	C	T	权重向量 W	排序
	0.354	0.160	0.061	0.425		
O1	0.285				0.101	4
O2	0.241				0.085	5
O3	0.098				0.035	9
O4	0.027				0.010	15
O5	0.064				0.023	13
O6	0.285				0.101	3
M1		0.431			0.069	6
M2		0.341			0.055	7
M3		0.167			0.027	11
M4		0.061			0.010	14
C1			0.570		0.242	1
C2			0.321		0.136	2
C3			0.109		0.046	8
T1				0.374	0.023	12
T2				0.156	0.010	16
T3				0.062	0.004	17
T4				0.502	0.031	10

（2）C 层次排序一次性检验：

$CI=0.0944$　$CR=3.62$　$CI/CR=0.026<0.1$，满足一次性检验要求。

3.6 综合评价风险

根据以上计算结果，可以得到各风险因素的重要性综合权重系数，进行风险因素的重要性综合评价，最后进行混凝土配合比风险管理的总体评价。

根据表 2 中各风险因素风险程度 D_i、表 8 中的各风险因素综合权重向量 W_i，确定各风险因素的风险评分 R_i，并得到各风险因素排序，将每一风险因素的得分累加，根据公式得到风险总评分 R，计算结果见表 9：

表 9 风险综合评价表

风险因素	风险程度 D	权重向量 W	风险评价 R	排序
O1	0.01	0.101	0.0010	17
O2	0.10	0.085	0.0085	1
O3	0.24	0.035	0.0083	2
O4	0.01	0.010	0.0005	10
O5	0.04	0.023	0.0009	9
O6	0.06	0.101	0.0060	3
M1	0.02	0.069	0.0014	7
M2	0.06	0.055	0.0033	6
M3	0.02	0.027	0.0005	10

续表

风险因素	风险程度 D	权重向量 W	风险评价 R	排序
$M4$	0.025	0.010	0.0002	14
$C1$	0.02	0.242	0.0048	4
$C2$	0.03	0.136	0.0041	5
$C3$	0.005	0.046	0.0002	14
$T1$	0.02	0.023	0.0005	10
$T2$	0.02	0.010	0.0002	14
$T3$	0.008	0.004	0.0003	13
$T4$	0.045	0.031	0.0014	7
合计	—	1	0.042	—

由综合评价表9可知，检测机构混凝土配合比设计的风险综合评分为0.042，属于低风险范围。各个风险因素中，$O2$、$O3$、$O6$为高风险，并对总体风险水平影响大；$C1$、$C2$、$M2$为中度风险，对风险水平影响较大，$M1$、$T4$、$O5$、$O4$、$M3$、$T1$为中低度风险，对总体风险水平影响较小；$O1$、$T2$、$C3$、$M4$为低风险，对总体风险水平影响很小。

4 结束语

本文把AHP法运用于混凝土配合比设计风险分析，实现了混凝土配合比设计的风险定性分析、风险因素的排序、风险的综合评价。通过专家评分，整理和综合人们的主观判断，使定性分析与定量分析有机结合，实现定量化决策，是一种风险管理决策分析的新的尝试，供参考。

参考文献

[1] 张欣莉. 项目风险管理. 机械工业出版社，94-141页

[2] 甘应爱等. 运筹学(第三版). 清华大学出版社，455-460页

[3] 李文英. 层次分析法(AHP法)在工程项目风险管理中的应用. 北京化工大学学报，2009年第01期

混凝土叠合箱网梁楼盖施工技术

俞宝荣　张慧玉　李彪奇
（南通建筑工程总承包有限公司　226124）

［摘要］　济南大地锐城 3～6＃楼工程，地下车库负二层、负一层应用了组合式混凝土叠合箱网梁楼盖施工技术。该技术通过叠合箱底盒外伸拉接筋与肋梁主筋的钩锚、叠合箱上盒外伸拉接筋与肋梁纵筋牢固连接等关键工序，将预制叠合构件“叠合箱”与后浇肋梁连接成梁板合一的整体，形成工字形断面的网梁楼盖，连接可靠，整体性好，既实现了增大空间，又降低了工程成本，节约了工程投资。
［关键词］　大空间；叠合箱；网梁楼盖；肋梁；梁板合一；聚合水泥浆

组合式混凝土叠合箱网梁楼盖中间无须设柱，最大可做成 24m 的跨度，大地锐城 3～6＃楼工程地下车库负二层、负一层跨度为 8.4×8.4m，其施工技术符合我国大力提倡的绿色、环保、创建节约型社会的政策，经济和社会效益显著，具有广阔的应用前景。

1　技术特点

（1）该技术采用工厂化生产的预制叠合构件与现浇混凝土肋梁通过一系列可靠措施，连接成梁板合一的整体，箱体参与结构整体受力。与传统全现浇钢筋混凝土相比较，现浇钢筋混凝土量少，能显著地缩短工期，且减少施工现场的噪声及粉尘污染，环保效益显著。

（2）叠合箱由底盒、侧壁、上盒组装而成，安装过程不需要大型起重吊装设备。叠合箱侧壁同时又是肋梁模板，既减少了模板用量，又省去了肋梁侧模的支设、拆除两道工序，施工工艺简单，能缩短施工工期。

（3）叠合箱网梁楼盖底模拆除后，如果底面平整光滑，可省去抹灰和吊顶，直接刷涂料，降低工程造价。

（4）网梁楼盖保温隔声性能良好，降低建筑的运行成本，节能环保。

2　工艺原理

组合式叠合箱网梁楼盖施工技术是集现浇与预制技术优点于一身的综合建筑技术。叠合箱是该技术的基础，是一种混凝土蜂巢楼盖用的结构盒。它是由高强复合混凝土制作成中空封闭的箱体，箱体前期起到肋梁模板的作用，后期则参与结构整体受力。网梁楼盖是箱形截面的密肋楼盖，其基本受力单元是箱形截面肋梁，比常规 T 形断面的密肋楼盖多出了一个受力底板。

在施工过程中，通过底盒与底盒之间外伸拉接筋的连接、底盒外伸拉结筋与肋梁主筋的钩锚、叠合箱侧壁与肋梁的加固连接、叠合箱上盒外伸拉接筋与肋梁纵筋牢固连接、柱与叠合箱的加强连接等关键工序，将预制的叠合箱与现浇肋梁连接成梁板合一的整体，连接可靠，整体性好，形成工字形断面的网梁楼盖，具有底部平整、大空腔蜂巢构造及空间受力的特性。网梁楼盖自重轻，承载力高，中间不设柱。

3　施工部署

3.1　工艺流程

叠合箱构件的吊装──→铺设底板模板──→放叠合箱位置线──→粘贴密封胶条──→安装叠

合箱底板──→调整底盒钢筋──→绑扎肋梁钢筋──→安装叠合箱侧壁──→安装叠合箱顶箱──→混凝土浇筑──→底模板拆除──→板底清理。

3.2 施工方法

3.2.1 叠合箱构件的吊装

(1) 叠合箱构件运至施工现场后应使用塔吊进行吊装。

(2) 预制构件吊装工具采用自制的吊装笼子,笼子四周钢筋采用Φ16的三级钢筋焊接,间距10cm,笼子上口、底部各焊接四个Φ18一级钢制作的半圆钢筋环,上口的圆环用于穿钢丝绳,下口的圆环用于穿钢管,钢管的一端焊接钢筋卡,另一端割个圆洞用于插钢筋销子。笼子内部背上竹胶板,详见图1所示:

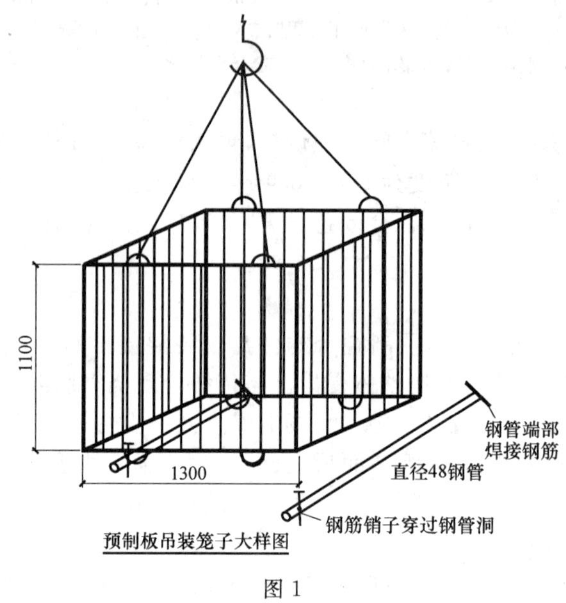

图1

(3) 叠合箱的堆放及场地要求。堆放场地应事先抄平、整实。叠合箱应按照不同型号、规格分类堆放,不允许不同板号重叠堆放。条件允许时应随到随上楼。每块叠合板在板的四角应放置垫木,上下对齐、对正、垫平、垫实。板的堆放高度宜不大于十层。底箱的底面应朝下放置,顶箱的顶面应朝上放置。

3.2.2 铺设底板模板

(1) 满堂铺设底模板。底模板采用12厚竹胶合板体系,次龙骨在模板接缝处采用50×100木方平放,木方之间铺设Φ48×3.5钢管,钢管轴心间距为150mm,主龙骨采用双根Φ48×3.5钢管,间距同立杆支撑间距,模板支撑用钢管扣件支撑体系,立柱间距为1.12m×0.8m(主要考虑立杆与肋梁网格交点重合)。在离地0.2m处附设纵横向水平扫地杆,第一、二道横杆步距1.8m,第三道1.5m。

(2) 网梁楼盖的跨度大于6m时,模板需要起拱。起拱高度按短跨尺寸的1/400考虑。

(3) 模板支设完成应组织相关人员进行模板分项工程验收。

3.3 放叠合箱位置线

在已验收合格的底模板上,根据施工图纸的轴线尺寸,弹出肋梁边线(即叠合箱外边的位置线),以保证叠合箱准确就位。弹线前须复核工程轴线总尺寸,确认无误后方可弹线。叠合箱暗箱位置应用红漆做出特殊标记,防止错放箱体。

3.4 粘贴密封胶条

在底模板上，按照已弹好的肋梁边线（叠合箱外边线）向内侧偏移 30mm 粘贴 20mm×10mm（宽×厚）规格的海绵单面胶条，要求海绵胶条高压缩性、高弹性、和低密度。也可以粘贴 15mm×5mm（宽×厚）规格的双面胶带。

胶条应距离叠合箱外边线尺寸一致，并与模板粘贴牢固。粘贴松动部位需用小铁钉钉牢。胶条可密闭模板与底箱之间的缝隙，防止叠合箱的底板与模板之间产生漏浆。

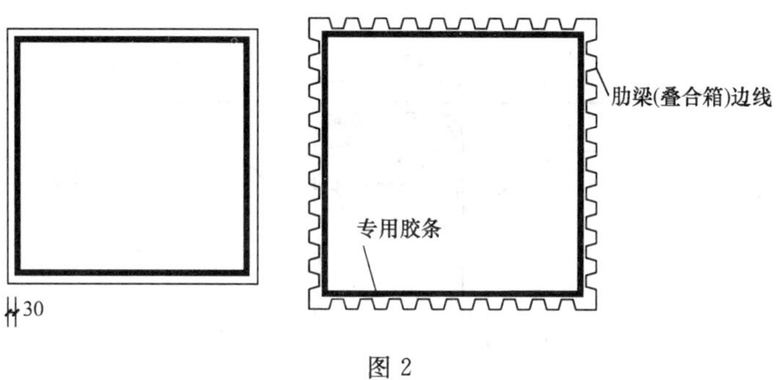

图 2

3.5 安装叠合箱底板

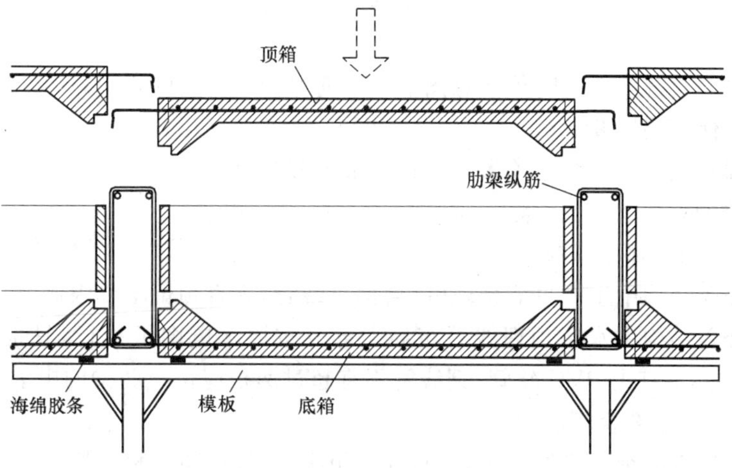

图 3 叠合箱安装流程图

（1）仔细对照箱型布置图纸，按照叠合箱位置线进行底盒布置。底盒之间的间距由设计要求的肋梁宽度确定，叠合箱是受力构件，位置不同，箱体的厚度配筋也不同，要严格按照箱型布置图进行摆放，防止错放箱型。

（2）摆放叠合箱底箱时，应按设计要求区分明箱、暗箱。明箱底箱、暗箱顶箱板厚为 70～100mm，明箱顶箱、暗箱底箱板厚为 110～130mm。

（3）就位时，应使叠合板对准所划定的叠合板位置线，慢降到位，稳定落实。箱底外边线应与肋梁边线吻合。

（4）摆放叠合箱底板时，应保证模板上的海绵胶条粘贴牢固，且位置正确。作业人员应注意对密封胶条的保护，不得破坏胶条。

（5）叠合箱与底模板之间应结合紧密，严禁漏浆。

3.6 调整底盒钢筋

按照图纸要求，调整底盒预留锚固钢筋的位置和形状，锚固筋应横平竖直，弯钩朝上。

3.7 绑扎肋梁钢筋

(1) 钢筋绑扎应按图纸设计要求及钢筋施工技术规范施工。双向密肋楼板的钢筋应由设计明确纵向和横向底筋的上下位置,以免因底筋互相编织而无法施工。

(2) 进行肋梁钢筋绑扎时,须将底盒预留锚固钢筋与肋梁主筋钩锚牢固。

(3) 肋梁箍筋弯折半径应严格按规范规定执行,箍筋弯弧内径满足规范规定最小半径即可,不应随意加大半径,以防肋梁主筋位移。箍筋弯折半径做法。

具体如图 4:

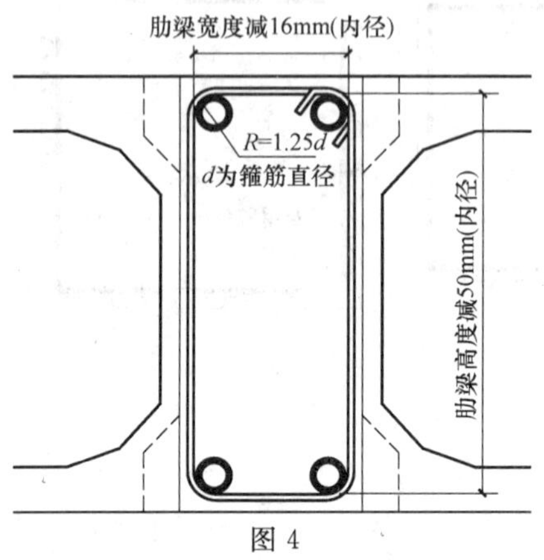

图 4

(4) 肋梁主筋及箍筋下料时须注意图纸对钢筋保护层厚度的要求,一般要求是:侧向保护层厚 8mm,上下保护层厚 25mm。

(5) 钢筋绑扎完成应组织相关人员进行隐蔽工程验收。

3.8 水电安装预埋

3.8.1 水电安装预埋注意事项

(1) 网梁楼盖结构中水平只能预埋电、通信类线管,垂直预留不受限制。

(2) 网梁楼盖结构中水平预埋线管布局大部分按原水电图纸执行,只是局部进行调整。肋梁截面较小内部不宜走 PVC 软管,钢线管不宜超过两根应位于肋梁的中上部。接线盒不能位于肋梁内,可平移至叠合箱底板内。

(3) 叠合箱底板必须用机械方法开洞,叠合箱底、顶板边肋严禁破坏。

(4) 叠合箱底、顶板及侧壁开孔必须用机械,严禁人工凿打。

3.8.2 施工方法及步骤

(1) 切割洞口:水平预埋线管施工与叠合箱施工可穿插进行。叠合箱底板摆放完成后,根据图纸将接线盒位置标出,位于肋梁内接线盒必须移至底板内。接线盒位置用切割机开洞,洞口比接线盒稍大一些。(见图 5)

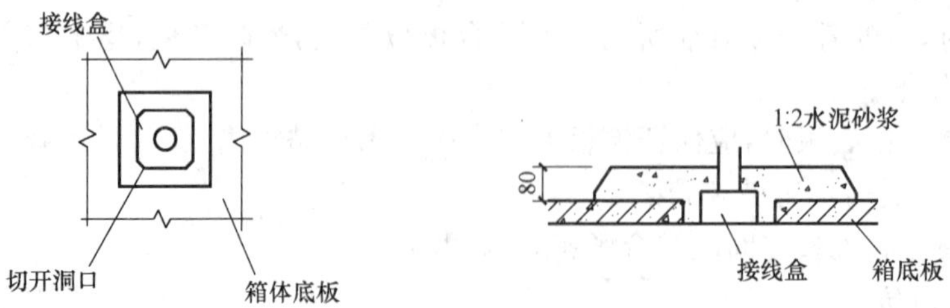

图 5 接线盒在底板固定

(2) 安装水平线管：根据现场实际情况有两种施工方法。一是在叠盒箱侧壁中间穿过，肋梁钢筋绑扎．侧壁安装完后，用开孔器在线管通过的部位钻孔，孔洞的直径应与线管同直径或稍大一点。将线管从孔洞穿过与接线盒连接上即可。如果箱体打连接孔洞应避连接板。二是在肋梁钢筋绑扎完成后，就可以进行水平线管的施工。施工时将线管紧贴在底板边肋上口与接线盒连接上即可。安装侧壁时只需在线管相对应的侧壁开孔。在叠盒箱侧壁开孔严禁敲打，避免将侧壁破坏。线管开孔的位置只能在侧壁上，严禁将叠盒板边肋破坏。

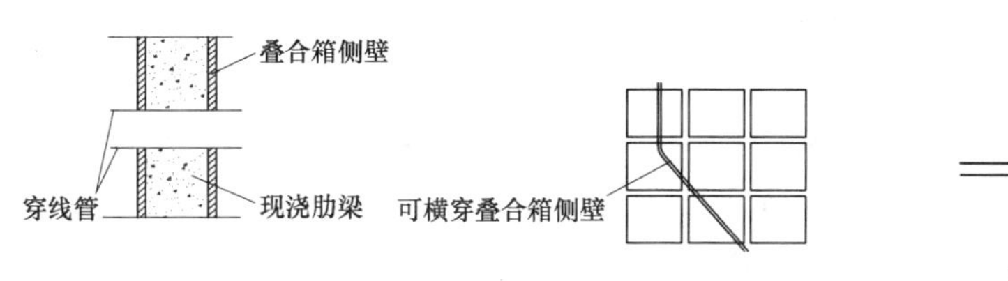

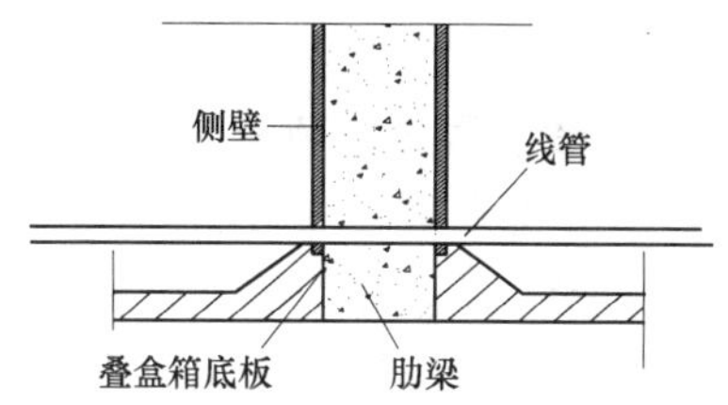

图 6　电管穿侧壁(中部)　　图 7　预埋电线管示意图　　图 8　电管穿侧壁(底部)

(3) 固定：水平线管安装完成后，应用 1∶2 水泥砂浆将接线盒固定(见接线盒在底板固定详图)，线管从侧壁穿过部位如孔洞较大应封堵，防止浇筑混凝土时漏浆。

(4) 预留洞口：消防管道、给排水管道、落水管道在实心处可直接预留，应做加强处理。如预留洞在叠盒箱位置上，洞口直径小于 120mm 可直接用水钻钻孔，洞口直径大于 120mm 必须事先提出再做相应处理。

(5) 水电线管预埋、砂浆封堵必须报监理验收后方可进行顶板封闭。

3.9　安装叠合箱侧壁

在叠合箱底板上安装叠合箱侧壁，侧壁应安装在底箱的外槽上。侧壁尺寸应与叠合箱尺寸相符。肋梁两侧的侧壁应用铁丝拉接加固，以防侧壁被混凝土冲破。

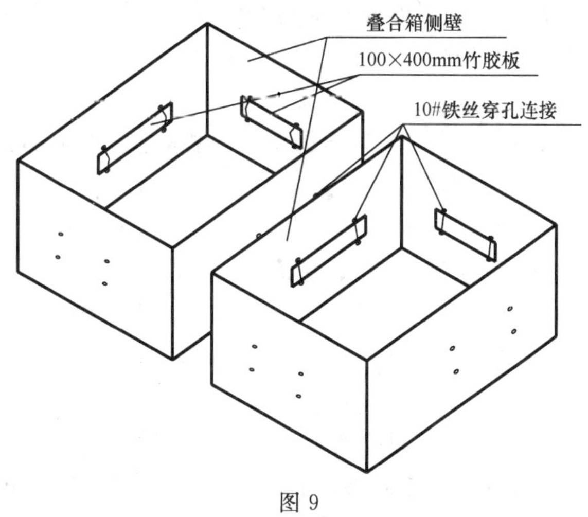

图 9

同时须注意暗箱位置的侧壁高度比明箱的矮 70mm，安装完侧壁后，对水电安装预留的电线管穿过侧壁的要采取砂浆封堵，以免漏浆。同时对预制板上开洞埋设线盒子的位置也要用砂浆固定。详见图 10。

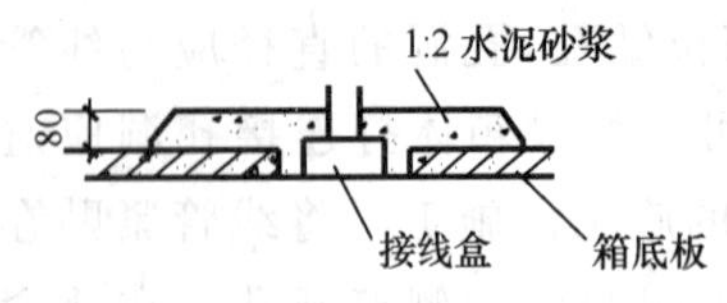

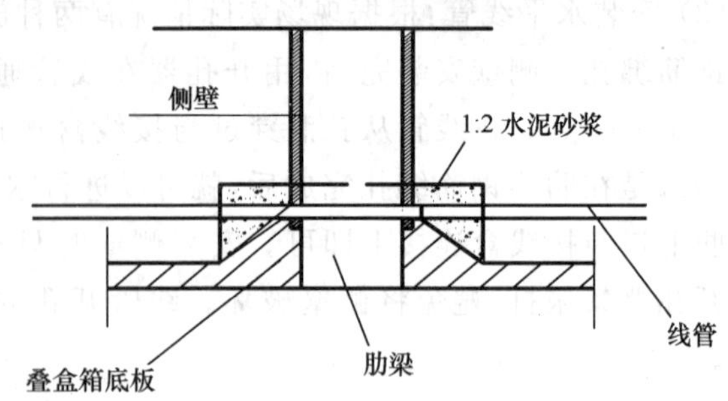

图 10　接线盒在底板固定及孔洞封堵

3.10　安装叠合箱顶箱

(1) 对照箱型布置图纸，进行顶盒安装，不得错放箱型。图纸中标 G 的部分为暗箱，顶板为薄肋板；相反标 A 的部分为明箱，顶板为厚肋板。

(2) 将叠合箱顶箱预留钢筋应横平竖直，弯钩朝下，并与肋梁主筋锚固牢固。

3.11　混凝土浇筑

(1) 叠合箱安装完成，应组织有关人员对叠合箱安装进行验收。

(2) 混凝土浇筑时，应提前对叠合箱壁板、箱顶侧壁、箱底侧壁进行洒水湿润，防止现浇混凝土失水，影响混凝土强度。

(3) 混凝土根据设计要求配制，骨料选用粒径为 5～20mm 的石子和中砂，并根据季节温差选用不同类型的减水剂。

(4) 混凝土浇捣应垂直于主龙骨方向进行；肋梁部位采用 Φ30mm 或≯50mm 插入式振捣器振捣，严禁使用振捣器振捣叠合箱的侧壁，防止叠合箱因混凝土振捣产生位移。

(5) 混凝土浇筑完成要防止混凝土水分过早蒸发，早期宜采用塑料薄膜等覆盖的养护方法，并按照《混凝土结构工程施工质量验收规范》(GB 50204—2002)的要求进行混凝土养护。

3.12　底模板拆除

(1) 模板的拆除对结构混凝土强度要求应符合《混凝土结构工程施工质量验收规范》(GB 50204—2002)中 4.3 模板拆除的规定。

(2) 拆除前须提出拆模申请，并获得批准后方可进行。

(3) 应遵循先支后拆，后支先拆；先拆不承重的模板，后拆承重部分的模板；自上而下，先拆侧向支撑，后拆竖向支撑等原则。

(4) 模板工程作业组织，应遵循支模与拆模统一由一个作业班组进行作业。其好处是，支模就考虑拆模的方便和安全，拆模时，人员熟知情况，易找拆模关键点位，对拆模进度、安全、模板及配件的保护都有利。

(5) 拆除底板模板时，应避免钢架杆等重物对叠合箱的撞击。

3.13　板底清理

(1) 将叠合箱板底粘贴的海绵单面胶条(双面胶带)清除干净。

(2) 清理叠合箱底部与板底肋梁之间渗漏的混凝土砂浆，保证混凝土边角顺直，棱角分明。

4　质量控制

4.1　工程质量控制标准

叠合箱网梁楼盖的施工质量控制标准可按照《混凝土结构工程施工质量验收规范》(GB

50204—2002)。

4.2 质量保证措施

(1) 应适当加大底模板的刚度,减少底模板的变形,减小底模与箱体之间的间隙,减少出现漏浆的可能性。底模板的刚度控制指标标准:①底模板在最大施工荷载作用下的挠度不应超过 2mm;②底模板的不平整度应小于 2mm;③应避免拆模时下落的重物对叠合箱的撞击。

(2) 叠合箱侧壁加固措施,当叠合箱侧壁超过一定得高度时,需采取侧向加固措施。垫块不能太小,以防止侧壁板被垫块冲切破坏。

(3) 肋梁箍筋折弯半径应按照规范要求,不应随意加大半径。

(4) 由于肋梁宽度一般都不太大,为了便于浇筑混凝土,要求混凝土的石子粒径不宜大于 20mm。

5 结束语

组合式叠合箱网梁楼盖结构施工工艺简单,能缩短施工周期。经测算,每 $100m^2$ 叠合箱网梁楼盖比全现浇钢筋混凝土楼盖能节约工期 1.5d。现浇钢筋混凝土量少,可减少噪声、粉尘等污染,环保效益显著。采用满堂大模板,保证底模板有足够的刚度,减少底模板的变形,有效控制底模与箱体之间的间隙,如果底模板平整度误差小于 2mm,拆模后网梁楼盖底部平整光滑,可省去吊顶或抹灰,直接刷涂料,降低工程成本。

随机加权法在桩基承载力参数确定中的应用

梁永生[1]　李焕军[2]

（1. 河南大地房地产开发有限公司　郑州 450046；

2. 中国移动通信集团河南有限公司　郑州 450008）

［摘要］ 分析了 Beta 分布随参数选取的不同可以转化为其他不同的分布，从对称分布到不对称分布，从简单分布到复杂分布，因此 Beta 分布具有很强的适应性，建议采用用 Beta 分布拟合桩基承载力中参数随机变量的分布类型。通过分析实例表明，随机加权法的精度满足工程需要，具有很重要的工程意义。

［关键词］ Beta 分布；桩基承载力；随机加权法；迭代；收敛

1 引言

随着我国国民经济的快速发展，大量的高层建筑、高重构筑物和复杂结构出现在我们面前，对基础工程的要求也随之越来越高，这样桩基工程也得到了快速发展。但在进行桩基承载力参数分析时，由于地质条件复杂性和计算模型的不确定性等不利因素的存在，导致了很难确定随机变量的分布类型以及参数的选取。陈菊香、罗书学、张航等人[1-3]在桩基承载力的试计比（单桩承载力的试验值与按规范经验公式的计算值两者的比值）的统计分析中，选用对数正态分布作为试计比的分布类型。谭忠盛[4]认为隧道围岩强度指标 c、$\tan\varphi$ 服从正态分布；陈立宏[5]认为土体抗剪强度指标服从对数正态分布。在概率统计中，最常见的分布是正态分布、对数正态分布、极值分布（Ⅰ型、Ⅱ型）等，这些分布的定义域都是无穷界，而在实际工程中所计算的参数往往都是有界的，因此用“无界域”来拟合实际工程的“有界域”就会产生一个“预留空间”，会造成很大的误差，尤其在可靠性分析中，允许的失效概率的数量级一般在 $10^{-3}\sim10^{-4}$。因此怎么来解决这个“预留空间”问题成为岩土工程中减小误差的一个很好方法[6]。在概率统计中 Beta 分布的定义域是[0,1]，是个有界域分布。本人建议利用 Beta 分布来拟合岩土工程中随机变量的概率分布，并采用随机加权法较准确地估计出 Beta 分布四个参数。随机加权法可以省去了迭代的一系列麻烦，同时避免了迭代中可能产生的不收敛现象，通过实例分析表明，随机加权法计算出的结果满足工程需要。

2 Beta 分布

若随机变量 X 的概率密度函数是：

$$f_X(x;a,b,\gamma,\eta)=\begin{cases}\dfrac{1}{(b-a)Be(\gamma,\eta)}R^{(\gamma-1)}(1-R)^{(\eta-1)} & (a\leqslant x\leqslant b)\\ 0 & \text{else}\end{cases}\tag{1}$$

式中 $R=\dfrac{x-a}{b-a}$，$Be(\gamma,\eta)$ 是标准的 Beta 函数，其形参数为 $\gamma>0$，$\eta>0$，b，a 分别是概率密度函数的上、下限。则随机变量 X 服从 Beta 分布。

式(1)中的两个形参数的表达式为

$$\begin{cases}\gamma=\dfrac{(\mu_x-a)^2(b-\mu_x)-\sigma_x(\mu_x-a)}{\sigma_x(b-a)}\\ \eta=\dfrac{(\mu_x-a)(b-\mu_x)^2-\sigma_x^2(b-\mu_x)}{\sigma_x^2(b-a)}\end{cases} \tag{2}$$

式中 μ_x、σ_x 分别是 X 的均值和标准差。

Beta 分布中两个形参 γ,η 的取值不同，其图像会产生较大变化，从对称到不对称，分布的范围是有限的。并且分布类型也发生了变化，随着参数的不同，可以具有多种不同的分布形式，也就能够逼近多种分布形式，如最常用的正态分布，又如三角分布，均匀分布，梯形分布，瑞利分布等，不同的 γ,η 对应的具体分布见表 1。

表 1　不同的形参对应不同的分布

γ	η	分布类型	γ	η	分布类型
1	1	均匀分布	2	3.4	瑞利分布
4	4	正态分布	$\gamma=\eta$	$\gamma=\eta$	对称分布
2	2	梯形分布	$\gamma\neq\eta$	$\gamma\neq\eta$	不对称分布

由表 1 可知，两个形参数 γ、η 对分布的影响很大，所以要准确的估计出形参数。利用样本的最大值和最小值作为分布的上、下限 b,a，然后利用样本的均值 μ 和方差 σ^2 和式(3)反解出形参数 γ、η。

$$\mu=\frac{\gamma}{\gamma+\eta+2}$$

$$\sigma^2=\frac{(\gamma+1)(\eta+1)}{(\gamma+\eta+2)^2(\gamma+\eta+3)} \tag{3}$$

这样计算简便，但是计算过于粗略，误差较大。随机加权法的引入不仅解决了迭代中可能产生的不收敛现象，而且不受样本量的大小的限制。

3　随机加权法原理及在参数确定中的应用

在讨论置信区间和估计误差的分布等问题时，Efron 提出了出方法 Bootstrap 方法。Bootstrap 方法存在着一些缺陷，郑忠国提出了随机加权法，解决了 Bootstrap 方法存在的不足。

假设在岩土工程参数确定中，统计出的独立同分布数据样本为 $X=(x_1,x_2,\cdots,x_n)$，估计出其均值 $\hat{x}$ 和方差 S_X^2。设总体的均值 μ 和方差 σ^2 的真实值与样本的均值和方差之间存在偏差，记

$$R_n^{(1)}=\bar{x}-\mu_x, R_n^{(2)}=\frac{n}{n-1}S_x^2-\sigma_x^2 \tag{4}$$

对于 $R_n^{(1)}$、$R_n^{(2)}$ 分别构造随机加权统计量

$$D_n^{(1)}=\sum_{i=1}^{n}V_ix_i-\bar{x}$$

$$D_n^{(2)}=\frac{n}{n-1}\sum_{i=1}^{n}V_i(x_i-\bar{x})^2-\frac{n}{n-1}S_x^2 \tag{5}$$

其中 $(v_1,v_2,\cdots,v_n)$ 是服从 $D(1,1,\cdots,1)$ 分别的 Dirichlt 变量。由

$$E[D_n^{(1)}]=E[R_n^{(1)}], E[D_n^{(2)}]=E[R_n^{(2)}] \tag{6}$$

根据数学期望理论，可以用 $D_n^{(1)}$、$D_n^{(2)}$ 的分布模仿 $R_n^{(1)}$、$R_n^{(2)}$ 的分布。

因为

$$\mu_x=\bar{x}-R_n^{(1)},\sigma^2=\frac{n}{n-1}S_x^2-R_n^{(2)} \tag{7}$$

由式(5)、(7)可得 μ 和 σ^2 的估计值

$$\hat{\mu}_x=2\bar{x}-\sum_{i=1}^{n}V_i x_i$$

$$\hat{\sigma}_x^2=2\frac{n}{n-1}S_x^2-\sum_{i=1}^{n}V_i(x_i-\bar{x})^2 \tag{8}$$

取 M 组 Dirichlet 的 $D(1,1,\cdots,1)$ 随机变量，相应地计算出 M 组随机加权子样 $D_n^{(1)}(i)$、$D_n^{(2)}(i)$。$(i=1,2,\cdots,M)$。由于当 M 取无穷大时，$\overline{D}_n^{(1)}$ 为 $E[D_n^i]$，$(i=1,2)$ 的无偏一致估计，就可以得到一系列均值和方差的值，$(\hat{\mu}(1),\hat{\mu}(2),\cdots,\hat{\mu}(M))$，$(\hat{\sigma}^2(1),\hat{\sigma}^2(2),\cdots,\hat{\sigma}^2(M))$，为了使计算出的结果尽量接近实际值，重抽样的次数要尽量的多，然后取其平均值得到总的均值和方差。

$$\mu=\frac{1}{M}\sum_{i=1}^{M}\hat{\mu}(i)\quad\sigma^2=\frac{1}{M}\sum_{i=1}^{M}\hat{\sigma}^2(i) \tag{9}$$

利用式(3)反解出形参 γ,η

$$\mu=\mu\left[\frac{(1-\mu)\mu}{\sigma^2}-1\right]$$

$$\eta=(1-\mu)\left[\frac{(1-\mu)\mu}{\sigma^2}-1\right] \tag{10}$$

通过随机加权法求出形参数 γ,η，这样就得到两个参数的值。

Beta 分布还有另外两个参数 a,b，对数据样本 X 进行随机加权得到

$$\hat{x}=\sum_{i=1}^{n}v_i x_i \tag{11}$$

这样就可以得到一些列的加权数据

$$\hat{x}(1),\hat{x}(2),\cdots,\hat{x}(M) \tag{12}$$

令：

$$a=\min(x_1,x_2,\cdots,x_n,\hat{x}(1),\hat{x}(2),\cdots,\hat{x}(M))$$

$$b=\max(x_1,x_2,\cdots,x_n,\hat{x}(1),\hat{x}(2),\cdots,\hat{x}(M)) \tag{13}$$

为了提高精度，对样本进行多次加权，这样就可以较准确的估计出了参数 a,b。随机加权法的程序很简单，可以用 MATLAB 程序来实现。

4 算例分析

进行桩基承载力可靠度分析时，需要数量足够多并且条件相同的桩基承载力统计数据，但是由于桩基承载力受施工工艺、桩长、桩径、土层条件等多种因素影响，要想获得这些数据是很困难的。利用无量纲计算模块，将试桩的极限承载力归一化，使各种试桩处于同一分析水平上，解决样本容量不够大的问题。由文献[1-3]可知，桩基承载力试计比(试桩极限承载力实测值与试桩极限承载力的计算值的比值)对可靠度指标影响最大，占 90%以上，因此对其分布类型的确定有着重要的意义。

文献[3]收集了 128 根打入桩试桩资料，文献[7]详细论述了用 Beta 分布拟合试计比都用经典的正态分布拟合效果好，说明 Beta 分布在岩土工程随机变量的分布类型中使用很广，并且

精度较高。但在确定参数的具体值时，文献[7]利用了烦琐的迭代，利用本文的方法，对试计比样本进行 1000 次随机加权后求出

$$a=0.029870, b=1.638305$$
$$\gamma=8.879923, \eta=3.709725 \tag{14}$$

文献[7]计算出的结果是

$$a=0.030, b=1.6381$$
$$\gamma=8.905, \eta=3.7192 \tag{15}$$

由式(14)和式(15)可知，随机加权法计算出的结果和利用烦琐迭代出的结果相差不大，但是随机加权法省去了很多迭代的麻烦，同时也解决了迭代中可能产生的不收敛现象，并且精度是满足工程需要的。

5 结论

(1) 随着选取参数的不同，Beta 分布类型由简单均匀分布到完美的正态分布，由对称过度到不对称再到不规则的瑞利分布，因此 Beta 分布具有分布形状适应性强、分布区域有界等性质。所以本文建议用 Beta 分布来拟合桩基承载力中随机变量的分布类型。

(2) 利用随机加权法估计 Beta 分布的四个参数，不仅省去了烦琐的迭代过程，而且解决了迭代中可能产生的不收敛现象。

(3) 通过计算实际工程表明，随机加权法的精度满足工程需要，具有很重要的工程实际意义。

参考文献

[1] 陈菊香，朱大勇，卓建平. 基于 Monte-Carlo 法的土坡抗震可靠度分布[J]. 地下空间与工程学报，2009，5(5)

[2] 罗书学. 桩基概率极限状态法及其工程应用[M]. 成都：西南交通大学出版社，2004

[3] 张 航，钱德玲. 挤扩支盘桩单桩竖向承载力可靠度分析[J]. 岩石力学与工程学报，2005，24(22)：4197-4201

[4] 谭忠盛，高 波，关宝树. 隧道围岩抗剪强度指标 c、tanφ 的概率特征[J]. 岩土工程学报，1999，21(6)：760-762

[6] 陈立宏，陈祖煜，刘金梅. 土体抗剪强度指标的概率分布类型研究[J]. 岩土力学，2005，26 (1)：37-40

[7] 刘勇，郑俊杰，郭嘉. β 分布的参数确定及其在岩土工程中的应用[J]. 岩土工程技术，2006，20(5)：240-243

浅谈基础与地基加固技术

张建文　郭建生

（南阳理工学院土木工程系　473000）

［摘要］ 本文对常用的几种地基基础的加固技术从基本机理、设计要点、施工方法等几个方面进行了论述。主要探讨了基础加宽加固技术、基础加深加固技术、地基加固技术、锚杆静压桩加固技术。地基基础加固技术是对既有建筑物的功能改变、增层增载以及地基基础失效等情况的一项有效的、经济的、确保质量的处理措施，必须同时重视设计与施工，加固方案的选取必须遵照安全适用、确保质量、经济合理、施工简便、技术先进的原则。

［关键词］ 地基基础；加宽基础法；加深基础法；桩式托换；静压锚杆桩

随着我国经济建设的发展与对外开放的需求，不断地兴建各类工厂企业、商业大厦、宾馆饭店与高层住宅等工程，良好的地基条件越来越少，一些建筑物不得不坐落在不良的场地上。据调查统计，世界各国发生的建筑工程事故中，地基基础失事占多数。而且，地基基础是建筑物的地下隐蔽工程，一旦失事难以补救，甚至造成灾难性的后果。有些带病工作的建筑如拆掉重建势必造成人力、物力和财力上的巨大浪费。因此，地基基础使用加固补强的方法，已经成为建筑业解决这一问题的趋势。

1　基础加宽加固技术

1.1　加固机理

当地基承载力或基础面积不足时，可以采用混凝土套或钢筋混凝土加大已有基础底面。通过增加基础底面积，减少作用在地基上的接触压力，降低地基土中的附加应力水平，以减小沉降量或满足承载力和变形要求。适用于场地允许，基础埋置较浅的基础加固。

1.2　基础加宽技术的方案设计

根据收集的资料、野外和室内试验数据、受力分析计算并结合原基础损坏原因分析和周边环境，确定基础加宽的方案。在方案设计时考虑基础加宽的尺寸、形状、混凝土强度等级（尽量和原基础强度等级差不多或高于原基础强度等级）、配筋量、新旧基础的连接等。还要考虑基础加宽加固的措施，包括本方案施工的措施、进行特殊处理的措施，还应考虑与施工有关的措施（如墙体裂缝补强加固、完善室外散水措施、防止渗漏水直接侵入墙基、确保地基土含水量的稳定等）。

1.3　基础加宽托换的施工技术

基本施工步骤如下：

（1）开挖。根据规范要求按 1.5～2.0m 的长度分成单独区段，错开时间开挖，间隔施工。决不能在基础全长挖成连续的坑槽和使全长上地基土暴露过久，以免导致饱和土浸泡软化从基底下挤出，使基础产生很大的不均匀沉降。

（2）在基础加宽部分两边的地基土上，进行与原基础下同样的原土压密施工。铺设厚度和材料均与原基础垫层相同的垫层。

（3）凿毛墙基。在灌注混凝土之前将原基础凿毛和刷洗干净后，铺一层高强度等级的水泥浆或涂混凝土界面剂，以增加新老混凝土基础的黏接力。

（4）配置混凝土。

（5）灌注混凝土或钢筋混凝土。

（6）基础扩大部分和原基础、墙身连接。为使新旧基础的牢固连接，可每隔一定高度和间距设置钢筋锚杆，也可以在墙角或圈梁钻孔穿钢筋，再用环氧胶填满。穿孔钢筋须与加固筋焊牢。加宽部分底主筋应与原基础内主筋相焊接。

（7）质量检测。

2 加深基础法（墩式托换）加固技术

2.1 加固机理

加深基础加固法是通过在原基础下设置墩式基础，使基础坐落在较好的土层上，以满足承载力和变形要求。也就是说，它是直接在被托换的建（构）筑物的基础下挖坑后浇注混凝土墩的托换加固方法，也称坑式托换、墩式托换。主要适用于地基浅层有较好的持力层，地下水位较低的场地。

2.2 加深基础法加固技术的设计要点

（1）混凝土墩可以是间断的或连续的，主要取决于被托换加固结构的荷载和坑下地基土的承载力大小。间断式的墩式托换应满足建筑物荷载条件对坑底土层的地基承载力的要求。当间断墩的底面积不能对建筑物提供足够支承时，可设置连续墩式基础，施工时应首先设置间断墩以提供临时支承。

（2）若基础墙为承重的砖石砌体、钢筋混凝土或其他基础时，则对间断的墩式基础，该墙基可从一墩越至另一墩。若原有基础结构构件的抗弯强度不足以在间断墩间跨越，则有必要在坑间设置过梁以支撑基础。

（3）在墩式基础施工时，基础内外两侧土体高差形成的土压力可能足以使基础产生侧向位移，故需提供类似挖土时的横撑或对角撑。因为墩式基础不能承受水平荷载，侧向位移将导致建筑物严重开裂。

（4）加深基础法适用于土层易于开挖且地下水位较低的地质条件，因为它难以解决在地下水位以下开挖后产生的土的流失问题。一般墩式托换的托换深度不大，建筑物的基础最好是条形基础，亦即该基础可在纵向对荷载进行调整并起到支撑梁的作用。

（5）国外对大的柱基用坑式托换时，可采用将柱基面积划分成几个单元进行逐坑托换的方法，单坑尺寸视基础尺寸而异，通常一次托换不宜超过基础支撑面积的20%。由于柱子的中心处荷载最集中，故应首先从角端处开挖托换的墩。

2.3 加深基础法加固技术的施工技术

加深基础法加固的施工步骤如下：

（1）贴近既有建筑基础的一侧开挖长约1.2m，宽约0.9m的竖坑（导坑），挖至原基础底面以下1.5m处。对坑壁不能直立的砂土或软弱地基要进行坑壁支护。

（2）将导坑横向扩展到基础下面，并继续在基础下面开挖到要求的持力层标高。

（3）在基础下面的深坑采用现浇混凝土灌注，并在距原基础底面80mm处停止灌注，待养护一天后再用掺入膨胀剂和速凝剂的干稠水泥砂浆填入基底空隙，再用铁锤敲击木条，并挤实所填砂浆（这个过程称为干填）。由于该层厚度较薄，实际上可视为不压缩层，因而不会因此而产生附加沉降。

(4) 进行以上步骤后,再分段分批地挖坑和修筑墩子,直至全部托换基础工作完成为止。

3 锚杆静压桩加固法技术

3.1 概述

锚杆静压桩是锚杆和静力压桩两项技术巧妙结合而形成的一种桩基施工新工艺。加固机理类同于打入桩及大型压入桩,受力直接和清晰。锚杆静压桩法适用于淤泥、淤泥质土、黏性土、粉土和人工填土等地基土。锚杆静压桩的基本工艺是在建筑物基础上按设计开凿压桩孔和锚杆孔,用黏结剂埋好锚杆,然后安装压桩架与建筑物基础连为一体,并利用既有建筑物的自重作反力,用千斤顶将预制桩段压入土中,桩段间用硫磺胶泥或焊接连接。当压桩力或压入深度达到设计要求后,将桩与基础用微膨胀混凝土浇注在一起,桩即可受力,从而达到提高地基承载力和控制沉降的目的。

3.2 锚杆静压桩加固法的设计计算

锚杆静压桩设计前必须对准备加固的工程进行调研,其内容除需查明原因外,还需对其沉降、倾斜、开裂、上部结构、地基基础、地下管网、障碍物、周围环境等情况做周密的调查了解,同时还需了解托换或纠倾所必需的其他资料。

设计要点为:

(1) 单桩垂直允许承载力的确定。单桩垂直允许承载力一般可由现场桩的荷载试验确定,当现场缺乏试验条件时,也可以根据静力触探资料确定;或者参照当地规程规范提供的指标确定。也可根据国家标准《建筑地基基础设计规范》确定。

(2) 桩断面及桩数。桩截面边长一般为 200～350mm,桩段长度应考虑施工净空高度和机具情况,大量实验表明一般为 1～3m。客观存在的事实是有承台的单桩承载力比无承台的单桩承载力大。桩土共同作用是:既有建筑地基基础托换加固设计中一般建议 7∶3。即 70%荷载由桩承受,30%由土承受,也可按地基承载力及地基承载力利用程度相应选取桩土分担比。由桩承受的荷载值除以单桩垂直允许承载力就为桩数。若确定的桩数过多,则桩距过小,应当在初选断面基础上重选大一级断面,重新计算桩数,直到合理为止。

(3) 桩位布置。桩位孔应尽量在靠近受力点的两侧布置,使之在刚性角范围内,以减少基础的弯矩。对条形基础可以布置在靠近基础的两侧。独立柱基可围着柱子对称布置。板基、筏基可布置在靠近荷载大的部位以及基础边缘,尤其转角的部位,以适应马鞍形的基底接触应力分布。

(4)桩身设计。

桩身材料可采用钢筋混凝土或钢材。钢筋混凝土方桩的桩身强度可根据压桩过程中的最大压桩力,并按钢筋混凝土受压构件进行设计,其桩身强度应略高于地基土对桩身的承载能力。当桩承受水平力或拔力时,应采用焊接接头。其他情况可采用硫磺胶泥接头。由于可直接测得压力,故可不考虑多节桩的接头强度折减,也可不考虑长细比对桩承载力的影响。当采用硫磺胶泥接头时,其桩节两端应设置焊接钢筋网片,一端应预埋插筋 ,另一端应预留插筋孔和吊装孔。

3.3 锚杆静压桩加固法的施工步骤

3.3.1 做好准备工作

(1) 清理压桩孔和锚杆孔施工工作面,标出压桩孔和锚杆的位置。

(2) 制作锚杆螺栓和桩节的准备工作。

(3) 开凿压桩孔，并应将孔壁凿毛，清理干净。将原承台钢筋割断后弯起，待压桩后再焊接。开凿的孔洞不宜过大，要保证上口小、下口大，以利于基础承受冲剪。一般不宜将全部压桩孔凿完后再进行压桩，最好采用流水作业。

(4) 开凿锚杆孔，应确保锚杆孔内清洁干燥后再埋设锚杆，并以粘结剂加以封固。

3.3.2 压桩施工应符合的规定

(1) 压桩架应保持竖直，锚固螺栓的螺帽或锚具应均衡紧固，压桩过程中应随时拧紧松动的螺帽。

(2) 就位的桩节应保持竖直，使千斤顶、桩节及压桩孔轴线重合，不得偏心加压。

(3) 整根桩应一次连续压到设计标高，当必须中途停压时，桩端应停留在软弱土层中，且停压的间隔时间不宜超过 24h。

(4) 压桩施工应对称进行，不应数台压桩机在一个独立基础上同时加压。

(5) 焊接接桩前应对准上、下节桩的垂直轴线，清除焊面铁锈后进行满焊。

(6) 采用硫磺胶泥接桩时，使上下桩锚固筋与锚固孔重合。套上硫磺砂浆夹箍后，应检查夹箍与桩面是否密合，如有缝隙，应用黄泥填塞。接桩时，要使上下桩面充分粘接对齐，防止桩面错位。新浇注的硫磺胶泥接头，应经过一定时间冷却，其停歇时间与环境有关，一般为 4～15min。

(7) 桩尖应到达设计持力层深度且压桩力应达到国家现行标准《既有建筑地基基础加固技术规范》(JGJ 123—2002)，并保持不少于 5min。

(8) 封桩前应凿毛和刷洗干净桩顶侧表面后再涂混凝土界面剂。封桩可分为不施加预应力和预应力法两种方法。

4 地基加固技术

4.1 概述

在建筑物建设和使用过程中，当天然地基不能满足建筑物对地基的要求时，需对天然地基进行加固，加以改良，形成人工地基，以满足建筑物对地基的要求，保证其安全与正常使用。用于既有建筑物地基加固常用的方法有：石灰桩法、注浆加固法、硅化法、灰土挤密法、高压喷射注浆法、深层搅拌法等。

4.2 石灰桩法

石灰桩法适用于处理地下水位以下的黏性土、粉土、松散粉细砂、淤泥、淤泥质土、杂填土或饱和黄土等地基及基础周围土体的加固。石灰桩是由生石灰和粉煤灰(火山灰或其他掺合料)组成。常用配比(体积比)为生石灰与粉煤灰之比为 1∶1，1∶1.5 或 1∶2。为提高桩身强度亦可掺入一定量的水泥、砂或石屑。石灰桩桩径主要取决于成孔机具，根据加固设计要求、土质条件、现场条件和机具供应情况，可选用振动成桩法(分管内填料和管外填料成桩)、锤击成桩法、螺旋钻成桩法或洛阳铲成桩工艺等。桩距宜为 2.5～3.5 倍桩径，可按三角形或正方形布置，地基处理的范围应比基础的宽度加宽 1～2 排桩，且不小于加固深度的一半。桩长由加固目的和地基土质等条件决定。

4.3 注浆加固法

注浆加固法适用于砂土、粉土、黏性土和人工填土等地基加固。一般用于防渗堵漏、提高地基土的强度和变形模量和控制地层沉降等。对软弱土的处理，可选用以水泥为主剂的浆液，也可选用水泥与水玻璃的双液型混合浆液。注浆孔间距可取 1.0～2.0m，并应能使被加固土体在平面和深度范围内连成一个整体。注浆孔的孔径宜为 70～110mm，垂直度偏差应小于1%。

4.4 其他地基加固法

高压喷射注浆法适用于淤泥、淤泥质土、粘性土、粉土、黄土、砂土、人工填土和碎石土等地基。灰土挤密桩法适用于处理地下水位以上的湿陷性黄土、素填土和杂填土等地基。深层搅拌法适用于处理淤泥、淤泥质土、粉土和含水量较高的粘性土等地基。硅化法可分为双液硅化法和单液硅化法。碱液法适用于处理非自重湿陷性黄土地基。高压喷射注浆法、灰土挤密桩法、深层搅拌法、硅化法和碱液法的设计和施工应按国家现行标准《建筑地基处理技术规范》(7G7 79—2002)有关规定执行。

随着地基处理技术的不断发展，新技术的不断出现，地基加固技术出现了十几种甚至几十种。每一种处理方法都有一定的适用范围、局限性和优缺点，并且有些方法的设计理论尚不完善。在选择地基加固方案时，要综合已知条件，根据鉴定结果，本着加固效果安全适用、确保质量、经济合理、施工简便、技术先进的原则来综合分析确定、合适的加固方法，必要时也可选择两种或多种地基基础加固方法组成的综合方案。

参考文献

[1] 陈希哲.地基事故与预防(第一版).北京:清华大学出版社,1996

[2] 李惠强.建筑结构诊断鉴定与加固修复(第一版).武汉:华中科技大学出版社,2002

[3] 王赫,全玉碗,贺玉仙.建筑工程质量事故分析(第一版) 北京:中国建筑工业出版社,1997

[4] 张立人.建筑结构检测、鉴定与加固(第一版).武汉:武汉理工大学出版社,2003

[5] 张有才.建筑物的检测、鉴定、加固与改造(第一版).北京:冶金工业出版社,1997

隧道常见病害原因分析及整治

王付洲　司马玉洲
（南阳理工学院　南阳　473000）

［摘要］ 随着我国隧道建设的快速发展，隧道病害问题日益突出。为了对隧道检测结果进行综合分析，以便科学地评价隧道病害状况和提出切中要害的整治方案，就需要对隧道病害程度进行恰当的分级。论文对国内外隧道病害分级现状进行了综述，对衬砌裂缝、渗漏水、衬砌剥落、衬砌材质劣化、衬砌变形、冻害、鼓出、翻浆冒泥等病害的分级方法进行了详细的分析，最后提出了在隧道病害分级中还需要进一步研究的问题。

［关键词］ 隧道；病害；渗漏；衬砌

隧道是埋置于地层中的工程建筑物，是人类利用地下空间的一种形式。广义上是指：以某种用途、在地面下用任何方法按规定形状和尺寸修筑的断面积大于 $2m^2$ 的洞室。隧道在运营中会出现渗漏水（水害）、衬砌裂损、隧道冻害、衬砌腐蚀、震害和洞内空气污染等病害，还有火灾威胁。这些病害和危害对隧道的安全、舒适、正常运营有重要影响和威胁。因此，在规划和设计阶段要预防可能的病害、危害，进行合理设计；在施工阶段要采用合理的施工工艺、方法、措施和材料，以保证施工质量。在运营阶段要及时检查、发现病害，分析病害成因，采用合理的整治措施，保证隧道工程的安全、畅通运营。

1　隧道水害

隧道水害是指在隧道修建和运营过程遇到的水的干扰和危害，是最常见的隧道病害。主要指运营隧道水害（即围岩的地下水和地表水直接或间接地以渗漏或涌出的形式进入隧道内造成的危害）。隧道渗漏水（水害）对隧道稳定、洞内设施、行车安全、地面建筑和隧道周围水环境产生诸多不良影响甚至威胁，影响内部结构及附属设施，降低使用寿命，严重时将危害到隧道及地下工程的运营安全。轻则造成洞内空气潮湿，影响施工人员身体健康，机械设备锈蚀，绝缘设备失效，电路短路，漏电伤人；重则威胁人员安全，冲毁洞内机械设备，造成塌方，淹没工作面，中断施工，造成重大经济损失，危害环境。

1.1　隧道水害的原因

隧道水害的成因是，修建隧道，破坏了山体原始的水系统平衡，隧道成为所穿过山体附近地下水集聚的通道。当隧道围岩与含水地层连通，而衬砌的防水及排水设施、方法不完善时，就必然要发生隧道水害。也可以将隧道水害归结为客观和主观两方面的原因。

1.1.1　隧道穿过含水的地层

（1）砂类土和漂卵石类土含水地层。

（2）节理、裂隙发育，含裂隙水的岩层。

（3）石灰岩、白云岩等可溶性地层，当有充水的溶槽、溶洞或暗河等与隧道相连通时。

（4）浅埋隧道地段，地表水可沿覆盖层的裂隙、孔洞渗透到隧道内。

1.1.2　隧道衬砌防水及排水设施不完善

（1）原建隧道衬砌防水、排水设施不全。

(2) 混凝土衬砌施工质量差，蜂窝、孔隙、裂缝多，自身防水能力差。

(3) 防水层施工质量不良或材质耐久性差，经使用数年后失效。

(4) 混凝土的工作缝、伸缩缝、沉降缝等未做好防水处理。

(5) 衬砌变形后，产生的裂缝渗透水。

(6) 既有排水设施，如衬砌背后的暗沟、盲沟，无衬砌的辅助坑道、排水孔、暗槽等，年久失修阻塞。

1.2 隧道水害的预防整治

隧道病害整治归纳起来就是：截、堵、排相结台，因地制宜，综合整治。

1.2.1 整治运营隧道渗漏水病害的原则

应做到拱部边墙不滴水、隧底不涌水、道床不积水、安装设备的孔眼和锚杆不渗水；寒冷地区洞内无冻害、冻胀、无积水。

1.2.2 已形成病害的隧道的治水原则

应因地制宜地采用截、堵、排综合整治措施，衬砌拱部宜考虑封闭防水，边墙设置排水设施。

1.2.3 增设内防水层

内防水层虽然不能阻止水流进入衬砌内，但可阻止水流进入隧道内。增设内防水层的方式有三种：一是刷涂，二是刮压，三是喷涂。

2 隧道冻害

隧道冻害是寒冷地区和严寒地区的隧道内水流和围岩积水冻结，引起隧道拱部挂冰、边墙结冰、洞内网线设备挂冰、围岩冻胀、衬砌胀裂、隧底冰椎、水沟冰塞、线路冻起等，影响到安全运营和建筑物的正常使用的各种病害。隧道冻害会导致衬砌冻裂开胀，甚至疏松剥落，造成隧道衬砌结构的失稳破坏，降低衬砌结构的安全可靠性，严重影响运输的安全和正常运行。隧道常见的冻害种类有：拱部结冰、边墙结冰、围岩冻胀破坏、衬砌发生冰楔、洞内网线挂水等。

冻害形成的主要原因有：寒冷气温的作用，季节冻结圈的形成(如果隧道的排水设备在隧道的冻结圈内，冬季易发生冰塞；在冻结圈内如果围岩的岩性是非冻胀性土，则不会发生冻胀性病害)。隧道在设计和施工时，对防冻问题没有考虑或考虑不周，造成衬砌防水能力不足，洞内排水设施埋深不够、治水措施不当，施工有缺陷，都会造成和加重运营阶段隧道的冻害。

严寒及寒冷地区隧道冻害的防治，其基本措施是综合治水、更换土壤、保温防冻、结构加强、防止融坍等，可根据实际情况综合运用。

2.1 隧道冻害的类型及特征

2.1.1 拱部挂冰、边墙结冰

隧道漏水冻结，在拱部形成挂冰，不断增长变粗；在边墙形成冰柱，多条相近的冰柱连成冰侧墙；如不及时清除，挂冰、冰柱和冰侧墙侵入限界，对行车安全造成严重威胁。

2.1.2 围岩冻胀病害

Ⅳ～Ⅵ级围岩和风化破碎、裂隙发育的Ⅲ级围岩，在隧道冻结圈范围内含水量达到起始冻胀含水量以上，并具有水分迁移和聚冰作用条件下，围岩产生强烈的冻胀，抗冻胀能力差的直墙式衬砌产生变形，限界缩小，衬砌裂损；洞门墙和翼墙前倾裂损，洞口仰拱坍塌。

(1) 隧道拱部发生变形与开裂。拱部受冻害影响，拱顶下沉内层开裂，严重时有错牙发生，拱脚变形移动。冻融时又有回复，产生残余裂缝，多次循环危及结构安全。

(2) 隧道边墙变形严重。边墙壁后排水不畅，积水成冰，产生冻胀压力，造成拱脚不动，墙顶内移，有的是墙项不动。

(3) 隧道内线路冻害。线路结构下部排水措施，在地下水丰富地区，水在冬季就冻结，道床隆起，在水沟处因保温不好，与线路一样有冻结，这样水沟全长也会高低不平。冻融使线路和道床翻浆冒泥、水沟断裂破坏。水沟破坏后排水困难，水渗入线路又加大了线路冻害范围。

(4) 构砌材料冻融破坏。隧道混凝土设计标号较低，抗渗性差，在富水区域水渗入混凝土内部。冬季混凝土结构内冻胀，经多年冻融循环使结构变酥、强度降低，造成冻融破坏，洞口段陈融变化不大，衬砌除结构内因含水受冻害外，岩体冻胀压力传递等破坏，促使衬砌发生纵向裂纹和环向裂纹。

(5) 隧底冻胀和融沉。对多年冻土隧道，隧底季节融化层内围岩若有冻胀性，而底部没有排水设备，每年必出现冻胀融沉交替，无铺底的线路很难维持正常状态，有时铺底和仰供也发生隆起或下沉开裂。

2.1.3 衬砌发生冰棱

(1) 衬砌冻胀。硬质围岩衬砌背后积水冻胀，产生冰冻压力(称为冰劈作用)，传递给衬砌。经缓慢发展，常年积累冰冻压力像楔子似的，使衬砌发生破碎、断裂、掉块等现象。已裂解为小块状的拱部衬砌温凝土块，在冰劈作用下，可能发生错动掉块。

(2) 接缝冻胀。衬砌的工作缝和变形缝充水冻胀、经多次冻融循环，使裂缝不断扩大开、疏松、剥落等病害。

2.1.4 洞内网线挂冰

隧道漏水落在铁路电力牵引区段的接触网和电力、通信、信号架线上结冰。如不及时除掉，会坠断网线、放电、跳闸，中断通信、信号，危及行车和人身安全。

2.2 隧道冻害的防治

严寒及寒冷地区隧道冻害的防治，其基本措施是综合治水、更换土壤、保温防冻、结构加强、防止冻融坍塌等，可以根据实际情况综合应用讨论。其具体整治有以下几种措施。

2.2.1 综合治水

隧道冻害的根本原因就是围岩地下水的冻结，如果能将水排除在冻结圈以外，杜绝水进入冻结困，就能达到防止冻害的目的，因此，综合治水是防治冻害的最基本措施。综合治水要在查明冻害地段隧道漏水及衬砌背后围岩含水情况后，采取“防、排、堵、截”综合治水措施，消除隧道漏水和衬砌背后积水，具体措施包括：

(1) 加强接缝防水，防水材料要有一定抗冻性，以消除接缝漏水。

(2) 完善冻害段隧道的防、排水系统，消除衬砌背后积水，并防止冻结圈外的地下水向冻结圈内迁移。

① 新建和改建排水设备。

要求实测隧道内最大冻结深度，合理确定水沟埋深；严寒地区适当把主扩水沟(渗水沟、泄水洞)设在冻结圈以下，并要最大限度地降低冻结圈内围岩的含水量。

深埋渗水沟适用于严寒地区，最冷月平均气温低于－15℃，当地黏性土冻深在 1.5～2.5m，水量小的条件。防寒沔水洞适用于严寒地区、最冷月平均气温低于－25℃、当地粘性土冻深大于 2.5m、水量较大的条件。

② 侧沟保温防冻。

寒冷地区当设备埋侧沟时，必须采取可靠的保温防冻措施。浅埋保温侧沟，适用于寒冷地区。最冷月平均气温低于－10 ℃，当地黏性土冻深在 1.0～1.5m 范围，冬季有水的条件。

而且，还要按实际需要修筑盲沟、泄水孔、横向沟(洞)、保温出水口等配套排水设备。衬砌背后空隙用砂浆回填密实，排水设施或泄水沟应保证不冻结。

③ 多年冻土中的隧道。

在多年冻土区修建隧道可采用中心深埋泄水洞以及隧道综合排水、防寒措施。

2.2.2 更换或改造土壤

将冻结圈内的围岩更换或改造，将冻胀土变为非冻胀土、透水性强的粗粒土或保温隔热材料，从而达到防治冻害的目的。

更换土壤一般是将砂黏土、粉砂、细砂更换为碎、卵石或炉渣，换土厚为冻深的 0.85～1.0 倍，同时加强排水，防止换土区积水。改造土壤就是采用压浆固结方法，在砂类土及砾卵石等容易压浆的岩土中注入水泥－水玻璃或其他化学浆固结冻结圈内岩土，消除冻胀性。

改造土壤的另一种方法就是在冻结圈注入憎水性填充材料，使之堵塞所有孔隙、裂隙，阻止土中水分迁移和聚冰作用。

2.2.3 保温防冻

保温防冻通过控制湿度，使围岩中水分达不到冰点，以达到防冻目的，方法主要有保温、供热、降低水的冰点。

(1) 加没保温衬层。在消除隧道渗、漏水的基础上，隧道衬砌加筑一层保温层，净空富裕地段修建在原衬砌的内侧，改建衬砌段可设在衬砌外侧。适用于隧道的内衬保温材料有：加气混凝土，膨胀珍珠岩(膨胀蛭石、漂石)混凝土，多孔烧黏土陶粒混凝土。这些材料可制成预测块砌筑，以便施工和更换、也可喷射混凝土。

(2) 降低水的冰点。向围岩中注入丙二醇、氯化钙、氯化钠，使水的冰点降低，从而降低围岩的起始冻结温度，达到防冻目的。

(3)采暖防冻。在浅埋侧沟洞口段上下层水沟间铺设暖气管道，冬季每天以锅炉供热汽三次，保持气温＋3℃～＋4℃，不发生冰塞，或夏季白天机械送热风融化泄水洞内结冰。

2.2.4 结构加强

(1) 防水混凝土曲墙加仰拱衬砌。冻结圈或融化圈内的岩土，经受强烈频繁的冻融破坏，岩土性质改变，冻胀性由弱变强，冻害逐步发展，需要采用加强衬砌，一般宜采用半圆形拱圈、曲边墙加仰拱衬砌型式，这适用于Ⅳ～Ⅵ级围岩和风化破碎、裂隙发育的Ⅲ级围岩地段。

(2) 防水钢筋混凝土衬砌。为了减少开挖和衬砌施工，可采用加设单层或双层钢筋网的防水钢筋混凝土衬砌，适用于Ⅲ级以上局部冻胀性围岩地段。

(3) 网喷混凝土加固，加设抗冻胀锚杆。有锚固条件的Ⅳ级以上围岩，局部冻胀性硬岩地段，对既有冻胀裂损衬砌，可应用喷锚加固技术，但需满足限界要求。

2.2.5 防止融塌

隧道洞内要防止基础融沉，可采用加深边墙至冻土上限以下或冻而不胀层；防止道床春融翻浆可采用加强底部排水，疏干底部围岩含水或采用换土法。除此以外，还可以采用以下措施：

(1)加大侧向拱度，使拱轴线能更好地抵抗侧向冻胀；

(2)拱部衬砌厚度增加，一般加厚 10cm 左右；

(3)提高衬砌混凝土标号或采用钢筋混凝土；

(4)隧底增设混凝土支撑。

3 隧道震害

3.1 隧道震害的产生机理

隧道是处于地下的工程结构物，为岩土体所包围，其受力状态不同于地面结构，而且结构物的变形主要受到岩土体的约束，受力状态较为复杂。

地下结构在地震作用下，由于周围岩土介质的存在，会发生不同于地面结构的响应。地震以地震波的形式传播能量，当地层被从基岩传入场地时，土壤介质在地震波的作用下，会产生运动，同时将运动传递给地下结构。对于小断面地下结构，在动力荷载作用下，土体结构相互作用可以忽略，此时地下结构随自由场土介质一起运动，因而动应力较小。而当地下结构存在明显的惯性或者土体结构间的仰坡因地震造成地层断裂、滑坡和崩塌落石，破坏和封堵洞门。刚度失配时，地下结构会产生过度变形而破坏。此时，地下结构与周围岩土介质之间会发生运动相互作用和惯性相互作用。

3.2 隧道易发生震害的地段和部位

3.2.1 地震震级高，隧道距地震断裂带距离近的隧道

3.2.2 隧道洞口

(1) 隧道洞口边坡。

(2) 地震荷载引起隧道侧压增大，导致衬砌拱部上凸、塌落。

(3) 地层横向剪切运动导致隧道横向错位。

(4) 地震引发泥石流掩埋洞口。

3.2.3 特殊地层条件

(1) 断层地带或隧道与断层、软弱带相交的部位。

(2) 地层易发生液化的地带。

(3) 施工中曾发生围岩塌方，衬砌上部山体已松动。

3.2.4 衬砌有缺陷的地段和部位

(1) 衬砌质量不好，衬砌背后有空洞，衬砌与围岩结合不好的地段，衬砌接缝处理不好冻害、腐蚀导致衬砌强度降低。

(2) 没有衬砌或村砌很薄。

(3) 正在施工的隧道。

3.3 隧道的抗震与加固

(1) 使斜坡稳定，不设仰供，新设抵抗偏压的加厚边墙混凝土，拱架保护工程，内衬砌，锚杆加固工程。

(2) 表面有岩石滑下危害的洞口，要延长隧道，重新衬砌，进行防护。

(3) 有泥石流危险的洞口，治理山坡，筑防砂堤。

(4) 有山体崩毁或流砂的区间以及随喷水而有泥砂流出的区间山体注浆及排水。

4 隧道内空气污染

4.1 隧道空气污染的危害及产生机理

隧道在运营过程中交通车辆、电气设备、抛弃的废弃物等释放出多种有害气体，瓦斯隧道

本身还会释放出瓦斯气体，而隧道是一个闭塞空间，一般只有进出口与大气相通、有害气体不能很快消散。当积累的浓度超过一定值时、会引起严重影响。这些有害气体的影响是多方面的，第一，危害养护维修人员和机车车辆乘客人员的身体健康，有害气体浓度积累过高时，导致人急性中毒；第二，腐蚀隧道内的结构物、钢轨、扣件等设备；第三，降低隧道内能见度，妨碍行车安全和维修工作的正常进行。

隧道通风就是采用自然或机械方式在隧道内形成风流，解决隧道运营环境中有害气体造成的空气污染问题。选择合理的通风方式和参数，需要对隧道内有害物质及浓度分布范围、洞内空气的污染影响因素、有害物的允许浓度标准、有害气体对人体健康的影响和改善洞内空气环境质量的措施等问题进行深入的研究。

4.2 隧道空气污染的主要成分

目前的隧道内空气卫生标准主要是针对蒸汽机车和内燃机车通过的隧道提出的，并且仅含两个指标（一氧化碳和氮氧化物），而国内外研究结果表明，运营隧道空气中的主要有害物质一般应包括二氧化氮、一氧化碳、二氧化硫、臭氧、总烃和粉尘六种，国外研究表明，电气机车通过的隧道中二氧化硫往往是主要有害物；国内研究表明，铁路隧道内粉尘污染较严重。

4.3 隧道空气污染的防治

解决隧道内有害气体对养护维修人员和机车乘务人员的危害，以及对各种设备的腐蚀是防治有害气体的主要任务。根据多年实践，解决这一问题的途径有：

(1) 将有害气体在一定时间内排出洞外，这是最重要的；

(2) 减少隧道内和司机室内有害气体的浓度；

(3) 使在隧道内的人员避免呼吸到高浓度的有害气体；

(4) 减少养护维修人员在恶劣环境中工作和接触有害气体的时间及劳动强度。

5 隧道火灾

5.1 隧道火灾的诱发因素

隧道火灾一般是车辆可燃材料燃烧所致，如座椅、轮胎、聚合物饰物、油桶和车辆运载货物等。众所周知，燃烧实际上是一个化学反应过程。可燃物质和所需空气在燃烧时便产生大量废气和热量，其主要特征为：

(1) 产生浓烟；在多数情况下，空气的供给往往超过所需的数量，于是，燃烧时产生的废气和过量的空气混合便成为了浓烟。

(2) 燃烧持续时间短；一般的车辆大约 7min 后闪燃。车辆着火持续时间随外部条件而变化。火持续时间在 30min 至数小时之间。在隧道内燃烧作用取决于可燃物质数量、隧道横断面和燃烧持续时间，即在单位燃烧速度相同的情况下，同样的燃烧作用与隧道截面有关。

(3) 隧道内温度急剧升高；火场处温度的发展过程并不是按“温度-时间”标准曲线逐渐上升的，而是一开始就有一个急剧增加的过程。即在火灾开始的 10min 内，温度就上升到 1000℃以上。

(4) 放出大量的热量；在洞内燃烧过程中，产生大量热量，可燃物质的能量最多有 10 %以内部能量形式储存在隧道内烟气当中，而大部分能量以热传导的方式传递给隧道衬砌（有时引起析砌表面混凝土剥落）。

5.2 隧道火灾的预防

(1) 修建一个平行的通风道，既可通风，也可用于逃离；

（2）采用防火的建筑材料与防火衬砌材料；

（3）积极建立启动隧道火灾检测报警系统；

（4）安装灭火装置和灭火器材；

（5）训练隧道灭火队伍。

参考文献

［1］ 杨新安.黄宏伟.隧道病害与防治［M］.同济大学出版社，2003

［2］ 郑晋文.关于隧道渗漏水处理的研究［J］.科技情况开发与经济，2004

［3］ 金海.关于隧道衬砌产生裂缝的原因及防治［J］.西部探矿工程，2005

［4］ 崔凌秋.寒冷地区隧道渗漏与冻害综合防治技术探讨［J］.现代隧道技术.2005

［5］ 关宝树.隧道工程维修管理要点集［M］.北京：人民交通出版社，2004

大面积多施工段无黏结预应力施工技术与应用

朱春林　陈网圣

（泰兴市第一建筑安装工程有限公司 225400）

［摘要］ 简要介绍了大面积而且多施工段时无黏结预应力混凝土结构的施工要点，以及预应力筋在施工过程中的注意事项。

［关键词］ 无黏结预应力；留槽张拉搭接；张拉；封锚

1　工程简况

1.1　工程概况

重庆国际开发金融大厦地下室车库共 5 层，地上 60 层，地下车库总建筑面积约 35347.49m^2，主轴线间的距离较大，多为 9～11m，地下室顶板厚度为 280mm、350mm、500mm，为减小梁的截面，提高楼层的净高度，其顶板均采用预应力钢筋混凝土结构，板中及后浇带采用无黏结预应力筋，预应力钢绞线是采用抗拉强度标准值为 $f_{ptk}=1860\text{N/mm}^2$ 的低松弛钢绞线，预应力锚具一律采用Ⅰ类锚具，张拉端采用夹片锚具，固定端采用挤压锚具。

1.2　施工概况

由于本工程的特殊情况，地下及地上结构边设计边施工，因而施工过程中带来了意想不到的各种难度，因而多施工段的划分给预应力筋的布设带来了一定的难度。

本工程无黏结预应力选用Ⅰ类锚具系列，张拉端采用 YJM15-1 单孔锚具，固定端采用 JYM15-1 挤压锚具。

1.3　预应力情况

无黏结预应力筋张拉端锚具采用天津市银燕预应力锚具厂生产的Ⅰ类常用型单孔锚体系。进场时应抽取锚具总数的 5%进行外观检验，并从同一批中抽取 6 套锚具，与符合试验要求的预应力钢筋组成 3 束预应力筋锚具组装件进行静载锚固性能试验，检验合格后方可使用。其他预应力专用的机具、设备及仪表，由专人使用和管理，并定期维护和校验（标定）。

2　工程特点

本工程具有以下特点：

（1）面积较大：本工程地下室车库共 5 层，总建筑面积约 35347.49m^2，顶板大面积采用无黏结预应力筋。

（2）大跨度梁板结构：本工程为超高层，而且跨度较大，受力复杂，结构超长，预应力板筋的设计除采用双向布置外，局部采用了多方向重叠的设计方法。

（3）平面形状复杂，施工段的划分较多：本工程平面不但大，而且形状较复杂，而且根据现场实际情况及后浇带的划分，划分的施工段也较多，对预应力板筋的设计与布置也带来了一定的难度。

（4）张拉搭接形式：尽管地下车库面积较大，预应力筋的长度基本控制 25m 左右，大面积采用梁或板内留槽张拉搭接法，有效地解决了超长预应力筋单面张拉的难度。

3 工艺流程

梁板支模 → 绑扎钢筋穿钢绞线 → 浇筑混凝土 → 预应力筋张拉 → 张拉端封锚

4 施工技术要点

本工程预应力施工技术要点如下：

4.1 施工前的技术准备

本工程预应力楼板中预应力筋有双向布筋，局部三层布筋，因此不同方向的预应力筋有许多交点，为了便于板面预应力筋的铺设，施工前必须对各个方向的预应力筋标高进行计算，并绘制预应力筋编排图，从而使得预应力筋铺设科学、有序地进行。同时依据设计参数，对多层多向的预应力筋进行标高翻样。并且确定好预应力筋反弯点位置，当设计图纸中无标注者，对梁一律取 0.15Ln(Ln 为净跨)，对板取值根据图纸设计要求，反弯点高度按二次抛物线计算确定。

4.2 预应力筋堆放与搬运

预应力筋堆放时，应在地上用枋木铺垫后再放预应力筋，上面用彩条布覆盖。预应力筋搬运时应轻拿轻放，不得抛甩或在地下拖拉，吊装时不得以一根绳索在当中拦腰捆扎起吊。预应力筋安装就位过程中，应尽量避免反复弯曲。同时，还应防止电焊火花烧伤。

4.3 预应力筋下料加工

预应力钢筋采用施工现场加工下料、固定端制作，根据下料长度在施工现场加工好后直接用塔吊吊到施工作业面进行铺设，下料时采用无齿砂轮机切割，下好的成品钢绞线不能有死弯及磨伤。下好料的钢绞线贴上标签，按标签分类堆放，并挂好标签。

4.4 预应力筋马凳支撑铺设

预应力筋在反弯点、最高点处及其他曲线点控制点用钢筋马凳支撑，并将马凳固定好。暗梁内马凳钢筋直接绑扎在暗梁的箍筋上，马凳钢筋直径不小于 8mm，钢筋支架垂直高度允许偏差范围须符合设计和规范要求。

4.5 承压锚具安装

锚具垫板的锚筋应与非预应力筋电焊固定，螺旋筋均应紧靠锚垫板并固定，可点焊在垫板或非预应力筋上。如图 1。锚板在安放时，应沿梁或板的方向带通线，以保证锚板前后一线。安完锚板后，用聚苯板将锚板包裹。如图 2。

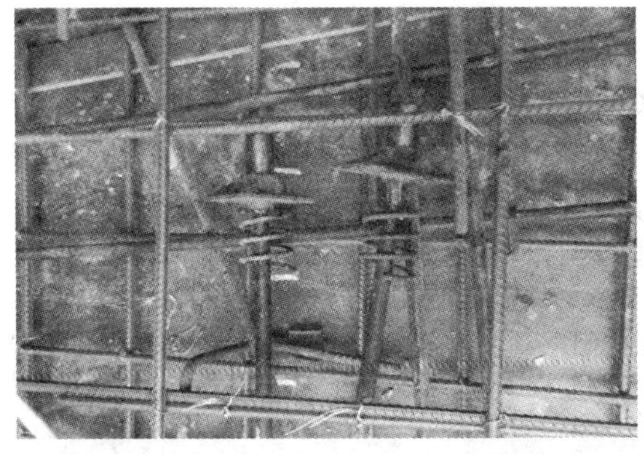

图 1 锚具安置

图 2 锚具外用聚苯板包裹

4.6 预应力筋搭接与铺设

根据施工段的划分，将平面分为若干个的平面段，布设时按照施工段的先后施工顺序分别进行布设。施工段与施工段间预应力的搭接，采用梁或板内留槽张拉搭接法。

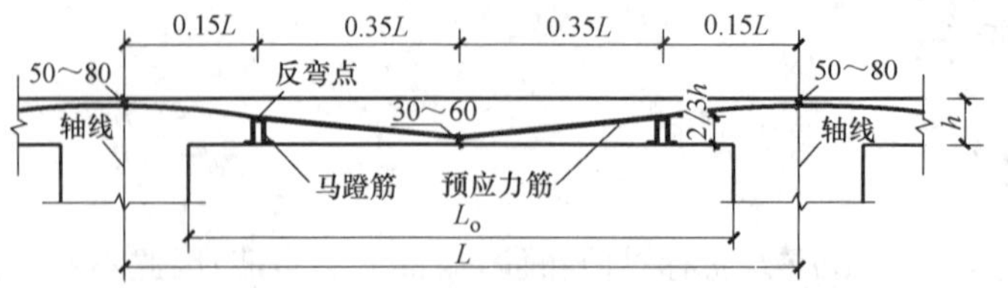

图 3 板(暗梁)预应力布筋示意图及马蹬筋位置图

预应力筋布设时严格按设计要求曲线形式布置，保证在垂直方向上各控制点高度达到规范要求，形成平滑曲线，反弯点最高最低点位置按图施工，如图中未标明，则板(暗梁)反弯点位置为：水平距柱中心线 0.15L(L 为跨度)，高度距板顶面 $h/3$(h 为板厚)；精度须达到规范要求。见图 3 及图 4。预应力筋抛物线段与抛物线段、与直线段均光滑连接，并且在支座内采用直线连接。如图 5。预应力筋与马凳钢筋用细铁丝绑牢，以防浇筑混凝土时预应力筋位置偏移或上浮。预应力筋安装完后应检查预应力筋的编号、破损、位置、外露长度、曲线形状是否符合设计要求，如有破损，应及时用粘胶带修补，并应注意预应力筋应伸出张拉端及锚板外至少 300mm。并会同监理部门对预应力筋铺放进行隐蔽工程验收。

图 4 铺设后预应力筋的反弯点处理

图 5 支座内预应力筋直线连接

4.7 预应力筋的张拉

根据设计要求张拉控制应力(即张拉控制应力为 1395N/mm^2，每束预应力张拉力为 195.3kN)和张拉设备的标定值确定预应力筋张拉时油表的读数，计算预应力筋理论伸长值。

(1) 无黏结预应力筋应剥除张拉端外露预应力筋外皮并清理干净，检查承压板处的混凝土质量情况，如有问题及时报告。

(2) 检测该楼层混凝土强度：按设计要求，楼层混凝土试块抗压强度大于设计强度等级的 80%时，才能进行预应力筋的张拉，强度未达到要求时不得进行张拉，以混凝土强度报告为准。

(3) 板中预应力筋张拉顺序：先张拉后浇带之间的预应力筋，待后浇带补浇且达到设计强度的 90%后，再张拉穿越后浇带的预应力筋。

(4) 张拉工序：

清理锚孔→安装锚具→量外露预应力筋长度 L_1→安装千斤顶→张拉至 100%σ_{con}→稳压

（顶压）→千斤顶回程→量预应力筋伸长值 L_2→卸千斤顶→校核伸长值→进入下一工作循环。

① 采用应力控制一端张拉的方法。张拉，并校核预应力筋的伸长值：张拉时必须逐根张拉逐根记录，必须专人操作、专人测量、专人记录，边记录边与理论计算值相对照，其相差幅度为+6%至−6%，如不符合应立即停止张拉，查明原因，并作出处理后再张拉，如图 12。

② 张拉时发生混凝土表面破裂或预应力筋断丝，应停止张拉，查明原因处理后再张拉；当有个别钢丝发生滑脱或断裂时，可相应降低张拉力，但滑脱或断裂的数量不应超过结构同一截面预应力筋总量的 2%，且一束钢丝只允许 1 根。

③ 预应力筋张拉时，应逐根填写原始记录，记录应精确到“mm”。

④ 后浇带内的预应力筋，待后浇带混凝土浇筑完并达到设计强度的 80%后再张拉。如图 6。

（5）预应力筋搭接张拉形式：本工程跨中梁（非边梁）大面积采用梁板侧留槽张拉法（如图 7），有效地解决了超长预应力筋双面张拉的难度（如图 8）。但应注意，所有柱间、柱与墙间当无梁无墙时，一律按设计图纸设置暗梁，暗梁宽度 550mm。

图 6　后浇带内预应力筋锚具布设

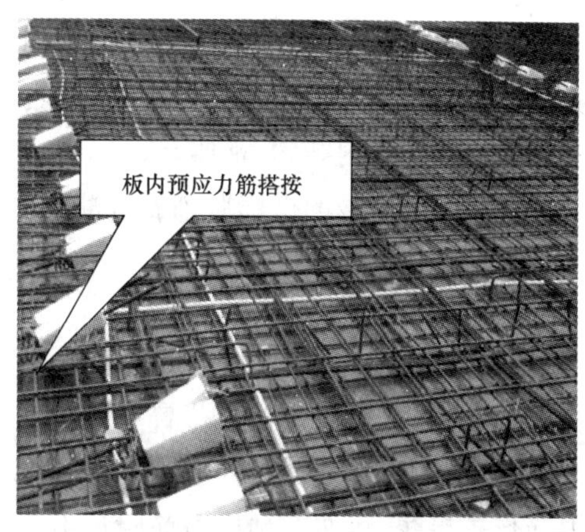

图 7　预应力筋板内留槽搭接张拉

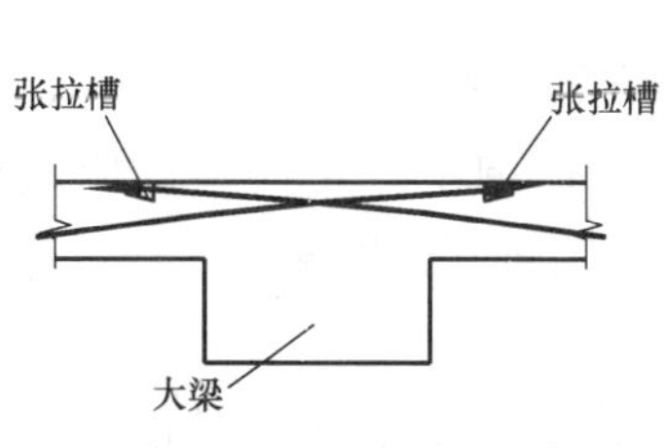

图 8　梁面留槽张拉搭接

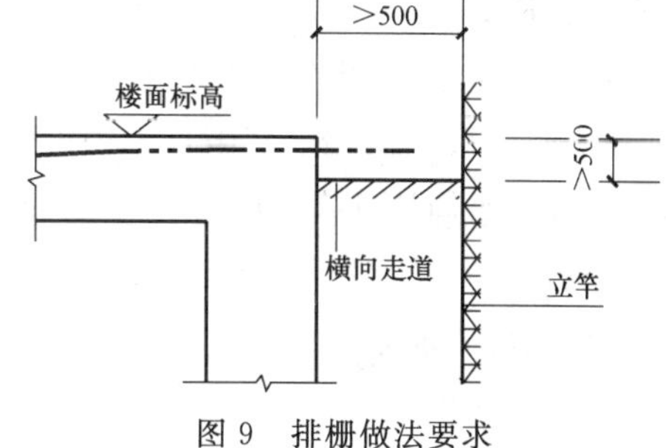

图 9　排栅做法要求

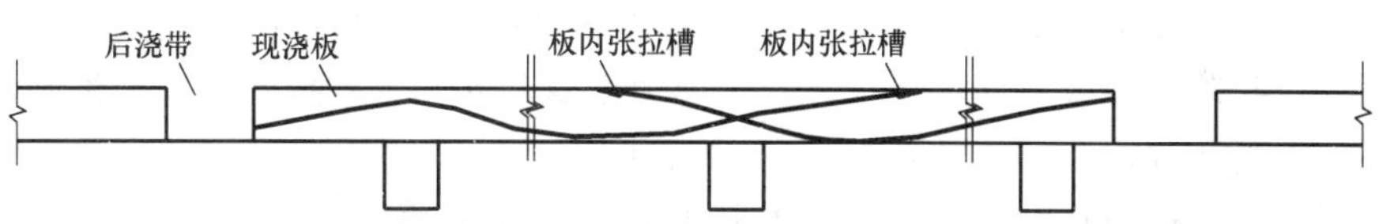

图 10　板面留槽搭接张拉示意图

（6）塔吊、电梯、预留洞处预应力筋的预留：预应力筋在相应的洞口处断开，分别在相应的洞口处再设置锚具，如图 11。

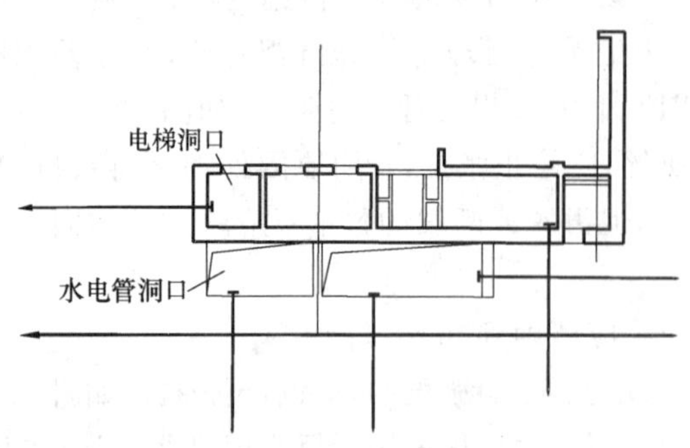

图 11 电梯、预留洞处预应力筋设置

图 12 预应力筋张拉

4.8 封锚

(1) 张拉完 24h 后经检查无误,即可用砂轮切割机切除多余预应力筋(保留预应力筋伸出锚具 30mm),切除时用手持式无齿锯,严禁采用电焊和炔氧焊烧割。

(2) 清除孔穴内杂物、油脂,涂环氧树脂做防水保护,要满涂锚垫板、锚板和预应力筋。

(3) 用高一标号的微膨胀细石混凝土分两次封填密实,筋头、锚具不得外露。

5 施工注意事项

(1) 端模制作:位于张拉端的端头模板宜采用木模,按施工图的预应力筋相应位置在木模上打孔,孔应与预应力筋伸出位置相对应。

(2) 普通钢筋绑扎时,切忌猛放、猛插、防止将预应力筋外皮刺破。焊接施工时,严禁将预应力筋作搭接线,切勿在预应力筋附近不采取保护措施进行焊接。

(3) 无黏结预应力筋的定位应牢固,浇注混凝土时不应出现移位和变形;端部的预埋锚垫板应垂直于预应力筋。

(4) 混凝土浇注时,严禁踏压碰撞预应力筋、支承架以及端部预埋部件。混凝土应捣密实,特别在张拉端和锚固端及其附近不得出现空洞蜂窝麻面等现象。

(5) 楼面板四周脚手架,凡遇有楼面预应力筋张拉端时,脚手架板面高度应低于楼板 500mm,排栅内立杆应至少离开建筑物 300mm,便于边模的拆卸。外排栅的立杆应尽量避开张拉端,便于预应力筋张拉(见图 9)。

(6) 楼板开洞必须在布筋前预留,严禁混凝土浇筑成型后凿洞,特别严禁随意切断预应力筋。

(7) 各专业施工队施工过程中如需在楼面烧焊时,应采用隔离防护措施,如用石棉板。薄铁皮等材料隔挡,防止预应力筋烧伤烧坏。预应力筋及其外套有破损者应立即修补,连续破损超过 300mm 者应更换。

施工地下室时,按照从下向上的顺序进行施工,由于张拉预应力筋后会使得楼面产生一定的反拱,从而对上一层混凝土结构产生一定的影响,因此,采用该施工顺序时,上一层楼面混凝土强度也必须达到 15MPa 以后,方可张拉下一层预应力筋。

(8) 模板的拆除:预应力筋张拉前,一律不得拆除支撑和模板。

6 施工体会

本工程通过使用后张法无黏接预应力技术，使楼板的承载能力得到了提高，同时提高了楼板混凝土抵抗裂缝的能力，同时通过本工程的后张法无黏接预应力技术的运用，体现了预应力技术的优点：施工技术简单；节约空间；节约成本；节约能源；减轻房屋自身的荷载；施工后效果好，达到较好的经济效益和社会效益。

预制拼装塔机基础抗倾覆稳定系数 k_{stb} 的探讨

从卫民[1]　岳晨曦[2]

(1. 淮安市住房与城乡建设局　淮安　223001；

2. 淮阴工学院　淮安　223001)

[摘要]　本文主要讨论预制拼装塔机基础安装后的抗倾覆稳定系数，通过对预制拼装塔机基础不同安装位置的抗倾覆稳定系数计算，结合现行的《塔式起重机设计规范》(GB/T 13752)、《高耸结构设计规范》(GB 50135—2006)、《地基基础设计规范》(GB 5007—2002)等相关要求，在考虑既经济又安全的情况下确定预制拼装塔机基础安装后的抗倾覆稳定系数，为预制拼装塔机基础的设计提供依据。

[关键词]　拼装塔机基础；抗倾覆稳定系数

1　前言

混凝土预制拼装多用塔机基础，是国内自主开发成功的新型塔机基础，其构件之间采用高强预应力柔性连接技术，已获国家十多项专利技术，通过江苏省科技厅鉴定，并作为江苏省建设厅四新技术推广项目；2006 年获江苏省科技进步三等奖；2007 年获国家星火计划项目；2008 年完成江苏省地方性规程及工法；2009 年通过国家行业规程评审；2010 年获国家住建部全国建设行业科技推广项目。

混凝土预制拼装多用塔机基础，完全克服了传统塔机基础的固有缺陷，由工厂化、标准化流水线生产，质量有可靠的保证，构件实现无间隙拼装，拼装后整基构件总误差≤1mm。由于采用了塔基的优化平面技术，提高了塔机基础的抗倾覆能力，已经安全使用 4.2 万多台次，施工面积约 2.2 亿平方米。已在江苏、山东、安徽、河南、湖北、陕西、四川和山西等省 70 多个地级市得到全面应用，深受广大塔机用户的好评。

采用混凝土预制拼装多用塔机基础，省工，省时，节能、节地、绿色环保，利国利民，是 21 世纪建筑施工的绿色产品，有利于构建资源节约型、环境友好型社会，完全符合国家节能、减排建设方针，已为国家节约直接基建投入 5.2 亿元。其中节约水泥 20 万吨，节约钢材 4 万吨，砂石料 104 万吨，减少混凝土固体废弃物 100 万立方米，节约 20 万吨标准煤，减排二氧化碳 21 万吨，减排碳粉尘 3.75 万吨，减少水泥灰岩及铁精矿 25.6 万吨，具有很高的经济效益、社会效益和环境效益，具有广阔的应用前景。

2　抗倾覆稳定系数 k_{stb} 的探讨

预制拼装塔机基础的抗倾覆稳定计算是涉及塔式起重机安全使用的重要内容，其抗倾覆稳定性应符合《塔式起重机设计规范》(GB/T 13752)及《塔式起重机安全规程》(GB 5144)的要求；根据塔式起重机抗倾覆验算的公式，进行一系列计算分析，通过安全和经济技术比较，合理确定抗倾覆系数 k_{stb}。按《塔式起重机设计规范》中偏心距的要求推算时为 1.5，但考虑到预制塔机基础的形状与整体现浇塔机基础的区别，并偏于安全，抗倾覆系数 k_{stb} 取值为：有埋深(预制塔机基础的顶面位于地表以下)时为 2.0，无埋深时取 2.2。具体讨论分析如下：

3 倾覆点的确定

塔式起重机倾覆时沿着倾覆方向所对应的基础边缘的点称为倾覆点。倾覆点到力的作用点的距离称为倾覆力臂。当倾覆力臂最小的时候则为抗倾覆最不利的状态。所以，抗倾覆最关键的就是最不利的倾覆点的确定。定义最小的倾覆力臂为了 l_0。

对于预制拼装塔机基础，最不利的倾覆点如图 1 所示，此时，

$$l_0=\frac{\sqrt{2}(l+b_0)}{4}$$

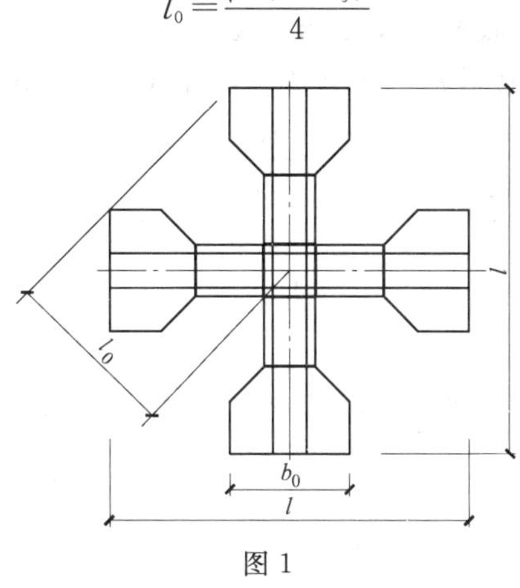

图 1

4 计算公式

预制拼装塔机基础的抗倾覆计算应符合《塔式起重机设计规范》(GB/T 13752—92)及《塔式起重机安全规程》(GB 5144—2006)的要求。

(1) 作用在预制塔机基础顶面的荷载应由塔式起重机生产厂家按现行国家标准《塔式起重机设计规范》GB/T 13752 提供。塔式起重机作用在基础顶面上的垂直荷载标准值、水平荷载标准值、弯矩标准值及扭矩标准值分别为 F_{vk}^{t}，F_{hk}^{t}，M_{k}^{t}，T_{k}^{t}(图 2)。

(2) 对预制塔机基础的底面压力进行验算时，作用在基础底面上的荷载应采用标准组合；标准组合中取用的垂直荷载标准值和弯矩标准值应按下列公式计算：

$$F_{vk}^{b}=F_{vk}^{t}+G_{k}$$

$$M_{k}^{b}=M_{k}^{t}+F_{hk}^{t}\cdot h$$

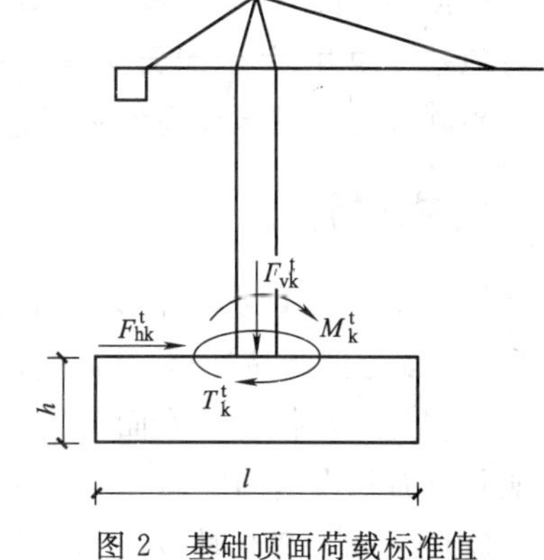

图 2 基础顶面荷载标准值

式中 F_{vk}^{b}——作用在基础底面上的垂直荷载标准值(kN)；

G_k——预制塔机基础的自重及配重的标准值(kN)；

M_{k}^{b}——预制塔机基础作用在其基础底面上的弯矩标准值(kN · m)；

h——预制塔机基础梁截面高度(mm)。

(3) 对预制塔机基础进行抗倾覆验算时，应采用荷载基本组合设计值，倾覆力矩和抗倾覆力矩应按下列公式计算(图 2)：

$$M_{stb}=0.9l_0\times F_{vk}^{b} \qquad (4.2.1\text{-}3)$$

$$M_{dst}=1.4M_{k}^{t}+1.0F_{hk}^{t}h \tag{4.2.1-4}$$

$$l_0=\frac{\sqrt{2}}{4}(l+b_0) \tag{4.2.1-5}$$

式中 M_{stb}——预制塔机基础抵抗倾覆的力矩值(kN·m);

M_{dst}——塔式起重机作用在基础上的倾覆力矩值(kN·m);

l_0——预制塔机基础最小的抗倾覆力臂(mm);

b_0——基础端件的宽度(mm);

l——预制塔机基础底面的长度(mm)。

(4) 按照《塔式起重机设计规范》,抗倾覆稳定性验算公式用偏心距表示为:

$$e=\frac{M_k^b}{0.9F_{vk}^b}\leqslant\frac{l_0}{3} \tag{1}$$

将上式变换为:

$$M_k^b\leqslant\frac{1}{3}\times0.9F_{vk}^b l_0 \tag{2}$$

由荷载组合知: $M_{stb}=0.9F_{vk}^b\times\frac{1}{2}l_0, M_{dst}=M_k^b$

则: $$\frac{M_{stb}}{M_{dst}}=\frac{0.9F_{vk}^b\times\frac{1}{2}l_0}{M_k^b}\geqslant\frac{0.9F_{vk}^b\times\frac{1}{2}l_0}{\frac{1}{3}\times0.9F_{vk}^b l_0}=1.5 \tag{3}$$

抗倾覆验算用抗倾覆稳定性用系数 k_{stb} 来表示,则

$$k_{stb}=\frac{M_{stb}}{M_{dst}} \tag{4}$$

根据《高耸结构设计规范》(GB 50135—2006)可知,基础底面在不影响工艺要求时允许部分与地基土脱开,基础底面允许部分脱开地基土的面积不得大于底面全面积的1/4。

预制拼装塔机基础规程中规定 $e<l/4$, l 为沿十字梁长度方向的长度。

5 公式讨论

(1) 当 $e=l/4$ 时,倾覆力矩作用在沿十字梁中心线方向时,基础底面部分脱开地基土如图3所示。按定型产品计算,基础底面部分脱开地基土面积占基础底面1/6;倾覆力矩作用在沿十字梁45°方向时,基础底面部分脱开地基土如图4所示。按定型产品计算,基础底面部分脱开地基土面积占基础底面4.4%;不足基础底面全面积的1/16。

(2) 当 $k_{stb}=2.0$ 时:对于倾覆力矩作用在沿十字梁长度45°方向,按定型产品计算:$e=1.45<l/4=1.57$,分配到十字梁方向则有:

$e_x=e_y=1.45\times0.707=1.025\text{m}\leqslant l/6=1.05\text{m}$,说明基础底面与地基土没有脱开,地基土全部受压;

对于倾覆力矩作用在沿十字梁长度方向,按定型产品计算 $e=1.45<l/4=1.57\text{m}$, $a=l/2-e=3.15-1.45=1.7\text{m}$, $3a=5.1$,基础底面与地基土部分脱开,面积占基础底面13.8%;约为基础底面全面积的1/7。

(3) 当 $k_{stb}=2.2$ 时:对于倾覆力矩作用在沿十字梁长度45°方向,按定型产品计算:

$e=1.31<l/4=1.57$,分配到十字梁方向则有:

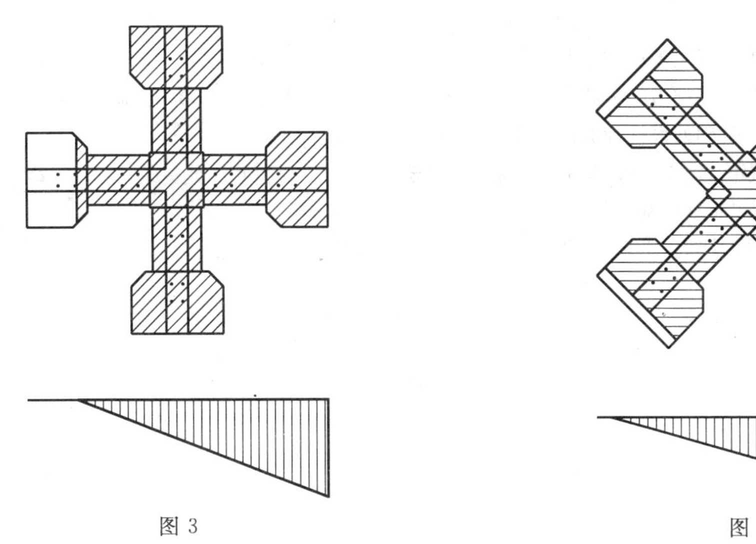

图 3　　　　图 4

$e_x = e_y = 1.31 \times 0.707 = 0.929\text{m} \leqslant l/6 = 1.05\text{m}$,,说明基础底面与地基土没有脱开,全部受压;

对于倾覆力矩作用在沿十字梁长度方向,按定型产品计算 $e = 1.31 < l/4 = 1.57\text{m}$,$a = l/2 - e = 3.15 - 1.31 = 1.84\text{m}$,$3a = 5.52\text{m}$,基础底面部分与地基土脱开,面积占基础底面 9.0%;约为基础底面全面积的 1/11。

6　结论

从以上分析可知:

(1) 对于矩形基础,倾覆力矩作用在沿长边中心线方向时,根据《塔式起重机设计规范》(GB/T 13752—2008)规定,$e \leqslant 1/3$,$k_{stb} = 1.5$,基础底面部分与地基土脱开,脱开面积占基础底面 1/2。

(2) 对于矩形基础,倾覆力矩作用在沿长边中心线方向时,根据《高耸结构设计规范》(GB 50135—2006)规定,$e \leqslant l/4$,$k_{stb} = 2.0$,基础底面部分与地基土脱开,脱开面积占基础底面 1/4。

(3) 对于十字哑铃形基础(即预制拼装塔机基础),倾覆力矩作用在十字梁中心线方向时,根据《高耸结构设计规范》(GB 50135—2006) 规定,$e \leqslant l/4$,$k_{stb} = 2.0$,基础底面部分与地基土脱开,脱开面积占基础底面 1/6;倾覆力矩作用在十字梁 45°方向时,基础底面部分与地基土脱开,脱开面积占基础底面 1/16。当 $k_{stb} = 2.0 - 2.2$ 时,倾覆力矩作用在十字梁 45°方向时,基础底面没有脱开地基土,全部受压;倾覆力矩作用在十字梁方向时,基础底面与地基土脱开面积占基础底面 1/7～1/11。

综上所述,取 $k_{stb} = 2.0 - 2.2$ 时,完全可以满足《塔式起重机设计规范》(GB/T 13752)、《高耸结构设计规范》(GB 50135—2006)、《地基基础设计规范》(GB 5007—2002)等相关要求,能够保证预制拼装塔机基础抗倾覆稳定的要求。

参考文献

[1]　岳晨曦,从卫民. 混凝土预制拼装多用塔机基础的技术研究[J]. 建筑科学,2005 年第 5 期

[2]　岳晨曦,从卫民. 混凝土预制拼装多用塔机基础底面形状的优化[J]. 建筑技术开发,2009 年第 2 期

[3] 江苏省工程建设推荐性技术规程.混凝土预制拼装塔式起重机基础技术规程(苏 JG/Q 027—2008)
[4] 夏俊钱等.塔式起重机固定基础的重复利用[J].施工技术,2001 年第 2 期
[5] 何学功等.塔机十字形基础力学分析及抗倾翻稳定性计算[J].建筑机械,2001 年第 1 期
[6] 朱森林.塔式起重机基础的设计计算[J].建筑机械,1997 年第 6 期
[7] 从卫民，岳晨曦.混凝土预制拼装多用塔机基础几个热点问题探讨[J].江苏建筑,2009 年第 1 期
[8] 混凝土预制拼装塔式起重机基础技术规程(苏 JC/T 027—2008)
[9] 混凝土预制拼装塔机基础技术规程(JGJ/T 197—2009)(报批稿)

应用在南昌国际体育中心工程中的后浇带处理

钟颖川　朱仲文　胡军伟

（中国建筑第五工程局土木工程有限公司　长沙 410004）

［摘要］ 通过对混凝土后浇带的基本原理、位置及形式的分析，确定了浇注时间与间距，设计了后浇带的构造措施，阐述了施工要点和工艺，通过一大型工程实例证明是可行的。

［关键词］ 后浇带；超长混凝土结构；混凝土；施工

1　引言

随着我国经济社会快速发展，体育场馆等大型公共建筑大量出现，鉴于建筑功能、外观和整体性能等方面的需要，该类超长建筑结构往往不设或少设伸缩缝，致使结构不设缝的长度远远超出了我国现行有关规范的限值规定，故需要重点考虑解决由于温度收缩变形引起的结构裂缝问题。工程中主要采用后浇带、加强带、预应力混凝土、纤维混凝土等技术和方法来解决该类结构的裂缝控制问题，其中，后浇带技术是一种经济有效的常用裂缝控制措施，但若后浇带的设计施工处理不恰当，不仅起不到预期的效果，还会留下结构隐患。为此，本文将在系统分析后浇带技术原理与设计施工特征等基础上，结合南昌国际体育中心体育场工程实际，探讨后浇带在该类超长混凝土结构中的应用。

2　后浇带的设计

2.1　后浇带的基本原理及分类

后浇带是一种扩大伸缩间距和取消结构永久伸缩缝的有效措施，它是施工期间保留的临时性温度收缩变形缝，保留一定时间后，再进行填充封闭，后浇成连续整体的无伸缩缝结构。设置后浇带的基本原理是采用“先放后抗”原则，即首先通过设置若干后浇带将超长超宽混凝土结构离散为若干长度宽度满足有关规定的相对独立施工区域，实现结构“化整为零”、在较短时间和较小区域内完成大部分温度收缩应力释放的目的；然后待周边混凝土收缩稳定完成较多收缩量后即可进行后浇带浇筑，从而实现“化零为整”的超长超宽结构、避免设置永久性变形缝的目的。

后浇带一般具有多种变形缝的功能，设计时应考虑以一种功能为主，其他功能为辅。按功能不同后浇带可分为：为解决高层建筑主楼与低层裙房间的沉降差而设置的沉降后浇带；为防止混凝土因凝结收缩开裂而设置的收缩后浇带；为防止混凝土因温度变化拉裂而设置的温度后浇带；为防止混凝土结构因温度和收缩开裂而设置的伸缩后浇带。我们通常见到的后浇带为沉降后浇带和伸缩后浇带，本文主要以伸缩后浇带（简称后浇带）为研究对象。

2.2　后浇带的位置及形式

后浇带位置应根据其间距，结合结构布置，宜在温度收缩应力较大的部位设置，若结构中设有较多集中布置的剪力墙，则应在剪力墙附近设置后浇带，减少剪力墙对结构较强的约束作用；对于后浇带所在的跨来说，后浇带应选择留设在跨内荷载作用下内力和变形较小的部位，一般可设置在小跨梁开间或梁板跨度内弯矩和剪力较小的 1/3 跨度附近，此位置弯矩不大，剪力也不大，也可选在梁、板的中部，弯矩虽大，但剪力较小，且上下对齐，竖向上不错开；平面布置时视具体情况可沿平面曲折通过，以免全部钢筋都在一个部位搭接，要注意使后浇带尽量与梁平行布置，以免截断太多梁；在超长混凝土框架结构中，后浇带的设置常采取对称的原则，对于设置后浇带的超长混凝土结构来说，后浇带数量为奇数时，在中间跨设置一条后浇带，然后按两侧对称等间距的原则布置；后浇带数量为偶数时，包含中间跨的后浇带间距宜小一些，两侧后浇带间距宜大一些，这样布置有利于裂缝控制。后浇带的宽度一般为 800～1000mm，但要为满足钢筋错开搭接要求，可允许大于 1000mm；后浇带混凝土应采用的强度等级比两侧高一个等级的混凝土或膨胀混凝土。

后浇带的截面主要有平直缝、阶梯缝和企口缝三种形式，其中，平直缝适用于厚度较小的现浇板中，该类缝的模板安装与拆除方便，但其与两侧混凝土接触截面质量不易保证，渗水路线短；阶梯缝适用于高度较小的梁（如梁高小于等于 600mm 时）中，该类缝的模板安装简单，拆除较方便，其与两侧混凝土接触截面质量容易保证，渗水路线长；企口缝适用于高度较大的梁（如梁高大于 600mm 时）中，该类缝的模板安装复杂，浇注时不易密实，拆模清理困难，其与两侧混凝土接触截面垂直于水压方向，结合面较好，渗水路线长。

2.3　后浇带浇注时间与后浇带间距确定

混凝土收缩是一个长期发展过程，但早期发展较快，收缩量较大，后期发展较慢，收缩量较小，一般相对于一年的收缩量，半月收缩约占 30％～40％，1 个月收缩约占 45％～55％，2 个月收缩约占 65％～75％，半年收缩约占 80％～90％，故从理论上来讲，后浇带的留置时间越长，后浇带封闭后整体结构要发生的温度收缩变形越小，混凝土中拉应力就越小，越有利于裂缝控制，封闭过早可能会导致结构收缩完成较少而失去设置后浇带的意义，即后浇带封闭的越晚越好，但封闭太迟将会严重影响工期。因此确定一个合理的封闭时间不仅可以加快施工进度，还可以优化施工组织设计，提高结构的整体性，具有很高的实用性及良好的经济效益。实际工程中为了缩短工期和保证时变结构整体性等要求，一般后浇带留置时间应保证两个月（兼有沉降缝功能的后浇带除外），最低不少于 1 个月，且浇筑时的温度宜低于主体混凝土浇筑时的温度。

在后浇带封闭时间确定后，对于相同的结构，后浇带间距越大，后浇带封闭前梁板中拉应力也将越大，若后浇带间距较小，则在后浇带封闭前结构中混凝土拉应力较小，有利于结构裂缝控制，一般后浇带间距越小，越有利于裂缝控制。但是，减小后浇带间距，增加后浇带数量，会增加施工难度，延长工期，故后浇带间距不能太小，应根据结构实际情况合理确定后浇带间距。当柱子抗侧刚度不大、后浇带较早封闭的情况下，即使采用较大间距的后浇带，梁板中混凝土拉应力也较小，此时若仍采用较小间距的后浇带已没必要。

因此，在任何结构中都依靠工程经验按照 30～40m 的间距设置后浇带，并不合理。有关规范规程对后浇带的设置间距及做法提出了要求，如《高层建筑混凝土结构技术规程》（JGJ 3—2002）规定可沿基础长度每隔 30～40m 留一道贯通顶板、底板及墙板的施工后浇缝；《混凝土外加剂应用技术规范》（GB 50119—2003）规定楼面和屋面后浇缝最大间距不宜超过 50m，地下室和水工构筑物的底板和边墙的后浇缝最大间距不宜超过 60m。预应力混凝土结构中，后浇带间距取 50～80m，在 5～10d 时可张拉部分预应力筋以防止结构早期开裂。一般地，为了定量地研究后浇带间距问题，以后浇带封闭前结构中收缩应力不超过某一允许拉应力为条件设置后浇带。对现浇混凝土结构，由温度收缩引起的裂缝控制条件确定的后浇带的间距 L_{max} 可由公式(1)进行计算。

$$L_{max}=1.5\sqrt{\frac{H\times E}{C_x}}\times \text{arccos}h\times\beta \qquad (1)$$

式中　H——板或墙的计算厚度或长度；

E——混凝土的弹性模量；

C_x——地基对混凝土结构的约束系数；

$\text{arccos}h$——双曲余弦的反函数；β 按公式(2)确定。

$$\beta=\frac{[aT]}{[aT]-\varepsilon_p} \tag{2}$$

式中　a——混凝土的线性膨胀系数；

T——综合温差,℃；

$$T=T_1+T_2$$

T_1——混凝土水化热的最高温度与环境平均气温之差；

T_2——混凝土的收缩当量温差,其值为：

$$T_2=\frac{\varepsilon_r}{a}$$

式中　ε_r——混凝土的收缩值；

ε_p——混凝土的极限拉伸。

由上述公式可以知道,结构出现裂缝与降温和收缩有直接关系,计算中把混凝土浇注后产生的收缩换算成“收缩当量温差”。

2.4　后浇带的构造措施

2.4.1　后浇带内钢筋处理

后浇带内钢筋处理方法可采用梁板钢筋均断开后搭接的方法,该方法常因梁钢筋搭、焊接处理困难,质量不易保证,易给结构造成隐患;也可采用板钢筋断开梁钢筋直通不断的方法,该方法工程较常用,但当截断梁较多时,钢筋全部不断会约束混凝土收缩,达不到预期效果。鉴于此,建议采用梁上部钢筋、腰筋及板墙钢筋断后错开搭接或必要时先搭后补焊,梁下部钢筋不断,可适当加大配筋的方法,这样既可减小梁钢筋全部不断对混凝土收缩形成的约束,又可避免梁钢筋全部断后造成的钢筋搭、焊接困难,图 1 给出了常见后浇缝的构造简图。同时,后浇带内宜配置适量的加强钢筋,如图 2 和图 3 分别给出了楼板、梁后浇带的配筋构造图。

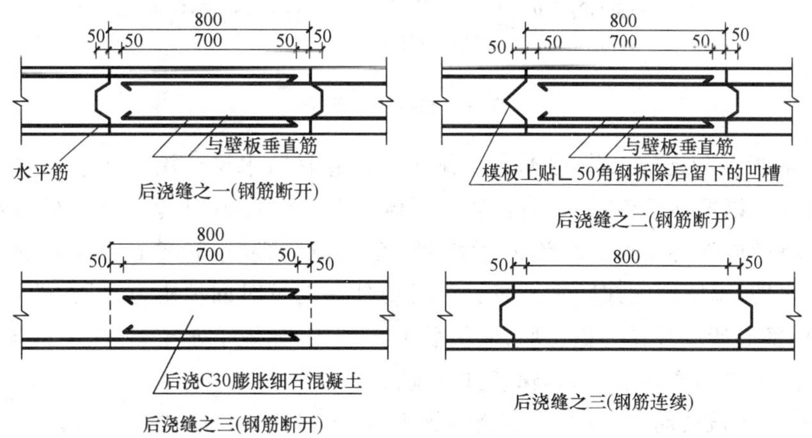

图 1　常见后浇缝的构造

2.4.2　后浇带的防水构造措施

后浇带封闭前后均是结构的防水薄弱环节,应在施工和使用阶段采取可靠的防水构造措施。

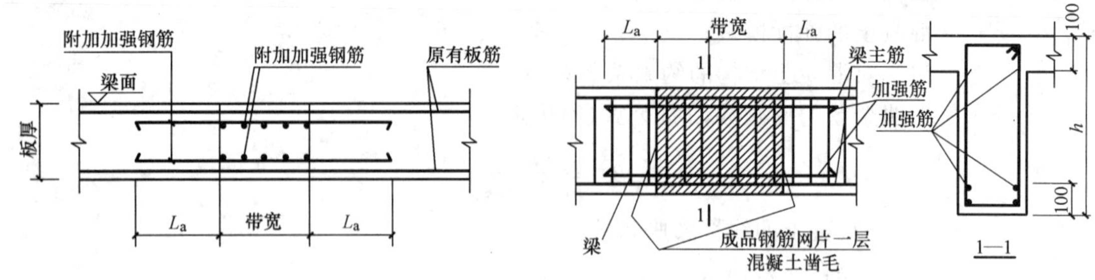

图 2　楼板与主次梁后浇带构造图

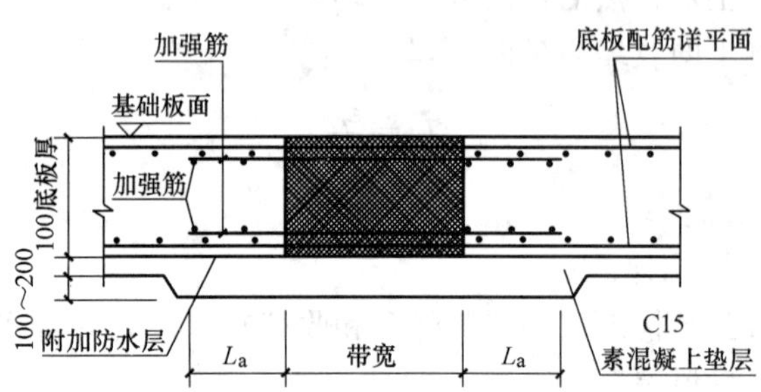

图 3　底板及外墙后浇带的构造

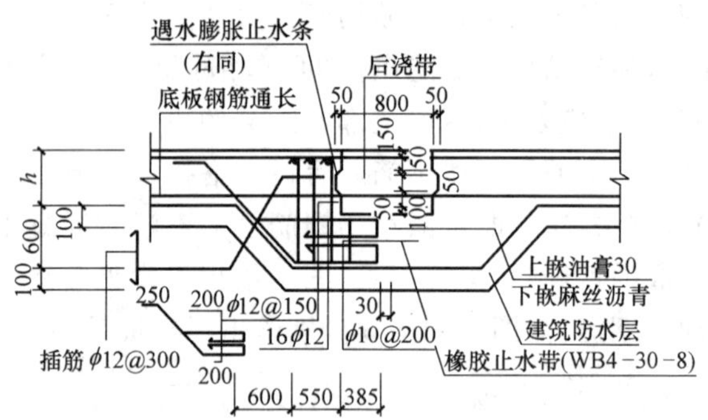

图 4　底板防水构造

在施工阶段，底板混凝土施工前，在垫层上施工一层卷材防水层或涂膜防水层(应宽出后浇带两侧各 300mm)，以增强抗渗效果，阻止底板下地下水的涌入，图 4 是一种底板防水构造简图。为防止底板周围施工水、冰雪水流入后浇带，在后浇带两侧 500mm 处，增设宽 60mm、高 300mm 的挡水墙，墙壁两侧抹防水砂浆。为了使外墙能及时回填土方，可在外墙后浇带外砌筑 370 mm 厚实心砖墙井作为挡土墙，保护后浇带结构，如地下水丰富，实心砖墙表面可施工一层卷材防水层:井口盖木盖板，以保持井内清洁。

为保证使用阶段的防水性能，在后浇带施工时，为提高后浇带处的防水能力，应采取如下措施:采用无收缩或微膨胀的补偿性混凝土浇筑，考虑有利防水的施工缝的形状(凹缝、凸缝、阶梯缝)，设置止水带(钢板止水带、橡胶止水条)，施工缝表面进行凿毛处理、空压机吹洗，施工缝表面涂刷一定厚度的界面处理剂，在新浇混凝土浇筑前铺 50 mm 厚同强度等级混凝土减石子的砂浆，浇筑新混凝土时充分振捣等。

3 后浇带的施工

设计上的考虑包括后浇带位置、间距等很重要，但后浇带施工更要予以足够重视。一旦处理不好，则不仅无法达到预期效果，还会给结构留下安全隐患，并影响结构防水效果。

3.1 施工要点

后浇带的施工过程必须严格控制，从材料配比到浇注做到每一过程严格控制。具体施工过程如下：

(1) 两侧底板混凝土达到终凝后，在后浇带上覆盖竹胶板以避免落入杂物并保持钢筋清洁。为了保证后浇带内的垃圾便于清理等，后浇带中沿后浇带方向的钢筋在后浇带内的垃圾清理完毕后再进行绑扎。

(2) 加强对混凝土原材料的管理和混凝土搅拌时的计量，特别是保证外加剂的掺量符合设计要求。

(3) 混凝土浇筑前，应先清除后浇带内的垃圾，清理钢筋及松动的混凝土，同时还应加以凿毛，用水冲洗干净并充分湿润，并在混凝土界面上涂刷一遍素水泥浆，并及时浇筑混凝土。

(4) 补偿收缩混凝土坍落度损失稍快，必须严密组织施工，合理调度车辆，保证混凝土出厂至入模时间不超过 1.5h。

(5) 作好混凝土的平仓工作，混凝土浇筑时，表面至少搓平 3 次，最后一次搓平压实在混凝土初凝前进行(或二次振捣)，以保证混凝土不再下沉引起裂缝。

(6) 后浇带内混凝土质量与养护关系重大，为避免水分的散失，底板后浇带混凝土最后一次抹压后应立即覆盖塑料薄膜进行保湿保温养护，墙体后浇带带模养护。

(7) 底板后浇带部位以下的基底、垫层、防水层及保护层在施工时在保证按设计要求的分层做法的同时需要较两侧低 100mm，以便于后浇带内的污水垃圾等的清理。

(8) 为了保证工程的工期，有效解决外卷材防水工程和外墙上后浇带混凝土浇筑之间的矛盾，缩短外卷材的施工周期，在外墙后浇带混凝土浇筑之前在后浇带的外侧先采用 M7.5 水泥砂浆砌筑烧结砖墙做挡墙立模，此做法在保证外墙卷材防水施工的同时又解决了后浇带外侧的模板问题。

3.2 施工工艺

(1) 由于施工原因需设置后浇带时，应视工程具体结构形状而定，留设位置应经设计院认可。

(2) 后浇带的保留时间。应按设计时的要求确定，当设计无需要时应不少于 40d；在不影响施工进度的情况下，应保留 60d。

(3) 后浇带的保护。基础承台的后浇带留设后，应采取保护措施，防止垃圾杂物掉入。保护措施科采用木板覆盖在承台的上皮钢筋上，盖板两边应比后浇带各宽出 500mm 以上。地下室外墙竖向后浇带可采用砖砌保护。楼面板后浇带两侧的梁底模及梁板支撑不得拆除。

(4) 后浇带的封闭。浇筑结构混凝土时，后浇带的模板上应设置一层钢丝网，后浇带施工时钢丝网可不必拆除。后浇带无论采用什么形式，都必须在封闭前仔细地将整个混凝土表面的浮浆凿除，并凿成毛面，彻底清除后浇带中的垃圾及杂物，并隔夜浇水湿润，铺设水泥浆，以确保后浇带混凝土与现浇的混凝土连接良好。后浇带的封闭材料应选用比先浇筑的结构混凝土设计强度等级提高一级的微膨胀混凝土，浇筑振捣密实，保持不少于 14d 的保温、保湿养护。

4 后浇带在环形超长混凝土结构中的应用实例

南昌国际体育中心体育场，该工程建筑高度为 51.85m，地上六层，整个场地平面呈现环形，外环是直径为 292.6m，周长为 919m 的圆，内环是短轴 137.5m、长轴 194.5m 的椭圆，整个工程规模巨大，设总坐席数 57195 席，不设伸缩缝，施工难度大，工期短。

针对该环形无缝超长超宽混凝土结构特征及其工期短、对裂缝控制与防渗要求高等特点，工程施工时，首先进行材料和添加剂优选和配比优化；其次计算确定后浇带与加强带间距，进行后浇带加强带布置，上部结构共设置 24 条径向后浇带、1 条环向后浇带（见图 5、图 6），而这 24 条径向后浇带中，每隔两条径向后浇带设一条 2000mm 宽的加强带代替其后浇带，即共 16 条径向后浇带、8 条膨胀混凝土加强带、1 条环向后浇带，同时还在出入口等应力集中处设置了 8 个聚丙烯纤维加强带；实践表明，通过上述措施有效地控制了温度收缩裂缝，提高了施工效率和施工质量。

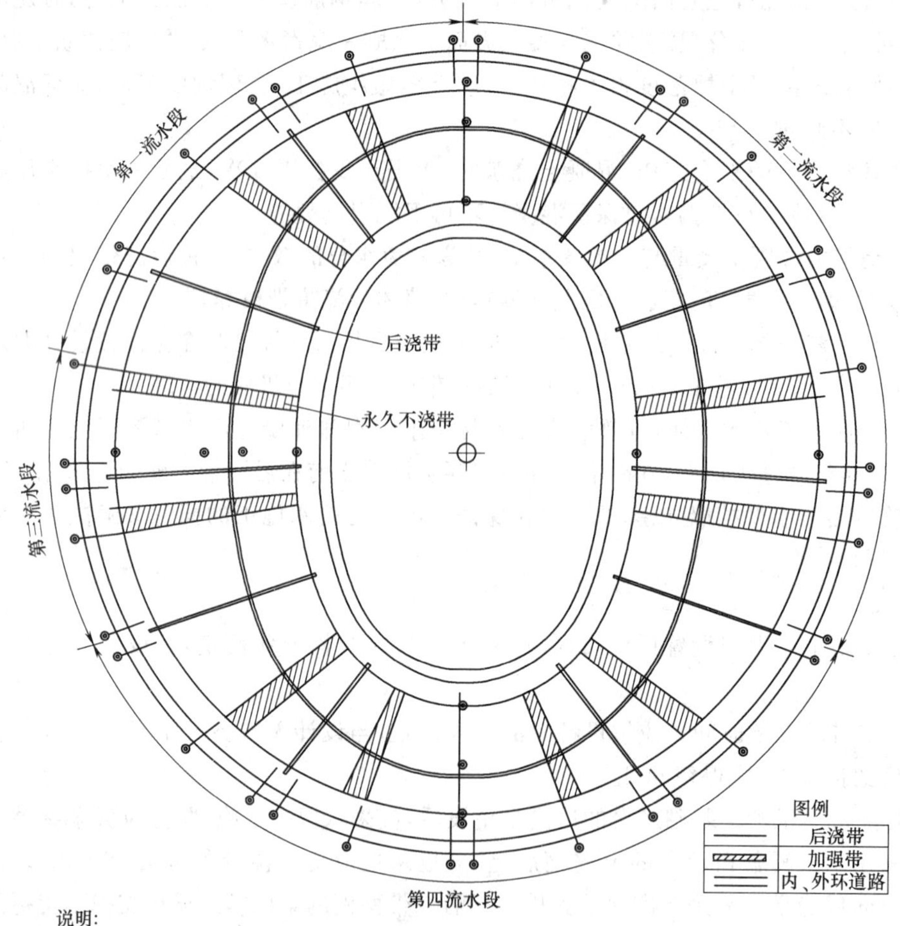

图 5 径向与环向后浇带布置图

图 6　径向与环向后浇带节点施工图

5　结论

针对结构构件长度严重超限、对温度与收缩变形敏感、对裂缝控制要求高等关键问题，较为系统地分析和探讨了后浇带关键施工技术及其原理和要求，给出了后浇带、加强带等施工要点和工艺，经实践证明是有效可行的。为环形超长超宽无缝结构施工过程中的裂缝控制提供了较为系统的施工解决方案，对保证该类结构施工质量等将具有重要的理论意义和工程实际价值。

大空间复杂坡屋面施工技术

姜　涛　尹文俊

（江苏扬建集团有限公司　扬州　225002）

［摘要］ 由于某建筑屋面造型新颖、结构复杂，对施工中屋面梁、板高排架支撑、屋面模板制作、型钢——混凝土组合结构施工、坡屋面混凝土浇筑进行分析、阐述，对可能出现的问题提出了相应的对策。

［关键词］ 型钢-混凝土组合结构施工；屋面现浇板模板制作；坡屋面混凝土浇筑

1　工程概况

某文化艺术中心-音乐厅造型独特、结构复杂（见图 1）。建筑物外墙向外 1∶5 倾斜，内部为演奏大厅，东西向跨度为 35.56m，南北向跨度为 30.8m，大厅高度 10～13m 不等，平面成不规则六边形；音乐厅屋面为复杂坡屋面结构，共有结构屋脊线 24 道，整个屋面由 5 道尺寸为 600mm×1800mm 的型钢——混凝土主梁构成，由 10 根型钢——混凝土主框架柱支撑（见图 2）。

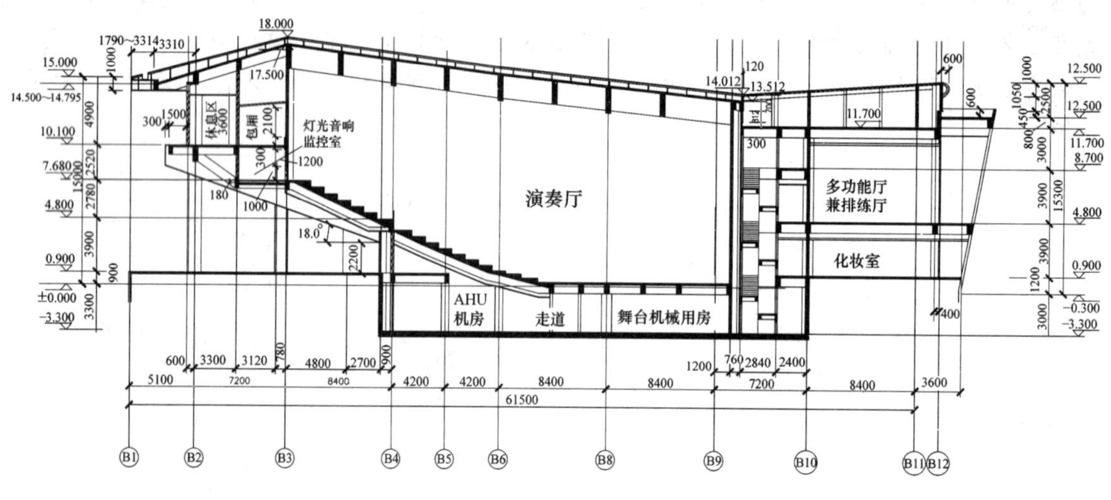

图 1　音乐厅剖面图

2　高支模排架系统

由图 1 可以看出，高支模排架并不全是搭设在一个平台上，而是有一部分搭设在斜板上。斜板区域，立杆间距 0.6m×0.8m；平板区域立杆间距 0.8m×0.8m；600mm×1800mm 大梁的排架立杆纵距 1.2m，横距 0.8m，步距 1.8m。

排架立杆稳定性验算：

（1）大梁荷载计算：

钢筋混凝土荷载：　　25.5×0.6×1.8＝27.54

模板自重：　　5.5×0.018×0.6＋5.5×0.018×1.68×2＝0.39204kN/m

木方自重：　　　　　　5.5×0.05×0.10＝0.0275kN/m

梁底模施工荷载：　　　2×0.6＝1.2kN/m

荷载设计值Σ：　　　　q＝1.2×(27.54＋0.39＋0.0275)＋1.4×1.2＝35.23kN/m

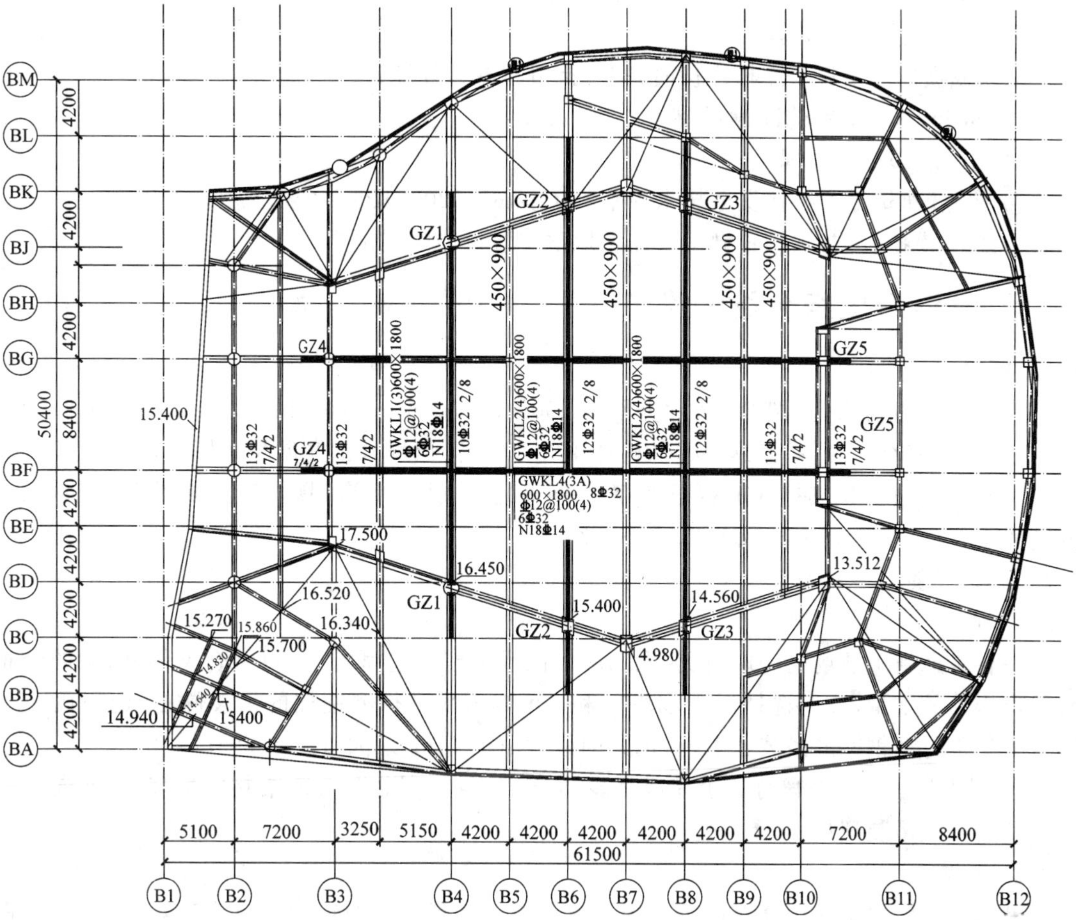

图 2　屋面平面图

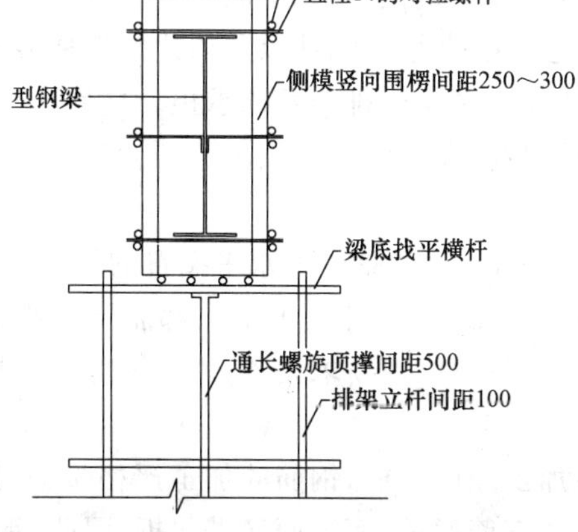

图 3　大梁支撑示意图

排架单管承受荷载为 $N=35.23\times0.6\div3=7.046\text{kN}$

(2) 稳定性验算：

$\lambda=l_o/i=(150+40)/1.58=120.25$ 查表得 $\varphi=0.452$

$$\sigma=\frac{N}{\varphi A}=\frac{7.046\times10^3}{0.452\times4.89\times10^2}\approx31.88\text{N/mm}^2<205\text{N/mm}^2$$ 满足要求。

(3) 扣件抗滑移的计算：

纵向或横向水平杆与立杆连接时，扣件抗滑承载力计算：

$R=6.48\text{kN}<R_c=8\text{kN}$ 满足要求

(4) 搭设要求：

① 按照《建筑施工模板安全技术规范》(JGJ 162—2008)P50 的要求进行搭设；

② 高支模搭设前，用钢管脚手架先将地下室顶板加固到位。

3 型钢-混凝土组合结构施工

3.1 概况

10 根型钢柱分布(见图 2)，尺寸分别为 450×300×16×20(GZ1、GZ2、GZ3)，450×400×16×20(GZ4、GZ5)。所有型钢柱都从标高+2.850m 开始埋入钢筋混凝土柱中，直至屋面。

10 根型钢柱分别支撑 5 道型钢梁，南北向 3 道，东西向 2 道，具体位置见图 2。型钢尺寸分别为 1500×300×18×25(GWKL1、GWKL2、GWKL3)，1500×400×18×25(GWKL4)。

3.2 型钢安装

3.2.1 吊装

综合考虑施工现场的场地情况、现场塔吊位置和建筑造型特点，再结合型钢柱、梁的分布和单位构件的重量，我们选择用现场塔吊和 80t 汽车吊进行型钢柱的吊装施工，选择用 200t 的汽车吊进行型钢梁的吊装施工(型钢梁的最大吊距 42m，最大重量 8.293t)。

10 根钢柱均断成 2 段分 2 批完成吊装；5 道型钢梁，南北向 3 道梁整段吊装，东西向 2 道梁分割成 4 段吊装到位。

3.2.2 安装

型钢柱每段之间采用全熔透等强焊接的方法焊接到位。型钢梁在空中基本就位后，用钢管支撑钢梁下翼缘以承担钢梁重量。纵横型钢梁相交节点处的上下翼缘板、腹板在全熔透等强焊接的基础上再采用 10.9s 级抗滑移系数为 0.5 的摩擦型高强度螺栓连接，钢梁与钢柱的连接也采用全熔透等强焊接，这样型钢柱、梁就形成了一个刚性整体。

考虑到结构的整体安全性，在 10 根型钢柱以及周边框架柱混凝土未浇筑和浇筑完成混凝土形成强度之前，钢梁重量全部由高支模排架系统承担。之后，支撑在钢梁下翼缘的钢管可以拆除，但跨中部位的支撑钢管保留，保证钢梁起拱量达到设计要求(10cm)。

3.2.3 节点处理

由于是坡屋面，型钢梁 JWKL4 并不是一道水平搁置的梁，而是随着东西向的屋面标高的变化起伏，因此 GWKL4 与 GWKL1、2、3 相交的节点都需要特殊处理(见图 4、图 5)。图中所示①号钢板要求是一块整板，上下翼缘都要求设置，用高强螺栓连接。

3.3 钢筋绑扎

本工程的钢筋加工均在加工棚中完成，钢筋的加工严格按设计施工蓝图及国家规范要求进行加工制作。由于屋面板的钢筋通长，而屋面又需起折，因此，钢筋在每个转折处均要在加

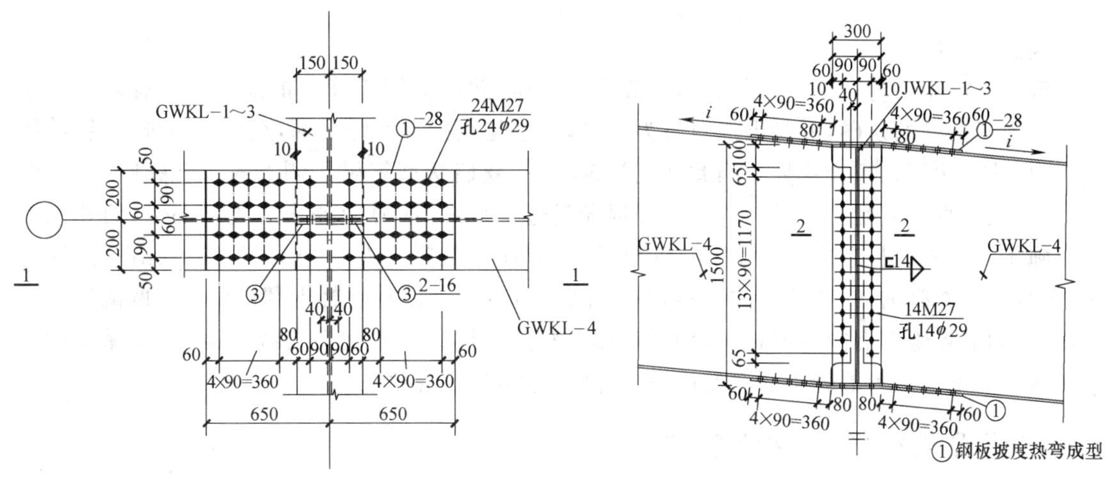

图4 型钢梁节点做法

图5 1-1剖面图

工棚中用冷弯机按设计角度完成，以保证其结构在转折处的断面尺寸。

根据型钢梁实际配筋情况，发现钢筋直径较粗、较密，节点钢筋纵横向频繁交叉，因此我们不能采用传统的单根逐一绑扎钢筋的施工方法，而要将所有型钢梁作为一个整体考虑。

现场施工时，将5道型钢梁配筋分成上部钢筋、下部钢筋、其他配筋（腰筋、箍筋、拉结筋）三部分考虑。这三部分按照如下顺序施工：先套箍筋，再穿插上部钢筋，然后绑扎下部钢筋，最后焊接腰筋、拉结筋等。

上部、下部钢筋遵循"短跨梁钢筋在下长跨梁钢筋在上"的原则进行施工，下部钢筋的施工尤其要注意，一定要先穿插短跨梁的下部二排筋再穿插长跨梁的下部钢筋最后穿插短跨梁的最下排钢筋。如果采用老方法单一逐根进行钢筋绑扎，则下部钢筋某一方向的钢筋将无法穿插。

由于型钢腹板的阻碍，腰筋、拉结筋要全部通过焊接与型钢梁腹板连接牢靠。

3.4 梁模板制作安装

型钢梁模板采用对拉螺栓固定，对拉螺栓焊接在型钢腹板上。这种做法优点是大梁模板系统刚度足够，浇筑混凝土时不会出现"胀模""跑模"等现象，质量容易得到保证；缺点是费时费工，无论是螺栓的焊接还是模板的对孔都需要时间，从而影响施工工期。

在大梁模板制作安装的过程中，我们发现以下几点问题：①梁GWKL4，型钢宽400mm，钢筋绑扎完成，按原设计梁宽600mm封闭模板后，混凝土振动棒无操作空间；②GWKL4与GWKL1、2、3相交的节点，由于加强钢板、高强螺栓的存在，钢筋绑扎完成后，节点尺寸（高度）已超出1800mm，达到了1900mm。

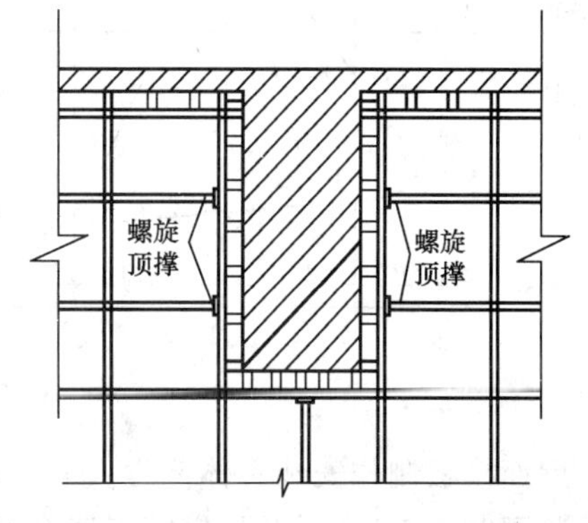

图6 大梁侧模板加固示意图

以上问题经与设计院沟通，设计院同意将JWKL4梁宽由600mm改为650mm；梁高由1800mm改为局部加高100mm，疑问得到了圆满解决。

除了如图3所示设置对拉螺栓外，确保大梁侧模板坚固牢靠，我们还采用了如图6所示的螺旋顶

撑的加固措施

3.5 混凝土浇筑

型钢—混凝土组合结构，型钢受拉、混凝土受压，两者共同工作才能发挥其应有效果。本工程中由于钢梁的妨碍，混凝土浇筑较为困难，特别是钢梁下翼缘下部，空气不易排出，容易形成空洞，从而达不到组合效果。因此在浇筑过程中，我们从型钢梁一侧下料，让混凝土从一侧向另一侧赶，直至混凝土从另一侧冒出并逐渐漫过下翼缘，此时应停止浇筑该部位，到其他工作面施工，一方面让混凝土有散热的机会，另一方面让混凝土有一个沉淀、泌水、出气泡的时间，在混凝土初凝前，继续从一侧下料，适当振捣，看见另一侧有混凝土翻出后钢梁两侧均匀下料振捣，到上翼缘下后同样停止一段时间，让混凝土沉淀一段时间后再继续浇筑，确保钢梁上下翼缘下部不会因为混凝土的沉淀而出现缝隙，达不到组合效应。

4 屋面现浇板模板制作安装

由图 6 可以看出该建筑屋面标高复杂，屋脊线众多，因此我们采用现场放样，散拼散装方法进行该屋面模板的制作安装。

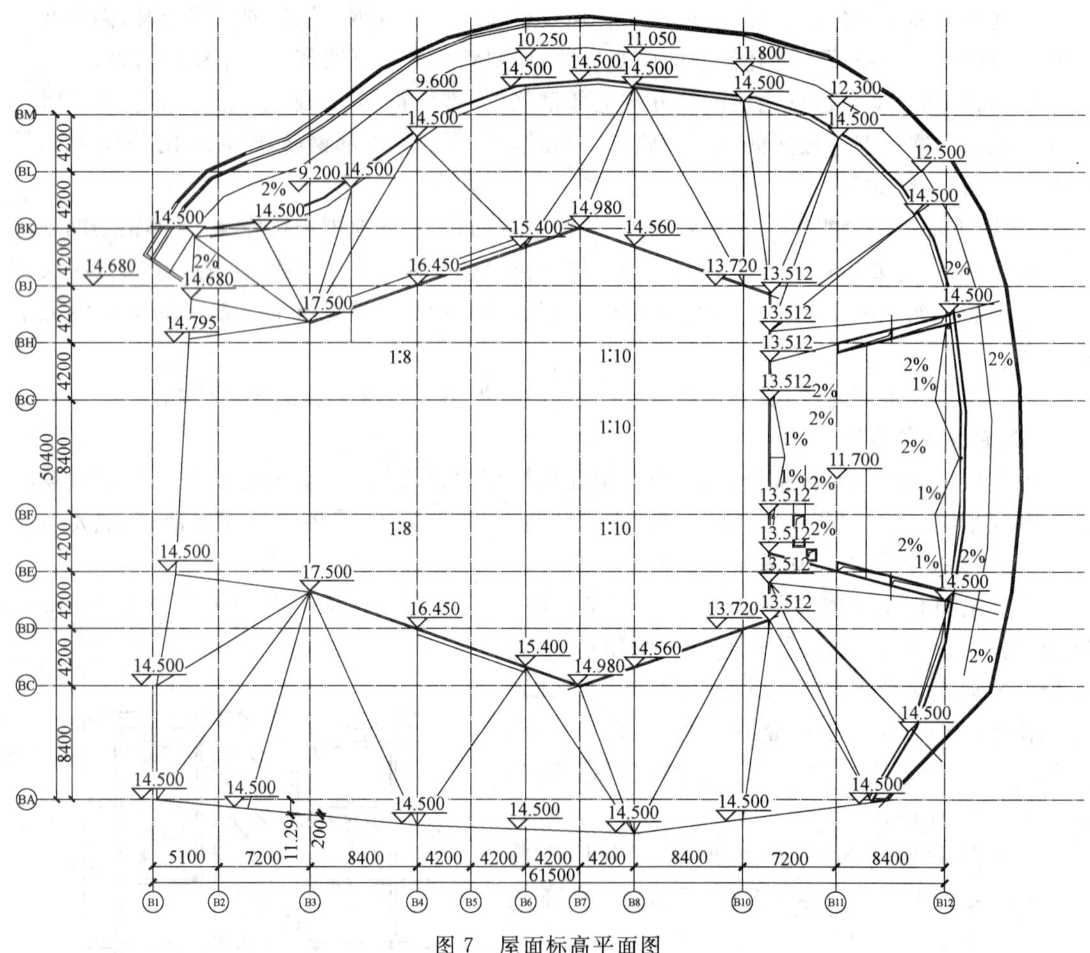

图 7 屋面标高平面图

屋面模板制作安装总体流程：①外围无钢梁部位的屋面梁、板的模板制作安装（与中间钢梁吊装同时施工）；②钢梁、钢筋工序全部完成后，中间钢梁部位梁、板模板制作；③梁、板、柱节点找补。

在屋面现浇板模板制作安装前，先将屋面所有标高减去板厚(120mm)后标注在框架柱竖向钢筋上或高支模排架上，然后再对照施工图纸用白棉线将每道屋脊线形象地表现出来，这样工人在安装模板时就有了明确的参照物。

用这种现场放大样的方法辅助模板制作安装效果明显、进展顺利，但也遇到了一些问题，例如梁柱节点的模板找补。由于各种屋脊线多在梁柱节点处交汇，因此找补模板的上口往往是不平的，所以一定要根据各个方向的模板坡度进行节点模板找补，不能因为制作复杂而马虎了事，否则后果就是该处混凝土浇筑成形后结构尺寸过大。

5 坡屋面混凝土浇筑

屋面坡度，大面为 1∶8、1∶10；B1-B3 轴之间坡度接近 1∶4。这样的坡度给混凝土浇筑带来了困难。

坡屋面混凝土浇筑与硬化成型期间，主要靠混凝土自身的凝结力，模板面的摩擦阻力和钢筋网的张拉阻力来限制混凝土沿坡面下滑。如果坡度过大，在混凝土振捣时，模板面摩擦阻力和钢筋网张拉阻力不足以抵消混凝土顺坡度的下滑力。在混凝土初凝前，如缓慢位移持续发生，易导致混凝土不密实和内伤而渗漏。针对现场实际情况，避免因混凝土不密实和内伤而渗漏，我们制定了以下几条措施来保证混凝土浇筑质量：

(1) 浇筑屋面现浇板所用商品混凝土的坍落度要尽可能的小，屋面现浇板混凝土坍落度控制在 100±20。

(2) 采取由低到高的浇筑顺序，并适当减缓浇筑速度，浇筑速度控制在 $1m^3/min$ 左右；整个屋面混凝土量为 $900m^3$ 左右，早晨 6 点开始至夜间 12 点结束，共计 18h。

(3) 安排经验丰富、技术过硬、责任心强的瓦工进行混凝土抹平、压实、收光。

(4) 在混凝土初凝前，已抹平、压实、收光的区域禁止施工人员走动。

(5) 由于混凝土板表面积大，失水快，我们采取覆盖麻袋草包的方法进行混凝土的养护。

6 结束语

本工程采用了上述的控制措施后，效果较明显，拆模后混凝土成型良好，未发现混凝土浇捣不实的现象，混凝土回弹强度达到设计要求，阴雨过后，屋面无渗漏。我们在本工程中采取的措施虽然保证了工程质量和工程工期，但是工程的投入相对较大，承担的风险也较大。如果不采用单面模板法施工而选用双面模板法施工大坡度面，在保证质量的前提下，能否增加经济效益和降低风险，值得我们在今后工程建设中进行尝试。

六、其他工程技术问题

“予力平衡理论”原理及其普遍应用

韩选江
（南京工业大学土木工程学院　210009）

［摘要］ 作者根据我国先人的“予学”思想，引出了“予力”、“予力作用”、“予力度”和“予力平衡”等概念，进而创立了“予力平衡理论”。本文还全面介绍了该理论在土木工程、教育战线、医药行业及国民经济的衣、食、住、行等行业中的实际应用，供读者领会时参考。

［关键词］ 予学；予力；予力作用；予力度；予力技术；予力平衡理论

1　引言

在2000多年前的东汉末期，中华民族著名学者许劭总结了先人传统文化经典，写成了一篇论文《予学》[1]，从此形成了中华民族独特的“予学”思想体系。作者一方面揭示出“给予”对于人生意义产生的巨大作用；另一方面，《予学》从其深刻的内涵和严谨的论述，构成了一门哲理深邃和启人心智的《予学》学说和方法论，可普遍适用于社会生活的方方面面，成为开发智慧和挖掘成功的奥秘所在。

人生的质量是由“给予”决定的，“大成功需要大施予”。得失之患，源于不舍。天地之所以伟大绵长，也是由它周而复始不断“给予”付出的结果。

许劭说：“先予后取，顺人之愿，智者之智耳。”先行“给予”施舍，然后才去考虑获取，这是事物的因果顺序和人的心愿，更是聪明人的智慧所在。

“惠人惠己，天不佑凶也。顺由予生，逆自虐起”即是说给人恩惠，自己也得到实惠，上天不会保护凶恶之徒。顺境是缘于“给予”产生的，逆境则是因残暴而兴起。

“至乐乃予，生之崇焉。”人生最大的快乐是“给予”，这是人的生命和万物欣欣向荣的崇高境界。它也是每个人对构建和谐社会作出人生奉献的思想基础。

佛家说得好：“人性需要舍得，善施善舍者将彰显有德而能获得矣。”“爱人者，人皆爱之；助人者，人皆助之。”这是人的灵性表现所在。

许劭还说：“予人荣者，自荣也。予人辱者，自辱也。”

“正不予贿，邪不予济，察之无误也”。正直的人不会给人贿赂，邪恶的人也不会给人接济，仔细去观察和体会就不会出现识人有误了。作者在强调“给予”的同时，也告诫要学会“不予”，其要旨是须把握住事物的不同方面。“给予”也代表着光明与正义的奉献者。

“物有异也，理自通焉。命有别也，情自同焉”。世间万事万物虽然各有不同，但其中的道理却是相通的。人的命运虽然各有差别，但人的情感却是相同的。

“予学”强调的“给予”是指什么？“给予”是指能主动“给予”对方在人力、物力或财力上的支持和帮助，是能主动“给予”对方一种特别关怀的支持力，是能主动“给予”对方一种强大的、有形的和无形的实在力量。这也是人类文明的大智慧和大学问所在。它能反映出人类对于客观世界所具有的主观能动性的表现力。《予学》雄文大作精辟地论述了人类的智慧奥秘所在。

2 “予力平衡理论”技术原理[2]

2.1 基本概念

“予学”思想既然强调是能主动“给予”对方一种特别关怀的强大力量，自然就和“力”的概念有机地联系在一起。这正是本文作者所提出的“予力”概念。

物理学上的“力”，是指物体之间的一种相互作用。“力”也是指改变物体运动状态的一种影响作用。将“力”的概念扩大而论，指体力，指力量，指能力，也指尽力和努力。它反映了物体或事物之间的相互关联作用。正因为如此，牛顿建立了“作用力”与“反作用力”平衡定理。它是物理学上的三大力学原理之一。

事实上，世界的万事万物都是依靠某种力量来相互作用的。“力”是万物存在之源。万有引力定律也正说明了这个问题。“平衡”是万物存在的机制。“平衡”不能随意去乱打破，只有通过“予力作用”建立起真正的“动态平衡”才能保持事物的和谐相处、互依共生和永恒发展。

人们常说的“感悟力”“洞察力”“理解力”“想象力”“鉴赏力”“创造力”“自信力”“生命力”“亲和力”“凝聚力”“战斗力”“竞争力”“支持力”“推动力”“鞭策力”“坚韧力”和“爆发力”，等等，都是可用“予力”的概念来概括和实现的。

“予力”是指人们为了达到推动事物或完善事物并取得成功的某种目的，而主动“给予”某一事物(物体)整体(体系)或某一事物(物体或体系)的某一部分施加的一种“广义影响力”。这种广义影响力是一个主动力，可由人们可控可调去有效实施。

“予力度”是指人们为达到某种目的而主动给予事物整体(或体系)施加的这种广义影响力的大小程度。只要提供的“予力度”大小施加合适，就能恰到好处地达到人们预先所需要确定达到的目标，就能调整事物整体(或体系)的“系统平衡”或实现建立事物体系或系统的新的“动态平衡”，以完善和满足人们所期求事物成功和圆满的需要。

“予力作用”是指人们为了达到推动事物或完善事物并取得成功的某种目的而主动“给予”某一事物(物体)整体(体系)或某一事物(物体或体系)的某一部分施加的一种“广义力”的影响效应，或平衡力量。它是建立事物(物体或体系)平衡或维持其平衡状态(静平衡或动平衡)所“给予”的力学效应。

“予力技术”就是指施加“予力作用”的方法和手段。它包括对事物(物体或体系)施加“予力作用”的方式、“予力”施加的切入点和着力点以及优化优选的“予力度”调控标准等内容体系。对待不同的事物(物体或体系)应用的“予力技术”是各不相同的；事物矛盾的特殊性将要选择相应的特殊“予力技术”加以解决。

2.2 基本原理

根据上述“予学”思想所引出的“予力”、“予力度”、“予力作用”和“予力技术”等概念体系，需要进一步建立“予力平衡理论”。

这个理论的基本要点是：

(1) 人们为了促成事物的成功或加速其发展进程，需要按其目的要求主动对事物整体(或局部)施加一种广义的影响力，即“予力”。“予力”是通过“予力技术”的“予力作用”施加才能达到目的。

(2) “予力”施加需对事物的体系或系统选择好“予力作用”的着力点和切入点，去建立该物体、力系或事物综合作用体的力量平衡。静止物体建立“静平衡”，运动物体建立“动平衡”。世间事物则是建立适应环境不断变化的“动态平衡”，以促进其与时俱进、和谐共生和相互促进，并实现其效能的有机提升。

（3）“予力作用”施加对建立世间事物的“动态平衡体系”发挥着重要作用，但关键是要选择好合适的“予力度”标准。“予力度”小了，达不到“予力作用”的预期目标的最佳效果；“予力度”大了，可能弄巧成拙，同样达不到“予力作用”的预期最佳效果，甚至适得其反，还可能破坏了原有的相对平衡状况。

（4）针对不同事物（物体、系统或工程）的不同特点和内在机制差异，对口优选施加的“予力”形式和作用方式，巧妙地（即有序并分步进行）不断施加“予力作用”，不断调控“予力度”标准，不断建立新的“动态平衡”机制，将会不断推动事物的健康发展和顺利推进。

（5）针对事物（物体、系统或工程）的内在特性特征，选择好“予力作用”的切入点和施加点，巧妙地施加其“予力作用”方式，有效调控好“予力度”标准以建立天时、地利和人和三组动态平衡，这是人们期求的最佳的动态平衡，也是促成世间事物获得成功和不断发展进步的重要条件。

总而言之，“予力平衡理论”包含了以上的“予力”作用原则、“予力”对口施加原则、“予力度”调控原则、“予力作用”持续性原则和“予力作用”施加的最佳效果原则。这些原则体现了“予力平衡理论”的内容内涵，深入理解领会其原理精髓，才能方便其具体对口应用。讲究采用不同的钥匙开不同的锁的技巧是最明智的选择。

2.3　基本方法

应用“予力平衡理论”的最基本的方法就是要学会掌握和应用各种“予力技术”，即各种领域对口施加“予力作用”的技艺和方法。这是解决对口的具体的“予力”选择与“予力作用”施加到位以实现顺利过河的桥或船的问题。

每个学科、每个行业、每个专业领域都有其自身特点，其作用的“予力”选择及“予力技术”施加方式也是各不相同的，各自都具有鲜明的特殊性。普遍的理论原理必须与具体的特殊实际条件有机地结合起来，才能发挥出无穷无尽的力量。

深入探讨和不断完善各自学科领域及专业范围内的“予力技术”作用实施方法，并纳入“予力技术”作用体系系统工程去寻求解决途径，将是获得各自学科及专业领域实际问题成功硕果的必经之路。开山修路自然是艰辛的，但劈出的坦荡通途又是令人愉快的。“给予”施舍的探索付出，必然换来成功“获得”的回报硕果。因果同根，物理同源，均能收到异曲同工之效力。

2.4　应用技巧

各行各业中都可应用“予力平衡理论”，以开辟各自领域的通途捷径，因为这个理论的核心就是一个方法论，这是教人用智慧的头脑去分析解决各行各业和各个学科的具体问题的有效方法。

（1）深入研究各自可施加的“予力”方式和“予力”手段。

这是探讨主动“给予”的力量方面，必须针对行业特点和具体条件做到对口适用，切不可千篇一律，不看具体对象去盲目行动。

（2）不断优化并合理选用“予力度”标准及调控技巧。

这是探讨主动“给予”的力量施加力度大小标准。必须针对行业特点、学科特点、具体条件和实施效果去谨慎选取和优化，甚至往往需要一个试验过程。对于工程界，应该通过试验区的工艺方案对比及检验结果分析而最后加以选用。与此同时，不断针对学科行业特点去探寻“予力”调控技巧，不断提高“予力作用”施加水平以扩大应用成效。

（3）积极探寻并建立不同学科专业领域“予力”施加的时空观念。

任何生物都有它的生长活动周期，人体更有其生命节律周期；任何事物也有它的发生发展过程周期，这是由它们各自的活动特点和内部规律性所决定的。人们要获得各项工作的成功，必须考虑这个特点因素并加以具体中肯的分析进而去因势利导，使之水到渠成，以获取最佳效果。

对于“予力作用”施加，必须建立这个时空观念。好钢及时用到刀刃上就可发挥出更大的作用，就能不断去拥抱成功。

比如，对孩子教育施加“予力作用”，就不能选择在他不高兴或玩得正高兴时去打扰他、进行说教式或批评式的疲劳轰炸，那样反而会造成孩子心灵上的反感，欲速则不达。这是最简单、最浅显不过的例子了。

3 “予力平衡理论”在土木工程中的应用

土木工程中的“予力”(the given force)是指人们为了改善结构体系受力性能，而主动施加给结构体系或结构构件或岩土体上的一种广义影响力。这种影响力包括预先施加的外力、内力、位移或变位、变形或应变等。有的虽然不是力，但确是反映需要事先给予施加的有形的“力量”的真实体现，所以统称为“予力”。

从土木工程广义的影响力而言，“予力”是“预应力”的概念拓宽，它既包括“预应力”，又包括“预应变”、“预位移”、“预变形”和“预沉降”等。对不同的结构体系(系统或构件)所应用的“予力技术”概念是有不同的针对性的。比如，钢筋混凝土预应力大梁应用的是“预应力”概念；屋架起拱应用的是“预位移”的概念；地基处理应用的是“预沉降”的概念等[3]。

对于“予力”概念而言，它更能显现其主动性、能动性和时效持续性。它将结构体系、结构构件或岩土体上的受力变得更加主动、可知、可控、可调，并能有效地实现人性化管理。

“予力技术”是指人们为了达到某种目的，对结构体系的某些部位或某些构件有意识地按其事先确定的予力度(degree of the given force)施加的一种广义影响力(包括外力、内力、位移、变形或应变等)，使其结构性能得以改良或改善的实施方法或有效途径。

“予力技术”是从材料性能与结构受力形状两个方面入手，来综合考虑改善结构体系承载性能去解决力学方案优选问题的。在某段时期内人们不能期求建筑材料性能能有什么突飞猛进的罕见变化，但是人们完全可以从结构受力形状方面去采取措施，使之材料性能能满足更高要求的受力需求。“予力技术”正是可以帮助人们达到这一目标的较好手段。

“予力技术”既是一种优化的设计原理，又是一种优选的施工手段，还是一种有效的监测方法。它可成为信息施工的有力武器。结构工程中实施“予力技术”，将对建筑物结构体系的整体使用安全度及耐久性提供更可靠的保证。人们可以通过“予力”监测仪表随时了解到结构体系内部各部分的受力状况，并加以有效控制。

关于“予力平衡理论”在土木工程中的广泛应用，笔者通过工程实践写成三本专著，具体阐述了该理论在建筑工程上部结构和地下工程中的实际应用。请参见本文附后的参考文献[4][5][6]。

4 “予力平衡理论”在教育战线上的应用

教育的目的是培养人才，为祖国各项建设事业培养出努力工作和忠心服务的各类人才和劳动者。教育之路，因育人而源远流长。这是各类学校担负的社会责任。

人是世间万事万物中最聪明的精灵，人才产品本身具有极大的主观能动性。教师在学校教育中要塑造他们,家庭教育与熏陶以及社会大熔炉也在塑造他们;与此同时,他们自身也在不断地进行自我塑造。因而,学校、家庭和社会环境都可对塑造主体施加“予力作用”以促进其成人成才。

学校教育作为国家上层建筑的育人天地,但却不是树德育人的万能机构。学生有接受教育的一面,也有不愿接受教育的一面,因为学生都有自己的性格和爱好,特别在当今这个科技较发达的信息社会,许多学生的想法和兴趣往往不能自觉主动地配合学校的教学计划安排与实施。这使得教师对学生心灵和行为施加“予力”作用效应更加显得重要。

对学校育人环境来说,其育人过程就是不断地对学生施加“予力技术”的作用过程。这需要特殊的方法和特别的耐心,但更重要的是要求教师首先要奉献出“爱心”。“爱心”既是育人的“予力”,更要成为育人的“推动力”。根据个人近30年在高校的从教生涯实践,深深体会到对学生的“予力作用”施加,需要贯彻“爱心奉献,感悟心灵,因势利导,因材施教”的十六字方针。这也是教师对学生施加“予力作用”的切入点和着力点。

教师在学生面前首先要奉献出无怨无悔的深情“爱心”,把学生当知心朋友,无微不至地关心体贴学生,去耐心地打动学生的心灵,吸引和培养学生的学习兴趣,激发学生的爱好和悟性,要使学生主动建立起学习的信心和勇气去接受教育教学计划安排,尽快树德成人。

其次,教师须在教学过程中因势利导,善于发现学生的长处和爱好,善于调动学生的思维积极性,善于开发学生的智慧,坚持贯彻既统一又灵活机动的教学模式,但却要因势利导地启迪、培养和发扬学生的兴趣和爱好,用不同的“予力”作用方式精心地培养他们成为各行各业的人才。这个目的性必须要明确。

再次,教师须在教学过程中贯彻因材施教的原则,慧眼识才,看材下料,对材用“力”,灵机运作,精雕细刻,修磨抛光,指导和培养不同的学生发挥各自的特长,茁壮成长、成才,尽快展现他们各自的才华和锋芒,以适应五彩缤纷世界的各种工作需求。

教育事业的成功,就是要使受教育者在教师的“予力”作用下,能够循序渐进地走上“成人、成长、成才”的育人大道。这正是社会各类人才培养的三个阶段:

第一阶段:通过教师奉献“爱心”,去感召融化学生心灵,打开学生稚嫩心扉,以启迪智慧开发,教会学生做人做事。

这一阶段,向学生传授知识是第二位的,教会学生树立正确的人生观、世界观,学会礼貌待人和踏实做事才是最主要的工作目标。

第二阶段:通过教师发现不同学生的特长,培养其各自的志趣爱好,因势利导,使学生的言行能全面融入社会,进而因材施教,鼓励学生的进取精神,促进学生的茁壮成长和进步。

这一阶段,对不同学生进行因材施教,以施加不同的“予力”是最重要的。教师的“予力作用”施加是加速学生成长进步的重要条件。

第三阶段:通过教师的言传身教,培养学生的思想方法和工作方法,提高学生对事物的分析鉴别能力,自觉实践做到行知结合,精益求精地循序渐进,快速增长智能和才干。

这一阶段,教师对不同的学生施加不同的言传身教“予力作用”是最重要的。

在不同的培养阶段,教师的“予力”施加切入点和着力点、施加方式和“予力度”调控标准都会因其不同培养对象而异,才能收获独到其功的奇花异果的效果。

“予力平衡理论”在这个领域还有许多针对不同的培养主体可实施的“予力作用”的原理和原则有待去探讨和应用。“师高弟子强”,实是反映教师针对不同学生施加“予力”作用的高明和巧妙以及掌握施加的“予力度”能恰到好处。为此,快速培养高素质的各类建设人才也才有希望。学生是受教育的“主体”，但教师的“主导”作用是感化“主体”成长、成才的最最重要的外部条件。

5 “予力平衡理论”在医药行业中的应用

人的身体从生理角度看是一个自平衡系统，它的生长、发育、衰老、死亡均受生理节律周期的影响。但由于天气、饮食、环境及心情变化，即受到寒、热、暑、湿、燥、火的各种干扰，将会打破正常的生理平衡，人体就生病了。

古代《黄帝内经》中讲道：“上古之人，其知道者，法于阴阳，和于术数，饮食有节，起居有常，不妄作劳，故能形与神俱，而尽终其天年，度百岁乃去。”即是说人体是可以通过自身行为规范去施加“予力作用”，去进行自我调节及疏导，调整好心态，消除情绪障碍，抑制精神疾患发生，提高机体免疫功能，使人体的“精、气、神”融为一体，就能起到自我调节人体健康平衡的功能。

现在社会上出现很多保健品和营养品，这是应该慎重对待的，切不可盲目食用。因为人的机体素质和吸收能力各不相同，吃进人体后的某种营养成分有超量的，就容易打破机体的正常生理平衡；多种营养成分超量，甚至导致人体的内分泌功能紊乱和失调，这样的“予力作用”将会起到不好的效果。这反而打破了原来健康机体的自平衡体系节律。

医药的作用是一种扶正去邪的调控人体机能以保持“动态平衡”的“予力作用”方式。用药适量，“予力度”调控则会非常有效。但保健品和营养品往往使得“予力作用”的“予力度”控制失衡，反而干扰人体有机功能失调，那样就得不偿失了。

医用药物可以起到“予力”调剂作用，这是去调控人体生理功能平衡机制，但这个药物调节作用是极其有限的。用药有一个“予力度”控制标准：少了，药力不够，不能药到病除；多了，又使调控失衡，造成机体功能失调甚至导致新的病态。所以，研究药物的用药剂量十分重要。

另外，用药的起效还与用药人的体质及当时的身心状态极为相关，这里有一个医药中的“予力平衡理论”的原理原则探讨和应用问题。医药行业的工作者可以精益求精去探索和领悟。正是：人体生理自平衡，寒、热、燥、湿引病根，用药调养三分效，欲求速达病难轻，调控平衡最讲度，药力起效靠身心。

目前，国外流行一种新兴的 FUN 生活方式。FUN 是英文健身(Fitness)、和谐一致(Unanimity)和营养膳食(Nutrition)之意的第一字母组合缩写；它也是英文中的一个单词，意思是“玩乐”。因此，这是一种“玩乐”的生活方式。

它是通过家庭成员每天都坚持的一定时间的跑步、散步、打球和健美操等健身活动，家庭成员在工作学习之后和谐相聚、亲密交流和疏解身心的彻底放松活动，以及家庭成员的合理膳食与营养补充的饮食活动来实现的。这种生活方式本身就是一种不断调整人身机体以实现有序“动态平衡”的“予力作用”机制。这是人类自身发挥主观能动性直接应用“予力平衡理论”的成功范例。

6 “予力平衡理论”在其他行业中的应用

6.1 在农业战线上的应用

农业战线直接生产百姓粮食和蔬菜瓜果等绿色食物，也生产百姓衣服着装的棉、麻等农作物。民以食为天，棉麻织物护人体，它们都直接关系着民族、人类和牲畜的生存。它们作为农作物生物体，虽然也是生理自平衡体，但它们受大自然环境条件的影响极大，其自身的平衡很容易失调，因此，“予力平衡理论”具体应用在这个领域更是大有用武之地。它能帮助人类较好地解决吃、穿大事这个最重要的生存问题。

这就是需要人们通过“予力技术”利用“予力调控原理”不断去调节庄稼农作物在生长期间的成长平衡机制，按照“水、肥、土、种、密、保、管、供”的八字宪法内容去调配在不同生长期可实施的“予力作用”形式，去松土锄草、抗旱排涝，除虫防病，施肥催熟等。对于每一种农作物的各个生长环节都离不开人们精心地去施加相应的“予力技术”，因地制宜、因时节制宜和因种各异的“予力度”优选匹配方案，并全面有效调控其生长机体功能平衡，也才能获取好的收成。耕作人员实施的“予力作用”有序分期能有效地作用在农作物生长的不同时节的作物机体上，即使遇上自然灾害，也仍然可以保证农作物的丰收。

正是：“庄稼生长在田野，养分滋养全在根，光合作用最重要，‘予力调控’全过程，精耕细作除虫病，天人合一好收成”。

6.2 在房地产业中的应用

房地产业的产品是房屋，但开发商的眼光不能只看到房屋的设计施工质量本身，更要注意到房屋周边的环境。业主为起居方便而买房，但更主要的是买一个舒适的生存环境。因为业主更看重的是整个片区的配套设施和大小生活空间，尤其是业主的居住小区的山、水、绿化、健身和交通等配套环境，它是业主能够长期生存和健康生活的必备条件。

因此，开发商的运筹帷幄，必须在小区开发时全面考虑到：优化小区内外及周边环境，完善小区人群配套生活设施，丰富和提升小区的人文景观，全面创造居民的健康休闲胜地。必须做到建设一个小区，美化一片环境，完善配套基础设施，提高住户的生活质量。这需要开发商的提前“给予”和付出，这往往比单纯盖房要投入更多的人、财、物才行。

这就是开发商须对以上具体问题提前加以全面统筹考虑，同时需要提前“给予”付出，以投入较大的人力、物力、财力才能实现。这也是开发商对小区建设施加的“予力作用”，是需要积极主动付出的事情。预先的周到考虑付出才能换取后期住户满意的购房回报。

更重要的，开发商需要更深入细致地研究该行业应用“予力平衡理论”的具体原理相关技巧问题。特别是如何利用该原理来解决好与政府、设计院、施工单位、材料供货商、施工质量监察等单位部门以及与住户业主的一系列关系问题，尤其是对各个建设环节上的“予力度”调控标准的合理掌握及有效实施的具体问题。在此，不再赘述更多的应用细节问题。

6.3 在交通运输战线上的应用

交通运输战线包括由陆（铁路、公路、城市轨道交通等）、海（海上、内河水路运输等）、空（飞机、飞船等运输工具等）等交通工具组成的立体交通运输网络。它不仅能方便人类的各种出行，更重要的是成为国民经济的动脉，承担着国民经济各行各业从原料、半成品到最终产品的全过程流通运输任务。

这个布置在地球上立体式的交通网络，无时无刻不在繁忙地工作着。如果这个运输网络不畅通，甚至出现瘫痪，将会带来人流阻隔、物资中断、食物匮乏、经济萧条，城乡人民生活也会陷入极度困难之中。

在这个领域应用“予力平衡理论”，可以确保交通运输网络畅通无阻，有序运作而不会紊乱。每种运输工具都有自身的运作规律和特点，都有不同的运作实施环节，针对这些环环紧扣的运作环节，从关键环节入手，巧妙地施加“予力作用”，控制好“予力度”标准，并不断在运作实施实践中加以优化和完善，形成一种技术保障措施并纳入全程监控管理与调度规范。

只要每种运输工具在各自线路上都能坚持住运用本理论的“予力调控”方法去优化优选调度方案和“予力度”调控标准，就能维持住交通线路上运作的动态平衡机制，畅通交通的目标就一定能实现。

当然,对于每条交通运输线的兴建、扩建、维修、保养和改造工程以及交通工具的配置、维修、保养与更新等也应纳入"予力平衡理论"加以有效利用。它也不失为一种最佳选择并收到最佳的运作效果的可信任手段。

7 结论

"予力平衡理论"是在我国先人"予学"思想基础上发展起来的一种思想体系和方法论。它是建立在"予力"、"予力作用"、"予力技术"、"予力度"调控和"予力平衡"等概念基础上的一种完整理论体系,可普遍应用在各行各业的各个部门的工作及各个具体工程中。

"予力"是指人们为了达到推动事物或完善事物并取得成功的某种目的需求而主动"给予"某一事物(物体)整体(体系)或某一事物(物体或体系)的某一部分所施加的一种"广义影响力"。

这种"广义影响力"是一个有形的或无形的一种支持实在"力量",因而它可与物理学的"力学"中的"力"的概念融为一体。它们确是一种为人们所感受得到的"实在力量"。"予力"的施加,在时间上、空间上、数量上和可控及可调性等方面,完全由人们在针对具体事物(或物体或体系)时按既定目标去对口选用和有效控制。

"予力技术"是人们有目的、有手段对某一事物(物体或体系)有效施加"予力作用"的技术方法或实施手段。这项技术贯穿在处理事物(物体或体系或系统工程)的设计、施工及检测全过程中。因而,"予力技术"既是一种设计原理,又是一种实施运作手段,还是一种监测检验方法。

"予力度"是指人们为达到某种目的而主动"给予"事物整体(或体系)所施加"予力作用"的大小程度。"予力度"是"予力技术"施加和"予力作用"发挥的关键问题和技术难点所在。凡是"予力度"施加优选调控适度的,"予力作用"的效果就能得到最佳发挥,就将会收到独特的成功功效。

认真做好对某一事物(物体、体系或系统工程)的运作特点和内部规律的深入分析,精心做好其"予力作用体系"的"予力调控设计方案",按照相应的设计程序和方法,因地制宜、因方法制宜加以对口选用优化优选实施,切实讲究"予力"施加及调控技巧,就一定能稳步地达到事先的设想目标,及时地获得成功。

坚持理论原则,不断总结和积累实施经验,使得对"予力平衡理论"的应用不断地上升到新的更高水平,以推动各项事业不断地取得更大更好和更多的新成就,并早日跨入人们向往的富裕小康的和谐社会。

参考文献

[1] 许劭.予学[M],马树全注译.海南省海口:南方出版社,2006年8月

[2] 韩选江."予力平衡理论"在各行业中的广泛应用[A],现代工程与环境优化技术最新研究与应用[C].北京:知识产权出版社,2008年9月,39-43

[3] 韩选江.浅谈地下工程中应用的予力技术[J],工业建筑,2002,32(8):57-65

[4] 谢醒悔,韩选江,叶湘菡.现代予力混凝土结构设计理论及应用[M].北京:机械工业出版社,2007年1月

[5] 韩选江.大型地下顶管施工技术原理及应用[M].北京:中国建筑工业出版社,2008年2月

[6] 韩选江.大型围海造地吹填土地基处理技术原理及应用[M].北京:中国建筑工业出版社,2009年3月

科技交流中心刚性屋面索穹顶结构施工

钦富彬[1]　马德建[2]

（1. 上海拜创钢结构设计工程有限公司；2. 上海远东设计有限公司）

［摘要］ 无锡新区科技交流中心 G 区部分屋盖采用刚性屋面空间索穹顶结构，该结构体系由上弦脊索、下弦斜索、环索、压杆、外环受压环及内环刚性拉力环构成，为肋环型索穹顶结构体系。索穹顶结构平面为圆形，屋面覆盖材料采用铝板和玻璃结合的刚性屋面，刚性屋面与下部索穹顶结构体系结合，是目前国内第一个空间索穹顶结构实例。施工方法可供类似工程参考。

［关键词］ 钢结构；空间结构；索穹顶结构；索穹顶结构施工

1　结构特点

无锡新区科技交流中心 G 区屋盖索穹顶钢结构由上弦脊索、下弦斜索、环索、压杆、外环受压环及内环刚性拉力环构成，为肋环型(Geiger 型)索穹顶结构体系，索穹顶结构平面为圆形，直径 24m，矢高 2.109m，屋面覆盖材料采用铝板和玻璃结合的刚性屋面。刚性屋面与下部索穹顶结构体系结合。

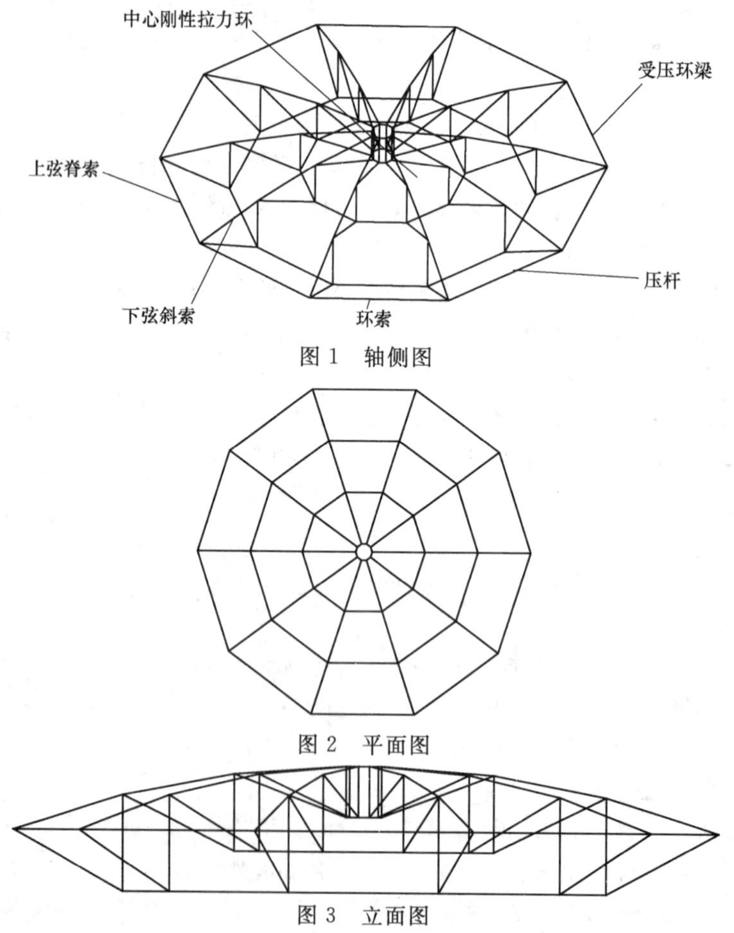

图 1　轴侧图

图 2　平面图

图 3　立面图

屋盖索穹顶结构体系，由上弦脊索、下弦斜索、环索、压杆、外环受压环及内环刚性拉力环构成，是一种新型的空间索杆张力结构体系。由于索穹顶结构特有的几何拓扑关系和拉索的材料特性，决定了其必须通过施加合适的预应力后，才能形成结构刚度，具有承载力。

本工程索穹顶结构采用典型的肋环型，该形式的索穹顶结构超静定次数最少，结构受力明确，节点构造设计较为简单。本工程索穹顶结构体系设置二圈环索和一道中心刚性拉力环，下弦斜索及压杆共设三环，上弦脊索则采用一道连续的钢拉索。所有拉索索体采用成品平行钢丝束拉索。撑杆采用圆钢管，上端与脊索沿径向单向铰接，下端与索夹固接。拉索索材为外包双层 PE 的 1670MPa 级半平行钢丝束。

2 施工难点

索穹顶结构需要通过施加预应力，才能形成结构刚度，预应力施工水平及质量对结构的内力分布及形状影响较大，因此索穹顶结构施工的最大难题，就是如何保证结构的“力到、形到”。

2.1 拉索制作

索穹顶结构体系中，拉索数量较多，且大多数拉索都是按原长无应力下料，被动张拉到设计索力。因此拉索的制作下料长度必须严格控制，就目前国内的制作水平看，有一定的难度。采取的具体措施为：结合相应规范的规定及索体的长度，在订货时要求提供的成品索长与设计值相比在±10mm 以内。

2.2 拉索安装

结合施工现场条件，索穹顶成形于标高 16.55～18.66m 高度，采用满堂支架安装费用较高，支架必须从地下室底板上开始。采用的安装方法为无支架安装，对安装方法进行创新。

2.3 拉索张拉

索穹顶预应力的建立方法不同于普通预应力钢结构。由于张拉整体索杆体系中的径向索、环索及压杆构件为一有机整体，索力与撑杆内力是密切相关的，相互影响、互为依托。对其中任何一类构件进行张拉，均可在其他两类构件中建立相应的预应力，也就是说均能达到同样的预应力效果。因此本工程拉索张拉可选择方法有：撑杆调节法、环索张拉法和径向索张拉法。进行详尽的综合考虑和具体分析后，根据本工程的特点，最终确定采用同步张拉外环斜索法，即仅主动张拉外环径向斜索，而脊索、环索和撑杆为被动张拉。

拉索张拉采用双控原则：控制结构内力和变形，其中以控制张拉点的索力为主。拉索正式安装前，首先对脊索、环索索夹进行编号，特别要精确定好拉索初始无应力长度，对脊索和环索还应确定好索夹位置和各索段的长度，并做好标记。拉索安装基本就绪后，对施工现场主要节点位置进行实测，根据测定的实际安装偏差对拉索索长及索夹位置进行微调。每一环拉索安装后，即将该环拉索初步预紧，预紧力保证拉索的索段不过度下垂即可。待所有拉索预紧后再实施正式张拉。拉索正式张拉前铸钢索夹应夹牢索体，防止索夹和索皮之间的相对滑动(用扭力扳手控制沉头螺栓的拧紧力矩)。待拉索张拉完毕后螺母须二次拧紧。拉索安装前，需对径向拉索调节螺杆、环索连接螺杆、撑杆螺杆螺母等涂适量黄油润滑，以便于拧动套筒。为控制结构的整体形状，保证径向钢拉索力的均匀性，径向钢拉索同步分级张拉。为保证同环索力的均匀，避免同环拉索由于先后张拉的影响，同环拉索同步张拉。千斤顶张拉过程中，油压应缓慢、平稳，并且边张拉边旋转连接螺杆或套筒。拉索张拉过程中应停止对张拉结构进行其他项目的施工。

3 索穹顶材料性能要求

3.1 拉索材料

(1) 本工程采用1670级$\phi 5$镀锌钢丝双护层扭绞型拉索，内层PE为黑色耐老化高密度聚乙烯(HDPE)，外层为白色PE保护层。

(2) 对于拉索用的钢丝，其抗拉强度应确保1670MPa以上，并应为低松弛钢丝，有良好的冷镦性能，在订货时做冷镦试验，以确保良好的延性。

(3) 经编排成六角形的钢丝外侧使用聚酯薄膜复合高强绕包带缠绕，其带宽40mm，抗拉强度每厘米带宽不低于250N。

3.2 热铸锚具材料

(1) 对锚杯、锚杆等构件采用45钢锻件调质，螺母采用Q235钢，优质碳素结构钢的技术性能应符合GB /T 699的有关规定；轴销采用40Cr合金钢，合金结构钢的技术性能应符合GB /T 3077的有关规定。采用铸钢件时，其技术性能应符合GB /T 11352中的有关规定。

(2) 其他构件材质应满足设计要求，并符合相应的国家或行业标准。

3.3 铸体材料

铸体材料为锌铜合金，其中锌含量为(98±2)%，铜含量为(2±0.2)%。锌、铜原材料应符合GB 467、GB 470的要求。

4 索夹设计

(1) 索夹采用铸钢件，材质为：GS-20Mn5QT，热处理状态为调质(参照德国规范DIN17182)。为保证索夹与环索之间不相对滑动，索夹与环索接触的内侧面应用电焊条拉毛刺，毛刺高度应为1～2mm。另外，上下索夹之间的螺栓在拉索张拉后二次拧紧。索夹的拧紧螺栓采用内六角沉头螺栓，材质为12.9级高强螺栓。上、下索夹应配对制孔，螺栓孔具体尺寸须与相应的螺栓匹配。

(2) 脊索索夹采用外六角螺钉连接，选用外环M27和中环M20 10.9级螺钉，螺钉孔上、下索夹应配对制孔，其具体尺寸须与相应的螺钉匹配。螺栓的拧紧力矩由摩擦试验确定。脊索索夹上下合成的孔$\phi 48.6$，以及两端扩大的孔$\phi 64$采用铸造后合成镗孔精加工成孔。折点处及端口部需打磨圆滑。

5 索夹抗滑移实验

(1) 索穹顶结构脊索连续，索段之间的拉力不相等，拉力差通过铸钢索夹克服，铸钢索夹的有效性则依赖各索夹与脊索之间的抗滑摩擦。索夹由两个半圆形铸钢件通过高强螺栓紧箍在脊索上，依靠索夹内壁与脊索高强度钢丝间的摩擦力来抵抗滑移力。

(2) 索夹抗滑力不足会导致索夹在脊索上产生滑移，滑移后将改变整个结构的拓扑，对结构产生不利影响。而且，索夹在脊索上的滑移会刻伤脊索，导致脊索损伤。索夹抗滑移摩擦阻力受影响因素较多，所以模拟实际结构索夹的抗滑力试验是非常重要的。

6 索穹顶施工步骤

(1) 在索穹顶外环梁支座附近安装钢绞线提升装置，安装外环脊索的牵引索和连接中心拉力环的工装索，牵引索和工装索的具体长度由计算确定。

(2) 在地下室底板上铺放脊索系和安装铸钢脊索索夹，连接中心拉力环。脊索安装完毕之后，将脊索外端和中心拉力环提升至离地下室底板约 2～3m 的指定高度。

(3) 依次安装撑杆、环索和斜索，完成索杆结构的初步成形组装。

(4) 牵引外脊索和中心环的工装索。4 点牵引固定于中心拉力环上部的工装索（提升钢绞线），并同步 10 点牵引外环脊索，伴随中心拉力环提升，整个脊索网得到缓慢提升，实施无支架的安装。在中心拉力环、中环索和外环索间拉安全防坠落绳网。

(5) 提升中心拉力环至指定标高处，牵引外环脊索到达支座位置，对称进行外环脊索索头的连接安装。

(6) 外脊索安装就位后，撤除外脊索和中心拉力环的提升钢绞线，安装外斜索的牵引钢丝绳。

(7) 牵引外环斜索到达支座位置处，对称进行外环斜索索头的连接安装。

(8) 同步分级张拉外环所有斜索。

(9) 拉索张拉完毕后，利用绳网及吊笼对索夹进行二次拧紧。

(10) 安装刚性檩条系统，铺设屋面。

(11) 施工过程示意。

① 在索穹顶外环梁支座附近安装中心拉力环牵引工装索的提升钢绞线，安装连接于外环脊索的牵引索（图 4）。

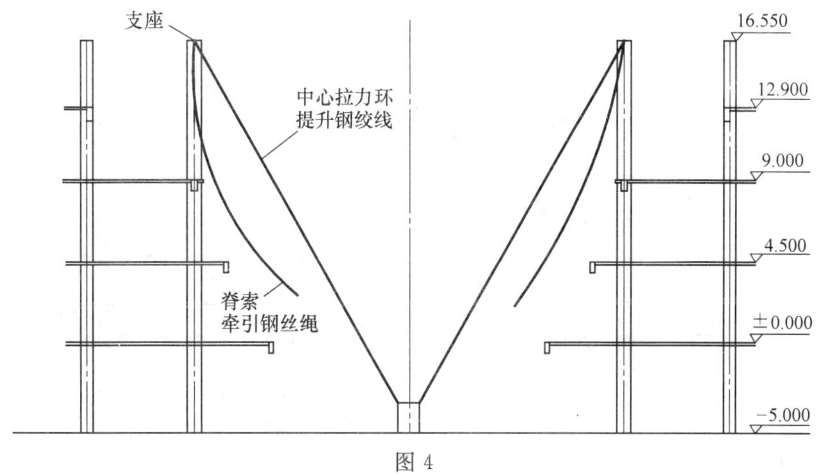

图 4

② 脊索安装完毕之后，将脊索外端和中心拉力环提升至指定标高（图 5）。

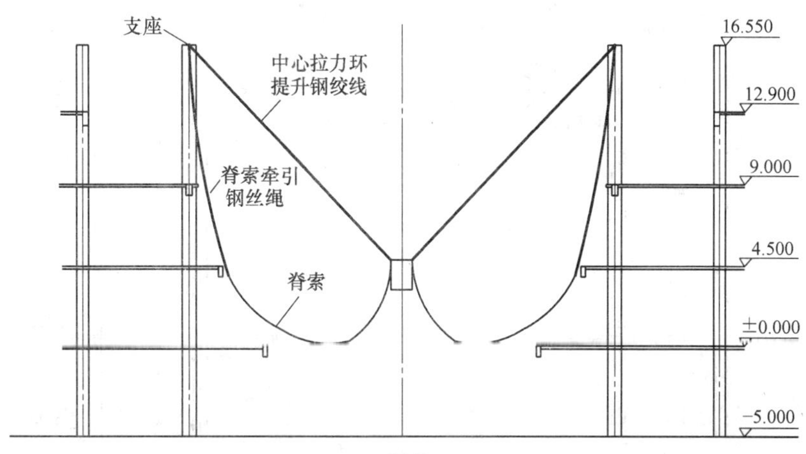

图 5

③ 依次安装撑杆、环索和斜索，完成索杆结构的初步成形组装（图 6）。

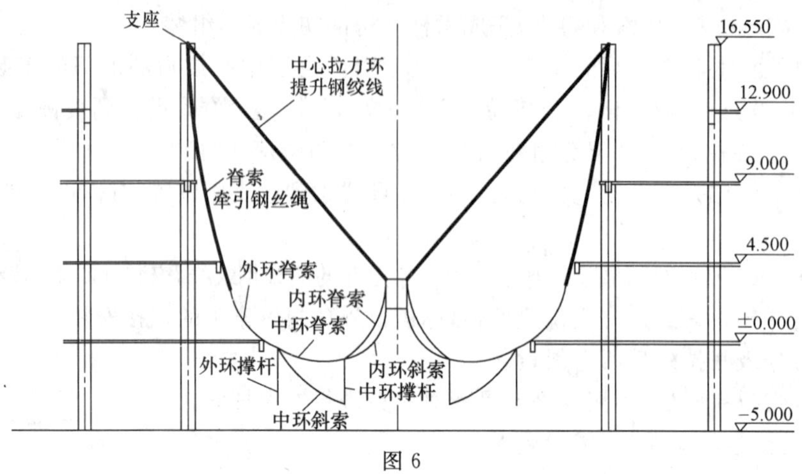

图 6

④ 4 点牵引固定于中心拉力环上部的提升钢绞线工装索，并同步 10 点牵引外环脊索，伴随中心拉力环提升，整个脊索网得到缓慢提升（图 7）。

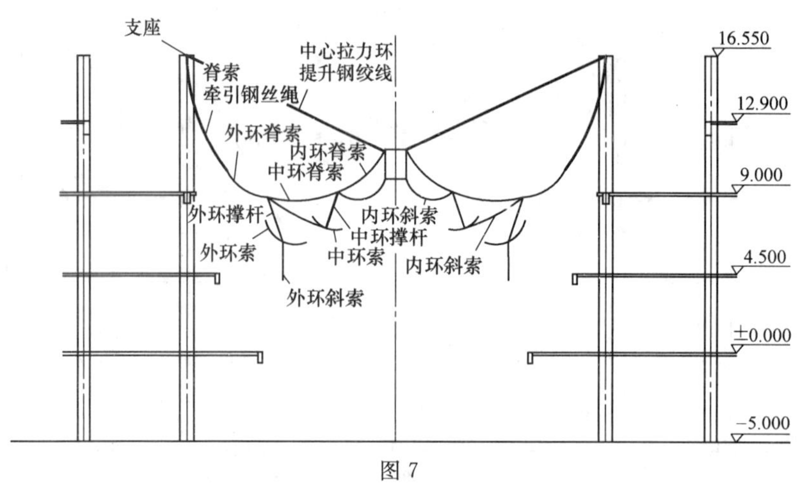

图 7

⑤ 提升中心拉力环至指定标高处，牵引外环脊索（图 8）。

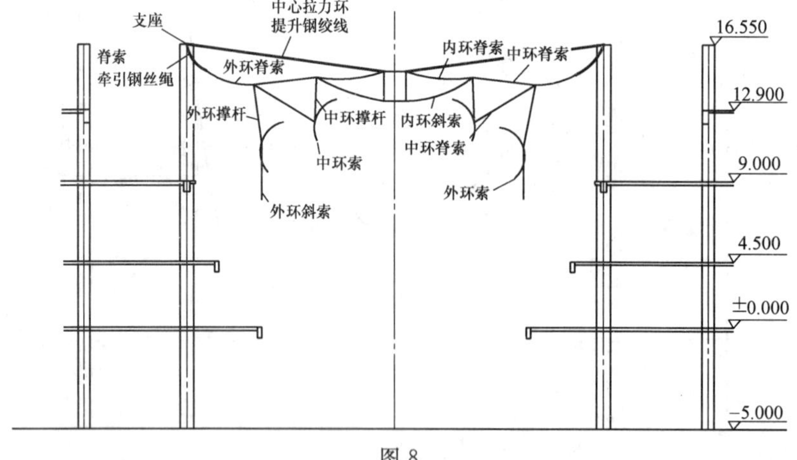

图 8

⑥ 牵引外环脊索到达支座位置，对称进行外环脊索索头的连接安装(图 9)。

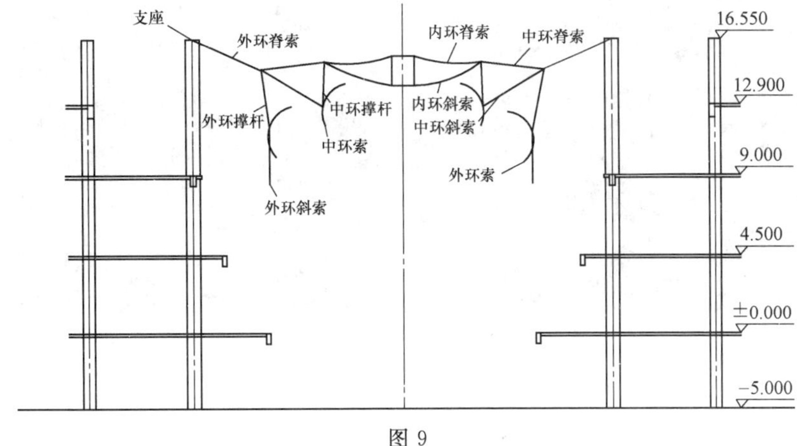

图 9

⑦ 外脊索安装就位后，撤除外脊索和中心拉力环的提升钢绞线，安装外斜索的牵引钢丝绳(图 10)。

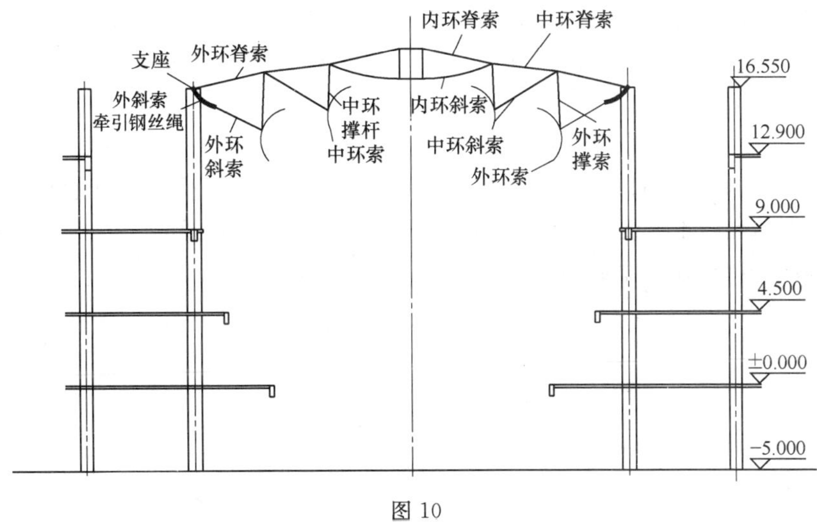

图 10

⑧ 同步分级张拉外环所有斜索，结构张拉成形(图 11、图 12)。

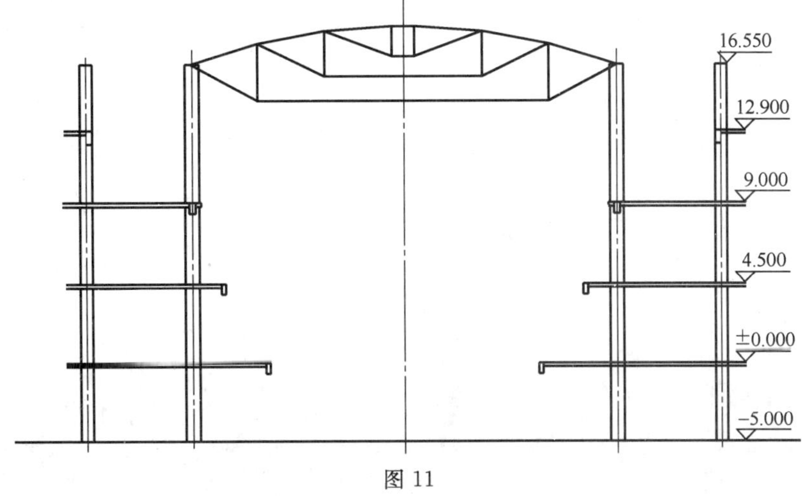

图 11

图 12

7　结束语

索穹顶屋盖结构体系，由上弦脊索、下弦斜索、环索、压杆、外环受压环及内环刚性拉力环构成，是一种新型的空间索杆张力结构体系。作为一种新型的空间张力结构体系，该种结构具有建筑造型美观、结构轻盈、用钢量小、结构效率极高、施工方便快捷等特点。由于索穹顶结构特有的几何拓扑关系和拉索的材料特性，决定了其必须通过施加合适的预应力后，才能形成结构刚度，具有承载力。

正确的吊装顺序，同步牵引外环脊索，伴随中心拉力环提升，合理的张拉方法，同步分级张拉是索穹顶屋盖结构施工的关键。合理的张拉方法，并在满足结构中建立设计所要求预应力值的基础上，可达到施工方便、节点构造简单、容易控制误差和各索的线形。最大难题就是，如何保证索穹顶屋盖结构的“力到、形到”。

住宅小区结构设计优化及节约成本的探讨

周　辉
（桂林市建筑设计研究院）

［摘要］ 住宅小区的结构成本控制已成为投资方关注的焦点。本文通过对住宅小区工程设计实践的总结，提出结构成本控制的途径是要在设计的全过程中进行优化设计，并对结构设计优化及节约成本的思路及方法进行探讨。

［关键词］ 结构成本控制；宏观控制；结构方案；结构计算；构件设计；转换层与地下室

1　概述

在住宅小区的房地产开发项目中，建筑工程成本控制的大头是结构成本控制。因此结构成本控制已成为投资方关注的焦点。有的开发商还提出了对用钢量的“限额”设计要求。市场经济的需求，促使设计院要更加重视结构设计优化与节约成本，以增强在设计市场上的竞争力。

一个好的设计需要建筑师具有结构观，结构工程师具有建筑观和成本观。结构设计要树立起重视技术经济指标的意识。在保证结构安全，满足建筑的功能要求，符合设计规范的前提下，达到结构成本控制经济合理的目的。结构成本控制的途径是必须在设计的全过程进行优化设计。本文通过对住宅小区工程设计实践中的不断探索与总结，对结构设计优化及节约成本的思路与方法进行探讨如下。

2　事先控制是宏观控制的关键

(1) 在建筑方案设计阶段结构就应介入进行事先控制：建筑方案是影响结构成本的宏观因素。建筑的体型(长宽比、高宽比)及平面与竖向的规则性等都对结构成本起着宏观控制的作用。特别是高层建筑影响更大。结构设计要在建筑方案阶段就主动积极地与建筑师沟通。要对建筑方案的合理性与可行性提出建设性的意见。特别注意尽量不要结构超限。现在的建筑设计很多都是新颖的不规则体型，结构设计要支持建筑师的创新思维，同时又要积极协助建筑师，在拟定建筑方案时，尽量具备采用合理结构体系的条件。避免结构超限应是事先控制的重点。结构超限不仅会大幅度增加结构的成本，而且繁冗的超限审批会耗时漫长，对设计周期影响很大。

(2) 结构设计的事先控制：住宅小区通常都有多个设计者进行各栋楼的结构设计。大的小区还会有几个设计部门同时设计。每个小区都应该有一个主持结构设计的总负责人，在设计开始时就制定结构设计统一技术措施，并在设计全过程的关键环节中给予事先指导与控制。这样才能对小区设计进行统一性的宏观控制，避免最后出图时大返工。

3　结构方案的优化设计是宏观控制的核心

(1) 结构方案要进行多方案比较与优化：结构方案包括结构选型、结构布置与构件截面选择，是宏观控制的核心内容。要充分运用抗震概念设计的原理进行抗侧力构件的布置，剪力墙宜均匀对称地布置在建筑户型的周边。楼层梁板布置应传力受力合理，不必凡有隔墙就布置梁。只有多做几个结构方案进行综合性的比较，才能从中选择出合理经济的较优方案。特别是基础的结构设计对造价影响大，必须有方案对比与技术经济分析。

(2) 结构选型对多层与高层住宅区别对待：结构选型中对多层与高层住宅的结构体系选择要区别对待。高层建筑主要是承受水平荷载的影响。宜选择抗侧刚度较大、抗侧移性能较好的框架一剪力墙或剪力墙结构体系。多层建筑主要承受竖向荷载的影响，一般选择框架结构体系。桂林市是6度抗震设防，依据住宅小区档次等级的不同要求，还可以选择砌体结构体系。如桂林市某中档住宅小区的8层住宅，第一期设计为异形柱框架结构体系，第二期设计改为砌体结构，经测算后可节省造价90元/m^2。

(3) 避免采用短肢剪力墙较多的结构：对于12层左右的小高层住宅，短肢剪力墙较多的结构不仅抗震性能不好，构造配筋也比普通剪力墙大4倍，成本会增大许多，因此要避免采用。方法是控制短肢剪力墙占剪力墙总数少于40%，或短肢剪力墙承受的第一振型底部地震倾覆力矩小于结构总底部地震倾覆力矩的40%。这样结构体系可以按普通剪力墙结构设计，少量的短肢剪力墙只是作为构件，不必执行“高规”中短肢剪力墙较多的配筋要求，既符合规范又经济合理。

(4) 在异形柱结构中巧用方柱：异形柱结构可以较好地满足建筑设计不突出墙面的使用要求。但方柱要比异形柱经济很多。在结构布置中多用方柱可节省造价。如在门背后的位置、阳台的位置，可以与立面造型相结合的位置，及其他对建筑不影响的位置等，都可以用方柱代替异形柱的方法节约成本。

4 结构计算的准确性直接影响结构成本

(1) 正确理解与运用结构计算软件：结构定量计算依靠计算软件。设计者对建模、数据及参数输入要准确。对软件的应用范围和使用方法要理解透彻。如某小区的网球馆是屋面为跨度40m的网架结构，框架柱高15m，柱距6.6m。在计算位移比时，设计者按常规直接从SAT-WE查用，导致框架柱截面大到800mm×1400mm。然而后来采用正确的算法是从弹性模定义下选4个角点位移来计算，则该工程计算位移比后的框架柱截面只需600mm×800mm。这说明要保证结构计算的准确性，就要深入去了解软件及其应用中易犯的错误，这直接关系到结构的安全与结构成本。

(2) 对电算结果必须进行必要的判断及适当的调整：结构设计的经验判断是十分重要的。如住宅客厅的大块异形板计算，分别用PKPM，理正工具箱，广厦软件计算会出现3种相差较大的结果，需要用设计经验去进行判别与合理调整。又如某小区地面以上为多层框架结构，地下一层大地下室采用梁板式筏基，用弹性地基梁计算。计算结果发现在地下室侧壁周边的一些框架柱出现弯矩异常的结果。经判断此结果不对。查找原因是弹性地基梁计算有5种计算模式，其计算结果相差很大。该工程按一般常规选第一种模式计算。现在出现计算异常，经分析后改换为用第3种模式计算，计算结果基本合理。再经过适当的调整后才可确认。这说明若不经判断和调整就直接采用电算结果是不行的，有时甚至会造成设计错误，既不安全又白耗成本。

5 要节约成本就必须对施工图精细化设计

(1) 材料的优化选择：材料的选择要有性价比的观念。剪力墙、柱的混凝土强度等级主要受轴压比控制。普通梁、板的混凝土强度等级不宜用高标号，一般为C25(转换层例外)，受力较大的梁、板可用C30(如地下室底板、顶板、屋顶花园的楼板等)。钢筋的选择对于楼板，可优先选用冷轧带肋钢筋，或 HRB400。对于梁、柱则优先选用 HRB400 可显著减小配筋量。

(2) 结构构件的精细化设计：结构构件的精细化设计是在微观上对成本的定量控制。要合理地确定墙、柱的截面，使其轴压比为上限而又绝大部分墙柱为构造配筋就是最节省的。柱要尽量避免形成短柱而导致全柱箍筋加密。结构构件的精细化设计还体现在合理归并构件种类；不随意提高配筋量；并注意探索一些配筋技巧。如方柱的纵向钢筋为计算配筋时，尽量加大柱子角筋的配置是最优配筋方式。在满足规范对构件的配筋构造要求的前提下，配筋方式的优化是节省用钢量的主要方法之一。

6 重点关注影响结构成本的关键部位——转换层与地下室

(1) 尽量避免转换层：转换层是影响结构成本的大项，在地面以上设置转换层会使结构成本大幅度提高。因此在方案设计时应调整剪力墙的布置，尽量避免设置转换层，则可明显降低造价。

(2) 转换层的设计要区别对待：转换结构要依据工程的具体情况进行科学分析，区别对待。转换结构中的框支转换与框架转换，整体转换与局部转换，一般转换与高位转换都大不相同。设计者要加深对规范条文的理解。对支托框架柱转换的转换梁不必执行“高规”对部分框支剪力墙结构的设计要求。而局部转换只需在局部范围按转换结构设计。对于转换层设在地下室顶板的结构，选择地下室顶板为上部结构的嵌固部位通常是最经济的方案。

(3) 尽量降低地下室层高：住宅小区一般都会设置大地下室作为地下车库。地下室的造价通常是上部结构的 3 倍以上，再加上土方开挖、基坑支护、抗浮降水等费用，成本更高。因此要重点关注降低地下室的层高。方法是各专业密切配合。结构设计尽量降低地下室顶板的梁高。机电设计将通风管道，喷淋管等进行综合布置，尽量平行布管，少占高度空间。

(4) 地下室的优化设计是成本控制大项：地下车库柱位的布置要考虑停车位的充分利用，不要浪费车位空间。地下室底板的基础要进行多方案比较与优化。而且不能只看基础造价。还要考虑施工方法及施工的难易程度、工期长短等综合因素对投资的影响，择优选择。如某小区 13 层住宅在基础方案比较时是人工挖孔桩造价最低，但后来施工时施工队伍技术水平较差，场地遇到软土就挖不下去，导致施工工期大为延长，基础处理的费用也比原设计预算增加很多。基础选型不同，梁的最优布置也不同。如某小区地下车库为 8m×8m 柱网，当采用桩基加抗水板方案时，经测算是只在柱网上布置基础的整板式最经济。但另一小区的同类工程采用梁板式筏基时，柱网上布置有次梁的十字形筏基比整板式筏基要节省造价 15%。地下室顶板的重点是减少梁高以降低层高，经过方案试算比较，对于 8m 左右的柱网，柱网间次梁的布置采用井字梁比采用十字梁要经济。地下室侧壁大多易开裂，且为竖向裂缝，宜布置直径小间距密的水平分布筋才能防止开裂。对于结构抗浮设计，设计者通常采用在筏板上加毛石混凝土为压重去抵抗浮力，如改为用干砌毛石为压重，则压重的作用不变，但压重的造价可降低一倍。

7 结语

住宅小区要控制结构成本，首先设计者要树立起重视技术经济指标的意识，在设计的全过程中进行结构优化设计。通过事先控制的方法进行宏观控制。注重结构计算的准确性与结构构件的精细化设计。对影响成本控制的大项(转换层、地下室)给予重点关注，这些节约造价的思路与方法通过工程的实践已取得明显成效。设计人员只要不断探索和总结工程设计中的经验与教训，努力学习新技术新知识，就能不断提高设计技术水平，将结构设计成本控制得更经济合理。

HG 微膨胀高强灌浆材料性能试验研究

何茂华 （江苏省邗江县建筑安装工程公司）

［摘要］ 在建筑的裂缝处理、补强、大型设备基础以及有黏结预应力的施工中，均需要具有良好性能的微膨胀灌浆料。本文论述了 HG 灌浆料的组成、性能与应用。

［关键词］ 微膨胀性能；高强灌浆材料；结构补强；黏结力；抗冻试验

1 引言

建筑物裂缝处理、补强以及预应力混凝土结构中的浆锚，大型设备基础部分二次灌浆以及水电工程中的预应力锚索的锚固，多数均采用 325＃及 425＃以上的普通水泥配制的水泥浆为材料。为保证灌浆效果饱满密实，还可适当加入铝粉、外加剂以及二次灌浆法。但铝粉发泡率不易准确掌握，水泥浆体膨胀发生在初凝期，补偿水泥的收缩效果差，且铝粉等发泡剂对于干燥或炭化引起的收缩往往不起补偿作用。采用发泡剂时，由于引入过多的气泡还会降低强度。二次灌浆又较费工时，高压灌浆时虽在压力下进行，但拔出灌浆管，结束灌浆时，管道内即无压力维持，浆体终究会有部分向外流淌，终凝前会必然下沉而不可避免地在孔道内形成月牙形空隙。HG 微膨胀高强灌浆材料则可有效解决这些问题。

在冶金、轧钢的大型设备施工中，为保证精度，加快安装速度及延长设备使用寿命，也需要流动度大、强度高、有微膨胀作用的灌浆材料。

机械在运转中存在着振动、冲击、扭转、离心等各种现象。这些现象使机械设备在运转中受到经常性的破坏作用。尤其是高速运转的重型机械设备，如何使机械和底座精确、紧密地结合，以让运转中产生的各种力合理、均匀地传给基础吸收，就成为一个重要的问题。

国外对基础和设备联结的二次灌浆非常重视。认为这是决定机械是否能长期运转、顺利生产的关键环节，均采用无收缩自流灌浆。而在我国，以往一直都采用干填法，即用比较干硬的水泥砂浆、混凝土填实二次灌浆层。但由于二次灌浆层空隙的限制，内有地脚螺栓等障碍物，真正填实就比较困难，往往是填而不实。在吊起设备进行检修时，常常可以看到未填满的空洞。又由于普通水泥固有的干缩性，使灌浆层和底层不能可靠结合，影响机械力的传递和设备的正常运转。

转速快、精度高的机械设备，尤其是引进的大型、重型精密仪器设备，以往的干填法显然已不能适应，都要求采用无收缩自流灌浆料，进行自流灌浆。灌浆料的基本特点是流动度大，能够自流灌满；无收缩，克服了干填法不可避免的干缩性；高强、早强。灌浆料的 3 天强度可达 20～40MPa，28d 强度可达 50～70MPa。使用这种灌浆料，不但质量好，施工简便，减轻了工人的劳动强度，加快工程进度，而且使某些干填法无法灌注的部位，变成轻而易举的事情。

HG 微膨胀高强度灌浆材料还可应用于垫板坐浆，梁柱接头，工程修补、抢修等有早强高强无收缩和高流态等特殊要求的建筑施工中。

我公司应用普通市售的胶凝材料、膨胀材料、外加剂等研制出的 HG 灌浆料，具有早强、高强、微膨胀、高流动性等特点。在中外合资扬州通利冷藏集装箱有限公司 24m 跨屋架以及扬州客车厂座椅分厂 18m 跨曲线后张拉预应力结构中，以及部分设备基础中，均成功地应用了这种材料。经模拟灌浆的截面观感以及试验室力学性能测定，均证明 HG 灌浆料具有微膨胀、高强、锚固能力良好，有良好的可灌性，浆体硬化时微膨胀不收缩等特点，可保证孔道灌浆密实。

2 HG 灌浆料的组成

(1) 水泥：可采用普通市售 525＃水泥。我公司试制时，采用市售南京双龙股份有限公司龙潭水泥厂生产的“双猴”牌 525＃普通硅酸盐水泥。水泥使用前必须检验，各项性能符合要求，方可使用。

(2) UEA 膨胀剂：中国建筑材料科学研究院研制，南京生产。使用前应按《混凝土膨胀剂》(JC476—92)检验，合格后方可使用。

(3) 高效减水剂，可使用 FDN、UNF—5、NF 等高效减水剂。我公司试验时采用的是江都减水剂厂生产的 AF 高效减水剂。高效减水剂使用前必须检验，同时做适应性配比试验。

参考有关资料，我公司施工配合比见表 1。

表 1 HG 施工配合比试验对比结果

浆体强度等级	水灰比	胶结材料(%)		高效减水剂(%)	浆体材料(kg/m³)			
		水泥	UEA		水泥量	UEA	外加剂	水
C70	0.36	92	8	0.75	1339	116	10.0	524
C60	0.39	92	8	0.75	1284	112	9.6	544
C50	0.43	92	8	0.75	1223	106	9.2	571
C40	0.45	92	8	0.75	1196	104	9.0	585

3 HG 灌浆材料的膨胀机理

灌浆料膨胀机理是：灌浆料中 UEA 膨胀剂与水泥中所提供的 SO_3、Al_2O_3、水泥水化所生成的 $Ca(OH)_2$ 以及水之间的反应，生成水化硫铝酸钙，即钙矾石，分子式为 $3CaO \cdot Al_2O_3 \cdot 3CaSO_4 \cdot 32H_2O$，而产生膨胀。钙、铝、硫、水四者缺一不可。否则，水化硫铝酸钙就无法形成，膨胀就不会产生。膨胀剂的掺量、细度、环境温度、湿度、水灰比等因素都会影响膨胀及膨胀发生的时间。

在有约束的条件下，膨胀剂所产生的体积膨胀在混凝土中导入压应力，压应力可以部分抵消混凝土因干缩、徐变、温度等引起的拉应力。预压应力值一般为 0.2～0.7MPa。

膨胀剂在水泥混凝土中的反应方程式大致是：

$$Al_2(SO_4)_3 + 6Ca(OH)_2 + 26H_2O \longrightarrow 3CaO \cdot Al_2O_3 \cdot 3CaSO_4 \cdot 32H_2O \qquad (1)$$

(来自 UEA)(来自水泥水化)(拌和水)

$$4Al(OH)_3 + 6Ca(OH)_2 + 6CaSO_4 + 52H_2O \longrightarrow 2(3CaO \cdot Al_2O_3 \cdot 3CaSO_4 \cdot 32H_2O) \qquad (2)$$

(来自 UEA) (来自水泥水化) (石膏) (拌和水)

$$K_2SO_4 + Ca(OH)_2 + 2H_2O \longrightarrow CaSO_4 \cdot 2H_2O + 2KOH \qquad (3)$$

(来自 UEA)(来自水泥水化)(拌和水) 参与水成明矾石，促进 C_2S 水化。

当混凝土中 SO_4^{2-} 充足时，K_2SO_4 作为白霜析出；当混疑土中 SO_4^{2-} 不足时，发生(3)式反应

4 试验方法与材料

(1) 按 GB l77—85 有关规定分别测定 3d、7d、28d 强度及浆体凝结时间。

(2) 钢筋黏结强度用长 220mm、直径 68mm 的钢管,将底部封住,分别将直径为 14mm 的圆钢筋和螺纹钢插入中央,插入深度为 190mm,然后灌入 HG 灌浆料,抹平,养护至要求龄期测定其黏结强度。

(3) 流动度测定按 GB 8077—87 有关规定进行,因 HG 灌浆料的动性较大,所以只能测定其自流平数据,流动度损失按 1h 计。

(4) 拌和水为自来水。

5 HG 灌浆料性能

HG 高强微膨胀灌浆料是一种高流动性、早强、微膨胀的混合材料,具有一定的抗油渗性与耐低温性。

5.1 流动性

在预应力灌浆及设备安装中,需灌浆的部位空隙很窄小,施工的效果与灌浆料的流动性指标关系很大,要保证所有的空隙均填充饱满密实,灌浆料必须具有良好流动性。

根据国外资料介绍及国内的使用实践,优良的灌浆料要靠自重作用或稍加插捣即可流进填满所灌充的空隙,达密实状态,灌浆料的跳桌流动度必须大于 24km。

灌浆料的流动度是根据我国水泥软练中跳桌流动度方法,同时借鉴日本试验方法来进行测定。以跳桌在 15 秒钟左右跳动 15 次,灌浆料流动扩散后的圆饼直径(mm)定为流动度的指标。通过大量的实践和施工,HG 灌浆料流动度大于 240cm,符合要求。

5.2 自流性

灌浆料的自流性主要是靠高效能减水剂获得的。使用减水剂的灌浆料可以在尽量少的用水量情况下,获得大的流动性,减少泌水和沉降,提高强度。

5.3 流动度的损失

灌浆料加水拌和后,由于水泥凝聚结构的形成、水分蒸发、分层沉降和外加剂的作用,随着时间的推移,流动度会降低。这称为流动度的损失。流动度的损失决定了灌浆应取的速度和如何进行施工配合。流动度损失太快、太大都会影响施工,导致灌浆的失败。一般控制在 30min 内流动度的损失不大于(50±10)mm。

5.4 自流性灌浆料的模拟试验

在地面上先浇灌混凝土垫层,模拟混凝土基础,周围支好木模,木模上盖有机玻璃(模拟设备底板,并便于观察),木模的一端有一个上大下小约高 300mm 的漏斗,另一端有出气孔。通过有机玻璃可以清楚地看到,由于灌浆料的流动性和重力作用,可以不借其他外力慢慢地自流灌注,直到灌浆料充满整个灌浆空间。曾经做过各种形状、大小、厚度的灌浆试验。试验和实践都证明,灌浆层厚度不小于 2cm、面积甚至可以数平方米,都能自流灌注。

据扬州大学水利学院测定,HG 灌浆料水灰比分别为 0.28～0.30 时,可自流平 18～23cm,如为跳桌试验,流动度远大于 24cm。1h 流动度损失不大于 5cm,可满足工程需要。

5.5 微膨胀性

为保证预应力孔道灌浆密实,以及设备基础的良好均匀应力传递,灌浆料应具微膨胀性能,本灌浆料的膨胀源为 UEA 膨胀剂,其膨胀原理是在水泥水化过程中形成膨胀结晶体——

钙矾石($C_3A \cdot 3CaSO_4 \cdot 32H_2O$),使水泥石产生适度体积膨胀,在外壁及内部结构钢筋的限制下产生)0.2～0.7MPa 的预压应力,可加强水泥石与钢筋或预应力筋的黏结,可有效地填充凝聚空间。

UEA 作为膨胀剂,掺入量为 5%～12%,自由膨胀率随其掺量增大而提高,自由膨胀率相应为)0.4%～1.0%。

UEA 掺量应由试验而确定,以保证有足够的膨胀应力又保证不胀裂结构或管壁为宜,一般取 8%。

5.6 抗压强度

一般建筑物结构混凝土标号为 C30～C35,稍高一点为 C40～C60,国内设备基础一般为 C25～C35,国外引进的设备按国外设计要求,要达到 C40 甚至 C60,所以,作为结构补强、抢修灌浆或设备基础灌浆材料,应有相应强度,才能达要求。

我们委托扬州大学水利学学院对水灰比为 0.37,自流动度 24cm 的 HG 型灌浆料进行强度测定,结果见表 2。

表 2　HG 材料强度试验

试验类型	3d		7d		28d		60d	
	抗折(MPa)	抗压(MPa)	抗折(MPa)	抗压(MPa)	抗折(MPa)	抗压(MPa)	抗折(MPa)	抗压(MPa)
HG 胶砂	4.49	24.1	5.5	31.2	7.7	49.1	9.0	52.2
HG 净浆	7.3	38.1	8.0	56.3	8.7	69.4	9.1	75.1

注:为反映灌浆料的限制膨胀环境,试件为带模养护。

由表可知,HG 型灌浆料早期强度与后期强度均较好,完全可满足灌浆强度要求。

5.7 黏结强度

灌浆料与钢筋的黏结强度,也是灌浆料的一个重要性能指标,我们用长 $L=220$mm,直径 $D=68$mm 的钢管,封闭底部并在底部焊上一根Φ20 螺纹钢,以方便在万能试验机上作拉力试验。在上部分别将 14mm 的圆钢和螺纹钢插入中央,插入深度 190mm,然后用搅拌好的 HG 灌浆料灌满钢管,轻震管壁,抹平上沿口,养护至 28d,测定黏结强度。结果见表 3。

表 3　HG 材料黏结力试验

试验类型	最大拉拔力(kN)	黏结强度(MPa)	备　　注
圆钢Φ14	48.0	5.75	钢筋被拉滑
螺纹钢Φ14	79.50	>9.52	钢筋被拉断

这说明在限制膨胀状态下,灌浆料与钢筋黏结强度很高,正是由于引入了 UEA 膨胀剂的效果,从强度数值看,HG 灌浆料完全可代替环氧树脂作结构补强或设备地脚螺栓的锚固。

5.8 耐油性

在灌浆料性能检测时,我们委托扬州大学水利学院还进行了耐油性试验,将 28d 龄期的试件放入油中浸泡 28d,除去表面油污,测试其强度,并测量破坏后的试件浸油深度,以强度增长率及浸油深度来说明抗油对灌浆料的侵蚀情况(表 4)。

由表可知,强度发展良好,油浸深度小于 2mm,说明 HG 型灌浆料具良好的耐油浸腐蚀耐力,后期强度继续明显增长,完全胜任油污状态下工作,比普通混凝土明显优越。

5.9 凝结时间

凝结时间关系到施工的顺利进行。我们委托扬州大学水利学院测定了 HG 灌浆料的凝结时间,一般初凝为 2.5～3.0h,终凝为 3.0～4.5h。完全可满足施工的要求。

表4　HG材料耐油性试验

试验类型	28d标养，取出后浸油28d		28d标养后，再标养28d	
	抗折(MPa)	抗压(MPa)	抗折(MPa)	抗压(MPa)
HG胶砂	8.4	53.4	8.9	50.7
HG净浆	8.5	75.5	9.0	74.4
备注	由破坏断面测得浸油深度小于2mm			

5.10　抗冻能力

成型试件时，将一组试件于标准养护环境下养护1天后，置于－4℃环境48h，再标养28d，强度影响较小，说明HG灌浆料具一定抗冻能力，可适用于低温施工（表5）。

表5　HG材料抗冻试验

试 验 类 型	终凝24h后，置－4℃环境48h。再重新标准养护28d	
	抗折(MPa)	抗压(MPa)
HG胶砂	6.4	45.0
HG净浆	8.0	72.6

6　HG高强微膨胀灌浆料的施工

由于设备底座形态复杂，灌浆部位和空隙不一，HG微膨胀高强灌浆的施工方法也是灵活和多变的，必须根据现场情况，施工经验来确定。

6.1　灌浆前的准备

6.1.1　灌浆处基础混凝土的处理

设备安装前要把基础上疏松的混凝土、污物清除干净，使基础混凝土的表面干净、坚固而粗糙。但注意不要粗糙到妨碍灌浆的程度。理想的方法是用钢丝刷把基础混凝土表面加工成粗糙表面，严重凹凸不平的部位要用砂浆填平或凿平，并清理干净。设备底部和螺栓等部位要清除油污，保持洁净。设备在找正、找平后要用压缩空气或其他方法清除灌浆层内的灰尘、污物。

预应力孔道灌浆前，清理好管、洞口，保持畅通，检查灌浆机械，试运转，压力灌浆前操作工人戴上护目镜，并不得在孔道对面排气孔张望，防止浆体突然喷出伤眼。

结构补强灌浆基本同预应力孔道灌浆，只是必须预先在混凝土结构上留置灌浆嘴，以便接上灌浆管道。

6.1.2　灌浆处的支模

在灌浆范围内支好模板，要求支撑牢固，并高出底座10～20mm。混凝土基础与模板、模板相互间的接缝都要堵严密封，不准有泄漏。灌浆侧的模板需要做成倾斜，使灌入的浆不带有空气，并高出底座200～300mm。

预应力孔道、基础混凝土和模板都要用洁净的水充分润湿（润湿时间不少于6h），但基础表面低洼处和螺栓孔内不准有积水。预应力孔道内水分损失较小，也可不先润湿。

6.2　灌浆料的配制

配制时先把膨胀剂和其他外加剂在施工现场拌和均匀，也可以将外加剂溶于应加的部分水中一起掺入，再加入砂和其他集料，进行搅拌，最后加水充分搅匀。在满足流动度的要求下，尽可能减少用水量，切忌多加水。搅拌结束应立即灌注，置放时间不宜超过 15min，否则流动度损失太大，难以灌注，导致失败。

6.3 灌浆实施

灌浆工作必须迅速、连续，只准一侧灌入，靠灌浆料的自重自流灌满，不要外加振捣。在施工条件受限制，一定要借助外力时，也只能用钢条轻捣。在灌浆过程和灌浆料凝固前，周围邻近要停止强烈振动，以免造成灌浆料的分层离析。灌浆第二天就要浇水养护，其方法与普通混凝土的养护相同。

预应力孔道灌浆或结构补强灌浆时，应将灌浆管压在留置的孔洞上，开动泵机，压入灌浆料，在对面孔道排气孔有浓浆喷出时，封闭喷浆排气孔，维护灌浆压力 0.5～0.6MPa，稍后再关机停止灌浆，封闭灌浆孔。

7 结语

HG 高强微膨胀灌浆料，原料易得，配制容易，施工简单，流动度大，强度高，抗冻性能、耐油性能好，不腐蚀钢筋，成本较低，不失为一种经济实用的灌浆材料。

参考文献

[1] 陈应钦.新型建筑材料的生产和应用.广东科技出版社，1993 年

[2] 林太珍，饶斌，夏靖华，陈惠玲.高效预应力混凝土工程实践.中国建筑工业出版社，1993 年

[3] 中国土木工程学会混凝土及预应力混凝土学会.混凝土外加剂专业委员会.建筑物裂渗控制新技术.中国建材工业出版社，1994 年

深开挖水泥搅拌桩支护结构可靠性评定

陈世鸣　张利华　（同济大学）

［摘要］ 本文介绍了上海某高层深基础水泥搅拌桩围护结构的检测评定情况。分析和探讨了刚性悬臂挡土结构的变形控制设计方法。

［关键词］ 高层建筑深基础水泥搅拌桩；支护结构；可靠性评定

1　概述

在城市高层建筑的深基础开挖施工中，必须采取有效的深基坑围护措施，防止在挖土和基础施工过程中，坑壁的倒塌和坑底土体隆起以及保护基坑附近的城市管线和建筑的安全，上海浦东等高层住宅工程为25层框剪结构，基坑开挖最大深度为5m，基坑开挖过程中，北面基坑侧壁搅拌桩发现平行和垂直于围护桩桩长方向的裂纹多条。此外，北面基坑外侧地面发现与基坑平行的裂缝，裂缝最大宽度为4cm，基坑侧壁发现严重的土体位移。

为确保基础施工的安全顺利进行，受业主委托，上海城市建设学院工程研究中心对该基坑围护结构进行了实地检测和可靠性评定，并针对基坑围护情况，提出了局部挡土加固和基础施工方案。由于及时采取了对应施工措施，避免了基坑坍塌的严重事故。本文介绍了该项工程的检测评定情况，分析和研究了悬臂挡土结构变形控制的理论与方法。

2　工程概况

该基坑平面如图1所示，深层搅拌桩加固坝体厚3.2m，采用前后二排搅拌桩（双头），前后排桩顶端，用厚20cm的钢筋混凝土刚性路面拉接，刚性路面引出Φ12和Φ14的二级钢筋垂直插入搅拌桩桩体，增强路面与搅拌桩的连接。在基坑北侧，另有一栋在建高层，土建施工已到五层，二基坑中间通道宽约25m，通道上局部堆放的建筑材料，并有一台混凝土搅拌机工作。现场地质条件较差，除上部为1m左右原施工渣石覆盖层，下部均为粉质和淤泥质软土，地下水层在1.2m左右，主要的物理力学指标见表1。

表1　土层物理力学指标

土层名称	粉质黏土	淤泥质粉质黏土	淤泥质黏土
土层厚度(m)	1.6	6.1	8.0
含水量 w(%)	33.4	42.6	50.3
容重 γ(kN/m^3)	18.0	17.0	16.6
孔隙比(e)	0.991	1.229	1.454
C_u(kPa)	15.54	8.18	11.44
E_s(MPa)	4.09	2.85	1.97
φ	13.7°	18.1°	10.1°
承载力 f(kPa)	90	75	65

水泥搅拌桩主要设计参数为：采用425普通硅酸盐水泥，水泥渗入比12%，单根桩截面积为0.71m²，周长3.35m，呈8字性。水泥土搅拌桩挡土墙截面尺寸为3.4m×10m，其抗滑稳定性和抗倾斜稳定性应力验算满足要求。

3 围护结构(搅拌桩桩体)检测分析

挖土施工结束时，基坑北侧距基坑3m位置，发现一条与基坑周边平行长8m的裂缝，裂缝最大宽度为4cm，并具有较深的深度(>2m)(图1)基坑侧壁，A-B区段内发现数条水平与垂直裂缝，水平横断裂缝最大贯穿深度有20～30cm，长度达3.5m。

根据基坑围护结构情况，在基坑北侧壁桩身裂纹附近抽样取回根桩，采用非破损强度回弹检测(砂浆回弹仪)，水泥土桩身评定强度均大于1MPa，达到搅拌桩桩身强度要求。基坑东侧壁抽样两根，经测点检测回弹检测，水泥土桩身评定强度大于1MPa，达到搅拌桩桩身强度要求。基坑南侧壁取样两根，回弹检测结果表示，其中一根桩身强度达到搅拌桩桩身强度要求，南侧壁中向位置的一根桩身强度略低于1MPa。基坑两侧取样两根，回弹检测结果表明，侧壁中间一根桩桩身强度低于搅拌桩桩身强度要求(1MPa)，另一根达到桩身强度要求。桩身强度回弹评定结果表明，围护桩桩身强度基本达到搅拌桩桩身强度要求，基坑侧壁(北侧)裂缝和土体位移与基坑北侧面地表面堆物(石子、黄砂堆物)和混凝土搅拌机工作有密切关系。

根据施工现场情况，及时采取了下列措施：

(1) 减少北侧地表面的堆重；

(2) 由于基坑北侧相邻另一深基坑，基坑侧壁土体压力主要来源于地表面堆重及二相邻基坑中间的土体，建议施工中北侧高层建筑基坑的侧壁回填土应在被测基坑基础施工结束后进行，以减少北侧高层对被测基坑侧壁的土体压力；

(3) 基坑北侧面(有裂缝)来取局部堆土支护形式(图2)，以确保基础施工的顺利进行。

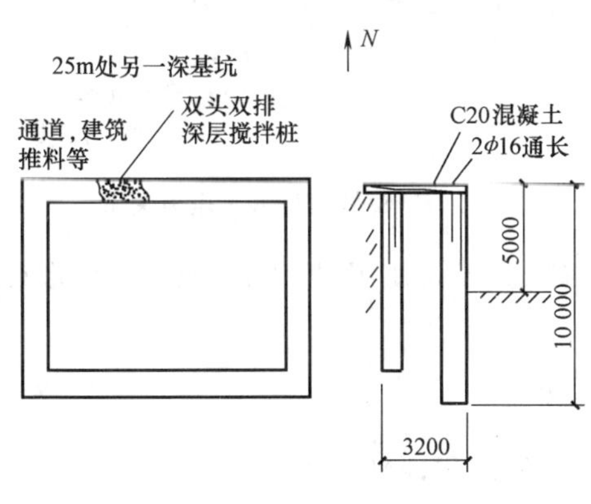

图1 基坑平面和搅拌桩

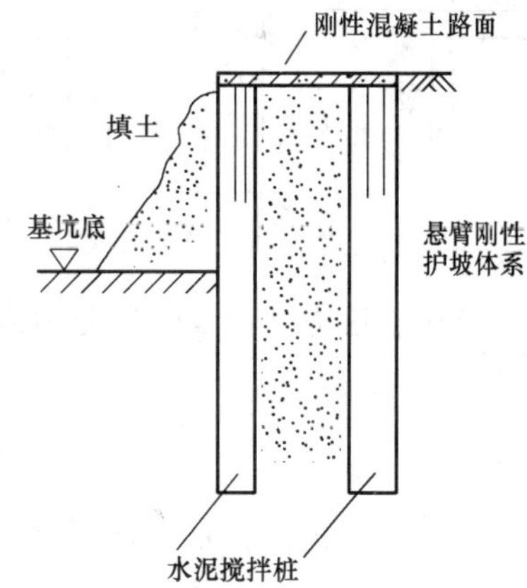

图2 填土局部加强护坡

4 悬臂挡土支护系统的变形控制及基坑加固方法

深层搅拌桩支护体系在受力分析时，可将其简化为一刚性悬臂护坡桩。影响刚性悬臂护坡桩极限状态的因素主要为：

(1) 支护结构内侧的开挖深度；

(2) 在不同的时间，不同的位置上土特性的变化涉及到的孔隙水压力的变化；

(3) 荷载及其组合方式的变化以及周围邻居建筑和堆载的影响等。

刚性悬臂护坡桩设计中，通常是采用应力极限状态方法，即基于静力极限平衡原理，如图3所示。由静力平衡方程可得：

$$E'_p-E_p\leqslant\frac{E_p-E_0}{K_p} \tag{1}$$

$$M_p\leqslant\frac{M_p}{K_m} \tag{2}$$

式中，K_p、K_m分别为刚性悬臂护坡桩抗滑动和抗倾覆安全系数。通常 K_p取 1.5，K_m取 1.3。

采用该方法的主要特点是把悬臂护坡桩作为脱离体来进行力系和力矩平衡分析，没有考虑桩土共同作用协调变形的因素。在工程上，考虑到基挖土对周围场地的影响(市政地下管线和邻近建筑)，对悬臂桩桩顶水平位移有一定的限制，即有 $\Delta>[\Delta]$(Δ 为桩顶在使用状态下发生的水平位移，$[\Delta]$是设计允许的桩顶水平位移值)。若从上述应力极限状态加安全系数来设计护坡桩，对桩顶水平位移没有明确概念，会导致对周围建筑的损坏，同时也会造成不必要的浪费。

已有研究表明[1]刚性悬臂护坡桩基坑外侧主动土压力区的土压力通过护坡桩及桩间土传递到基坑内侧被动土压力区，随着悬臂桩绕底端转动点的转动变形，嵌固段被动土压力区的土抗力将从静止土压力 E_0逐渐发展到被动土压力 E_p，如图 4 所示。定义 E_0和 E_p之间的土压力为 E'_p，称为使用阶段的被动土压力区的土抗力，$E'_p-E_0=\dfrac{E_p-E_0}{K_p}$(式 1)，$K_p$为安全系数。$E'_p$沿悬臂桩嵌固深度的分布与 E_p不同，它主要受悬臂桩变形 Δ 的影响而呈曲线分布。

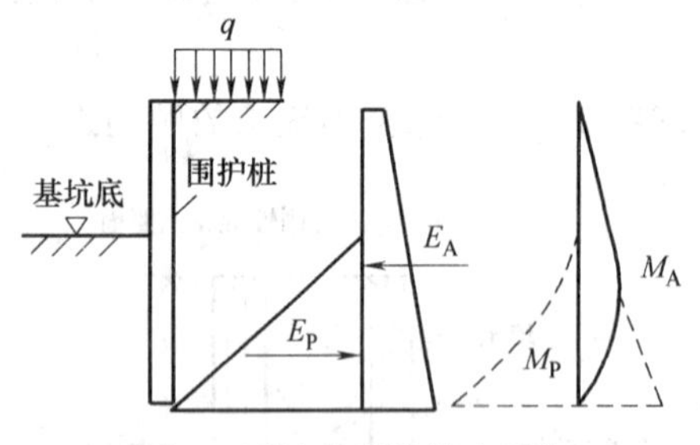

图 3　刚性悬臂桩静力平衡

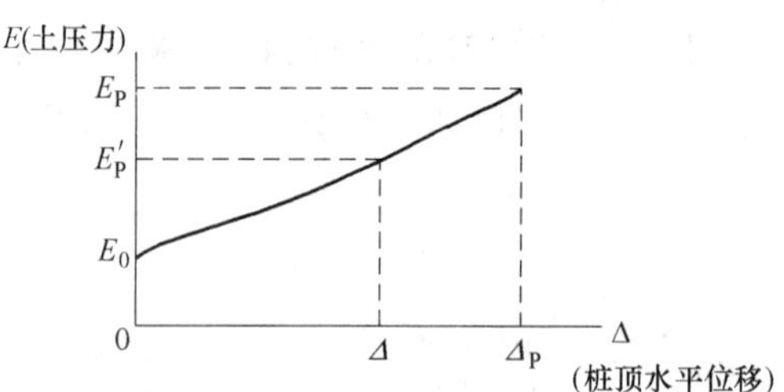

图 4　悬臂桩顶位移土压力关系

基于经典土压力理论及土压力曲线分布假定，文献[2]建议使用以下的土压力—变形计算公式，如图 5 所示：

$$E'_p=E_0+(E_p-E_0)\times\left[1-\left(\frac{\Delta}{\Delta_p}-1\right)^2\right]^{0.7} \tag{3}$$

式中　E'_p——使用阶段被动土压力区土抗力，A″B′ BC 的面积，kN；

E_p——极限状态下被动土压力，ABC 面积(按朗肯土压力理论计算)，kN；

E_0——静止土压力，B′ BC 面积，kN；

Δ——使用阶段悬臂桩桩顶水平位移；

Δ_p——极限状态桩顶水平位移。

在设计中，一般 $K_p=1.5\sim2.5$，可将式(3)以另一形式表达来计算使用阶段的桩顶水平位移，即：

$$\Delta=\Delta_p\left(1-\sqrt{1}-0.7\sqrt{\frac{E'_p-E_0}{E_p-E_0}}\right) \tag{4}$$

关于悬臂护坡桩的极限变形，存在不同的观点。太沙基提出 $p=0.02\ T$（T 为桩长）时，一般密实土达到其被动土压力；西德和欧洲地基基础规范规定 $p=0.1\ T$ 时，一般密实土达到其被动土压力。试验研究表明 Δ_p 与被动土压力值，土的状态，土的类型，特征和桩的嵌固深度都有直接关系，不能用一个定值来简单表示；根据实测数据和试验研究，文献[2]提出下述 Δ_p 的经验公式：

$$\Delta_p \approx \xi \frac{0.2T}{\tan^2\left(45^\circ+\dfrac{\varphi'}{2}\right)} \tag{5}$$

式中 T——桩长，m；

ξ——修正系数，密实砂土：$\xi=0.90$，松散砂土：$\xi=0.60$，一般黏土：$\xi=0.50\sim0.75$；

φ'——土的有效内摩擦角。

由式(3)～(5)可估算出使用阶段被动土压力区的抗力，并验算极限状态 $\Delta\leqslant[\Delta]$。采用上述方法，即可进行悬臂挡土桩的变形控制设计，验证基坑围护结构的可靠性。

以本工程为例，已知有关设计参数为：

土的容重 $\gamma=18\text{kN/m}^3$（取平均值）；地面堆重 $q=20\text{kN/m}^2$；内摩擦角 $\varphi'=15^\circ$；内聚力 $c=10\text{kPa}$；桩长 $h=10\text{m}$；基坑最大挖深 $h_z=5\text{m}$；

主动土压力分布值：

$$e_a=(q+\gamma h)\tan^2\left(45^\circ-\frac{\varphi'}{2}\right)-2c\ \tan\left(45^\circ-\frac{\varphi'}{2}\right)$$

被动土压力分布值：

$$e_p=(q+\gamma h)\tan^2\left(45^\circ+\frac{\varphi'}{2}\right)-2c\ \tan\left(45^\circ+\frac{\varphi'}{2}\right)$$

以及主动土压力 E_a 和被动土压力 E_p 分别为：$E_a=\dfrac{e_a h}{2}$；$E_p=\dfrac{e_p(h-h_z)}{2}$；

在极限状态下，可根据主动土压力来计算被动土压力区土抗力 E'_p，即：

$$E'_p=E_a$$

则有

$$K_p=\frac{E'_p}{E_a}$$

由此，可按式(5)求得极限状态下的桩顶水平位移 Δ 和式(4)计算使用阶段的桩顶水平位移 Δ。表 2 给出了计算结果。由表中的结果和计算参数可发现，对于同一挖深的基坑，由于是悬桩桩长埋入的深度的不同，桩顶的水平位移和安全系数 K_p（抗滑移系数）也随之变化。桩埋入深度增加，K_p 也增大，桩顶的极限状态的水平位移和使用阶段的水平位移也减小。此外，路面荷载和堆重对桩顶水平位移和系数 K_p 的影响也很明显。因此，在悬臂护坡桩的设计中，必须充分估计路面荷载与堆重的因素，选取合适的埋入深度，实现对基坑围护结构侧向位移的控制。

表 2　不同地面荷载和悬臂桩嵌入深度下的桩顶变形

h(m)	10	10	10	12
q(kN/m^2)	0	20	40	20
E_a(kN/m)	453	512	571	623
E_p(kN/m)	829	914	999	1494
E_p/E_a	1.831	1.785	1.751	2.398
Δ_p(cm)	70.7	70.7	70.7	84.8
Δ(cm)	16.9	17.7	23.3	13.1

从基坑土加固的角度来说，通过对土体的加固，可以有效地提高土的弹性模量，强度和内摩擦角 φ'，这样也可以有效减小桩顶的水平位移(式 5)。

为保证基坑坑底土的稳定，使其产生足够的被动土抗力，可对坑底进行加固处理。通常采用的方法有：

(1) 压力注(水泥)浆土体加固法；

(2) 深层搅拌桩土体加固法；

(3) 旋喷桩土体加固法。

加固后的土体强度和弹性模量都会有显著提高，土体内聚力和内摩擦角也随土体深度变化不同程度增大。

上海地区的饱和淤泥土的厚层一般达 20 多米，土的内摩擦角仅为着 6°～10°，由于被动土压力不足，支护结构必须有很大的插入坑底土的深度，通常为 1.0～1.2H，才能确保支护结构的稳定。举例而言，开挖 10m 左右深的基坑，一般需设置两道支撑，而插入深度可达 10～14m。若支护结构的插入深度不足，特别是遇有粉土或粉质黏土地基，轻则造成支护结构的大位移，地面沉陷，重则产生涌土，涌水甚至发生地基整体破坏。因此，采用有效地加固坑底被动土体是改善支护结构受力状态的重要措施之一。

5 结论

刚性悬臂护坡桩作沉基坑围护结构必须充分估计地面荷载的因素。通常，在深层搅拌桩作围护结构时，是按重力挡土墙设计，只计算抗滑动系数和抗倾覆系数和校核其强度，而忽略对其变形的控制。由于城市建设中，城市地下管线的复杂以及要求最大限度地减少深基础施工对周围构筑物的影响，必须采取对围护结构的变形控制校核或变形控制设计。本文采用的悬臂桩变形控制设计方法是建立在桩土共同作用下的刚性悬臂桩力学模型基础上的。在极限状态下的桩顶水平位移包含了桩长，土的类型以及土的内摩擦角等因素，比较全面。

在工程实践中，悬臂深层搅拌围护桩主要用于 5m 左右深的基坑围护，若结合基坑土体的加固，可以适当增加开挖深度。

参考文献

[1] 基础工程. 西德土木工程学会编

[2] 王铁宏等. 刚性悬臂护坡桩的设计计算方法探讨. 中国建科院地基所，1994

建筑基坑支护的施工管理探析

张新成
（河南省鹤壁市建筑业协会　鹤壁市　458030）

［摘要］ 在建筑基坑施工时，为确保施工安全，防止塌方事故发生，必须对开挖的建筑基坑采取支护措施。本文对基坑支护不同阶段施工管理控制要点进行阐述。

［关键词］ 基坑；支护；施工；控制

基坑支护应用于房屋建筑、地下工程、桥梁工程，以及其他一些基础设施，它的使命是确保主体工程基础部分的顺利实施，因此基坑支护成为一个必要的施工过程。但由于深基坑支护为临时建筑，不在建筑主体施工的范围内，为节省投资、降低成本及加快进度，业主、施工单位往往只强调基坑支护施工的临时性，而忽略了基坑支护施工的重要性、复杂性及风险性，认为只要基础工程完成时，基坑支护未垮掉便解决问题，有的施工单位甚至认为挖一个大坑、简单地处理一下坑壁即可，致使基坑施工时安全质量事故时有发生，不仅延误了工期，还造成了巨大的经济损失。本文阐述基坑支护不同阶段的控制要点。

1　施工准备阶段的控制要点

1.1　设计管理

设计方案的合理性是直接影响深基坑支护工程成败的关键因素，一个成功的深基坑支护设计方案应当经济合理、安全可靠、施工技术可行。在我国，深基坑的出现较晚，深基坑支护设计日趋成熟，但设计参数众多，地质不明因素的影响，使设计工作的难度加大。据资料统计，在基坑工程施工质量事故中，由于设计原因造成的事故占总数的44.3%。

1.1.1　深基坑支护设计过程存在问题

(1) 支护结构设计中土体的物理力学参数选择不当。深基坑支护结构所承担的土压力大小直接影响其安全度，但由于地质情况多变且十分复杂，要精确地计算土压力目前还十分困难，至今仍在采用库伦公式或朗肯公式。关于土体物理参数的选择是一个非常复杂的问题，尤其是在深基坑开挖后，含水率、内摩擦角和黏聚力三个参数是可变值，很难准确计算出支护结构的实际受力。

在深基坑支护结构设计中，如果对地基土体的物理力学参数取值不准，将对设计的结果产生很大影响。土力学试验数据表明：内磨擦角值相差5°，其产生的主动土压力不同；原土体的内凝聚力与开挖后土体的内凝聚力，则差别更大。施工工艺和支护结构形式不同，对土体的物理力学参数的选择也有很大影响。

(2) 基坑土体的取样具有不完全性。在深基坑支护结构设计之前，必须对地基土层进行取样分析，以取得土体比较合理的物理力学指标，为支护结构的设计提拱可靠的依据。一般在深基坑开挖区域内，按国家规范的要求进行钻探取样。为减少勘探的工作量和降低工程造价，不可能钻孔过多。因此，所取得的土样具有一定的随机性和不完全性。但是，地质构造是极其复杂、多变的，取得的土样不可能全面反映土层的真实性。因此，支护结构的设计也就不一定完全符合实际的地质情况。

(3) 基坑开挖存在的空间效应考虑不周。深基坑开挖中大量的实测资料表明:基坑周边向基坑内发生的水平位移是中间大两边小。深基坑边坡的失稳,常常以长边的居中位置发生。这足以说明深基坑开挖是一个空间问题。传统的深基坑支护结构的设计是按平面应变问题处理的。对一些细长条基坑来讲,这种平面应变假设是比较符合实际的,而对近似方形或长方形深基坑则差别比较大。所以,在未进行空间问题处理前而按平面应变假设设计时,支护结构要适当进行调整,以适应开挖空间效应的要求。

(4) 支护结构设计计算与实际受力不符。目前,深基坑支护结构的设计计算仍基于极限平衡理论,但支护结构的实际受力并不那么简单。工程实践证明,有的支护结构按极限平衡理论设计计算的安全系数,从理论上讲是绝对安全的,但有时却发生破坏;有的支护结构安全系数虽然比较小,甚至达不到规范的要求,但在实际工程中却满足要求。

极限平衡理论是深基坑支护结构的一种静态设计,而实际上开挖后的土体是一种动态平衡状态,也是一个土体逐渐松弛的过程,随着时间的增长,土体强度逐渐下降,并产生一定的变形。所以,在设计中必须充分考虑到这一点。

(5) 其他问题。无证挂单设计、盲目设计、地下水处理方法失误、支护方案选择不当等。

1.1.2 深基坑支护设计应注意事项

(1) 彻底转变传统的设计理念。近十几年来,我国在深基坑支护技术上已经积累了很多实践经验,收集了施工过程中的一些技术数据,已初步摸索出岩土变化支护结构实际受力的规律,为建立深基坑支护结构设计的新理论和新方法打下了良好的基础。但是,对于深基坑支护结构的设计,国内外至今尚没有一种精确的计算方法,多数是处于摸索和探讨阶段,我国也没有统一的支护结构设计规范。土压力分布还按库伦或朗肯理论确定,支护桩仍用“等值梁法”进行计算。其计算结果与深基坑支护结构的实际受力悬殊较大,既不安全也不经济。由此可见,深基坑支护结构的设计不应再采用传统的“结构荷载法”,而应彻底改变传统的设计观念,逐步建立以施工监测为主导的信息反馈动态设计体系。这是设计人员需要加强科研攻关的方向。

(2) 建立变形控制的新的工程设计方法。目前,设计人员用的极限平衡原理是一种简便实用的常用设计方法,其计算结果具重要的参考价值。但是,将这种设计方法用于深基坑支护结构,只能单纯满足支护结构的强度要求,而不能保证支护结构的刚度。众多工程事故就是因为支护结构产生过大的变形而造成的,由此可见,评价一个支护结构的设计方案优劣,不仅要看其是否满足强度的要求,而且还要看其是否产生环境问题,关键在于其变形大小。鉴于上述实际,在建立新的变形控制设计法时,应着重研究支护结构变形控制的标准、空间效应转化为平面应变和地面超载的确定及其对支护结构的影响等问题。

(3) 大力开展支护结构的试验研究。正确的理论必须建立在大量试验研究的基础上。但是,在深基坑支护结构方面,我国至今尚未进行科学系统的试验研究。一些支护结构工程成功了,也讲不出具体成功之处;一些支护结构工程失败了,也说不清失败的真实原因。在支护工程施工的过程中积累的技术资料很丰富,但缺少科学的测试数据,无法进行科学分析,不能上升到理论的高度,这是一个很大的缺陷。

开展支护结构的试验研究(包括实验室模拟试验和工程现场试验),虽然要耗费部分资金,但由于深基坑支护工程投资巨大,如经过科学试验再进行设计时,肯定会节省可观的经费。因此,工程现场试验是非常必要的。通过工程实践积累大量的测试数据,可对同类工程的成功打好基础，为理论研究和建立新的计算方法提供可靠的第一手资料。

(4) 探索新型支护结构的计算方法。高层建筑的飞速发展给深基坑支护结构带来一场技术革命。在钢板桩、钢筋混凝土板桩、钻孔灌注桩挡墙、地下连续墙等支护结构成功应用后，双排桩、土钉、组合拱帷幕、旋喷土锚、预应力钢筋混凝土多孔板等新的支护结构型式也相继问世。但是，这些支护结构型式的计算模型如何建立、计算简图怎样选取、设计方法如何趋于科学，仍是当前新型支护结构设计中急需解决的问题。

目前，深基坑支护结构正在向着综合性方向发展，即受力结构与水结构相结合、临时支护结构与永久支护结构相结合、基坑开挖方式与支护结构型式相结合。这几种结合必然使支护结构受力复杂。所以，建立新型支护结构的计算方法，已成为深基坑工程技术的当务之急。

(5) 加强人员管理和业务素质提高。首先，设计人员应具有较强力学知识(理论、材料、结构、流体、土力学)和地基与基础等多学科的知识，又要有丰富边坡支护设计经验，熟悉当地的水文地质状况和特点，在结合建筑及周围环境特点的基础上，设计出经济合理的深基坑支护方案。其次，工程人员在施工前应对方案进行认真审核，理解设计意图，及时与设计人员沟通以掌握方案，在施工组织时，使各个组成部分、各道工序协调有序。再次，业主方应了解深基坑支护的重要性，选择有经验的设计单位设计支护方案。

1.2 分包单位的选择

由于深基坑支护的特殊性，其施工应由具有施工资质与能力的专业分包队伍进行。施工单位的技术力量、整体素质是影响工程质量的重要因素之一，监理工程师应协助业主审查总包单位选定的专业队伍，选择社会信誉好、技术力量强、施工经验丰富的分包单位，最好有类似工程的施工经历，同时应防止层层转包，以防影响工程质量的现象发生。

1.3 施工专项方案审定

施工专项方案是具体指导施工的重要文件。但在目前，有些施工单位往往是照搬他人的方案；有的虽说是按具体工程的实际情况编制的，但控制要点不具体，措施针对性不强，基本上无指导意义。因此，监理工程师应认真审核施工单位提交的专项方案，对不能满足施工要求的，坚决要求其修改完善后按程序申报，特别复杂的方案可组织专家论证，待总监审批后方能实施。审核内容主要有：施工平面图、基坑的支护方式、基坑开挖方式、降水措施、施工工期、监测布置的合理性等。

2 施工阶段的控制要点

施工阶段是项目实施的关键阶段，监理工程师应根据地质勘探资料和当地水文气候条件，结合当地深基坑工程施工的经验和条件，确定工程的关键项目，要求施工单位制定专项施工方案报监理机构审核，并强调要制定突发事件的应急预案。

2.1 深基坑工程的施工

深基坑工程包括挖土、挡土、围护、防水等环节，是一项复杂的系统工程，任何一个环节的失误都有可能导致施工失败，甚至造成事故。施工单位要严格按照施工规程、经批准的施工组织设计及相关的技术规范组织施工，对各施工要点要制定具体措施，并加强过程控制。例如，确定土方开挖方案时，应对周围建筑物、构筑物进行拍照和录像，对地质勘测报告、周围建筑物及地下设施情况等信息进行分析，对特殊土质需精心组织施工，膨胀土地区不宜在雨季开挖，软土地区分层开挖的深度不宜太大。若挖土高差太大或挖土进度过快，极易改变土体原来的平衡状态，降低土体的抗剪强度，可导致土体快速滑移，这样不利工程监控，易造成坍塌事故。

2.2 深基坑周围土体止水效果的控制

在地下水位较高的地区，地下水对深基坑工程施工带来的危险程度是相当高的。地下水的来源一般为上层滞水、潜水、承压水、雨水及基坑周围的渗漏管道水，由于水的来源复杂，枯水期和丰水期水位变化的影响，在制定止水方案时应从深基坑工程的防水、降水和排水3个方面考虑，根据地质勘察部门提供的地质资料，深入分析地下水的成因，了解深基坑周围环境，对周边有建筑基坑，宜采用以堵为主，抽水为辅，否则会导致基坑周围土体与水体的流失，使建筑物不均匀沉陷，甚至发生坑底流沙、管涌等现象，增大了处理难度，拖延了工期，反之，以降水为主。止水帷幕是高水位地区深基坑支护工程中常用的止水措施，其施工方法主要有高压喷射注浆法、浆喷深层搅拌法、粉喷深层搅拌法和压力注浆法等。采用浆喷深层搅拌法进行止水帷幕止水施工时，如果止水帷幕的搅拌桩成桩质量不好，深基坑开挖后会出现渗水较多的现象。若此时再采用灌浆的方法进行处理，则延误工期、增加造价。因此，在该类止水帷幕施工时要注意以下几点：

(1) 保证桩体质量。确定合理的水泥浆掺加量，保证桩体搅拌均匀、桩长达到设计深度，避免桩头出现搅而无浆的情况，特别是在土层情况变异较大的地区，因搅拌桩的桩径不易控制，容易导致止水失效。

(2) 保证桩的搭接长度和密实度，杜绝空洞、蜂窝及桩头开叉的现象。

(3) 不得随意在基坑支护结构上开口，否则会影响支护结构的安全，也破坏了止水帷幕，导致地下水的渗入。

2.3 深基坑支护的信息化管理

深基坑施工的质量问题实质上是基坑的整体刚度和稳定性，即基坑支护结构是否会发生变形、是否会产生沉降及水平方向的位移或倾斜、支护结构是否有裂缝以及基坑底是否产生隆起和变形，若发生这些问题将导致基坑支护结构的失败。

2.3.1 基坑支护结构信息化管理的主要手段，是安排专业施工监测人员对基坑现场及周围建筑物进行监测，根据基坑开挖期间监测到的基坑支护结构或岩土变位等情况，比照勘察、设计的预期性状，动态分析监测资料，全面掌握位移变化的大小、方向、变化频率，对照报警标准，预测下一阶段工作的动态，及时对施工中可能出现的险情进行预报，超过位移设定的预警值时，应及时采取有效的应对措施，确保工程安全。

2.3.2 深基坑支护结构工程监测的主要内容有：支护结构顶部水平位移；支护结构沉降和裂缝；临近建筑物、道路的沉降、倾斜和裂缝；基坑底隆起的观测等。以上监测除每天进行目测之外，一般每8～10m设一个监测点，关键部位适当加密，开挖后每天监测3次，位移大时应适当加密。

2.3.3 观测结果要真实反映所测目标的动态趋势，并绘出变化曲线图，以传递险情前兆信息，找出险情发生的必要条件，如地质特性、支护结构、临近建筑物、地下设施等，结合相关的诱发条件，如气象条件、开挖施工、地下水变化等，根据基坑支护结构的稳定性计算结果进行科学决策，以排除险情。开挖较深的基坑时，还应测试支撑的内应力，当应力值达到设计值的90%(或支撑变形达10mm)时，要及时采取防范措施。另外，因现场施工情况复杂，监测点极易被破坏，要注意对监测点的保护。

2.4 突发事件的处理

建筑施工是一个投资大、周期长、参与人员多的过程，施工过程中会发生许多不可预见的事件。对于基坑支护结构的施工，更要做好应对突发事件的技术准备。常见的突发事件有：基坑内管涌、流沙；基坑支护局部出现成因不明的裂缝、沉降；气象异常，出现持续多日的狂风暴雨；相邻工地施工的影响，如降水、打桩、开挖土方；地下障碍物妨碍基坑支护结构或止水帷幕的施工等。事件发生后，及时启动应急预案，并会同相关单位研究解决办法。

2.5 基础施工时的控制要点

要使基坑的暴露时间不能过长，同时基坑开挖时应严格按设计要求进行。要掌握土方卸荷不能过快过长的原则，及时进行基础工程的施工，就能确保基坑支护的安全。

3 结束语

建筑基坑的开挖与支护结构是一个系统工程，涉及工程地质、水文地质、工程结构、建筑材料、施工工艺和施工管理等多方面。它是集土力学、水力学、材料才学和结构力学等于一体的综合性学科。支护结构又是由若干具有独立功能的体系组成的整体。深基坑工程的施工是一个循序渐进的过程，施工单位应按先设计、后施工的程序施工，并尽量做到边施工、边监测，还要遵循“分层开挖，先撑后挖，随挖随撑，对称均衡，限时限量”的原则，杜绝盲目施工和野蛮施工的现象，加强对整个深基坑施工过程的控制，保证工程顺利、安全地完成。

浅谈建筑基础的防腐蚀设计

何木兰 （新疆电力设计院）

［摘要］ 本文根据新疆电力设计院以往在几座发电厂、变电所中所做的防腐蚀设计情况简介有关建筑物基础、设备基础及与基础相连接的管沟、地面防腐蚀设计，并对今后有关建筑的防腐蚀设计提出几点意见，供同行们研究商榷。

［关键词］ 建筑物基础；设备基础；管沟；防腐蚀设计；废气；废液

1 前言

众所周知，腐蚀介质存在于自然界。大气中存在的氧与水汽，将直接或间接对许多建筑材料的腐蚀起着重要作用。许多工业部门生产中使用的有强烈腐蚀性的酸、碱、盐类和有机溶剂等化工原材料以及排放的废气、废液、废渣，对建筑材料的腐蚀危害更大。酸、碱、盐类介质都能溶解于水，它们常随着水的流散而扩大腐蚀范围。

建筑物的防腐蚀设计，必须遵循“预防为主，重点设防”的原则，积极设法排除产生腐蚀的根源和控制腐蚀的范围，重点、周密地采取防腐蚀措施。

2 几座火电厂、变电所基础防腐蚀设计简介

2.1 红雁池发电厂二期化学水处理室建筑防腐

因该化学水处理室使用有强烈腐蚀性的酸、碱、盐类介质，在盛有腐蚀介质物料容器的法兰接口及阀门等处，有可能发生“跑、冒、滴、漏”，对设备基础排水沟及相连接部位的地面设计，采用了环氧树脂玻璃钢复面防腐蚀措施。

过去我们设计化学水处理室、控制室内的调酸室、蓄电池室设备基础，是以普通混凝土为主体，在其上面和侧面用耐腐蚀胶泥（如沥青胶泥、水玻璃耐酸砂浆等），粘贴一层耐腐蚀的耐酸砖或缸砖即常称之为板块材贴面做法。

但经过对已运行的红雁池一期、苇湖梁发电厂、福建永安电厂一期化学水处理室的调查了解，发现凡是设备基础与管沟壁、底采用板块材做法的都有耐酸磁砖或缸砖剥落情况，因此在设计红厂二期化学处理室的设备基础、酸碱贮存池、中和水池、管沟以及附近地面时，我们改用了环氧树脂玻璃钢复面做法。该做法一般粘贴玻璃布 2～4 层，本工程中除盐设备的排水沟道，因酸、碱液的浓度均不高（一般不大于 4%），贴布二层；盐酸槽存放工业浓盐醒防腐要求高，贴布三～六层；设备基础贴布三层。基础、水沟及地面本体均为普通混凝土，为使玻璃布粘贴牢固，混凝土基础所有转角处均要做成圆弧形，圆弧半径 50mm。

环氧树脂玻璃钢的复面施工方法是：

（1）待设备基础、排水沟和酸、碱槽的水泥粉刷面充分干燥呈白色后，清除表面油污、净砂、尘土，以保证树脂与混凝土表面有良好的黏结力。

（2）在水泥面上先用环氧（酚醛）树脂打底，干后再刷树脂一层，并贴一层药用脱脂纱布。待充分干燥后，用环氧（酚醛）树脂将玻璃布贴在纱布上，干后，再继续贴第二、第三……层玻璃布，直贴至所需要的层数。只有在前一层充分干燥后，方可贴下一层，否则会影响施工质量。

为了增加表面的光洁度，可再刷一～二层不加填料的环氧酚醛树脂。

(3) 所使用的玻璃布，为无碱、无捻、粗砂方格玻璃布。如带腊的玻璃布，则需进行脱脂处理(250～300℃)。玻璃布的厚度以 0.3mm 为宜(排水沟道采用 0.5mm 也可)。玻璃布的接口应保持在 25mm 以上，贴玻璃布时应做到尽可能干整，无汽泡。若因疏忽，干后发现有汽泡时，可用凿子将汽泡凿去，再用玻璃布和树脂修补，这是很重要的。

2.2　哈密地区化工厂自备热电站建筑防腐

哈密化工厂自备热电站容量为 2×1000W。处于凹陷带冲洪积平原上。第四纪洪积层厚约 80m，上部主要为黏性土及砂土层，下部为砂砾石地层，第四纪以下为第三纪砾岩。建筑地段稳定，但地层垂直方向变化较大，0～5m 地层主要为轻亚黏土。由于地表有含硫酸盐量较大的工业废水下渗，使土层含盐量增高到 2.29%；SO_4 含量达 11 570mg/L，属结晶性强腐蚀，往往会使材料出现裂缝、疏松、层层脱皮等损坏现象。

因此，该厂房基础应采用高抗硫酸盐水泥为宜，同时需对其他地基做适当处理。在主厂房区域内应采取有组织排水，达到排水和防渗要求，以避免化工厂排出的工业废水大量下渗，造成地壳土的软化及腐蚀。要求原化工厂改建排水管线，保证对厂址的天然地基土不再渗入有害废水，以控制电站厂址下天然地基上被腐蚀的范围不再扩大。

从治本出发，厂房混凝土基础原设计采用高抗硫酸盐水泥，以达到防腐的目的，后因工期紧，无法解决该材料，防腐蚀措施改为参照包黏土层防腐和砌套层防腐的方法，采用沥青混凝土当外套层，内夯填砾卵石的方法，实际效果有待今后继续观察。

2.3　博斯腾湖纸厂自备热电站建筑防腐

该厂装机容量为 2×3000W～1×6000W。站址地质构造成因复杂，层理交错，岩性不一，均匀程度差，且是含有团块状的中等硫酸盐、干盐土岩土地基。特别是土层中含有大量的芒硝盐、碱等可溶性的有害物质，不能满足设计要求的地基应力及沉降控制值。防腐蚀的措施是：

(1) 在厂房范围内大开挖至设计标高－1.25m 处，该挖方土全部运至厂外指定地点堆放，不再回填；

(2) 在－1.2m 以下，按 A、B、C 轴分三列进行深开挖至－6.00m 处。挖方经抽样验证，可用作回填土的部分堆积于现场附近，不能作回填土的部分运至厂外指定地点堆放，挖槽宽度按钢筋混凝土基础外边线，外扩 3m 控制；

(3) 换填土按规范要求，采用压路机分层压实至－3.00m；

(4) 换填土的主要要求是：有害化学物质含量≤0.5%(全量)，换填土经压实后通过试验，使承载力达到 $R\geqslant 24t/m^2$，由此确定粒级配比；

(5) 基础侧面填土必须分层夯实，有害化学物质含量不得大于 0.5%；

(6) 基础的防腐蚀设计：

① 基础下设沥青混凝土垫层，垫层宽度超过基础每边宽 20cm(经现场讨论垫层已改为普通 100＃素混凝土)。

② 混凝土及钢筋混凝土外表分三次刷防腐层，第一道用 30% 20 号油沥青及 70%轻柴油比例的冷底子油；第二道用 1∶1 的冷底子油；第三道用耐热度为 75 度的热沥青玛蹄脂(经现场讨论将基底及侧面的防腐沥青玛蹄脂做法，改为用塑料薄膜防腐)。

③ 放置上下的砖砌体用 1∶3 水泥砂浆打底及抹面，再涂刷上述比例的三道沥青防腐层。

④ 基础边侧的基坑回填土，在基础边侧 30cm 范围内须选用卵石或较大粒径的碎石回填，其余部分的回填土中含盐量均不得大于 0.5%，回填时不得损坏基础表面的沥青防护层。

⑤ 地下埋管 ϕ165×5.5 的外表面作二层玻璃布三道热沥青玛蹄脂防护。

2.4　哈密红光 110kV 变电所建筑防腐

变电所址地下水位高(最高地下水位－0.5m)，地下水和土壤对建筑材料有较强的腐蚀性，且离正在生产的红星化工厂很近，又在其偏下风侧，化工厂的废气，废液都将对变电设备及建(构)筑物有空气污染和腐蚀作用。

为了避免最高地下水对电缆沟的侵害，将所有电缆沟做成地面式电缆沟。对建筑物基础的防腐蚀，设计人员做了两个设计方案供施工选用。但据反映，当时红光变电所实际施工皆未采纳，目前离地面 0.5m 左右范围内砖墙体已有剥落现象，有待今后进一步考察。上述两个防腐蚀设计方案是：

(1) 将主厂房的基础全部采用条形整体式现浇普通毛石混凝土，混凝土基础顶面标高高出室外自然地面 0.5m，待基础干燥后，再在基础外表面采取封闭式涂刷环氧沥青漆三道。条形基础底下必须作 20cm 厚的沥青灌碎石垫层；

(2) 将主建筑物的基础全部采用花岗岩块石＜或玄武岩块石)和用抗硫酸盐水泥(或矿渣水泥)调制的 50＃砂浆砌筑。块石基础顶面标高亦应高出室外自然地面 0.5m，不做垫层 (此法费用较高)。

除上述措施外，对所区采取换土措施，即将所有建筑物与构筑物及道路等结构所在地域的原自然地面挖除 40cm 厚，换填戈壁土或炉渣。对屋外构支架结构的防腐措施是：

所有构、支架及设备基础，均用抗硫酸盐水泥(或矿渣水泥)或相应的花岗碎石及砂调制的混凝土浇注，基础以下均需做 15cm 厚的沥青灌碎石垫层。

所有基础外表面的环型电杆部分高出设计地面 0.5m 范围内，均用环氧沥青漆涂刷三道。

屋外构支架横梁等所有钢结构部分均作封闭式涂刷无机锌涂料三道。

2.5　阿克苏 110kV 中心变电所

变电所址曾选择两次，第一次因硫酸根高达 5000mg/l，属强腐蚀土，且地势低洼，地下水位高，需用的高抗硫酸盐水泥一时又无法解决。第二次选址即现址，在大光毛纺厂五七连东南 250m×250m 范围内。该地下水硫酸根含量为 3162.11mg/l，为中等侵蚀性土。所址地层内有软弱层而且分布不均。故在主建筑物基础处采用混凝土梁加固；在粉砂层较厚的地段采取换土方法，用砂卵石夯填。防腐蚀处理设计为：

(1) 基础混凝土要求采用抗硫酸盐水泥；

(2) 垫层用碎石沥青垫层；

(3) 基础表面涂刷沥青，其做法是：

防潮层以下的墙身用 1∶25 水泥砂浆抹面 20mm 厚整平，待该层干燥及基础混凝土强度达到后(28d)，用溶于汽油的沥青冷底子油打底两遍，其相隔时间为 12～24h，干燥后再涂刷沥青二遍，涂层要布满，厚薄要均匀。

3　关于今后建筑防腐蚀设计的几点建议

3.1　要重视厂区总平面设计的防腐蚀措施

厂区总平面设计，要合理布置产生腐蚀性气体或粉尘的建(构)筑物。例如电厂化学水处理室、烟囱、中和池、酸碱贮存槽等工程，应布置在厂内主导风向的下风向地带。因为气体与粉尘扩散范围较广，如位置安放不适当，将扩大对邻近工程的腐蚀。电厂厂址或变电所址亦不宜放在有腐蚀破坏性气体、液体工厂的下风向或下游。例如哈密化工厂自备热电站与哈密红光变电所，它们分别处于芒硝露天场下游及红星化工厂偏下风侧，在这种情况，上风向和上游的废气、废水都对变电设备及建筑物有污染及腐蚀作用。为了作好总平面防腐蚀设计，必须周密收集和了解厂址的风速、风向、气压、湿度等资料；了解与研究建厂地区的地质情况，如土的类别、地下水位、地下水污染范围等。在地下水位较高的地区，建（构）筑物可能全部或部分浸在水中，当地下水含有溶解性盐类与酸类介质时，地下建（构）筑物会受到腐蚀危害。地下水腐蚀性的强弱同水质所含腐蚀介质直接有关，当地下水由于受到工厂大量排放的腐蚀性水的污染而具有腐蚀性时，所受污染的强弱与污染源间距离有关，较远时弱，较近时腐蚀性就强。

为了做好总布置设计，首先在选择厂址场地时，就应选择有良好土质的场地作为厂址，因为易遭腐蚀介质侵蚀的地基土，常导致建（构）筑物基础防腐蚀处理的复杂化，同时将增加工程费用。

3.2　做出经济合理、行之有效的建筑防腐蚀设计

建筑基础的防腐蚀处理，必须与地基土耐腐蚀性能相适应，不要片面追求过高的标准，以致工程造价相应增高。建设中所选用的各种建筑材料对腐蚀介质的耐腐蚀性能亦有差异腐蚀情况是多种多样的，故设计必须按照腐蚀介质的性质和侵袭情况，在建筑物的不同部位，分别选用耐腐蚀材料做防腐蚀处理。

房屋基础是承载整座建筑物所有荷载的构件，设备基础是承载设备重量的基墩，基础的牢固和地基的稳定关系着建筑物和设备的安全，我们若对遭受腐蚀威胁的建筑地基防腐处理有所忽视，就将使建筑物受到不应有的破坏。

结构物的基础一般不受外界物体碰撞，故可采用较普通且施工方便的耐腐蚀材料，如常用的沥青和沥青类材料。近几年有的电杆基础及建筑物基础也多采用环氧沥青漆（比前者稍贵），这些都是地下工程良好的防腐蚀材料，目前在我国已大量生产，广泛采用，效果较好。从治本出发，基础本体混凝土内仍应视腐蚀程度之不同，分别采用抗硫酸盐水泥或高抗硫酸盐水泥，以达到防腐的目的。

3.3　防腐蚀设计要注意“排放”和“封闭”

“排放”是指对含有腐蚀介质的水的排除、引出。由于工业生产的发展和多样化，工业废水的成分也复杂了，有的含大量的酸、碱或盐类介质，具有强烈的腐蚀性。对这类废水必须按规定排放（一般与清废水和生活污水的排放分开）。对排放腐蚀性废水的管道或沟道，要进行防漏与防腐蚀处理，使避免大量渗漏扩散。若忽视这部分处理，严重时将导致厂区道路塌陷，建筑基础毁损，甚至使电厂、工厂不能正常运行、生产。在防腐蚀设计中，对酸性与强碱性废水必须有中和处理，使达到规定排放标准后才可排放。

“封闭”是指将基础本体进行密封，使其与外界隔绝，达到防腐蚀的目的。房屋的基础一般是埋入地下的，大气中的腐蚀介质不易直接侵袭到基础本体。当腐蚀介质渗入地下后，由于基础外围土壤中有机杂质以及地下水的稀释作用，也能减弱对基础的腐蚀破坏，故腐蚀介质对地下的危害，一般由地面向下逐渐减弱。腐蚀严重的区域，一般在室外地面以下 750mm 深度范围内。当地下水位较高或外部有腐蚀性工业废水渗入时，将通过土壤的间隙及毛细作用而侵入基础本体，故有腐蚀性地下水侵袭的墙身基础，不宜采用砖砌体，可采用混凝土、毛石混凝土、毛石或料石砌体。

目前我国常采用封闭方法有以下几种：

（1）表面涂刷法。在基础表面涂刷沥青或沥青胶泥是多年来最常用的基础防腐蚀方法，具有施工方便、费用低廉的优点；

(2) 抹面法。在基础表面抹沥青砂浆与水泥砂浆，它对轻度腐蚀性较为方便、经济、适用；

(3) 外层包封法。当设计腐蚀程度较轻，地下水位较低的石砌基础时，可在基础外围包黏土层做"封闭"隔绝的防腐处理；当地下水被腐蚀介质污染，且酸碱浓度较大，腐蚀介质侵袭较严重时，在基础底面和侧面可用二毡三油包封，使基础与腐蚀性地下水隔绝，此即铺贴油毡进行防腐蚀做法；

(4) 砌筑套层防腐法。此法适用于厂区地下水位高于基础底面时，将套层的底作为基础垫层，壁可用砖或砌块、沥青混凝土等材料，目的是为了使基础底部、侧部不受腐蚀介质的侵袭，起到密封的作用。

参考文献

[1] 上海化学工业设计院.建筑防腐蚀设计

[2] 一机部仪表厂设计处.建筑防腐蚀材料手册

路堤荷载下刚性桩复合地基桩帽效应分析

周　峰[1]　李雄威[2]

（1 南京工业大学交通学院　南京　210009；

2 常州工学院土木建筑工程学院　常州　213002）

［摘要］ 路堤荷载下刚性桩复合地基的桩帽效应研究较少，理论研究滞后于工程实践。本文在分析路堤荷载作用下刚性桩复合地基中桩帽效应的基础上，通过理论分析、有限元计算、室内模型试验以及现场测试的方法，研究了桩帽以及桩帽尺寸的大小，对刚性桩复合地基中桩土分担比、加筋垫层的应力以及整体沉降特性等的影响。研究表明：桩帽的存在增加了桩顶与垫层之间的接触面积，起到均化桩顶集中力、减小桩顶向垫层刺入量的作用，使带帽刚性桩复合地基控制沉降的能力远好于不带帽刚性桩复合地基；桩帽尺寸逐渐增大，桩间土的应力明显减小，*Q-S* 曲线由“陡降型”向“缓变形”转变，有助于带帽刚性桩复合地基整体承载力的发挥，从而提高刚性桩复合地基的利用效率；从使用效果、充分利用材料及经济性的角度考虑，桩帽尺寸不宜过大或过小。

［关键词］ 刚性桩；桩帽效应；复合地基；路堤荷载

1　引言

刚性桩复合地基主要指 PTC 预应力管桩复合地基、CFG 桩复合地基和低强度桩复合地基等[1]。近年来，刚性桩复合地基不仅在工业与民用建筑工程中得到了广泛的应用，取得了大量研究成果，而且在高速公路软基处理中得到越来越多的重视[2][3]。

刚性桩复合地基用于高速公路处理深厚软土地基时，由于路堤荷载的特点和经济性的考虑，无法设置筏板，容易造成刚性桩桩体刺入路堤，引起路堤表面沉降不均匀，限制了刚性桩复合地基在高速公路深厚软基处理中的应用。为克服刚性桩过多产生上刺现象，在桩顶配置桩帽，增大桩体与垫层的接触面积，因此桩帽可起到均化桩顶应力、减小桩土不均匀沉降的作用，还可以通过在桩帽上设置加筋垫层进一步提高桩帽分担荷载的比例。但目前针对路堤荷载下刚性桩复合地基桩帽效应的研究还较少，其理论研究滞后于工程实践，因此对其开展研究，对进一步完善刚性桩复合地基在高速公路软基处理中的设计理论有重要的实践意义。

2　桩帽效应的数值分析

2.1　多拱计算理论

文献[4]采用考虑变曲率的多拱理论，建立的分析桩帽受力机理的理论分析模型如图 1 所示。

对图 1(b)所示的微单元，根据竖向静力平衡条件，可得下式：

$$-\sigma_z \cdot dA_u + (\sigma_z + d\sigma_z) \cdot dA_o - 4\sigma_\phi \cdot dA_s \cdot \sin\left(\frac{\delta\varphi_m}{2}\right) + \gamma dV = 0 \tag{1}$$

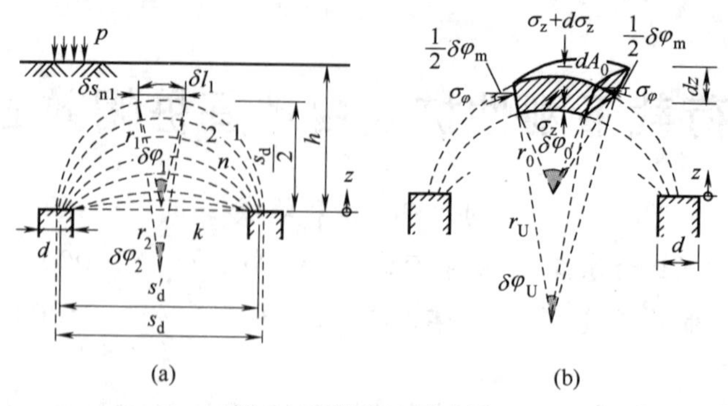

图 1　多拱理论示意图

其中：

$$dA_u=(r\cdot\delta\varphi)^2 \tag{2-1}$$

$$dA_O=(r+dr)^2\cdot(\delta\varphi+d\delta\varphi)^2\approx 2d\delta\varphi\cdot r^2\cdot\delta\varphi+2dr\cdot r\cdot\delta\varphi^2+r^2\cdot\delta\varphi^2 \tag{2-2}$$

$$dA_S=(r+\frac{1}{2}dr)\cdot(\delta\varphi+\frac{1}{2}d\delta\varphi)\cdot dz\approx dz\cdot r\cdot\delta\varphi \tag{2-3}$$

$$dV=(r+\frac{1}{2}dr)^2\cdot(\delta\varphi+\frac{1}{2}d\delta\varphi)^2\cdot dz\approx dz\cdot r^2 d\delta\varphi^2 \tag{2-4}$$

$$d\delta\varphi_m=\delta\varphi+\frac{\delta\varphi}{2} \tag{2-5}$$

$$\sigma_\varphi=\xi\cdot K\cdot\sigma_z \tag{3}$$

其中 K 为被动土压力系数，ξ 为土压力发挥系数，其他符号如图 2 中所示。

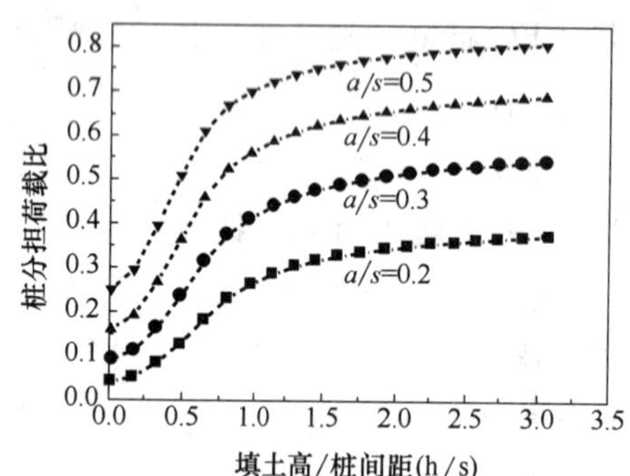

图 2　桩体荷载分担比与 a/s 以及 h/s 之间的变化规律

2.2　参数分析

定义桩体荷载分担比为桩或桩帽上所受荷载与单桩及其等效处理范围内总荷载之比。根据式(1)取路堤填料的内摩擦角 $\varphi=30°$ 时，计算桩体荷载分担比与桩帽尺寸 a 与桩间距 s 比值以及填土高 h 与桩间距 s 比值之间的变化规律，计算结果如图 2 所示。结果表明：随着填土高的增加，桩体荷载分担比迅速增加，随后逐渐趋于平稳，这是因为土拱进入塑性阶段后，桩体荷载分担比不能进一步增加；随着桩帽尺寸的增加，桩体荷载分担比急剧增大，当 $a/s=0.2$，桩体荷载分担比为 0.4 左右，而当 $a/s=0.5$，桩体荷载分担比达到了 0.8 左右，由此可见，桩帽尺寸对桩体荷载分担比起着关键性的影响作用，因此合理的增加桩帽尺寸，不仅可以明显的减小桩间土的应力，而且可以显著提高刚性桩复合地基的利用效率。这里应该明确的是，过大的桩帽尺寸，刚性桩复合地基的经济性会降低。

2.3　有限元计算

建立路堤荷载作用下刚性桩复合地基二维有限元分析模型，为进一步使分析模型接近实际，考虑将桩体模量及渗透系数在纵向按面积置换率折减等效处理，同时在刚度差异很大的桩土之间以及格栅与土之间设立接触面单元。另外，考虑到软土的特性，本算例还适当考虑了土体的固结对刚性桩复合地基整体受力性能的影响。地基土分为两层，软土层厚 10m，刚性桩桩长 12m，桩端进入持力层 2m，材料模型与参数如表 1 所示。

表 1 材料模型及参数

材　料	下 卧 层	软 土 层	桩	垫　层
材料模型	莫-库	莫-库	线弹性	莫-库
干密度(kN/m^3)	15.1	10.9	—	16
湿密度(kN/m^3)	19.2	16.5	18	18.2
变形模量(kN/m^2)	40 000	2900	1.13×10^6	40000
泊松比	0.3	0.35	0.15	0.25
黏聚力(kN/m^2)	23.5	6.6	—	30
内摩擦角(°)	17	5.7		0
渗透系数(m/d)	3.2×10^{-3}	3.8×10^{-4}	—	1.0

为考察桩帽的存在对刚性桩复合地基受荷性能的影响，定义桩体应力集中系数为桩或桩帽上方实际平均应力与上覆总应力之比。桩体应力集中系数以及上文定义的桩体荷载分担比是桩承式路堤设计计算的重要参数。

当桩帽的尺寸分别取 0、0.8m、1.0m、1.2m 以及 1.5m 时，图 3 及图 4 分别给出了上述两个系数随桩帽尺寸的变化情况。可以看出，随着桩帽尺寸的增大，桩帽的应力集中程度减弱，但分担的荷载比例却不断增加。当填筑 5.0m 路堤且固结 15 年后，桩体应力集中系数以及桩体荷载分担比有进一步增大的趋势。这表明虽然桩帽尺寸的加大减小了桩土之间的差异沉降，由此减小了土拱效应发生的程度，但由于其在桩间距一定的情况下加大了桩体的承载范围，因此进一步增大了桩体的荷载分担比例，在 1.5 m 桩帽尺寸下，固结前后的桩体荷载分担比已经几乎没有变化，表明此时桩土荷载分担早已稳定，固结不再对两者的分担比例产生影响。

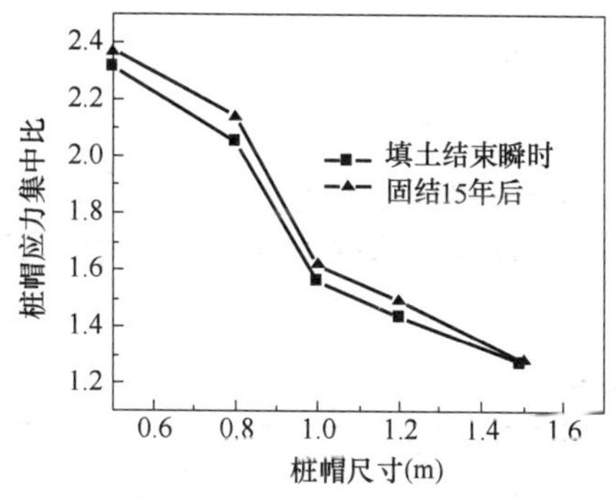

图 3　桩帽应力集中比随桩帽尺寸变化

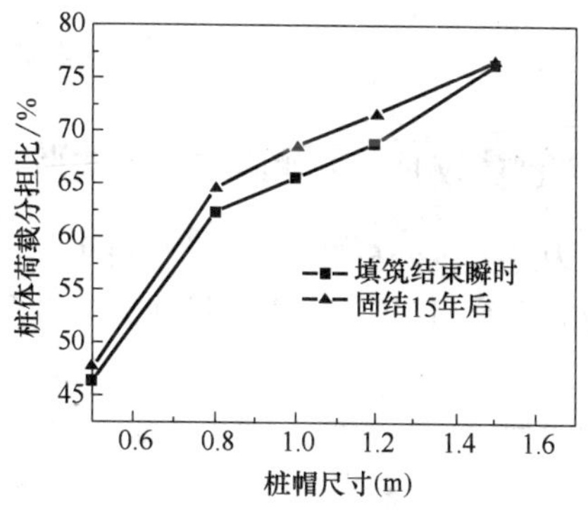

图 4　桩体荷载分担比随桩帽尺寸变化

为分析刚性桩复合地基桩顶设置加筋格栅时，桩帽的存在对其受力性能的影响。取格栅拉伸刚度为 1200kN/m，计算了路堤填筑 5.0m 结束瞬时格栅拉力随桩帽尺寸的变化情况，具体如图 5 所示。

从图 5 可以明显看出由于桩帽的设置，桩土之间差异沉降的减小，格栅的拉力也在减小，且设置的桩帽尺寸越大，格栅内部的拉力越小，因此从充分利用材料的角度考虑，如设置加筋格栅，则不建议采用太大的桩帽。从总体规律而言，半宽度路堤范围内格栅拉力仍呈锯齿状，且在桩或桩帽边缘取大值，在桩帽尺寸超过一定值之后，格栅拉力的变化就不再非常明显。图 6 给出了最大格栅轴力随桩帽尺寸的变化情况，可见和以前相同的规律。另外，如考虑土体固结，则固结结束后的最大轴力较之填筑结束瞬时进一步增大。

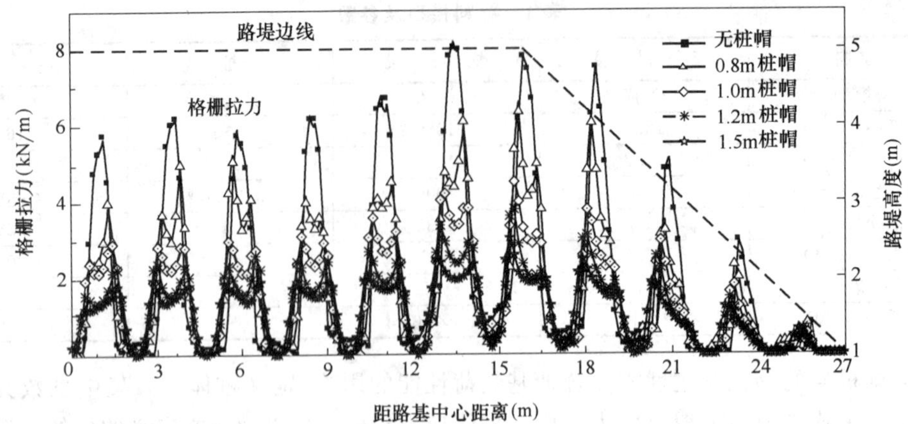

图 5　格栅轴力随桩帽尺寸的变化

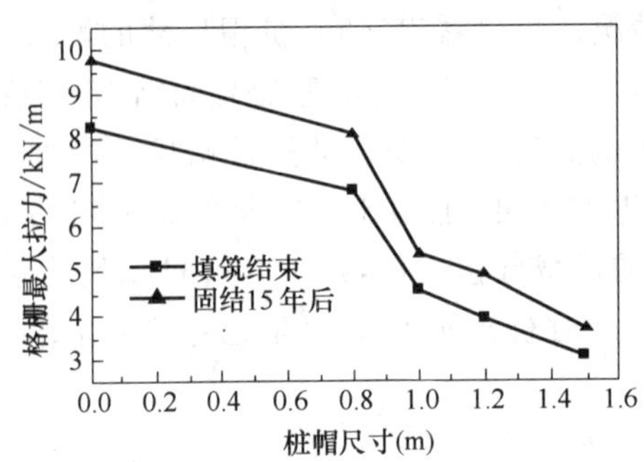

图 6　格栅最大轴力随桩帽尺寸的变化

3　桩帽效应的室内模型试验

为进一步分析桩帽效应，开展了不同桩帽尺寸的单板及带帽单桩的室内模型试验，试验共分为 3 个系列，具体分组和尺寸如表 2 所示。

表 2　单桩系列模型试验分组

试验项目		试验模型尺寸 桩长 L (cm)	桩径 d (cm)	承台板尺寸：长×宽×厚(cm^3)
系列 A	单板	——	——	8×8×2
	带帽单桩	50	2	8×8×2
系列 B	单板	——	——	12×12×2
	带帽单桩	50	2	12×12×2
系列 C	单板	——	——	18×18×2
	带帽单桩	50	2	18×18×2

试验结果如图 7 所示，可以看出，无论是单板试验还是带帽单桩试验，随着桩帽尺寸的变大，Q-S 曲线均由“陡降型”向“缓变形”转变，亦即随着桩帽尺寸的变大，刚性桩复合地基控制沉降的能力在逐渐增强。另外，从图 7 还可以看出，在单桩承载力相同的情况下，随着桩帽尺寸的逐渐增加，带帽单桩的整体承载力比对应单板的增幅也在逐渐增加，说明较大尺寸的桩帽更有助于发挥带帽刚性桩复合地基的整体承载力。

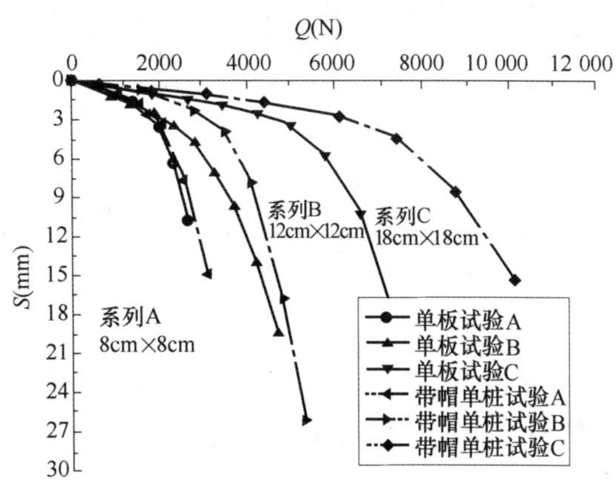

图 7　不同尺寸单板及带帽单桩 Q-S 曲线

3　桩帽效应的现场试验研究

某高速公路应用刚性桩复合地基处理深厚软土地基时，分别进行了相同条件下的带帽单桩(无垫层与有垫层)与不带帽单桩(有垫层)复合地基现场静载荷试验。刚性桩采用PTC400(70)，桩长 35m，桩端进入良好持力层。桩帽尺寸 1200mm×1200mm×400mm，加筋碎石垫层厚 40cm，碎石上部浇注 3000mm×3000mm×1000mm 的混凝土载荷板。试验结果如图 8 所示。

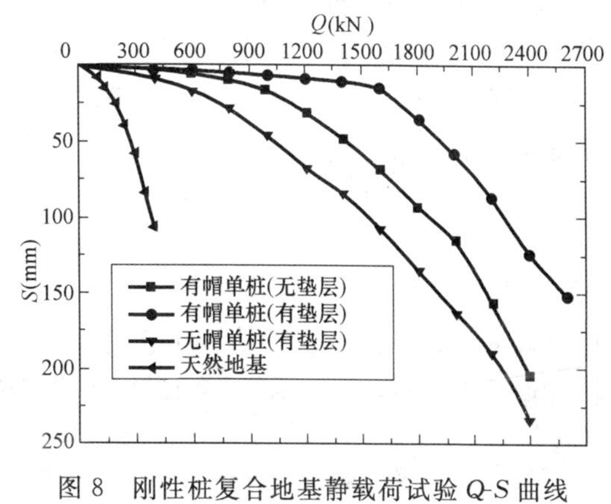

图 8　刚性桩复合地基静载荷试验 Q-S 曲线

分析带帽单桩以及不带帽单桩的 Q-S 曲线分布特征，从图 7 可以看出，刚性桩复合地基均比天然地基承载力提高了数倍。在控制沉降变形相等的条件下，无帽单桩比有帽单桩的极限承载力要小得多，无帽单桩复合地基的承载力也要比有帽单桩的复合地基承载力小得多，试验数据表明有帽单桩复合地基的承载力约是无帽单桩复合地基承载力的 1.8 倍，说明桩帽作用显著；反之，在相同荷载作用下，有帽单桩复合地基的沉降变形要比无帽单桩复合地基要小，即有帽单桩复合地基的控沉能力要比无帽单桩复合地基的控沉能力好。另外，无帽单桩复合地基的桩顶“上刺”变形量要比有帽单桩复合地基桩顶“上刺”变形量大得多，在极限荷载作用下，无帽单桩复合地基的桩顶上刺入变形量达 23.7cm 之多，而有帽单桩复合地基的桩顶“上刺”变形量不到 3cm，这也是常规刚性桩复合地基很难在高速公路软基处理中得以推广的原因。

对不同布置形式的刚性桩复合地基在单位高度路堤荷载作用下的沉降进行了现场测试，其结果如表 3 所示。可以看出，在其他条件相同的情况下，加了钢筋网的无桩帽复合地基在单位高度路堤荷载作用下沉降 2.17cm，远远大于没有加钢筋网的有桩帽复合地基的 1.84cm，说明路堤荷载作用下的刚性桩复合地基采用桩帽对控制沉降具有较好的效果。另外从表 3 还可以看出，同样设置桩帽，桩距较大有土工格栅的沉降小于桩距较小但没有土工格栅的情况，说明在桩帽顶设置加筋垫层对减小复合地基沉降亦有一定的作用。

表 3　不同布置形式下刚性桩复合地基沉降

间距	桩帽	垫层	沉降量/每米路堤荷载
2.5 m	无	碎石＋钢筋网	2.17 cm
2.5 m	有	碎石＋8%灰土	1.84 cm
3 m	有	碎石＋土工格栅	1.11 cm

4　结语

(1) 理论分析表明，合理的增加桩帽尺寸，不仅可以明显的减小桩间土的应力，而且可以显著提高刚性桩复合地基的利用效率。但桩帽尺寸过大，刚性桩复合地基的经济性会降低，工程应用上桩帽尺寸通常在 90～150cm 之间。

(2) 桩帽尺寸加大，土拱效应减弱，但桩体分担荷载加大；设置加筋格栅时，桩帽有削减格栅峰值应力的作用，但从材料的充分利用考虑，如设置加筋格栅，则不建议采用太大的桩帽。

(3) 室内模型试验显示，桩帽尺寸逐渐增大，不仅其 *Q-S* 曲线由“陡降型”向“缓变形”转变，也更有助于带帽刚性桩复合地基整体承载力的发挥。

(4) 桩帽增加了桩顶与碎石垫层之间的接触面积，对桩顶集中力起到均化作用，减小桩顶向垫层的刺入量，能够保证碎石垫层的整体效应。通过对试验段带帽桩复合地基的观测，路堤基本上不存在土拱现象。另外通过沉降观测可知：带帽刚性桩复合地基控制沉降的能力远好于不带帽刚性桩复合地基。

参考文献

[1] 龚晓南．复合地基理论及工程应用[M]．北京：中国建筑工业出版社，2002

[2] 余闯，刘松玉，杜广印．预应力薄壁管桩在公路软基处理中应用的试验研究[J]．工程勘察，2008(12)：1-4

[3] 雷金波，张少钦，雷呈凤，邹群．带帽刚性桩复合地基荷载传递特性研究[J]．岩土力学，2006(8)：1322-1326

[4] CHAPPELL B，HUGGINS G. Effect of backfill strength and stiffness on stope stability[J]. Australasian Institute of Mining and Metallurgy Publication Series，1998，2：213-217

对镇江市建科院基桩静载检测方法的质疑

崔秉安 （镇江市土木建筑学会 212003）

［**摘要**］ 在新的规范发布实施后，镇江市建筑科学研究院、镇江市建设工程质量检测中心，在基桩质量静载检测工作中，仍执行旧规范，将新规范只作为参照，这是不妥的。

［**关键词**］ 基桩；静载检测；终止加载；总沉降量；极限承载力；第二拐点

1 一份《基桩质量检测报告(静载)》

手头有一份在新规范发布实施几年后的《报告》，封面盖有镇江市建设工程质量检测中心、镇江市建筑科学研究院两家的检测报告专用章，里面写明检测方法：

“采用接近于竖向抗压桩的实际工作条件的方法，逐级加载，读记沉降量，根据荷载～沉降曲线特征确定单桩竖向抗压极限承载力。整个试验过程执行中华共和国行业标准《建筑桩基技术规范》(JGJ94—94)附录C：单桩竖向抗压静载试验，并参照中华人民共和国行业标准《建筑桩基检测技术规范》(JGJ106—2003)和中华人民共和国标准《建筑地基基础设计规范》(GB 50007—2002)附录Q：单桩竖向静载荷试验要点。”

“加载终止条件：当出现下列情况之一时，即可终止加载：

(1) 某级荷载作用下，桩的沉降量为前一级荷载作用下沉降量的5倍；

(2) 某级荷载作用下，桩的沉降量大于前一级荷载作用下沉降量的2倍，且经24h尚未达到相对稳定标准；

(3) 已达到设计要求或委托最大加载量。”

2 对镇江市建科院基桩静载检测方法的质疑

先列出几种规范对慢速维持荷载法中终止加载条件、极限承载力确定方法两项操作标准，见表1。由表1可以看出，终止加载条件一项第1条，“90规范”、“00规范”、“02规范”、“03规范”等都同时有桩顶总沉降量≥40(50)mm的规定；“94规范”却没有，这是片面的；而镇江建研院至今仍延用“94规范”过时的条文，是错误的。极限承载力确定方法一项，“94规范”第1条，将“80规范”中第2条1款中“明显陡降的起始点”后面括号内的“第二拐点”4字删去，相应取消了“80规范”中的图示，容易引起误解。《上海市标准·地基基础规范》(DBJ08-11-89、1999)确定试桩的极限承载力方法之一是：“在Q～S曲线上取第二拐点所对应的荷载”。说明“第二拐点”是很重要的特征。

3 对镇江市建科院基桩静载检测结果的质疑

3.1 抽检5根桩，有4根桩被判为承载力检测不合格

2002年7、8月，镇江市建科院、市检测中心检测了我公司监理的索普新村8＃住宅楼5根灌注桩，试验采用慢速维持荷载法，加载反力装置采用堆载，最大加载值均为单桩设计极限承载力。试验报告单桩极限承载力按照JGJ94-94规范取值，判1＃桩合格，4＃桩不合格，见表2。用该报告技术负责人的话说，他们就是用Q～S曲线的第一拐点取值。

表1　慢速维持荷载法两项操作标准比较表

	工业与民用建筑灌注桩基础设计与施工规程（JGJ4—80）	浙江省标准建筑软弱地基基础设计规范（DBJ10—1—90）(试行)	建筑桩基技术规范（JGJ—94—94）	公路桥涵施工技术规范（JTJ041—2000）	建筑地基基础设计规范（GB 50007—2002）	建筑基桩检测技术规范（JGJ106—2003）
终止加载条件	1. 某级荷载作用下，桩的沉降量为前一级荷载作用下沉降量的5倍； 2. 某级荷载作用下，桩的沉降量大于前一级荷载作用下沉降量的2倍，且经24h尚未达到相对稳定； 3. 荷载已超过确定的极限荷载二级以上，或荷载超过极限荷载经36h仍不稳定	1. 试桩在某级荷载作用下的沉降增值大于前一级荷载作用下沉降增值的5倍，且桩顶的总沉降值已超过50mm； 2. 试桩在某级荷载作用下的沉降增值大于前一级的两倍，且经24h尚未稳定； 3. 试桩桩顶的总沉降值已超过100mm； 4. 桩端支承在坚硬基岩(土)层上，桩的总沉降值很小，但总加载值已不小于设计值的两倍； 5. 锚桩桩顶上拔值已达到15mm，或设计规定的数值	1. 某级荷载作用下，桩的沉降量为前一级荷载作用下沉降量的5倍； 2. 某级荷载作用下，桩的沉降量大于前一级荷载作用下沉降量的2倍，且经24h尚未达到相对稳定； 3. 已达到锚桩最大抗拔力或压重平台的最大重量时	1. 总位移量大于或等于40mm，本级荷载的下沉量大于或等于前一级荷载的下沉的5倍时，加载即可终止； 2. 总位移量大于或等于40mm，本级荷载加上后24h未达稳定； 3. 巨粒土，密实的砂类土以及坚硬的黏质土中，总下沉量小于40mm，但荷载已大于或等于设计荷载×设计规定的安全系数； 4. 施工过程中的检验性试验，一般加载应继续到桩的2倍的设计荷载为止	1. 当荷载～沉降（$Q\sim S$）曲线上有可判定极限承载力的陡降段，且桩顶总沉降量超过40mm； 2. $\frac{\Delta S_{n+1}}{\Delta S_n}\geqslant 2$，且经24h尚未达到稳定； 3. 25m以上的非嵌岩桩，$Q\sim S$曲线呈缓变型时，桩顶总沉降量大于60～80mm； 4. 在特殊条件下，可根据具体要求加载至桩顶总沉降量大于100mm	1. 某级荷载作用下，桩顶沉降量大于前一级荷载作用下沉降量的5倍 注：当桩顶沉降能相对稳定且总沉降量小于40mm时，宜加载至桩顶总沉降量超过40mm。 2. 某级荷载作用下，桩顶沉降量大于前一级荷载作用下沉降量的2倍，且经24h尚未达到相对稳定标准； 3. 已达到设计要求的最大加载量； 4. 当工程桩作锚桩时，锚桩上拔量已达到允许值； 5. 当荷载—沉降曲线呈缓变型时，可加载至桩顶总沉降量60～80mm；在特殊情况下，可根据具体要求加载至桩顶累计沉降量超过80mm
极限承载力确定方法	1. 根据沉降随时间的变化特征确定极限荷载： 取S-lg$t$曲线尾部出现明显向下弯曲的前一级荷载为极限荷载(图1)； 2. 根据沉降随荷载的变化特征确定极限荷载： (1)取P-S曲线发生明显陡降的起始点(第二拐点)所对应的荷载为极限荷载(图2)； (2)取S-lg$p$曲线出现陡降直线段的起始点所对应的荷载为极限荷载(图3)。 3. 根据沉降量确定极限荷载：沉降量取值标准可根据各地区的经验确定	1. 根据桩顶沉降随荷载的变化特征，取$Q\sim S$或S-lg$Q$曲线上明显陡降段的起点所对应的荷载为极限承载力。采用S-lg$Q$曲线分析时，取第二折点对应的荷载为极限承载力； 2. 根据桩顶沉降随时间的变化特征，取S-lg$t$曲线尾部明显向下曲折的前一级荷载为极限承载力； 3. 符合第3项终止加载规定时，一般可取终止荷载的前一级荷载为极限承载力； 4. 符合第4项终止加载规定时，可取最大加载值为极限承载力； 5. 对于直径或桩宽在550mm以下的预制桩，当某级荷载Q_i作用下，其沉降值与相应荷载增值的比值$\frac{\Delta S_i}{\Delta Q_i}\geqslant$0.1mm/kN时，取前一级荷载$Q_{i-1}$为极限荷载	1. 对于陡降型$Q\sim S$曲线取$Q\sim S$曲线发生明显陡降的起始点； 2. 对于缓变型$Q\sim S$曲线，一般可取$S=40\sim 60$mm对应的荷载，大直径桩可取$S=0.03\sim 0.06D$（D为桩端直径，大桩径取低值，小桩径取高值）所对应的荷载；对细长桩（$l/d>80$）可取$S=60\sim 80$mm对应的荷载； 3. 取S-lg$t$曲线尾部出现明显向下弯曲的前一级荷载值	1. 符合第1、2项终止加载规定时，取此终止时荷载小一级的荷载为极限荷载 2. 符合第3项终止加载规定时，取此时的荷载为极限荷载 3. 符合第4项终止加载规定时，如果桩的总沉降量不超过40mm，及最后一级加载引起的沉降不超过前一级加载引起的沉降的5倍，则该桩可以予以检验； 4. 极限荷载的确定有时比较困难，应绘制$Q\sim S$曲线、s-t曲线确定，必要时还应绘S-lg$t$、S-lg$Q$曲线、S-(1-Q/Q_{max})曲线等综合比较，确定比较合理的极限荷载取值	1. 作荷载～沉降（$Q\sim S$）曲线和其他辅助分析所需的曲线； 2. 当陡降段明显时，取相应于陡降段起点的荷载值； 3. 符合第2项终止加载规定时，取前一级荷载值； 4. $Q\sim S$曲线呈缓变型时，取桩顶总沉降量$S=40$mm所对应的荷载值，当桩长大于40m时，宜考虑桩身的弹性压缩； 5. 按上述方法判断有困难时，可结合其他辅助分析方法综合判定。对桩基沉降有特殊要求者，应根据具体情况选取	1. 对于陡降型$Q\sim S$曲线，取其发生明显陡降的起始点对应的荷载值； 2. 取S-lg$t$曲线尾部出现明显向下弯曲的前一级荷载值； 3. 符合第2项终止加载规定时，取前一级荷载值； 4. 对于缓变型Q-S曲线可根据沉降量确定，宜取$S=40$mm对应的荷载值；当桩长大于40m时，宜考虑桩身弹性压缩量；对直径≥800mm的桩，可取$S=0.05D$（D为桩端直径）对应的荷载值

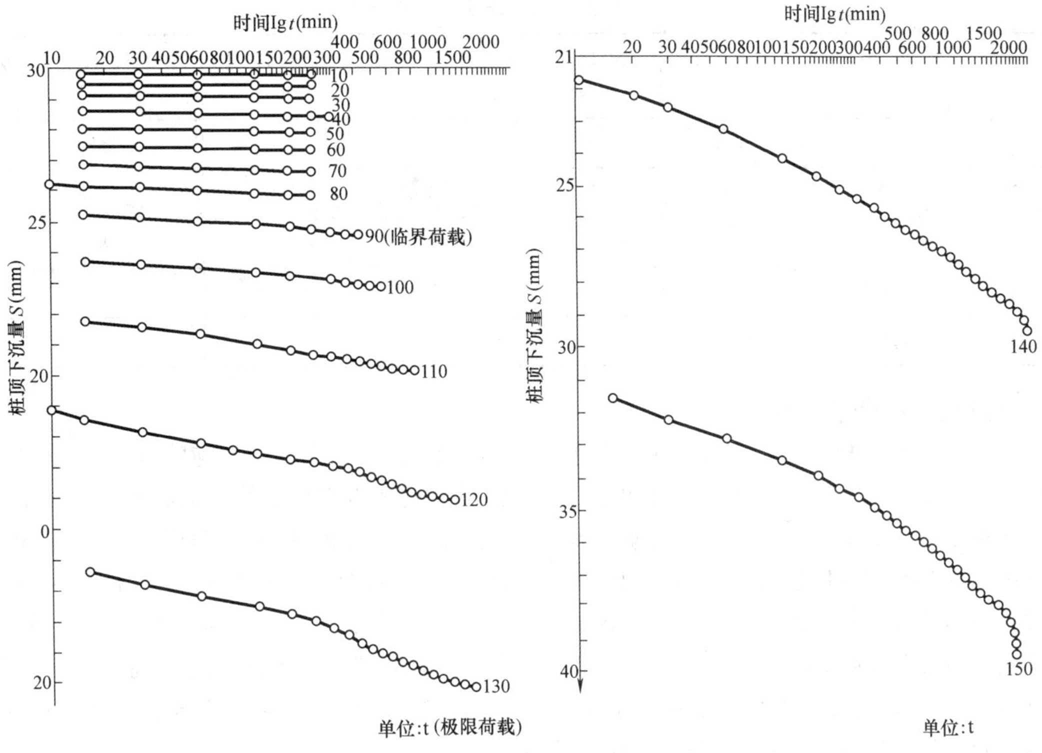

图 1　S-lg$t$ 曲线

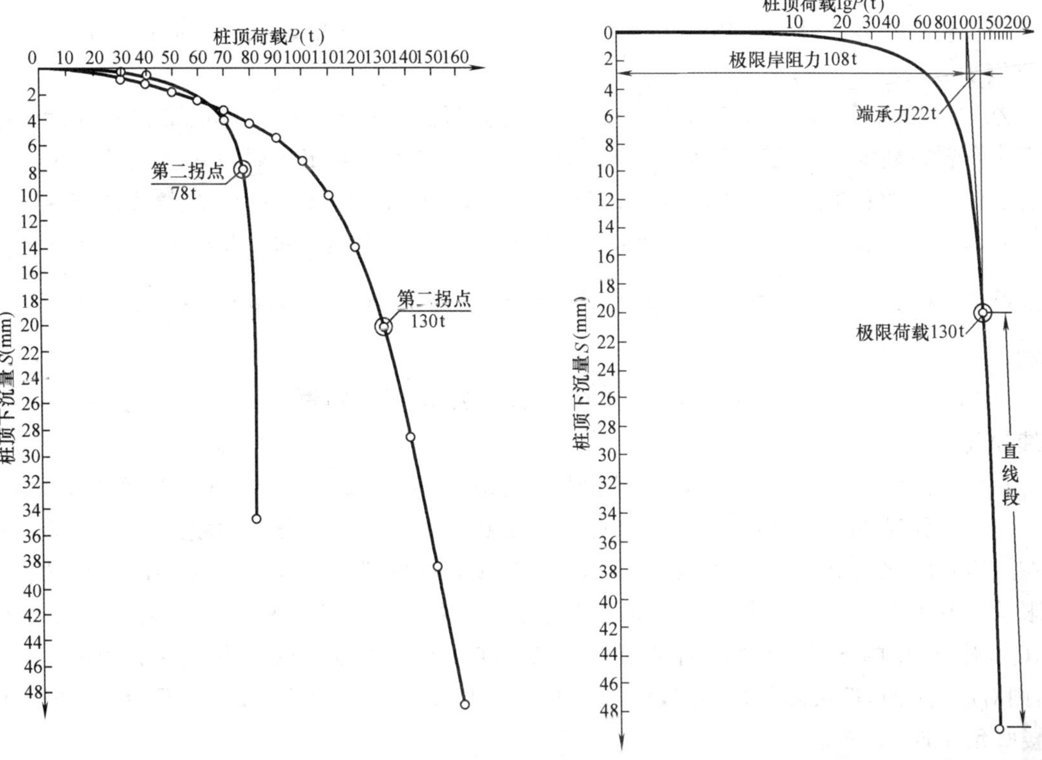

图 2　P-S 曲线

图 3　S-lg$P$ 曲线

表 2 抽检桩的有关参数汇总表

桩号	设计桩长 (m)	检测桩长 (m)	设计极限承载力 (kN)	累计沉降量 (mm)	累计回弹量 (mm)	单桩竖向极限承载力 (kN)
1	12.8	16.4	820	2.95	2.06	>820
26	20.0	20.1	1510	33.37	6.07	1359
28	15.5	15.5	1050	47.91	5.32	840
135	20.0	20.0	1510	18.18	4.67	1359
137	12.8	13.0	820	11.55	4.01	738

3.2 抽检桩的承载力取值分析

按照基桩总监理工程师丁善新手抄的静载试验原始记录，根据已经实施的《建筑地基基础设计规范》(GB 50007—2002)附录Q单桩竖向静载荷试验要点提出的终止加载条件和确定单桩竖向极限承载力的方法，并参照《工业与民用建筑灌注桩基础设计与施工规程》(JGJ 4-80)，上海市标准《地基基础设计规范》(DBJ 08—11—1999)，由测试数据，作荷载～沉降($Q\sim S$)曲线和其他辅助分析所需的曲线，"在$Q\sim S$曲线上取第二拐点所对应的荷载"为确定试桩的极限承载力，见图4，则26#、28#、135#、137#四桩的实测单桩极限承载力均达到设计极限承载力的要求，分别比原先试验报告的取值大1～2级荷载。28#、135#桩的S-lgt曲线均未出现报告所说的"尾部明显向下弯曲"的情况，见图5。具体分析如下：

26#桩　△10/△9＝24.32/4.04＝6＞2，经5.5h(小于24h)沉降达到稳定；$S10$＝33.37mm＜40mm；可继续加载。

28#桩　△9/△8＝12.98/1.64＝7.91＞2，经12.5h达到稳定，$S9$＝19.18mm＜40mm；可继续加载。

△10/△9＝28.45/12.98＝2.19＞2，经19h达到稳定，但$S10$＝47.63mm＞40mm；可终止加载。(若按《建筑软弱地基基础设计规范(DBJl0—1—90)》，对于软弱地基，终止加载的条件之一："试桩顶的总沉降值已超过100mm"；$S10$＝47.63mm＜100mm；则可继续加载。)

135#桩　△9/△8＝2.8/0.88＝3.18＞2，经9.5h达到稳定，$S9$＝7.75mm＜40mm，可继续加载，△10/△9＝$\frac{10.43}{2.8}$＝3.77＞2，经14.5h达到稳定，$S10$＝18.18mm≪40mm；可继续加载。

137#桩　△9/△8＝1.13/0.37＝3.05＞2，经2.5h达到稳定；$S9$＝5.36mm＜40mm；可继续加载。

△10/△9＝6.19/1.13＝5.48＞2，经6h达到稳定；$S10$＝11.55mm＜40mm；可继续加载。

由上面看到，除28#桩加载至$Q10$即设计极限承载力时，达到终止加载条件外，其余3桩均在加到$Q10$之后，还可继续加载，只是因为事先没有准备超载而作罢，当取$Q10$作桩的实测极限承载力时，除以安全系数2，为单桩竖向承载力特征值Ra(过去称标准值R_k)，Ra＝$Q10$/2＝$Q5$，对应$Q5$的$S5$沉降值，4桩分别为1.79，3.06，2.48，2.94mm，若超载系数均按1.4考虑，则对应$Q7$的$S7$沉降值也不大，4桩分别为2.84，4.56，4.07，3.86mm，均是为7层砖混住宅楼所允许的。

又拟建场地属阶地内的低凹部位，面层为新近填土，厚3～5m，26#、135#桩的堆载加于

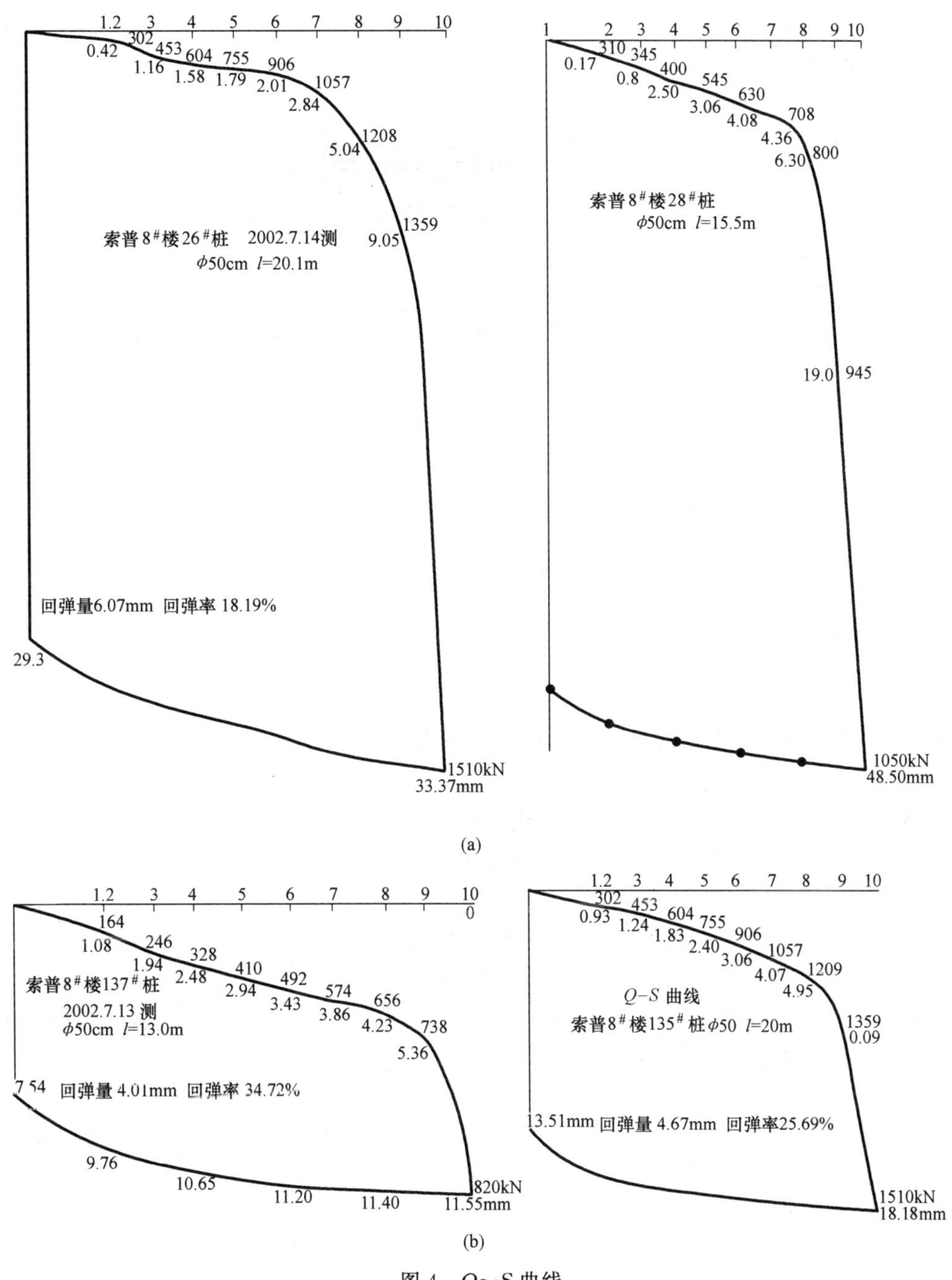

图 4 $Q\sim S$ 曲线

地基的压应力达 210kPa,大大超过新填土地基承载力特征值;有 4 根基准桩与压重平台支墩边的距离分别为 1.2,1.4,1.5,1.85m,均小于 2m:在试桩加载的过程中,平台支墩不断卸载,附近地面反弹,固定在地面上的基准桩随之上升,加大了沉降值的读数,延长了沉降稳定时间,由 S-lg$t$ 曲线能看出其影响。在试桩卸载的过程中,平台支墩不断加载,附近地面沉降,基准桩随之下降,加大了回弹值的读数。又测量沉降的 4 个百分表,其累计沉降量的极差,26#、135#桩分别为平均值的 34%、37%,似乎除了堆载等影响基准桩、基准梁的升降不同外,量测仪表的精度也是问题,而且试验者也要严格遵守有关规定,规范操作。

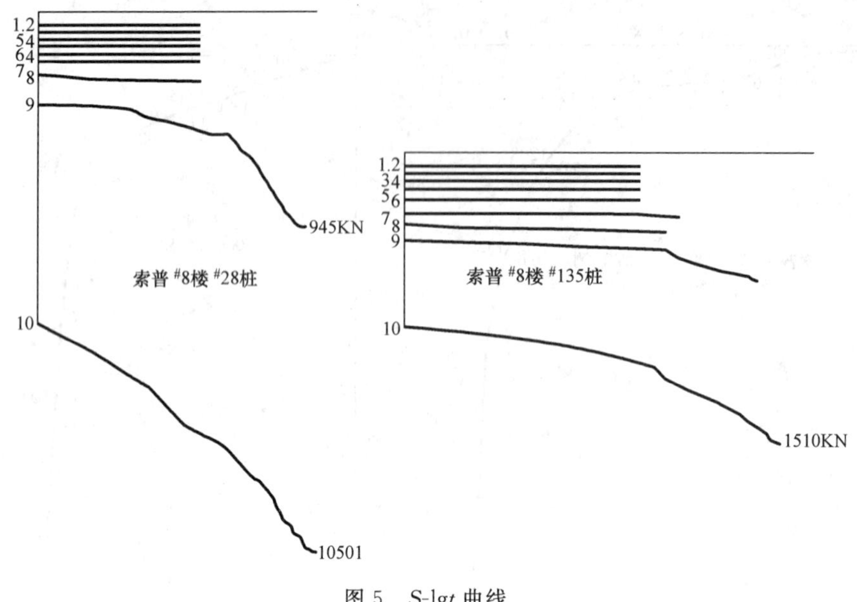

图 5　S-lg*t* 曲线

4　结束语

在 JGJ 94—94 中将 JGJ4—80“取 P-S 曲线发生明显陡降的起始点(第二拐点)所对应的荷载为极限荷载”这句话括弧中的“第二拐点”4 个字删去,又将 DBJ10—1—90 终止加载条件第 1 条关于桩顶总沉降量的一句删去,是不妥的。这引起一些本来合格的桩被误判为承载力检测不合格。表 1 中 JGJ 106—2003 终止加载条件第 1 条,不如 GB 50007—2002 相应第 1 条那么明确,似乎还保留了 JGJ 94—94 的某种影响。

参考文献

[1]　崔秉安．某基桩静载荷试验报告的取值问题探讨．现代结构工程技术开发应用与展望．北京:中国水利水电出版社,知识产权出版社,2003. 224-225.

消除移民工程中的墙体裂缝处治措施

马国会[1]　王自权[2]

（1. 河南省宛南建筑公司；2. 新野县工程质量监督站）

[摘要]　本文介绍了移民工程中墙体裂缝的类型，分析产生原因并提出相应的防治措施。

[关键词]　移民工程；墙体裂缝；现象；成因；防治措施

丹江口移民工程一期搬迁目前已基本结束，从目前情况看，移民房屋建设出现的质量通病中墙体裂缝较多，特别是顶层的墙体裂缝较为明显。本文结合工作实际，对移民建房顶层较易出现的墙体裂缝进行探讨。

移民房屋出现墙体裂缝已成为移民和工程施工人员头痛的问题。本人结合在移民工作中的实践认为：劣质施工固然会导致墙体开裂，但顶层设计如未采取构造措施或措施不力，也会出现类型不同的墙体裂缝。

1　裂缝产生的类型

（1）横墙及内纵墙端部的"八"字缝，其特点是呈"八"字形，缝宽能达3mm，随气温升、降而展开或闭合。

（2）山墙上部及外纵墙（尤其是两端）窗洞口上角的水平裂缝，缝宽较小，一般不变。

（3）出现在横墙端部附近的竖向缝，其位置在外纵墙与横墙交接处构造柱伸出的拉结筋以外，离构造柱约1.0～2.5m，从砌体顶部延伸至底部逐渐消失，上部宽度最大达3mm，随温度而变化。

（4）挑檐及挡板上的横向裂缝。后者在梢端最大，至根部或檐口梁逐步消失，严重者导致檐口圈梁开裂，甚至其下部砌体每隔一定距离就有一道裂缝，随温升而闭合。

2　产生裂缝的原因分析

（1）目前建筑结构设计规范仅给出了预防温度的措施，如设伸缩缝、增加屋顶保温隔热层，而对温度应力未给出明确要求及计算方法，因此一些设计人员在设计时未进行温度变形计算。

（2）屋面长时间受阳光辐射，如果屋面板上未设有效的保温隔热措施，屋面板温度将大大高于其下的墙体，在炎热夏季达2倍以上，且在相同温度下钢筋混凝土的线膨胀系数是砖砌体的2倍，因此屋盖变形很大，对其下部与之连接的砖砌体产生水平推力。作用在砖砌体上的水平推力与其所受压力构成了主拉应力，当超过砌体的抗剪强度时，就会导致墙体开裂。在横墙及内纵墙两端易形成斜裂缝（八字缝）；在外纵墙两端因一般开有大窗洞，窗间墙体薄弱而易产生水平缝；在山墙上，檐口梁内外侧温差较大，内外不均匀变形使该梁具有外拱趋势，加上前述主拉应力作用会出现水平缝。移民工程大多数是屋面板与圈梁结合，再与构造柱拉结，则屋面板刚度很大，屋面板的变形应力几乎全部传到构造柱上，巨大的水平推力将通过柱上的拉筋拉裂其附近横墙墙体，形成竖向缝，在纵墙上则形成水平缝。

(3) 挑檐及挡板裂缝是由于结构计算时仅按强度计算配筋，纵向筋按构造配置过少，同时挡板过大、过长、过薄，温降时收缩应力超过混凝土的抗拉强度而开裂，严重时导致圈梁及其下部砌体开裂。

3 裂缝的结构防治措施

(1) 增强屋面板的保温隔热。一些设计者认为移民工程多为一至二层建筑且为农村民宅，不设屋面保温层忽略了对混凝土板的保温隔热作用。其实应增设保温层以增加屋面的热阻值，或设架空隔热板，其减少温度应力对墙体的作用。

(2) 加强顶层墙体的整体性。顶层应设置纵横向整圈梁。房屋两端是裂缝多发区，应重点加强。可在端部未设有构造柱的纵横墙交接处增设抗裂柱，其构造同构造柱，两端锚入上、下层圈梁上。同时端开间内纵墙避免设过宽窗洞，以增加窗间墙体水平抗剪力。

(4) 提高顶层墙体砌筑砂浆标号。许多设计人员考虑顶层墙体受压力较小将其砂浆标号较下层降一级，如从 M5.0 降为 M2.5。实际上考虑到抗裂的要求，顶层砂浆标号不宜低于 M5.0。

(5) 避免设高而长的挑檐，增加挡板厚度，纵向按计算配置抗裂配筋。设计注明分段浇筑，减少混凝土用水量，冬天浇混凝土时设后浇带，掺 UEA 膨胀剂。

4 裂缝的补救处理措施

对已出现裂缝的墙体采取以下的补救处理措施。

4.1 密封法

对于墙体中随温度变化的裂缝，采用密封法较好。

(1) 简单密封法。将裂口开槽，宽度至少在 0.6mm 以上，清除裂槽上的污物碎屑，干燥槽口，嵌入密封材料。密封材料一般选用聚氯乙烯胶泥、环氧胶泥、聚酯酸乙烯乳液砂浆等。

(2) 弹性密封法。沿裂缝凿出一个矩形断面大槽口，槽口的两侧面应凿毛，以增加与弹性密封材料的黏接力。槽底设置隔离层使密封材料不直接与底层墙体黏结，避免弹性材料撕裂。槽口宽度至少为裂缝预期张开量的 4-6 倍。密封材料可选用丙烯酸、硅树脂、聚氨酯、合成橡胶类。

4.2 抹浆、喷浆法

对于裂缝较多又贯穿的墙面，可用钢筋或钢丝网绑扎于墙身两面，外抹 M10 水泥砂浆或满喷混凝土。这不但可消除、控制众多裂缝的扩大，而且可大大增加墙体的抗剪强度。

采用抹浆法，在施工前先将原墙体的抹灰层凿掉，双面用φ6@200 钢筋网片夹住墙体，电钻打墙眼，穿 ϕ6@500 拉结筋固定两面钢筋网片，然后冲洗干净，再抹 30mm 厚高强度水泥砂浆面层。施工时应保持砌体表面湿润，确保配筋砂浆或混凝土与原墙体黏结良好。

喷浆法是将混凝土射入裂缝内。混凝土与墙体有良好的咬合和黏结作用，尤其是裂缝错位 50mm 以下时，用此法加固较好。混凝土的配合比为水泥:砂:石子＝1∶2∶(1.5～2.0)，材料用 32.5 普通硅酸盐水泥、中粗砂和粒径小于 15mm 的石子。

采用双罐式(冶建-65 型)混凝土喷射机、风量不小于 $9m^3/min$ 的空压机，喷射时尽量使喷头垂直于墙面。先喷裂缝和空洞处，喷头距墙面 400～700mm；然后喷墙面，喷头距墙面 1m 左右。喷射 1～2h 后开始对墙面进行养护，保持表面湿润不小于 7d。

参 考 文 献

［1］ 施楚贤.砌体结构.中国建筑工业出版社

［2］ 王赫.建筑工程质量事故分析.中国建筑工业出版社

鹤壁地区挖孔桩基础的检测与验收

张新成

（河南省鹤壁市建筑业协会　鹤壁　458030）

［摘要］ 随着鹤壁地区高层建筑和大型共建越来越多，桩基工程应用越来越广泛，本文对在建设过程中施工、监理人员对桩基检测与验收遇到的基底岩样取样数量、桩身质量检验、桩身砼取样、单桩竖向承载力检测、桩身完整性检测等共性问题进行分析，帮助理解规范技术要求。

［关键词］ 挖孔桩；基础；检测；验收

随着鹤壁社会经济快速发展和城市基础设施不断完善，桩基工程应用较为广泛，尤其在建筑物中挖孔桩基础采用越来越多。本文对挖孔桩基础施工及验收中基底岩样取样数量、桩身质量检验、桩身混凝土取样等几个问题从勘察、设计、施工质量验收几个方面进行了系统的分析，重点讨论了规范中的技术要求。文中所引用的规范条文为国家现行勘察、设计、施工质量验收规范中的原条文（或条文说明），施工、监理人员可根据工程的具体情况直接引用。

1　挖孔桩基底岩样取样数量的确定

挖孔桩桩底达到设计标高后究竟取多少组岩样进行力学性能试验，现行的桩基规范、质量验收规范中没有明确的、定量的规定。但设计规范中的规定较明确，且为强制性条文。勘察规范对每一土（岩）层取样的数量也有具体要求。各规范的具体要求如下。

1.1　《建筑地基基础工程施工质量验收规范》(GB 50202—2002)

基槽开挖至设计标高，经验槽合格后，方可进行垫层施工（7.1.6 条）。所有建筑物均应进行施工验槽（A.1.1 条）。

1.2　《建筑桩基技术规范》(JGJ94—94)

挖至设计标高时，孔底不应积水，终孔后应清理好护壁上的淤泥和孔底残碴、积水，然后进行隐蔽工程验收。验收合格后，应立即封底和浇筑桩身混凝土（6.5.9 条）。

1.3　《建筑地基基础设计规范》(GB 50007—2002)

每层土的试验数量不得少于六组（4.2.4 条）人工挖孔桩终孔时，应进行桩端持力层检验，应视岩性检验桩底下 3d 或 5m 深度范围内有无空洞、破碎带、软弱夹层等不良地质条件（强制性条文）。条文说明：人工挖孔桩应逐孔进行终孔验收，终孔验收的重点是持力层的岩土特征。对单柱单桩的大直径嵌岩桩，终孔时应用超前钻逐孔对桩底下 3d 或 5m 深度范围内持力层进行检验，查明是否存在溶洞、破碎带和软弱夹层等，并提供岩芯抗压强度试验报告（10.1.6 条）。

1.4　《岩土工程勘察规范》(GB 50021—2001)

每个场地每一主要土层的原状土试样或原位测试数据不应少于 6 件（组）（4.1.20 条）。对于大直径挖孔桩，应逐桩检验孔底尺寸和岩土情况（13.2.2 条）。

从上述规范中可以看出，《建筑地基基础设计规范》中单柱单桩的大直径嵌岩桩要求每孔都取样，并进行 3d 深度范围的检验。勘察规范中的 6 组或 9 个试验单值的概念是指在整个建筑场地内，同一地貌单元、同一岩性取样数量的总和。对于一栋建筑来讲，就是取样的数量不少于 6 组或 9 个试验单值。亦即在 6 个孔中每孔取一组（每组取 3 个标准岩样，50×100），或在 9 个孔中每孔取 1 个标准岩样。

鹤壁位于太行山东麓与华北平原过渡地带，场地位于汤阴地堑断裂盆地内，主要受汤东断裂和汤西断裂所控制，两断裂均属于活动断裂和发震断裂。砾岩、砂岩、泥灰岩层位稳定，一般不存在空洞的问题。基底下 3d 或 5m 范围内的破碎带和软弱夹层问题应当在工程地质勘察阶段已查明。若在施工阶段再逐孔进行检验，将增加很大的工程量，且此工程量与现行的《岩土工程勘察规范》所规定的工作重复。

同一地貌单元、同一岩性取样数量，对于一栋建筑，取样的数量不少于 6 组或 9 个试验单值是合适的，对于建筑群可适当增加。有的试验室要求施工单位在每一孔中取得的岩样数量，要满足可制成 9 个（或 6 个）标准岩样的做法与《工程岩体试验方法标准》（GB/T 50266—39）的规定不一致，并且按《建筑地基基础设计规范》介绍的方法求得每一孔岩石的单轴抗压强度的标准值是不符合岩土参数统计要求的。详细参阅《岩土工程勘察规范》14.2 条；岩土参数的分析与选定。

2　桩身质量检验

2.1　《建筑地基基础工程施工质量验收规范》(GB 50202—2002)

桩身质量应进行检验。设计等级为甲级、成桩质量可靠性低的灌注桩，抽检数量不应少于总数的 30%，且不少于 20 根；其他桩基工程的抽检数量不应少于总数的 10%，且不少于 10 根。每个柱子承台下不得少于 l 根（5.1.6 条）。此条规定单往单桩 100%检验。

2.2　《建筑桩基技术规范》(JGJ 94—94)

对于一级建筑桩基和地质条件复杂或成桩质量可靠性低的基桩工程，应进行成桩质量检测。检测的方法可采用可靠的动测法；检测数量根据具体情况由设计确定（9.1.4 条）。

2.3　《建筑地基基础设计规范》(GB 50007—2002)

施工完后的工程桩应进行桩身质量检验。直径大于 800mm 的混凝土嵌岩桩应采用钻孔抽芯法或声波透射法检测，检查桩数不得少于总桩数的 10%，且每根柱下承台的抽检桩数不得少于 1 根。条文说明：直径大于 800mm 的单柱单桩的嵌岩桩必须 100%检测（10.1.7 条）。

综上所述，直径大于 800mm 的单柱单桩必须进行 100%的桩身质量检验。检验方法应采用钻孔抽芯法、声波透射法或可靠的动测法。

3　桩身混凝土取样

3.1　《建筑地基基础工程施工质量验收规范》(GB 50202—3002)

小于 $50m^3$ 的桩，每根桩必须有 1 组试件（强制性条文，5.1.4 条）。

3.2　《建筑桩基技术规范》(JGJ 94—94)

直径大于 1m 的桩，每根桩应有 1 组试块（6.2.8 条）。

4　单桩竖向承载力检测

4.1　《建筑地基基础工程施工质量验收规范》(GB 50202—2002)

工程桩应进行承载力检验。设计等级为甲级、成桩质量可靠性低的灌注桩，应采用静载荷试验的方法，检验桩的数量不应少于总数的 1%，且不应少于 3 根，当总数少于 50 根时，不应少于2根。条文说明:关于静载荷试验桩的数量,如果施工区域地质条件单一,当地又有足够的实践经验,数量可根据实际情况,由设计确定。非静载荷试验桩的数量,可按国家现行行业标准《建筑基桩检测技术规范》(JGJ 106—2003)的规定执行(5.1.5条)。

非静载荷试验桩的数量,国家现行行业标准《建筑基桩检测技术规范》(JGJ 106—2003)规定100%检验。

4.2 《建筑桩基技术规范》(JGJ 94—94)

4.2.1 下列情况之一的桩基工程,应采用静载试验对工程桩单桩竖向承载力进行检测,检测的数量不宜少于总数的1%,且不应少于3根,当总数少于50根时,不应少于2根。

(1) 工程桩施工前未进行单桩静载试验的一级建筑桩基;

(2) 工程桩施工前未进行单桩静载试验,且有下列情况之一者:地质条件复杂、桩施工质量可靠性低、确定单桩竖向承载力的可靠性低、桩数多的二级建筑桩基。

4.2.2 下列情况之一的桩基工程,可采用可靠的动测法对工程桩单桩竖向承载力进行检测。

(1) 工程桩施工前已进行单桩静载试验的一级建筑桩基;

(2) 属于1.6款规定外的二级建筑桩基;

(3) 三级建筑桩基;

(4) 一二级建筑桩基静载试验捡测的辅助检测(9.2.2~9.2.3条)。

4.3 《建筑地基基础设计规范》(GB 50007—2002)

施工完成后的工程桩应进行竖向承载力检验(强制性条文)。大直径嵌岩桩的承载力可根据终孔时桩端持力层岩性报告结合桩身质量检验报告核验(10.1.8)。

4.4 《岩土工程勘察规范》(GB 50021—2001)

单桩竖向和水平承载力,应根据工程等级、岩土性质和原位测试成果并结合当地经验确定。甲级地基建议做静载荷载的试验。试验的数量不宜少于工程桩数的1%,且每个场地不少于3根(4.9.6条)。

对于设计等级为甲级(或一级建筑)的地基基础上述规范要求进行单桩静载荷试验。但是,大直径嵌岩灌注桩单桩承载力设计值上千吨,进行现场试验受试验条件和试验能力限制,凡乎不可能完成。尽管规范有要求,在鹤壁地区还没有进行过现场原形大宜径嵌岩灌注桩的静载荷试验。对于用小应变的动测法确定单桩承载力,学术上存在争议。笔者认为,对于大直径嵌岩桩的承载力根据终孔时桩端持力层岩性报告结合桩身质量检验报告核验的方法是合理和可行的。

5 工程实例

某工程,地上3层地下2层,建筑高度为33.3m,建筑面积2.2万平方米,钢筋混凝土框架、框剪结构,挖孔桩基础。布置挖孔桩149个,直径0.8~1.2m,其中直径大于1mm的挖孔桩共72个。该建筑位于古河道里边,地层为侏罗系中统沙溪庙组砂岩、泥岩,地基持力层为中等风化砂岩。

5.1 地基检查(取岩样)

在勘察阶段,地质部门对每个挖孔桩桩孔进行勘察,在15个基坑中取砂岩样(毛坯样200×200×200)15件进行饱和单轴抗压强度试验。取样深度范围为嵌岩段至桩底。试验室用每一试件制成标准岩样6~9个,用《建筑地基基础设计规范》介绍的方法求得每一件岩石的饱和单轴抗压强度标准值。在施工阶段终孔时，地质部门、设计部门对持力层和入岩深度进行核验，确保持力层厚度、承载力和入岩深度满足设计要求。

5.2 桩身混凝土取样和桩身质量检验

直径大于 lmm 的桩每桩取 1 组混凝土试块。对 16 根桩进行了桩身混凝土强度检验（动测法），GB 50202—2002 和 GB 5007—2002 规定，直径大于 800mm 的桩，必须 100%地进行桩身质量检验；每桩必须取 1 组试块。根据建设部的有关规定，本工程是 2003 年 1 月 1 日以前开工的，所以采用 JGJ 94—94 第 9.1.4 条的规定，检测数量是根据具体情况由设计确定的。采用第 6.2.8 条，直径大于 lm 的桩每桩取 1 组砼试块。

5.3 单桩竖向承载力检测

本工程采用慢速维持荷载法对 3 根桩进行单桩竖向承载力检测，判定单桩竖向抗压极限承载力是否满足设计要求。检测结果单桩竖向极限承载力全部达到设计要求。

5.4 低应变（桩身完整性试验）

本工程采用反射波法对全部桩基进行低应变检测，检测桩身缺陷及其位置，判定桩身完整性类别。检测结果全部达到Ⅰ类（桩身完整）。

6 结束语

本文把国家现行勘察、设计、施工质量验收规范对人工挖孔桩部分的具体技术要求进行了分类整理，便于施工人员、监理人员查阅。其中规范的原条文可以直接引用。笔者的个人观点，是笔者的工作经验和对规范的理解，仅供同行们参考。错漏之处，敬请指正。

北京奥运“鸟巢”与上海世博园“中国馆”的新结构体系

焦明鸣
（南阳市建筑设计研究院）

自有人类伊始就产生了建筑学。人类出于生存的本能，需要寻求一种遮风避雨，防范天敌虫害的寓所，随着人类文明的发展，人类从依赖自然山洞土穴蔽护到土木工程的发展兴起，除了对寓所建筑的实用性、安全性要求之外，还增加了美观性、密闭性、健康性的需求，结构与体系的不断创新发展随着社会的进步也在日新月异。

真正意义上的现代结构体系是随着18世纪、19世纪钢铁工业和水泥工业的发展而出现的钢筋混凝土框架，剪力墙等结构体系，进入20世纪至今，随着建筑造型，建筑结构的要求的提高，提出了钢-混凝土混合结构，索张拉结构，索穹顶结构，膜结构，高效预应力结构。这些结构体系的完善和发展由沿海延伸到内陆，有大城市扩展到中小城市，在中国的大地上悄悄地巍然挺立起来，见证着建筑工程的历史性进展。

如今，一颗耀眼的新星已孕育在了这片令人神往的土地上并生根发芽，它的应用与展示令我难忘的莫过于奥运会的鸟巢和世博会的系列场馆。

2008年奥运会“鸟巢”外形结构主要由巨大的门式钢架组成，共有24根桁架柱，现已完成20根桁架柱整柱及2根下柱吊装。国家体育场建筑顶面呈鞍形，长轴为332.3m，短轴为296.4m，最高点高度为68.5m，最低点高度为42.8m。整个体育场结构的组件相互支撑，形成网格状的构架，外观看上去就仿若树枝织成的鸟巢，其灰色矿质般的钢网以透明的膜材料覆盖，其中包含着一个土红色的碗状体育场看台。在这里，中国传统文化中镂空的手法、陶瓷的纹路、红色的灿烂与热烈，与现代最先进的钢结构设计完美地相融在一起。

由于设计理念的先进以至“超前”，奥运场馆在施工中有很多难题是独一无二的，在国际上没有现成的参考答案，只有依靠自己的科技创新独立解决。“鸟巢”的外罩由不规则的钢结构构件编织而成，里面的混凝土结构与钢结构相互独立，建筑师在混凝土看台和钢结构外罩之间的空间里，设计了很多倾斜的混凝土柱子来支撑建筑。

如何既保证这些混凝土柱子的结构要求，又能不影响“鸟巢”的整体美观？国内工程师几经论证，一个两全其美的方案诞生了。先像其他混凝土结构一样绑扎好钢筋笼，然后再从上面一节一节套上方钢管，钢管连接好后再在钢管里浇筑混凝土，形成与钢管一体的混凝土柱。这样一来看不到混凝土柱，既安全又美观，却加大了施工难度。

边长一米的方钢管被连接成120多根长短不同、倾斜角度多样的钢柱，70％以上都是双斜柱一根柱子在垂直面上扭转两次。最高的钢柱全长21m，横跨体育场一～四层；最倾斜的钢柱和地面的夹角达到59°，钢柱的最大自转角度超过45°……要在这些高大倾斜看似杂乱的异型钢管里浇筑混凝土，已经是个不小的挑战。何况钢管内部还密布着钢筋网格纵向排列着32根钢筋，横向每十厘米一排密集的钢筋。这样密密麻麻的钢筋网，最多只能伸进三根手指。要在里面瓷瓷实实地灌满混凝土并使之与钢管贴密，谈何容易？

起初，施工单位只能试着从上口往钢管里浇筑，每天从早到晚只能浇筑四五米。国家体育场工程总承包部经过自主研究，提出了一个新方案：混凝土顶升、从钢管底部注入混凝土，由底向上逐步填充。这是一个从来没有人用过的方法，结果却非常理想。顶升混凝土不仅进度快，而且质量好，不分层。完工时，比预定的工期缩短了两个月零两天。2006 年 1 月 20 日，这项工艺被命名为“超高矩形钢管永久模板钢筋混凝土斜扭柱施工工艺”。

在保持“鸟巢”建筑风格不变的前提下，新设计方案对结构布局、构建截面形式、材料利用率等问题进行了较大幅度的调整与优化。原设计方案中的可开启屋顶被取消，屋顶开口扩大，并通过钢结构的优化大大减少了用钢量。大跨度屋盖支撑在 24 根桁架柱之上，柱距为 37.96m。主桁架围绕屋盖中间的开口放射形布置，有 22 榀主桁架直通或接近直通。为了避免出现过于复杂的节点，少量主桁架在内环附近截断。钢结构大量采用由钢板焊接而成的箱形构件，交叉布置的主桁架与屋面及立面的次结构一起形成了“鸟巢”的特殊建筑造型。

主看台部分采用钢筋混凝土框架一剪力墙结构体系，与大跨度钢结构完全脱开。另外这些还少不了 Q460 钢材的运用。说起 Q460 钢材，大多数人可能都不了解。“鸟巢”结构设计奇特新颖，而这次搭建它的钢结构的 Q460 也有很多独到之处：Q460 是一种低合金高强度钢，它在受力强度达到 460 兆帕时才会发生塑性变形，这个强度要比一般钢材大，因此生产难度很大。这是国内在建筑结构上首次使用 Q460 规格的钢材；而这次使用的钢板厚度达到 110mm，是以前绝无仅有的，在国家标准中，Q460 的最大厚度也只是 100mm。以前这种钢一般从卢森堡、韩国、日本进口。

此外，屋顶内环主桁架吊装和立面次结构安装已全面展开。“鸟巢”钢结构所使用的钢材厚度可达 11cm，以前从未在国内生产过。另外，在“鸟巢”顶部的网架结构外表面还将贴上一层半透明的膜。使用这种膜后，体育场内的光线不是直射进来的，而是通过漫反射，使光线更柔和，由此形成的漫射光还可解决场内草坪的维护问题，同时也有为坐席遮风挡雨的功能。滑动式的可开启屋顶是体育场结构中必可少的一部分。当它合上时，体育场将成为一个室内的赛场。如同一个容器的盖子，不管屋顶是闭合还是开启，它都是建筑物的基本组成部分。除了一些特定的结构需要外，可开启屋顶的结构基本上也是一个网络状的架构，装上充气垫后，成为一个防水的壳体。“鸟巢”外表光秃秃的，没有突起的避雷针，要遇到打雷该怎办？其实不用担心，因为“鸟巢”的整个钢筋铁骨就是理想的“笼式避雷网”。

“鸟巢”身上的金属构件和钢筋混凝土中的钢筋等，都通过焊接的方式连接在一起，使“鸟巢”自身形成了一个巨大的避雷网，能把雷电迅速导入地下。

可是“鸟巢”用自身的钢架接收、传导雷电，会不会危机到里面观众的安全呢？这个你可以大大放心，专家早已考虑到了，凡是场馆内人能触摸到的地方，都做了特殊处理，雷电决不会伤害到人类的。更为匠心独具的是，“鸟巢”把整个体育场室外地形微微隆起，将很多附属设施置于地形下面，这样既避免了下挖土方所耗的巨大投资，而隆起的坡地在室外广场的边缘缓缓降落，依势筑成热身场地的 2000 个露天坐席，与周围环境有机融合，并再次节省了投资。

即奥运会之后，上海的世博会再一次把钢结构这种新结构新体系展示在世界的舞台上，显示着当代中国人的智慧与能力。

中国馆是世博会园区浦东部分最高的建筑，主体结构由 4 个钢筋混凝土核心筒立柱和钢结构组成，其中钢结构与地面间的悬挑高度达 35m，顶盖面积达 1.96 万平方米，相当于两个半足球场。复杂的设计课题凝聚了国内诸多设计单位和部门的心血。按照计划，中国馆工程项目将于 2009 年 9 月全部完工，并于当月底交付布展。

中国馆总建筑面积达 16.01 万平方米，由中国国家馆、地区馆等组成。国家馆层叠出挑，呈拱斗形，体现了“东方之冠、鼎盛中华，天下粮仓、富庶百姓”的文化理念；地区馆水平展开，以舒展的平台基座的形态映衬国家馆，成为开放、柔性、亲民、层次丰富的城市广场。

走在中国馆屋檐下，没有人能忽略它遮盖天空的威严。钢梁像积木一样横竖交错，垒向半空，越向上钢梁越宽，和塔正好相反。没有顶点可以聚焦，这对眼睛是一种新鲜的刺激。但这种复杂的“斗拱”结构，如何能保证安全呢？同济大学土木工程学院李国强教授及其团队，携20年的研究成果，顺利解决了安全难题。“中国馆属于大空间钢结构建筑，构件跨度从几十米到几百米，建造难度很大。”李国强说。为了保证从施工各阶段到完工，结构绝对稳固，工程师们想方设法。

首先，他们利用计算机制定工序，保证在施工中，所有的钢梁不失精确的方位和角度。这一点很难做到，因为拉升一条钢梁往往需要几十个吊点。在这里，机器胜过人的细心。顺利搭建后，施工者还需要检测重要构件的变形情况，由此去判断建筑内部的受力情况与当初预想的是否一致。在哪里测，如何测？同济大学专家们建立的数学模型可以解答。过去由于害怕火灾，人们给每一根钢梁和钢柱覆盖上防火涂层。中国馆没有这样做。专家们利用计算机模拟火灾，计算出位于不同位置的构件所受到的威胁，由此得出适当的涂料用量。如李国强所说：“如果馆内火焰最高只有五六米，就没必要给位于30m高处的钢结构刷涂料。”由此大量资源得以节省。

世博会主题馆也是一个“大肚子巨人”，骨架用掉1.7万吨钢。它的西展厅有3个标准足球场大小，净高14m，却没有一根柱子。它的安全保障，同样依赖同济大学专家们的理论总结和大量精密计算；同时上海市科委为确保此类大空间钢结构世博会建筑的安全，资助了一个专项研究。

像中国馆一样，主题馆的建造也是高度自动化的。它在园区内首次采用了机器人滑移安装技术，滑移距离达180m。这项高新技术，在程序设计和机械人制造等方面达到了国际先进水平。主题馆和另一个标志性建筑物“世博轴”都应用了大量钢索用于固定，怎样确保钢索不松动断裂？通过研发专门测量弦索张力的仪器，李国强团队完全解决了这一问题。

先进的科技，保证上海世博会的巨大地标，能够长期安然屹立。

如今最当红的建筑是绿色钢结构建筑，也就是那些尽可能做到低碳排放、利用可再生能源。在上海世博会有许多特别的绿色建筑，比如说英国的零碳馆，真正实现零排放。还有像德国的汉堡之家，是世界上第一座“被动房子”，完全实现了能源自给。不过这些还属于实验性质的建筑。在上海，第一座获得LEED金奖的绿色建筑日前在浦东落成。这意味着以后将会有更多的绿色建筑在中国出现，为低碳生活注入实质内容的环保建筑。

有句名言说：建筑是凝固的音乐。有些建筑同时也是凝固的智慧。几年来，“世博科技行动”围绕建设规划、特种空间结构、新材料利用、新型生态建筑等方面开展攻关，累计设立了44个科技项目。通过世博会的示范，这些建筑智慧将会传播出去，塑造中国未来的城市。

加强过程控制，圆满完成移民新村建设

康吉堂　何兆俊　李荣先（河南省南阳市恒康建筑有限责任公司　473000）

［摘要］ 本文通过对南水北调移民工程特点的分析，只有控制工程建设的各个环节，强化过程管理，严格工序质量，注重工作质量，才能优质高效地完成工程建设。并总结了工程建设的经验，提出了有益的见解。

［关键词］ 过程；控制；移民；新村；建设

随着多元化、迅猛化社会经济的发展，建筑公司的业务也随之向纵深挺进。除了承建普通工业建筑、民用住宅，还要承接多层住宅、高层住宅，防酸防碱的环保新型工业厂房。百年大计，住房是第一位的要素，如今一层、二层的抗震活动板房和移民新村安置工程又是建筑公司为社会做贡献必不可少的一部分。现就我公司在承建首批南水北调移民安置房工程实战特点作一浅析，希望对大家能有所帮助。

1　领导重视，组织得力，确保移民工程尽快顺利实施

能够承建移民新村工程是我们恒康公司的荣幸，是政府各有关部门、移民村群众对我们的信任和新考验。我公司有着吃苦耐劳、顽强拼搏的恒康精神，曾经参加过“5.12”四川援建工作，是我市住建委系统施工企业中的先进单位，曾被省住建厅授予“援建四川灾区活动板房先进企业”荣誉称号。从接受任务的第一天起，我公司领导就高度重视，立即成立了由总经理为组长，主管工程经理为副组长，工程部相关技术人员为成员的领导小组，把移民新村工程当做我公司各项工程的重中之重。公司领导多次下工地亲自了解第一手材料并召开班子会议，详细研究部署施工情况。安排精干队伍进驻现场，配备专职质量、安全等管理施工人员进入；同时安排专业化工种投入施工现场。

为了更好地控制质量，我们将工程划分为多个施工段进行小范围承包施工，钢筋统一制作、安装，既能控制施工质量，又能加快施工进度。施工前与每个施工段的承包人签订内部施工合同，采取必要的奖惩措施，激发承包人和施工人员的积极性。项目部派专人对各个施工段进行跟踪监控，对进度和质量安全等方面发现的问题，及时与施工人员进行沟通，协调解决施工中出现的问题，督促纠正质量通病和安全隐患，通过前段的施工，取得了较好的效果。

2　精益求精，突出重点，认真做好每道工序

移民工程虽为普通民宅，但必须按国家标准要求进行施工。为了保证工程质量，我们切实做到了以下几点。

2.1　严把原材料进场关

合格的建筑材料是工程质量的根本保证，所以在施工中对进场的原材料要求必须有出厂合格证，并进行进场前的复试工作，复试合格后才能用于工程，材料取样时移民代表和监理人员进行旁站监督送样，从而在源头上杜绝劣质材料进入现场。

2.2　提高通病消除率

针对平时施工时容易出现的不均匀沉降、墙体开裂等质量通病，我们制订了专项预防方案，首先是基槽土质必须开挖到设计标高并经过设计、地质勘查人员检查验收后才进行砂垫层

的施工，基础砂垫层按厚度每 200mm 分层震动压实，并控制砂的含水率；在混凝土垫层施工时，除满足设计图纸要求的宽度尺寸外，用竹片在基槽外壁设置标高控制点，杜绝垫层厚度不均匀和出现混凝土表面粗糙的质量通病。

2.3 提高施工水平

在砖砌体施工时，各栋号采用同一组砌方法，并备有成品 6 寸头供施工人员选用，不管是 370 墙还是 240 墙，全部要求双面挂线，一律按“清水墙”标准进行质量控制，铺摊砂浆长度不能超过 500mm，现场质量员跟班检查百格网是否达到要求，对达不到要求的全部进行返工。另外，在留槎位置、留槎方法、马牙槎的处理等方面进行严格控制，确保砖砌体的施工质量。配备磅秤，对砂、石子进行称量，定出标准车，严格控制混凝土坍落度；密切注意温度变化，事前准备麻袋草苫子等保温物品和添加防冻剂等方法对混凝土进行各期施工保养，确保工程质量。在尺寸校核、钢筋绑扎、模板支设和混凝土浇筑及冬季施工时外加剂的使用和防寒保温等方面进行跟踪检查，发现问题及时纠正，坚持上一道工序不合格，下道工序坚决不能施工，并且必须经过移民代表和监理人员检查合格签字后才能进入下道工序。由于管理严格，要求标准高，有一个施工组主动撤出，另一个施工组被清除出场。

3 建章立制，强化监督，认真服务施工一线

在施工监督检查过程中，公司突出“精、细、严”三字，并且严格要求项目部要进行“自检、互检、交接检”，层层把关，逐级落实，把质量隐患消灭在萌芽状态。对发现的质量通病毫不留情，纠正后才能转入下道工序进行施工。

采取定时和不定时的方式，对工程实体质量进行日常巡检，巡检过程中发现的质量问题，以口头、书面通知等形式，要求施工单位即时整改，并将整改落实情况反馈公司。公司每周至少组织一次质量安全大检查。提出下周工程质量实施的预控措施和解决方法，以确保工程质量事前、事中、事后控制措施的有效统一。对工程施工中发现的较大问题和隐患，及时召开专题会议，认真分析并制定措施，迅速整改到位，减少质量问题的蔓延和发生。公司配合项目部配置了搅拌机、电夯、振动器、振动棒、切割机、电锤、电钻等设备与工具，保证了现场机具设备的满负荷使用。

4 注重细部，以人为本，构建移民温馨家园

对于民用住房，人们关心的首先是漏水不漏，是否观感好等问题，因为他们知道质量和安全早有施工单位、业主、监理等机构把关。因此在施工中我们特别注意大梁、柱阴阳角顺直处理，刷涂料尽量一批次的单排或一户用完。两批次材料错开使用，以免产生色差而给住户造成施工方用不同材料偷工减料的假象。施工中与移民代表多沟通交朋友，了解他们的生活习惯和风俗民情。比如院内排水问题，单排下两出水管容易施工，但每户有两个排水管出围墙根部观感不好。淅川移民则是从西南角出水，水绕大门向东流入雨水井，南阳当地则在大门东直接出水，谓之青龙福地。本着入乡随俗的道路，给移民代表讲通后咱就找好坡度向东南角大门柱偏 1m 处向外出水，结果都很满意。咱当地大院铁门框与过板上部密实处理，淅川移民代表一再强调，他们那里地基不稳定容易发生不均匀沉降，门框时常受压扭曲变形，要求铁门上框留下 3～5cm 缝隙；二是当地风俗有“亮门不亮窗”之说，门上框有亮既通风又聚财。后通过镇里、监理、设计同意，施工浇篷板时抬高 5cm，尽管施工中增加了难度，但举手之劳换来移民终生的满意，何乐而不为呢？

渗水问题我们主要监控以下几个方面:(1)屋面找平层、SBS做法;(2)架眼、雨水管根部、雨篷根部;(3)卫生间防水层、沉降缝铁皮、钢板网与墙体结合部。每天坚持脑勤、腿勤、手勤,关键是嘴勤。不厌其烦地巡视、交代做样板,确保每个班组的施工人员统一做法、统一标准。因而在后来的几场大雨考验中,渗漏水难题被我们攻克,住户很满意,以入住恒康标段建造的房屋而骄傲。

5 集中兵力,有前瞻性,积极扎实开创工作新局面

由于移民工程是新生事物,涉及面广,时间紧、任务重,没有成熟的经验,就要求我们在探索中前进,在比较中工作。移民工程又有它的显著特点:政治任务,形象工程。说到底只是两层小楼的多个排列组合,但麻雀虽小,五脏俱全,一点儿也不能掉以轻心。就像一块砖毫不起眼,但无穷的排列就组成了宏伟的长城一样,它不但具备了工程的全部特点,而且外加政治任务、形象观感等因素制约。政治任务是头等大事,势必不按定额工期走,有它的时间紧迫感。所以一开始我们就鼓励多个班组强强联合做攻坚准备。

说它形象,一是指实物观感要应对除住建委外方方面面有关政府职能部门人们的眼光,又指它的保修期长,确保它能经得住时间的考验,是人们心中的丰碑,是各承建单位的招牌。

针对以上理解,我们在屋面琉璃瓦铺设、热贴满铺SBS、围墙砌筑,粉刷围墙,涂刷外墙乳胶漆时,像打仗攻山头一样,先多方联系人员,看现场谈价格,然后项目部及时备足材料,全力以赴,采用人海战术兵团作战,三五天下来分部分项工程面貌就大为改观,从而省下时间抽出人力进行小活的补给。

确保后勤服务,让移民看着舒心,住着安心

移民工程前期,公司领导曾代表南阳市移民建设代表于2010年元月12日在平顶山召开的全省移民安置工作交流会上发言,副省长刘满仓曾三次提到恒康,给予了很高的评价,省长助理何东成称赞恒康是过硬的队伍。后期经过紧张的施工,我们赶进度,重质量,保安全,提前半月完成了任务,被评为南阳市卧龙区移民工程建设标兵单位。移民住户看房后很高兴,每迁一户,水电等人员再次马上上门服务,确保随叫随到。夜里有人搬来,维修人员也立马赶到,进行慰问和排查。详解电路的走向和一些锁的正确使用方法,看是否有不到位之处。有了良好的后勤服务,移民群众普遍反映良好,看着舒心、住着安心。我们圆满完成了市委市政府要求的对移民迁安"搬得出,稳得住,能发展,可致富"的战略目的。

移民工作之我见:

(1) 移民工程特点:政治任务、形象工程。工程造价低,行政工期紧,模板投入量大、周转少,活单一重复性大,需投入人员多。优点是专款专用,资金有保障,奖金多,需要有经验、有实力的优秀项目经理,把它当做一项事业来做,而不能只当生意来做。

(2) 管理出效益。公司项目部施工班组严格统一施工方法、检验标准,步调一致,认真落实到位。

(3) 抽派精兵强将、兵团作战,规模管理,切忌磨洋工。

(4) 加大力度搞好移民迁安后勤跟班对接服务。

以上是对移民新村工程建设工作的粗浅认识,希望能起到抛砖引玉的作用,为第二批移民迁安工作作铺路石,此是我们的愿望。

混匀料场堆料对码头挡墙安全性的分析与计算

陈家冬[1]　周　峰[2]　朱辛优[2]

(1. 江苏地基工程有限公司　214028;2. 江阴兴澄钢铁有限公司　214432)

[摘要] 本文针对某码头的大面积堆载,对已建超高驳岸的影响进行了模拟分析与计算,在理论上分析其影响程度,从而确定堆载对超高驳岸的安全性指标。经两年多的实际使用证明堆载对码头无大的影响。模拟分析与计算及实际操作的注意事项是必要的。

[关键词] 大面积堆载;码头的倾覆;整体稳定

1　概述

工程中大面积堆载对近旁建(构)筑物产生的影响及破坏屡见不鲜。大面积堆载由于面积大,其荷载难以扩散,故对荷载下的每层土层产生的压缩变形很大,这种变形与荷重对周围的建(构)筑物产生很大的影响,尤其在长时间内大面积堆载,土体在荷载下一直在不断地固结变形,当变形达到一定数量时,土体结构将会破坏,土的物理力学指标大幅度降低,从而引起工程事故。

2　工程概况

江阴某厂混匀料场为一大型矿物堆场(见图1、图2)。根据设计要求,其堆料长度约为250m、堆料宽度25m、堆料最高高度为9.5m,堆料形状为一个三角形,其尖顶处最大荷重为每平方米25t。在取料机轮轨上的单个最大轮压为25t(可视为单点集中力)。在离轮轨中心5m处为一后延码头。码头宽度约11m。根据现场情况,大面积堆载及轨道轮压对后延码头会产生侧向的侧压力,原设计中未考虑大面积堆载及轨道轮压对码头的影响。

图1　现场堆载实景照片

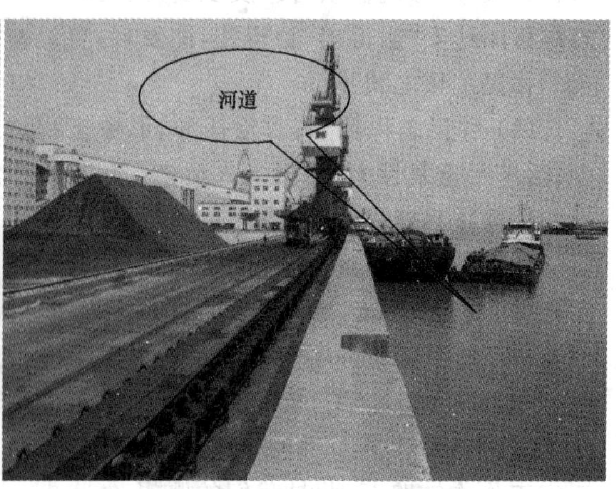

图2　现场码头实景照片

表 1　土层部分物理力学指标

土层名称	γ(kN/m³)	直剪固快		f_{ak}(kPa)	$E_{s1\text{-}2}$
		c(kPa)	φ(°)		
①2 层素填土	19	15	15	120	7
③层粉质黏土	18.4	19.1	13.3	90	4.5
④1 层粉砂	20	20	20	170	10
④2 层细砂	20.4	28	18	230	15

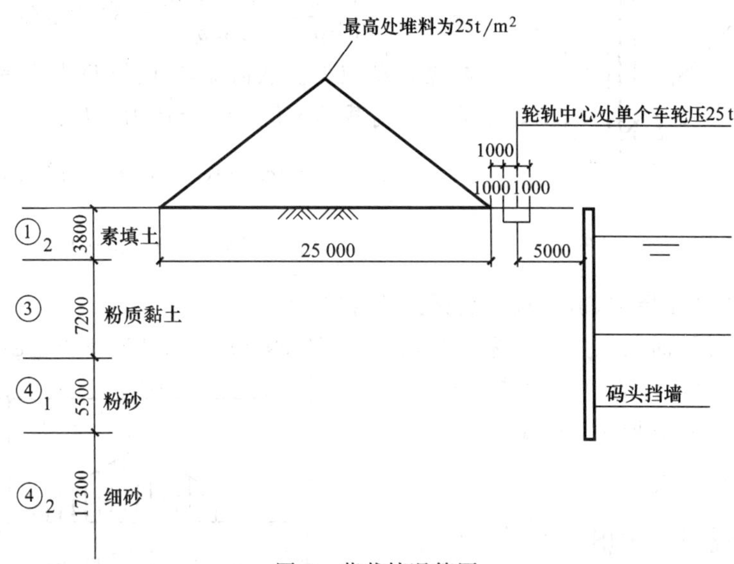

图 3　荷载情况简图

土层物理力学指标见表 1。

①1 层、③层、④1 层三层土的折算 c_{ik} 值：(为近似计算取值)

$$c_{ik}=\frac{15\times3.8+19.1\times7.2+20\times5.5}{3.8+7.2+5.5}=18.5(\text{kPa})$$

①1 层、③层、④1 层三层土的折算 φ_{ik} 值：(为近似计算取值)

$$\varphi_{ik}=\frac{15\times3.8+13.3\times7.2+20\times5.5}{3.8+7.2+5.5}=15.9(°)$$

2　模拟分析与计算

2.1　轮轨中心处单个轮压对码头后延的侧向压力计算

单个轮压在承台板上会在两个方向扩散，扩散后在底面处的平均压力值为：

$$q_1=\frac{25}{2\times2}=6.25(\text{t/m}^2)$$

$$\sigma_1=q_1\frac{b_0}{b_0+2b_1}=6.25\times\frac{2}{2+2\times4}=1.25(\text{t/m}^2)=12.5(\text{kPa})$$

故水平荷载标准值 e_{ajk}(土压力强度)：

$$e_{ajk}=\sigma_1K_{ai}、2c_{ik}\sqrt{K_{ai}}=12.5\times\tan^2\left(45°-\frac{15.9°}{2}\right)-2\times18.5\times\tan\left(45°-\frac{15.9°}{2}\right)$$
$$=20.78$$

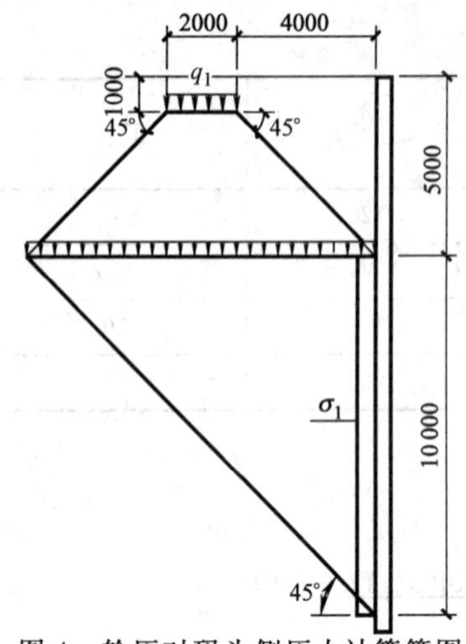

图 4　轮压对码头侧压力计算简图

故此部分荷载对码头结构产生的影响不大，可不予考虑。

2.2 大面积堆载对码头后延的侧向压力计算

先计算四层土的折算 c_{ik} 值与 φ_{ik} 值：(为近似计算取值)

$$c_{ik}=\frac{15\times3.8+19.1\times7.2+20\times5.5+28\times17.3}{3.8+7.2+5.5+17.3}=23.3(\text{kPa})$$

$$\varphi_{ik}=\frac{15\times3.8+13.3\times7.2+20\times5.5+18\times17.3}{3.8+7.2+5.5+17.3}=17(°)$$

$$\sigma_2=\frac{q_2\times12.5}{12.5+6}=\frac{25\times12.5}{18.5}=16.9\text{t/m}^2=169(\text{kPa})$$

根据荷载应力扩散情况，B 点与 D 点水平荷载值均为 0，C 点的水平荷载标准值 e_{ajk}(土压力强度)：

$$\text{e}_{ajk}=\sigma_2K_{ai}-2c_{ik}\sqrt{K_{ai}}=169\times\tan^2(45°-\frac{17°}{2})$$

$$-2\times23.3\times\tan(45°-\frac{17°}{2})=92.5-34.5=58(\text{kPa})$$

2.3　码头后侧主动土压力、前侧被动土压力的计算

主动土压力计算时的土力学指标近似取为 r＝19kN/m³　c＝18.5kPa　φ＝15.9°

被动土压力计算时的土力学指标近似取为 r＝20kN/m³　c＝24kPa　φ＝18°

$$\begin{aligned}\text{e}_{ajk}&=rHK_{ai}-2c\sqrt{K_{ai}}\\&=19\times21\times\tan^2\left(45°-\frac{15.9°}{2}\right)\\&\quad-2\times18.5\times\tan\left(45°-\frac{15.9°}{2}\right)\\&=227.39-27.93=199.5kPa\,\text{e}_{pjk}\\&=rHK_{pi}+2c\sqrt{K_{pi}}\\&=19\times11.5.\tan^2\left(45°+\frac{18°}{2}\right)\\&\quad+2\times24\times\tan\left(45°+\frac{18°}{2}\right)\\&=413.93+66=480(\text{kPa})\end{aligned}$$

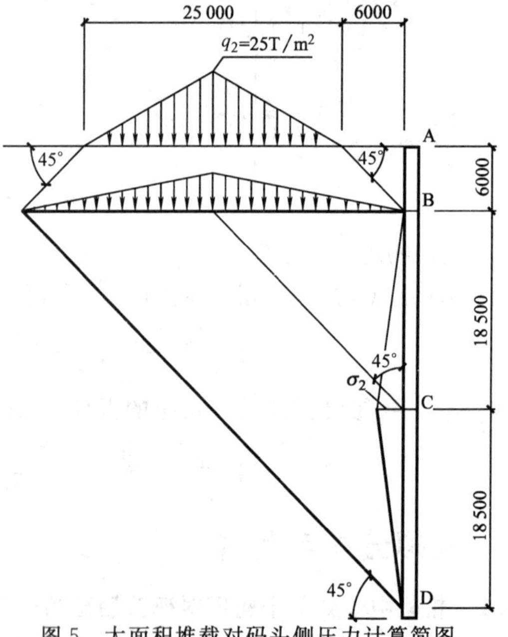

图 5　大面积堆载对码头侧压力计算简图

2.4　关于码头整体稳定性及抗倾覆的计算

由于码头在长度方向上每隔 4m 打了一排架桩，可近似认为整个码头为一重力式挡土墙，而该近似的挡土墙抗滑移是由 21m 长的桩来阻挡，故抗滑移不必验算，而码头承载力由这些群桩来承担，也是不必计算的，而重点是计算整个码头在近傍堆载情况下的整体稳定性及抗倾覆能否满足。

整体稳定验算是用 Bishop 简化条分法进行。其安全系数为 1.323 大于 1.3。

抗倾覆的验算：在计算中把码头河道一侧的水压力不予考虑，这是偏安全的。

$$倾覆力矩=\frac{199.5\times21}{2}\times\frac{21}{3}+\frac{47\times15}{2}\times\frac{15}{3}=14\,663.25+1762.5=16\,425.75(\text{kN}\cdot\text{m})$$

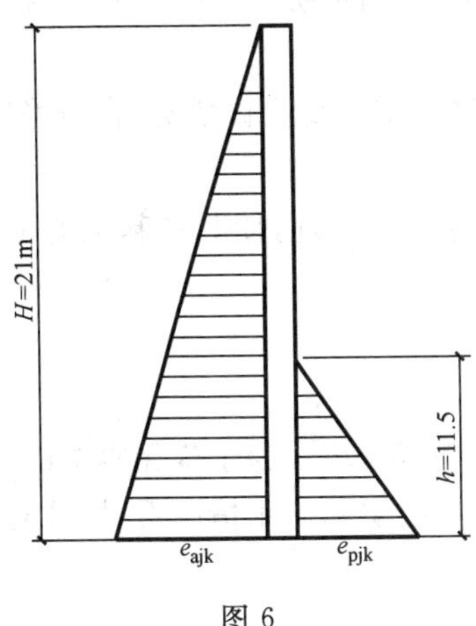

图 6

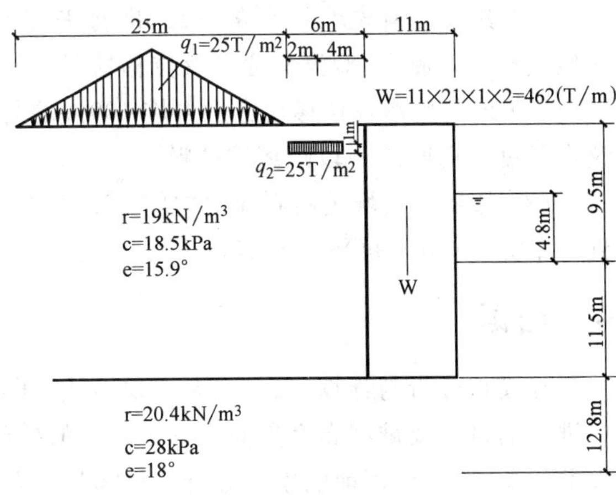

图 7　码头整体稳定分析简图

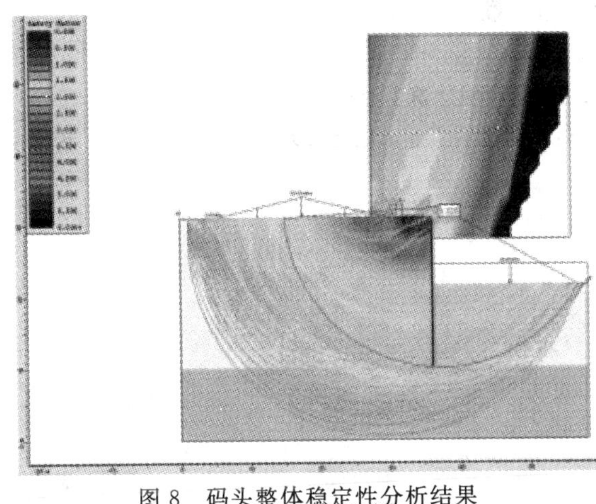
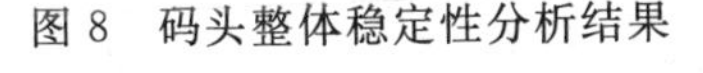

图 8　码头整体稳定性分析结果

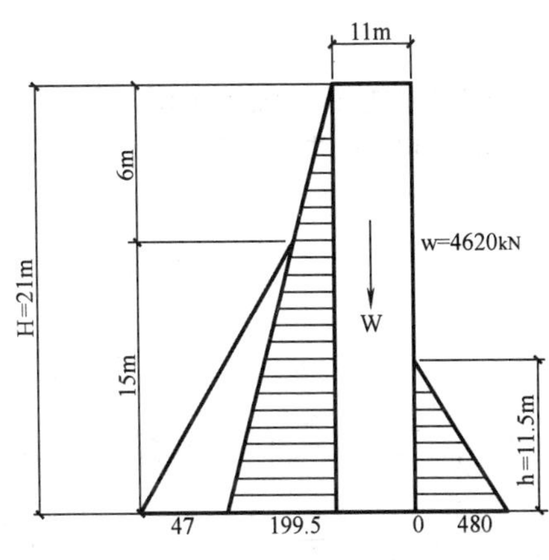

图 9　码头抗倾覆计算简图

$$抗倾覆力矩=\frac{480\times 11.5}{2}\times\frac{11.5}{3}+4\ 620\times 5.5=10\ 580+25\ 410=35\ 990(\mathrm{kN\cdot m})$$

$$安全系数:K=\frac{抗倾覆力矩}{倾覆力矩}=\frac{35\ 990}{16\ 425.75}=2.19>1.6\qquad 安全$$

3　影响与使用建议

根据以上计算结果分析，轮轨中心单个轮压对码头后延的侧向压力可不予考虑，不会对码头后延产生影响。

大面积堆载在较深层处产生的侧向压力应以考虑，由于是码头河港，还应复算侧向压力对码头产生整体滑动的可能性。根据上述堆载计算，其堆载对码头的倾复力矩不算太大。

根据整体稳定计算，其码头的稳定性安全系数满足要求，抗倾覆安全系数也满足要求，故堆载及土压力对码头的影响不是太大。

本计算分析采用加权平均折算 c_{ik}、φ_{ik} 计算土压力强度，若要进一步精确计算各层土的土压力强度则需按土层分布情况分层计算。

问题是矿料堆场中间处的荷重达每平方米 25t，而在地表 3.8m 以下的③层土强度仅为 90kPa，如荷载一下子堆上去，该层土强度是不满足的，故建议采取以下措施解决此问题。

(1) 建议堆料先堆 60%的荷载,即每平方米不超过 15t,时间为三个月至半年,在此期间对码头设立观测点,观测其变形及位移情况。

(2) 地基变形及位移稳定后再堆 100%的荷载,再观测其变形及位移情况,直至稳定,并建议在长度方向间隔一段距离堆高料。

(3) 如要一次堆足料则应对中间 10m 宽的范围内进行地基处理,使其地基土的强度提高到每平方米 20t～每平方米 25t。

4 结语

经模拟分析与计算,确定了大面积堆载对码头的影响程度较小。为了确保码头的安全性,在堆载的时间及堆载高度方面采取了相应的措施,经过两年的实际使用情况看,堆载对码头无大的影响,这与使用前的模拟分析与计算是吻合的。

参考文献

[1] 建筑地基基础设计规范(GB 50007—2002)[S]. 北京:中国建筑工业出版社,2002

[2] 建筑基坑支护技术规程(JGJ 120—99)[S]. 北京:中国建筑工业出版社,1999

有限元辅助分析在撑锚混合支护交界位置冠梁弯矩分析中的应用

别小勇[1]　张　强[2]　梁凤美[2]

(1. 无锡市建筑设计研究院有限责任公司　无锡　214001；
2. 无锡市太湖家园房地产开发有限公司　无锡　214001)

［摘要］ 采用单一的内支撑或者锚杆支护形式下围护桩上冠梁的弯矩计算方法已经非常成熟。但是对于在同一平面位置冠梁上同时采用锚杆和内支撑两种支护形式，由于支撑体系的刚度差异在交界位置冠梁弯矩的分布形式如何确定尚无明确计算方法，从而给设计人员带来一定困扰。本文针对类似工程，采用有限元辅助计算方法对某实际深基坑工程的关键节点进行分析，结果表明在交界位置存在弯矩突变。最后结合分析结果进行围护设计，实践证明该方法既可避免大量复杂的有限元计算，也可确保工程安全。

［关键词］ 基坑围护；有限元辅助计算；冠梁弯矩；撑锚混合支护

1　引言

随着现代城市发展的日新月异，深基坑支护工程越来越多，也相应伴随着设计计算理论的飞跃。多年来，经过不断的实践总结，对大量常规深基坑支护设计已经形成了系统、成熟的设计方法体系，并编制了相应的国家规范规程，同时结合岩土工程的地区特性，各地也相应出台了具有本地特点的设计规程。

冠梁是深基坑支护体系的重要组成部分，它将围护排桩有效的联为一体，使之形成整体协同工作。可以说冠梁是基坑支护体系中非常重要的组成部分，因此其设计计算也是设计中的一个值得关注的重要环节。

对于冠梁的计算方法，国家规程《建筑基坑支护技术规程》(JGJ 120—99)明确规定"支点水平荷载可沿腰梁、冠梁长度方向分段简化为均布荷载，水平荷载设计值应按本规程第4.2节支点水平力设计值确定，对撑构件轴向力可近似取水平荷载设计值乘以支撑点中心距；腰梁内力可按多跨连续梁计算，计算跨度取相邻支撑点中心距"。其计算简图如图1所示，目前的设计计算也常采用平面框架进行支撑和冠梁协同计算。目前的基坑支护，多采用纯粹的内支撑或者锚杆支护形式，因此冠梁的配筋计算比较常规，只需按照规范的要求计算即可。

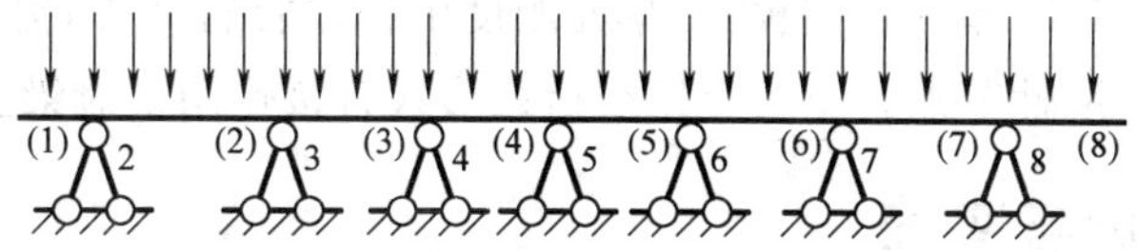

图1　冠梁计算简图

对于内支撑体系，由于支撑间距较大因此一般冠梁弯矩较大，需要根据计算结果进行冠梁配筋；对于锚杆支护体系则由于锚杆一般间距较密，因此冠梁往往为构造配筋。

2 问题的提出

如前所述，随着目前深基坑工程发展的需要，各种复杂的支护形式越来越多，往往不局限于单纯一种支护手段，可能会采用多种手段混合。如对于较大的基坑工程，往往会局部位置采用内支撑、局部位置采用锚杆，如图 2 所示。

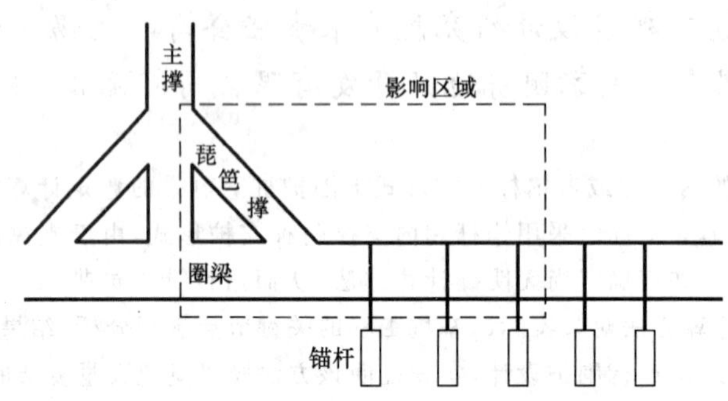

图 2　锚杆与支撑混合支护形式

这类支护方案由于采用多种手段混合，目前的规范规程缺乏明确规定，尤其是在交界位置冠梁的弯矩如何计算往往给设计计算带来比较大的困惑。

作者以某撑锚混合支护形式的实际工程为例，通过采用常规设计手段进行整体分析，节点位置采用有限元辅助计算进行冠梁节点分析的方法，与纯粹的有限元分析和常规设计方法相比，既大大节约计算工作量，也确保了计算精度，有效满足了工程需要。

3 工程建模

某工程基坑形状比较规则，近似长方形，开挖深度 15～20m，设计时考虑到经济与施工速度采用围护桩锚拉支护为主。在基坑北侧由于有重要建筑需要保护因此局部位置采用内支撑支护。基坑支护平面布置如图 3 所示。

设计中对内支撑和锚杆位置冠梁采用平面框架连续梁计算并设计配筋，对于交界位置则由于锚杆和内支撑刚度差异较大，因此其弯矩分布比较复杂，采用常规的计算方法无法有效建模，规范也无相应设计方法。为确保工程安全，防止在交接位置冠梁破坏，采用数值计算的办法进行建模分析。

为反映实际的刚度差异，建模统一考虑了锚杆、冠梁和内支撑的实际尺寸，建立混合支撑和锚杆的平面框架计算模型如下图 4 所示：

锚杆采用 COMBIN14 单元进行模拟，单元刚度由程序自行计算；混凝土冠梁和支撑采用 beam3 单元，节点均为刚性节点。土压力以线荷载形式直接作用于冠梁上。

4 计算结果分析与实施

采用有限元辅助手段对内支撑部分冠梁弯矩进行分析，结果与按照平面框架体系和连续梁分别分析相比差异不大，表明采用有限元辅助分析的方法是可靠的。

撑锚混合交界位置冠梁的弯矩分布如下图 5 所示，位移变化如下图 6 所示。

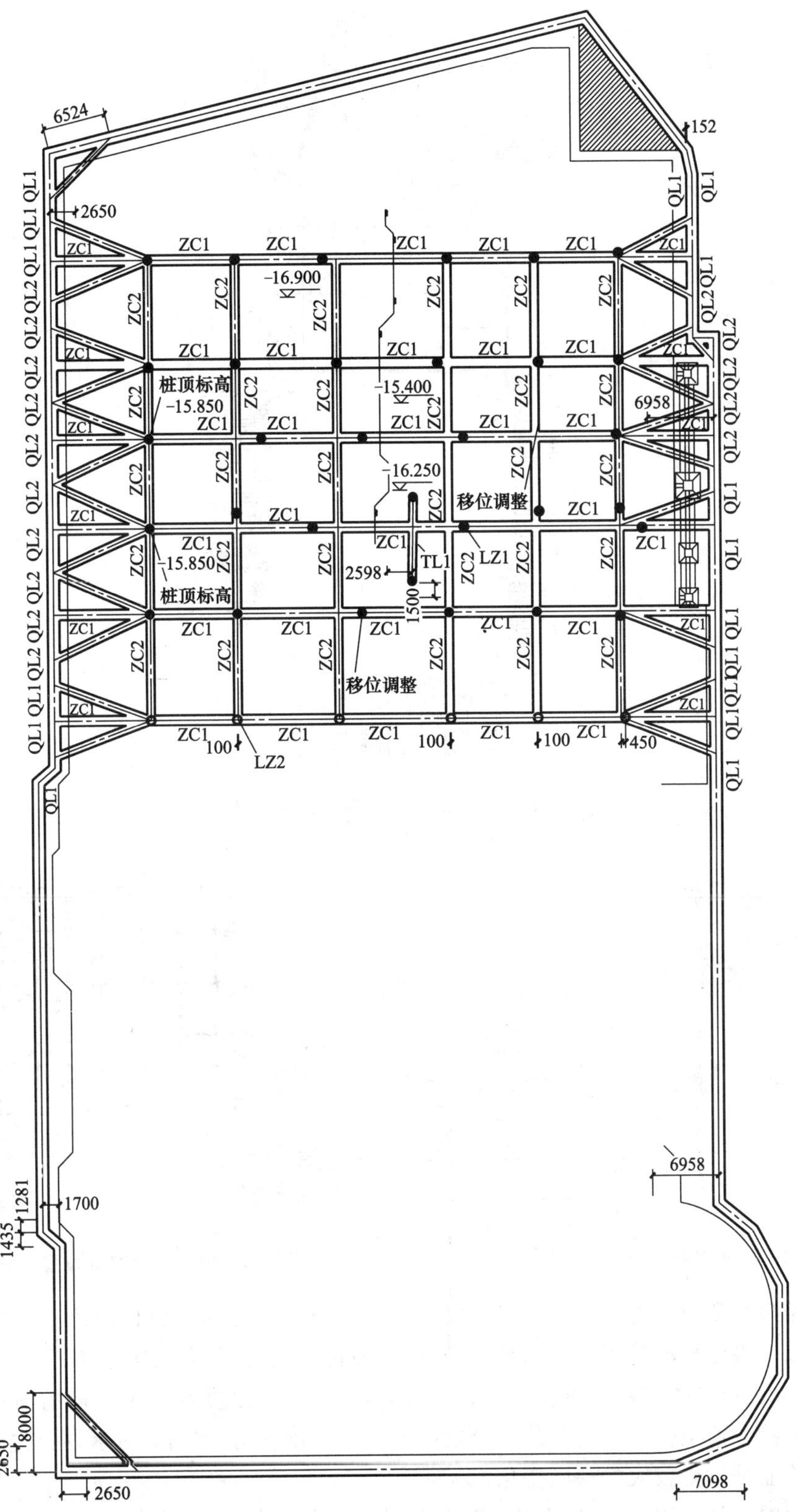

图 3　基坑平面布置图

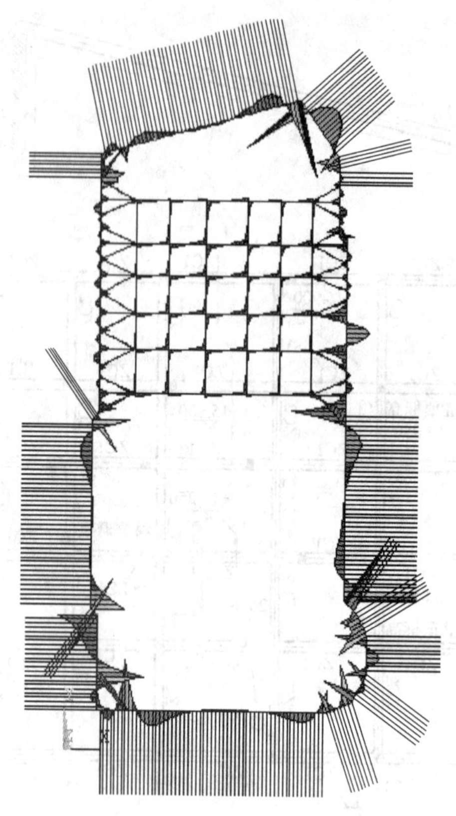

图 4　撑锚混合建模计算模型图

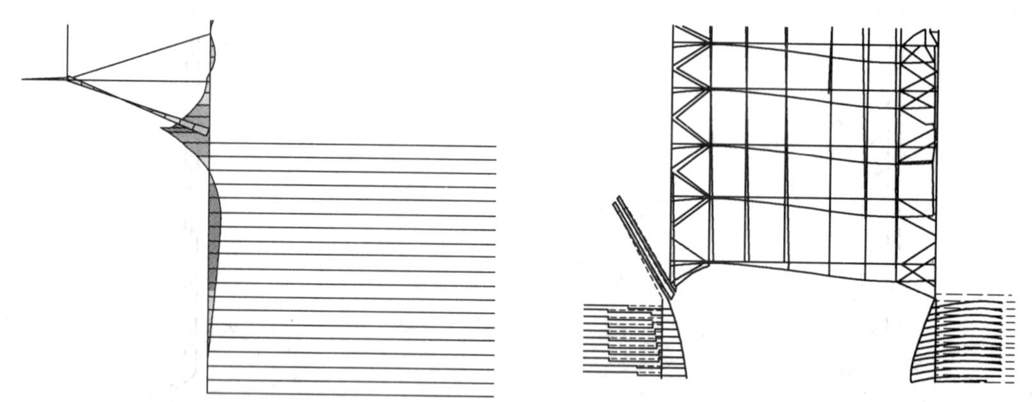

图 5　撑锚混合交界位置弯矩分布

图 6　撑锚混合交界位置位移分布

计算结果表明撑锚混合交界位置冠梁的弯矩分布与内支撑和锚杆段均不相同，在内支撑第一跨和前 3 根锚杆段范围弯矩明显变大，说明该位置需要进行加强处理以防节点破坏。其原因，应该与锚杆和内支撑的刚度差异较大有关，由于支撑刚度远大于锚杆的锚拉刚度，因此交界位置冠梁会产生位移的突变从而导致内力过渡比较急剧，如图 6 所示，在交接位置锚杆支护部分位移显著发生较大的梯度变化。

在实际的设计工程中，根据上述数值计算结果进行配筋，目前基坑已回填完毕，整个过程冠梁无裂缝，确保了工程安全，基坑局部位置实况照片图 7 所示。

图 7　基坑局部照片

5　总结

(1)随着目前深基坑工程的发展,基坑的支护形式也越来越复杂,常规的支护设计计算方法已经无法满足工程的实际需要,也进而给设计计算理论带来更大的挑战,如何选择一种合适的方法使得设计既能满足安全要求也能简单实用势在必行。

(2)有限元辅助计算已经发展相当成熟,对于复杂的节点分析尤为合适。本工程采用常规的分析方法对整体按照规范进行分析,同时采用有限元辅助计算对关键节点位置进行分析,一方面大大降低了计算工作量,另一方面也有效提高了计算精度。

(3)辅助分析的结果表明在支撑与锚杆混合位置冠梁一定长度范围内的弯矩存在较大突变,如简单按照构造配筋或者内支撑的计算结果配筋,均不能满足工程安全,因此需要予以加强,本文正是按照此结果进行处理的,实践证明是有效的。

(4)复杂位置的节点处理往往是设计人员容易忽视的或者难以计算分析的,因此建议设计人员首先应充分重视节点位置的处理;同时也要结合规范要求的方法和有限元辅助分析形式进行节点建模计算。

参考文献

[1]　陈忠汉等.深基坑工程.北京:机械工业出版社,2003.03

[2]　中华人民共和国行业标准.建筑基坑支护技术规程(JGJ 120—99),1999

[3]　刘建航等.基坑工程手册.北京:中国建筑工业出版社,1997

[4]　沈珠江等.计算土力学.上海:上海科学技术出版社,1987

[5]　赵明华等.土力学.武汉理工大学出版社